H. Schlichting, E. Truckenbrodt

Aerodynamik des Flugzeuges

Zweiter Band:
Aerodynamik des Tragflügels (Teil II), des Rumpfes, der Flügel-Rumpf-Anordnung und der Leitwerke

3. Auflage

Mit 381 Abbildungen

Springer

o. Professor Dr. phil. Hermann Schlichting †

o. Professor Dr.-Ing. Erich Truckenbrodt

ISBN 3-540-67375-X 3. Aufl. Springer-Verlag Berlin Heidelberg New York
ISBN 3-540-04700-X 2. Aufl. Springer-Verlag Berlin Heidelberg New York

Die Deutsche Bibliothek - CIP-Einheitsaufnahme
Schlichting, Hermann: Aerodynamik des Flugzeuges / Hermann Schlichting; Erich A. Truckenbrodt. - Berlin; Heidelberg; New York; Barcelona; Hongkong; London; Mailand; Paris; Singapur; Tokio: Springer, 2001
(Klassiker der Technik)
ISBN 3-540-67375-X
Bd. 2. Aerodynamik des Tragflügels (Teil 2), des Rumpfes, der Flügel-Rumpf-Anordnung und der Leitwerke. - 3. Aufl.

Springer-Verlag Berlin Heidelberg New York
ein Unternehmen der BertelsmannSpringer Science+Business Media GmbH

Einbandgestaltung: Steinen, Barcelona
Gedruckt auf säurefreiem Papier SPIN: 10767036 62/3020hu - 5 4 3 2 1 0 -

Vorwort zur zweiten Auflage

Seit dem Erscheinen der ersten Auflage dieses Bandes sind etwa neun Jahre vergangen. Als abzusehen war, daß diese Auflage bald vergriffen sein würde, haben wir in den Jahren 1967 und 1968 eine gründliche Neubearbeitung dieses Bandes vorgenommen, die hiermit vorgelegt wird. Während der erste Band dieses Werkes, dessen Neuauflage 1967 erschienen ist, die Grundlagen der Strömungsmechanik behandelt, werden in diesem zweiten Band die speziellen Fragen der Flugzeug-Aerodynamik dargestellt. Auch jetzt sind viele Teile dieses Wissensgebietes noch stark im Fluß, wie z. B. die nichtlineare Tragflügeltheorie, die Flügel-Rumpf-Interferenz bei Überschallgeschwindigkeit und die Probleme der Strömungen bei Hyperschallgeschwindigkeit. Bei der Fülle der neuen Arbeiten mußten wir eine strenge Auswahl treffen, um den Umfang des Buches nicht allzu stark anwachsen zu lassen. Um hierfür Platz zu schaffen, haben wir an einigen Stellen die Ausführungen der ersten Auflage erheblich gekürzt.

Die Einteilung dieses Bandes in sechs Kapitel (Kap. VII bis XII) wurde beibehalten. Von den Änderungen und Erweiterungen mögen folgende besonders erwähnt werden: In Kap. VII (Tragflügeltheorie bei inkompressibler Strömung) haben wir die lineare Tragflügeltheorie kürzer dargestellt, dafür jedoch den Abschnitt über die nichtlineare Tragflügeltheorie erweitert, da diese für die modernen Flugzeuge (schlanke Flügel) besonders wichtig ist. In Kap. VIII (Tragflügeltheorie bei kompressibler Strömung) wurden größere Umstellungen im Abschnitt über den Tragflügel bei Überschallgeschwindigkeit vorgenommen, um eine übersichtlichere Darstellung zu geben. Im übrigen betreffen die Erweiterungen dieses Kapitels insbesondere systematische experimentelle Untersuchungen an einfachen Flügelformen im Unterschall-, Transschall- und Überschallbereich. Der Abschnitt über Hyperschallströmungen wurde in die Neuauflage des ersten Bandes übernommen. Im Kap. IX (Aerodynamik des Rumpfes) wurden nur wenige Ergänzungen eingefügt, u. a. einige Ergebnisse über Optimal-Rümpfe im Überschallbereich. In Kap. X (Aerodynamik der Flügel-Rumpf-Anordnung) ließ sich die noch immer unvollkommene Theorie für Überschallgeschwindigkeit nicht ausführlicher darstellen. Den schlanken Flugkörpern ist innerhalb dieses Kapitels ein eigener Abschnitt gewidmet. Hier konnten einige wertvolle neue experimentelle Ergebnisse, insbesondere für schlanke Flügel-Rumpf-Anordnungen, hinzugefügt werden. In Kap. XI (Aerodynamik der Leitwerke) haben wir uns im wesentlichen auf die Einfügung einiger neuer Literaturstellen beschränkt. Kap. XII (Aerodynamik der Ruder und Klappen) wurde um mehrere neue experimentelle Ergebnisse über Höchstauftrieb und über Bremsklappen ergänzt. Schließlich wurden auch der Anhang „Ausgeführte Flugzeuge" und die Bibliographie auf den neuesten Stand gebracht.

Bei der vorliegenden Neubearbeitung des Buches und bei der Durchsicht der Korrekturen wurden wir von den Herren Dipl.-Ing. L. Römer, München, und Dr.-Ing. D. Hummel, Braunschweig, unterstützt. Beiden Herren danken wir für ihre wertvolle Mitarbeit.

Dem Springer-Verlag gilt auch diesmal unser verbindlicher Dank für sein bereitwilliges Eingehen auf unsere Wünsche und die sorgfältige Ausstattung des Buches.

Braunschweig und München,
im Februar 1969

H. Schlichting E. Truckenbrodt

Aus dem Vorwort zur ersten Auflage

Mit dem vorliegenden zweiten Band der „Aerodynamik des Flugzeuges" bringen wir dieses Werk zum Abschluß. Die Zielsetzung und die Einteilung des Gesamtwerkes hatten wir bereits im Vorwort des ersten Bandes erläutert, der Anfang 1959 erschienen ist. Es kam uns darauf an, für das Gebiet der Flugzeug-Aerodynamik eine umfassende Darstellung zu schaffen, die es dem in der deutschen Luftfahrtindustrie und in der deutschen Luftfahrtforschung arbeitenden Ingenieur und Wissenschaftler, insbesondere dem jungen Nachwuchs, erleichtert, sich über dieses in den letzten beiden Jahrzehnten außerordentlich stark angewachsene Wissensgebiet gründlich zu orientieren.

Das zweibändige Werk befaßt sich ausschließlich mit den Luftkräften, welche bei der Bewegung des Flugzeuges durch die Atmosphäre an seinen Teilen und damit am ganzen Flugzeug auftreten. Die Lehre von den Bewegungsformen des Flugzeuges bei gegebenen Luftkräften, die sog. „Flugmechanik", bleibt außerhalb unserer Betrachtungen.

Das Gesamtwerk gliedert sich in drei Hauptabschnitte mit insgesamt zwölf Kapiteln, die auf die beiden Bände gleichmäßig verteilt sind. Der erste Abschnitt (Kap. I bis IV) behandelt die Grundlagen aus der Strömungsmechanik, soweit sie für die Aerodynamik des Flugzeuges von Bedeutung sind. Der zweite Abschnitt (Kap. V bis VIII) befaßt sich mit der Aerodynamik des Tragflügels und der dritte Abschnitt (Kap. IX bis XII) mit den aerodynamischen Fragen des Rumpfes und der Leitwerke sowie mit der gegenseitigen Beeinflussung der Flugzeugteile.

Der zweite Band umfaßt mit Kapitel VII bis XII die Flugzeug-Aerodynamik im engeren Sinne, wenn man hierunter die räumliche Tragflügel-Aerodynamik und die Aerodynamik des Rumpfes, der Leitwerke sowie deren Zusammenwirken versteht. Eine Einführung hierzu wurde bereits in Kapitel V und VI des ersten Bandes gegeben.

Zu den einzelnen Kapiteln des vorliegenden Bandes möge folgendes bemerkt werden: In Kapitel VII wird zunächst eine ausführliche Darstellung der räumlichen Tragflügel-Theorie bei inkompressibler Strömung gegeben (Traglinien- und Tragflächen-Theorie). Diese Theorie ist nicht nur für mäßige Fluggeschwindigkeiten von Bedeutung, bei denen die Kompressibilität der Luft vernachlässigt werden kann, sondern darüber hinaus auch für Fluggeschwindigkeiten bis zur Schallgeschwindigkeit, d. h. für alle Machschen Zahlen kleiner als Eins, weil für diesen Mach-Zahl-Bereich die Ermittlung der Druckverteilung von Tragflügeln mittels der Prandtl-Glauertschen Transformation auf die Theorie des Tragflügels bei inkompressibler Strömung zurückgeführt werden kann. Das Kapitel VIII behandelt den Tragflügel bei kompressibler Strömung für Unter- und Überschallgeschwindigkeit sowie auch für Schallgeschwindigkeit, wobei neben der Darstellung der Profiltheorie die Ausführungen über den Tragflügel endlicher Spannweite den größeren Anteil haben.

Der dritte Abschnitt des Gesamtwerkes beginnt in Kapitel IX mit der Aerodynamik des Rumpfes. Es folgt sodann in Kapitel X eine ziemlich ausführliche Darstellung der recht verwickelten, aber praktisch sehr wichtigen Fragen der aerodynamischen Interferenz von Flügel und Rumpf. Die letzten beiden Kapitel (Kap. XI und XII) behandeln die Leitwerke und Ruder einschließlich der Fragen ihrer Beeinflussung durch Flügel und Rumpf. Die Ausführungen des dritten Abschnittes beziehen sich ebenfalls auf Unter- und Überschallgeschwindigkeit.

Den Abschluß des Werkes bildet ein Anhang, in welchem wir für eine Reihe von Flugzeugbaumustern außer ihren Übersichtszeichnungen einige für die Aerodynamik wichtige geometrische Kenngrößen zusammengestellt haben, um dem Leser einiges Zahlenmaterial zu den rechnerischen Ausführungen an die Hand zu geben.

Bezüglich der Grundtendenz des Buches gilt für diesen zweiten Band naturgemäß das gleiche, was wir schon im Vorwort zum ersten Band ausführten, nämlich, daß sich das Buch in erster Linie an Ingenieure wendet und daß wir uns bemüht haben, die rechnerische Behandlung der Probleme in den Vordergrund zu stellen. Die in der Literatur vorhandenen umfangreichen experimentellen Ergebnisse wurden vorwiegend zur Nachprüfung der Theorie und zur Belebung der physikalischen Anschauung herangezogen. Darüber hinaus waren wir bemüht, die Ergebnisse der Theorie dem Leser durch zahlreiche Beispielrechnungen näherzubringen. Für diese umfangreichen, numerischen Rechnungen fanden wir die tatkräftige Unterstützung der Heinkel-Flugzeugwerke, wofür wir auch an dieser Stelle unseren verbindlichsten Dank aussprechen möchten.

Schließlich möchten wir noch zum Ausdruck bringen, daß wir uns für alle Teile des ganzen Werkes gemeinsam verantwortlich fühlen.

Braunschweig und München,
im Dezember 1959

H. Schlichting E. Truckenbrodt

Inhaltsverzeichnis

Teil B

Aerodynamik des Tragflügels (Teil II)

VII. Tragflügel endlicher Spannweite bei inkompressibler Strömung

VIII. Tragflügel bei kompressibler Strömung

Teil C

Aerodynamik des Rumpfes und der Leitwerke

IX. Aerodynamik des Rumpfes

X. Aerodynamik der Flügel-Rumpf-Anordnung

XI. Aerodynamik der Leitwerke

XII. Aerodynamik der Ruder und Klappen

Zusammenstellung der wichtigsten Bezeichnungen

Die im vorliegenden zweiten Band verwendeten Bezeichnungen stimmen mit denjenigen des ersten Bandes überein. Wegen der Vielzahl der auftretenden Größen war es jedoch auch im zweiten Band nicht vermeidbar, daß einige Symbole in mehrfacher Bedeutung benutzt werden. So bedeutet z. B. γ das spezifische Gewicht der Luft, die dimensionslose Zirkulationsverteilung längs Flügelspannweite und den halben Vorderkantenwinkel eines Deltaflügels.

Nachstehend sind die wichtigsten Bezeichnungen zusammengestellt, wobei diejenigen des ersten Bandes wiederholt sind, soweit sie auch im zweiten Band verwendet werden.

1. Stoffbeiwerte

γ spezifisches Gewicht der Luft (Gewicht der Volumeneinheit)

$\varrho = \gamma/g$ Dichte der Luft (Masse der Volumeneinheit)

g Erdbeschleunigung

c_p, c_v spezifische Wärme bei konstantem Druck bzw. konstantem Volumen

$\varkappa = c_p/c_v$ Isentropen-Exponent

$a = \sqrt{\varkappa p/\varrho}$ Schallgeschwindigkeit

μ Beiwert der dynamischen Zähigkeit

$\nu = \mu/\varrho$ Beiwert der kinematischen Zähigkeit

2. Strömungsgrößen

p Druck (Normalkraft pro Flächeneinheit)

τ Schubspannung (Tangentialkraft pro Flächeneinheit)

u, v, w Geschwindigkeitskomponenten in rechtwinkligen Koordinaten

u, w_r, w_ϑ Geschwindigkeitskomponenten in Zylinderkoordinaten

V, U_∞ Anströmungsgeschwindigkeit

W_K Geschwindigkeit auf der Profilkontur

w_i induzierte Abwärtsgeschwindigkeit, positiv in Richtung der negativen z-Achse

$q = \frac{\varrho}{2} V^2$; $q_\infty = \frac{\varrho_\infty}{2} U_\infty^2$ Staudruck

$Re = Vl/\nu$ Reynolds-Zahl

$Ma = V/a$ Mach-Zahl

$Ma_\infty = U_\infty/a_\infty$ Mach-Zahl

Ma_∞^* kritische Mach-Zahl

μ Machscher Winkel

δ_1 Verdrängungsdicke der Grenzschicht

Γ Zirkulation

$\gamma = \Gamma/b\,U_\infty$ dimensionslose Zirkulation

k; k_x, k_y Wirbeldichte

q Quelldichte

m Dipoldichte

Φ Geschwindigkeitspotential

φ Beschleunigungspotential

3. Geometrische Größen

x, y, z rechtwinklige Koordinaten

$\xi = x/s$, $\eta = y/s$, $\zeta = z/s$ dimensionslose rechtwinklige Koordinaten

ϑ trigonometrische Koordinate; $\cos\vartheta = \eta$

x_v, x_h Koordinaten der Flügelvorder- bzw. -hinterkante

x_l, x_p Koordinaten der Einviertelpunkt- bzw. Dreiviertelpunktlinie

x, r, ϑ Zylinderkoordinaten

F Flügelfläche

F_R Rumpfquerschnittsfläche

F_H Fläche des Höhenleitwerkes

F_S Fläche des Seitenleitwerkes

$b = 2s$ Flügelspannweite

b_R Rumpfbreite

b_H Spannweite des Höhenleitwerkes

h_S, (b_S) Höhe (Spannweite) des Seitenleitwerkes

$\Lambda = b^2/F$ Seitenverhältnis (Streckung) des Flügels

Λ_H, Λ_S Seitenverhältnis (Streckung) des Höhen- bzw. Seitenleitwerkes

l Flügeltiefe

l_i, l_a Flügeltiefe innen bzw. außen

$l_\mu = \frac{2}{F}\int_0^s l^2(y)\,dy$ Bezugsflügeltiefe

$\lambda = l_a/l_i$ Flügelzuspitzung

l_R Rumpflänge

l_k Klappentiefe

$\lambda_k = l_k/l$ Klappentiefenverhältnis

η_k Klappenausschlag

φ Pfeilwinkel des Flügels

γ halber Vorderkantenwinkel des Deltaflügels (vgl. Abb. 8.38)

$m = \tan\gamma/\tan\mu$ Parameter (Abb. 8.38). $m < 1$: Unterschallkante, $m > 1$: Überschallkante

ε Verwindungswinkel

ν Winkel der V-Stellung des Flügels

N_{25} geometrischer Neutralpunkt

d Profildicke

$\delta = d/l$ Dickenverhältnis des Flügelprofiles

f Profilwölbung

x_d Dickenrücklage

x_f Wölbungsrücklage

$z^{(s)}$ Skelettlinie

$z^{(t)}$ Profiltropfen

$d_{R\,\max}$ maximale Rumpfdicke

$\delta_R = d_{R\,\max}/l_R$ Rumpfdickenverhältnis

$\eta_R = b_R/b$ relative Rumpfbreite

$D = 2R$ Durchmesser des rotationssymmetrischen Rumpfes

z_0 Flügelhochlage

r_H Höhenleitwerkshebelarm (= Abstand der geometrischen Neutralpunkte von Flügel und Höhenleitwerk)

ε_H Einstellwinkel des Höhenleitwerkes (Flossenwinkel)

r_S Seitenleitwerkshebelarm (= Abstand der geometrischen Neutralpunkte von Flügel und Seitenleitwerk)

4. Aerodynamische Größen
(vgl. Abb. 7.59)

α Anstellwinkel

β Schiebewinkel

ω_x, ω_y, ω_z Komponenten der Drehgeschwindigkeit in rechtwinkligen Koordinaten bei Drehbewegungen des Flugzeuges

$\Omega_x = \omega_x s/V$, $\Omega_y = \omega_y l_\mu/V$, $\Omega_z = \omega_z s/V$ Komponenten der dimensionslosen Drehgeschwindigkeit

A Auftrieb

W Widerstand

Y Seitenkraft

L Rollmoment

M Nickmoment

N Giermoment

W_i induzierter Widerstand

c_A Auftriebsbeiwert (Gl. 7.186)

c_W Widerstandsbeiwert (Gl. 7.186)

c_Y Seitenkraftbeiwert (Gl. 7.186)

c_L Rollmomentenbeiwert (Gl. 7.187)

c_M Nickmomentenbeiwert (Gl. 7.187)

c_N Giermomentenbeiwert (Gl. 7.187)

c_a örtlicher Auftriebsbeiwert (vgl. S. 63)

c_m örtlicher Momentenbeiwert (vgl. S. 63)

c_r Rudermomentenbeiwert (Gl. 12.3)

c_k Beiwert der Klappenlast (Gl. 12.14)

c_{Wi} Beiwert des induzierten Widerstandes

c_{Wp} Beiwert des Profilwiderstandes

$c'_{A\infty} = (dc_A/d\alpha)_\infty$ Auftriebsanstieg des Tragflügels unendlicher Spannweite

$c_p = (p - p_\infty)/q_\infty$ Druckbeiwert

$c_{p\,eb}$ Druckbeiwert der ebenen Strömung

c_p^* kritischer Druckbeiwert

$\Delta c_p = (p_u - p_o)/q_\infty$ Beiwert der Lastverteilung
$f = 2b/c'_{A\infty}l$ Grundrißfunktion
$k = \pi\Lambda/c'_{A\infty}$ Beiwert des Ellipsenflügels
α_e effektiver Anstellwinkel
α_g geometrischer Anstellwinkel
$\alpha_i = w_i/U_\infty$ induzierter Anstellwinkel
α_0 Nullauftriebswinkel
$\alpha_H = \alpha + \varepsilon_H + \alpha_w$ Anstellwinkel des Höhenleitwerkes
$\alpha_w = w/U_\infty$ Abwindwinkel am Ort des Höhenleitwerkes ($\alpha_w < 0$ bei Abwind)
N aerodynamischer Neutralpunkt
x_N Lage des aerodynamischen Neutralpunktes
Δx_N Abstand des aerodynamischen vom geometrischen Neutralpunkt
β_S Zuströmwinkel des Seitenleitwerkes
$\beta_v = v/U_\infty$ Seitenwindwinkel am Ort des Seitenleitwerkes

5. *Indizes*

F Flügeldaten
R Rumpfdaten
$(F + R)$ Daten der Flügel-Rumpf-Anordnung
H Daten des Höhenleitwerkes
S Daten des Seitenleitwerkes
k Daten der Klappe

Verzeichnis gebrauchter Abkürzungen

ARC = Aeronautical Research Committee, Reports and Memoranda, London
AVA = Aerodynamische Versuchsanstalt Göttingen
CP = Aeronautical Research Committee (ARC), Current Paper, London
DFL = Deutsche Forschungsanstalt für Luft- und Raumfahrt, Braunschweig
DGLR = Deutsche Gesellschaft für Luft- und Raumfahrt, Köln
DLR = Deutsche Luft- und Raumfahrt, Forschungsberichte (FB) und Mitteilungen, herausgegeben von der ZLDI
DVL = Deutsche Versuchsanstalt für Luft- und Raumfahrt, Köln
FB = Deutsche Luftfahrtforschung, Forschungsbericht herausgegeben von der ZWB
NACA Rep. = Report of the National Advisory Committee for Aeronautics, Washington
NACA TN = Technical Note of the National Advisory Committee for Aeronautics, Washington
NACA TM = Technical Memorandum of the National Advisory Committee for Aeronautics, Washington
NASA TN = Technical Note of the National Aeronautics and Space Administration, Washington
NAVORD = Naval Ordnance Laboratory, White Oak, Maryland, USA
RAE = Royal Aircraft Establishment, Farnborough, England
UM = Deutsche Luftfahrtforschung. Untersuchungen und Mitteilungen, herausgegeben von der ZWB
WGL,WGLR = Wissenschaftliche Gesellschaft für Luft- und Raumfahrt, Köln
ZAMM = Zeitschrift für angewandte Mathematik und Mechanik, Berlin
ZAMP = Zeitschrift für angewandte Mathematik und Physik, Basel

ZFM	=	Zeitschrift für Flugtechnik und Motorluftschiffahrt, München und Berlin
ZFW	=	Zeitschrift für Flugwissenschaften, Braunschweig
ZLDI	=	Zentralstelle für Luftfahrtdokumentation und -information, München
ZWB	=	Zentrale für wissenschaftliches Berichtswesen der Luftfahrtforschung, Berlin 1935 bis 1945

Hinweis

Die Ziffern in eckigen Klammern [ ] beziehen sich auf die Literaturangaben, die am Ende eines jeden Kapitels zusammengestellt sind. Außerdem befindet sich eine Bibliographie auf S. 480.

Teil B

Aerodynamik des Tragflügels (Teil II)

VII. Tragflügel endlicher Spannweite bei inkompressibler Strömung

7.1 Grundzüge der Prandtlschen Tragflügeltheorie

7.11 Wirbelsystem des Tragflügels endlicher Spannweite

Beim Tragflügel unendlicher Spannweite ist die Strömung in allen Schnitten senkrecht zur Flügelquerachse gleich. Diese ebene (zweidimensionale) Strömung wurde in der Profiltheorie, Kap. VI, eingehend behandelt. Beim *Tragflügel endlicher Spannweite* (Abb. 7.1) ist jedoch die Strömung dreidimensional, da die Druckunterschiede zwischen Unter- und Oberseite des Flügels sich an den Flügelenden ausgleichen und dadurch eine Umströmung der Flügelenden hervorrufen. Dieser Druckausgleich um die Flügelenden, der in Abb. 7.1 b schematisch dargestellt ist, bewirkt für die Stromfäden oberhalb des Flügels eine Ablenkung nach innen und für diejenigen unterhalb des Flügels eine solche nach außen (Abb. 7.1 a). Somit haben die Stromfäden, welche hinter dem Tragflügel wieder zusammentreffen, einen Richtungsunterschied. Sie bilden eine sogenannte *Trennungsfläche* mit Einwärtsströmung auf der Oberseite und Auswärtsströmung auf der Unterseite (Abb. 7.1 c). Die Trennungsfläche hat das Bestreben, sich weiter stromabwärts aufzurollen (Abb. 7.1 d) und zwei diskrete Wirbel mit entgegengesetztem Drehsinn zu bilden, deren Achsen nahezu mit der Anströmungsrichtung zusammenfallen (Abb. 7.1 e und f). Diese beiden Wirbel haben die Zirkulationsstärke Γ. Auf diese Weise erhält man hinter dem Tragflügel zwei sogenannte *freie Wirbel*, die von den Flügelenden abgehen und nach Abb. 7.2 zusammen mit dem *gebundenen Wirbel* den „Hufeisenwirbel" bilden. Dabei ersetzt der gebundene Wirbel die Zirkulation des Tragflügels, wie sie beim ebenen Problem (Kap. VI) zur Berechnung des Auftriebes zugrunde gelegt wird. Bei der Zuordnung des tragenden Wirbels zur Geometrie des Tragflügelgrundrisses legt man zweckmäßigerweise den gebundenen Wirbel in die Verbindungslinie der Einviertelpunkte der örtlichen Flügelsehne. Ein ungepfeilter, symmetrisch angeströmter Flügel wird somit durch eine senkrecht zur An-

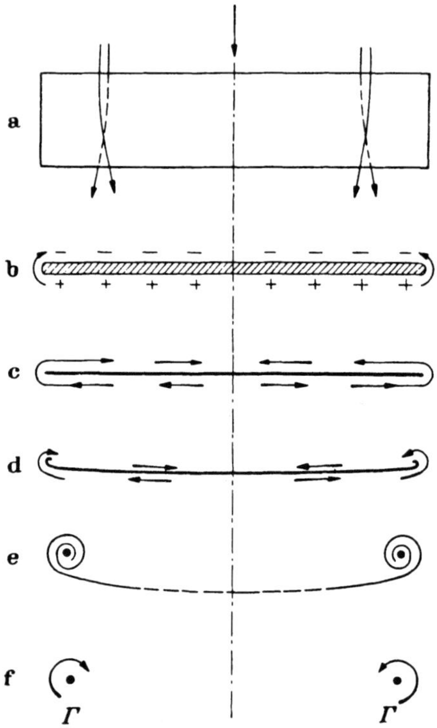

Abb. 7.1. Zur Entstehung der freien Wirbel hinter einem Tragflügel endlicher Spannweite.

strömrichtung verlaufende gebundene Wirbellinie dargestellt. Das Modell des Hufeisenwirbels hatte sich auch bereits in Kap. 2.443 nach dem Helmholtzschen Wirbelsatz für reibungslose Strömungen ergeben (Abb. 2.47). Die Aufklärung der dreidimensionalen Strömungsvorgänge an Tragflügeln endlicher Spannweite ist auf Grund dieser Vorstellung in quantitativer Form zuerst von L. Prandtl [61] gegeben worden, nachdem schon vorher F. W. Lanchester [47] einige qualitative Überlegungen hierzu gemacht hatte.

7.12 Auftrieb und induzierter Widerstand

Die wichtigste Folge aus der Bildung dieser freien Wirbel besteht darin, daß im Gegensatz zum Flügel unendlicher Spannweite der Tragflügel endlicher Spannweite auch in reibungsloser Strömung einen Widerstand erfährt (*induzierter Widerstand*). Physikalisch läßt sich dieser induzierte Widerstand durch das Einrollen der Trennungsfläche zu den beiden freien Wirbeln erklären: In jedem Zeitabschnitt muß ein Stück dieser beiden freien Wirbel neu gebildet werden. Hierfür muß dauernd

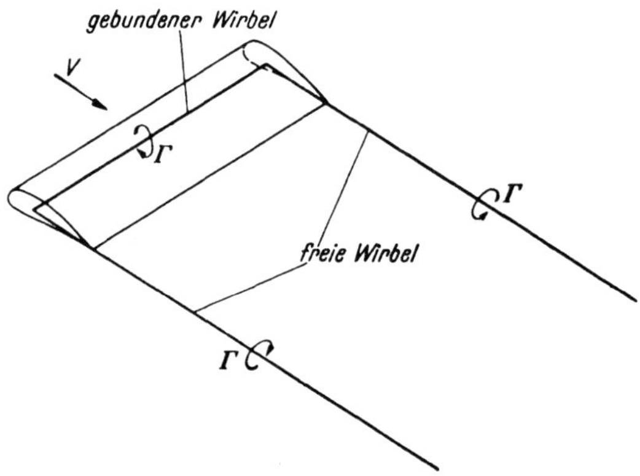

Abb. 7.2. Wirbelsystem eines Tragflügels endlicher Spannweite (Hufeisenwirbel).

Arbeit geleistet werden, die als kinetische Energie in den Wirbelzöpfen enthalten ist. Das Äquivalent für diese Arbeit steckt in der Überwindung des Widerstandes bei der Vorwärtsbewegung des Tragflügels.

Andererseits läßt sich das Zustandekommen des induzierten Widerstandes auch mittels des Kutta-Joukowskyschen Satzes folgendermaßen einsehen:

Die nach hinten abgehenden freien Wirbel erzeugen hinter dem Tragflügel und am Ort des Tragflügels nach Biot-Savart eine Ab-

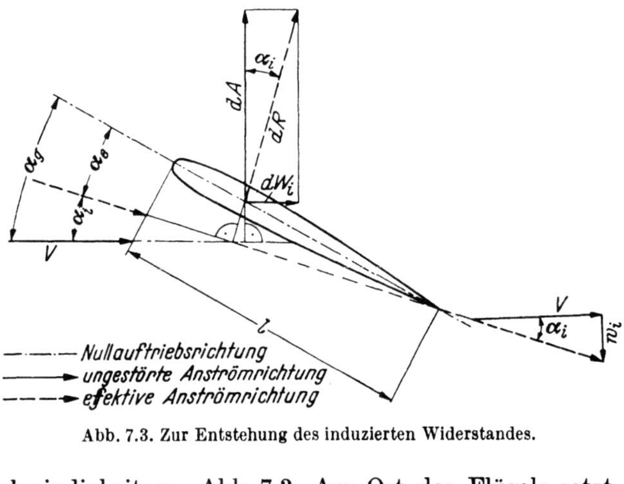

Abb. 7.3. Zur Entstehung des induzierten Widerstandes.

wärtsgeschwindigkeit w_i, Abb. 7.3. Am Ort des Flügels setzt sich somit die resultierende Anströmungsgeschwindigkeit des Flügelprofils aus der Anströmgeschwindigkeit V und dieser induzierten Abwärtsgeschwindigkeit w_i zusammen. Die resultierende Anströmrichtung am Ort des Flügels ist gegenüber der ungestörten Anströmrichtung somit um den Winkel α_i nach abwärts geneigt, wobei

$$\alpha_i = \frac{w_i}{V} \tag{7.1}$$

ist. Es ist im allgemeinen $w_i \ll V$ und somit $\alpha_i \approx \sin\alpha_i \approx \tan\alpha_i$.

Nach dem Satz von KUTTA-JOUKOWSKY, Kap. 6.11, ist die resultierende Luftkraft dR am Flügelschnitt y (Abb. 7.3) senkrecht zur resultierenden Anströmrichtung. Sie hat somit senkrecht zur ungestörten Anströmrichtung die Auftriebskomponente $dA = dR\cos\alpha_i \approx dR$ und parallel zur ungestörten Anströmrichtung die Widerstandskomponente $dW_i = dR\sin\alpha_i \approx dR\,\alpha_i$. Letzteres ist der induzierte Widerstand des Flügelschnittes y. Mit Berücksichtigung von Gl. (7.1) ist

$$dW_i = dA\,\alpha_i = dA\,\frac{w_i}{V}. \tag{7.2}$$

Den gesamten induzierten Widerstand erhält man hieraus durch Integration über die Flügelspannweite von $y = -b/2$ bis $y = +b/2$, somit

$$W_i = \frac{1}{V}\int\limits_{-b/2}^{b/2} \frac{dA}{dy}\, w_i(y)\, dy. \tag{7.3}$$

Dabei bedeutet dA/dy den Auftrieb pro Längeneinheit der Spannweite und $w_i(y)$ die im allgemeinen längs Spannweite veränderliche Verteilung der induzierten Abwärtsgeschwindigkeit. Für das einfache Modell des Hufeisenwirbels (Abbildung 7.2) ergibt sich für die durch die beiden freien Wirbel hervorgerufene Verteilung der Abwärtsgeschwindigkeit am Ort des Tragflügels durch Anwendung des Biot-Savartschen Gesetzes, Kap. 2.46:

$$w_i(y) = \frac{\Gamma}{4\pi}\,\frac{b}{\left(\frac{b}{2}\right)^2 - y^2}. \tag{7.4}$$

Diese *Abwindverteilung* ist in Abb. 7.4 dargestellt. Hierbei hat die induzierte Abwärtsgeschwindigkeit in Flügelmitte ein Minimum, während sich an den Flügelenden $y = \pm\, b/2$ bei Annäherung an die freien Wirbel unendlich große Werte ergeben.

Das stark vereinfachte Wirbelmodell nach Abb. 7.4 mit konstanter Zirkulationsverteilung längs Spannweite und zwei freien Einzelwirbeln an den beiden Flügelenden reicht jedoch noch nicht aus, um den induzierten Widerstand nach Gl. (7.3) quantitativ zu ermitteln. Vielmehr ist es dafür erforderlich, das Modell der vom Tragflügel abgehenden freien Wirbel zu verfeinern. Der oben erwähnte Druckausgleich um die Flügelenden herum bewirkt, daß der Auftrieb und damit auch die Zirkulation in der Nähe der Flügelenden stärker abgemindert wird als in der Flügelmitte. An den Flügelenden selbst tritt sogar vollkommener

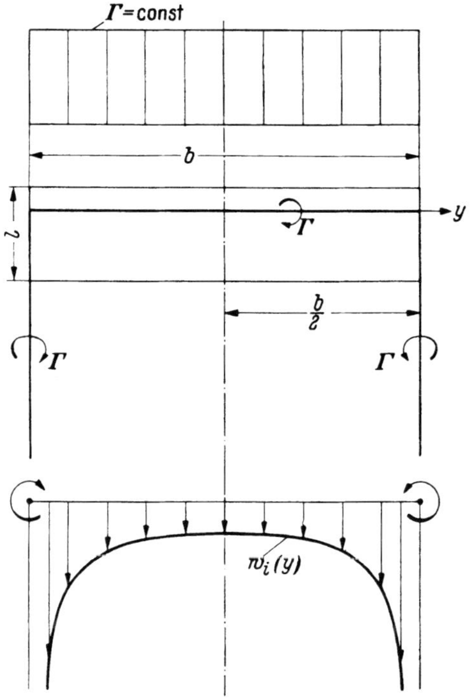

Abb. 7.4. Tragflügel mit konstanter Zirkulationsverteilung.

Ausgleich des Druckunterschiedes zwischen Unter- und Oberseite und damit ein Abfall der Zirkulation auf Null ein. Die wirkliche Zirkulationsverteilung ist von der Art, wie in Abb. 7.5 dargestellt; sie ist mit der Spannweitenkoordinate veränderlich, $\Gamma = \Gamma(y)$. Zwischen dem Auftrieb dA eines Flügelstückes der Breite dy und dessen Zirkulation $\Gamma(y)$ besteht nach Kutta-Joukowsky der Zusammenhang, vgl. Gl. (6.1),

$$dA = \varrho\, V\, \Gamma(y)\, dy. \tag{7.5}$$

Damit ergibt sich aus Gl. (7.3) für den induzierten Widerstand:

$$W_i = \varrho \int_{-b/2}^{b/2} \Gamma(y)\, w_i(y)\, dy. \tag{7.6}$$

Den gesamten *Auftrieb* erhält man durch Integration von Gl. (7.5) zu:

$$A = \varrho V \int_{-b/2}^{b/2} \Gamma(y)\, dy. \tag{7.7}$$

Die veränderliche Zirkulationsverteilung $\Gamma(y)$ nach Abb. 7.5 kann man sich durch eine treppenförmige Verteilung ersetzt denken. Für letztere

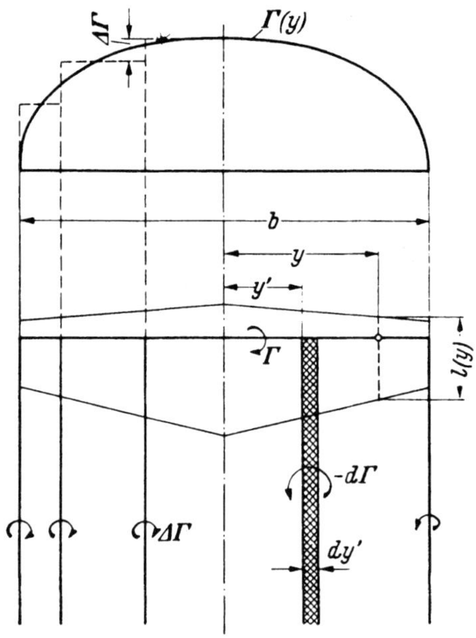

Abb. 7.5. Tragflügel mit über Spannweite veränderlicher Zirkulationsverteilung.

entsteht jeweils am Ort der Treppenstufe ein nach hinten abgehender freier Wirbel der Stärke $\Delta\Gamma$. Im Grenzübergang von der treppenförmigen Zirkulationsverteilung zur stetigen Zirkulationsverteilung ergibt sich dann für die freien Wirbel eine flächenhafte Verteilung (*Wirbelfläche*). Ein Streifen dieser Wirbelfläche der Breite dy hat dabei die Zirkulationsstärke $d\Gamma = (d\Gamma/dy)\, dy$. Somit gibt die Neigung der Zirkulationsverteilung $\Gamma(y)$ des gebundenen Wirbels die Verteilung der Wirbelstärke in der freien Wirbelfläche an.

Die Verteilung der induzierten Abwärtsgeschwindigkeit längs Spannweite erhält man durch Anwendung des Biot-Savartschen Gesetzes auf die vom Flügel abgehenden freien Wirbel. Der Beitrag des Wirbelstreifens dy' an der Stelle y' zur Abwärtsgeschwindigkeit am Ort der tragenden Linie y (Abb. 7.5) beträgt nach Gl. (2.163):

$$dw_i(y, y') = \frac{1}{4\pi} \frac{d\Gamma(y')}{y - y'} = \frac{1}{4\pi} \frac{d\Gamma}{dy'} \frac{dy'}{y - y'}.$$

Hieraus findet man durch Integration über die Wirbelfläche für die induzierte Geschwindigkeit am Ort des Flügels:[1]

$$w_i(y) = \frac{1}{4\pi} \int_{-b/2}^{b/2} \frac{d\Gamma}{dy'} \frac{dy'}{y - y'}. \tag{7.8}$$

Nach dieser Gleichung kann die induzierte Abwärtsgeschwindigkeit $w_i(y)$ am Ort der tragenden Linie berechnet werden, wenn die Zirkulationsverteilung $\Gamma(y)$ vorgegeben ist. Damit kann man den induzierten Widerstand nach Gl. (7.6) ermitteln.

Es sei hier bereits angemerkt, daß sehr weit hinter dem Flügel die induzierte Abwärtsgeschwindigkeit w_∞ doppelt so groß ist wie die induzierte Abwärtsgeschwindigkeit w_i am Ort des Flügels nach Gl. (7.8), vgl. Kap. XI:

$$w_\infty(y) = -2 w_i(y). \tag{7.8a}$$

Die Geschwindigkeit w_∞ wird positiv in Richtung der positiven z-Achse gerechnet, vgl. Abb. 7.19.

7.13 Prandtlsche Integralgleichung für die Zirkulationsverteilung

Die obigen Vorstellungen sollen jetzt dazu benutzt werden, um eine Gleichung aufzustellen, mittels derer für einen vorgegebenen Tragflügel endlicher Spannweite die Zirkulationsverteilung längs Spannweite ermittelt werden kann.

Die in Abb. 7.3 erläuterte Änderung der Anströmrichtung infolge der von den freien Wirbeln induzierten Abwärtsgeschwindigkeit führt dazu, daß ein Tragflügelschnitt y des Tragflügels endlicher Spannweite beim *geometrischen Anstellwinkel* α_g einen geringeren Auftrieb erfährt als der gleiche Tragflügelschnitt bei unendlicher Spannweite. Für ein Flächenelement dy eines Tragflügels endlicher Spannweite beträgt der Auftrieb:

$$dA = \frac{\varrho}{2} V^2 l(y)\, dy\, c_a(y) = \frac{\varrho}{2} V^2 l(y)\, dy\, c'_{a\infty}\, \alpha_e(y). \tag{7.9}$$

---

[1] An der Stelle $y' = y$ hat der Integrand eine singuläre Stelle. Eine genaue Betrachtung zeigt, daß das Integral im Sinne des Cauchyschen Hauptwertes zu nehmen ist. Dieses bedeutet, daß bei der Integration der Bereich

$$y - \varepsilon < y' < y + \varepsilon$$

auszuschließen ist. Es muß also der Grenzwert

$$\lim_{\varepsilon \to 0} \left\{ \int_{-b/2}^{y-\varepsilon} \dots dy' + \int_{y+\varepsilon}^{b/2} \dots dy' \right\}$$

gebildet werden.

Dabei bedeutet $l(y)$ die Flügeltiefe an der Stelle y (Abb. 7.5) und $c_a(y) = c'_{a\infty}\alpha_e(y)$ den örtlichen Auftriebsbeiwert des Flächenelementes $dF = l(y)\,dy$. Man bezeichnet $\alpha_e(y)$ als den *effektiven Anstellwinkel* (Abb. 7.3) und $c'_{a\infty} = (dc_a/d\alpha)_\infty$ als den Auftriebsanstieg für den Tragflügel unendlicher Spannweite. Letzterer ist nach der Theorie dünner Profile nahezu gleich 2π, vgl. Kap. VI. Für die angestellte ebene Platte gilt exakt $c'_{a\infty} = 2\pi$. Der Gl. (7.9) liegt die Vorstellung zugrunde, daß der Profilschnitt des Tragflügels endlicher Spannweite sich so verhält wie ein solcher beim Flügel unendlicher Spannweite, der mit dem Anstellwinkel α_e angeströmt wird.

Zwischen dem von der Nullauftriebsrichtung aus gemessenen geometrischen Anstellwinkel $\alpha_g(y)$, diesem effektiven Anstellwinkel $\alpha_e(y)$ und dem in Gl. (7.1) erläuterten *induzierten Anstellwinkel* $\alpha_i(y)$ besteht nach Abb. 7.3 der Zusammenhang

$$\alpha_g(y) = \alpha_e(y) + \alpha_i(y). \tag{7.10}$$

Ersetzt man in Gl. (7.9) dA durch Gl. (7.5), dann ergibt sich für den effektiven Anstellwinkel

$$\alpha_e(y) = \frac{2\Gamma(y)}{V\,l(y)\,c'_{a\infty}}. \tag{7.11}$$

Weiterhin gilt für den induzierten Anstellwinkel mit $\alpha_i = w_i/V$ nach Gl. (7.8):

$$\alpha_i(y) = \frac{1}{4\pi V}\int_{-b/2}^{b/2} \frac{d\Gamma}{dy'}\,\frac{dy'}{y-y'}. \tag{7.12}$$

Durch Einsetzen der Gln. (7.11) und (7.12) in Gl. (7.10) ergibt sich die folgende grundlegende Gleichung für die Bestimmung der Zirkulation $\Gamma(y)$:

$$\alpha_g(y) = \frac{2\Gamma(y)}{V\,l(y)\,c'_{a\infty}} + \frac{1}{4\pi V}\int_{-b/2}^{b/2} \frac{d\Gamma}{dy'}\,\frac{dy'}{y-y'}. \tag{7.13}$$

Dieses ist die *Prandtlsche Integralgleichung* für die Zirkulationsverteilung des Tragflügels endlicher Spannweite, wie sie von PRANDTL zuerst im Jahre 1918 angegeben wurde [61]. Sie ist eine lineare Integralgleichung für die Zirkulationsverteilung $\Gamma(y)$, wobei Γ linear vom Anstellwinkel α_g abhängt. Der Profilbeiwert $c'_{a\infty}$ ist aus der Profiltheorie (Kap. VI) bekannt.[1]

Bei vorgegebener Flügelgeometrie [Flügeltiefenverteilung $l(y)$ und Anstellwinkelverteilung $\alpha_g(y)$] läßt sich aus Gl. (7.13) die Zirkulations-

[1] Falls der Profilbeiwert $c'_{a\infty}$ längs Spannweite konstant ist, kann man auch $c'_{a\infty} = c'_{A\infty} \approx 2\pi$ setzen.

verteilung $\Gamma(y)$ ermitteln. Dieses ist die sog. *Nachrechnungsaufgabe* (*zweite Hauptaufgabe*) der Tragflügeltheorie.

Ist dagegen die Zirkulationsverteilung $\Gamma(y)$ bekannt, so läßt sich aus Gl. (7.13) entweder bei vorgegebener Tiefenverteilung $l(y)$ die Anstellwinkelverteilung (Verwindungswinkel) $\alpha_g(y)$ oder bei vorgegebener Anstellwinkelverteilung $\alpha_g(y)$ die Tiefenverteilung $l(y)$ ermitteln. Dieses ist die sog. *Entwurfsaufgabe* (*erste Hauptaufgabe*) der Tragflügeltheorie.

In beiden Fällen ergibt sich der Auftrieb nach Gl. (7.7) und der induzierte Widerstand nach Gl. (7.6) aus der Zirkulationsverteilung $\Gamma(y)$. Vom mathematischen Standpunkt aus ist die zweite Hauptaufgabe wesentlich schwieriger als die erste Hauptaufgabe, da bei der zweiten Hauptaufgabe eine Integralgleichung zu lösen ist, während bei der ersten Hauptaufgabe nur Quadraturen auszuführen sind.

7.14 Elliptische Zirkulationsverteilung

Eine besonders einfache Lösung von Gl. (7.13), die auch große praktische Bedeutung hat, ergibt sich für die elliptische Zirkulationsverteilung längs Spannweite. In diesem Fall ist

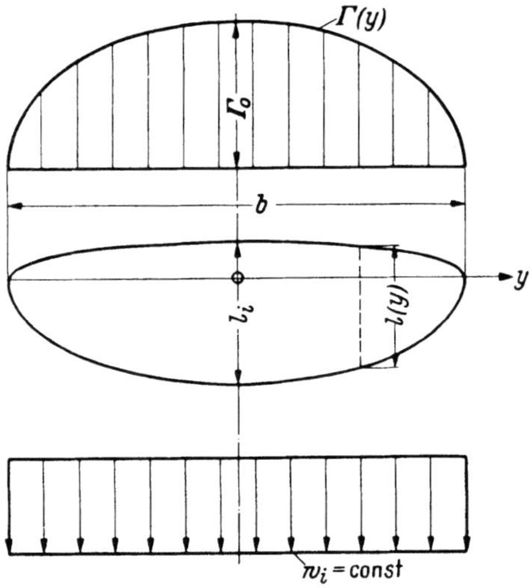

Abb. 7.6. Elliptische Zirkulationsverteilung mit dem dazugehörigen elliptischen Flügelgrundriß und der konstanten induzierten Abwärtsgeschwindigkeit längs Flügelspannweite.

$$\Gamma(y) = \Gamma_0 \sqrt{1 - \left(\frac{2y}{b}\right)^2}, \tag{7.14}$$

wobei Γ_0 die Zirkulation in Flügelmitte $y = 0$ bedeutet, Abb. 7.6. Nach Gl. (7.7) erhält man für den *Auftrieb*:

$$A = \frac{\pi}{4} \varrho b V \Gamma_0. \tag{7.15}$$

Die induzierte Abwärtsgeschwindigkeit ergibt sich nach Gl. (7.8) zu

$$w_i(y) = -\frac{\Gamma_0}{2\pi b}\int\limits_{-b/2}^{b/2} \frac{\frac{2y'}{b}}{\sqrt{1-\left(\frac{2y'}{b}\right)^2}}\,\frac{dy'}{y-y'}.$$

Die Ausrechnung dieses Integrals liefert für Punkte innerhalb der Spannweite, $|y| < b/2$:[1]

$$w_i(y) = \frac{\Gamma_0}{2b}. \tag{7.16}$$

Man findet das bemerkenswerte Ergebnis, daß bei elliptischer Zirkulationsverteilung die induzierte Abwärtsgeschwindigkeit w_i und damit auch der induzierte Anstellwinkel α_i längs der Spannweite konstant ist (Abb. 7.6).

Setzt man die Gln. (7.14) und (7.16) in Gl. (7.6) ein, dann erhält man für den *induzierten Widerstand*:

$$W_i = \frac{\pi}{8}\varrho\Gamma_0^2. \tag{7.17}$$

Mit Γ_0 nach Gl. (7.15) ergibt sich der folgende Zusammenhang zwischen dem induzierten Widerstand und dem Auftrieb:

$$W_i = \frac{A^2}{\pi q b^2}. \tag{7.18}$$

Dabei bedeutet $q = (\varrho/2)\,V^2$ den zur Anströmgeschwindigkeit V gehörigen Staudruck (Geschwindigkeitsdruck). Es ist der induzierte Widerstand proportional dem Quadrat des Auftriebes sowie umgekehrt proportional dem Staudruck und dem Quadrat der Spannweite.

Für den *induzierten Anstellwinkel* $\alpha_i = w_i/V$ erhält man nach den Gln. (7.16) und (7.15):

$$\alpha_i(y) = \frac{A}{\pi q b^2} = \text{const.} \tag{7.19}$$

[1] Zur Auswertung des Integrals macht man zweckmäßigerweise die Substitution $2y'/b = \cos\vartheta'$. Damit läßt sich das Integral überführen in die Form

$$\int\limits_0^{\pi} \frac{\cos\vartheta'}{\cos\vartheta - \cos\vartheta'}\,d\vartheta' = -\pi,$$

vgl. Gl. (6.73).

Durch Vergleich der Gln. (7.18) und (7.19) bestätigt man die früher in Gl. (7.2) angegebene Beziehung $W_i = \alpha_i A$.

Die *Geometrie* des zugehörigen Flügels ergibt sich besonders einfach, wenn man einen unverwundenen Flügel zugrunde legt, $\alpha_g(y) = \alpha_g = $ $= \text{const}$. Da nach Gl. (7.19) der induzierte Anstellwinkel $\alpha_i(y) = \text{const}$ ist, folgt nach Gl. (7.10), daß auch der effektive Anstellwinkel längs Spannweite konstant sein muß, $\alpha_e(y) = \text{const}$. Daraus ergibt sich nach den Gln. (7.11) und (7.14), daß die Flügeltiefe längs der Spannweite elliptisch verteilt ist:

$$l(y) = l_i \sqrt{1 - \left(\frac{2y}{b}\right)^2}. \tag{7.20}$$

Der elliptische Flügelgrundriß ist in Abb. 7.6 dargestellt.[1] Somit ist gezeigt, daß die elliptische Zirkulationsverteilung bei einem unverwundenen Ellipsenflügel vorliegt. Für diesen ist nach Gl. (7.9) dann auch der örtliche Auftriebsbeiwert $c_a(y)$ längs der Spannweite konstant.

Beiwerte. Schließlich mögen die wichtigen Ergebnisse für den induzierten Anstellwinkel nach Gl. (7.19) und für den induzierten Widerstand nach Gl. (7.18) noch durch die dimensionslosen Beiwerte für den Auftrieb und den induzierten Widerstand ausgedrückt werden. Diese sind wie folgt definiert:

$$A = c_A q F, \tag{7.21}$$

$$W_i = c_{Wi} q F \tag{7.22}$$

mit F als Flügelgrundrißfläche.
Damit ergibt sich aus den Gln. (7.19) und (7.18):

$$\alpha_i = \frac{c_A}{\pi \Lambda}, \tag{7.23}$$

$$c_{Wi} = \frac{c_A^2}{\pi \Lambda}. \tag{7.24}$$

Hierin bedeutet

$$\Lambda = \frac{b^2}{F} \tag{7.25}$$

das Seitenverhältnis des Flügels nach Gl. (5.4). Das wichtige Ergebnis für den Beiwert des induzierten Widerstandes nach Gl. (7.24) ist in Abb. 7.7 für einen Flügel vom Seitenverhältnis $\Lambda = 5$ mit Meßergebnissen verglichen. Man sieht, daß die theoretische Kurve für den induzierten Widerstandsbeiwert die gemessene Polare im ganzen c_A-Bereich recht gut wiedergibt. Der Unterschied der beiden Kurven ist über dem

[1] Der Ellipsenflügel besteht aus zwei Halbellipsen, deren große Achsen von der $l/4$-Linie gebildet werden.

ganzen c_A-Bereich nahezu konstant. Er rührt her von dem in der vorliegenden Theorie vernachlässigten Einfluß der Reibung. Abb. 7.7 legt

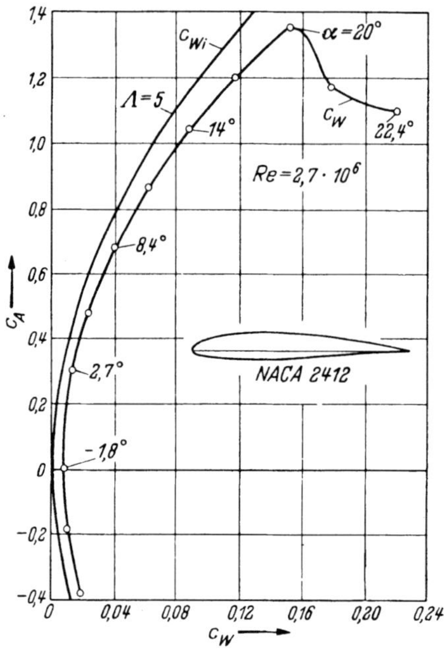

Abb. 7.7. Gemessene Polare eines Tragflügels vom Seitenverhältnis $\Lambda = 5$ und theoretische Kurve für den induzierten Widerstand, $c_{Wi} = c_A^2/\pi\Lambda$.

es nahe, den Widerstandsbeiwert aufzuteilen in einen vom Auftriebsbeiwert nahezu unabhängigen Anteil, den man als Beiwert des Profilwiderstandes c_{Wp} bezeichnet, und in einen vom Auftriebsbeiwert abhängigen Anteil, den Beiwert des induzierten Widerstandes c_{Wi}:

$$c_W = c_{Wp} + c_{Wi} \tag{7.26a}$$

oder wegen Gl. (7.24):

$$c_W = c_{Wp} + \frac{c_A^2}{\pi\Lambda}. \tag{7.26b}$$

Für den geometrischen Anstellwinkel ergibt sich nach den Gln. (7.10) und (7.23):

$$\alpha_g = \alpha_e + \frac{c_A}{\pi\Lambda}. \tag{7.27}$$

Dabei ist nach Gl. (7.9) $\alpha_e = c_A/c'_{A\infty}$, weil der konstante örtliche Auftriebsbeiwert $c_a(y) = \text{const}$ und der Gesamtauftriebsbeiwert c_A im vorliegenden Fall gleich sind.

Die letztere Gleichung gestattet es, den Auftriebsanstieg des Tragflügels endlicher Spannweite in seiner Abhängigkeit vom Seitenverhältnis zu ermitteln. Aus Gl. (7.27) ergibt sich

$$\alpha_g = \frac{c_A}{c'_{A\infty}} + \frac{c_A}{\pi \Lambda} \tag{7.28}$$

und hieraus weiterhin

$$\frac{dc_A}{d\alpha_g} = \frac{c'_{A\infty}}{1 + \frac{c'_{A\infty}}{\pi \Lambda}}. \tag{7.29}$$

Für $c'_{A\infty} = 2\pi$ folgt:

$$\frac{c'_A}{c'_{A\infty}} = \frac{\Lambda}{\Lambda + 2}, \tag{7.30}$$

wobei $c'_A = dc_A/d\alpha_g$ ist. Gl. (7.30) gibt an, um wieviel der Auftriebsanstieg und damit auch der Auftrieb bei gleichem Anstellwinkel infolge des endlichen Seitenverhältnisses abgemindert wird. In Abb. 7.8 ist

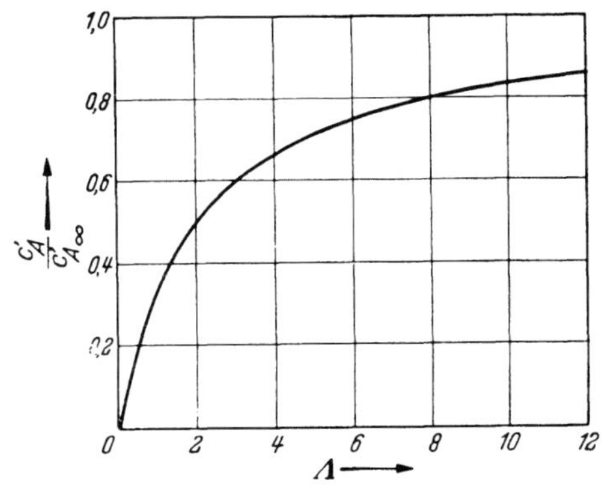

Abb. 7.8. Verhältnis der Auftriebsanstiege des Flügels endlichen und unendlichen Seitenverhältnisses in Abhängigkeit vom Seitenverhältnis, $c'_{A\infty} = 2\pi$.

dieses Verhältnis der Auftriebsanstiege in Abhängigkeit vom Seitenverhältnis dargestellt.

Wie später noch genauer gezeigt werden wird, sind die hier für den elliptischen Tragflügel gefundenen Formeln für den induzierten Widerstand und den Auftriebsanstieg auch für andere Flügelformen mit sehr guter Näherung gültig. Dieses gilt insbesondere auch für Rechteckflügel, wie A. Betz [1] gezeigt hat, vgl. Abb. 7.30 und Abb. 7.55.

7.15 Prandtlsche Umrechnungsformeln für den Tragflügel endlicher Spannweite

Die vorstehend abgeleiteten Ergebnisse über den Einfluß des Seitenverhältnisses auf Auftrieb und Widerstand sind von L. Prandtl und A. Betz [62] einer experimentellen Nachprüfung unterzogen worden.

Vergleicht man die Polaren von zwei Flügeln mit den Seitenverhältnissen Λ_1 und Λ_2 bei gleichem Auftriebsbeiwert, so gilt nach Gl. (7.26b) mit $c_{Wp2} = c_{Wp1}$:

$$c_{W2} = c_{W1} + \frac{c_A^2}{\pi}\left(\frac{1}{\Lambda_2} - \frac{1}{\Lambda_1}\right). \tag{7.31}$$

In Abb. 7.9a sind für eine Reihe von Rechteckflügeln mit den Seitenverhältnissen $\Lambda_1 = 1, 2, \ldots, 7$ die gemessenen Polaren dargestellt. Abb. 7.9b zeigt das Ergebnis der Umrechnung dieser Polaren nach

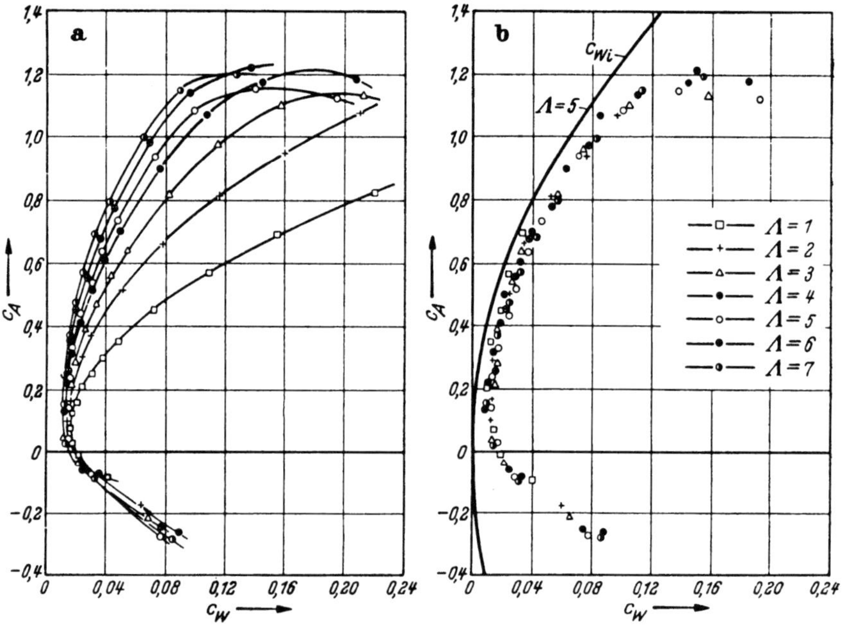

Abb. 7.9. Zur experimentellen Nachprüfung der Umrechnungsformel für den *Widerstand* nach [62]. a) Gemessene Polaren für Rechteckflügel vom Seitenverhältnis $\Lambda = 1$ bis 7; b) auf $\Lambda = 5$ umgerechnete Polaren und Vergleich mit der Theorie des induzierten Widerstandes, Gl. (7.31).

Gl. (7.31) auf das Seitenverhältnis $\Lambda_2 = 5$. Die umgerechneten Polaren fallen sehr gut in *einen* Kurvenzug zusammen, womit die Gültigkeit von Gl. (7.31) experimentell bestätigt ist. In Abb. 7.9b ist noch die theoretische Polare des induzierten Widerstandes für $\Lambda = 5$ mit eingetragen.

Vergleicht man andererseits die Auftriebskurven $c_A(\alpha_g)$ von zwei Flügeln mit den Seitenverhältnissen Λ_1 und Λ_2, so gilt bei gleichem Auftriebsbeiwert nach Gl. (7.28):

$$\alpha_{g2} = \alpha_{g1} + \frac{c_A}{\pi}\left(\frac{1}{\Lambda_2} - \frac{1}{\Lambda_1}\right). \tag{7.32}$$

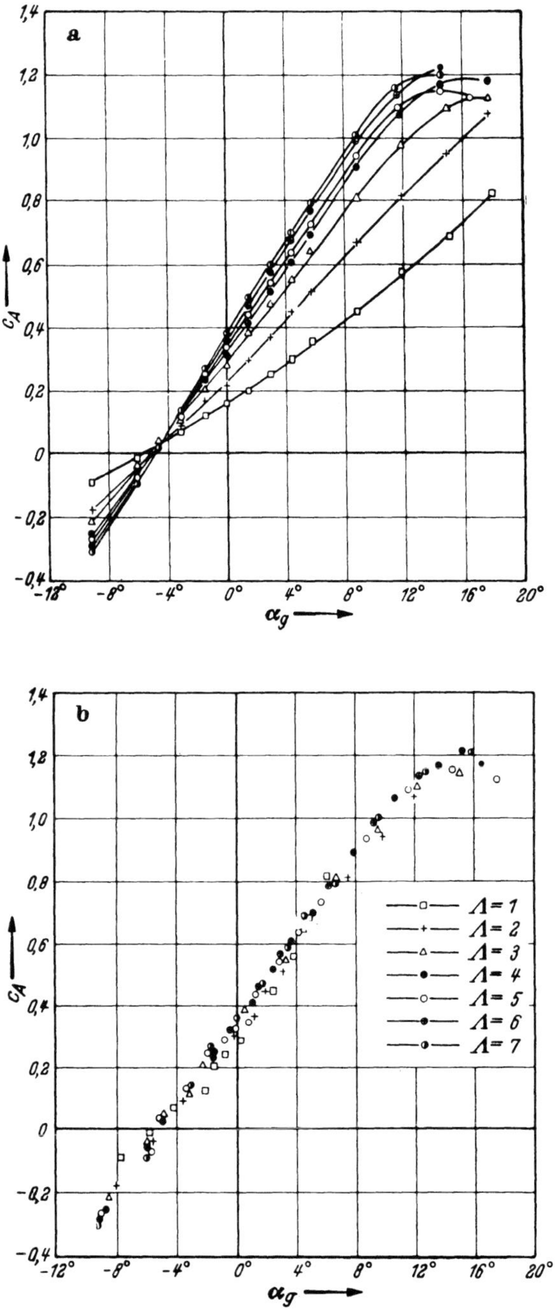

Abb. 7.10. Zur experimentellen Nachprüfung der Umrechnungsformel für den *Auftrieb in Abhängigkeit vom Anstellwinkel* nach [62].

a) Gemessene $c_A(\alpha_g)$-Kurven für Rechteckflügel vom Seitenverhältnis $\Lambda = 1$ bis 7;
b) auf $\Lambda = 5$ umgerechnete $c_A(\alpha_g)$-Kurven, Gl. (7.32).

In Abb. 7.10a sind für die gleichen Flügel wie in Abb. 7.9 die gemessenen Auftriebskurven dargestellt. Abb. 7.10b zeigt das Ergebnis der Umrechnung dieser Auftriebskurven nach Gl. (7.32) auf das Seitenverhältnis $\Lambda_2 = 5$. Auch hier fallen die umgerechneten Kurven in *einen* Kurvenzug zusammen. Damit ist auch die Gültigkeit von Gl. (7.32) experimentell bestätigt.

Die beiden Gln. (7.31) und (7.32) können somit verwendet werden, um die bei einem bestimmten Seitenverhältnis Λ_1 gemessene Widerstandspolare $c_W(c_A)$ und Auftriebskurve $c_A(\alpha_g)$ auf einen Tragflügel mit einem anderen Seitenverhältnis Λ_2 umzurechnen, wenn beide Flügel das gleiche Profil besitzen. Aus diesem Grunde nennt man diese Gleichungen auch die *Umrechnungsformeln des Tragflügels endlicher Spannweite.*

7.2 Tragflügeltheorie nach der Methode der Wirbelbelegung

7.21 Wirbelsystem der tragenden Fläche

In Kap. 7.1 war der Einfachheit halber angenommen worden, daß die den Tragflügel darstellende Zirkulation auf einer Linie konzentriert ist (*Traglinientheorie*), Abb. 7.2. Diese Vorstellung ist nur dann eine einigermaßen gute Annäherung für einen wirklichen Tragflügel, wenn seine Tiefenerstreckung sehr viel kleiner ist als seine Spannweitenerstreckung (Tragflügel von großem Seitenverhältnis). Ist die Flügeltiefe nicht mehr sehr viel kleiner als die Spannweite, so muß man von der Vorstellung der Traglinie zu derjenigen einer flächenhaften Verteilung der tragenden Wirbel über die Flügeltiefe übergehen. Eine solche kontinuierliche Wirbelverteilung über die Flügeltiefe war bereits in Kap. 6.32 bei der Skelett-Theorie zugrunde gelegt worden. Im vorigen Abschnitt waren die freien Wirbel bereits flächenhaft verteilt angenommen worden. Überträgt man diese Vorstellung der kontinuierlichen Zirkulationsverteilung sinngemäß auf den Tragflügel endlicher Spannweite, so ergibt sich für diesen eine in Tiefen- und Spannweitenrichtung veränderliche flächenhafte Wirbelverteilung (*Tragflächentheorie*). Diese Tragflächentheorie soll im vorliegenden Abschnitt in ihren Grundzügen entwickelt werden. Sie ist praktisch besonders wichtig für Tragflügel von kleinem Seitenverhältnis, für Pfeilflügel und Deltaflügel sowie für den schiebenden Flügel.

Diese flächenhafte Wirbelbelegung kann aufgefaßt werden als eine Singularitätenbelegung im Sinne von Kap. 6.32. In der späteren Entwicklung der Tragflächentheorie wird anstelle der Wirbelbelegung gelegentlich auch eine Dipolbelegung verwendet, vgl. z. B. L. PRANDTL [63].

Die Tragflächentheorie mit Hilfe der Wirbelbelegung ist im Anschluß an die bekannte Prandtlsche Arbeit [61] zuerst von H. Blenk [4] weiter ausgebaut worden, indem er die Birnbaum-Ackermannsche Theorie [3] vom ebenen Fall auf den räumlichen Fall übertrug.

Die Verteilung der Wirbelstärke über eine vorgegebene Fläche kann in verschiedener Weise erfolgen. Es sei eine Tragflügelfläche von beliebiger Gestalt vorgegeben. Wir wählen ein rechtwinkliges, flügelfestes Koordinatensystem so, daß die y-Achse senkrecht zur Anströmrichtung steht.

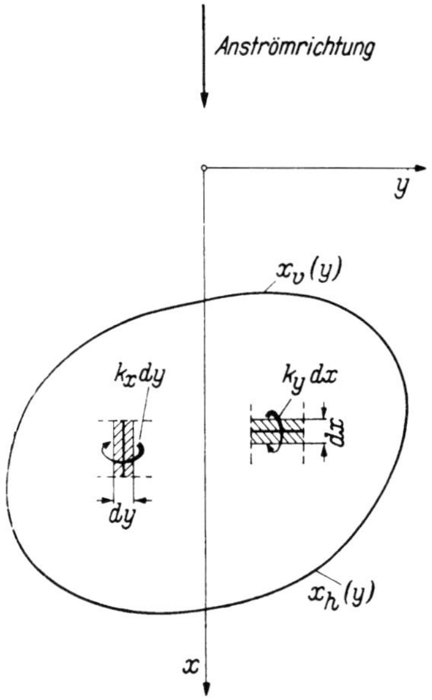

Abb. 7.11. Tragflügel mit flächenhafter Wirbelbelegung.
k_x: Wirbeldichte für Wirbellinien in x-Richtung;
k_y: Wirbeldichte für Wirbellinien in y-Richtung.

Eine *erste Möglichkeit*, diesen Tragflügel durch eine Wirbelbelegung zu ersetzen, besteht darin, daß diese Fläche mit zwei flächenhaften Wirbelverteilungen $k_x(x, y)$ und $k_y(x, y)$ belegt wird, Abb. 7.11. Die erstere Wirbelverteilung hat Wirbellinien parallel zur x-Achse und die letztere solche parallel zur y-Achse. Die k_y-Wirbel sind von der Art, wie sie bereits bei der ebenen Tragflügeltheorie, vgl. Abb. 6.14, zugrunde gelegt wurden, während die k_x-Wirbel von der Art der freien Wirbel in der Wirbelfläche hinter der Tragfläche sind, vgl. Abb. 7.5. Bei Anströmung in x-Richtung bringen für den Auftrieb der Tragfläche nur die k_y-Wirbel einen Beitrag. Die Gesamtzirkulation für einen Flügelschnitt y beträgt

$$\Gamma(y) = \int_{x_v}^{x_h} k_y(x, y)\, dx. \tag{7.33}$$

Hierin bedeuten $x_v(y)$ und $x_h(y)$ die x-Koordinaten der Vorder- bzw. Hinterkante des Schnittes y. Die Wahl der beiden Wirbelverteilungen $k_x(x, y)$ und $k_y(x, y)$ kann nicht willkürlich sein, sondern muß so bestimmt werden, daß die von der Wirbelfläche induzierten Geschwindigkeiten die Gleichung der Drehungsfreiheit $\partial u/\partial y - \partial v/\partial x = 0$ erfüllen, Gl. (2.32). Entsprechend Gl. (6.60a) ist in der Nähe der Wirbelschicht $(z \to 0)$:

$$u = \pm \tfrac{1}{2} k_y, \quad v = \mp \tfrac{1}{2} k_x, \tag{7.34}$$

wobei die oberen Vorzeichen oberhalb und die unteren Vorzeichen unterhalb der Wirbelschicht gelten. Mithin folgt dann:

$$\frac{\partial k_x}{\partial x} + \frac{\partial k_y}{\partial y} = 0 .$$

Man nennt diese Beziehung auch die Bedingung der Quellfreiheit der Wirbelbelegung. Da nach Gl. (2.135) $k_x \sim \omega_x$ und $k_y \sim \omega_y$ ist, kann man die vorstehende Gleichung auch aus Gl. (2.150) ableiten.

Eine *zweite Möglichkeit*, den Tragflügel durch eine Wirbelbelegung darzustellen, besteht darin, daß man nach einem Vorschlag von H. Glauert [18] den Tragflügel nach Abb. 7.12 durch sogenannte Elemen-

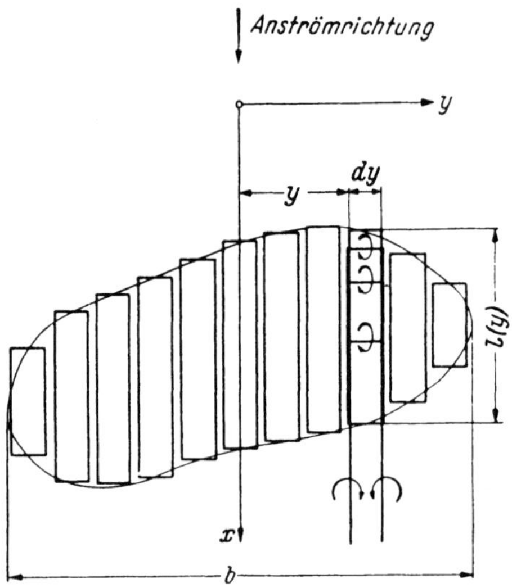

Abb. 7.12. Ersatz einer tragenden Fläche durch Elementarflügel der Spannweite dy und der Tiefe $l(y)$.

tarflügel der infinitesimalen Spannweite dy und der Flügeltiefe $l(y)$ ersetzt. Jedem Elementarflügel ist im Gesamtverband des Flügels ein ganz bestimmter, durch die Geometrie des Flügelgrundrisses gegebener Platz zugeordnet. Das Wirbelsystem jedes Elementarflügels besteht aus einer Reihe hintereinander liegender Wirbellinien parallel zur y-Achse und zwei Wirbellinien parallel zur x-Achse, somit aus einer Schar von hintereinander angeordneten Hufeisenwirbeln, wie sie in Kap. 7.1 eingeführt wurden. Diese Darstellung wurde für einen beliebigen Flügelgrundriß u. a. von E. Truckenbrodt [73] angegeben. In Abb. 7.13 ist für das Beispiel eines schiebenden Pfeilflügels das soeben Gesagte noch einmal genauer dargestellt. Zu diesem Bild möge bemerkt werden, daß die freien Wirbel der einzelnen Hufeisenwirbel nur der Deutlichkeit halber nebeneinander gezeichnet wurden, während sie tatsächlich auf zwei parallelen Linien mit dem Abstand dy liegen. Der Elementarflügel hat in der Richtung der Flügeltiefe (x-Richtung) eine Zirkulationsverteilung mit der Dichte

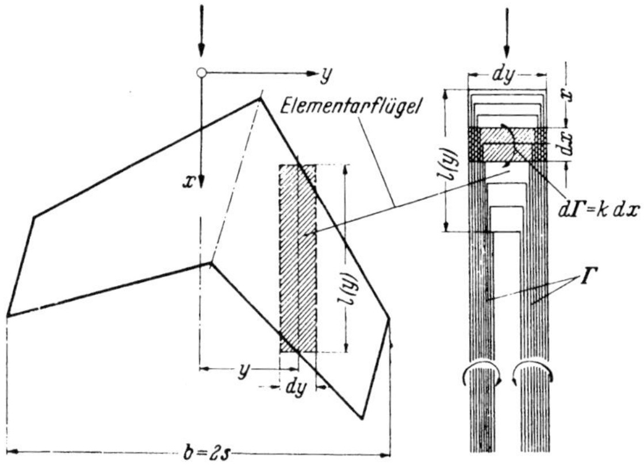

Abb. 7.13. Wirbelsystem eines schiebenden Pfeilflügels nach [75].

$k(x)$ pro Längeneinheit. Für ein Flächenelement des Elementarflügels mit der Spannweite dy und der Tiefenerstreckung dx ist die Zirkulation

$$d\Gamma(x, y) = k(x, y)\, dx. \tag{7.35}$$

Im Vergleich mit der Darstellung von Abb. 7.11 entspricht k dem dort verwendeten k_y. Somit ist nach Gl. (7.33) die Gesamtzirkulation der gebundenen Wirbel des Elementarflügels

$$\Gamma(y) = \int\limits_{x_v(y)}^{x_h(y)} k(x, y)\, dx. \tag{7.36}$$

Die gleiche Zirkulation haben auch die beiden von der Hinterkante des Elementarflügels abgehenden freien Wirbel.

Im Rahmen der linearen Tragflächentheorie, d. h. bei Beschränkung auf kleine Profilwölbungen der einzelnen Flügelschnitte und auf kleine Anstellwinkel, kann angenommen werden, daß die gebundenen und die freien Wirbel *aller* Elementarflügel in *einer* Ebene (x, y-Ebene) liegen. Dieses wurde auch bei der Profiltheorie in Kap. 6.32 vorausgesetzt.

7.22 Integralgleichung für die Zirkulationsverteilung nach der Tragflächentheorie

Um die Gleichung für die Berechnung der Zirkulationsverteilung aufzustellen, muß zunächst die Bedingung dafür angegeben werden, daß die mit Wirbeln belegte tragende Fläche eine Stromfläche ist,

d. h., daß auf ihr die Normalkomponente der resultierenden Geschwindigkeit gleich Null ist. Dieses ist die sogenannte kinematische Strömungsbedingung. In Abb. 7.14 ist ein Flügelschnitt y der tragenden Fläche

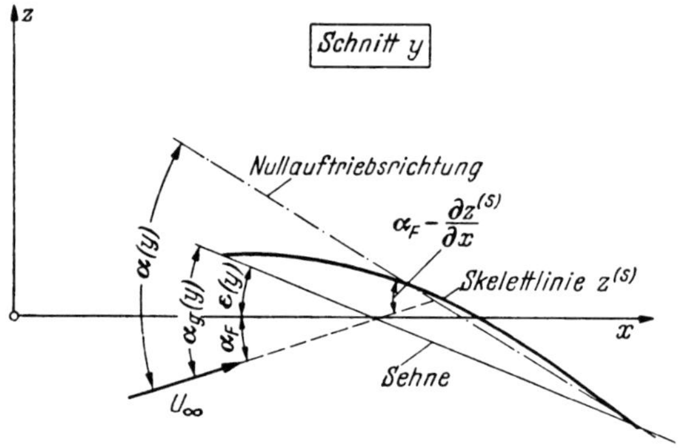

Abb. 7.14. Zur kinematischen Strömungsbedingung der Tragflächentheorie.

(Skelettfläche) $z^{(s)}(x, y)$ dargestellt. Dieser wird mit der Geschwindigkeit U_∞ angeströmt, die mit der Sehne den geometrischen Anstellwinkel $\alpha_g(y) = \alpha_F + \varepsilon(y)$ bildet. Es ist α_F der Anstellwinkel, gemessen gegen die x-Achse, und $\varepsilon(y)$ der Verwindungswinkel. Bedeutet $w(x, y)$ die in einem Punkt der x, y-Ebene vom gesamten Wirbelsystem induzierte Geschwindigkeit in z-Richtung ($w > 0$ in Richtung der positiven z-Achse), dann lautet die *kinematische Strömungsbedingung* in Analogie zu Gl. (6.62):

$$U_\infty \left[\alpha_F - \frac{\partial z^{(s)}(x, y)}{\partial x}\right] + w(x, y) = 0. \tag{7.37}$$

Hierbei stellt die eckige Klammer den Winkel zwischen der Anströmrichtung und der Skelett-Tangente dar. Es muß Gl. (7.37) in allen Punkten x, y der tragenden Fläche erfüllt sein.

Weiterhin muß nun zunächst aus der vorgegebenen Wirbelverteilung $k(x, y)$ die induzierte Geschwindigkeit $w(x, y)$ auf der tragenden Fläche ermittelt werden. Der Einfachheit halber berechnen wir jedoch die induzierte Geschwindigkeit in der Projektion der tragenden Fläche auf die x, y-Ebene, die mit der Wirbelfläche identisch ist. Die induzierte Geschwindigkeit $w(x, y)$ in einem beliebigen Punkt der x, y-Ebene wird erhalten, indem man zunächst den Beitrag *eines* Hufeisenwirbels *eines* Elementarflügels nach dem Biot-Savartschen Gesetz, Kap. 2.46, ermittelt, Abb. 7.15. Die gesamte induzierte Geschwindigkeit $w(x, y)$ ergibt sich daraus, daß man zuerst in der x-Richtung über einen Elementarflügel und danach in der y-Richtung über die Gesamtheit aller Elementarflügel integriert. Die Ausführung dieser Integrationen liefert, wie in [73] im einzelnen dargestellt ist, folgendes:

$$w(x, y) = -\frac{1}{4\pi} \lim_{\varepsilon \to 0} \left[\frac{2}{\varepsilon} G(x, y; y) - \oint_{-s}^{s} \frac{G(x, y; y')}{(y - y')^2} dy' \right] \tag{7.38}$$

mit

$$G(x, y; y') = \int_{x_v(y')}^{x_h(y')} k(x', y') \left(1 + \frac{x - x'}{\sqrt{(x - x')^2 + (y - y')^2}}\right) dx', \tag{7.39a}$$

$$G(x, y; y) = 2 \int_{x_v(y)}^{x} k(x', y)\, dx'. \tag{7.39b}$$

Bei der Herleitung der Gln. (7.38) und (7.39) ist das Biot-Savartsche Gesetz in der Weise anzuwenden, daß man den Aufpunkt, in welchem die induzierte Geschwindigkeit $w(x, y)$ zu berechnen ist, zunächst außerhalb der Wirbelfläche annimmt ($z \neq 0$) und danach in die Wirbelfläche rücken läßt ($z \to 0$).[1]

Führt man schließlich Gl. (7.38) in die kinematische Strömungsbedingung (7.37) ein, so erhält man:

$$U_\infty \left[\alpha_F - \frac{\partial z^{(s)}(x, y)}{\partial x}\right] = \frac{1}{4\pi} \lim_{\varepsilon \to 0} \left[\frac{2}{\varepsilon} G(x, y; y) - \oint_{-s}^{s} \frac{G(x, y; y')}{(y - y')^2} dy'\right]. \tag{7.40}$$

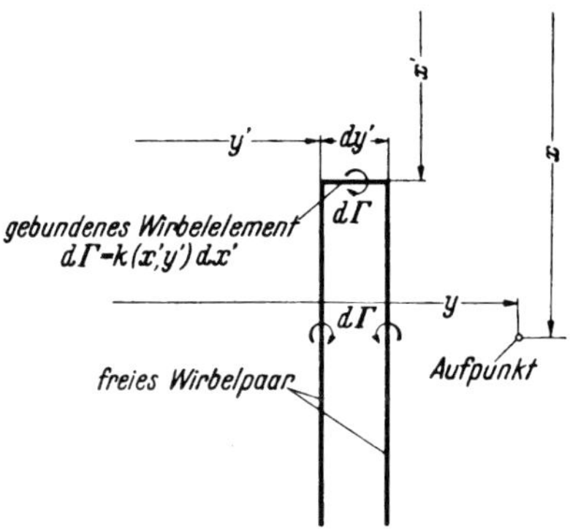

Abb. 7.15. Zur Ermittlung der induzierten Geschwindigkeit $w(x, y)$ des Hufeisenwirbels eines Elementarflügels.

Dabei hängt $G(x, y; y')$ nach Gl. (7.39) mit $k(x, y)$ zusammen. Gl. (7.40) ist bei vorgegebenem Anstellwinkel α_F und vorgegebener Form der Tragfläche $z^{(s)}(x, y)$ eine Integralgleichung für die Zirkulationsverteilung $k(x, y)$ der tragenden Fläche (zweite Hauptaufgabe). Damit für die Tragfläche die Kuttasche Abflußbedingung erfüllt ist, muß die Wirbeldichte $k(x, y)$ an der Hinterkante $x = x_h(y)$ verschwinden, vgl. Gl. (6.64). Nachdem aus Gl. (7.40) die Wirbeldichte $k(x, y)$ ermittelt worden ist, erhält man die resultierende Druckverteilung von Unter- und

---

[1] Es bedeutet

$$\oint_{-s}^{s} \ldots dy' = \int_{-s}^{y-\varepsilon} \ldots dy' + \int_{y+\varepsilon}^{s} \ldots dy'.$$

Oberseite in einem Punkt x, y nach Gl. (6.65) in der Form:

$$\Delta c_p(x, y) = \frac{p_u - p_o}{q_\infty} = 2\,\frac{k(x, y)}{U_\infty}. \tag{7.41}$$

Hierin ist $q_\infty = \varrho\, U_\infty^2/2$ der Staudruck der Anströmung. Der örtliche Auftriebsbeiwert $c_a(y)$ eines Flügelschnittes y ergibt sich durch Integration der Druckverteilung über die Flügeltiefe analog zu Gl. (6.66):

$$c_a(y) = \frac{1}{l(y)} \int\limits_{x_v(y)}^{x_h(y)} \Delta c_p(x, y)\, dx. \tag{7.42}$$

Den Gesamtauftriebsbeiwert $c_A = A/F q_\infty$ des Flügels erhält man schließlich zu

$$c_A = \frac{1}{F} \iint\limits_{(F)} \Delta c_p\, dx\, dy = \frac{1}{F} \int\limits_{-s}^{s} c_a(y)\, l(y)\, dy. \tag{7.43}$$

Man vergleiche hierzu Gl. (5.42).

Wie bei der Prandtlschen Traglinientheorie (Kap. 7.13) läßt sich bei vorgegebener Flügelfläche und vorgegebener Wirbelverteilung $k(x, y)$ die Flügelgeometrie (Verwindung und Wölbung) nach Gl. (7.40) ermitteln. Diese *Entwurfsaufgabe* (erste Hauptaufgabe) erfordert Quadraturen nach Gl. (7.39) und (7.40). Einige Beispiele hierzu wurden erstmalig von H. Blenk [4] angegeben.

Bei vorgegebener Flügelgeometrie (Grundriß und Anstellwinkel) liefert Gl. (7.40) die Wirbelverteilung über die Flügelfläche. Diese *Nachrechnungsaufgabe* (zweite Hauptaufgabe) führt auf eine Integralgleichung für die Wirbelverteilung $k(x, y)$, welche erhebliche mathematische Schwierigkeiten bereitet. Man ist deshalb für die Lösung dieser Integralgleichung auf Näherungsverfahren angewiesen, die in verschiedener Weise angesetzt werden können.

Eine *erste Möglichkeit*, Näherungslösungen zu gewinnen, besteht darin, daß man die Form der Wirbelverteilung $k(x, y)$ in Spannweitenrichtung y vorgibt. Wählt man für $k(y)$ einen Ansatz mit m Gliedern, von denen das erste z. B. die elliptische Verteilung darstellt, so kann die Integralgleichung (7.40) nicht mehr auf der ganzen tragenden Fläche, sondern nur noch in m Schnitten in Richtung der Flügeltiefe erfüllt werden.

Eine *zweite Möglichkeit* zur Beschaffung von Näherungslösungen besteht darin, die Form der Wirbelverteilung $k(x, y)$ in Richtung der Flügeltiefe x vorzugeben, z. B. durch die Birnbaumschen Normalverteilungen nach Gl. (6.71). Wählt man für $k(x)$ einen Ansatz mit n Gliedern, so kann die Integralgleichung nur auf n Linien längs der Spannweite erfüllt werden. Solche Verfahren wurden für $n = 1$ (1. Birnbaumsche Verteilung) von J. WEISSINGER [83] und für $n = 2$ (1. und 2. Birnbaumsche Verteilung) von H. MULTHOPP [58] und E. TRUCKENBRODT [75] sowie für $n = 5$ von S. WAGNER [80] ausgearbeitet.

Eine *dritte Möglichkeit* besteht darin, daß man gleichzeitig Verteilungen über die Spannweite mit m Gliedern *und* Verteilungen über die Tiefe mit n Gliedern vorgibt. In diesem Fall kann man die Integralgleichung in $m \cdot n$ Punkten erfüllen, die in Spannweiten- und Tiefenrichtung geeignet zu verteilen sind. Ein solches Verfahren hat schon frühzeitig H. BLENK [4] angewendet.

7.23 Integralgleichung für die Zirkulationsverteilung nach der erweiterten Traglinientheorie

Man kann von der in Kap. 7.22 hergeleiteten Tragflächentheorie zu einer einfacheren Tragflügeltheorie von der Art wie in Kap. 7.1 gelangen, indem man die über die Flügeltiefe kontinuierlich verteilte Zirkulation ersetzt durch *eine* Wirbellinie, welche an einer geeignet zu wählenden Stelle der örtlichen Flügeltiefe angeordnet wird (*Traglinientheorie*). Es sei $x_l' = x_l(y')$ der Ort dieser tragenden Wirbellinie, den man zweckmäßigerweise in der Einviertelpunkt-Linie annimmt. Für die Funktion $G(x, y; y')$ nach Gl. (7.39a) ergibt sich dann

$$G(x, y; y') = \Gamma(y') \left(1 + \frac{x - x_l'}{\sqrt{(x - x')^2 + (y - y')^2}}\right). \tag{7.44a}$$

Dabei ist $\Gamma(y')$ die gesamte Zirkulation um den Flügelschnitt y'. Weiterhin gilt für $y' = y$ und $x > x_l'$:

$$G(x, y; y) = 2\Gamma(y). \tag{7.44b}$$

Die kinematische Strömungsbedingung Gl. (7.37) kann in diesem Fall nur noch in *einem* Punkt längs der Flügeltiefe erfüllt werden. Die Koordinaten dieses Aufpunktes seien $x_p(y)$. Es ist zweckmäßig, diesen Aufpunkt in Dreiviertel der örtlichen Flügeltiefe anzunehmen (Dreiviertelpunkt, Theorem von PISTOLESI), vgl. Kap. 6.351. Damit wird der Klammerausdruck auf der linken Seite von Gl. (7.40)

$$\alpha_F - \frac{\partial z^{(s)}(x_p, y)}{\partial x} = \alpha(y), \tag{7.45}$$

wobei $\alpha(y)$ der gegen die Nullauftriebsrichtung gemessene Anstellwinkel ist, Abb. 7.14.

Werden die Gln. (7.45) und (7.44) in Gl. (7.40) eingesetzt, so erhält man die Integralgleichung für die Zirkulationsverteilung nach der *erweiterten Traglinientheorie*:

$$U_\infty \alpha(y) = \frac{1}{4\pi} \lim_{\varepsilon \to 0} \left[\frac{4}{\varepsilon} \Gamma(y) - \int\limits_{-s}^{s} \frac{\Gamma(y')}{(y-y')^2} \left(1 + \frac{x_p - x_l'}{\sqrt{(x_p - x_l')^2 + (y-y')^2}} \right) dy' \right]. \tag{7.46}$$

Gegenüber der in Kap. 7.1 besprochenen einfachen Traglinientheorie hat Gl. (7.46) den großen Vorteil, auch auf schiebende und gepfeilte Flügel anwendbar zu sein. Diese erweiterte Traglinientheorie wird auch als „*Dreiviertelpunktmethode*" bezeichnet. Sie wurde insbesondere von J. WEISSINGER [83] ausgearbeitet und angewendet. Mit der Begründung dieser Traglinientheorie hat sich auch E. REISSNER [64] befaßt.

Für den Pfeilflügel ergibt sich eine Wirbelanordnung nach Abb. 7.16. Dabei ist in Abb. 7.16a der Ersatz des Tragflügels durch das System der Elementarflügel und in Abb. 7.16b das der Prandtlschen Vorstellung äquivalente Wirbelsystem nach Abb. 7.5 dargestellt.

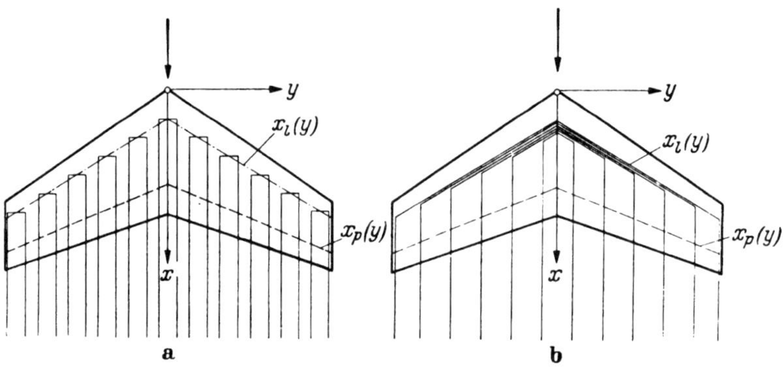

Abb. 7.16. Wirbelsystem eines Pfeilflügels (Traglinientheorie).
a) Ersatz des Flügels durch Elementarflügel; b) gebundene und freie Wirbel nach PRANDTL, vgl. Abb. 7.5.

Bei der Prandtlschen Traglinientheorie und der vorstehend geschilderten Dreiviertelpunktmethode wird der Tragflügel durch nur *eine* tragende Linie ersetzt. Von K. WIEGHARDT [88] stammt der Gedanke, mehrere tragende Wirbellinien hintereinander anzuordnen. Man kann dieses Verfahren als „*Mehrpunktmethode*" bezeichnen. N. SCHOLZ [70] hat diese Methode weiter ausgebaut und insbesondere auf den gewölbten Rechteckflügel angewendet.

Schon früher hatte V. M. FALKNER [9], [10] ein Verfahren angegeben, bei dem sowohl in Tiefen- als auch in Spannweitenrichtung diskrete Wirbel angenommen werden. Weiterhin sei noch auf die Arbeit von W. P. JONES [31] hingewiesen.

7.24 Potential der tragenden Fläche

7.241 Geschwindigkeitspotential. Das induzierte Geschwindigkeitsfeld des Wirbelsystems eines Tragflügels läßt sich auch mit Hilfe eines räumlichen Geschwindigkeitspotentials $\Phi(x, y, z)$ angeben, wie in Kap. 2.34 ausgeführt wurde. Dabei erhält man den Geschwindigkeitsvektor $\mathfrak{w} = \mathfrak{i}u + \mathfrak{j}v + \mathfrak{k}w$ aus $\mathfrak{w} = \operatorname{grad} \Phi$ und somit:

$$u = \frac{\partial \Phi}{\partial x}, \quad v = \frac{\partial \Phi}{\partial y}, \quad w = \frac{\partial \Phi}{\partial z}. \tag{7.47}$$

Für einen Hufeisenwirbel der Spannweite dy' und der Wirbelstärke $d\Gamma = k(x', y')dx'$, welcher sich am Ort $x', y', z' = 0$ befindet (Abb. 7.15) und dessen freie Wirbel in Richtung der positiven x-Achse verlaufen, lautet der Beitrag zum Geschwindigkeitspotential nach [73]:

$$d^2\Phi(x, y, z; x', y') = \frac{k(x', y')}{4\pi} \frac{z}{(y - y')^2 + z^2} \left(1 + \frac{x - x'}{r}\right) dx'\, dy' \tag{7.48}$$

mit

$$r = \sqrt{(x - x')^2 + (y - y')^2 + z^2}. \tag{7.49}$$

Die Integration über die mit Hufeisenwirbeln dieser Art belegte tragende Fläche ergibt

$$\Phi(x, y, z) = \frac{1}{4\pi} \int\limits_{-s}^{s} \frac{z}{(y - y')^2 + z^2} G(x, y, z; y')\, dy' \tag{7.50}$$

mit

$$G(x, y, z; y') = \int\limits_{x_v(y')}^{x_h(y')} k(x', y') \left(1 + \frac{x - x'}{\sqrt{(x - x')^2 + (y - y')^2 + z^2}}\right) dx'. \tag{7.51}$$

Dieser Ausdruck für das Geschwindigkeitspotential der tragenden Fläche wurde in ähnlicher Form bereits früher von Th. v. Kármán und J. M. Burgers [32] [33], angegeben, vgl. hierzu [73].

Auf der tragenden Wirbelfläche und in der freien Wirbelfläche hinter dem Flügel ist das Potential unstetig. Es besitzt, wie die nähere Untersuchung zeigt, einen Sprung beim Durchgang durch die Wirbelfläche von der Ober- zur Unterseite. Dieser ist

auf der tragenden Fläche $[x_v(y) \le x < x_h(y)]$:

$$\Phi_o(x, y) - \Phi_u(x, y) = \int\limits_{x_v(y)}^{x} k(x', y)\, dx' \tag{7.52a}$$

und in der freien Wirbelfläche $[x > x_h(y)]$:

$$\Phi_o(x, y) - \Phi_u(x, y) = \int\limits_{x_v(y)}^{x_h(y)} k(x', y)\, dx' = \Gamma(y). \tag{7.52b}$$

Beim Übergang von der tragenden Fläche zur tragenden Linie ergibt sich in Analogie zu Gl. (7.44a) die Funktion G in Gl. (7.50) zu:

$$G(x, y, z;\, y') = \Gamma(y') \left(1 + \frac{x - x'_l}{\sqrt{(x - x'_l)^2 + (y - y')^2 + z^2}}\right). \tag{7.53}$$

Sehr weit vor und sehr weit hinter dem Flügel geht die Funktion G nach den Gln. (7.51) und (7.53) über in

$$G(\infty, y, z; y') = 2 \int\limits_{x_v(y')}^{x_h(y')} k(x', y')\, dx' = 2\Gamma(y'), \tag{7.54a}$$

$$G(-\infty, y, z; y') = 0. \tag{7.54b}$$

Setzt man Gl. (7.54) in (7.50) ein, so wird:

$$\Phi(\infty, y, z) = \frac{z}{2\pi} \int\limits_{-s}^{s} \frac{\Gamma(y')}{(y - y')^2 + z^2}\, dy', \tag{7.55a}$$

$$\Phi(-\infty, y, z) = 0. \tag{7.55b}$$

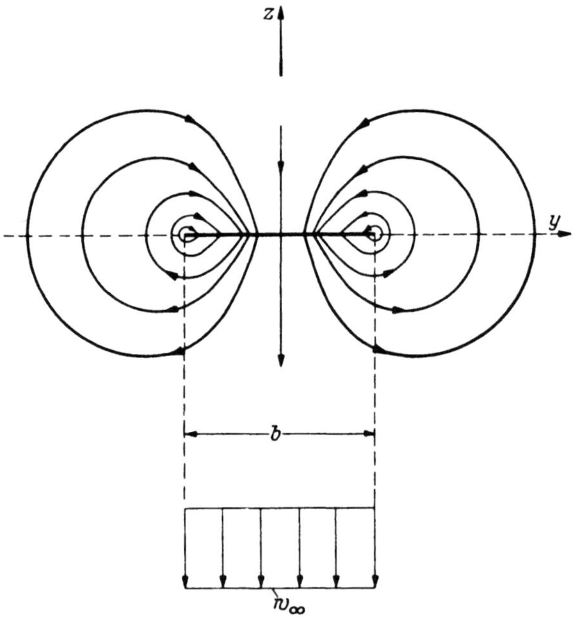

Abb. 7.17. Induziertes Geschwindigkeitsfeld sehr weit hinter einem Tragflügel mit elliptischer Zirkulationsverteilung ($w_\infty < 0$).

Gl. (7.55a) stellt das zweidimensionale Potential des induzierten Geschwindigkeitsfeldes in der y, z-Ebene sehr weit hinter dem Flügel dar (Potential in der Trefftzschen Ebene [72]). Für die in Kap. 7.1 behandelte elliptische Zirkulationsverteilung ist das Stromlinienbild dieses induzierten Geschwindigkeitsfeldes in Abb. 7.17 dargestellt. Da für diesen Fall in der Ebene $z = 0$ die induzierte Abwärtsgeschwindigkeit längs Spannweite konstant ist, vgl. Gl. (7.16), kann das induzierte Geschwindigkeitsfeld auch gedeutet werden als dasjenige in der Umgebung einer Platte, welche nach abwärts bewegt wird.

7.242 Beschleunigungspotential. Will man das Problem der tragenden Fläche mittels der Laplaceschen Potentialgleichung behandeln, so gibt es neben der im vorigen Abschnitt besprochenen Methode des Geschwindigkeitspotentials auch noch diejenige des Beschleunigungspotentials, die erstmalig von L. PRANDTL [63] angegeben wurde. Der Zusammenhang zwischen dem Beschleunigungspotential $\varphi(x, y, z)$ und dem Geschwindigkeitspotential $\Phi(x, y, z)$ wird hergestellt durch die Beziehung

$$\varphi = U_\infty \frac{\partial \Phi}{\partial x}, \tag{7.56}$$

wofür auch geschrieben werden kann

$$\varphi = U_\infty u. \tag{7.56a}$$

Es ist leicht einzusehen, daß auch $\varphi(x, y, z)$ die Laplacesche Gleichung

$$\frac{\partial^2 \varphi}{\partial x^2} + \frac{\partial^2 \varphi}{\partial y^2} + \frac{\partial^2 \varphi}{\partial z^2} = 0$$

erfüllt.

Bildet man aus Gl. (7.56a) den Vektor grad φ, so stellt dieser eine Beschleunigung $\mathfrak{b}$ dar:

$$\mathfrak{b} = \operatorname{grad} \varphi \tag{7.57}$$

mit den Komponenten

$$b_x = \frac{\partial \varphi}{\partial x} = U_\infty \frac{\partial u}{\partial x},$$

$$b_y = \frac{\partial \varphi}{\partial y} = U_\infty \frac{\partial v}{\partial x},$$

$$b_z = \frac{\partial \varphi}{\partial z} = U_\infty \frac{\partial w}{\partial x}.$$

Den Ausdruck für das Beschleunigungspotential φ findet man nach den Gln. (7.56) mit (7.50) und (7.51) zu

$$\varphi(x, y, z) = \frac{U_\infty}{4\pi} \iint\limits_{(F)} k(x', y') \frac{z}{\sqrt{(x - x')^2 + (y - y')^2 + z^2}^3} \, dx' \, dy'. \tag{7.58}$$

Dabei ist die Integration über die tragende Fläche zu erstrecken.[1] Auf der tragenden Fläche ist das Beschleunigungspotential ebenso wie das Geschwindigkeitspotential unstetig. Der Sprung des Beschleunigungspotentials auf der *tragenden Fläche* beträgt

$$\varphi_o(x, y) - \varphi_u(x, y) = U_\infty[u_o(x, y) - u_u(x, y)] = U_\infty k(x, y). \tag{7.58a}$$

[1] In der angegebenen Arbeit von L. PRANDTL wird das Beschleunigungspotential mit Hilfe von Dipolen eingeführt.

In der hinter dem Flügel abgehenden *freien Wirbelfläche* ist dagegen der Sprung des Beschleunigungspotentials gleich Null:

$$\varphi_o(x, y) - \varphi_u(x, y) = 0. \tag{7.58b}$$

Die letztere Tatsache bringt bei der Auffindung von Lösungen mathematisch erhebliche Vorteile gegenüber der Lösungsmethode mittels des Geschwindigkeitspotentials. Aus Gl. (7.58a) erkennt man unter Beachtung von Gl. (7.41), daß der Sprung des Beschleunigungspotentials dem Druckunterschied zwischen Unter- und Oberseite der Tragfläche proportional ist.

Die Methode des Beschleunigungspotentials wurde für die Kreisscheibe von W. KINNER [37] und für die elliptische Fläche von K. KRIENES [40] angewendet. Als Ergebnis dieser Untersuchungen ist in Abb. 7.18 der Auftriebsanstieg der

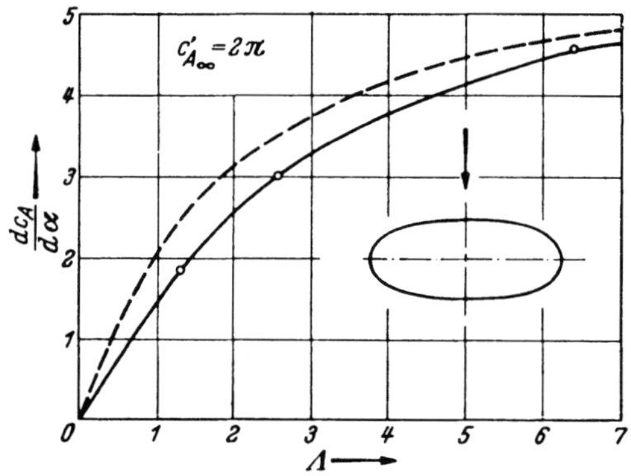

Abb. 7.18. Auftriebsanstieg der elliptischen Tragfläche in Abhängigkeit vom Seitenverhältnis.
– – – – Einfache Traglinientheorie nach Gl. (7.29); $c'_{A\infty} = 2\pi$;
—o— Tragflächentheorie nach KINNER [37] und KRIENES [40].

elliptischen Tragfläche in Abhängigkeit vom Seitenverhältnis dargestellt. Für die Kreisscheibe gilt nach KINNER $dc_A/d\alpha = 1{,}82$. Zum Vergleich mit der Tragflächentheorie ist die einfache Traglinientheorie nach Gl. (7.29) eingetragen. Die Tragflächentheorie ergibt für alle Seitenverhältnisse einen kleineren Auftriebsanstieg als die Traglinientheorie. Der Unterschied beider Theorien ist bei kleinen Seitenverhältnissen erwartungsgemäß größer als bei großen Seitenverhältnissen.

7.3 Berechnung des Auftriebes von Tragflügeln

7.31 Überblick

In diesem Abschnitt soll über die Berechnung des Auftriebes von Tragflügeln berichtet werden. Die theoretischen Grundlagen hierfür sind in den beiden vorigen Abschnitten erläutert worden, während jetzt die praktische Durchführung der Berechnung im Vordergrund stehen soll. Dabei wird solchen Berechnungsverfahren der Vorzug gegeben, die sich in der numerischen Durchführung als besonders bequem erwiesen haben.

Die nachstehend besprochenen Methoden (einfache Traglinientheorie, erweiterte Traglinientheorie, Tragflächentheorie) können im Hinblick auf ihre praktische Verwendbarkeit folgendermaßen charakterisiert werden:

Die *einfache Traglinientheorie* ist nur anwendbar für symmetrisch angeströmte Flügel mit gerader $l/4$-Linie, also ungepfeilte Flügel. Sie liefert gute Ergebnisse für mittlere und große Seitenverhältnisse Λ (etwa $\Lambda > 3$). Sie gestattet die Ermittlung der Auftriebsverteilung über Spannweite, aus der sich dann der Gesamtauftrieb, das Rollmoment und der induzierte Widerstand ergeben. Die Berechnung des Nickmomentes ist jedoch mittels dieser Theorie nicht möglich.

Die *erweiterte Traglinientheorie* (Dreiviertelpunktmethode) ist anwendbar auf Tragflügel von beliebigem Grundriß und beliebigem Seitenverhältnis. Sie eignet sich daher auch zur Behandlung des Pfeilflügels sowie des schiebenden Flügels. Sie liefert die Auftriebsverteilung über Spannweite. Hieraus ergeben sich der Gesamtauftrieb, das Rollmoment und der induzierte Widerstand sowie näherungsweise auch das Nickmoment.

Die *Tragflächentheorie* ist wie die erweiterte Traglinientheorie ebenfalls anwendbar auf Flügel von beliebigem Grundriß und beliebigem Seitenverhältnis. Sie liefert die Auftriebsverteilung über Spannweite *und* über Tiefe. Hieraus ergeben sich der Gesamtauftrieb, das Rollmoment, der induzierte Widerstand sowie das Nickmoment und damit die Neutralpunktlage des Flügels. Die genaue Kenntnis der Neutralpunktlage ist für Pfeilflügel besonders wichtig.

Einen zusammenfassenden Überblick über die Methoden der Tragflügeltheorie haben H. G. Küssner [44] und J. Weissinger [85] und [86] gegeben. In [85] findet man eine ausführliche Übersicht über das neuere Schrifttum auf diesem Gebiet. Über die Anwendung dieser Methoden hat an Hand von zahlreichen Beispielen K. Gersten [16] berichtet.

7.32 Berechnung des Gesamtauftriebes

Der Gesamtauftrieb eines Tragflügels endlicher Spannweite ergibt sich nach Gl. (5.42) durch Integration der Auftriebsverteilung und nach Gl. (7.7) durch Integration der Zirkulationsverteilung $\Gamma(y)$ über die Flügelspannweite zu:

$$A = q_\infty \int_{-s}^{s} c_a(y)\, l(y)\, dy = \varrho\, U_\infty \int_{-s}^{s} \Gamma(y)\, dy. \tag{7.59}$$

Dabei bedeutet U_∞ die Anströmgeschwindigkeit des Flügels, $q_\infty = \varrho\, U_\infty^2/2$ den Staudruck und $c_a(y)$ den örtlichen Auftriebsbeiwert des Flügelschnittes y. Während die erste Beziehung nach den Gln. (7.42) und (7.43) durch Integration der Druckverteilung über die Flügelfläche gewonnen wird, folgt die zweite Beziehung aus dem Kutta-Joukowskyschen Satz.

Nachstehend soll eine weitere Beziehung für den Gesamtauftrieb durch Anwendung des *Impulssatzes* abgeleitet werden. Nach Abb. 7.19

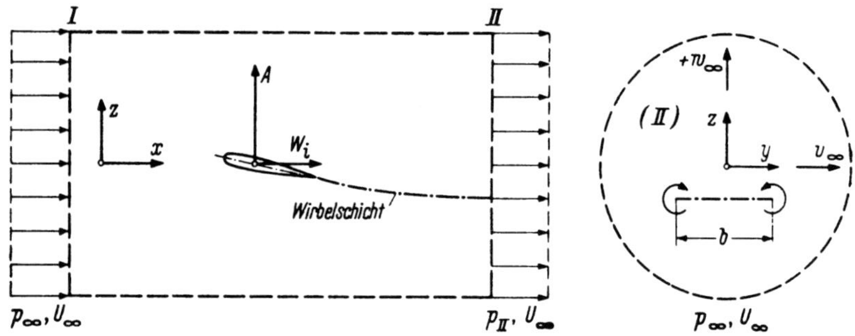

Abb. 7.19. Zur Berechnung des Auftriebes mit Hilfe des Impulssatzes und des induzierten Widerstandes mit Hilfe des Energiesatzes.

wird eine zylindrische Kontrollfläche um den Tragflügel gelegt. Die Achse des Zylinders verläuft in der Richtung der Anströmungsgeschwindigkeit U_∞. Die beiden Grundflächen I und II der zylindrischen Kontrollfläche sollen sich sehr weit vor bzw. sehr weit hinter dem Flügel befinden. Der Durchmesser des Kontrollzylinders wird so groß gewählt, daß auf der Mantelfläche Druck und Geschwindigkeit die Werte p_∞ bzw. U_∞ der ungestörten Strömung haben wie auf der Fläche I. Falls man nur den Auftrieb mittels des Impulssatzes berechnen will, kann man näherungsweise annehmen, daß die freie Wirbelschicht sehr weit hinter dem Flügel zur Anströmrichtung parallel ist.[1]

Die durch ein Flächenelement $dy\,dz$ der Fläche II pro Zeiteinheit hindurchtretende Flüssigkeitsmasse beträgt $\varrho U_\infty dy\,dz$. Sie liefert zusammen mit der vom Flügel induzierten Geschwindigkeit w_∞ eine Impulskomponente in z-Richtung von der Größe $\varrho U_\infty w_\infty\,dy\,dz$. Da auf der Fläche I die induzierte Geschwindigkeit Null ist, stellt das Integral dieses Impulses über die Fläche II die senkrecht zur Anströmrichtung auf den Tragflügel ausgeübte Kraft, d. h. den Auftrieb, dar:

$$A = -\varrho U_\infty \iint\limits_{(\mathrm{II})} w_\infty\,dy\,dz. \tag{7.60}$$

Diese Beziehung gilt sowohl für die nicht aufgerollte als auch für die aufgerollte Wirbelfläche hinter dem Flügel, vgl. W. Kaufmann [35].

[1] Auf die entscheidende Bedeutung der Neigung der Wirbelfläche bei der Berechnung des induzierten Widerstandes mittels des Impulssatzes hat K. Kraemer [39] hingewiesen, vgl. auch [79].

Im folgenden möge für die *nichtaufgerollte Wirbelfläche* die Gleichwertigkeit der Gl. (7.60) mit der zweiten Beziehung in Gl. (7.59) gezeigt werden. Das Feld der induzierten Geschwindigkeiten sehr weit hinter dem Flügel läßt sich mit Hilfe eines zweidimensionalen Geschwindigkeitspotentials $\Phi(y, z)$ darstellen, vgl. Gl. (7.55a), wobei

$$w_\infty = \frac{\partial \Phi}{\partial z}$$

ist. Setzt man diesen Ausdruck in Gl. (7.60) ein, so wird nach Ausführung der Integration über z:

$$A = -\varrho U_\infty \int\limits_{y=-\infty}^{+\infty} \Big[\Phi\Big]_{z=-\infty}^{+\infty} dy .$$

An den Grenzen $y = \pm\infty$ und $z = \pm\infty$ verschwinden die Werte Φ, während in der Wirbelfläche, bei $z = \pm 0$, das Potential in z-Richtung einen Sprung vom Betrage $\Delta\Phi(y, 0) = \Phi_o(y, 0) - \Phi_u\,(y, 0)$ hat. Mithin wird

$$A = \varrho U_\infty \int\limits_{-s}^{s} \Delta\Phi(y, 0)\, dy .$$

Dabei konnten die Integrationsgrenzen $y = \pm\infty$ durch $y = \pm s = \pm b/2$ ersetzt werden, weil außerhalb der Flügelspannweite $\Delta\Phi(y, 0) = 0$ ist. Innerhalb der Flügelspannweite ist, wie in Gl. (7.52b) gezeigt wurde, der Potentialsprung $\Delta\Phi$ gleich der Zirkulation $\Gamma(y)$. Damit ergibt sich in Übereinstimmung mit Gl. (7.59):

$$A = \varrho U_\infty \int\limits_{-s}^{s} \Gamma(y)\, dy. \tag{7.61}$$

Der Gesamtauftrieb eines Flügels hängt also nur von der Zirkulationsverteilung längs Spannweite des Flügels ab. Dabei ist es gleichgültig, ob die Zirkulationsverteilung durch die Flügelgrundrißform (Seitenverhältnis, Pfeilung, Zuspitzung), durch eine Flügelverwindung oder durch die Wölbung der Flügelfläche erzeugt wird.

Naturgemäß gilt Gl. (7.60) auch für die *aufgerollte Wirbelfläche.* Es sei nach Abb. 7.20 für eine symmetrische Zirkulationsverteilung längs Spannweite nun b' der Abstand der beiden freien Wirbel mit der Zirkulationsstärke Γ_0. Für die induzierte Geschwindigkeit w_∞ in einem Punkt y, z der Querebene sehr weit hinter dem Flügel ($x \to \infty$) ergibt sich nach dem Biot-Savartschen Gesetz:

$$w_\infty(y, z) = -\frac{\Gamma_0}{2\pi}\left[\frac{\dfrac{b'}{2} + y}{\left(\dfrac{b'}{2} + y\right)^2 + z^2} + \frac{\dfrac{b'}{2} - y}{\left(\dfrac{b'}{2} - y\right)^2 + z^2}\right].$$

Setzt man diesen Ausdruck in Gl. (7.60) ein, so erhält man nach sorgfältiger Ausführung der zweifachen Integration:

$$A = \varrho U_\infty \Gamma_0 b'. \tag{7.62}$$

Unter Berücksichtigung des Kutta-Joukowskyschen Auftriebssatzes sagt diese Formel aus, daß der Auftrieb eines Flügels der Spannweite

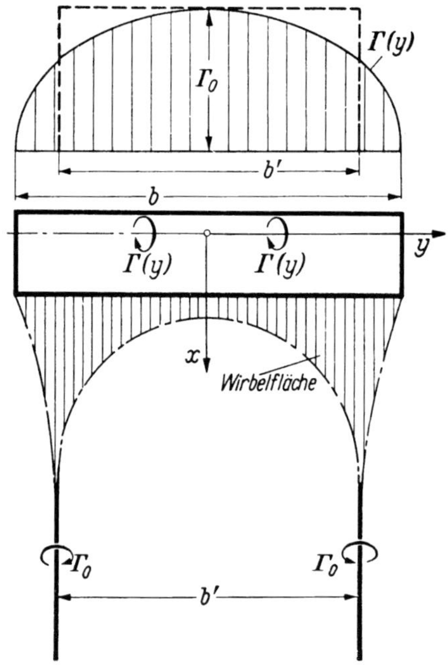

Abb. 7.20. Tragflügel mit aufgerollter Wirbelfläche.

$b = 2s$ mit der veränderlichen Zirkulationsverteilung $\Gamma(y)$ gleich ist dem Auftrieb eines Flügels der Spannweite b' mit über der Spannweite konstanter Zirkulationsverteilung Γ_0.

Durch Vergleich von Gl. (7.61) mit (7.62) ergibt sich für den Abstand der beiden freien Wirbel:

$$b' = \frac{2}{\Gamma_0} \int_0^{b/2} \Gamma(y)\, dy. \tag{7.63}$$

Diese Beziehung läßt sich auch so deuten, daß beim Aufrollen der Wirbelfläche das Wirbelmoment um die Längsachse (x-Achse) konstant bleibt. Für die rechte Flügelhälfte ist das Moment der nicht aufgerollten Wirbelfläche um die x-Achse gleich $-\int_0^{b/2} \frac{d\Gamma}{dy}\, y\, dy$ und dasjenige der aufgerollten Wirbelfläche gleich $\Gamma_0 b'/2$. Setzt man beide Ausdrücke gleich und führt man bei dem Integral noch eine partielle Integration aus, dann findet man sofort die Beziehung (7.63). Zahlenwerte von b'/b werden in Abb. 11.18 mitgeteilt.

7.33 Einfache Traglinientheorie

7.331 Grundgleichung. Die Grundgleichung für die Prandtlsche Traglinientheorie wurde in Gl. (7.10) bereitgestellt:

$$\alpha(y) = \alpha_e(y) + \alpha_i(y), \tag{7.64}$$

wobei jetzt $\alpha(y)$ nach Abb. 7.21 der Anstellwinkel gegenüber der Nullauftriebsrichtung ist.

Führt man die folgenden dimensionslosen Werte ein:[1]

$$\eta = \frac{2y}{b} = \frac{y}{s}, \tag{7.65a}$$

$$\gamma(\eta) = \frac{\Gamma}{b\,U_\infty}, \tag{7.65b}$$

$$f(\eta) = \frac{2b}{c'_{a\infty}\,l}, \tag{7.65c}$$

so wird nach Gl. (7.11) für den effektiven Anstellwinkel

$$\alpha_e(\eta) = f(\eta)\,\gamma(\eta) \tag{7.66}$$

und nach Gl. (7.12) für den induzierten Anstellwinkel[2]

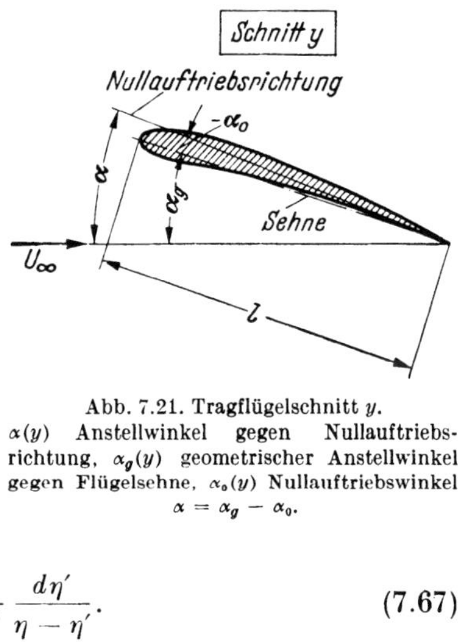

Abb. 7.21. Tragflügelschnitt y. $\alpha(y)$ Anstellwinkel gegen Nullauftriebsrichtung, $\alpha_g(y)$ geometrischer Anstellwinkel gegen Flügelsehne, $\alpha_0(y)$ Nullauftriebswinkel $\alpha = \alpha_g - \alpha_0$.

$$\alpha_i(\eta) = \frac{1}{2\pi}\int_{-1}^{1} \frac{d\gamma}{d\eta'}\,\frac{d\eta'}{\eta - \eta'}. \tag{7.67}$$

Es möge $f(\eta)$ als *Grundrißfunktion* bezeichnet werden.

Setzt man die beiden letzten Gleichungen in Gl. (7.64) ein, so erhält man die Prandtlsche Integralgleichung für die dimensionslose Zir-

[1] Gegenüber Kap. 7.1 wird die Anströmgeschwindigkeit statt mit V jetzt mit U_∞ bezeichnet.

[2] Die Formel für $\alpha_i(\eta)$ kann nach partieller Integration auch wie folgt geschrieben werden:

$$\alpha_i(\eta) = \frac{1}{2\pi}\lim_{\varepsilon \to 0}\left[\frac{2}{\varepsilon}\,\gamma(\eta) - \int_{-1}^{1} \frac{\gamma(\eta')}{(\eta - \eta')^2}\,d\eta'\right]. \tag{7.67a}$$

kulationsverteilung $\gamma(\eta)$ in der Form:

$$\alpha(\eta) = f(\eta)\,\gamma(\eta) + \frac{1}{2\pi}\int_{-1}^{1} \frac{d\gamma}{d\eta'}\,\frac{d\eta'}{\eta - \eta'}. \tag{7.68}$$

In abgekürzter Form kann man die Integralgleichung der *einfachen Traglinientheorie* folgendermaßen schreiben:

$$\alpha(\eta) = \alpha_i(\eta) + f(\eta)\,\gamma(\eta). \tag{7.69}$$

Die dimensionslose Zirkulationsverteilung $\gamma(\eta)$ hängt mit der Auftriebsverteilung dA/dy und dem örtlichen Auftriebsbeiwert

$$c_a(y) = dA/q_\infty\, l(y)\, dy$$

unter Beachtung von Gl. (7.5) zusammen durch:

$$\gamma(\eta) = \frac{c_a(\eta)\, l(\eta)}{2b}. \tag{7.70}$$

Eine wichtige Eigenschaft von Gl. (7.68) besteht darin, daß für verschiedene vorgegebene Anstellwinkelverteilungen $\alpha_1(\eta)$ und $\alpha_2(\eta)$ die zugehörigen Zirkulationsverteilungen $\gamma_1(\eta)$ und $\gamma_2(\eta)$ linear überlagert werden können:

$$\left.\begin{aligned} \alpha(\eta) &= \alpha_1(\eta) + \alpha_2(\eta), \\ \gamma(\eta) &= \gamma_1(\eta) + \gamma_2(\eta). \end{aligned}\right\} \tag{7.71}$$

Den Beiwert für den *Gesamtauftrieb* erhält man nach Gl. (7.59) zu:

$$c_A = \frac{A}{F q_\infty} = \Lambda \int_{-1}^{1} \gamma(\eta)\, d\eta. \tag{7.72}$$

Der *Auftriebsanstieg* wird hieraus erhalten, indem man die Zirkulationsverteilung des unverwundenen Flügels γ_u für $\alpha = 1$ berechnet. Somit ist

$$\frac{dc_A}{d\alpha} = \Lambda \int_{-1}^{1} \gamma_u(\eta)\, d\eta. \tag{7.72a}$$

Unter dem *Nullauftriebswinkel* $\overline{\alpha_0}$ eines symmetrisch verwundenen Flügels verstehen wir nach Kap. 5.32 denjenigen Anstellwinkel, bei dem der Gesamtauftrieb Null ist. Man kann ihn in folgender Weise ermitteln: Zu der vorgegebenen Anstellwinkelverteilung $\alpha_v(\eta)$, die gegen eine flügelfeste Bezugsebene gemessen wird, errechnet man eine

Zirkulationsverteilung $\gamma_v(\eta)$ und nach Gl. (7.72) einen Gesamtauftriebsbeiwert c_{Av}. Aus diesem erhält man dann

$$\overline{\alpha_0} = -\frac{d\alpha}{dc_A} c_{Av}. \tag{7.72b}$$

Es ist zweckmäßig, die Zirkulationsverteilung des verwundenen Flügels bei einem beliebigen Anstellwinkel darzustellen durch lineare Superposition der Verteilung des unverwundenen Flügels γ_u und einer Nullverteilung γ_0 des verwundenen Flügels, für welche

$$c_{A0} = \Lambda \int_{-1}^{1} \gamma_0(\eta)\, d\eta = 0,$$

d. h. der Gesamtauftrieb gleich Null ist. Somit gilt für die Zirkulationsverteilung des verwundenen Flügels bei beliebigem Anstellwinkel α:

$$\gamma(\eta) = \alpha \gamma_u(\eta) + \gamma_0(\eta). \tag{7.73}$$

Die Nullverteilung $\gamma_0(\eta)$ beschafft man sich folgendermaßen:

$$\gamma_0(\eta) = \gamma_v(\eta) + \overline{\alpha_0} \gamma_u(\eta).$$

Ähnlich wie für den Auftriebsbeiwert findet man für den Beiwert des *Rollmomentes* um die x-Achse (Vorzeichen nach Abb. 7.59):

$$c_L = \frac{L}{F s q_\infty} = -\Lambda \int_{-1}^{1} \gamma(\eta)\, \eta\, d\eta. \tag{7.74}$$

Häufig interessiert auch noch der *seitliche Abstand des Auftriebsschwerpunktes einer Flügelhälfte*. Dieser wird:

$$\eta_A = \frac{y_A}{s} = \frac{\int_0^1 \gamma(\eta)\, \eta\, d\eta}{\int_0^1 \gamma(\eta)\, d\eta}. \tag{7.75}$$

Der Beiwert des *induzierten Widerstandes* ergibt sich nach Gl. (7.6) zu:

$$c_{Wi} = \frac{W_i}{F q_\infty} = \Lambda \int_{-1}^{1} \gamma(\eta)\, \alpha_i(\eta)\, d\eta. \tag{7.76}$$

7.332 Lösung durch Fourier-Polynome. Eine bequeme Methode, die Gl. (7.68) für die Zirkulationsverteilung zu lösen, besteht darin, für die

Zirkulationsverteilung ein Fourier-Polynom

$$\gamma(\vartheta) = 2 \sum_{n=1}^{M} a_n \sin n\vartheta \tag{7.77}$$

anzusetzen, wobei

$$\cos\vartheta = \eta = \frac{y}{s} \qquad (0 \leqq \vartheta \leqq \pi) \tag{7.78}$$

die dimensionslose Spannweitenkoordinate ist. Dieser Ansatz wurde von E. Trefftz [72] und H. Glauert [18] erstmalig eingeführt. Das erste Glied in Gl. (7.77) stellt die elliptische Zirkulationsverteilung $\gamma = 2a_1 \sin\vartheta = 2a_1\sqrt{1-\eta^2}$ dar, die bereits in Kap. 7.14 behandelt wurde. Setzt man die Gln. (7.77) und (7.78) in (7.67) ein, so erhält man für den induzierten Anstellwinkel

$$\alpha_i(\vartheta) = \sum_{n=1}^{M} n a_n \frac{\sin n\vartheta}{\sin\vartheta}. \tag{7.79}$$

Dabei ist nach [18], vgl. Gl. (6.73),

$$\frac{1}{\pi}\int_0^{\pi} \frac{\cos n\vartheta'}{\cos\vartheta - \cos\vartheta'}\, d\vartheta' = -\frac{\sin n\vartheta}{\sin\vartheta}.$$

Führt man die Gln. (7.77) und (7.79) in (7.69) ein, so ergibt sich die folgende Bestimmungsgleichung für die Fourierschen Koeffizienten a_n:

$$\alpha(\vartheta)\sin\vartheta = \sum_{n=1}^{M} a_n [2f(\vartheta)\sin\vartheta + n] \sin n\vartheta. \tag{7.80}$$

Hierbei sind die Verteilungen des Anstellwinkels $\alpha(\vartheta)$ und des Flügelgrundrisses $f(\vartheta)$ gegeben. Die Koeffizienten $a_1, a_2, \ldots, a_M$ werden dadurch bestimmt, daß man Gl. (7.80) in M Aufpunkten $\vartheta_1, \vartheta_2, \ldots, \vartheta_M$ längs der Spannweite erfüllt. Hierbei ergibt sich ein lineares Gleichungssystem für a_1 bis a_M. I. Lotz [51] hat die Durchführung dieser Rechnung dadurch noch vereinfacht, daß für die Funktionen $\alpha(\vartheta)\sin\vartheta$ und $f(\vartheta)\sin\vartheta$ ebenfalls Fourier-Polynome eingeführt werden. Nachdem die Fourier-Koeffizienten a_n bestimmt worden sind, erhält man aus Gl. (7.77) die Zirkulationsverteilung und aus Gl. (7.70) die Verteilung der örtlichen Auftriebsbeiwerte.

Den Beiwert für den *Gesamtauftrieb* findet man nach Gl. (7.72) durch Einführung der Gln. (7.77) und (7.78) zu

$$c_A = \pi\Lambda a_1. \tag{7.81}$$

Für den Beiwert des *Rollmomentes* wird entsprechend aus Gl. (7.74):

$$c_L = -\frac{\pi}{2} \Lambda a_2. \tag{7.82}$$

Der Beiwert des *induzierten Widerstandes* ergibt sich aus Gl. (7.76) nach Ausführung der Integration zu

$$c_{Wi} = \pi \Lambda \sum_{n=1}^{M} n a_n^2. \tag{7.83}$$

Führt man hier c_A nach Gl. (7.81) ein, dann kann man auch schreiben:

$$c_{Wi} = \frac{c_A^2}{\pi \Lambda} + \pi \Lambda \sum_{n=2}^{M} n a_n^2. \tag{7.83a}$$

Hierin stellt das erste Glied den Wert für die elliptische Zirkulationsverteilung dar, vgl. Gl. (7.24). Da der zweite Term in Gl. (7.83a) immer positiv ist, folgt sofort der wichtige Satz, daß der induzierte Widerstandsbeiwert für die elliptische Zirkulationsverteilung ein Minimum ist. Dieses gilt für festgehaltenes Seitenverhältnis Λ und festgehaltenen Auftriebsbeiwert c_A. Diesen Satz hat zuerst M. Munk [59] bewiesen.

7.333 Tragflügel mit elliptischem Grundriß. In Kap. 7.14 wurde der elliptische Tragflügel bereits behandelt. Dort wurde gezeigt, daß ein unverwundener elliptischer Flügel elliptische Zirkulationsverteilung über Spannweite besitzt. Der elliptische Flügel mit Verwindung läßt sich nach den vorstehenden Formeln sehr einfach berechnen, wie u. a. H. Schmidt [68] gezeigt hat.

Für den elliptischen Flügel ist $l = l_i \sqrt{1 - \eta^2} = l_i \sin\vartheta$ und $\Lambda = 4b/\pi l_i$ und somit nach Gl. (7.65c):

$$2 \sin\vartheta\, f(\vartheta) = \frac{\pi \Lambda}{c'_{A\infty}} = k. \tag{7.84}$$

Für $c'_{A\infty} = 2\pi$ ist die Konstante $k = \Lambda/2$.

Setzt man Gl. (7.84) in (7.80) ein, dann wird

$$\alpha(\vartheta) \sin\vartheta = \sum_{n=1}^{M} (k + n)\, a_n \sin n\vartheta. \tag{7.85}$$

Hieraus lassen sich die Koeffizienten a_n durch eine Fourier-Analyse sofort berechnen zu

$$a_n = \frac{1}{k+n} \frac{2}{\pi} \int_0^{\pi} \alpha(\vartheta) \sin\vartheta \sin n\vartheta\, d\vartheta. \tag{7.86}$$

Es möge diese Lösung für einige besonders einfache Anstellwinkelverteilungen noch diskutiert werden. Setzt man

$$\alpha(\vartheta) = r_m \frac{\sin m\vartheta}{\sin\vartheta}, \tag{7.87}$$

dann ergibt sich mit $a_n = 0$ für $n \neq m$ und mit $a_m = r_m/(k+m)$ für $n = m$ die zugehörige Zirkulationsverteilung zu

$$\gamma(\vartheta) = 2\frac{r_m}{k+m}\sin m\vartheta = \frac{2\sin\vartheta}{k+m}\alpha. \tag{7.88}$$

Für einen Flügel mit dem Seitenverhältnis $\Lambda = 6$, d. i. $k = 3$, sind die Ergebnisse für $m = 1$, 2 und 3 in Abb. 7.22 dargestellt. Es bedeutet

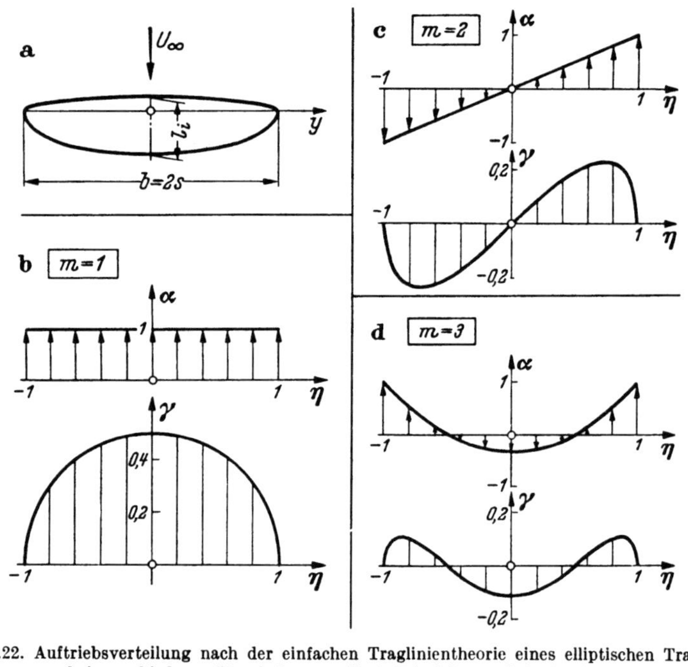

Abb. 7.22. Auftriebsverteilung nach der einfachen Traglinientheorie eines elliptischen Tragflügels bei verschiedenen Verwindungen, Gl. (7.87); Seitenverhältnis $\Lambda = 6$.
a) Flügelgrundriß; b) $m = 1$: unverwundener Flügel; c) $m = 2$: lineare Anstellwinkelverteilung; d) $m = 3$: parabolische Anstellwinkelverteilung.

$m = 1$ die konstante Anstellwinkelverteilung (unverwundener Flügel), $m = 2$ die lineare Anstellwinkelverteilung, wie sie z. B. bei einer Rollbewegung auftritt, und $m = 3$ die parabolische Anstellwinkelverteilung (symmetrische Verwindung, $c_A = 0$).

Die Zirkulationsverteilung sowie die Beiwerte für den Auftrieb, das Rollmoment und den induzierten Widerstand des elliptischen verwundenen Flügels erhält man nach den Gln. (7.77) und (7.81) bis (7.83), wenn man die entsprechenden Koeffizienten a_n nach Gl. (7.86) einsetzt. Dabei ergibt sich für den Auftriebsbeiwert

$$c_A = \frac{\pi \Lambda}{k+1} \frac{2}{\pi} \int_0^\pi \alpha(\vartheta) \sin^2\vartheta \, d\vartheta . \tag{7.89}$$

Für den unverwundenen Flügel, $\alpha = \text{const}$, folgt hieraus für den Auftriebsanstieg in Übereinstimmung mit Gl. (7.29):

$$\frac{dc_A}{d\alpha} = \frac{\pi \Lambda}{k+1} = \frac{c'_{A\,\infty}}{1 + \frac{c'_{A\,\infty}}{\pi \Lambda}} . \tag{7.89a}$$

Aus den Gln. (7.89) und (7.89a) ergibt sich für den Nullauftriebswinkel:

$$\overline{\alpha_0} = -\frac{2}{\pi} \int_{-1}^{+1} \alpha(\eta) \sqrt{1-\eta^2} \, d\eta . \tag{7.89b}$$

Für überschlägige Rechnungen lassen sich die für den Ellipsenflügel angegebenen Beziehungen auch für andere Flügelformen verwenden.

7.334 Quadraturverfahren von Multhopp. Das einfachste und am meisten angewendete Verfahren zur Berechnung der Auftriebsverteilung von ungepfeilten Tragflügeln nach der einfachen Traglinientheorie stammt von H. Multhopp [56].

Wir übernehmen den Fourier-Ansatz nach Gl. (7.77) für die Zirkulationsverteilung in der Form

$$\gamma(\vartheta) = 2 \sum_{\mu=1}^{M} a_\mu \sin \mu\vartheta . \tag{7.90}$$

Die Koeffizienten a_μ erhält man durch eine Fourier-Analyse zu

$$a_\mu = \frac{1}{\pi} \int_0^\pi \gamma(\vartheta) \sin \mu\vartheta \, d\vartheta = \frac{1}{M+1} \sum_{n=1}^{M} \gamma_n \sin \mu\vartheta_n , \tag{7.91}$$

wobei das Integral durch eine Summenformel ausgewertet wird.[1] Hierbei ist

$$\vartheta_n = \frac{\pi n}{M+1} \quad \text{und} \quad \eta_n = \cos \vartheta_n . \tag{7.92}$$

---

[1] Im Sonderfall $\mu = 1$ ergibt sich aus Gl. (7.91) wegen $d\eta = -\sin\vartheta \, d\vartheta$ die folgende häufig benutzte Quadraturformel:

$$\int_{-1}^{+1} f(\eta) \, d\eta = \frac{\pi}{M+1} \sum_{n=1}^{M} f_n \sin \vartheta_n , \tag{7.91a}$$

wobei statt der Zirkulationsverteilung $\gamma(\eta)$ die allgemeine Funktion $f(\eta)$ gesetzt wurde.

Ferner bedeuten $\gamma_n = \gamma(\vartheta_n) = \gamma(\eta_n)$ die Zirkulationswerte an den Stellen η_n.

Führt man den Summenausdruck für a_μ aus Gl. (7.91) in Gl. (7.79) ein, dann erhält man für den induzierten Anstellwinkel

$$\alpha_i(\vartheta) = \sum_{n=1}^{M} \gamma_n \sum_{\mu=1}^{M} \frac{\mu}{M+1} \frac{\sin\mu\vartheta \sin\mu\vartheta_n}{\sin\vartheta}. \tag{7.93}$$

Da die innere Summe nur trigonometrische Funktionen enthält, kann sie universell tabuliert werden. Dabei werden nach H. Multhopp für ϑ äquidistante Werte

$$\vartheta_\nu = \frac{\nu\pi}{M+1} \quad (\nu = 1, 2, \ldots, M) \tag{7.94}$$

gewählt. Dieses bedeutet, daß der induzierte Abwindwinkel an den diskreten Stellen $\eta_\nu = \cos\vartheta_\nu$ berechnet wird. Bezeichnet man $\alpha_i(\eta_\nu)$ mit $\alpha_{i\nu}$, so läßt sich Gl. (7.93) in der einfachen Form schreiben:[1]

$$\alpha_{i\nu} = b_{\nu\nu}\gamma_\nu - \sum_{n=1}^{M}{}' b_{\nu n}\gamma_n \quad (\nu = 1, 2, \ldots, M). \tag{7.95}$$

Hierin ist:

$$\left.\begin{aligned} b_{\nu\nu} &= \sum_{\mu=1}^{M} \frac{\mu}{M+1} \frac{\sin^2\mu\vartheta_\nu}{\sin\vartheta_\nu} = \frac{M+1}{4\sin\vartheta_\nu}, \\ b_{\nu n} &= -\sum_{\mu=1}^{M} \frac{\mu}{M+1} \frac{\sin\mu\vartheta_\nu \sin\mu\vartheta_n}{\sin\vartheta_\nu} \\ &= \frac{1-(-1)^{\nu-n}}{2(M+1)} \frac{\sin\vartheta_n}{(\cos\vartheta_\nu - \cos\vartheta_n)^2} \qquad (\nu \neq n). \end{aligned}\right\} \tag{7.96}$$

Führt man den Ausdruck Gl. (7.95) für den induzierten Anstellwinkel in die Bestimmungsgleichung für die Zirkulationsverteilung Gl. (7.69) ein, so erhält man das folgende lineare Gleichungssystem für die Werte γ_ν:

$$b_\nu\gamma_\nu = \alpha_\nu + \sum_{n=1}^{M}{}' b_{\nu n}\gamma_n \quad (\nu = 1, 2, \ldots, M). \tag{7.97}$$

Dabei ist die Abkürzung

$$b_\nu = b_{\nu\nu} + f_\nu = b_{\nu\nu} + \frac{2b}{c'_{a\infty} l_\nu} \tag{7.98}$$

[1] Hierbei bedeutet der $'$ am Σ-Zeichen, daß bei der Summation das Glied $n = \nu$ auszulassen ist.

eingeführt worden. Gl. (7.97) ist ein System von M linearen Gleichungen für die M Zirkulationswerte $\gamma_\nu = \gamma(\eta_\nu)$ mit $\nu = 1, 2, \ldots, M$. In den Gln. (7.97) und (7.98) bedeuten ferner

$$\alpha_\nu = \alpha(\eta_\nu) \quad \text{und} \quad l_\nu = l(\eta_\nu).$$

Die für $M = 7$ und $M = 15$ nach Gl. (7.96) universell berechneten Koeffizienten sind in Tab. 7.1 und 7.2 zusammengestellt. Die Werte $b_{\nu n}$ für $|\nu - n| = 2, 4, \ldots$ sind gleich Null.

Tabelle 7.1. *Universelle Koeffizienten $b_{\nu\nu}$ und $b_{\nu n}$ für die Berechnung der Zirkulationsverteilung nach* Multhopp [56], *für $M = 7$, nach Gl. (7.96).*

ν		1 (7)	3 (5)		2 (6)	4
η_ν		0,9239	0,3827		0,7071	0,0000
$b_{\nu\nu}$		5,2262	2,1648		2,8284	2,0000
	n			n		
$b_{\nu n}$	2 (6)	1,8810	0,8398	1 (7)	1,0180	0,0560
	4 (4)	0,1464	0,8536	3 (5)	1,0972	0,7887
	6 (2)	0,0332	0,0744	5 (3)	0,0973	0,7887
	—	—	—	7 (1)	0,0180	0,0560
$\overline{b}_{\nu n}$	2	1,9142	0,9142	1	1,0360	0,1121
	4	0,1464	0,8536	3	1,1944	1,5774
$\widetilde{b}_{\nu n}$	2	1,8477	0,7654	1	1,0000	—
	—	—	—	3	1,0000	—

Für die numerische Lösung des Gleichungssystems ist es bedeutungsvoll, daß das System der M Gleichungen in zwei Systeme von $(M + 1)/2$ bzw. $(M - 1)/2$ Gleichungen aufgespalten werden kann, die in bequemer Weise iterativ gelöst werden können.

Für $M = 7$ lauten die beiden Gleichungssysteme folgendermaßen:

$$\left.\begin{aligned}
b_1\gamma_1 &= \alpha_1 + b_{12}\gamma_2 + b_{14}\gamma_4 + b_{16}\gamma_6 \\
b_3\gamma_3 &= \alpha_3 + b_{32}\gamma_2 + b_{34}\gamma_4 + b_{36}\gamma_6 \\
b_5\gamma_5 &= \alpha_5 + b_{52}\gamma_2 + b_{54}\gamma_4 + b_{56}\gamma_6 \\
b_7\gamma_7 &= \alpha_7 + b_{72}\gamma_2 + b_{74}\gamma_4 + b_{76}\gamma_6 \\
\\
b_2\gamma_2 &= \alpha_2 + b_{21}\gamma_1 + b_{23}\gamma_3 + b_{25}\gamma_5 + b_{27}\gamma_7 \\
b_4\gamma_4 &= \alpha_4 + b_{41}\gamma_1 + b_{43}\gamma_3 + b_{45}\gamma_5 + b_{47}\gamma_7 \\
b_6\gamma_6 &= \alpha_6 + b_{61}\gamma_1 + b_{63}\gamma_3 + b_{65}\gamma_5 + b_{67}\gamma_7 .
\end{aligned}\right\} \qquad (7.99)$$

Tabelle 7.2

Universelle Koeffizienten $b_{\nu\nu}$ und $b_{\nu n}$ für die Berechnung der Zirkulationsverteilung nach MULTHOPP [56], *für* $M = 15$, *nach Gl.* (7.96).

ν		1 (15)	3 (13)	5 (11)	7 (9)		2 (14)	4 (12)	6 (10)	8
η_ν		0,9808	0,8315	0,5556	0,1951		0,9239	0,7071	0,3827	0,0000
$b_{\nu\nu}$		20,5030	7,1998	4,8107	4,0786		10,4525	5,6568	4,3295	4,0000
	n					n				
$b_{\nu n}$	2 (14)	7,3858	2,8008	0,1763	0,0450	1 (15)	3,7653	0,1628	0,0341	0,0127
	4 (12)	0,5900	2,8575	1,9246	0,1686	3 (13)	4,0661	2,2451	0,1724	0,0502
	6 (10)	0,1614	0,2867	1,9319	1,6409	5 (11)	0,3831	2,2632	1,7386	0,1684
	8 (8)	0,0650	0,0904	0,2025	1,6422	7 (9)	0,1154	0,2338	1,7418	1,6105
	10 (6)	0,0311	0,0392	0,0656	0,1730	9 (7)	0,0490	0,0753	0,1836	1,6105
	12 (4)	0,0155	0,0187	0,0277	0,0543	11 (5)	0,0238	0,0326	0,0590	0,1684
	14 (2)	0,0066	0,0078	0,0109	0,0191	13 (3)	0,0113	0,0147	0,0236	0,0502
	—	—	—	—	—	15 (1)	0,0034	0,0043	0,0066	0,0127
$\overline{b_{\nu n}}$	2	7,3924	2,8086	0,1872	0,0641	1	3,7687	0,1671	0,0407	0,0254
	4	0,6055	2,8762	1,9523	0,2229	3	4,0774	2,2598	0,1960	0,1005
	6	0,1925	0,3259	1,9975	1,8139	5	0,4069	2,2958	1,7976	0,3368
	8	0,0650	0,0904	0,2025	1,6422	7	0,1644	0,3091	1,9254	3,2210
$\widetilde{b_{\nu n}}$	2	7,3792	2,7930	0,1654	0,0259	1	3,7619	0,1585	0,0275	—
	4	0,5745	2,8388	1,8968	0,1143	3	4,0548	2,2305	0,1488	—
	6	0,1304	0,2476	1,8662	1,4678	5	0,3594	2,2305	1,6795	—
	—	—	—	—	—	7	0,0665	0,1585	1,5582	—

Das Gleichungssystem Gl. (7.97) und damit Gl. (7.99) gilt für einen ungepfeilten, aber sonst beliebigen Flügel von einigermaßen großem Seitenverhältnis ($\Lambda > 3$) sowie auch für eine beliebige Anstellwinkelverteilung.

Es mögen jetzt noch die Vereinfachungen angegeben werden, die sich für einen symmetrischen Flügelgrundriß und für eine symmetrische bzw. antimetrische Anstellwinkelverteilung ergeben.

Symmetrische Anstellwinkelverteilung. Für die zugehörige Zirkulationsverteilung gilt $\gamma_n = \gamma_{(M+1)-n}$. Setzt man dieses in Gl. (7.97) ein, dann wird

$$b_\nu \gamma_\nu = \alpha_\nu + \sum_{n=1}^{\frac{M+1}{2}}{}' \, \overline{b_{\nu n}} \, \gamma_n \qquad \left(\nu = 1, 2, \ldots, \frac{M+1}{2}\right) \tag{7.100}$$

mit

$$\left.\begin{aligned} \overline{b_{\nu n}} &= b_{\nu n} + b_{\nu \bar{n}} \qquad (\bar{n} = M + 1 - n), \\ \overline{b_{\nu n'}} &= b_{\nu n'} \qquad \left(n' = \frac{M+1}{2}\right). \end{aligned}\right\} \tag{7.100a}$$

Die Koeffizienten $\overline{b_{\nu n}}$ sind für $M = 7$ in Tab. 7.1 und für $M = 15$ in Tab. 7.2 mit angegeben.

Antimetrische Anstellwinkelverteilung. Für die zugehörige Zirkulationsverteilung gilt $\gamma_n = -\gamma_{(M+1)-n}$. Setzt man dieses in Gl. (7.97) ein, dann wird

$$b_\nu \gamma_\nu = \alpha_\nu + \sum_{n=1}^{\frac{M-1}{2}}{}' \, \widetilde{b_{\nu n}} \, \gamma_n \qquad \left(\nu = 1, 2, \ldots, \frac{M-1}{2}\right) \tag{7.101}$$

mit

$$\widetilde{b_{\nu n}} = b_{\nu n} - b_{\nu \bar{n}} \qquad (\bar{n} = M + 1 - n). \tag{7.101a}$$

Auch die Koeffizienten $\widetilde{b_{\nu n}}$ sind in den Tab. 7.1 und 7.2 angegeben.[1]

Die Konvergenz und die Genauigkeit dieses Rechenverfahrens wurde von H. Multhopp [56] eingehend untersucht. Das Verfahren konvergiert um so besser, je größer das Seitenverhältnis ist. Für stetigen Verlauf der Flügeltiefe $l(\eta)$ und des Anstellwinkels $\alpha(\eta)$ reichen im allgemeinen $M = 15$ Punkte längs der Spannweite für praktische Zwecke aus. Bei unstetigen Anstellwinkelverteilungen, wie sie bei Klappenausschlägen vorliegen, empfiehlt H. Multhopp eine Abspaltung der Unstetigkeitsstellen, bevor das oben angegebene Rechenverfahren angewendet wird, s. Kap. XII.

Den Beiwert des *Gesamtauftriebes* erhält man nach Gl. (7.81). Hierfür läßt sich mit Gl. (7.91) schreiben:

$$c_A = \frac{\pi \Lambda}{M+1} \sum_{n=1}^{M} \gamma_n \sin \vartheta_n .$$

---

[1] Bei H. Multhopp [56] werden die hier mit $\overline{b_{\nu n}}$ und $\widetilde{b_{\nu n}}$ bezeichneten Koeffizienten mit $B_{\nu n}$ bzw. $C_{\nu n}$ angegeben.

Der Gesamtauftrieb ergibt sich allein aus der symmetrischen Zirkulationsverteilung, mithin ist

$$c_A = \Lambda \sum_{\nu=1}^{\frac{M+1}{2}} A_\nu \gamma_\nu . \tag{7.102}$$

Dabei sind die Koeffizienten A_ν für $M = 7$ und $M = 15$ in Tab. 7.3 angegeben.

Tabelle 7.3. *Koeffizienten A_ν, B_ν, C_ν, D_ν zur Ermittlung des Auftriebsbeiwertes nach Gl. (7.102), des seitlichen Abstandes des Auftriebsschwerpunktes einer Flügelhälfte (symmetrische Auftriebsverteilung) nach Gl. (7.105), der Auftriebskraft einer Flügelhälfte (antimetrische Auftriebsverteilung) nach Gl. (7.106) und des Rollmomentenbeiwertes nach Gl. (7.104), $M = 7$ und $M = 15$.*

M	ν	η_ν	A_ν	B_ν	C_ν	D_ν
7	1	0,9239	0,3006	0,2769	0,3260	0,2777
	2	0,7071	0,5555	0,3951	0,4952	0,3927
	3	0,3827	0,7256	0,2702	0,8593	0,2777
	4	0,0000	0,3927	0,0317	—	—
15	1	0,9808	0,0766	0,0751	0,0797	0,0751
	2	0,9239	0,1503	0,1389	0,1438	0,1388
	3	0,8315	0,2182	0,1813	0,2285	0,1814
	4	0,7071	0,2777	0,1965	0,2622	0,1964
	5	0,5556	0,3265	0,1811	0,3495	0,1814
	6	0,3827	0,3628	0,1395	0,3266	0,1388
	7	0,1951	0,3852	0,0733	0,4546	0,0751
	8	0,0000	0,1964	0,0078	—	—

Für den Beiwert des *induzierten Widerstandes* erhält man durch Anwenden von Gl. (7.91a) auf Gl. (7.76) die folgende Formel:

$$c_{Wi} = \frac{\pi \Lambda}{M+1} \sum_{n=1}^{M} \gamma_n \alpha_{in} \sin \vartheta_n . \tag{7.103}$$

Die α_{in} werden dabei nach Gl. (7.95) berechnet.

Der Beiwert des *Rollmomentes* ergibt sich nach Gl. (7.82) und Gl. (7.91) zu

$$c_L = -\frac{\pi \Lambda}{2(M+1)} \sum_{n=1}^{M} \gamma_n \sin 2\vartheta_n .$$

Zum Rollmoment liefert nur die antimetrische Zirkulationsverteilung einen Beitrag, mithin ist

$$c_L = -\Lambda \sum_{\nu=1}^{\frac{M-1}{2}} D_\nu \gamma_\nu . \tag{7.104}$$

Auch die Koeffizienten D_ν sind in Tab. 7.3 wiedergegeben.

Den seitlichen *Abstand des Auftriebsschwerpunktes einer Flügelhälfte* nach Gl. (7.75) kann man bei symmetrischer Auftriebsverteilung wie folgt berechnen:

$$\eta_A = \sum_{\nu=1}^{\frac{M+1}{2}} B_\nu \gamma_\nu \Bigg/ \sum_{\nu=1}^{\frac{M+1}{2}} A_\nu \gamma_\nu . \tag{7.105}$$

Die *Auftriebskraft einer Flügelhälfte* bei antimetrischer Auftriebsverteilung $A_{1/2}$ läßt sich folgendermaßen ermitteln:

$$c_A^* = \frac{A_{1/2}}{(F/2)q_\infty} = 2\Lambda \int_0^1 \gamma(\eta)\, d\eta = \Lambda \sum_{\nu=1}^{\frac{M-1}{2}} C_\nu \gamma_\nu . \tag{7.106}$$

Auch die Koeffizienten B_ν und C_ν sind in Tab. 7.3 enthalten.

Beispiele: Nachstehend mögen die Ergebnisse einiger Beispielrechnungen mitgeteilt werden.

Zunächst sollen für einen *unverwundenen Rechteckflügel* vom Seitenverhältnis $\Lambda = 6$ für $\alpha = 1$ die Zirkulationsverteilung $\gamma(\eta)$ längs der Spannweite und daraus die Beiwerte für Auftrieb und induzierten Widerstand des Flügels berechnet werden. Die Ermittlung der Zirkulationsverteilung wird wegen der symmetrischen Anstellwinkelverteilung mit Hilfe des Gleichungssystems (7.100) unter Verwendung der Koeffizienten $\overline{b_{\nu n}}$ aus Tab. 7.1 durchgeführt. Für $M = 7$ Aufpunkte ergibt sich mit den entsprechenden Flügeldaten das folgende Gleichungssystem von vier Gleichungen mit den vier Unbekannten γ_1 bis γ_4:

$$\left.\begin{aligned} 7{,}1361\gamma_1 &= 1 + 1{,}9142\gamma_2 + 0{,}1464\gamma_4 \\ 4{,}0747\gamma_3 &= 1 + 0{,}9142\gamma_2 + 0{,}8536\gamma_4 \\ 4{,}7383\gamma_2 &= 1 + 1{,}0360\gamma_1 + 1{,}1944\gamma_3 \\ 3{,}9099\gamma_4 &= 1 + 0{,}1121\gamma_1 + 1{,}5774\gamma_3 . \end{aligned}\right\} \tag{7.107}$$

Dabei wurde für den Auftriebsanstieg des Flügelprofils $c'_{a\infty} = 2\pi$ angenommen, d. h. es ist $f = 6/\pi = 1{,}91$. Die Auflösung dieses Gleichungssystems ergibt die Zirkulationswerte γ in der zweiten Spalte von Tab. 7.4.

Soll die Zirkulationsverteilung für $M = 15$ Aufpunkte berechnet werden, so wird das Gleichungssystem (7.100) mit den entsprechenden Werten $\overline{b_{\nu n}}$ aus der Tab. 7.2 gebildet. Als Anfangswerte des Iterationsverfahrens können dabei die für $M = 7$ gefundenen Werte dienen. Man findet so die in Spalte drei von Tab. 7.4 angegebenen Werte von γ. Mit diesen Werten ergibt sich der Auftriebsanstieg nach Gl. (7.102) zu $dc_A/d\alpha = 4{,}53$. Für den induzierten Widerstand erhält man aus Gl. (7.103) mit Gl. (7.95) beim Anstellwinkel $\alpha = 1$ den Wert $c_{Wi} = 1{,}14$. Damit ergibt sich für den Flügel mit konstanter Flügeltiefe $c_{Wi} = 1{,}05\, c_A^2/\pi\Lambda$, d. h. ein um 5% größerer induzierter Widerstand als für den elliptischen Tragflügel mit gleichem Seitenverhältnis.

Um den Einfluß des *Seitenverhältnisses* auf die Auftriebsverteilung zu zeigen, wurden für drei unverwundene *Rechteckflügel* vom Seitenverhältnis $\Lambda = 6, 9$ und 12 die Zirkulationsverteilungen über Spannweite berechnet. Mit wachsendem Λ nähert sich die Zirkulationsvertei-

Tabelle 7.4. *Zirkulationsverteilung eines Rechteckflügels $\Lambda = 6$ nach dem Berechnungsverfahren von* H. MULTHOPP [56] *für $M = 7$ und $M = 15$ Aufpunkte.*

η	γ	
	$M = 7$	$M = 15$
0	0,4320	0,4319
0,1951	—	0,4289
0,3827	0,4192	0,4193
0,5556	—	0,4012
0,7071	0,3710	0,3711
0,8315	—	0,3232
0,9239	0,2485	0,2497
0,9808	—	0,1446
1	0	0

lung mehr und mehr der rechteckigen Verteilung. Dieses erkennt man aus Abb. 7.23, in welcher die auf den Gesamtauftriebsbeiwert c_A bezogenen örtlichen Auftriebsbeiwerte c_a über der Spannweite aufgetragen

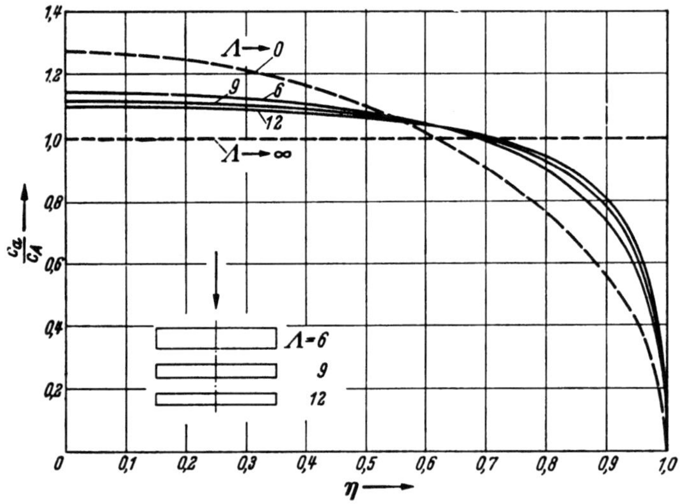

Abb. 7.23. Auftriebsverteilung c_a/c_A von unverwundenen Rechteckflügeln vom Seitenverhältnis $\Lambda = 6, 9, 12$ sowie Grenzkurven für $\Lambda \to 0$ und $\Lambda \to \infty$ ($c'_{A\,\infty} = 2\pi$).

sind. Für $\Lambda \to \infty$ (ebenes Problem) ist $c_a/c_A = 1$, und für sehr kleines Seitenverhältnis ($\Lambda \to 0$) ist die Auftriebsverteilung elliptisch.[1] Es möge hier angemerkt werden, daß die Auftriebsverteilung von unverwundenen Rechteckflügeln von A. BETZ [1] nach einem anderen

[1] Dieses ersieht man leicht aus Gl. (7.69), welche für $\Lambda \to 0$, wegen $f(\eta) = 0$, in $\alpha(\eta) = \alpha_i(\eta)$ übergeht. Für $\alpha = \text{const}$ ist somit $\alpha_i = \text{const}$, was nach Kap. 7.14 eine elliptische Zirkulationsverteilung bedeutet.

Verfahren schon sehr früh ermittelt wurde. Die Auftriebsanstiege für die Rechteckflügel werden später in Abb. 7.30 angegeben.

Um den Einfluß der *Flügelzuspitzung* auf die Auftriebsverteilung zu zeigen, sind in Abb. 7.24 die Zirkulationsverteilungen für vier unverwundene *Trapezflügel* vom Seitenverhältnis $\Lambda = 6$ und mit den Zuspitzungen $\lambda = l_a/l_i = 0, {}^1/_4, {}^1/_2$ und 1 dargestellt. Die Zuspitzung hat einen starken Einfluß auf die Verteilung des örtlichen Auftriebs-

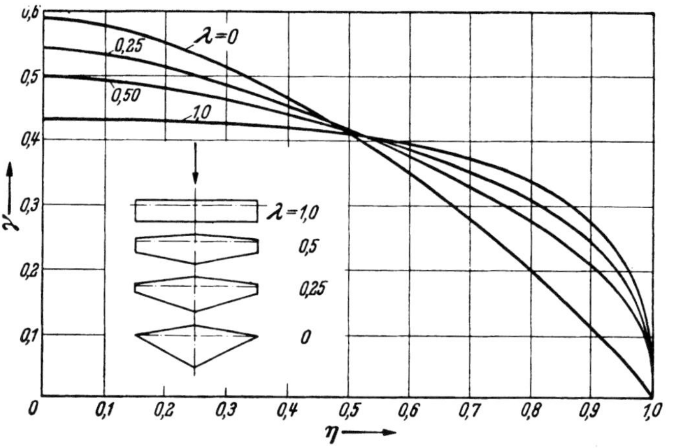

Abb. 7.24. Zirkulationsverteilung γ für unverwundene Trapezflügel der Zuspitzung $\lambda = 0, 1/4, 1/2, 1$; Seitenverhältnis $\Lambda = 6$; $c'_{A\,\infty} = 2\pi$.

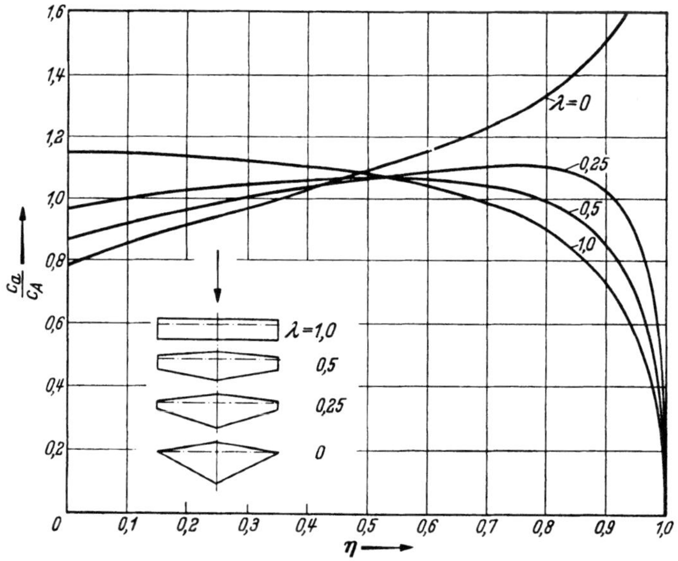

Abb. 7.25. Verteilung des örtlichen Auftriebsbeiwertes c_a/c_A längs Spannweite für unverwundene Trapezflügel der Zuspitzung $\lambda = 0, 1/4, 1/2, 1$; Seitenverhältnis $\Lambda = 6$; $c'_{A\,\infty} = 2\pi$.

beiwertes längs Spannweite. Dieses erkennt man aus Abb. 7.25, in welcher die Kurven c_a/c_A aufgetragen sind. Die stark zugespitzten Flügel haben in der Nähe der Flügelenden örtliche Auftriebsbeiwerte c_a, die erheblich größer sind als der Gesamtauftriebsbeiwert c_A. Diese Tatsache ist bedeutungsvoll für das Abreißverhalten der Strömung solcher Flügelformen bei hohen Auftriebsbeiwerten. Bei Steigerung des Anstellwinkels tritt der Ablösungsbeginn etwa an der Stelle des maximalen örtlichen Auftriebsbeiwertes auf, somit bei stark zugespitzten Trapezflügeln in der Nähe der Flügelenden und bei Rechteckflügeln in der Flügelmitte.

7.335 Ringflügel. Auf die Behandlung von Tragflügelsystemen, wie z. B. Doppeldecker- und Tandemanordnung, wollen wir verzichten, da diese für die Flugtechnik keine große praktische Bedeutung mehr haben. Jedoch soll hier noch eine Sonderform, nämlich der Ringflügel, kurz erwähnt werden.

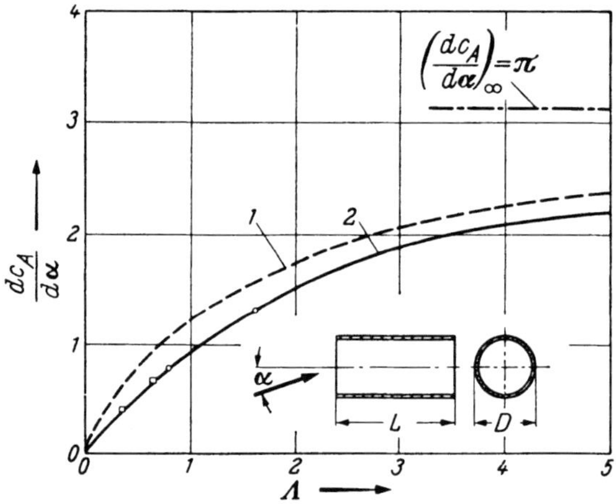

Abb. 7.26. Auftriebsanstieg eines Ringflügels in Abhängigkeit vom Seitenverhältnis. Kurve *1*: einfache Traglinientheorie nach Gl. (7.108); Kurve *2*: Tragflächentheorie nach [84]; Messungen vgl. [16].

Unter einem Ringflügel verstehen wir eine röhrenförmige zylindrische Fläche nach Abb. 7.26. Mit D als Durchmesser und L als Tiefe definiert man

$$\Lambda = \frac{D}{L}$$

als das *Seitenverhältnis* des Ringflügels. Bei unsymmetrischer Anströmung unter dem Anstellwinkel α erfährt ein solcher Ringflügel einen Auftrieb, der sich nach ähnlichen Verfahren berechnen läßt wie der Auftrieb des gewöhnlichen Tragflügels. Im einfachsten Fall (Traglinientheorie) wird der Ringflügel durch eine kreisförmige tragende

Linie ersetzt. Mit der Theorie des Ringflügels hat sich besonders eingehend J. WEISSINGER [84] befaßt.

Bezieht man den Auftriebsbeiwert auf die abgewickelte Zylinderfläche, also

$$A = c_A \pi D L q_\infty ,$$

so gilt nach der einfachen Traglinientheorie für den Auftriebsanstieg:

$$\frac{dc_A}{d\alpha} = \frac{2\pi\Lambda}{\pi + 2\Lambda}. \tag{7.108}$$

In Abb. 7.26 ist der Auftriebsanstieg in Abhängigkeit vom Seitenverhältnis Λ dargestellt. Zum Vergleich sind Messungen verschiedener Autoren eingetragen, die befriedigend mit dieser einfachen Theorie übereinstimmen. Eine bessere Übereinstimmung der Messungen mit der Theorie ergibt sich, wenn man Ergebnisse nach der erweiterten Traglinientheorie und nach der Tragflächentheorie zum Vergleich heranzieht. Es sei hierzu wieder auf die Arbeit von J. WEISSINGER [84] verwiesen.

7.34 Erweiterte Traglinientheorie

7.341 Verfahren von Weissinger. Das in Kap. 7.23 in seinen Grundzügen erläuterte Verfahren der erweiterten Traglinientheorie ist von J. WEISSINGER [83] zu einem praktisch brauchbaren Rechenverfahren ausgearbeitet worden. Die Grundgleichung für die Bestimmung der Zirkulationsverteilung nach diesem Verfahren wurde in Gl. (7.46) bereitgestellt. Wir führen wie in Gl. (7.65) wieder dimensionslose Größen ein durch

$$\xi = \frac{x}{s}, \qquad \eta = \frac{y}{s}, \tag{7.109a}$$

$$\gamma(\eta) = \frac{\Gamma}{b\,U_\infty}. \tag{7.109b}$$

Damit wird aus Gl. (7.46):

$$\alpha(\eta) = \frac{1}{2\pi} \lim_{\varepsilon \to 0} \left[\frac{4}{\varepsilon}\, \gamma(\eta) - \int\limits_{-1}^{1} \frac{\mathfrak{J}(\xi_p, \eta; \eta')}{(\eta - \eta')^2}\, \gamma(\eta')\, d\eta' \right] \tag{7.110}$$

mit

$$\mathfrak{J}(\xi_p, \eta; \eta') = 1 + \frac{\xi_p - \xi_l'}{\sqrt{(\xi_p - \xi_l')^2 + (\eta - \eta')^2}}. \tag{7.111}$$

Dabei bedeutet nach Abb. 7.27 $\xi_l' = \xi_l(\eta')$ die Lage der tragenden Linie im Abstand $l/4$ von der Vorderkante und $\xi_p = \xi_p(\eta)$ die Lage der Aufpunkte. Wie in Kap. 7.23 angegeben, legt man entsprechend dem Theorem von PISTOLESI (vgl. Kap. 6.351) die Aufpunkte in Dreiviertel der örtlichen Flügeltiefe; somit ist $x_p = x_l + l/2$. Diese Wahl der Lage des Aufpunktes (Dreiviertelpunkt) ergibt sich aus der zweidimensionalen Skelett-Theorie, für die $c'_{a\infty} = 2\pi$ ist. Will man einen

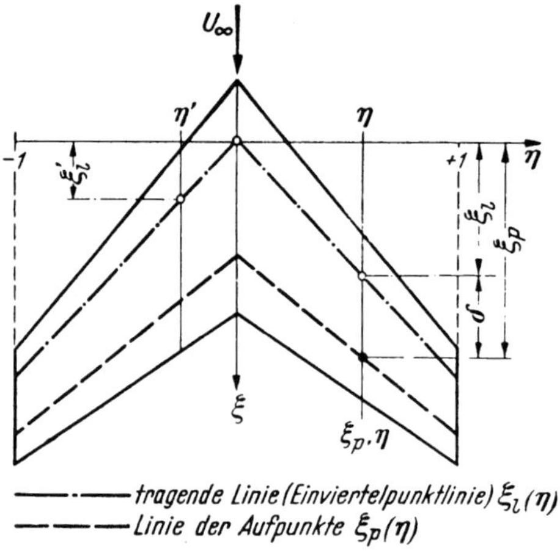

Abb. 7.27. Zur erweiterten Traglinientheorie.

anderen Wert von $c'_{a\infty}$ einführen, so kann dieses auch durch eine Änderung der Lage der Aufpunktlinie geschehen, derart, daß

$$x_p(y) = x_l(y) + \frac{c'_{a\infty}}{2\pi}\,\frac{l(y)}{2} \tag{7.112}$$

gesetzt wird, vgl. [74]. Hiernach ist:

$$\delta(\eta) = \xi_p(\eta) - \xi_l(\eta) = \frac{c'_{a\infty}}{2\pi}\,\frac{l(\eta)}{b}. \tag{7.113}$$

Für die Funktion $\mathfrak{J}(\xi_p, \eta; \eta')$ nach Gl. (7.111) gilt bei $\eta' = \eta$:

$$\mathfrak{J}(\xi_p, \eta; \eta) = 2. \tag{7.114}$$

Führt man nach J. WEISSINGER [83] die Funktion:

$$K(\eta, \eta') = K(\xi_p, \eta, \eta') = \frac{2 - \mathfrak{J}(\xi_p, \eta; \eta')}{(\eta - \eta')^2} \tag{7.115}$$

ein, dann wird aus Gl. (7.110):

$$\alpha(\eta) = 2\alpha_i(\eta) + \frac{1}{2\pi}\int\limits_{-1}^{1} K(\eta, \eta')\,\gamma(\eta')\,d\eta'. \tag{7.116}$$

Hierbei wurde $\alpha_i(\eta)$ nach Gl. (7.67a) eingesetzt.[1]

[1] Es bedeutet $2\alpha_i$ den induzierten Abwindwinkel sehr weit hinter dem Flügel, $\xi \to \infty$.

Die Einflußfunktion $K(\eta, \eta')$ nach Gl. (7.115) wurde so gewählt, daß sie bei $\eta' = \eta$ regulär ist, während der Integrand in Gl. (7.110) dort singulär ist. Durch einfache Rechnung läßt sich zeigen, daß

$$K(\eta, \eta) = \frac{1}{2(\xi_p - \xi_l)^2} = \frac{1}{2\,\delta^2(\eta)} \tag{7.117}$$

ist.

Wir schreiben jetzt die Integralgleichung der *erweiterten Traglinientheorie* in Analogie zur Gl. (7.69) der einfachen Traglinientheorie in der Form:

$$\alpha(\eta) = 2[\alpha_i(\eta) + \tau(\eta)] \tag{7.118}$$

mit

$$\tau(\eta) = \frac{1}{4\pi}\int_{-1}^{1} K(\eta, \eta')\,\gamma(\eta')\,d\eta'. \tag{7.119}$$

Die Einflußfunktion $K(\eta, \eta')$ hängt ausschließlich von der Geometrie des Flügelgrundrisses ab. Zur bequemeren Ermittlung von $K(\eta, \eta')$ hat E. Truckenbrodt [74] ein graphisches Verfahren angegeben.

Quadraturverfahren. Für die numerische Auswertung von Gl. (7.118) hat J. Weissinger [83] in analoger Weise wie bei der einfachen Trag-

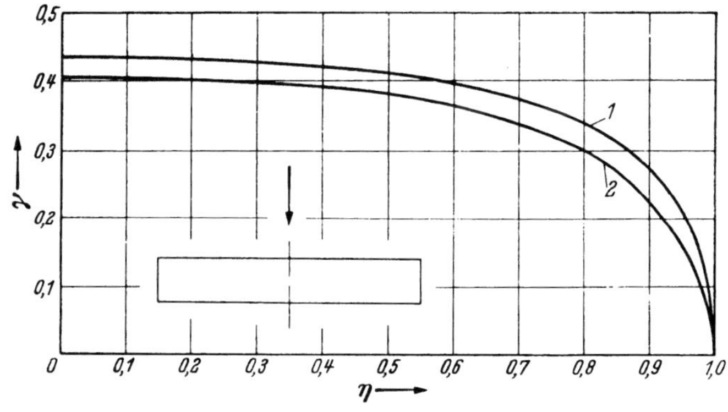

Abb. 7.28. Zirkulationsverteilung des unverwundenen Rechteckflügels vom Seitenverhältnis $\Lambda = 6$ für $\alpha = 1$; $c'_{A\infty} = 2\pi$.
1 Einfache Traglinientheorie; *2* erweiterte Traglinientheorie.

linientheorie (Verfahren von Multhopp) ein verfeinertes Quadraturverfahren angegeben. Auf die Wiedergabe dieses Verfahrens wird hier verzichtet und dafür auf [83] verwiesen.

Beispiele. Auch für die erweiterte Traglinientheorie mögen einige Beispiele mitgeteilt werden. Umfangreiche Beispielrechnungen nach dem Weissingerschen Verfahren wurden von J. de Young und C. W. Harper [90] durchgeführt.

In Abb. 7.28 ist für den unverwundenen *Rechteckflügel* vom Seitenverhältnis $\Lambda = 6$ die Zirkulationsverteilung über Spannweite für $\alpha = 1$ angegeben. Zum Vergleich ist auch die Kurve für die einfache Traglinientheorie mit eingetragen. Man sieht aus dieser Abbildung, daß bei

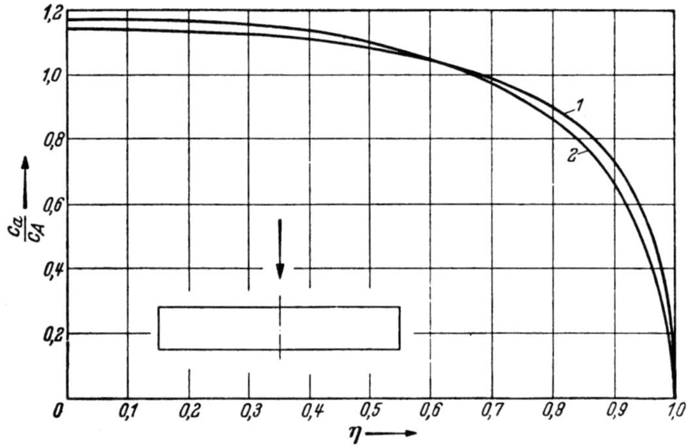

Abb. 7.29. Auftriebsverteilung c_a/c_A des unverwundenen Rechteckflügels vom Seitenverhältnis $\Lambda = 6$; $c'_{A\infty} = 2\pi$.
1 Einfache Traglinientheorie; *2* erweiterte Traglinientheorie.

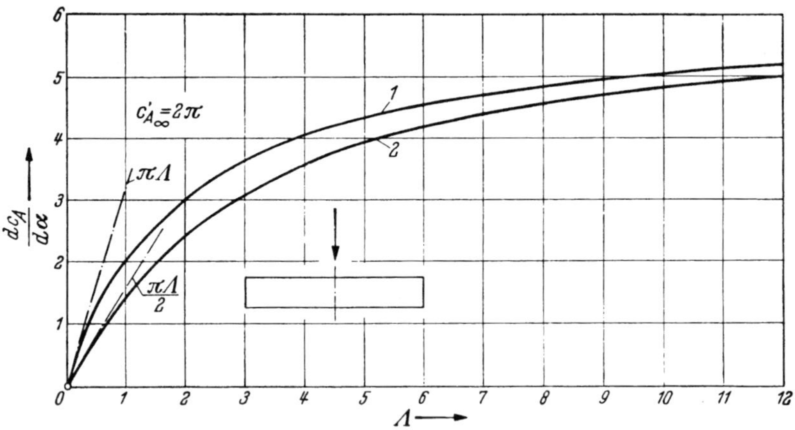

Abb. 7.30. Auftriebsanstieg $dc_A/d\alpha$ von Rechteckflügeln in Abhängigkeit vom Seitenverhältnis Λ; $c'_{A\infty} = 2\pi$.
1 Einfache Traglinientheorie; *2* erweiterte Traglinientheorie.

gleichem Anstellwinkel die erweiterte Traglinientheorie einen beträchtlich kleineren Auftrieb liefert als die einfache Traglinientheorie. Weiterhin zeigt Abb. 7.29 die Auftriebsverteilung c_a/c_A des gleichen Flügels. Die erweiterte Traglinientheorie ergibt eine etwas weniger völlige Verteilung als die einfache Traglinientheorie. Diese Feststellung ist typisch für die erweiterte Traglinientheorie. In Abb. 7.30 sind die Auftriebsanstiege von Rechteckflügeln nach der erweiterten Traglinientheorie und der einfachen Traglinientheorie miteinander verglichen. Während bei großen Werten des Seitenverhältnisses Λ die Unterschiede zwischen beiden Kurven ziemlich gering sind, weichen sie bei kleinen Werten von Λ erheblich voneinander ab. Die Grenzwerte von $dc_A/d\alpha$ für $\Lambda \to 0$ sind nach der einfachen Traglinientheorie

$$\frac{dc_A}{d\alpha} = \pi \Lambda \qquad (\Lambda \to 0) \tag{7.120}$$

und nach der erweiterten Traglinientheorie[1]

$$\frac{dc_A}{d\alpha} = \frac{\pi}{2} \Lambda \qquad (\Lambda \to 0). \tag{7.121}$$

Diese beiden Grenzwerte sind in Abb. 7.30 mit eingetragen.

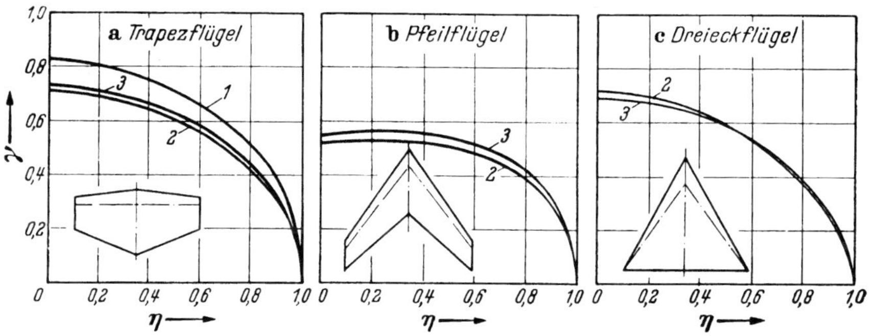

Abb. 7.31. Zirkulationsverteilung von drei unverwundenen Flügeln nach Tab. 7.5; $\alpha = 1$; $c'_{A\infty} = 2\pi$.
a) Trapezflügel; $\varphi = 0$; $\Lambda = 2{,}75$; $\lambda = 0{,}5$;
b) Pfeilflügel; $\varphi = 50°$; $\Lambda = 2{,}75$; $\lambda = 0{,}5$;
c) Dreieckflügel; $\varphi = 52{,}4°$; $\Lambda = 2{,}31$; $\lambda = 0$.
Kurve *1*: einfache Traglinientheorie nach MULTHOPP [56]; Kurve *2*: erweiterte Traglinientheorie nach WEISSINGER [83]; Kurve *3*: Tragflächentheorie nach TRUCKENBRODT [75].

In Abb. 7.31 und Abb. 7.32 sind Ergebnisse für einen *Trapezflügel*, einen *Pfeilflügel* und einen *Dreieckflügel* mit Seitenverhältnissen zwischen $\Lambda = 2$ und 3 mitgeteilt. Die geometrischen Daten dieser drei Flügel sind in Tab. 7.5 zusammengestellt. Abb. 7.31 zeigt die Zirkulationsverteilungen für die unverwundenen Flügel mit $\alpha = 1$. Beim Trapezflügel ist die Kurve nach der einfachen Traglinientheorie mit angegeben. Sie liegt auch hier oberhalb der Kurve nach der erweiterten Traglinien-

[1] Für $\Lambda \to 0$ wird für die einfache Traglinientheorie nach Gl. (7.69) $\alpha(\eta) = \alpha_i(\eta)$, dagegen für die erweiterte Traglinientheorie nach Gl. (7.116) $\alpha(\eta) = 2\alpha_i(\eta)$, weil $K(\eta, \eta') = 0$ wird.

Tabelle 7.5. *Geometrische Daten und aerodynamische Beiwerte eines Trapezflügels, eines Pfeilflügels und eines Dreieckflügels*; $c'_{A\infty} = 2\pi$. (1) einfache Traglinientheorie nach MULTHOPP [56]. (2) Erweiterte Traglinientheorie nach WEISSINGER [83]. (3) Tragflächentheorie nach TRUCKENBRODT [75] und WAGNER [80], (fünf Tiefenverteilungen, Werte in Klammern). Die Neutralpunktverschiebung Δx_N ist vom geometrischen Neutralpunkt aus gemessen.

Geometrische Parameter (vgl. Abb. 5.2)

		I	II	III
Seitenverhältnis	Λ	2,75	2,75	2,309
Zuspitzung	$\lambda = \frac{l_a}{l_i}$	0,5	0,5	0
Pfeilwinkel	φ	0°	50°	52,4°
Bezugstiefe	$\frac{l_\mu}{l_i}$	0,778	0,778	0,667
Neutralpunktlage	$\frac{x_{N25}}{l_i}$	0,25	0,796	0,50

I	II	III
Trapezflügel	Pfeilflügel	Dreieckflügel
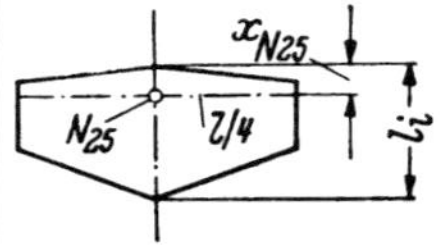	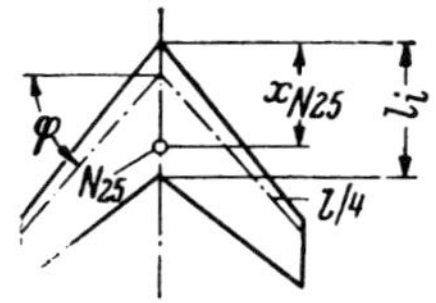	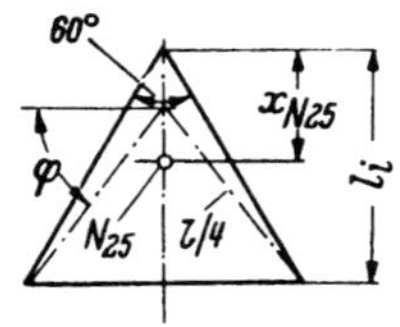

Aerodynamische Beiwerte

		I ①	I ②	I ③	II ①	II ②	II ③	III ①	III ②	III ③
Auftriebsanstieg	$\frac{dc_A}{d\alpha}$	3,600	3,015	3,105 (3,078)		2,511	2,614 (2,440)		2,406	2,435 (2,378)
Rolldämpfung	$\frac{dc_L}{d\Omega_x}$	−0,649	−0,480	−0,500		−0,450	−0,465		−0,340	−0,342
Neutralpunktverschiebung	$\frac{\Delta x_N}{l_\mu}$			−0,031 (−0,028)			0,012 (0,057)			0,140 (0,156)
Induzierter Widerstand	$\frac{c_{Wi}}{(c_{Wi})_{ell}}$			1,000 (1,000)			1,027 (1,056)			1,004 (1,012)

theorie. Bei allen drei Flügeln ist auch das Ergebnis der Tragflächentheorie mit angegeben, über die in Kap. 7.35 berichtet wird. Die Übereinstimmung zwischen der erweiterten Traglinientheorie und der Tragflächentheorie ist gut. Auf die gute Übereinstimmung zwischen der erweiterten Traglinientheorie (Dreiviertelpunktmethode) und der Tragflächentheorie hat erstmalig J. Weissinger [83] durch Vergleich seines F-Verfahrens mit seinem L-Verfahren hingewiesen.

Abb. 7.32 zeigt die entsprechenden Zirkulationsverteilungen für die antimetrische lineare Anstellwinkelverteilung $\alpha = \eta$. In Tab. 7.5 sind

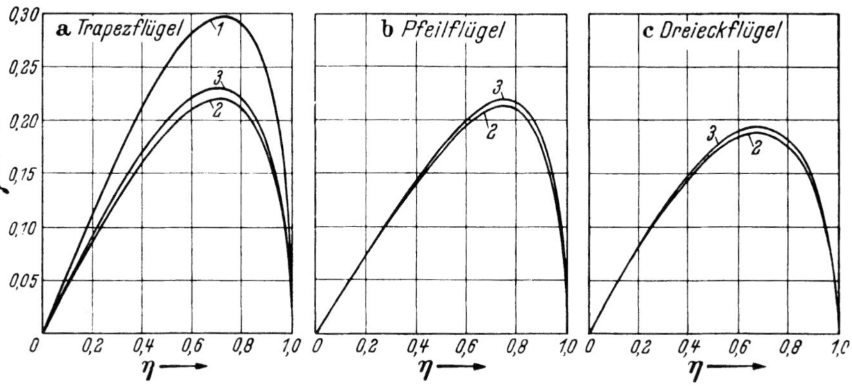

Abb. 7.32. Zirkulationsverteilung von drei Flügeln nach Tab. 7.5 mit antimetrischer linearer Verwindung ($\alpha = \eta$); $c'_{A\infty} = 2\pi$.

a) Trapezflügel; $\varphi = 0$; $\Lambda = 2{,}75$; $\lambda = 0{,}5$;
b) Pfeilflügel; $\varphi = 50°$; $\Lambda = 2{,}75$; $\lambda = 0{,}5$;
c) Dreieckflügel; $\varphi = 52{,}4°$; $\Lambda = 2{,}31$; $\lambda = 0$.

Kurve *1*: einfache Traglinientheorie nach Multhopp [56]; Kurve *2*: erweiterte Traglinientheorie nach Weissinger [83]; Kurve *3*: Tragflächentheorie nach Truckenbrodt [75].

auch die Werte des Auftriebsanstieges und des Rollmomentes (Rolldämpfung) dieser drei Flügel angegeben.

7.342 Flügel mit elliptischem Grundriß. Nachdem in Kap. 7.333 der Flügel mit elliptischem Grundriß nach der einfachen Traglinientheorie behandelt wurde, möge jetzt diese Flügelform auch noch nach der erweiterten Traglinientheorie berechnet werden. Von der einfachen Traglinientheorie übernehmen wir das Ergebnis, daß der unverwundene Ellipsenflügel eine längs Spannweite elliptische Zirkulationsverteilung besitzt. Die folgende Betrachtung lehrt dann, um wieviel der Gesamtauftrieb sich ändert, wenn man von der einfachen zur erweiterten Traglinientheorie übergeht. Die in Abb. 7.30 für Rechteckflügel mitgeteilten Ergebnisse zeigen bereits, daß beim Übergang von der einfachen zur erweiterten Traglinientheorie der Gesamtauftrieb kleiner wird.

Da im vorliegenden Fall des Ellipsenflügels die Form der Zirkulationsverteilung längs Spannweite entsprechend der einfachen Traglinientheorie vorgegeben wird, kann man die kinematische Strömungsbedingung nur noch in *einem* Punkt der Dreiviertelpunktlinie erfüllen. Hierfür wählen wir nach H. B. HELMBOLD [23] den Dreiviertelpunkt des Flügelmittelschnittes. Die kinematische Strömungsbedingung lautet somit nach Gl. (7.37):

$$\alpha + \alpha_w(\xi_p, 0) = 0. \tag{7.122}$$

Hierbei ist $\xi_p = x_p/s$ der dimensionslose Abstand des Aufpunktes von der $l/4$-Linie.

Wie hier nicht näher ausgeführt werden soll, ergibt sich für den induzierten Abwindwinkel im Flügelmittelschnitt bei elliptischer Zirkulationsverteilung nach H. GLAUERT [18]:

$$\alpha_w(\xi_p, 0) = -\left[1 + \frac{2}{\pi}\,\frac{\sqrt{\xi_p^2 + 1}}{\xi_p}\,E\right]\alpha_i. \tag{7.123}$$

Hierin bedeutet E das vollständige elliptische Integral 2. Gattung mit dem Modul $1/\sqrt{\xi_p^2 + 1}$ und $\alpha_i = c_A/\pi\Lambda$ den bereits bekannten induzierten Anstellwinkel. Zur bequemeren Berechnung kann für Gl. (7.123) ein Näherungsausdruck angegeben werden, der das elliptische Integral nicht mehr enthält, vgl. [23]. Man findet dann unter Berücksichtigung von Gl. (7.122):

$$\alpha = \left[1 + \frac{2}{\pi\xi_p}\sqrt{1 + \left(\frac{\pi}{2}\,\xi_p\right)^2}\right]\frac{c_A}{\pi\Lambda}. \tag{7.124}$$

Die Lage des Dreiviertelpunktes erhält man nach Gl. (7.113) mit $\xi_l = 0$ sowie mit $\Lambda = 4b/\pi l_i$ und $k = \pi\Lambda/c'_{A\infty}$ zu[1]

$$\xi_p = \frac{c'_{A\infty}}{2\pi}\,\frac{l_i}{b} = \frac{2}{\pi k}.$$

Wird dies in Gl. (7.124) eingesetzt, dann findet man für den Auftriebsanstieg:

$$\frac{dc_A}{d\alpha} = \frac{\pi\Lambda}{\sqrt{k^2 + 1} + 1}. \tag{7.125}$$

In Abb. 7.33 ist der Auftriebsanstieg nach dieser Formel für $c'_{A\infty} = 2\pi$, d. h. $k = \Lambda/2$, über dem Seitenverhältnis dargestellt. Zum Vergleich ist die Kurve nach der einfachen Traglinientheorie, Gl. (7.89a), mit eingetragen. Die Unterschiede zwischen den beiden Theorien sind ähnlich wie beim Rechteckflügel nach Abb. 7.30.

Die Gl. (7.125) für die erweiterte Traglinientheorie entsteht aus Gl. (7.89a) für die einfache Traglinientheorie, indem man beim unverwundenen Flügel formal k durch $\sqrt{k^2 + 1}$ ersetzt. In analoger Weise kann man auch bei den Fourier-Koeffizienten für die Zirku-

[1] Vergleiche Fußnote auf S. 8.

lationsverteilung des verwundenen Flügels eine Korrektur einführen, die der erweiterten Traglinientheorie Rechnung trägt. Dieses kommt darauf hinaus, daß man die Gl. (7.86) in folgender Weise abändert:

$$a_n = \frac{1}{\sqrt{k^2 + n^2} + n} \, \frac{2}{\pi} \int_0^\pi \alpha(\vartheta) \sin\vartheta \sin n\vartheta \, d\vartheta . \tag{7.126}$$

Die Brauchbarkeit dieser Formel wurde durch zahlreiche Beispielrechnungen bestätigt.

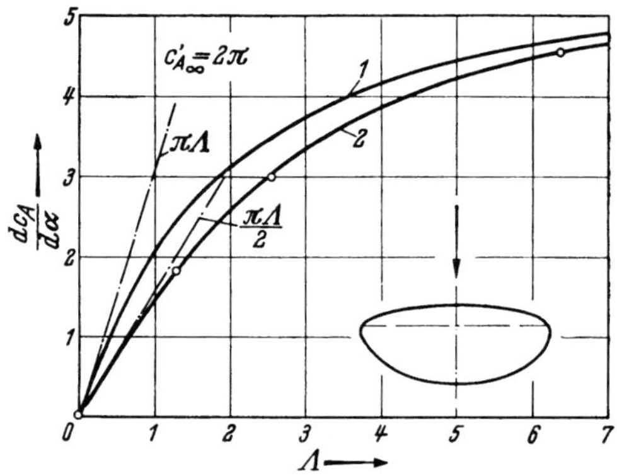

Abb. 7.33. Auftriebsanstieg von elliptischen Flügeln in Abhängigkeit vom Seitenverhältnis; $c'_{A\infty} = 2\pi$.
1 Nach der einfachen Traglinientheorie, Gl. (7.89a);
2 nach der erweiterten Traglinientheorie, Gl. (7.125).
– o – Exakte Lösungen nach KINNER [37] und KRIENES [40].

Für den Rollmomentenbeiwert c_L erhält man eine geschlossene Formel, wenn man in Gl. (7.82) für a_2 den Wert nach Gl. (7.126) einsetzt und dabei $\eta = \cos\vartheta$ nach Gl. (7.78) berücksichtigt. Es ergibt sich:

$$c_L = -\frac{\pi\Lambda}{\sqrt{k^2 + 4} + 2} \, \frac{2}{\pi} \int_{-1}^{+1} \alpha(\eta)\, \eta \sqrt{1 - \eta^2}\, d\eta . \tag{7.127}$$

Hiernach läßt sich der Rollmomentenbeiwert in recht einfacher Weise ermitteln.

7.343 Übergang von der erweiterten zur einfachen Traglinientheorie. Es soll jetzt noch gezeigt werden, daß für große Seitenverhältnisse die erweiterte Traglinientheorie in die einfache Traglinientheorie übergeführt werden kann. Um diesen Grenzübergang auszuführen, muß man in der kinematischen Strömungsbedingung der erweiterten Traglinientheorie die Linie der Aufpunkte $\xi_p(\eta)$ nahe an die tragende Linie $\xi_l(\eta)$ rücken lassen, $\xi_p \to \xi_l$ oder $\delta \to 0$, Abb. 7.27. Die kinematische Strömungsbedingung lautet dann

$$\alpha_w(\delta \to 0, \eta) + \alpha(\eta) = 0 \qquad (\Lambda = \text{groß}). \tag{7.128}$$

Hierin ist $\delta(\eta)$ durch Gl. (7.113) gegeben.

Für eine *senkrecht* angeströmte tragende Linie ist für einen sehr nahe gelegenen Aufpunkt $\xi_p = x_p/s = \delta$ die induzierte Abwärtsgeschwindigkeit nach BIOT-SAVART:

$$-w(x_p, y) = w_i(y) + \frac{\Gamma(y)}{2\pi\, x_p}.$$

Dabei bedeutet der erste Term der rechten Seite den Anteil der freien Wirbel und der zweite Term denjenigen des gebundenen Wirbels. In dimensionsloser Form ergibt sich hieraus

$$-\alpha_w(\delta \to 0, \eta) = \alpha_i(\eta) + \frac{1}{\pi}\,\frac{\gamma(\eta)}{\delta(\eta)}. \qquad (7.129)$$

Da nach den Gln. (7.113) und (7.65c) $\pi\delta(\eta) = 1/f(\eta)$ ist, wird unter Berücksichtigung von Gl. (7.128):

$$\alpha(\eta) = \alpha_i(\eta) + f(\eta)\,\gamma(\eta). \qquad (7.130)$$

Damit ist gezeigt, daß die erweiterte Traglinientheorie im Falle sehr großer Seitenverhältnisse in die einfache Traglinientheorie übergeht.

Dieser Grenzübergang läßt sich nach E. TRUCKENBRODT [77] auch auf den schiebenden Flügel übertragen und führt auf die schon früher von J. WEISSINGER [82] angegebene Theorie des schiebenden Flügels. Der Grenzübergang von der erweiterten zur einfachen Traglinientheorie auch für Pfeilflügel wird ebenfalls in [77] angegeben. Ausgehend von [77] wurde von B. LASCHKA und F. WEGENER [49] ein Quadraturverfahren zur Berechnung der Auftriebsverteilung an gepfeilten Tragflügeln mit großem Seitenverhältnis ausgearbeitet. Für gepfeilte Flügel entwickelte D. KÜCHEMANN [42] ein Verfahren, das man ebenfalls als einfaches Traglinienverfahren bezeichnen kann.

7.35 Tragflächentheorie

7.351 Allgemeiner Lösungsansatz. Die Integralgleichung zur Berechnung der Zirkulationsverteilung nach der Tragflächentheorie wurde in Kap. 7.22, Gl. (7.40) bereitgestellt.

Wir führen die folgenden dimensionslosen Größen ein:

$$\xi = \frac{2x}{b} = \frac{x}{s} \quad \text{und} \quad \eta = \frac{2y}{b} = \frac{y}{s}; \qquad (7.131)$$

$$g = \frac{G}{b\,U_\infty}. \qquad (7.132)$$

Weiterhin bezeichnen wir den in Gl. (7.40) auf der linken Seite stehenden Klammerausdruck der Einfachheit halber mit

$$\alpha(\xi, \eta) = \alpha_F - \frac{\partial z^{(s)}}{\partial x}. \qquad (7.133)$$

Es ist dieses der örtliche Anstellwinkel der gewölbten tragenden Fläche. Somit wird aus Gl. (7.40):

$$\alpha(\xi, \eta) = \frac{1}{2\pi} \lim_{\varepsilon \to 0} \left[\frac{2}{\varepsilon}\, g(\xi, \eta; \eta) - \mathop{=\!\!\!\!\int}_{-1}^{1} \frac{g(\xi, \eta; \eta')}{(\eta - \eta')^2}\, d\eta' \right]. \qquad (7.134)$$

Für die flächenhafte Verteilung der Wirbeldichte $k(x, y)$ wird nun nach [75] der folgende Produktansatz gemacht:

$$k(x, y) = \frac{1}{2} U_\infty \sum_{n=0}^{N} c_n(y) h_n(x). \tag{7.135}$$

Dabei geben die $c_n(y)$ die Verteilung über Spannweite und die $h_n(x)$ die Verteilung über Tiefe an. Setzt man Gl. (7.135) in (7.39a) ein, dann kann man auch schreiben

$$G(x, y; y') = \frac{1}{2} U_\infty \sum_{n=0}^{N} c_n(y') l(y') H_n(x, y; y') \tag{7.136}$$

mit

$$H_n(x, y; y') = \frac{1}{l(y')} \int_{x_v(y')}^{x_h(y')} h_n(x') \left(1 + \frac{x - x'}{\sqrt{(x - x')^2 + (y - y')^2}}\right) dx'. \tag{7.137}$$

Für die Verteilungsfunktion über die Flügeltiefe wird in Anlehnung an die Skelett-Theorie nach Kap. 6.32 der folgende Ansatz gemacht, vgl. [75]:

$$h_n = (-1)^n \frac{2}{\pi} \frac{\cos n\varphi - \cos(n+1)\varphi}{\sin\varphi}$$

$$(n = 0, 1, 2, \ldots). \tag{7.138}$$

Dabei ist nach Gl. (6.72):

$$\frac{x - x_v(y)}{l(y)} = X = \frac{1}{2}(1 + \cos\varphi). \tag{7.139}$$

Hier bedeutet $l(y)$ die Flügeltiefe und x_v die Lage der Flügelvorderkante des Schnittes y.

Für die Werte $n = 0$, 1 und 2 sind die Verteilungen in Abb. 7.34 dargestellt, vgl. Abb. 6.22. Die Verteilung h_0 stellt die erste Birnbaumsche Normalverteilung und die Verteilung h_1 eine Kombination der ersten und zweiten Birnbaumschen Normalverteilung dar, derart, daß das Integral $\int_0^1 h_1(X)\, dX = 0$ ist.

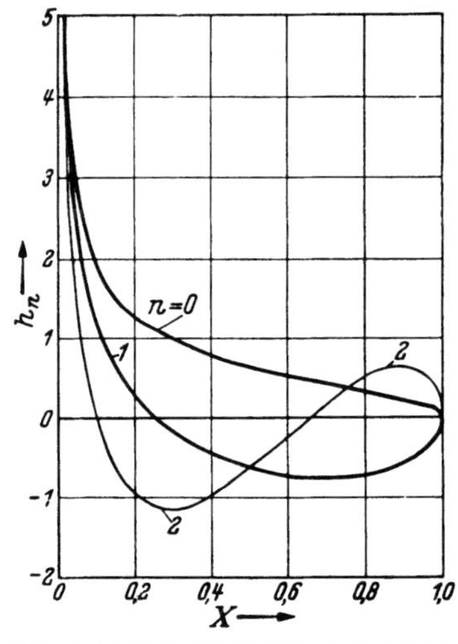

Abb. 7.34. Die Funktionen h_0, h_1 und h_2 für die Verteilung des Auftriebes über die Flügeltiefe, nach [75]; vgl. Gl. (6.114).

Die Funktionen h_0 und h_1 nach Gl. (7.138) sind so normiert, daß nach Einsetzen in Gl. (7.135) ihre Integration über die Flügeltiefe, vgl. die Gln. (6.66) und (6.67), den örtlichen Auftriebsbeiwert bzw. den örtlichen Momentenbeiwert, bezogen auf den $l/4$-Punkt, ergibt, und zwar gilt:

$$c_a(y) = c_0(y), \tag{7.140}$$

$$c_m(y) = \tfrac{1}{4} c_1(y). \tag{7.141}$$

Führt man die Verteilungsfunktionen h_n nach Gl. (7.138) in (7.137) ein, so erhält man explizite Ausdrücke für die Funktionen $H_n(x, y; y')$, die nur noch von der Form des Flügelgrundrisses abhängig sind. Die Auswertung der ersten Einflußfunktion $H_0(x, y; y')$ ist in Abb. 7.35 an-

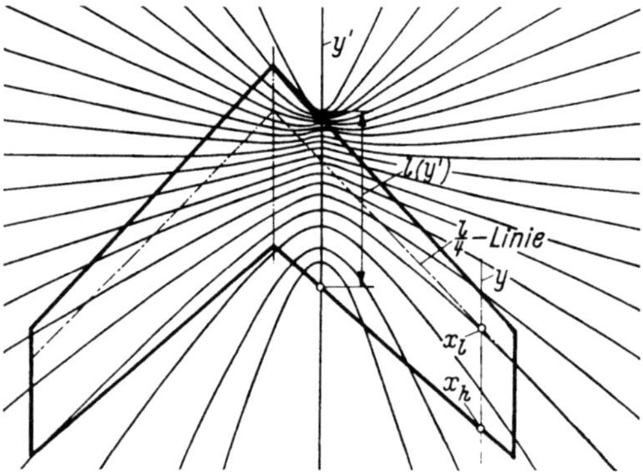

Abb. 7.35. Einflußfunktion $H_0(x, y; y')$ der Tragflächentheorie nach [75] mit eingezeichnetem Pfeilflügel; $l(y')$ = induzierender Schnitt; (x_l, y) und (x_h, y) Aufpunkte auf der $l/4$-Linie bzw. auf der Hinterkante.

gegeben (Kurven H_0 = const). Dabei ist auch ein Flügelgrundriß mit eingetragen, um die Verwendung dieses Diagramms zu erläutern.

Schreibt man die Funktion G nach Gl. (7.136) in dimensionsloser Form unter Berücksichtigung von Gl. (7.132), dann wird

$$g(\xi, \eta; \eta') = \sum_{n=0}^{N} H_n(\xi, \eta; \eta') f_n(\eta') \tag{7.142}$$

mit

$$f_n(\eta') = \frac{c_n(\eta')\, l(\eta')}{2b}. \tag{7.143}$$

Setzt man die so erhaltene Funktion $g(\xi, \eta; \eta')$ in die Integralgleichung (7.134) ein, so ergibt sich schließlich

$$\alpha(\xi, \eta) = \frac{1}{2\pi} \sum_{n=0}^{N} \lim_{\varepsilon \to 0} \left[\frac{2}{\varepsilon} H_n(\xi, \eta; \eta) f_n(\eta) - \int_{-1}^{1} \frac{H_n(\xi, \eta; \eta')}{(\eta - \eta')^2} f_n(\eta')\, d\eta' \right]. \tag{7.144}$$

Dieses ist ein System von Integralgleichungen für die $(N+1)$ Funktionen $f_n(\eta)$, $(n = 0, 1, \ldots, N)$. Wählt man $(N+1)$ Verteilungsfunktionen, so werden diese dadurch bestimmt, daß man die kinematische Strömungsbedingung auf $(N+1)$ Aufpunktlinien längs Spannweite erfüllt. Nachdem man aus diesem Gleichungssystem die Funktionen $f_0(\eta)$, $f_1(\eta)$ usw. ermittelt hat, findet man für die Auftriebsverteilung[1]

$$\frac{c_a(\eta)\, l(\eta)}{2b} = f_0(\eta) = \gamma(\eta) \tag{7.145}$$

und für die Momentenverteilung (Momentenbeiwert bezogen auf $l/4$-Punkt)

$$\frac{c_m(\eta)\, l(\eta)}{2b} = \frac{1}{4} f_1(\eta) = \mu(\eta). \tag{7.146}$$

Entsprechend dem Ansatz nach Gl. (7.135) und der Beziehung nach Gl. (7.41) erhält man die resultierende Druckverteilung von Unter- und Oberseite (Lastverteilung) zu:

$$\Delta c_p = \frac{p_u - p_o}{q_\infty} = \frac{2b}{l(\eta)} \sum_{n=0}^{N} h_n(\xi)\, f_n(\eta). \tag{7.147}$$

Im folgenden Abschnitt soll für dieses Verfahren die numerische Durchführung kurz erläutert werden.

7.352 Verfahren von Multhopp und Truckenbrodt. Für die numerische Auswertung des vorstehend geschilderten Verfahrens sind von H. Multhopp [58] und E. Truckenbrodt [75] unabhängig voneinander Verfahren angegeben worden. Während E. Reissner [64] nur den Rechteckflügel behandelt, sind die beiden anderen Verfahren für allgemeine Flügelgrundrißformen anwendbar. In beiden Arbeiten werden die zwei Verteilungsfunktionen h_0 und h_1 zugrunde gelegt. Während H. Multhopp die beiden Aufpunktlinien in 34,5% und 90,5% der örtlichen Flügeltiefe legt, bevorzugt E. Truckenbrodt die Lage der Aufpunktlinien in der Hinterkante und in der $l/4$-Linie des Flügels.

Die weitere Darlegung der Rechnung schließt sich eng an [75] an. Wie schon angegeben, werden nur zwei Verteilungsfunktionen über Tiefe gewählt, so daß in dem Verfahren nur die beiden Einflußfunktionen H_0 und H_1 vorkommen. Wir führen als neue Bezeichnungen ein

$$H_0(\xi, \eta; \eta') = i(\xi, \eta; \eta'), \tag{7.148a}$$

$$4H_1(\xi, \eta; \eta') = j(\xi, \eta; \eta'). \tag{7.148b}$$

[1] Es ist $f_0(\eta)$ identisch mit der dimensionslosen Zirkulationsverteilung $\gamma(\eta) = \Gamma/b\,U_\infty$ nach Gl. (7.70) und (7.65b).

Damit wird Gl. (7.144):

$$\alpha(\xi_p, \eta) = \frac{1}{2\pi} \lim_{\varepsilon \to 0} \left[\frac{2}{\varepsilon} i(\xi_p, \eta; \eta)\gamma(\eta) - \oint_{-1}^{1} \frac{i(\xi_p, \eta; \eta')}{(\eta - \eta')^2} \gamma(\eta')\, d\eta' + \right.$$

$$\left. + \frac{2}{\varepsilon} j(\xi_p, \eta; \eta)\mu(\eta) - \oint_{-1}^{1} \frac{j(\xi_p, \eta; \eta')}{(\eta - \eta')^2} \mu(\eta')\, d\eta' \right], \tag{7.149}$$

wobei f_0 und f_1 nach den Gln. (7.145) und (7.146) durch γ und μ ersetzt worden sind. Diese Gleichung muß für zwei Werte von ξ_p erfüllt werden, und zwar für

$$\xi_p = \xi_l = \xi_{\mathrm{I}} \text{ und } \xi_p = \xi_h = \xi_{\mathrm{II}}. \tag{7.150}$$

Hierbei bedeutet $\xi_l(\eta)$ die $l/4$-Linie und $\xi_h(\eta)$ die Hinterkante.

In Gl. (7.149) sind nunmehr die beiden Funktionen $\gamma(\eta)$ und $\mu(\eta)$ gesucht. Unmittelbar gegeben sind aus der Flügelgeometrie die Anstellwinkelverteilung $\alpha(\xi_p, \eta)$ und mittelbar in Abhängigkeit von der Grundrißform des Flügels die Einflußfunktionen i und j, vgl. Abb. 7.35. Von der Anstellwinkelverteilung werden in Gl. (7.149) nur die Werte auf der $l/4$-Linie und an der Hinterkante benötigt.

S. Wagner [80] hat das geschilderte Tragflächenverfahren auf mehr als nur die zwei Verteilungsfunktionen über die Flügeltiefe h_0 und h_1 erweitert. Entsprechend muß auch die Anzahl der Aufpunktlinien erhöht werden. Bei der Wahl von fünf Verteilungen h_0 bis h_4 werden in [80] die Aufpunktlinien in die Vorderkante, die Einviertelpunkt-, Einhalbpunkt-, Dreiviertelpunktlinie und in die Hinterkante gelegt.

Quadraturverfahren. Die numerische Auflösung von Gl. (7.149) geschieht durch ein erweitertes Quadraturverfahren in Anlehnung an das Multhoppsche Verfahren für die Traglinientheorie, vgl. [75], [80]. Wegen des großen Umfangs der Rechnungen empfiehlt sich der Einsatz von elektronischen Rechenmaschinen.

Auftriebsverteilung. Nachdem man aus der Auflösung des Gleichungssystems die Werte $\gamma(\eta)$ und $\mu(\eta)$ erhalten hat, ist die Auftriebsverteilung längs Spannweite durch Gl. (7.145) gegeben. Die Lastverteilung über die Flügeltiefe liefert sodann Gl. (7.147), vgl. auch die Gln. (6.113) und (6.114),

$$\Delta c_p(X, \eta) = \frac{2b}{l(\eta)} [h_0(X)\gamma(\eta) + 4h_1(X)\mu(\eta)], \tag{7.151}$$

wobei die Funktionen h_0 und h_1 durch Abb. 7.34 gegeben sind.

Gesamtauftrieb und Rollmoment. Den Gesamtauftriebsbeiwert erhält man nach Gl. (7.72) oder (7.102) und den Rollmomentenbeiwert nach Gl. (7.74) oder (7.104).

Nickmoment. Das örtliche Nickmoment um den örtlichen $l/4$-Punkt ist gegeben durch Gl. (7.146). Bezeichnen $x_l(y)$ die $l/4$-Linie und $x_a(y)$ die Linie der örtlichen Luftkraftangriffspunkte nach Abb. 7.36, so ist das Moment eines Flügelschnittes y um den $l/4$-Punkt:

$$dM = -\Delta x_a \, dA.$$

Führt man hier $dM = c_m q_\infty l^2 \, dy$ und $dA = c_a q_\infty l \, dy$ ein, dann erhält

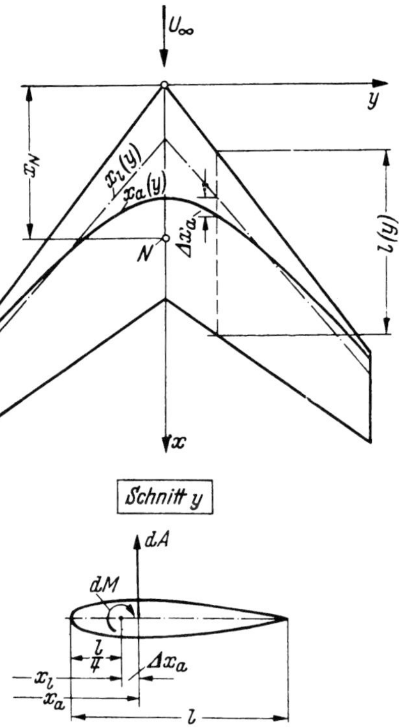

Abb. 7.36. Zur Berechnung des Nickmomentes; $x_a(y)$ Lage der örtlichen Luftkraft-Angriffspunkte, $x_l(y)$ örtliche $l/4$-Linie, N Neutralpunkt des ganzen Flügels.

man den Abstand der örtlichen Luftkraft vom örtlichen $l/4$-Punkt zu

$$\Delta x_a(y) = -\frac{c_m(y)}{c_a(y)} \, l(y).$$

Unter Einführung von γ und μ nach den Gln. (7.145) und (7.146) wird:

$$\frac{\Delta x_a(\eta)}{l(\eta)} = \frac{x_a(\eta) - x_l(\eta)}{l(\eta)} = -\frac{\mu(\eta)}{\gamma(\eta)}. \tag{7.152}$$

Um das Nickmoment des ganzen Flügels zu erhalten, sind die Beiträge der einzelnen Schnitte $dM = -x_a\,dA$ um die y-Achse zu summieren. Dieses ergibt

$$M = -\int_{-s}^{s} x_a(y)\,dA = -\int_{-s}^{s} [x_l(y) + \Delta x_a(y)]\,dA.$$

Hieraus erhält man für den Momentenbeiwert $c_M = M/q_\infty F l_\mu$ mit l_μ als Bezugsflügeltiefe nach Gl. (5.7):

$$c_M = -\Lambda \int_{-1}^{1} \left[\gamma(\eta)\,\frac{x_l(\eta)}{l_\mu} - \mu(\eta)\,\frac{l(\eta)}{l_\mu}\right] d\eta. \qquad (7.153)$$

Die Lage des Neutralpunktes des ganzen Flügels ist dann schließlich nach Gl. (5.51):

$$\frac{x_N}{l_\mu} = -\frac{dc_M}{dc_A}. \qquad (7.154)$$

Im folgenden Abschnitt soll über einige Beispiele berichtet werden.

7.353 Beispiele und Vergleich mit Messungen. Die Beispielrechnungen dieses Abschnittes beziehen sich auf Rechteckflügel, Trapezflügel, Pfeilflügel und Dreieckflügel.

In Abb. 7.31 wurden bereits für einen *Trapezflügel*, einen *Pfeilflügel* und einen *Dreieckflügel* die Zirkulationsverteilungen der unverwundenen Flügel nach verschiedenen Berechnungsverfahren mitgeteilt. Die geometrischen Daten dieser drei Flügel sind in Tab. 7.5 zusammengestellt. Aus Abb. 7.31 hatte sich ergeben, daß der Unterschied zwischen der erweiterten Traglinientheorie und der Tragflächentheorie recht gering ist. Das gleiche gilt nach Abb. 7.32 für lineare Verwindung. In Abb. 7.37 ist für die drei unverwundenen Flügel die Auftriebsverteilung über Spannweite in der Form $c_a l / c_A l_m$ dargestellt. Hierbei ergibt sich, daß in dieser Darstellung die Rechenergebnisse praktisch übereinstimmen. Die Auftriebsanstiege $dc_A/d\alpha$ der drei Flügel sind für die verschiedenen Theorien in Tab. 7.5 angegeben.

Die einfache und auch die erweiterte Traglinientheorie gestatten nicht die Ermittlung der örtlichen Neutralpunktlage, da nach diesen Verfahren der örtliche Neutralpunkt auf die tragende Linie ($l/4$-Linie) gelegt wird. Erst die Tragflächentheorie ermöglicht die Berechnung der örtlichen Neutralpunktlage nach Gl. (7.152). In Abb. 7.38 sind für dieselben drei Flügel wie in Abb. 7.37 die örtlichen Neutralpunktlagen über Spannweite angegeben, vgl. auch Tab. 7.5. Beim ungepfeilten Flügel liegen die örtlichen Neutralpunkte längs der ganzen Spannweite vor der $l/4$-Linie. Bei den beiden gepfeilten Flügeln dagegen hat man in der Umgebung der Flügelmitte örtliche Neutralpunktlagen hinter der $l/4$-Linie und in der Nähe der Flügelenden örtliche Neutralpunktlagen vor der $l/4$-Linie. Die nach den Gln. (7.153) und (7.154) ermittelten

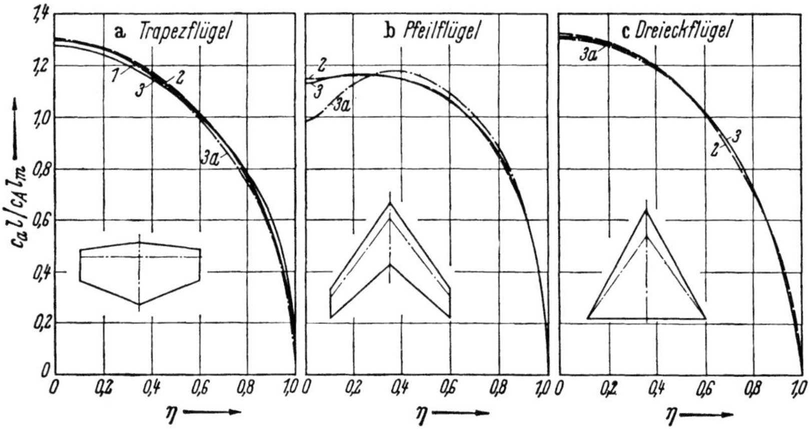

Abb. 7.37. Auftriebsverteilung $c_a l/c_A l_m$ von drei unverwundenen Flügeln nach Tab. 7.5 und Abb. 7.31; $c'_{A\infty} = 2\pi$, $l_m = F/b$ = mittlere Flügeltiefe.
Kurve *1*: einfache Traglinientheorie nach MULTHOPP [56]; Kurve *2*: erweiterte Traglinientheorie nach WEISSINGER [83]; Kurve *3*: Tragflächentheorie nach TRUCKENBRODT [75]; Kurve *3a*: Tragflächentheorie nach WAGNER [80], (fünf Tiefenverteilungen).

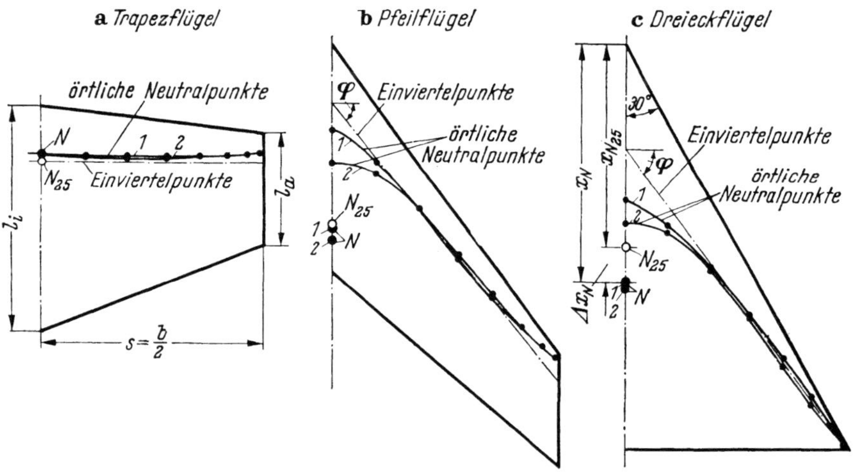

Abb. 7.38. Örtliche Neutralpunktlagen von drei unverwundenen Flügeln nach Tab. 7.5; $c'_{A\infty} = 2\pi$; Tragflächentheorie: Kurve *1* nach [75], Kurve *2* nach [80]; N_{25} geometrischer Neutralpunkt des ganzen Flügels, N aerodynamischer Neutralpunkt des ganzen Flügels.

Gesamtneutralpunktlagen sind in Abb. 7.38 eingetragen. In dieser Abbildung sind auch die geometrischen Neutralpunkte nach Gl. (5.11) mit angegeben. Der Abstand des aerodynamischen vom geometrischen

Neutralpunkt ist besonders beim Dreieckflügel sehr groß. Die Zahlenwerte dieser Verschiebung sind in Tab. 7.5 zusammengestellt.

In Abb. 7.39 ist für einen Dreieckflügel die theoretische Auftriebsverteilung über Spannweite mit Messungen verglichen. Für Anstell-

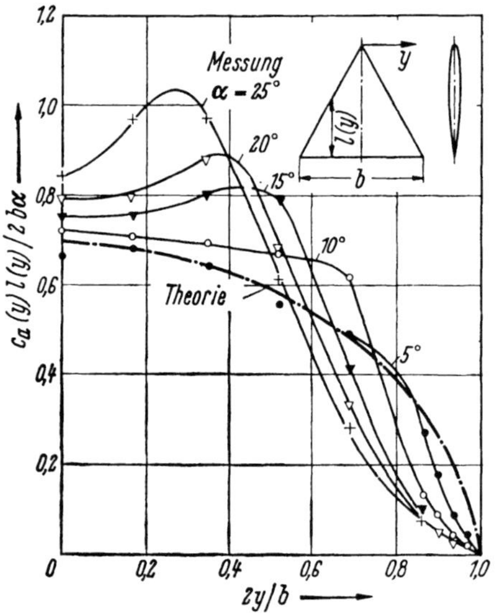

Abb. 7.39. Auftriebsverteilung $c_a l/2b\,\alpha$ eines Deltaflügels vom Seitenverhältnis $\Lambda = 2{,}3$; Profil NACA 65 A 005 nach Messungen von K. KRAEMER [38]; Vergleich mit Tragflächentheorie [75].

winkel bis etwa $\alpha = 5°$ ist die Übereinstimmung zwischen Theorie und Experiment sehr gut. Für die großen Auftriebsbeiwerte weichen die gemessenen Auftriebsverteilungen stark von der Theorie ab, weil Ablösung der Strömung an den äußeren Teilen des Flügels vorliegt. In Abb. 7.40 sind die örtlichen Neutralpunktlagen mit der Theorie verglichen. Auch für diese ist befriedigende Übereinstimmung vorhanden. Für den gleichen Flügel sind in Abb. 7.41 für einige Schnitte längs Spannweite die gemessenen Druckverteilungen mit der Theorie nach Gl. (7.151) verglichen. Im großen und ganzen ist die Übereinstimmung befriedigend. Die Abweichungen zwischen Theorie und Messung rühren z. T. daher, daß die Theorie für ein unendlich dünnes Profil gilt und somit den Einfluß der Profildicke nicht enthält.

Weitere Meßergebnisse an *Deltaflügeln* nach [76] sind in Abb. 7.42 angegeben, und zwar für eine Serie von Flügeln mit den Seitenverhältnissen $\Lambda = 1$ bis 4. Dargestellt sind der Auftriebsanstieg $dc_A/d\alpha$ und die Neutralpunktverschiebung $\Delta x_N/l_\mu$ in Abhängigkeit vom Seitenverhältnis. Auch hier ist gute Übereinstimmung zwischen Theorie und Messung zu verzeichnen.

Ergebnisse für eine Reihe von *Pfeilflügeln* mit konstanter Tiefe sind in Abb. 7.43 angegeben. Sowohl für den Auftriebsanstieg als auch für die

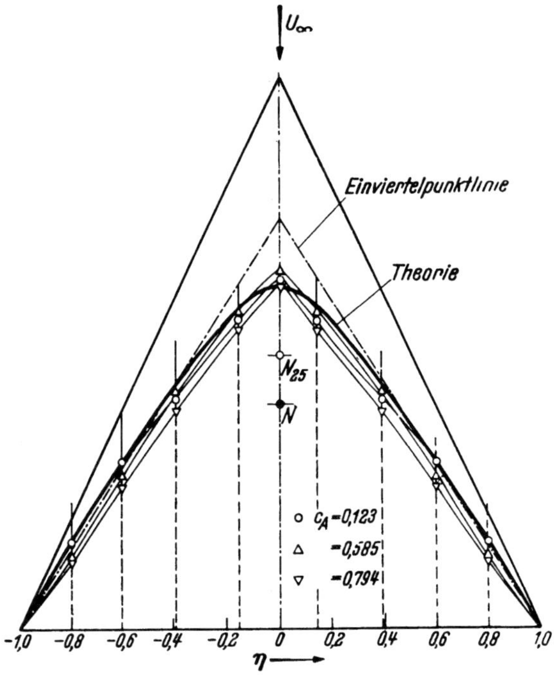

Abb. 7.40. Örtliche Neutralpunktlagen eines Dreieckflügels vom Seitenverhältnis $\Lambda = 2$; Vergleich von Theorie [75] und Messung [NACA TN 1650]. Profil NACA 0012.

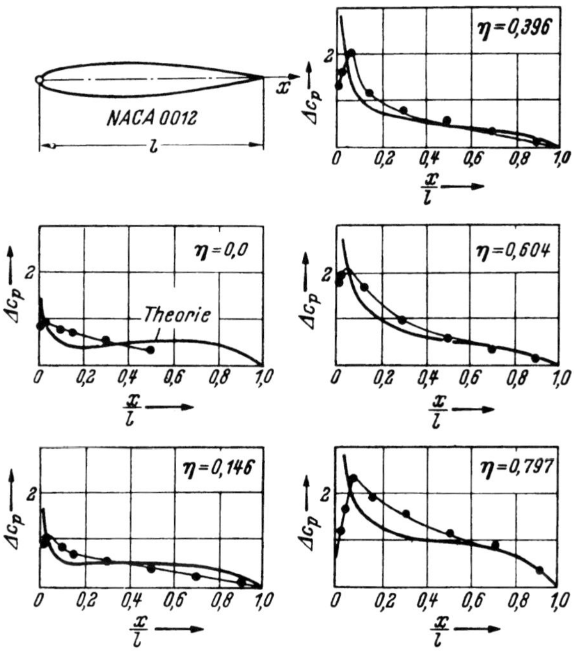

Abb. 7.41. Druckverteilungen längs Flügeltiefe für den Dreieckflügel von Abb. 7.40. Theorie [75], Messung [NACA TN 1650]. $c_A = 0{,}585$. Profil NACA 0012.

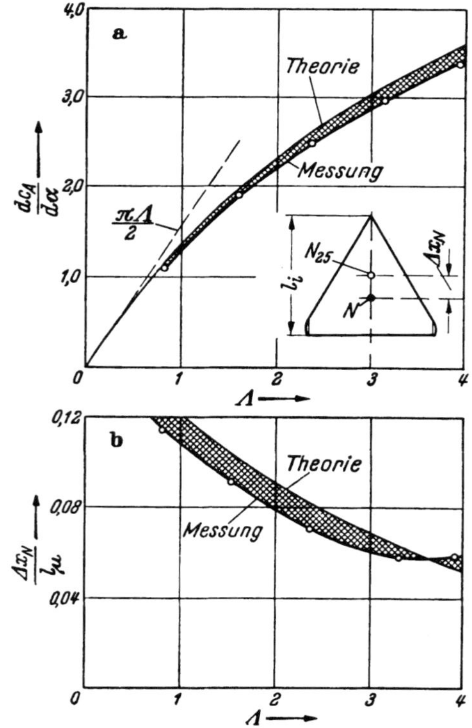

Abb. 7.42. Auftrieb und Neutralpunktlage von *Deltaflügeln* von verschiedenem Seitenverhältnis mit der Zuspitzung $\lambda = 1/8$; $l_\mu = 0{,}68\, l_i$. Vergleich von Theorie [75] und Messung [76]. Profil NACA 0012.
a) Auftriebsanstieg; b) Neutralpunktverschiebung, Δx_N = Abstand des aerodynamischen Neutralpunktes N vom geometrischen Neutralpunkt N_{25}.

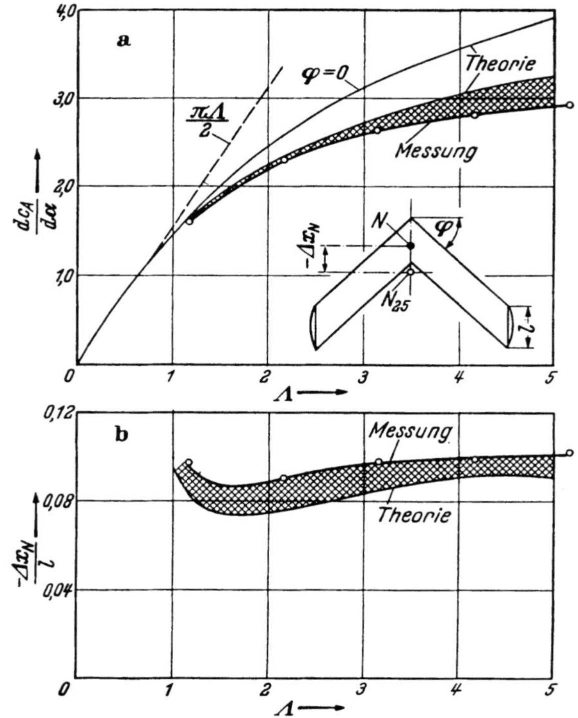

Abb. 7.43. Auftrieb und Neutralpunktlage von *Pfeilflügeln* konstanter Tiefe von verschiedenem Seitenverhältnis; Pfeilwinkel $\varphi = 45°$; Vergleich von Theorie [75] und Messung [76]. Profil NACA 0012.
a) Auftriebsanstieg; b) Neutralpunktverschiebung.

Neutralpunktlage werden die Messungen durch die Theorie gut wiedergegeben. Hierbei ist bemerkenswert, daß der Auftriebsanstieg des gepfeilten Flügels besonders bei großen Seitenverhältnissen beträchtlich kleiner ist als derjenige des ungepfeilten Flügels, $\varphi = 0$. Diese Abminderung des Auftriebsanstieges durch die Pfeilung läßt sich besonders einfach übersehen, wenn man den Pfeilflügel von unendlichem Seitenverhältnis betrachtet. Abb. 7.44 zeigt einen Ausschnitt der Spannweiten-

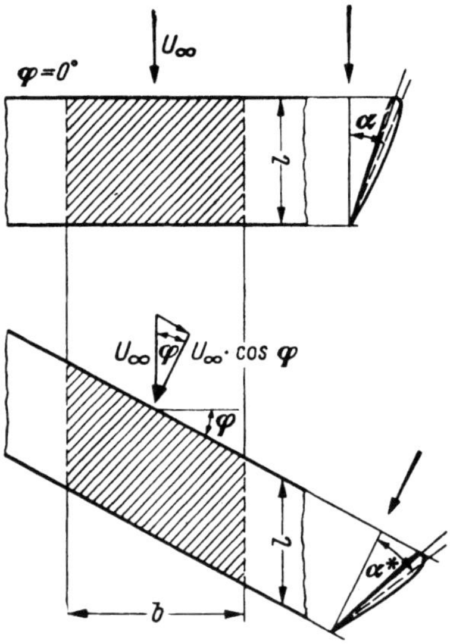

Abb. 7.44. Erläuterungsskizze zum Auftrieb des gepfeilten Flügels unendlicher Spannweite.

erstreckung b aus einem ungepfeilten und einem gepfeilten unendlich langen Flügel. Für den ungepfeilten Flügel hat das Flächenstück den Auftrieb

$$A = \frac{\varrho}{2}\, U_\infty^2\, b\, l\, c'_{A\,\infty}\, \alpha .$$

Der gepfeilte Flügel mit dem Pfeilwinkel φ sei so angestellt, daß in der Ebene, welche die Anströmungsrichtung U_∞ enthält, der Anstellwinkel α gleich demjenigen des ungepfeilten Flügels ist. Dann ist in der Ebene senkrecht zur Vorderkante der Anstellwinkel $\alpha^* = \alpha/\cos\varphi$. Für den Auftrieb des gepfeilten Flügels ist nur die Geschwindigkeitskomponente senkrecht zur Vorderkante $U_\infty \cos\varphi$ maßgeblich. Somit hat das schraffierte Flächenstück des gepfeilten Flügels den Auftrieb

$$A^* = \frac{\varrho}{2}\, (U_\infty \cos\varphi)^2\, b\, l\, c'_{A\,\infty}\, \frac{\alpha}{\cos\varphi} = \frac{\varrho}{2}\, U_\infty^2\, b\, l\, c'_{A\,\infty}\, \alpha \cos\varphi .$$

Mithin ist der Auftriebsbeiwert des gepfeilten Flügels $c_A = A^*/b\,l\,(\varrho/2)\,U_\infty^2 = c'_{A\,\infty}\,\alpha\cos\varphi$, während für den ungepfeilten Flügel $(c_A)_{\varphi=0} = c'_{A\,\infty}\,\alpha$

gilt. Für die beiden Auftriebsanstiege gilt somit der Zusammenhang

$$\frac{dc_A}{d\alpha} = \left(\frac{dc_A}{d\alpha}\right)_{\varphi=0} \cos\varphi . \tag{7.155}$$

Diese Beziehung ist von W. JACOBS [30] experimentell bestätigt worden. Sie gilt in guter Näherung auch für die Druckverteilung längs der Flügeltiefe.

Um den Einfluß des Pfeilwinkels auf den Auftriebsanstieg zu zeigen, ist in Abb. 7.45 für Pfeilflügel konstanter Tiefe der Auftriebsanstieg

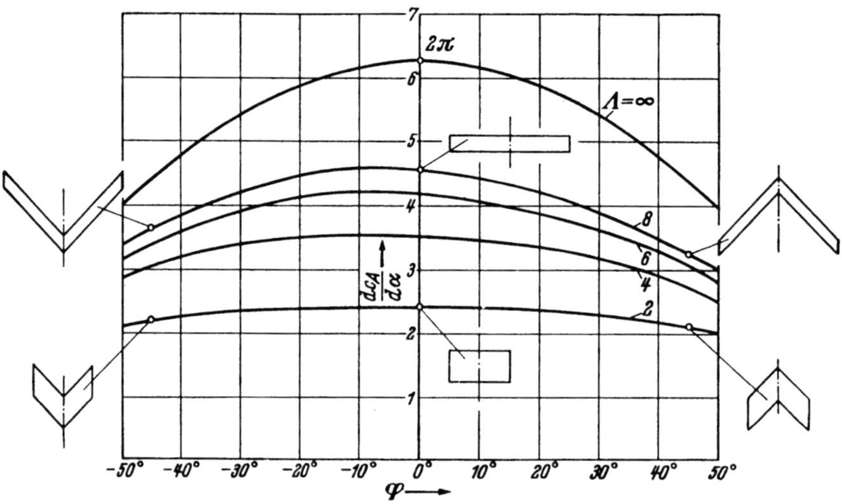

Abb. 7.45. Auftriebsanstieg von Pfeilflügeln konstanter Tiefe in Abhängigkeit vom Pfeilwinkel φ und vom Seitenverhältnis, nach [90]; erweiterte Traglinientheorie; Kurve für $\Lambda = \infty$: cos φ-Gesetz nach Gl. (7.155).

$dc_A/d\alpha$ in Abhängigkeit vom Pfeilwinkel und vom Seitenverhältnis nach J. DE YOUNG und C. W. HARPER [90] aufgetragen. Für große Seitenverhältnisse Λ ist der Abfall des Auftriebsanstieges mit wachsendem Pfeilwinkel erheblich stärker als bei kleinem Seitenverhältnis. Für $\Lambda = \infty$ ist das $\cos\varphi$-Gesetz nach Gl. (7.155) zum Vergleich mit eingezeichnet.

Der Pfeilwinkel hat auch einen starken Einfluß auf die Verteilung der Zirkulation über die Spannweite. Dieses erkennt man aus Abb. 7.46, in welcher für einen Rechteckflügel ($\varphi = 0$) und einen Pfeilflügel ($\varphi = 45°$) die Zirkulationsverteilung längs Spannweite dargestellt ist. Für den Pfeilflügel hat die Auftriebsverteilung ihr Maximum im Außenteil des Flügels. Infolge der Pfeilung verschiebt sich also die Stelle des maximalen örtlichen Auftriebsbeiwertes von der Mitte nach außen. Damit wird das Ablösungsverhalten des gepfeilten Flügels bei großen Anstellwinkeln gegenüber dem ungepfeilten Flügel verschlechtert. In dieser Beziehung hat also die Rückwärtspfeilung einen ähnlich ungünstigen Ein-

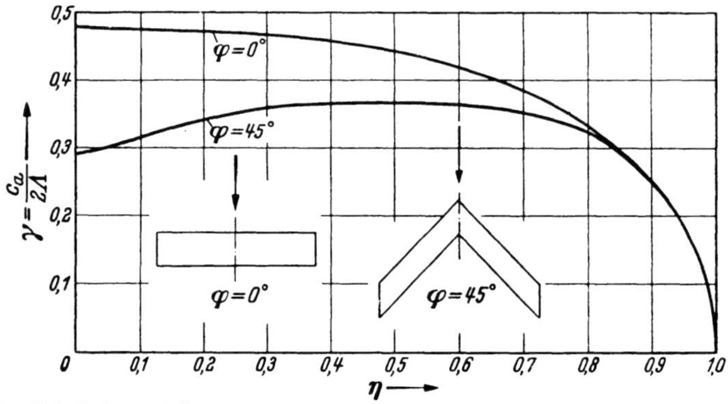

Abb. 7.46. Zirkulationsverteilung und Verteilung des örtlichen Auftriebsbeiwertes längs Spannweite für zwei Flügel konstanter Tiefe vom Seitenverhältnis $\Lambda = 5$ und der Pfeilung $\varphi = 0$ und $\varphi = 45°$; $c'_{A\infty} = 2\pi$; $\alpha = 1$; Tragflächentheorie nach [75].

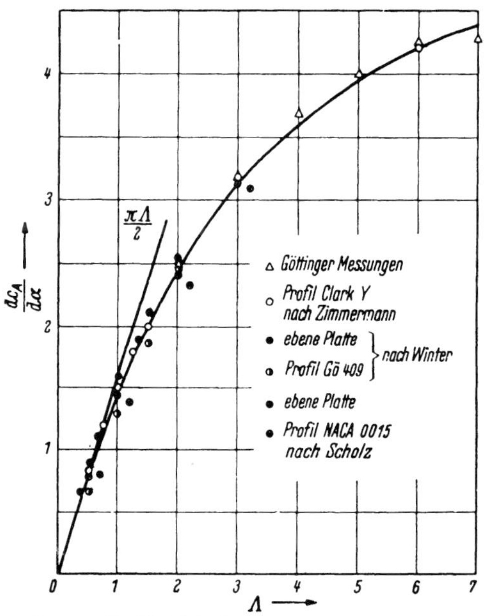

Abb. 7.47. Auftriebsanstieg von Rechteckflügeln von verschiedenem Seitenverhältnis Λ; Vergleich von Theorie und Messung. Theorie nach N. Scholz [70] (Mehrpunktmethode). Messungen nach [69], [89] und NACA Report 431.

fluß wie eine starke Zuspitzung bei einem ungepfeilten Flügel, vgl. Abb. 7.25.

Es sollen jetzt noch für *ungepfeilte Flügel* (Rechteckflügel) Messungen mit der Theorie verglichen werden. In Abb. 7.47 ist der Auftriebsanstieg in Abhängigkeit vom Seitenverhältnis dargestellt. Die theoretische Kurve ist nach der Mehrpunktmethode von N. SCHOLZ [70] berechnet worden; sie stimmt überein mit der in Abb. 7.30 angegebenen Kurve für die erweiterte Traglinientheorie. Die aus verschiedenen Quellen ([69], [89]) stammenden Meßpunkte liegen gut auf der theoretischen Kurve. In Abb. 7.48 ist nach [69] und [70] für die gleiche Serie

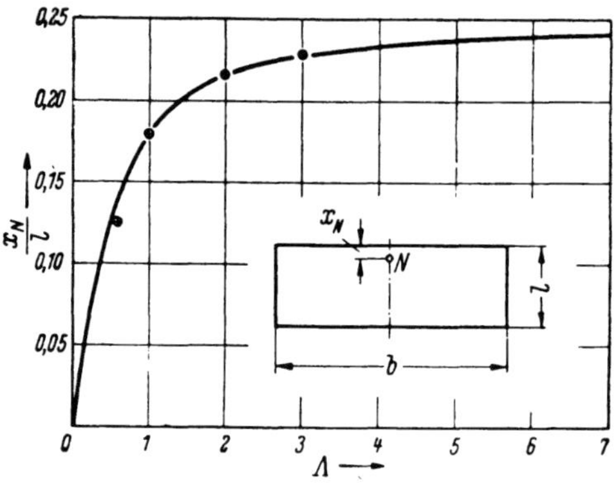

Abb. 7.48. Neutralpunktlage von Rechteckplatten; Vergleich von Messung und Theorie, nach N. SCHOLZ [69], [70].

von Rechteckflügeln die Neutralpunktlage über dem Seitenverhältnis aufgetragen. Mit abnehmendem Seitenverhältnis Λ rückt der Neutralpunkt beträchtlich vor die $l/4$-Linie. Die mit eingetragenen Messungen an Rechteckplatten stimmen mit der Theorie gut überein.

Abweichend von dem hier dargestellten Tragflächenverfahren hat D. KÜCHEMANN [41], [42], [43] eine Pfeilflügeltheorie entwickelt, die nicht mit Birnbaumschen Normalverteilungen über Flügeltiefe arbeitet. Diese z. T. empirische Methode berücksichtigt auch die Flügeldicke und die Reibungsschicht sowie gewisse nichtlineare Einflüsse und stimmt daher mit Meßergebnissen sehr gut überein.

7.36 Nichtlineare Tragflügeltheorie

Die bisher in diesem Kapitel behandelte Tragflügeltheorie liefert einen linearen Zusammenhang zwischen dem Auftriebsbeiwert und dem Anstellwinkel. Man bezeichnet sie deswegen als lineare Tragflügeltheorie. Aus experimentellen Untersuchungen ist bekannt, daß bei Flügeln von sehr kleinem Seitenverhältnis, etwa für $\Lambda < 1$, die Kurven des Auftriebsbeiwertes c_A über dem Anstellwinkel α von der linearen Theorie nach oben beträchtlich abweichen. Abb. 7.49 zeigt diese Erscheinung für Rechteckflügel mit den Seitenverhältnissen $\Lambda = 0{,}2$; $0{,}5$; $1{,}0$ und $5{,}0$ nach einer Zusammenstellung von K. GERSTEN [15], [17]. Die gestrichelt eingetragene theoretische Kurve entspricht der linearen Tragflächentheorie, wie sie vorstehend besprochen wurde. Während die lineare Theorie den Auftriebsanstieg $(dc_A/d\alpha)_{\alpha=0}$ auch bei kleinen Seitenverhältnissen noch richtig wiedergibt, weichen schon bei kleinen Anstellwinkeln die Messungen stark von dem linearen Verlauf ab.

Allen bisher besprochenen Tragflügeltheorien liegt die vereinfachte Vorstellung zugrunde, daß die gebundenen und freien Wirbel sich in der gleichen Ebene befinden. Hieraus folgt zwangsläufig ein linearer Zusammenhang zwischen Auftrieb und Anstellwinkel. Will man den nichtlinearen Zusammenhang zwischen Auftrieb und Anstellwinkel theoretisch erklären, so muß man dieses stark vereinfachte Wirbelmodell verlassen. Ein erster Versuch in dieser Richtung stammt von W. Bollay [5]. Er verwendet ein Wirbelmodell nach Abb. 7.50a, bei welchem die freien Wirbel nicht mehr in einer Ebene liegen, sondern an den Seitenkanten unter dem Winkel $\alpha/2$ zur Flügelebene nach hinten abgehen. Bei Bollay werden die gebundenen Wirbel längs der Spannweite als konstant angenommen. K. Gersten [15] hat dieses Wirbelmodell dadurch verfeinert, daß er eine über die Spannweite veränderliche Zirkulationsverteilung zugrunde legt, Abb. 7.50b. Die nach dieser Theorie berechneten $c_A(\alpha)$-Kurven sind in Abb. 7.49 als ausgezogene Linien eingetragen. Sie stimmen sehr gut mit den Messungen überein. Nach dieser Theorie von K. Gersten sind auch das Moment, der induzierte Widerstand und die Auftriebsvertei-

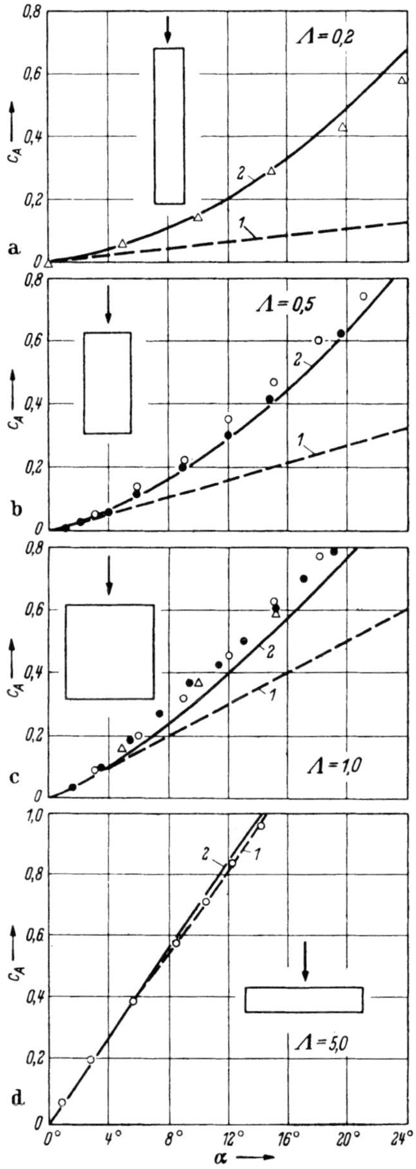

Abb. 7.49. Gemessene Auftriebsbeiwerte c_A in Abhängigkeit vom Anstellwinkel α für Rechteckflügel vom Seitenverhältnis Λ = 0,2; 0,5; 1,0 und 5,0 aus [15].
Kurve 1: lineare Theorie nach Scholz [70]; Kurve 2: nichtlineare Theorie nach Gersten [15].

lung längs Spannweite ermittelt worden, wobei sich auch hier gute Übereinstimmung zwischen Messung und Theorie ergibt [17]. Die in

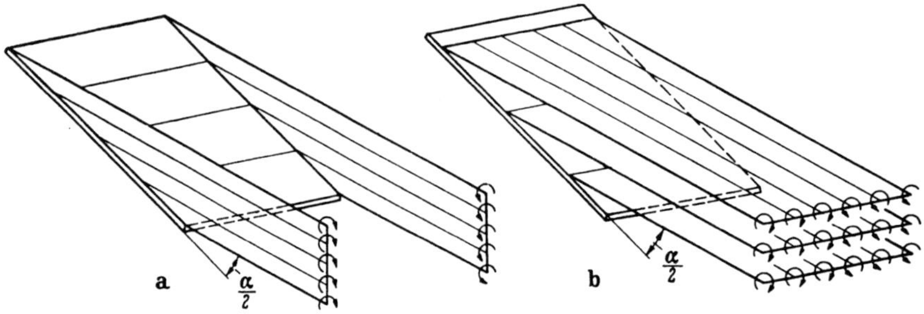

Abb. 7.50. Wirbelmodell der nichtlinearen Tragflügeltheorie.
a) Wirbelmodell nach BOLLAY [5]; b) Wirbelmodell nach GERSTEN [15].

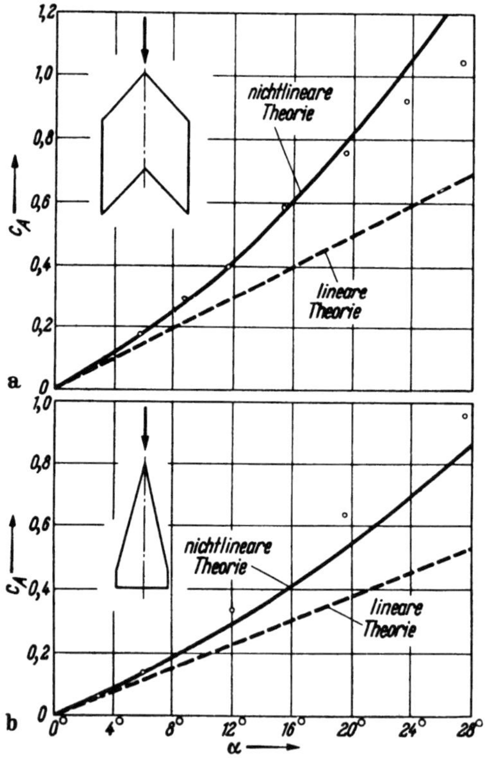

Abb. 7.51. Auftriebsbeiwert von gepfeilten Flügeln mit scharfer Vorderkante und kleinem Seitenverhältnis in Abhängigkeit vom Anstellwinkel nach [17].
------ Lineare Theorie, nach Gl. (7.121);
——— nichtlineare Theorie nach GERSTEN [17];
○ Messung.
a) Pfeilflügel $\Lambda = 1$, $\lambda = 1$, $\varphi = 45°$;
b) Deltaflügel $\Lambda = 0{,}78$, $\lambda = 1/8$.

[15] dargestellte nichtlineare Theorie wurde von K. GERSTEN auch auf beliebige Tragflügelformen ausgedehnt [17]. Sie stellt eine Erweiterung der in Kap. 7.35 dargestellten Tragflächentheorie auf den nichtlinearen Anstellwinkelbereich dar. Abb. 7.51 zeigt für einen Pfeil- und einen

Deltaflügel die nach dieser Theorie ermittelten $c_A(\alpha)$-Kurven und den Vergleich mit Messungen.

Aus Versuchsergebnissen ist bekannt, daß für Flügel von kleinem Seitenverhältnis die aerodynamischen Beiwerte auch stark abhängig sind von der Ausbildung der Flügelvorderkante. Dieses gilt vor allem für Pfeil- und Deltaflügel, bei denen eine scharfe Flügelvorderkante lokale Ablösung verursacht, die zur Ausbildung eines freien Wirbel-

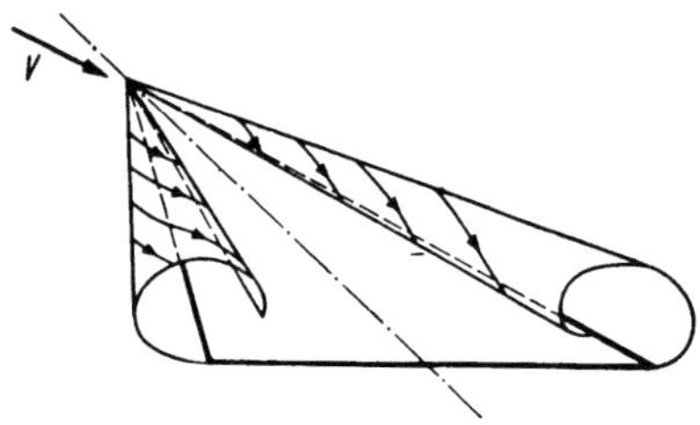

Abb. 7.52. Ablösung und Wirbelbildung an einem Deltaflügel von kleinem Seitenverhältnis mit scharfer Vorderkante.

paares führt, Abb. 7.52. Diese Vorgänge sind sowohl für den Auftrieb und das Nickmoment als auch für den Widerstand von Bedeutung.

Weitere Untersuchungen über die nichtlinearen Effekte bei Tragflügeln mit kleinem Seitenverhältnis, insbesondere bei Deltaflügeln findet man in [6], [14], [17], [24], [50], [54], [71] und [85].

7.4 Berechnung des induzierten Widerstandes von Tragflügeln

7.41 Allgemeines

Der gesamte Widerstand eines Tragflügels endlicher Spannweite setzt sich aus dem Profilwiderstand und dem induzierten Widerstand zusammen:

$$W = W_p + W_i. \tag{7.156}$$

Der *Profilwiderstand* W_p entsteht durch den Einfluß der Reibung. Er ist nahezu unabhängig vom Seitenverhältnis des Flügels. Ein Verfahren für die theoretische Ermittlung des Profilwiderstandes wurde in Kap. 4.83 angegeben. Experimentell kann der Profilwiderstand durch Nachlaufmessungen (Impulsverlustmessungen) hinter dem Tragflügel ermittelt werden, wie in Kap. 2.626 gezeigt wurde.

Der *induzierte Widerstand* W_i ist nur beim Tragflügel endlicher Spannweite vorhanden. Er entsteht durch die Strömungsvorgänge an den seitlichen Flügelenden und läßt sich aus den Gesetzen der reibungslosen Strömung ermitteln. In Kap. 7.14 wurde gezeigt, daß der induzierte Widerstand dem Quadrat des Auftriebes proportional ist.

Für den Beiwert des Widerstandes gilt bei elliptischer Auftriebsverteilung nach Gl. (7.26):

$$c_W = c_{Wp} + c_{Wi} = c_{Wp} + \frac{c_A^2}{\pi \Lambda}, \tag{7.157}$$

wobei Λ nach Gl. (5.4) das Seitenverhältnis des Flügels ist.

Für die rechnerische Ermittlung des induzierten Widerstandes hat man zwei Verfahren, die sich in der physikalischen Betrachtungsweise unterscheiden. Bei dem ersten Verfahren ermittelt man den induzierten Widerstand aus den am Flügel selbst angreifenden Druckkräften. Bei dem zweiten Verfahren wird der induzierte Widerstand aus einer Energiebetrachtung gewonnen.

Die letztere Betrachtung vermag nur den induzierten Widerstand des ganzen Flügels zu ermitteln, während die erstere Methode auch die örtliche Verteilung des induzierten Widerstandes längs Spannweite liefert.

Im folgenden soll die Ermittlung des induzierten Widerstandes erläutert werden.

7.42 Berechnung des induzierten Widerstandes

7.421 Anwendung des Kutta-Joukowskyschen Satzes. Der induzierte Widerstand eines *ungepfeilten Tragflügels* endlicher Spannweite ergibt sich nach Gl. (7.6) zu:

$$W_i = \varrho \int_{-s}^{s} \Gamma(y)\, w_i(y)\, dy. \tag{7.158}$$

Dabei bedeutet $\Gamma(y)$ die Zirkulationsverteilung und $w_i(y)$ nach Gl. (7.8) die Verteilung der induzierten Abwindgeschwindigkeit über die Spannweite $-s \leq y \leq s$.

Im folgenden soll gezeigt werden, daß Gl. (7.158) auch für *beliebige Flügelgrundrisse* gültig ist. Gemäß Abb. 7.12 werde der Flügel durch sog. Elementarflügel der infinitesimalen Spannweite dy und der Flügeltiefe $l(y)$ ersetzt. Das Wirbelsystem eines Elementarflügels besteht nach Abb. 7.13 aus einer Schar hintereinander liegender Hufeisenwirbel der Breite dy. In Abb. 7.53 sind zwei auf der Tragfläche von den Stellen x_1, y_1 und x_2, y_2 ausgehende Hufeisenwirbel mit den Zirkulationsstärken $d\Gamma_1$ bzw. $d\Gamma_2$ dargestellt. Während der Hufeisenwirbel $d\Gamma_1$ an der Stelle x_2, y_2 die Abwärtsgeschwindigkeit dw_{21} induziert, liefert der Hufeisenwirbel $d\Gamma_2$ an der Stelle x_1, y_1 die induzierte Abwärtsgeschwindigkeit dw_{12}. Entsprechend dem Kutta-Joukowskyschen Satz, vgl. Gl. (7.5), liefern die tragenden Zirkulationselemente $d\Gamma_1$ und $d\Gamma_2$ infolge der Anströmung durch die Abwärtsgeschwindigkeiten dw_{12} bzw. dw_{21} Kräfte, die senkrecht zur Richtung der Abwärtsgeschwindigkeit stehen. Nimmt man an, daß die freien Wirbel der Hufeisenwirbel in Anströmrichtung

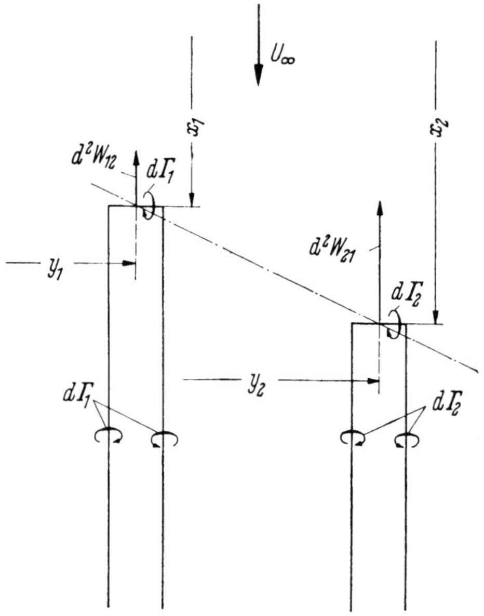

Abb. 7.53. Zur Berechnung des induzierten Widerstandes.

verlaufen, dann stellen diese Kräfte Beiträge zum induzierten Widerstand dar. Das in Abb. 7.53 gezeigte Wirbelsystem besitzt, unter Beachtung des Drehsinns der Zirkulationselemente, den induzierten Teilwiderstand:

$$d^2 W_i = d^2 W_{12} + d^2 W_{21} = -d\Gamma_1\, dw_{12} - d\Gamma_2\, dw_{21}. \tag{7.159}$$

Wegen $d\Gamma = k\, dx$ findet man, sofern $y_1 \neq y_2$ ist, aus Gl. (7.38) in Verbindung mit Gl. (7.39b) für die induzierten Abwärtsgeschwindigkeiten sofort:

$$dw_{12} = \frac{1}{4\pi} \frac{d\Gamma_1}{(y_1 - y_2)^2} \left[1 + \frac{x_1 - x_2}{\sqrt{(x_1 - x_2)^2 + (y_1 - y_2)^2}}\right], \tag{7.160a}$$

$$dw_{21} = \frac{1}{4\pi} \frac{d\Gamma_2}{(y_2 - y_1)^2} \left[1 + \frac{x_2 - x_1}{\sqrt{(x_2 - x_1)^2 + (y_2 - y_1)^2}}\right]. \tag{7.160b}$$

Man erkennt, daß sich die zweiten Glieder in den eckigen Klammern nur durch das Vorzeichen unterscheiden. Setzt man Gl. (7.160) in Gl. (7.159) ein, dann liefern diese Glieder keinen Beitrag zum induzierten

Widerstand. Somit verbleibt:

$$d^2 W_i = -\frac{1}{2\pi} \frac{d\Gamma_1 \, d\Gamma_2}{(y_2 - y_1)^2}. \tag{7.161}$$

Aus dieser Betrachtung folgt unmittelbar, daß die Lage der tragenden Zirkulationselemente in x-Richtung für den Widerstand ohne Einfluß ist. Somit gilt für den gesamten induzierten Widerstand eines Flügels von beliebigem Grundriß die bereits für den ungepfeilten Flügel in Gl. (7.158) angegebene Beziehung. Da die induzierte Abwindgeschwindigkeit $w_i(y)$ nach Gl. (7.8) nur von der Verteilung der Zirkulation über die Spannweite abhängt, gilt, daß auch der Gesamtwert des induzierten Widerstandes nur von der Zirkulationsverteilung über Spannweite abhängig ist. Er ist unabhängig von der Anordnung der elementaren Hufeisenwirbel in Richtung der Flügeltiefe (Flugrichtung). Dieses Ergebnis wurde schon frühzeitig von M. Munk [59] erkannt und wird als *Munkscher Verschiebungssatz* bezeichnet. Es ist somit für die Größe des induzierten Widerstandes gleichgültig, ob die Zirkulationsverteilung durch die Flügelgrundrißform (Seitenverhältnis, Pfeilung, Zuspitzung), durch eine Flügelverwindung oder durch eine Wölbung der Flügelfläche erzeugt wird.

7.422 Anwendung des Energiesatzes. Während sich der Gesamtauftrieb eines Tragflügels entsprechend Kap. 7.32 durch Anwendung des Impulssatzes in einfacher Weise berechnen läßt, ist die Berechnung des induzierten Widerstandes mittels des Impulssatzes erheblich schwieriger, da hierbei die Neigung der Wirbelschicht hinter dem Flügel nicht vernachlässigt werden darf.[1] Benutzt man dagegen den Energiesatz, so kann man die Neigung der freien Wirbelfläche entsprechend Abb. 7.19 gegenüber der Anströmrichtung vernachlässigen.

Die durch ein Flächenelement $dy\,dz$ der Fläche II pro Zeiteinheit hindurchfließende Masse $\varrho U_\infty \, dy\,dz$ erfährt einen Energiezuwachs $dE_{\text{II}} = (\varrho/2) U_\infty (v_\infty^2 + w_\infty^2)\, dy\,dz$. Hierbei sind v_∞ und w_∞ die induzierten Geschwindigkeiten in y- bzw. z-Richtung. Da auf der Fläche I die induzierten Geschwindigkeiten Null sind, ist das Flächenintegral über dE_{II} gleich der in der Zeiteinheit geleisteten Arbeit des induzierten Widerstandes $U_\infty W_i$. Somit wird:

$$U_\infty W_i = \frac{\varrho}{2} U_\infty \iint\limits_{(\text{II})} (v_\infty^2 + w_\infty^2)\, dy\,dz \tag{7.162}$$

[1] K. Kraemer [39] hat die Anwendung des Impulssatzes für die Berechnung des induzierten Widerstandes genauer untersucht, vgl. [79].

und nach Division durch U_∞:

$$W_i = \frac{\varrho}{2} \iint\limits_{(II)} (v_\infty^2 + w_\infty^2)\, dy\, dz. \tag{7.163}$$

Diese Beziehung gilt sowohl für die nichtaufgerollte als auch für die aufgerollte Wirbelfläche hinter dem Flügel.

Im folgenden möge für die *nichtaufgerollte Wirbelfläche* die Gleichwertigkeit der Gl. (7.163) und Gl. (7.158) gezeigt werden. Das induzierte Geschwindigkeitsfeld sehr weit hinter dem Flügel mit den Komponenten $v_\infty(y, z)$ und $w_\infty(y, z)$ läßt sich nach Gl. (7.55a) mit Hilfe eines zweidimensionalen Geschwindigkeitspotentials $\Phi(y, z)$ darstellen:

$$v_\infty = \frac{\partial \Phi}{\partial y} \quad \text{und} \quad w_\infty = \frac{\partial \Phi}{\partial z}. \tag{7.164}$$

Dabei genügt $\Phi(y, z)$ der Potentialgleichung

$$\frac{\partial^2 \Phi}{\partial y^2} + \frac{\partial^2 \Phi}{\partial z^2} = 0. \tag{7.165}$$

Somit hat man nach Gl. (7.163) und Gl. (7.164):

$$W_i = \frac{\varrho}{2} \iint\limits_{(II)} \left[\left(\frac{\partial \Phi}{\partial y}\right)^2 + \left(\frac{\partial \Phi}{\partial z}\right)^2\right] dy\, dz.$$

Durch partielle Integration, und zwar nach y für das erste und nach z für das zweite Glied, ergibt sich hieraus unter Beachtung von Gl. (7.165):

$$W_i = \frac{\varrho}{2}\left(\int\limits_{z=-\infty}^{\infty} \left[\Phi \frac{\partial \Phi}{\partial y}\right]_{y=-\infty}^{+\infty} dz + \int\limits_{y=-\infty}^{\infty} \left[\Phi \frac{\partial \Phi}{\partial z}\right]_{z=-\infty}^{+\infty} dy\right).$$

Dabei ist jetzt die Fläche II bis ins Unendliche ausgedehnt worden. Da an den Grenzen $y = \pm\infty$ und $z = \pm\infty$ die Werte Φ und die Ableitungen $\partial\Phi/\partial y$ und $\partial\Phi/\partial z$ verschwinden, während bei $z = \pm 0$ das Potential in z-Richtung einen Sprung vom Betrage

$$\Delta\Phi(y, 0) = \Phi_o(y, 0) - \Phi_u(y, 0)$$

hat, wird

$$W_i = -\frac{\varrho}{2} \int\limits_{-s}^{s} \Delta\Phi(y, 0) \frac{\partial \Phi}{\partial z}(y, 0)\, dy. \tag{7.166}$$

Dabei können die Integrationsgrenzen $y = \pm\infty$ durch $y = \pm s$ ersetzt werden, weil außerhalb der Flügelspannweite $\Phi(y, 0) = 0$ ist. Innerhalb der Flügelspannweite ist, wie in Gl. (7.52b) gezeigt, der Potentialsprung $\Delta\Phi$ gleich der Zirkulation $\Gamma(y)$; damit ergibt sich mit Gl. (7.164):

$$W_i = -\frac{\varrho}{2} \int\limits_{-s}^{s} \Gamma(y)\, w_\infty(y)\, dy. \tag{7.167}$$

Setzt man hier Gl. (7.8a) mit $w_\infty(y) = -2w_i(y)$ ein, dann wird schließlich

$$W_i = \varrho \int_{-s}^{s} \Gamma(y)\, w_i(y)\, dy \tag{7.168}$$

in Übereinstimmung mit Gl. (7.158).

Gl. (7.162) gilt für die nichtaufgerollte Wirbelfläche. W. KAUFMANN [34] hat gezeigt, daß sich bei *aufgerollter Wirbelfläche* der gleiche Betrag des induzierten Widerstandes ergibt wie bei nicht aufgerollter Wirbelfläche. Dabei muß jedoch angenommen werden, daß die beiden freien Einzelwirbel Wirbelkerne mit endlicher Geschwindigkeit besitzen.

7.423 Vereinfachte Betrachtung. Für die Ermittlung des induzierten Widerstandes mit Hilfe des Energiesatzes betrachteten wir das vom

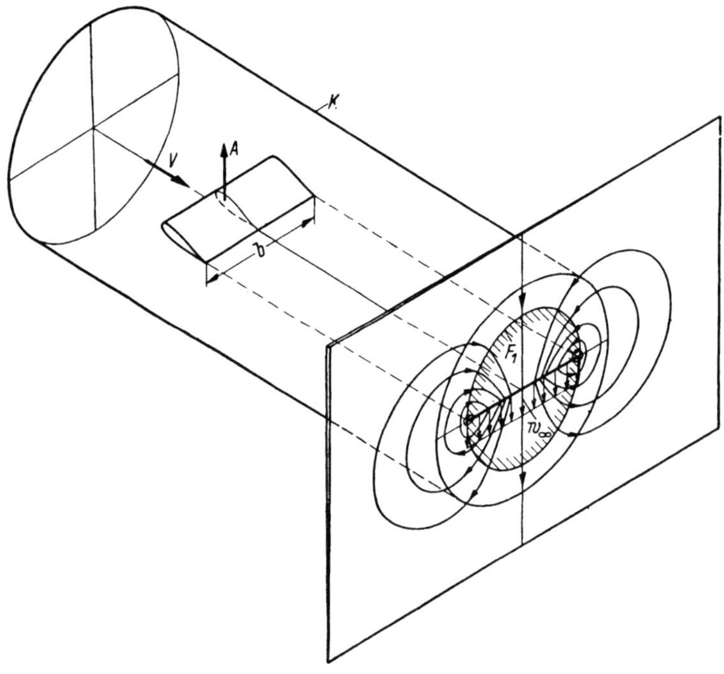

Abb. 7.54. Zur vereinfachten Berechnung des induzierten Widerstandes mittels Energiesatz. K = Kontrollfläche.

Tragflügel induzierte Geschwindigkeitsfeld sehr weit hinter dem Flügel. Besonders einfach ist der Fall, bei dem die induzierte Abwärtsgeschwindigkeit sehr weit hinter dem Flügel über die Tragflügelspannweite konstant ist, vgl. Abb. 7.17. Die hinter dem Flügel zurückbleibende Strömung kann man in diesem Fall entstanden denken durch Abwärtsbewegung eines Brettes, das mit gleichförmiger Geschwindigkeit nach unten bewegt wird. Dieses Geschwindigkeitsfeld hat Abwärts- und Aufwärtsgeschwindigkeiten, wobei jedoch die ersteren überwiegen. Für die weitere Betrachtung ist in Abb. 7.54 ein Tragflügel mit diesem Geschwindigkeitsfeld perspektivisch dargestellt. Wir legen um den Tragflügel eine sehr lange zylindrische Kontrollfläche K. Auf der Eintrittsseite dieser Kontrollfläche ist die Abwärtsgeschwindigkeit überall gleich Null. Auf der Austrittsseite kann man sich nach L. PRANDTL die Abwärtsbewegung vereinfacht so vorstellen, daß auf dem Querschnitt $F_1 = \pi b^2/4$ eine konstante Abwärtsgeschwindigkeit vorhanden ist, während außerhalb dieses Querschnittes die Abwärtsgeschwindigkeit Null ist.

Die Anwendung des Impulssatzes nach Gl. (7.60) auf diese Kontrollfläche liefert für die Vertikalrichtung den *Auftrieb*

$$A = \varrho Q w_\infty = \varrho F_1 V w_\infty, \tag{7.169}$$ [1]

wobei $Q = F_1 V$ das durch die Kontrollfläche pro Zeiteinheit durchfließende Volumen und w_∞ die induzierte Abwärtsgeschwindigkeit weit hinter dem Flügel (positiv nach unten) ist.

Den induzierten Widerstand W_i erhält man aus der Überlegung, daß bei verlustloser Strömung die pro Zeiteinheit neu erzeugte kinetische Energie der Abwärtsbewegung gleich der Arbeit pro Zeiteinheit des induzierten Widerstandes ist. Dieses ergibt:

$$Q \frac{\varrho}{2} w_\infty^2 = W_i V$$

oder

$$W_i = F_1 \frac{\varrho}{2} w_\infty^2. \tag{7.170}$$

Die Elimination von w_∞ mittels Gl. (7.169) ergibt mit $F_1 = (\pi/4) b^2$ und $q = (\varrho/2) V^2$:

$$W_i = \frac{A^2}{\pi q b^2} \tag{7.171}$$

in Übereinstimmung mit Gl. (7.18).

[1] Bei elliptischer Zirkulationsverteilung über die Flügelspannweite stellen Gl. (7.169) und Gl. (7.170) gemäß Gl. (7.60) bzw. Gl. (7.162) nach E. TREFFTZ [72] die exakten Werte für den Auftrieb bzw. den induzierten Widerstand dar. Hinsichtlich der Ausführung der Integration in der sog. Trefftz-Ebene sei auf die Untersuchungen von K. KRAEMER [39] hingewiesen.

7.43 Beispiele zum induzierten Widerstand

Aus Gl. (7.158) erhält man die Formel für den *Beiwert des induzierten Widerstandes* mit $\gamma = \Gamma/b\,U_\infty$ und $\alpha_i = w_i/U_\infty$ nach Gl. (7.67) sowie mit $\eta = y/s$ zu:

$$c_{Wi} = \Lambda \int_{-1}^{1} \gamma(\eta)\alpha_i(\eta)\,d\eta, \tag{7.172}$$

wie bereits früher in Gl. (7.76) angegeben. Zur Ermittlung des induzierten Widerstandes bedient man sich am besten der Quadraturformel, Gl. (7.103).

Gl. (7.172) für den induzierten Widerstand soll jetzt auf Trapezflügel mit symmetrischer Verwindung angewendet werden, um an diesem Beispiel darzulegen, wie der induzierte Widerstand von der Verwindung abhängig ist. In Kap. 7.33 wurde gezeigt, in welcher Weise die Zirkulationsverteilung eines symmetrisch verwundenen Flügels durch Superposition aus derjenigen des unverwundenen Flügels und einer Nullverteilung zusammengesetzt werden kann. Es ist nach Gl. (7.73):

$$\gamma(\eta) = \alpha\gamma_u(\eta) + \gamma_0(\eta).$$

In gleicher Weise kann man auch den induzierten Anstellwinkel des verwundenen Flügels aufteilen:

$$\alpha_i(\eta) = \alpha\,\alpha_{iu}(\eta) + \alpha_{i0}(\eta).$$

Damit ergibt sich aus Gl. (7.172) für den induzierten Widerstand des verwundenen Flügels:

$$c_{Wi} = \Lambda \int_{-1}^{1} (\alpha\gamma_u + \gamma_0)\,(\alpha\,\alpha_{iu} + \alpha_{i0})\,d\eta. \tag{7.173}$$

Die Ausrechnung liefert unter Berücksichtigung von $\alpha = (d\alpha/dc_A)c_A$:

$$c_{Wi} = \frac{c_A^2}{\pi\Lambda}\,C_2 + c_A C_1 + C_0 \tag{7.174}$$

mit

$$C_2 = \pi\Lambda^2 \left(\frac{d\alpha}{dc_A}\right)^2 \int_{-1}^{1} \gamma_u \alpha_{iu}\,d\eta, \tag{7.174a}$$

$$C_1 = \Lambda \frac{d\alpha}{dc_A} \int_{-1}^{1} (\gamma_u\alpha_{i0} + \gamma_0\alpha_{iu})\,d\eta, \tag{7.174b}$$

$$C_0 = \Lambda \int_{-1}^{1} \gamma_0 \alpha_{i0}\, d\eta. \tag{7.174c}$$

Beim unverwundenen Flügel bestimmt sich der induzierte Widerstand nur aus dem Glied (C_2). Beim verwundenen Flügel kommen zu diesem Glied ein zu c_A proportionales Glied (C_1) und ein von c_A unabhängiges Glied (C_0) hinzu. Dabei ist das erstere in der Verwindung linear und das letztere in der Verwindung quadratisch. Wie man leicht durch Ver-

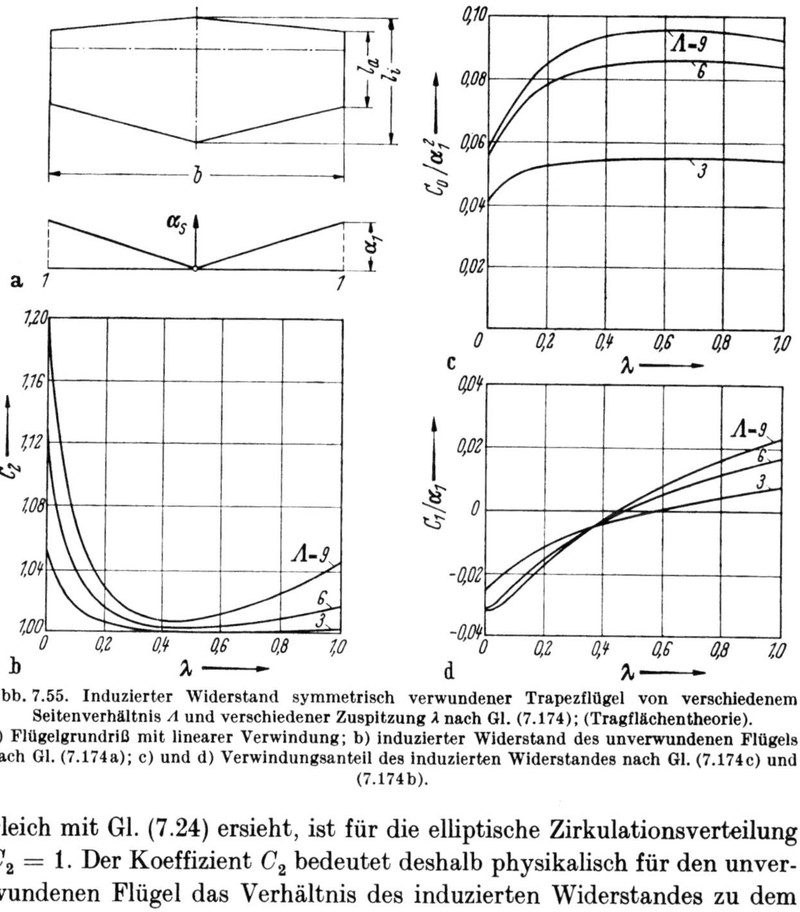

Abb. 7.55. Induzierter Widerstand symmetrisch verwundener Trapezflügel von verschiedenem Seitenverhältnis Λ und verschiedener Zuspitzung λ nach Gl. (7.174); (Tragflächentheorie).
a) Flügelgrundriß mit linearer Verwindung; b) induzierter Widerstand des unverwundenen Flügels nach Gl. (7.174a); c) und d) Verwindungsanteil des induzierten Widerstandes nach Gl. (7.174c) und (7.174b).

gleich mit Gl. (7.24) ersieht, ist für die elliptische Zirkulationsverteilung $C_2 = 1$. Der Koeffizient C_2 bedeutet deshalb physikalisch für den unverwundenen Flügel das Verhältnis des induzierten Widerstandes zu dem Minimalwert bei elliptischer Zirkulationsverteilung.

Als Beispiel ist in Abb. 7.55 der induzierte Widerstand für verwundene Trapezflügel angegeben. Es ist eine symmetrische lineare Verwindung mit $\alpha_s(\eta) = |\eta|\, \alpha_1$ zugrunde gelegt worden. Die zugehörige Zirkulationsverteilung wurde nach der Tragflächentheorie berechnet. Aus Abb. 7.55b erkennt man, daß der induzierte Widerstand des unverwundenen Flügels für alle Seitenverhältnisse Λ etwa bei der Zuspitzung $\lambda \approx 0{,}45$ ein Minimum hat, dessen Wert nur wenig von dem des Ellipsenflügels ($C_2 = 1$) verschieden ist. Für Dreieckflügel ($\lambda = 0$) und Rechteckflügel ($\lambda = 1$) ist c_{Wi} z. T. erheblich größer als beim elliptischen Flügel. Der vom Auftrieb unabhängige Anteil, Abb. 7.55c, ist durchweg positiv. Der vom Auftriebsbeiwert linear abhängige Anteil, Abb. 7.55d, ändert sein Vorzeichen mit der Zuspitzung. Bei der Zuspitzung $\lambda \approx 0{,}45$ ist dieser Anteil für alle Seitenverhältnisse gleich Null. Dieses hängt damit zusammen, daß der unverwundene Flügel bei diesem Wert der Zuspitzung nahezu elliptische Zirkulationsverteilung hat.

Überdies läßt sich für einen Ellipsenflügel mit beliebiger Verwindung mit Hilfe von Gl. (7.83a) zeigen, daß $C_1 = 0$ ist. Mithin gilt für diesen

$$c_{Wi} = \frac{c_A^2}{\pi \Lambda} + c_{Wi0}. \tag{7.175}$$

Dabei ist

$$c_{Wi0} = C_0 = \pi \Lambda \sum_{n=2}^{M} n a_n^2 \tag{7.176}$$

der von der Verwindung herrührende Anteil des induzierten Widerstandes.

7.44 Tangentialkraft und Saugkraft

7.441 Tangentialkraft. Bereits in Kap. 5.22 wurden neben den strömungsfesten Komponenten der Luftkraft, Auftrieb und Widerstand, die flügelfesten Komponenten, Normalkraft und Tangentialkraft, eingeführt. Für kleine Anstellwinkel ist nach Gl. (5.32) die Normalkraft nahezu gleich dem Auftrieb, während die Tangentialkraft von dem Widerstand auch schon bei kleinem Anstellwinkel erheblich verschieden ist. Die Tangentialkraft T wird positiv gezählt in der Richtung von der Flügelvorderkante zur Hinterkante. Für ihren Beiwert $c_T = T/Fq_\infty$ gilt bei Beschränkung auf kleine und mäßige Anstellwinkel nach Gl. (5.32):

$$c_T = c_W - c_A \alpha. \tag{7.177}$$

Dabei bedeutet c_W den Beiwert des Gesamtwiderstandes, der sich aus dem Profilwiderstand und dem induzierten Widerstand nach Gl. (7.157) zusammensetzt. Setzt man c_W nach Gl. (7.157) und $\alpha = (d\alpha/dc_A)c_A$ in Gl. (7.177) ein, dann wird

$$c_T = c_{Wp} - \left(\frac{d\alpha}{dc_A} - \frac{1}{\pi \Lambda}\right) c_A^2. \tag{7.178}$$

Der Klammerausdruck wird für die einfache Traglinientheorie mit $dc_A/d\alpha$ nach Gl. (7.89a) gleich $1/c'_{A\infty}$. Somit gilt für Flügel großen

Seitenverhältnisses

$$c_T = c_{Wp} - \frac{c_A^2}{c'_{A\infty}} \qquad (\Lambda = \text{groß}). \qquad (7.179)$$

Führt man den Wert von $dc_A/d\alpha$ der erweiterten Traglinientheorie nach Gl. (7.125) in (7.178) ein, dann wird

$$c_T = c_{Wp} - \frac{\sqrt{k^2+1}}{\pi\Lambda} c_A^2 . \qquad (7.180)$$

Dabei ist $k = \pi\Lambda/c'_{A\infty}$.

In Abb. 7.56 ist die Differenz $(c_{Wp} - c_T)/c_A^2$ nach Gl. (7.179) und (7.180) über dem Seitenverhältnis aufgetragen. Für große Seitenverhältnisse ist

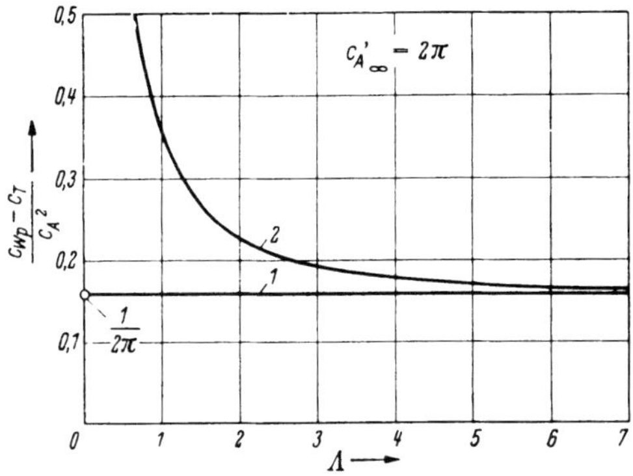

Abb. 7.56. Tangentialkraftbeiwert c_T in Abhängigkeit vom Seitenverhältnis Λ.
1 Nach der einfachen Traglinientheorie, Gl. (7.179);
2 nach der erweiterten Traglinientheorie, Gl. (7.180);
c_{Wp} = Beiwert des Profilwiderstandes; $c'_{A\infty} = 2\pi$.

hiernach diese Differenz und damit auch die Tangentialkraft unabhängig vom Seitenverhältnis.

Abb. 7.57 zeigt die Abhängigkeit des Tangentialkraftbeiwertes vom Auftriebsbeiwert für Flügel mit verschiedenem Seitenverhältnis Λ. Dabei ist ein Profilwiderstandsbeiwert von $c_{Wp} = 0{,}05$ angenommen worden. Bemerkenswert ist, daß bei Auftriebsbeiwerten $c_A > 0{,}5$ der Beiwert der Tangentialkraft negative Werte annimmt. In diesem Fall ist also die Tangentialkomponente der resultierenden Luftkraft längs der Flügelsehne nach vorn gerichtet. In Abb. 7.57 sind auch die Widerstandspolaren $c_W(c_A)$ mit eingetragen.

7.442 Saugkraft. Die Betrachtungen zum Widerstand eines Tragflügels unendlicher Spannweite in Kap. 2.563 haben gezeigt, daß bei reibungsloser Flüssigkeit die Umströmung der Vorderkante eines angestellten Profils eine nach vorn gerichtete Saugkraft liefert, Abb. 2.61 a. Diese kommt zustande durch die starken Unterdrücke in der Nähe der Flügelvorderkante. Wir wollen jetzt die Saugkraft beim Tragflügel endlicher Spannweite betrachten. Hierbei ist bei Zerlegung des gesamten Widerstandes in den Profilwiderstand und in den induzierten Widerstand nach Gl. (7.156) die Saugkraft in dem induzierten Widerstand mit enthalten. Es gilt somit

$$\textit{mit}\ \text{Saugkraft:}\quad c_W = c_{Wp} + c_{Wi}\,. \tag{7.181}$$

In Kap. 2.563 wurde bereits darauf hingewiesen, daß bei sehr scharfer Vorderkante die Saugkraft nicht vorhanden ist, weil dann die Um-

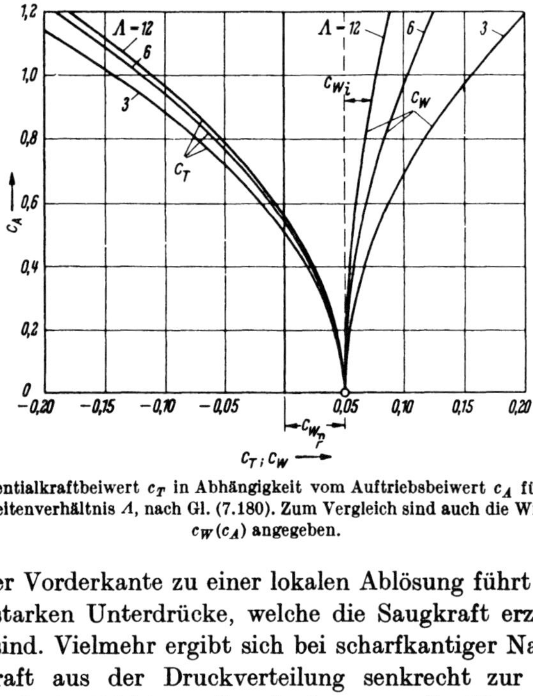

Abb. 7.57. Tangentialkraftbeiwert c_T in Abhängigkeit vom Auftriebsbeiwert c_A für Tragflügel von verschiedenem Seitenverhältnis Λ, nach Gl. (7.180). Zum Vergleich sind auch die Widerstandspolaren $c_W(c_A)$ angegeben.

strömung der Vorderkante zu einer lokalen Ablösung führt und infolgedessen die starken Unterdrücke, welche die Saugkraft erzeugen, nicht vorhanden sind. Vielmehr ergibt sich bei scharfkantiger Nase die resultierende Kraft aus der Druckverteilung senkrecht zur Flügelfläche und hat somit in Richtung der Anströmung die Komponente $A\alpha$. Also gilt für den Widerstandsbeiwert

$$\textit{ohne}\ \text{Saugkraft:}\quad c_W = c_{Wp} + c_A\alpha\,. \tag{7.182}$$

Die Differenz der Widerstandsbeiwerte nach Gl. (7.181) und (7.182) gibt den Beiwert der Saugkraft $c_S = S/Fq_\infty$ zu[1]

$$c_S = c_A\alpha - c_{Wi}\,. \tag{7.183}$$

Setzt man für $c_{Wi} = c_A^2/\pi\Lambda$ und für $\alpha = (d\alpha/dc_A)\,c_A$ ein, dann wird

$$c_S = \left(\frac{d\alpha}{dc_A} - \frac{1}{\pi\Lambda}\right)c_A^2\,. \tag{7.184}$$

[1] Dabei wird die Saugkraft positiv gezählt, wenn sie nach vorn wirkt.

Durch Vergleich mit Gl. (7.178) wird:

$$c_S = c_{Wp} - c_T. \tag{7.185}$$

Somit ist die in Abb. 7.56 dargestellte Größe auch unmittelbar ein Maß für die Saugkraft. Insbesondere ergibt sich für den Tragflügel sehr großer Spannweite $c_S = c_A^2/2\pi$ in Übereinstimmung mit Gl. (6.99a), wenn man dort wegen des symmetrischen Profils den Auftriebsbeiwert des stoßfreien Eintritts $c_{AS} = 0$ setzt. Für $\Lambda \to 0$ erhält man aus Gl. (7.184) wegen Gl. (7.121) die einfache Formel

$$c_S = c_A^2/\pi\Lambda.$$

Zur Bestätigung dieser Überlegungen sollen abschließend noch einige experimentelle Ergebnisse an Tragflächen von kleinem Seitenverhältnis nach M. HANSEN [21] mitgeteilt werden. Abb. 7.58 zeigt

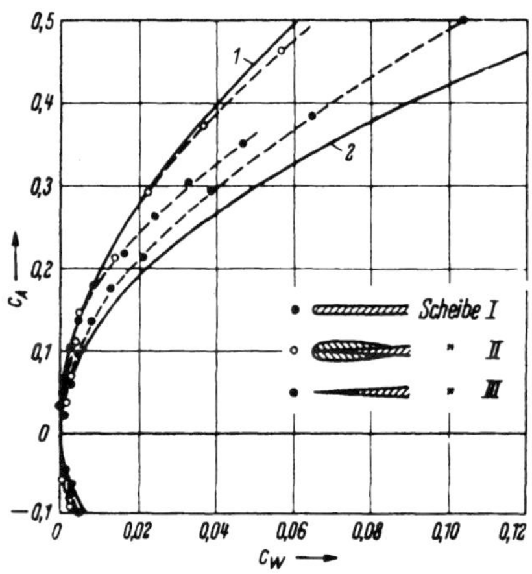

Abb. 7.58. Widerstandspolaren kreisförmiger Tragflächen mit verschiedener Abrundung der Vorderkante, nach Messungen von HANSEN [21]. Theorie nach KINNER [37]. Von den Meßwerten ist der Widerstand bei $c_A = 0$ abgezogen. Scheibe I und II: $c_{Wp} = 0{,}012$, Scheibe III: $c_{Wp} = 0{,}008$. Kurve 1: *mit* Saugkraft nach Gl. (7.181): $c_W = c_{Wp} + 0{,}247\,c_A^2$; Kurve 2: *ohne* Saugkraft nach Gl. (7.182): $c_W = c_{Wp} + 0{,}55\,c_A^2$.

für die ebene Kreisscheibe die Widerstandspolaren. Um den Einfluß der Saugkraft zu zeigen, wurden bei den Messungen die Vorderkanten der Kreisfläche in verschiedener Weise ausgebildet, wie aus Abb. 7.58 zu ersehen ist. Die Saugkraft ist um so größer, je besser die Abrundung der Vorderkante ist. In dieser Abbildung sind die beiden theoretischen Kurven für den Widerstandsbeiwert mit und ohne Saugkraft nach Gl. (7.181) und (7.182) mit angegeben. Die Messungen zeigen das erwartete Ergebnis, daß bei guter Abrundung der Vorderkante der gemessene Widerstand auf die theoretische Kurve mit Saugkraft fällt, während er bei starker Zuschärfung der Vorderkante nahe an der theoretischen Kurve ohne Saugkraft liegt. Sämtliche Messungen mit verschieden ausgebildeter Vorderkante liegen zwischen den beiden theoretischen Kurven.

7.5 Flugmechanische Beiwerte des Tragflügels

7.51 Überblick

Nachdem in Kap. 7.1 bis 7.4 die Verfahren zur Berechnung der Luftkräfte an einem Tragflügel eingehend erörtert worden sind, soll in diesem Abschnitt gezeigt werden, wie man hiermit die flugmechanischen Beiwerte eines Tragflügels ermitteln kann. Eine Übersicht über diese Beiwerte wurde bereits in Kap. 5.3 gegeben.

Die flugmechanischen Beiwerte werden bestimmt durch die Bewegungsform des Tragflügels zusammen mit der Flügelgeometrie. Im folgenden sollen nur diejenigen Beiwerte betrachtet werden, die für die *Stabilität* des Flugzeuges von Bedeutung sind. Die Beiwerte, welche die *Steuerbarkeit* bestimmen, werden später in Kap. XII behandelt.

Außer dem Flügel liefern die übrigen Teile des Flugzeuges (Rumpf, Leitwerke) z. T. wesentliche Beiträge zu diesen flugmechanischen Beiwerten. Diese Anteile werden ebenfalls später erörtert werden. In dem vorliegenden Abschnitt soll nur der Beitrag des Tragflügels angegeben werden.

Die flugmechanischen Beiwerte des Flügels sind abhängig von zahlreichen geometrischen Parametern des Flügels, wie z. B. von der Flügelgrundrißform (Seitenverhältnis, Zuspitzung, Pfeilung), der Verwindung und der V-Stellung, vgl. Kap. 5.1. Die Abhängigkeit der flugmechanischen Beiwerte von der Flügelgeometrie ist so vielgestaltig, daß wir darauf verzichten müssen, in der Beschreibung dieser Zusammenhänge Vollständigkeit anzustreben. In manchen Fällen ist der Anteil des Trag-

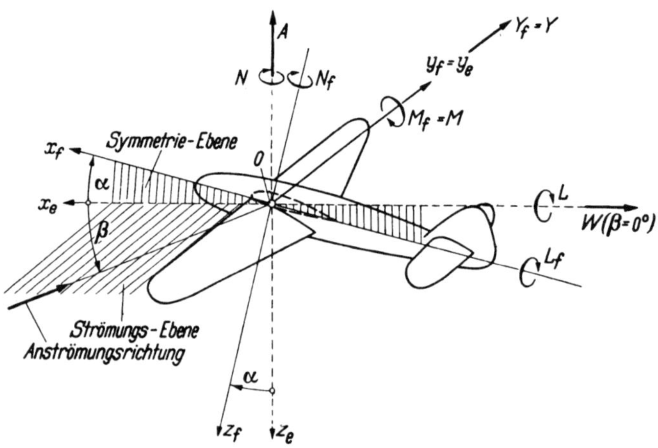

Abb. 7.59. Flugmechanische Achsensysteme.
Flugzeugfestes System: x_f, y_f, z_f; experimentelles System: x_e, y_e, z_e;
Anstellwinkel: α; Schiebewinkel: β.

flügels an den Stabilitätsbeiwerten des ganzen Flugzeuges gering. Wir wollen uns deshalb im folgenden auf solche Fälle beschränken, in denen der Tragflügel einen wesentlichen Beitrag liefert. Bei den folgenden Betrachtungen stützen wir uns auf zusammenfassende Berichte von A. BETZ [2], H. SCHLICHTING [66] und H. MULTHOPP [57].

Im folgenden legen wir das *experimentelle Achsensystem* nach Abb. 5.12 zugrunde. Das Achsensystem ist in Abb. 7.59 nochmals wiedergegeben. Wir verzichten jedoch darauf, bei den Kräften und Momenten sowie deren Beiwerten den Index „e" anzugeben, der auf das verwendete Achsensystem hinweist. Für die dimensionslosen Beiwerte gelten nach Gl. (5.34) die folgenden Definitionsgleichungen:

$$\left.\begin{aligned} &\text{Auftrieb:} && A = c_A F q, \\ &\text{Widerstand:} && W = c_W F q, \\ &\text{Seitenkraft:} && Y = c_Y F q, \end{aligned}\right\} \qquad (7.186)$$

$$\left.\begin{aligned} &\text{Rollmoment:} && L = c_L F s q, \\ &\text{Nickmoment:} && M = c_M F l_\mu q, \\ &\text{Giermoment:} && N = c_N F s q. \end{aligned}\right\} \qquad (7.187)$$

Die Formeln für die Umrechnung der Kräfte und Momente vom experimentellen auf das flugzeugfeste System sind in Gl. (5.32) angegeben worden.

Der allgemeine Bewegungszustand des Flugzeuges läßt sich, wie in Kap. 5.3 bereits ausgeführt, aufteilen in eine *Längsbewegung* und in eine *Seitenbewegung*. Bei der Längsbewegung ändert sich die Lage der Flugzeugsymmetrieebene nicht. Diese Bewegung ist gekennzeichnet durch die drei Parameter Fluggeschwindigkeit V, Anstellwinkel α und Nickwinkelgeschwindigkeit ω_y, Abb. 5.19. Die Seitenbewegung wird bestimmt durch den Schiebewinkel β, die Rollwinkelgeschwindigkeit ω_x und die Gierwinkelgeschwindigkeit ω_z, Abb. 5.19. Unter den Stabilitätsbeiwerten verstehen wir die Änderungen der Kraft- und Momentenbeiwerte mit den vorstehend angegebenen Bewegungsparametern.

7.52 Stabilitätsbeiwerte der Längsbewegung

7.521 Geradeausflug. Bei der Längsbewegung läßt sich die resultierende Luftkraft darstellen durch Auftrieb, Widerstand und Nickmoment. Über deren Abhängigkeit vom Anstellwinkel wurde in den vorstehenden Abschnitten berichtet. Die beiden wichtigsten Beiwerte sind der *Auftriebsanstieg* $dc_A/d\alpha$ und der *Nickmomentenanstieg* dc_M/dc_A. Letzterer gibt nach Gl. (7.154) die Lage des aerodynamischen Neutralpunktes des Flügels an. Der Auftriebsanstieg $dc_A/d\alpha$ ist für verschiedene Flügelformen in den Abb. 7.33, 7.42, 7.43, 7.45 und 7.47 sowie in Tab. 7.5

angegeben. Über die Neutralpunktlage für verschiedene Flügelformen geben die Abb. 7.38, 7.42, 7.43 und 7.48 sowie Tab. 7.5 Auskunft. Die flugmechanischen Rechnungen erfordern bezüglich der Neutralpunktlage eine sehr große Genauigkeit. Da die Neutralpunktlage sehr stark von der individuellen Grundrißform abhängig ist, muß im allgemeinen für die Bestimmung des Neutralpunktes eine Berechnung der Auftriebsverteilung nach einem Tragflächenverfahren, vgl. z. B. Kap. 7.352, durchgeführt werden.

7.522 Nickbewegung. Die Nickbewegung ist an sich eine instationäre Bewegung. Sie verläuft jedoch im allgemeinen so langsam, daß sie „quasistationär" behandelt werden kann. Führt der Flügel nach Abb. 7.60 um die durch x_S festgelegte Querachse eine Drehbewegung mit der

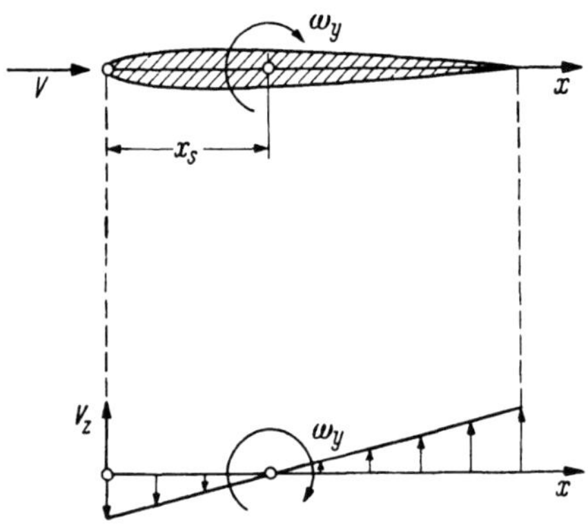

Abb. 7.60. Zur Berechnung der aerodynamischen Beiwerte des nickenden Flügels.

Drehgeschwindigkeit ω_y aus, so wird hierdurch eine über die Flügeltiefe linear veränderliche vertikale Zusatzgeschwindigkeit $V_z = \omega_y(x - x_S)$ erzeugt. Zusammen mit der Anströmgeschwindigkeit V ergibt dieses eine durch die Drehbewegung hervorgerufene zusätzliche Anstellwinkelverteilung in Tiefenrichtung $\alpha(x) = V_z/V$ vom Betrage

$$\alpha(x) = \frac{\omega_y}{V}(x - x_S). \tag{7.188}$$

Diese Anstellwinkelverteilung erzeugt eine zusätzliche Auftriebsverteilung, durch deren Integration man einen zusätzlichen Auftrieb und ein zusätzliches Nickmoment erhält. Wir nennen diese Größen den *Nickauftrieb* und die *Nickdämpfung*. Beide hängen linear von ω_y ab. Es ist deshalb zweckmäßig, die Beiwerte

$$\frac{\partial c_A}{\partial \Omega_y} \text{ als Nickauftrieb}$$

und

$$\frac{\partial c_M}{\partial \Omega_y} \text{ als Nickdämpfung}$$

einzuführen, wobei

$$\Omega_y = \frac{\omega_y l_\mu}{V} \tag{7.189}$$

die dimensionslose Nickwinkelgeschwindigkeit und l_μ die schon in Gl. (5.7) eingeführte Bezugsflügeltiefe bedeuten. Diese Beiwerte sind nur von der Flügelgeometrie und der Lage der Drehachse abhängig.

Im folgenden soll erläutert werden, wie diese beiden Größen ermittelt werden können und insbesondere auch, wie ihre Werte sich mit der Lage der Drehachse x_S ändern.[1]

Es leuchtet anschaulich ein, daß es eine Drehachslage x_0 gibt, für welche der Nickauftrieb gleich Null ist. Für einen Rechteckflügel liegt diese Drehachslage im Abstand $\frac{3}{4}l$ von der Vorderkante entsprechend dem Theorem von Pistolesi, vgl. Kap. 6.351. Die Nickdämpfung dagegen kann für keine Drehachslage Null sein. Um den Nickauftrieb zu berechnen, schreiben wir die Anstellwinkelverteilung nach Gl. (7.188) in der Form

$$\alpha(x) = \frac{\omega_y}{V}(x - x_0) + \frac{\omega_y}{V}(x_0 - x_S). \tag{7.190}$$

Denkt man in dieser Gleichung $x_S = x_0$ gesetzt, so verschwindet der zweite Term, während der erste Term definitionsgemäß einen verschwindenden Nickauftrieb liefern muß, $(\partial c_A/\partial \Omega_y)_0 = 0$. Den Beitrag des ersten Terms zur Nickdämpfung bezeichnen wir mit $(\partial c_M/\partial \Omega_y)_0$. Das zweite Glied in Gl. (7.190) stellt einen konstanten Anstellwinkel dar und liefert den gesamten Nickauftrieb zu

$$\left(\frac{\partial c_A}{\partial \Omega_y}\right)_S = \frac{dc_A}{d\alpha}\,\frac{x_0 - x_S}{l_\mu}. \tag{7.191}$$

Hierbei ist $dc_A/d\alpha$ der Auftriebsanstieg des Flügels. Gl. (7.191) lehrt, daß sich der Nickauftrieb linear mit der Lage der Drehachse ändert, vgl. Abb. 7.61a.

Das Moment der Nickdämpfung erhält man nach Gl. (5.50) aus

$$c_M = c_{M0} - \frac{x_N - x_S}{l_\mu}\,c_A$$

zu

$$\left(\frac{\partial c_M}{\partial \Omega_y}\right)_S = \left(\frac{\partial c_M}{\partial \Omega_y}\right)_0 - \frac{x_N - x_S}{l_\mu}\left(\frac{\partial c_A}{\partial \Omega_y}\right)_S.$$

---

[1] Bei den flugmechanischen Rechnungen fällt die Drehachse mit der Querachse durch den Flugzeugschwerpunkt zusammen.

Setzt man noch Gl. (7.191) ein, so ergibt sich:

$$\left(\frac{\partial c_M}{\partial \Omega_y}\right)_S = \left(\frac{\partial c_M}{\partial \Omega_y}\right)_0 - \frac{x_N - x_S}{l_\mu}\,\frac{x_0 - x_S}{l_\mu}\,\frac{d c_A}{d\alpha}. \tag{7.192}$$

Diese Gleichung lehrt, daß die Nickdämpfung parabolisch von x_S abhängig ist. Insbesondere erkennt man sofort, daß für $x_S = x_N$ und $x_S = x_0$ die Nickdämpfung den gleichen Wert, nämlich $(\partial c_M/\partial \Omega_y)_0$ hat, Abb. 7.61 b.

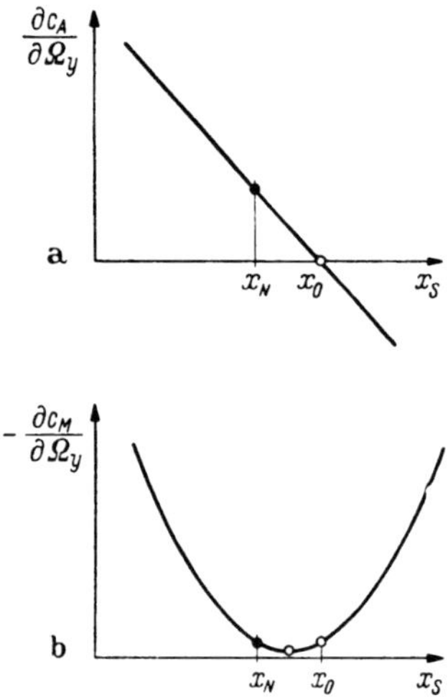

Abb. 7.61. Nickauftrieb (a) und Nickdämpfung (b) in Abhängigkeit von der Drehachslage x_S.
x_N = Neutralpunktlage; x_0 = Drehachslage für verschwindenden Nickauftrieb.

Um das Nickdämpfungsmoment nach Gl. (7.192) für eine beliebige Drehachslage x_S berechnen zu können, ist hiernach die Ermittlung von $(\partial c_M/\partial \Omega_y)_0$ und x_0/l_μ erforderlich, während die Beiwerte $d c_A/d\alpha$ und x_N/l_μ von früher bereits bekannt sind. Nach Gl. (7.192) ist für $x_S = x_N$:

$$\left(\frac{\partial c_M}{\partial \Omega_y}\right)_0 = \left(\frac{\partial c_M}{\partial \Omega_y}\right)_N. \tag{7.193}$$

Entsprechend gilt nach Gl. (7.191):

$$\frac{x_0}{l_\mu} = \frac{x_N}{l_\mu} + \frac{d\alpha}{d c_A}\left(\frac{\partial c_A}{\partial \Omega_y}\right)_N. \tag{7.194}$$

Die Aufgabe der Ermittlung des Nickauftriebes und der Nickdämpfung für eine beliebige Drehachslage haben wir damit zurückgeführt auf die Berechnung der beiden Beiwerte $(\partial c_A/\partial \Omega_y)_N$ und $(\partial c_M/\partial \Omega_y)_N$ für die Drehachslage im Neutralpunkt. Um diese beiden Beiwerte zu erhalten, hat man nach der Tragflügeltheorie den Auftrieb und das Nickmoment für die Anstellwinkelverteilung

$$\alpha(x) = \frac{x - x_N}{l_\mu}\,\Omega_y$$

zu ermitteln.

In Abb. 7.62 sind für den Trapezflügel, den Pfeilflügel und den Dreieckflügel nach Tab. 7.5 der Nickauftrieb und die Nickdämpfung in Abhängigkeit von der Drehachslage dargestellt. Die Zahlenwerte von $\Delta x_0/l_\mu$ und $(\partial c_M/\partial \Omega_y)_0$ sind in Tab. 7.6 angegeben. Man vergleiche hierzu [13] und [19].

Bei einem Flugzeug mit getrenntem Höhenleitwerk ist der Beitrag des Flügels zur Nickdämpfung im Vergleich zu demjenigen des Höhenleitwerkes klein, so daß seine genaue Berechnung sich erübrigt. Da-

Tabelle 7.6. *Lage der Drehachse für verschwindenden Nickauftrieb und zugehörige Nickdämpfung für einen Trapezflügel, einen Pfeilflügel und einen Dreieckflügel nach Tab. 7.5. Der Abstand* Δx_0 *ist vom geometrischen Neutralpunkt* N_{25} *aus gemessen, dessen Lage in Tab. 7.5 angegeben ist.*

	Trapezflügel	Pfeilflügel	Dreieckflügel
$\dfrac{\Delta x_0}{l_\mu}$	0,533	0,485	0,604
$\left(\dfrac{\partial c_M}{\partial \Omega_y}\right)_0$	−0,358	−0,498	−0,285

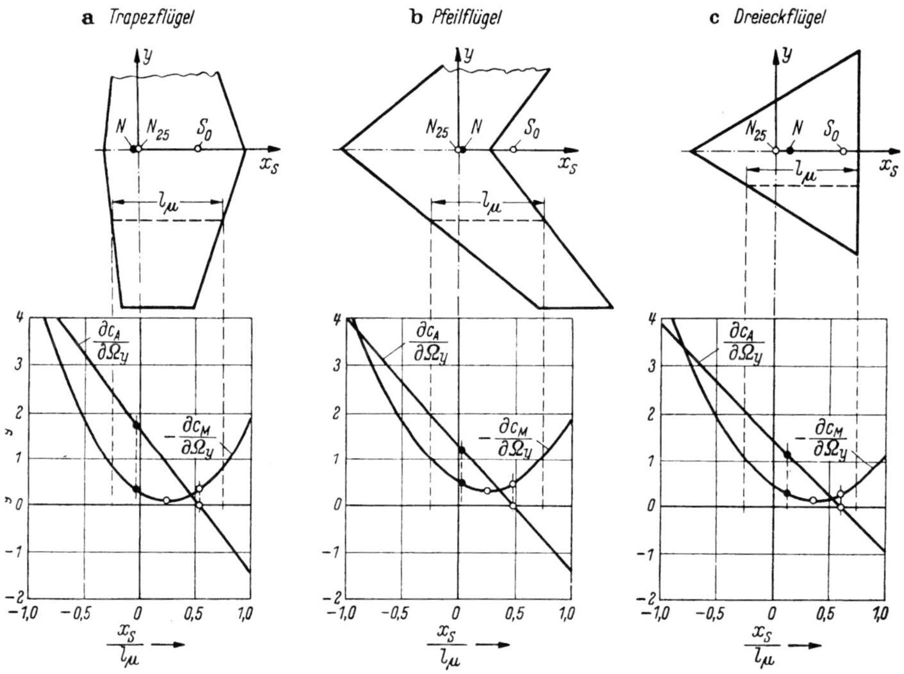

Abb. 7.62. Nickauftrieb und Nickdämpfung in Abhängigkeit von der Drehachslage von drei Flügeln, errechnet nach dem Tragflächenverfahren [75]; geometrische Daten der Flügel nach Tab. 7.5.

a) Trapezflügel: $\varphi = 0°$; $\Lambda = 2{,}75$; $\lambda = 0{,}5$;
b) Pfeilflügel: $\varphi = 50°$; $\Lambda = 2{,}75$; $\lambda = 0{,}5$;
c) Dreieckflügel: $\varphi = 52{,}4°$; $\Lambda = 2{,}31$; $\lambda = 0$.

gegen ist beim Nurflügelflugzeug, bei welchem nahezu die gesamte Nickdämpfung vom Flügel geliefert wird, eine genauere Rechnung von Fall zu Fall erforderlich.

7.53 Stabilitätsbeiwerte der Seitenbewegung

7.531 Schiebeflug. Beim stationären Schiebeflug ist der Anströmungszustand des Flügels außer durch den Anstellwinkel α durch den Schiebewinkel β bestimmt, Abb. 7.59. Infolge der unsymmetrischen Anströmung entstehen neben dem Auftrieb, Widerstand und Nickmoment noch zusätzliche Kräfte und Momente, nämlich die Schiebeseitenkraft Y, das Schieberollmoment L und das Schiebegiermoment N. Diese ändern sich bei kleinen Schiebewinkeln linear mit β, vgl. Abb. 5.15. Deshalb sind die Anstiege der dimensionslosen Beiwerte mit dem Schiebewinkel, nämlich $\partial c_Y/\partial\beta$, $\partial c_L/\partial\beta$ und $\partial c_N/\partial\beta$ unabhängig vom Schiebewinkel. Man bezeichnet sie als *Stabilitätsbeiwerte der Seitenbewegung*. Alle drei Beiwerte hängen für den Flügel stark ab von dem Pfeilwinkel und von der V-Stellung.

Im folgenden soll zunächst der Flügel ohne V-Stellung behandelt werden und anschließend der Einfluß der V-Stellung gesondert betrachtet werden.

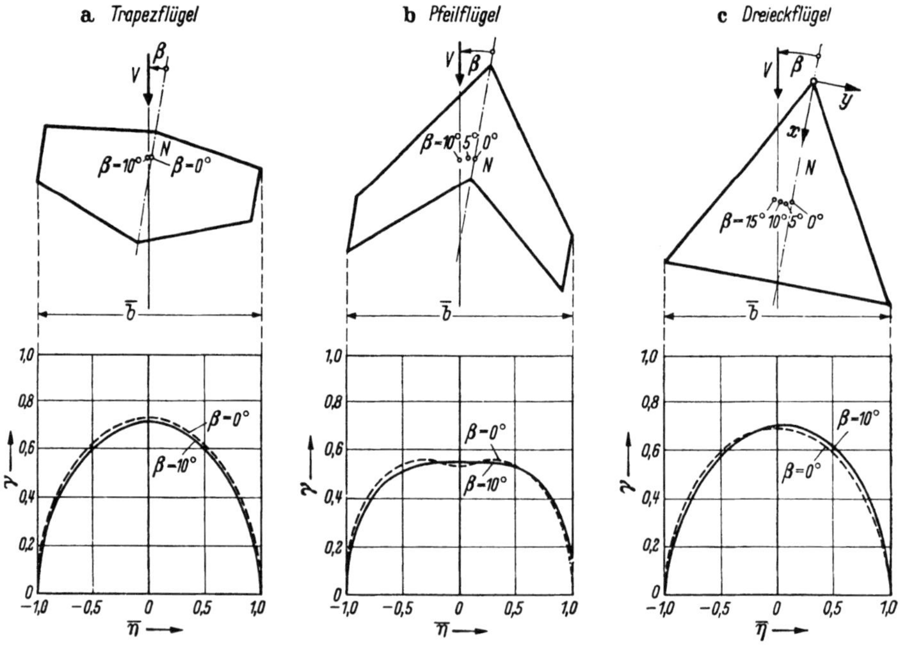

Abb. 7.63. Zirkulationsverteilung von drei unverwundenen Flügeln beim Schieben, gerechnet nach dem Tragflächenverfahren [75].
Anstellwinkel $\alpha = 1$, gemessen im Schnitt parallel zur Anströmrichtung. Es bedeutet $\gamma = \Gamma/Vb$.
Geometrische Daten der Flügel nach Tab. 7.5.
a) Trapezflügel: $\varphi = 0°$; $\Lambda = 2{,}75$; $\lambda = 0{,}5$;
b) Pfeilflügel: $\varphi = 50°$; $\Lambda = 2{,}75$; $\lambda = 0{,}5$;
c) Dreieckflügel: $\varphi = 52{,}4°$; $\Lambda = 2{,}31$; $\lambda = 0$.

Flügel ohne V-Stellung. Ein unsymmetrisch angeströmter (schiebender) Flügel entspricht aerodynamisch einem Flügel mit unsymmetrischem Grundriß, vgl. Abb. 7.13. Als solcher kann seine Zirkulationsverteilung nach der erweiterten Traglinientheorie, Kap. 7.34, oder der Tragflächentheorie, Kap. 7.35, berechnet werden. Der Rechenaufwand ist jedoch wegen der Unsymmetrie des Flügelgrundrisses erheblich größer als bei symmetrischer Anströmung.[1] Als Ergebnis einer solchen Rechnung erhält man die Zirkulationsverteilung über die quer zur Anströmungsrichtung gemessene Spannweite. Aus dieser kann man unter Anwendung der in Kap. 7.35 angegebenen Formeln den Gesamtauftrieb und die Neutralpunktlage ermitteln. Damit ergibt sich dann auch das Rollmoment um die experimentelle x-Achse.

Das *Schieberollmoment* ist hiernach proportional dem Gesamtauftrieb. Nach diesem Verfahren ist für die drei früher bereits behandelten unverwundenen Flügel die Zirkulationsverteilung bei drei verschiedenen Schiebewinkeln berechnet worden. In Abb. 7.63 sind die Zirkulationsverteilungen für $\beta = 0°$ und $\beta = 10°$ über der quer zur Anströmrichtung gemessenen Spannweitenkoordinate aufgetragen. Für alle drei Flügel ändert sich die Zirkulationsverteilung mit dem Schiebewinkel sehr wenig. Es möge bemerkt werden, daß diese Aussage allgemein für Flügel ohne V-Stellung gilt. In die Flügelgrundrisse sind die Lagen der Neutralpunkte für drei Schiebewinkel eingetragen. Die Beiwerte des Schieberollmomentes sowie die Koordinaten des Neutralpunktes sind in Tab. 7.7 zusammengestellt.

Das *Schiebegiermoment* rührt her von dem Unterschied des Widerstandes der beiden Flügelhälften. Es besteht aus einem Anteil des Profil-

Tabelle 7.7. *Beiwerte des Schieberollmomentes und Lage des Neutralpunktes für $\beta = 0°$, $5°$ und $10°$ (Abstände gemessen im flügelfesten Koordinatensystem von der Vorderkante des Flügelmittelschnittes aus) für einen Trapezflügel, einen Pfeilflügel und einen Dreieckflügel nach Tab. 7.5*; vgl. Abb. 7.63.

		Trapezflügel	Pfeilflügel	Dreieckflügel
$\frac{1}{c_A}\frac{\partial c_L}{\partial \beta}$		0,111	0,717	0,580
$\frac{x_N}{s}$	$\beta = 0°$	0,219	0,781	1,027
	5°	0,221	0,794	1,024
	10°	0,223	0,814	1,018
$\frac{y_N}{s}$	0°	0	0	0
	5°	−0,010	−0,060	−0,050
	10°	−0,020	−0,123	−0,102

[1] Erst durch den Einsatz elektronischer Rechenmaschinen ist dieser Weg gangbar geworden.

widerstandes und einem Anteil des induzierten Widerstandes. Der letztere Anteil ist, wie der induzierte Widerstand, proportional dem Quadrat des Auftriebes. Eine zuverlässige Berechnung des Schiebegiermomentes ist nach der Tragflächentheorie noch nicht möglich.

Eine grundlegende Behandlung des schiebenden Flügels ist zuerst von J. WEISSINGER [82] gegeben worden. Die dabei entwickelte Theorie kann als einfache Traglinientheorie im Sinne von Kap. 7.343 bezeichnet werden. Bei dieser Theorie wird angenommen, daß nur von der Hinterkante freie Wirbel parallel zur Anströmungsrichtung abgehen. Die

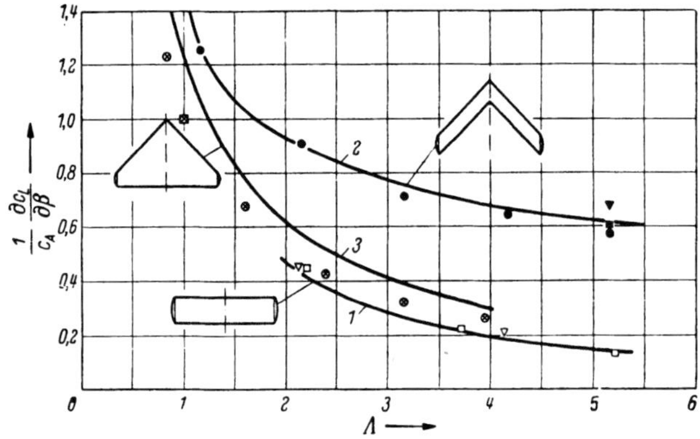

Abb. 7.64. Schieberollmoment von Rechteckflügeln, Pfeilflügeln und Deltaflügeln in Abhängigkeit vom Seitenverhältnis Λ; Theorie nach GRONAU [20].

Messungen:

Kurve *1*: Rechteckflügel ($\varphi = 0°$),
□ nach [7],
▽ nach NACA Report 1091;

Kurve *2*: Pfeilflügel konstanter Tiefe ($\varphi = 45°$),
● nach [20],
■ nach NACA TN 1669,
▼ nach [29];

Kurve *3*: Deltaflügel ($\lambda = 1/8$),
⊗ nach [20],
⊠ nach [48].

Schrägstellung des freien Wirbelbandes gegenüber der Symmetrieachse des Tragflügels hat auf die Ergebnisse dieser Weissingerschen Theorie nur einen untergeordneten Einfluß. Später hat K. H. GRONAU [20] nach der Methode der erweiterten Traglinientheorie umfassende Rechnungen für das Schieberollmoment und das Schiebegiermoment, insbesondere von Pfeil- und Deltaflügeln, durchgeführt. Auch hier wird der Einfluß der Schrägstellung des freien Wirbelbandes näherungsweise mit berücksichtigt.

In Abb. 7.64 sind die aus verschiedenen Quellen stammenden Meßergebnisse für das Schieberollmoment von Rechteckflügeln, Pfeilflügeln und Deltaflügeln in Abhängigkeit vom Seitenverhältnis dargestellt. Zum Vergleich sind die theoretischen Kurven nach K. H. GRONAU [20] mit eingetragen. Die Übereinstimmung zwischen Messung und Theorie ist gut. Mit abnehmendem Seitenverhältnis nimmt das Schieberollmoment stark zu. Man sieht aus dieser Darstellung auch, daß durch die Pfeilung das Schieberollmoment stark anwächst. Dies bedeutet besonders für Pfeilflügel und Deltaflügel eine sehr starke Abhängigkeit des Schieberollmomentes vom Auftriebsbeiwert. Abb. 7.65 gibt die entsprechende Darstellung für das Schiebegiermoment.

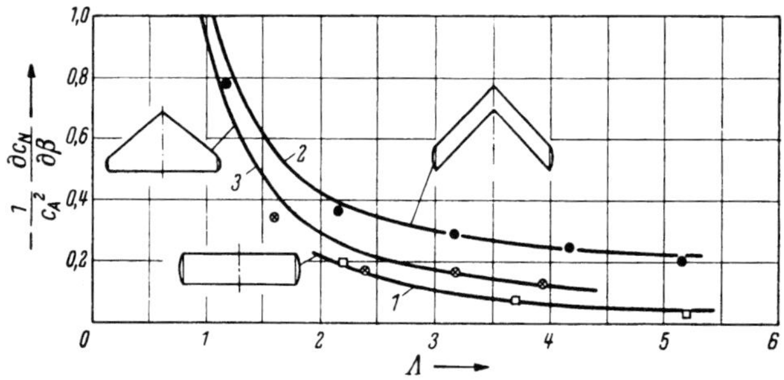

Abb. 7.65. Schiebegiermoment von Rechteckflügeln, Pfeilflügeln und Deltaflügeln in Abhängigkeit vom Seitenverhältnis Λ; Theorie nach GRONAU [20].

Messungen:

Kurve *1*: Rechteckflügel ($\varphi = 0°$), □ nach [7];
Kurve *2*: Pfeilflügel konstanter Tiefe ($\varphi = 45°$), • nach [20];
Kurve *3*: Deltaflügel ($\lambda = 1/8$), ⊗ nach [20].

Schieberollmoment. Im folgenden soll nun noch ein vereinfachtes Berechnungsverfahren für das Schieberollmoment von Flügeln ohne V-Stellung angegeben werden. Wir setzen voraus, daß die Zirkulationsverteilung bei kleinen Schiebewinkeln die gleiche ist wie bei symmetrischer Anströmung. Daß dies mit guter Näherung zutrifft, zeigen die Beispielrechnungen in Abb. 7.63. Ferner sei vorausgesetzt, daß nach Abb. 7.66 die freien Wirbel in Richtung der Symmetrieachse verlaufen. Nach dem Gedankenmodell der tragenden Linie sei der Flügel belegt mit dem tragenden Wirbel in der $l/4$-Linie und mit Wirbeln, welche von der $l/4$-Linie nach hinten abgehen und die Länge $\frac{3}{4}l$ besitzen. Der Auftrieb eines Flächenstreifens der Breite dy ist nach KUTTA-JOUKOWSKY:

$$dA = \varrho V \cos\beta \, \Gamma \, dy - \varrho V \sin\beta \, \Gamma \tan\varphi \, dy + \varrho V \sin\beta \frac{3}{4} l \frac{d\Gamma}{dy} dy. \quad (7.195)$$

Der erste Term rührt her von der Anströmung des gebundenen Wirbels mit der Geschwindigkeitskomponente $V\cos\beta$, der zweite Term von der Anströmung des gebundenen Wirbels mit der Geschwindigkeitskomponente $V\sin\beta$.[1] Der dritte Term entsteht aus dem noch auf dem Flügel

[1] Es ist zu beachten, daß hier für die rechte Flügelhälfte $\tan\varphi > 0$ und für die linke Flügelhälfte $\tan\varphi < 0$ ist.

liegenden freien Wirbelstück der Länge $\frac{3}{4}l$, das ebenfalls als ein tragender Wirbel angesehen werden muß.

Bildet man das Rollmoment durch die Integration $L = -\int_{-s}^{+s} y\,dA$, so liefert dabei das erste Glied in Gl. (7.195) keinen Beitrag. Die beiden

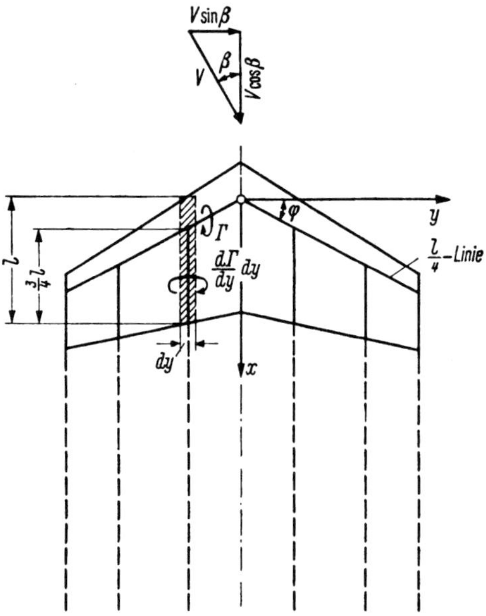

Abb. 7.66. Zur näherungsweisen Berechnung des Schieberollmomentes von Pfeilflügeln.

übrigen Glieder ergeben

$$L = -\varrho V \sin\beta \left[\frac{3}{4}\int_{-s}^{s} l(y)\,y\,\frac{d\Gamma}{dy}\,dy - \int_{-s}^{s} \Gamma(y)\tan\varphi\,y\,dy\right].$$

Mit den dimensionslosen Größen $\gamma = \Gamma/b\,V$ und $\eta = 2y/b = y/s$ erhält man nach Ausführung einer partiellen Integration in dem ersten Integral für den Beiwert des Schieberollmomentes $c_L = L/F s q$ den Ausdruck:

$$\frac{\partial c_L}{\partial \beta} = \frac{3}{2}\Lambda \int_{-1}^{1} \frac{d}{d\eta}\left(\frac{l}{b}\eta\right)\gamma\,d\eta + \Lambda\int_{-1}^{1} \tan\varphi\,\gamma\,\eta\,d\eta. \qquad (7.196)$$

In dieser Formel gibt das erste Glied den Einfluß der Flügeltiefenverteilung an, während das zweite Glied den Einfluß der Pfeilung enthält.

Für den Flügel konstanter Pfeilung ergibt sich, weil $\tan\varphi$ auf den beiden Flügelhälften entgegengesetztes Vorzeichen hat,

$$\frac{\partial c_L}{\partial \beta} = 3\Lambda \int_0^1 \frac{d}{d\eta}\left(\frac{l}{b}\,\eta\right)\gamma\, d\eta + 2\tan\varphi\Lambda \int_0^1 \gamma\eta\, d\eta. \qquad (7.196\,\mathrm{a})$$

In dieser Beziehung stellt φ den Pfeilwinkel der rechten Flügelhälfte dar.

Hieraus wird für den gepfeilten Flügel mit konstanter Tiefe

$$\frac{\partial c_L}{\partial \beta} = \left(\frac{\varkappa}{\Lambda} + \eta_A \tan\varphi\right) c_A \quad (l = \mathrm{const}). \qquad (7.197\,\mathrm{a})$$

Hierin bedeutet nach Gl. (7.75) η_A den seitlichen Abstand des Auftriebsschwerpunktes einer Flügelhälfte von der Symmetrieebene. Der Faktor $\varkappa$ wurde nach einem Vorschlag von J. WEISSINGER [82] zur Erfassung des Einflusses der Flügelendkappen eingeführt, vgl. hierzu auch [20]. Bei gerade abgeschnittenen Flügelenden ist $\varkappa = 3/2$, während man bei abgerundeten Flügelenden besser mit $\varkappa = 1{,}0$ rechnet. Für den Dreieckflügel erhält man aus Gl. (7.196a) und wegen Gl. (5.13):

$$\frac{\partial c_L}{\partial \beta} = \frac{3}{\Lambda}(1 - \eta_A)\, c_A \quad (\text{Dreieck}). \qquad (7.197\,\mathrm{b})$$

Für die numerische Auswertung von Gl. (7.197a) und (7.197b) nehmen wir der Einfachheit halber an, daß eine elliptische Zirkulationsverteilung vorliegt; dann ist $\eta_A = 4/3\pi$. Die damit berechneten Werte von $\dfrac{1}{c_A}\dfrac{\partial c_L}{\partial \beta}$

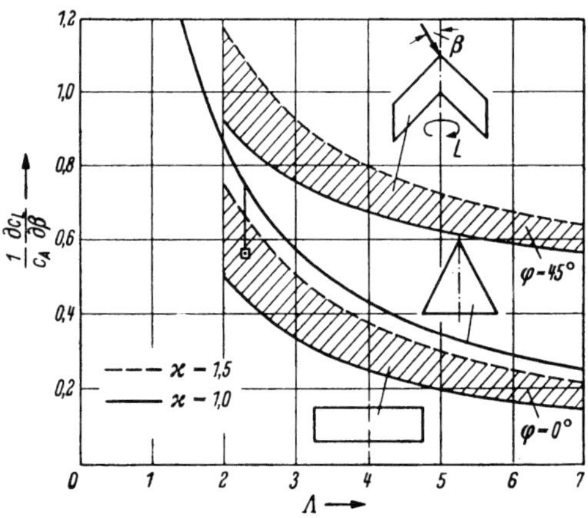

Abb. 7.67. Theoretische Schieberollmomente für Flügel konstanter Tiefe ($\varphi = 0°$ und $\varphi = 45°$) und Dreieckflügel in Abhängigkeit vom Seitenverhältnis Λ; Näherungswerte nach Gl. (7.197a) und (7.197b).
$\varkappa = 1{,}5$ gerade abgeschnittene Flügelenden; $\varkappa = 1{,}0$ abgerundete Flügelenden; ⊡ exakter Wert nach dem Tragflächenverfahren [75] für den Dreieckflügel $\Lambda = 2{,}31$.

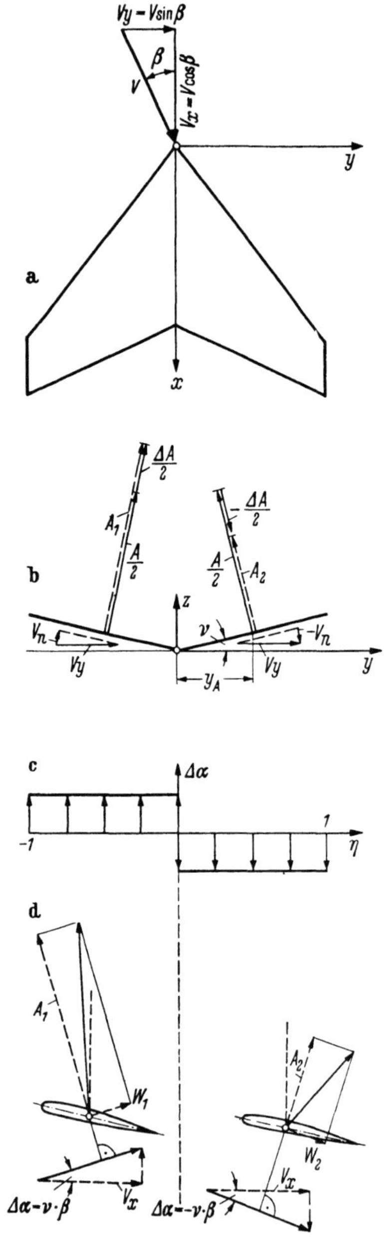

Abb. 7.68. Zur Aerodynamik eines Flügels mit V-Stellung beim Schiebeflug.
a) Flügelgrundriß, x, y-Ebene; b) V-Stellung, y, z-Ebene; c) zusätzliche antimetrische Anstellwinkelverteilung infolge V-Stellung $\Delta\alpha = \pm\,\nu\beta$; d) resultierende Anströmrichtung und resultierende Luftkraft der beiden Flügelhälften.

sind in Abb. 7.67 für $\varphi = 0°$ und $\varphi = 45°$ sowie für den Dreieckflügel über dem Seitenverhältnis dargestellt. Die Tendenz dieser Näherungskurven stimmt mit den Messungen nach Abb. 7.64 gut überein. Die numerischen Unterschiede beruhen auf der stark vereinfachten Annahme über das zugrunde gelegte Wirbelsystem. Zum Vergleich ist für den Dreieckflügel vom Seitenverhältnis $\Lambda = 2{,}31$ der nach der Tragflächentheorie gefundene Wert mit eingetragen.

Schiebeseitenkraft. Die Schiebeseitenkraft eines Flügels ohne V-Stellung kann man näherungsweise aus der Überlegung erhalten, daß beim schiebenden Flügel der Profilwiderstand parallel zur Anströmungsrichtung, der induzierte Widerstand jedoch in Richtung der Flügelsymmetrieachse ist. Infolgedessen wirkt bei Schräganströmung in Richtung der flügelfesten Querachse nur eine Komponente des Profilwiderstandes $c_Y = c_{Wp} \sin\beta$. Damit ist der Seitenkraftanstieg

$$\frac{\partial c_Y}{\partial \beta} = c_{Wp}. \qquad (7.198)$$

Flügel mit V-Stellung. Unter der V-Stellung eines Flügels verstehen wir die Neigung der linken und rechten Flügelhälfte gegenüber der x, y-Ebene, Abb. 7.68. Wir bezeichnen den Winkel der V-Stellung mit ν; im allgemeinen Fall kann ν längs der Spannweite veränderlich sein, Abb. 5.8c. Die Stabilitätsbeiwerte des Schiebefluges $\partial c_Y/\partial\beta$, $\partial c_L/\partial\beta$ und $\partial c_N/\partial\beta$ hängen für den Flügel stark von der V-Stellung ab. Für das ganze

Flugzeug sind die Beiträge des Flügels zur Schiebeseitenkraft $\partial c_Y/\partial\beta$ und zum Schiebegiermoment $\partial c_N/\partial\beta$ verhältnismäßig klein, während der Beitrag des Flügels zum Schieberollmoment des ganzen Flugzeuges von entscheidender Bedeutung ist. Die Wahl der V-Stellung des Flügels geschieht ausschließlich im Hinblick auf den flugmechanisch günstigsten Wert des Schieberollmomentes.[1]

Die aerodynamische Wirkung der V-Stellung besteht darin, daß beim Schiebeflug auf der vorgehenden Flügelhälfte der Anstellwinkel um einen Betrag $\Delta\alpha$ vergrößert und auf der rückgehenden Hälfte um den gleichen Betrag $\Delta\alpha$ verkleinert ist. Dieser Winkel $\Delta\alpha$ läßt sich in folgender Weise ermitteln: Die seitliche Anströmungskomponente $V_y = V\sin\beta$ erzeugt nach Abb. 7.68b auf den beiden Flügelhälften eine Normalkomponente senkrecht zur Flügelfläche vom Betrage

$$V_n = \pm V_y \sin\nu.$$

Zusammengesetzt mit der Anströmungskomponente $V_x = V\cos\beta$ ergibt sich so die zusätzliche Anstellwinkeländerung

$$\Delta\alpha = \frac{V_n}{V_x} = \pm \tan\beta \sin\nu. \tag{7.199}$$

Für kleine Schiebewinkel und kleine V-Stellungswinkel hat man somit

$$\Delta\alpha = \pm\beta\nu. \tag{7.200}$$

Die Auftriebsverteilung eines Flügels mit V-Stellung beim Schieben kann somit ermittelt werden, indem man für den Flügel ohne V-Stellung zu seiner geometrischen Anstellwinkelverteilung noch die antimetrische Verwindung nach Gl. (7.200), vgl. Abb. 7.68c, hinzufügt.

An der vorgehenden Flügelhälfte hat man nach Abb. 7.68b beim Schieben den Auftrieb $(A/2 + \Delta A/2)$ senkrecht zur Flügelfläche und an der zurückgehenden Flügelhälfte $(A/2 - \Delta A/2)$. Dabei ist A der Auftrieb bei symmetrischer Anströmung und $\Delta A/2$ der Zusatzauftrieb einer Flügelhälfte beim Schieben.

Bei der Ermittlung der Luftkraft für die beiden Flügelhälften ist nach Abb. 7.68d noch zu beachten, daß gegenüber der symmetrischen Anströmung auf der vorgehenden Flügelhälfte die resultierende Anströmungsrichtung um den Winkel $\Delta\alpha$ nach oben und auf der zurückgehenden Hälfte um den gleichen Winkel $\Delta\alpha$ nach unten abgelenkt ist. Die gleichen Richtungsänderungen erfahren somit auch die resultierenden Luftkräfte auf den beiden Flügelhälften.

---

[1] Außer von der V-Stellung des Flügels hängt der Wert des Schieberollmomentes des ganzen Flugzeuges auch noch von der Hochlage des Flügels gegenüber dem Rumpf ab, vgl. Kap. X.

Die exakte Ermittlung der Schiebeseitenkraft, des Schieberollmomentes und des Schiebegiermomentes erfordert für den vorgelegten Flügel eine Auftriebsverteilungsrechnung mit der antimetrischen Anstellwinkelverteilung nach Gl. (7.200). Für die genaue Festlegung des V-Stellungswinkels aus der vorgegebenen Flügelgeometrie hat man beim Tragflächenverfahren Gl. (5.27) und bei der Traglinientheorie Gl. (5.28) zugrunde zu legen.

Näherungswerte für die aerodynamischen Größen des schiebenden Flügels mit V-Stellung, die ihre Abhängigkeit von dem V-Stellungswinkel und vom Gesamtauftriebsbeiwert des Flügels erkennen lassen, kann man jedoch bereits aus den nachfolgenden Abschätzungen gewinnen:

Schiebeseitenkraft. Die Schiebeseitenkraft infolge V-Stellung ist nach Abb. 7.68b

$$Y = 2\,\frac{\Delta A}{2}\,\sin\nu = \Delta A\,\nu\,.$$

Der Zusatzauftrieb einer Flügelhälfte ist

$$\frac{\Delta A}{2} = \frac{\varrho}{2}\,V^2\,\frac{F}{2}\left(\frac{dc_A}{d\alpha}\right)_\nu \Delta\alpha\,.$$

Dabei ist nach Gl. (7.200) $\Delta\alpha = \nu\beta$. Somit ergibt sich der Beiwert der Schiebeseitenkraft zu:

$$\frac{\partial c_Y}{\partial\beta} = \left(\frac{dc_A}{d\alpha}\right)_\nu \nu^2. \tag{7.201}$$

Der hierbei auftretende Beiwert $(dc_A/d\alpha)_\nu$ kann genau genommen nur aus einer Auftriebsverteilungsrechnung mit der antimetrischen Verwindung nach Abb. 7.68c ermittelt werden. Näherungsweise darf man annehmen, daß dieser Beiwert gleich demjenigen eines unverwundenen Flügels mit dem Seitenverhältnis $\Lambda/2$ ist. Man ersieht aus Gl. (7.201), daß der Beiwert der Seitenkraft proportional dem Quadrat des Winkels der V-Stellung und unabhängig vom Gesamtauftriebsbeiwert ist.

Führt man in Gl. (7.201) für den Auftriebsanstieg den Wert der erweiterten Traglinientheorie mit dem Seitenverhältnis $\Lambda/2$ nach Gl. (7.125) ein, dann erhält man für ungepfeilte Flügel:

$$\frac{\partial c_Y}{\partial\beta} = \frac{\pi\Lambda}{\sqrt{k^2+4}+2}\,\nu^2. \tag{7.202}$$

Hierin ist $k = \pi\Lambda/c'_{A\,\infty}$. Diese Beziehung ist in Abb. 7.69 dargestellt. Messungen, die die vorstehende Formel bestätigen, sind in der zusammenfassenden Darstellung [66] mitgeteilt.

Schieberollmoment. Das Rollmoment infolge V-Stellung ist nach Abb. 7.68b:

$$L = 2\,\frac{\Delta A}{2}\,y_A,$$

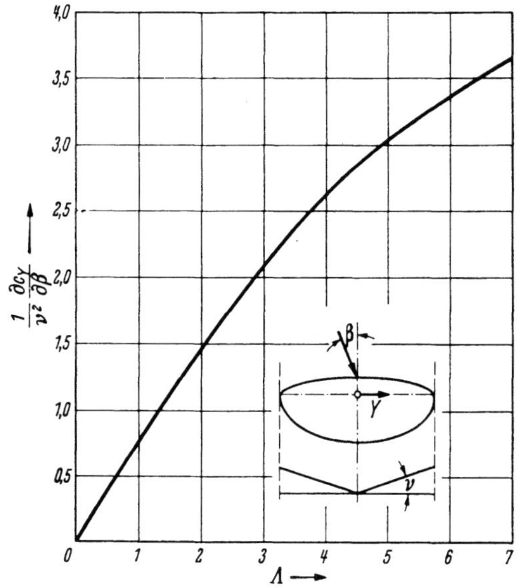

Abb. 7.69. Beiwert der Schiebeseitenkraft infolge V-Stellung nach Gl. (7.202); $c'_{A\,\infty} = 2\pi$.

wobei y_A den Abstand des Angriffspunktes der Zusatzkraft $\Delta A/2$ von der Flügelmitte bedeutet. Für den Rollmomentenbeiwert $c_L = L/qFs$ ergibt sich entsprechend dem oben Gesagten:

$$\frac{\partial c_L}{\partial\beta} = \left(\frac{dc_A}{d\alpha}\right)_\nu (\eta_A)_\nu\,\nu\,. \tag{7.203}$$

Hierin ist $(\eta_A)_\nu = y_A/s$ der dimensionslose Abstand des Angriffspunktes des Zusatzauftriebes von der Flügelmitte. Diese Gleichung lehrt, daß der Beiwert des Schieberollmomentes infolge V-Stellung dem Winkel der V-Stellung proportional und unabhängig vom Gesamtauftriebsbeiwert ist. Für $(\eta_A)_\nu$ kann man mit guter Näherung $(\eta_A)_\nu = 4/3\pi = 0{,}424$ einsetzen. Damit ergibt sich, wenn man wieder $(dc_A/d\alpha)_\nu$ für das halbe Seitenverhältnis $\Lambda/2$ nach Gl. (7.125) einführt, für ungepfeilte Flügel[1]

$$\frac{\partial c_L}{\partial\beta} = \frac{4}{3\pi}\,\frac{\pi\Lambda}{\sqrt{k^2+4}+2}\,\nu\,. \tag{7.204}$$

[1] Durch Auswertung von Gl. (7.127) mit (7.200) kann Gl. (7.204) als Lösung für den Ellipsenflügel bestätigt werden.

Diese Beziehung ist in Abb. 7.70 dargestellt. Messungen, die diese Formel bestätigen, werden in [66] mitgeteilt.

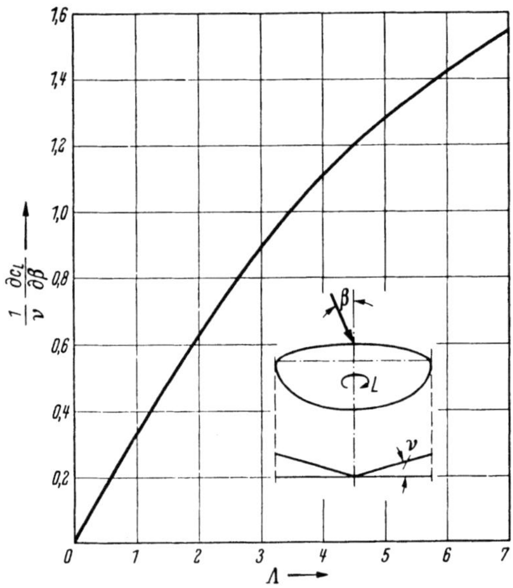

Abb. 7.70. Beiwert des Schieberollmomentes infolge V-Stellung nach Gl. (7.204); $c'_{A\infty} = 2\pi$.

Schiebegiermoment. Das zusätzliche Schiebegiermoment infolge V-Stellung ist im allgemeinen sehr klein. Es hat ein solches Vorzeichen, daß es den vorgehenden Flügel nach vorn zu drehen sucht. Dieses kommt dadurch zustande, daß, wie in Abb. 7.68d angegeben, an der

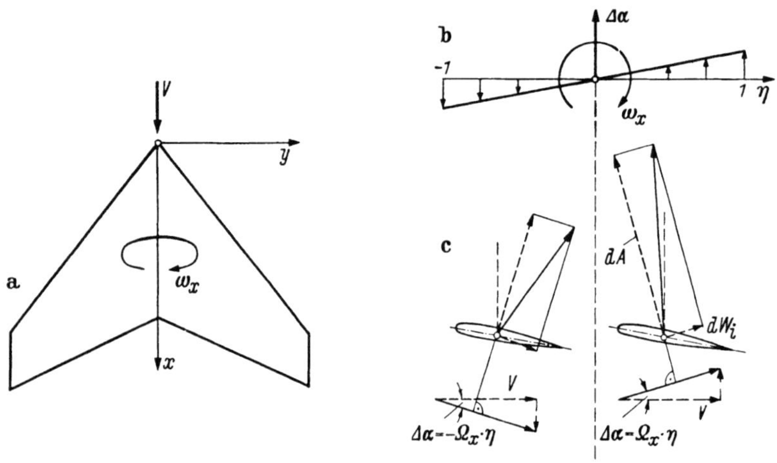

Abb. 7.71. Zur Aerodynamik des rollenden Tragflügels.
a) Flügelgrundriß; b) zusätzliche antimetrische Anstellwinkelverteilung $\Delta\alpha = \eta\,\Omega_x$; c) resultierende Anströmrichtung und resultierende Luftkraft der beiden Flügelhälften.

vorgehenden Flügelhälfte die resultierende Luftkraft nach vorn und an der zurückliegenden Hälfte nach hinten gedreht wird. Messungen sind in [66] angegeben.

7.532 Rollbewegung. Führt der Flügel nach Abb. 7.71a eine Drehbewegung um die Längsachse aus, so ergibt sich dadurch eine längs der Spannweite linear veränderliche Vertikalgeschwindigkeit $V_z = \omega_x y$. Zusammen mit der Anströmgeschwindigkeit V ergibt sich hieraus nach Abb. 7.71b und c eine zusätzliche antimetrische Anstellwinkelverteilung

$$\Delta\alpha(\eta) = \eta\Omega_x \tag{7.205}$$

mit der dimensionslosen Rollwinkelgeschwindigkeit $\Omega_x = \omega_x s/V$. Diese Anstellwinkelverteilung erzeugt eine antimetrische Auftriebsverteilung längs Spannweite und damit ein Moment um die x-Achse, welches die Drehbewegung stets zu hemmen sucht. Man bezeichnet dieses Moment als Roll-Rollmoment oder *Rolldämpfung.* Aus der unsymmetrischen Kraftverteilung längs Spannweite entsteht weiterhin ein Giermoment, das sogenannte *Roll-Giermoment.* Diese beiden Momente sind proportional der dimensionslosen Rollwinkelgeschwindigkeit Ω_x, so daß ihre Beiwerte $\partial c_L/\partial\Omega_x$ und $\partial c_N/\partial\Omega_x$ unabhängig von Ω_x sind. Bei der Ermittlung der Luftkraft für die beiden Flügelhälften nach Abb. 7.71c ist zu beachten, daß gegenüber der symmetrischen Anströmung auf der abwärts gehenden Flügelhälfte die resultierende Anströmrichtung um den Winkel $\Delta\alpha$ nach oben und auf der aufwärts gehenden Flügelhälfte die resultierende Anströmrichtung um den gleichen Winkel $\Delta\alpha$ nach unten abgelenkt ist. Die gleichen Richtungsänderungen erfahren somit auch die örtlichen Luftkräfte auf den beiden Flügelhälften.

Rolldämpfung: Um für einen vorgegebenen Flügel die Rolldämpfung zu ermitteln, ist nach einem Verfahren für die Berechnung der Auftriebsverteilung, Kap. 7.3, nach Gl. (7.205) mit der Anstellwinkelverteilung

$$\alpha_a = \eta \tag{7.205a}$$

die antimetrische Zirkulationsverteilung $\gamma_a(\eta)$ längs Spannweite zu ermitteln. Hieraus ergibt sich nach Gl. (7.74) für die Rolldämpfung:

$$\frac{\partial c_L}{\partial\Omega_x} = -\Lambda\int\limits_{-1}^{1}\gamma_a\eta\,d\eta. \tag{7.206}$$

Der Rolldämpfungsbeiwert $\partial c_L/\partial\Omega_x$ ist somit unabhängig vom Gesamtauftriebsbeiwert des Flügels. In Abb. 7.32 ist für die schon früher behandelten drei Flügel (Trapezflügel, Pfeilflügel, Dreieckflügel) die antimetrische Zirkulationsverteilung längs Spannweite aufgetragen.

Die daraus ermittelten Rolldämpfungsbeiwerte sind in Tab. 7.5 angegeben.

Eine einfache Näherungsformel für die Rolldämpfung von ungepfeilten Flügeln erhält man, wenn man in Gl. (7.127) $\alpha = \eta$ setzt:

$$\frac{\partial c_L}{\partial \Omega_x} = -\frac{1}{4}\frac{\pi \Lambda}{\sqrt{k^2+4}+2}. \tag{7.207}$$

Diese Beziehung ist in Abb. 7.72 dargestellt. Bei Flügeln mit starker Pfeilung empfiehlt es sich, nicht diese Näherungsformel zu verwenden, sondern eine genauere Rechnung durchzuführen.

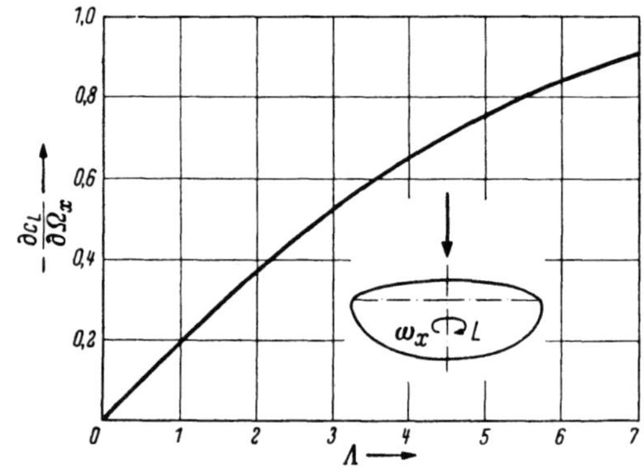

Abb. 7.72. Rolldämpfungsbeiwert nach Gl. (7.207); $k = \pi\Lambda/c'_{A\infty}$; $c'_{A\infty} = 2\pi$.

Rollgiermoment: Das Rollgiermoment hat ein solches Vorzeichen, daß es die abwärts drehende Flügelhälfte nach vorn zu drehen sucht. Dieses kommt folgendermaßen zustande: An der abwärts gehenden Flügelhälfte wird die resultierende Anströmungsrichtung nach oben und damit die resultierende Luftkraft nach vorn gedreht. An der aufwärts gehenden Flügelhälfte wird die resultierende Luftkraft entsprechend nach hinten gedreht. An einem Schnitt y eines ungepfeilten Flügels erhält man somit in Richtung der ungestörten Anströmung die Kraft $dW' = dW_i - dA\,\Delta\alpha = dA(\alpha_i - \Delta\alpha)$.[1] Dabei ist nach Gl. (7.2) $dW_i = dA\,\alpha_i$. Die Integration liefert für das induzierte Rollgiermoment:

$$N = \int_{-s}^{+s} (\alpha_i - \Delta\alpha)\, y\, dA.$$

Führt man hier nach Gl. (7.5) $dA = \varrho V \Gamma dy$ und $\gamma = \Gamma/bV$ sowie $\Delta\alpha$ nach Gl. (7.205) ein, dann findet man für den Beiwert des Giermomentes

[1] Auf eine Berücksichtigung des Profilwiderstandes wurde verzichtet.

$c_N = N/qFs$:

$$c_N = \Lambda \int_{-1}^{1} \gamma(\alpha_i - \Omega_x \eta)\, \eta\, d\eta.$$

Die Gesamtzirkulation γ setzt sich zusammen aus dem Anteil des symmetrisch angeströmten Flügels γ_s und dem infolge der Drehbewegung zu $\alpha_a = \eta$ gehörenden Anteil γ_a, d. h. $\gamma = \gamma_s + \Omega_x \gamma_a$. Entsprechend gilt für den induzierten Anstellwinkel $\alpha_i = \alpha_{is} + \Omega_x \alpha_{ia}$. Setzt man diese Beziehungen in die obige Gleichung ein, dann ergibt sich:

$$\frac{\partial c_N}{\partial \Omega_x} = \Lambda \int_{-1}^{1} [(\alpha_{ia} - \eta)\, \gamma_s + \alpha_{is} \gamma_a]\, \eta\, d\eta. \tag{7.208}$$

Für den *unverwundenen Ellipsenflügel* läßt sich das Integral noch einfacher auswerten. Nach den Beziehungen aus Kap. 7.33 wird

$$\frac{\partial c_N}{\partial \Omega_x} = \frac{\pi}{4} \Lambda a_1 (6 a_2 - 1). \tag{7.209}$$

Hierin bedeuten nach Gl. (7.81) $a_1 = c_A/\pi\Lambda$ und nach Gl. (7.82) $a_2 = -(2/\pi\Lambda) \cdot (\partial c_L/\partial \Omega_x)$. Setzt man in Gl. (7.209) ein, dann erhält

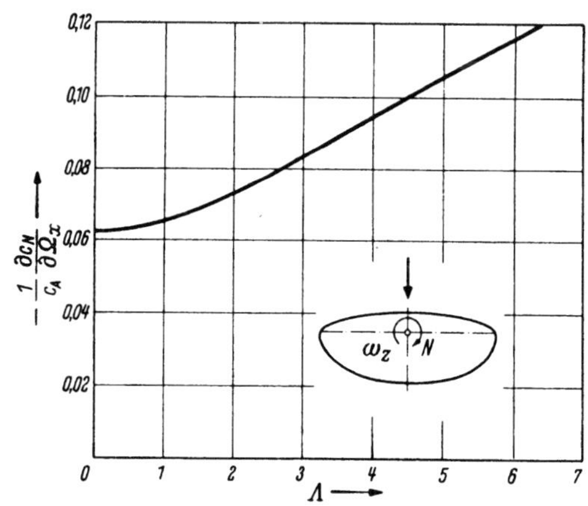

Abb. 7.73. Rollgiermomentenbeiwert nach Gl. (7.210); $k = \pi\Lambda/c'_{A\infty}$; $c'_{A\infty} = 2\pi$.

man folgenden einfachen Zusammenhang zwischen dem Rollgiermoment, dem Auftriebsbeiwert und der Rolldämpfung:

$$\frac{\partial c_N}{\partial \Omega_x} = -\frac{c_A}{4}\left(1 + \frac{12}{\pi\Lambda}\frac{\partial c_L}{\partial \Omega_x}\right).$$

Setzt man hierin Gl. (7.207) ein, dann findet man schließlich die folgende Näherungsformel für den Beiwert des Rollgiermomentes:

$$\frac{\partial c_N}{\partial \Omega_x} = -\frac{1}{4}\,\frac{\sqrt{k^2+4}-1}{\sqrt{k^2+4}+2}\,c_A. \tag{7.210}$$

Hiernach ist der Beiwert des Rollgiermomentes proportional zum Gesamtauftriebsbeiwert. In Abb. 7.73 ist diese Beziehung über dem Seitenverhältnis Λ aufgetragen.

7.533 Gierbewegung. Die Drehbewegung des Flugzeuges um die Hochachse erzeugt nach Abb. 7.74 am Flügel zusätzliche Längsgeschwindigkeiten, die auf den beiden Flügelhälften verschiedene Vorzeichen haben. Hieraus resultiert eine unsymmetrische Auftriebsverteilung längs Spannweite, die ein Rollmoment und ein Giermoment ergibt. Das so entstehende Giermoment wirkt der Drehbewegung entgegen und heißt daher *Gier-* oder *Wendedämpfung* des Flügels. Die Wendedämpfung des Flügels ist im Vergleich zu derjenigen des ganzen Flugzeuges sehr klein. Wir können deshalb auf ihre Berechnung verzichten.

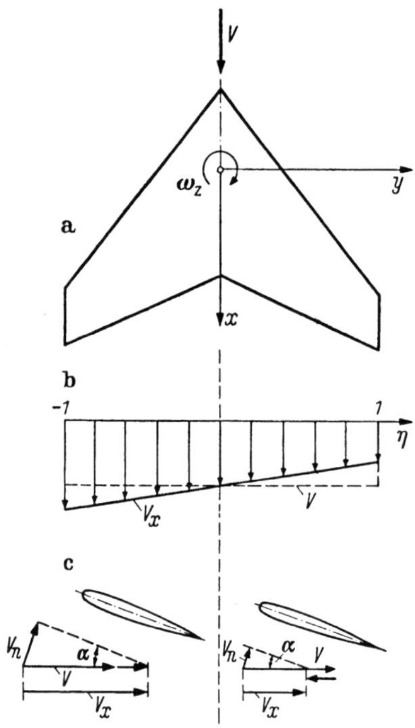

Abb. 7.74.
Zur Aerodynamik des gierenden Flügels.
a) Flügelgrundriß; b) Geschwindigkeitsverteilung; c) resultierende Anströmrichtung der beiden Flügelhälften.

Wenderollmoment: Das durch die Gierbewegung erzeugte Rollmoment bezeichnet man als Gierrollmoment oder Wenderollmoment. Das Wenderollmoment hat ein solches Vorzeichen, daß es die vorgehende Flügelhälfte nach aufwärts zu drehen sucht.

Zur Berechnung des Wenderollmomentes können wir folgendermaßen vorgehen: Durch die Drehbewegung mit der Drehgeschwindigkeit ω_z entsteht längs der Spannweite nach Abb. 7.74b eine lineare Verteilung der Längsgeschwindigkeit

$$V_x(y) = V - \omega_z y. \tag{7.211}$$

Damit in dieser inhomogenen Strömung der Flügel zur Stromfläche wird, muß die kinematische Strömungsbedingung

$$V_n(x, y) + w(x, y) = 0 \tag{7.212}$$

in jedem Punkt der Flügelfläche erfüllt sein. Dabei ist V_n nach Abb. 7.74c die Komponente der Längsgeschwindigkeit V_x senkrecht zur Flügelsehne, also $V_n = \alpha V_x$. Mithin läßt sich Gl. (7.212) folgendermaßen schreiben:

$$\frac{w}{V} + \alpha \frac{V_x}{V} = 0\,. \tag{7.213}$$

In einer homogenen Strömung, $V_x = V$, lautet die kinematische Strömungsbedingung $(w/V) + \alpha = 0$. Durch Vergleich mit Gl. (7.213) sieht man, daß die inhomogene Strömung äquivalent ist einer homogenen Strömung mit dem geometrischen Anstellwinkel

$$\alpha_b = \alpha \frac{V_x}{V} = \alpha(1 - \Omega_z \eta) \tag{7.214}$$

mit $\Omega_z = \omega_z s/V$. Man kann somit die Zirkulationsverteilung für die inhomogene Strömung berechnen, indem man die in Kap. 7.3 bereitgestellten Berechnungsverfahren anwendet und dabei eine Anstellwinkelverteilung nach Gl. (7.214) zugrunde legt. Das Ergebnis ist eine Zirkulationsverteilung $\Gamma_b = b V \gamma_b$. Ein Flügelstreifen der Breite dy hat dann den Auftrieb $dA = \varrho V_x \Gamma_b\, dy = \varrho V(1 - \Omega_z \eta)\Gamma_b\, dy$. Hieraus erhält man das Rollmoment zu

$$L = -\int_{-s}^{s} y\, dA = -\varrho \int_{-s}^{s} V_x \Gamma_b y\, dy\,.$$

Für den Beiwert des Rollmomentes $c_L = L/qFs$ findet man also

$$c_L = -\Lambda \int_{-1}^{1} (1 - \Omega_z \eta)\, \gamma_b \eta\, d\eta\,.$$

Die Zirkulationsverteilung γ_b, die zum Anstellwinkel α_b nach Gl. (7.214) gehört, kann folgendermaßen zusammengesetzt werden:

$$\gamma_b = \alpha \gamma_u - \alpha\, \Omega_z \gamma_a\,. \tag{7.215}$$

Hierin bedeuten γ_u die zu $\alpha = 1$ und γ_a die zu $\alpha_a = \eta$, vgl. Gl. (7.205a), gehörenden Zirkulationsverteilungen. Der Einfachheit halber sei ein unverwundener Flügel $\alpha = \text{const}$ angenommen.

Setzt man Gl. (7.215) in die Gleichung für den Rollmomentenbeiwert ein, dann wird:

$$\frac{\partial c_L}{\partial \Omega_z} = \left(\Lambda \int_{-1}^{1} \gamma_u \eta^2 \, d\eta + \Lambda \int_{-1}^{1} \gamma_a \eta \, d\eta\right) \frac{d\alpha}{dc_A} c_A. \tag{7.216}$$

Diese Gleichung lehrt, daß der Beiwert des Wenderollmomentes der Drehgeschwindigkeit Ω_z und dem Gesamtauftriebsbeiwert c_A proportional ist.[1]

Für den ungepfeilten Ellipsenflügel erhält man unter Verwendung der Gln. (7.207) und (7.125) die folgende, auch für andere ungepfeilte Flügelformen brauchbare Näherungsformel:

$$\frac{1}{c_A} \frac{\partial c_L}{\partial \Omega_z} = \frac{1}{4}\left(1 + \frac{\sqrt{k^2+1}+1}{\sqrt{k^2+4}+2}\right). \tag{7.217}$$

In Abb. 7.75 ist diese Beziehung über dem Seitenverhältnis Λ aufgetragen. Es ergibt sich ein vom Seitenverhältnis nahezu unabhängiger

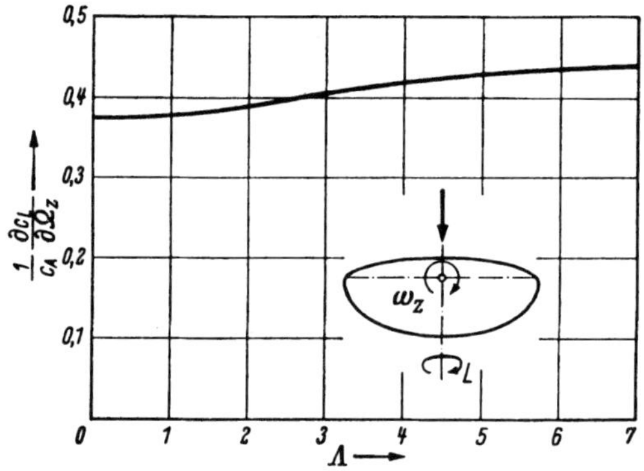

Abb. 7.75. Beiwert des Wenderollmomentes nach Gl. (7.217); $k = \pi\Lambda/c'_{A\infty}$; $c'_{A\infty} = 2\pi$.

[1] Das erste Integral in Gl. (7.216) kann gedeutet werden als das Trägheitsmoment der Zirkulationsverteilung um die Längsachse. Die Ausrechnung für elliptische Zirkulationsverteilung liefert

$$\frac{d\alpha}{dc_A} \Lambda \int_{-1}^{1} \gamma_u \eta^2 \, d\eta = \frac{1}{4}.$$

Das zweite Integral war bereits bei der Ermittlung der Rolldämpfung, Gl. (7.206), aufgetreten.

Wert.[1] Für die drei früher schon behandelten Flügel (Trapezflügel, Pfeil- und Dreieckflügel, Tab. 7.5) sind in Tab. 7.8 die Beiwerte für das Wenderollmoment angegeben.

Tabelle 7.8. *Beiwerte des Wenderollmomentes für einen Trapezflügel, einen Pfeilflügel und einen Dreieckflügel nach Tab. 7.5.*

	Trapezflügel	Pfeilflügel	Dreieckflügel
$\frac{1}{c_A}\frac{\partial c_L}{\partial \Omega_z}$	0,410	0,443	0,378

7.6 Flügel endlicher Dicke bei Nullauftrieb

7.61 Überblick

Die in den bisherigen Abschnitten dieses Kapitels besprochene Theorie des Tragflügels endlicher Spannweite arbeitet mit der Vorstellung eines sehr dünnen Profils (Skelett). Während für die Theorie des Tragflügels unendlicher Spannweite die Erweiterung von der Skelett-Theorie zur Theorie des angestellten Tragflügels endlicher Dicke seit langem vorliegt, Kap. 6.33 und 6.34, steht für den Tragflügel endlicher Spannweite diese Erweiterung in ihrer allgemeinsten Form noch aus. Für den Tragflügel endlicher Spannweite und endlicher Dicke der Flügelprofile (symmetrische Profile) existieren jedoch bereits Berechnungsverfahren, welche es gestatten, die Druckverteilung auf der Oberfläche solcher Tragflügel zu berechnen, falls der Gesamtauftrieb Null ist. Hierbei handelt es sich insbesondere um Arbeiten von F. Keune [36] und S. Neumark [60]. Das verwendete Verfahren ist die Singularitätenmethode, bei welcher der umströmte Körper durch ein System von Quellen und Senken ersetzt wird. Die Grundlagen dieses Verfahrens wurden für die zweidimensionale Strömung in Kap. 6.33 bereitgestellt und dort auch bereits in erheblichem Umfang auf das ebene Umströmungsproblem des Tragflügels angewendet.

Sowohl für die ebene, insbesondere aber auch für die räumliche Tragflügelströmung ist es im Hinblick auf den Einfluß der Kompressibilität wichtig, die am Profil auftretenden größten Übergeschwindig-

[1] Bei der genaueren Berechnung des Wenderollmomentes muß beachtet werden, daß infolge der Drehbewegung des Flügels die abgehenden freien Wirbel einer seitlichen Anströmung unterliegen. Die auf dem Flügel liegenden Teile der freien Wirbel bringen dadurch einen zusätzlichen Beitrag zum Auftrieb und damit zum Wenderollmoment. Die Durchrechnung ergibt, daß für Flügel von kleinem Seitenverhältnis ($\Lambda < 3$) der Beiwert des Wenderollmomentes beträchtlich von der Lage der Drehachse abhängig ist. Die in Abb. 7.75 angegebene Kurve gilt für eine Rücklage der Drehachse hinter der $l/4$-Linie von etwa $0{,}2 l_i$.

keiten zu kennen, vgl. Kap. 3.221 und 8.121. Die in den folgenden Abschnitten dargelegten Berechnungsverfahren für die Geschwindigkeitsverteilung an Tragflügeln endlicher Spannweite und endlicher Dicke sind deshalb von Bedeutung für die Aerodynamik des Tragflügels bei hohen Unterschallgeschwindigkeiten.

7.62 Methode der Quell-Senkenbelegung

Um die räumliche Strömung um einen flachen Körper von der Art eines Tragflügels endlicher Spannweite und endlicher Dicke zu berechnen, ordnet man in einer Ebene auf der Fläche F (Flügelgrundrißebene) eine Quell-Senkenverteilung an. Ist $q(x, y)$ die Quellintensität pro Flächen-

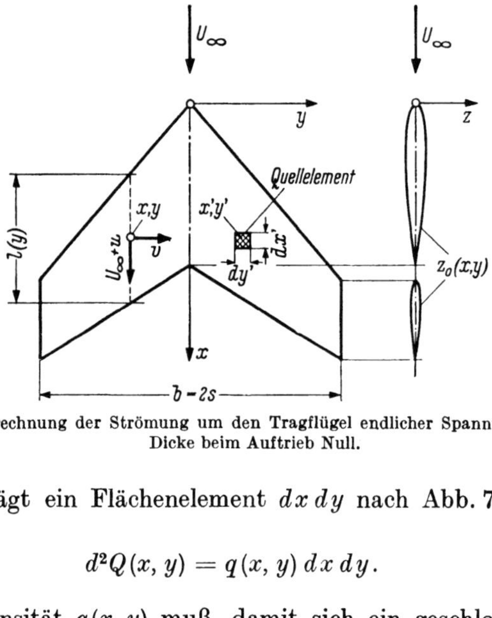

Abb. 7.76. Zur Berechnung der Strömung um den Tragflügel endlicher Spannweite und endlicher Dicke beim Auftrieb Null.

einheit, so trägt ein Flächenelement $dx\,dy$ nach Abb. 7.76 die Quellbelegung

$$d^2Q(x, y) = q(x, y)\,dx\,dy. \tag{7.218}$$

Die Quellintensität $q(x, y)$ muß, damit sich ein geschlossener Körper ergibt, die sogenannte Schließungsbedingung erfüllen:

$$\iint\limits_{(F)} q(x, y)\,dx\,dy = 0. \tag{7.219}$$

Man vergleiche hierzu die entsprechende Beziehung für den ebenen Fall, Gl. (6.117).

Überlagert man dem von der Quellbelegung hervorgerufenen Geschwindigkeitsfeld eine Translationsströmung mit der Geschwindigkeit U_∞, deren Richtung in der Quellebene liegt (Abb. 7.76), so ergibt sich hierbei eine geschlossene Stromfläche, die als Kontur des Tragflügels endlicher Dicke aufgefaßt wird; man vergleiche hierzu wieder Kap. 6.33. Es seien u, v und w die von der Quellbelegung induzierten Geschwindigkeiten und $z^{(t)}(x, y) = z_0(x, y)$ die Form der zur x, y-Ebene symmetrischen Kontur des Flügels. Dann lautet die Bedingung dafür, daß die resultierende Geschwindigkeit überall tangential zur Kontur ist:

$$w = (U_\infty + u)\frac{\partial z_0}{\partial x} + v\frac{\partial z_0}{\partial y}. \tag{7.220}$$

Dieses ist die kinematische Strömungsbedingung.

Da für flache Körper die Geschwindigkeiten u und v im Vergleich zur Anströmungsgeschwindigkeit U_∞ mit Ausnahme der unmittelbaren Umgebung der Vorderkante und der seitlichen Flügelenden klein sind, genügt es, Gl. (7.220) in der vereinfachten Form

$$w = U_\infty \frac{\partial z_0}{\partial x} \tag{7.221}$$

zu benutzen. Dieses ist formal dieselbe Beziehung wie beim ebenen Fall.

Sowohl in der kinematischen Strömungsbedingung als auch für die Berechnung der Druckverteilung auf der Kontur werden die induzierten Geschwindigkeitskomponenten u, v, w auf der Kontur benötigt. Für flache Körper genügt es jedoch, diese Geschwindigkeitskomponenten in der Ebene $z = 0$ zu berechnen, wodurch die Behandlung recht erheblich vereinfacht wird.

Geschwindigkeitspotential. Es sei $\Phi(x, y, z)$ das Geschwindigkeitspotential der Quellbelegung. Dann ist $\mathfrak{w} = \operatorname{grad} \Phi$ und somit

$$u = \frac{\partial \Phi}{\partial x}, \qquad v = \frac{\partial \Phi}{\partial y}, \qquad w = \frac{\partial \Phi}{\partial z} \tag{7.222}$$

das Feld der induzierten Geschwindigkeiten. Die in Gl. (7.218) angegebene Quellbelegung ist als räumliche Quelle im Sinne von Kap. 2.356 anzusehen. Somit lautet der Beitrag des an der Stelle x', y' befindlichen Quellelementes zum Geschwindigkeitspotential nach Gl. (2.99):

$$d^2\Phi(x, y, z; x', y') = -\frac{q(x', y')}{4\pi}\frac{1}{r}\,dx'\,dy' \tag{7.223}$$

mit

$$r = \sqrt{(x - x')^2 + (y - y')^2 + z^2}.$$

Das Potential der gesamten Quellbelegung erhält man hieraus durch Integration über die mit Quellen belegte Fläche F zu

$$\Phi(x, y, z) = -\frac{1}{4\pi}\iint\limits_{(F)} \frac{q(x', y')\,dx'\,dy'}{\sqrt{(x - x')^2 + (y - y')^2 + z^2}}. \tag{7.224}$$

Hieraus ergeben sich nach Gl. (7.222) die induzierten Geschwindigkeitskomponenten zu:

$$u(x, y, z) = \frac{1}{4\pi} \iint_{(F)} q(x', y') \frac{x - x'}{r^3} \, dx' \, dy', \tag{7.225a}$$

$$v(x, y, z) = \frac{1}{4\pi} \iint_{(F)} q(x', y') \frac{y - y'}{r^3} \, dx' \, dy', \tag{7.225b}$$

$$w(x, y, z) = \frac{1}{4\pi} \iint_{(F)} q(x', y') \frac{z}{r^3} \, dx' \, dy'. \tag{7.225c}$$

Wie bereits oben angegeben, werden von den induzierten Geschwindigkeiten nur die Werte in der Flügelebene $z = 0$ gebraucht. Diese erhält man aus Gl. (7.225a, b, c) zu:[1]

$$u(x, y, 0) = \frac{1}{4\pi} \iint_{(F)} q(x', y') \frac{(x - x') \, dx' \, dy'}{\sqrt{(x - x')^2 + (y - y')^2}^3}, \tag{7.226a}$$

$$v(x, y, 0) = \frac{1}{4\pi} \iint_{(F)} q(x', y') \frac{(y - y') \, dy' dx'}{\sqrt{(x - x')^2 + (y - y')^2}^3}, \tag{7.226b}$$

$$w(x, y, 0) = \pm \frac{1}{2} q(x, y). \tag{7.226c}$$

Das obere Zeichen gilt für $z > 0$, das untere Zeichen für $z < 0$. Die induzierte Geschwindigkeit normal zur x, y-Ebene hat also in der Quellschicht einen Sprung.

Geschwindigkeitsverteilung auf der Flügelkontur. Führt man Gl. (7.226c) in die kinematische Strömungsbedingung Gl. (7.221) ein, so ergibt sich:

$$q(x, y) = 2 U_\infty \frac{\partial z_0}{\partial x}. \tag{7.227}$$

Hiernach ist also die Quellintensität proportional der Neigung der Kontur in der z, x-Ebene, vgl. auch Gl. (6.116).

---

[1] Mit Rücksicht auf die singulären Stellen der Integranden in Gl. (7.226) ist die Integration von Gl. (7.226a) zuerst über x' und dann über y' auszuführen. Für Gl. (7.226b) gilt die umgekehrte Integrationsfolge. Soll jedoch in anderer Reihenfolge integriert werden, so ist bei der zweiten Integration jeweils der Cauchysche Hauptwert des Integrals zu nehmen.

Führt man Gl. (7.227) in die Gln. (7.226a) und (7.226b) ein, dann erhält man für die Komponenten der induzierten Geschwindigkeit:

$$\frac{u(x,y)}{U_\infty} = \frac{1}{2\pi} \iint\limits_{(F)} \frac{\partial z_0}{\partial x'} \frac{(x-x')\,dx'\,dy'}{\sqrt{(x-x')^2+(y-y')^2}^3}, \tag{7.228}$$

$$\frac{v(x,y)}{U_\infty} = \frac{1}{2\pi} \iint\limits_{(F)} \frac{\partial z_0}{\partial x'} \frac{(y-y')\,dx'\,dy'}{\sqrt{(x-x')^2+(y-y')^2}^3}. \tag{7.229}$$

Für den Tragflügel unendlicher Spannweite (ebenes Problem) ergibt sich nach Gl. (6.120):

$$\frac{u_{\text{eb}}}{U_\infty} = \frac{1}{\pi} \int\limits_0^l \frac{\partial z_0}{\partial x'} \frac{dx'}{x-x'}. \tag{7.230}$$

Außerdem ist hierfür $v_{\text{eb}} \equiv 0$.

Es sei hier vermerkt, daß die Übergeschwindigkeiten von Tragflügeln endlicher Spannweite nach den Gln. (7.228) und (7.229) proportional dem Profildickenverhältnis $\delta = d/l$ sind, in gleicher Weise wie bei der ebenen Profiltheorie, Gl. (7.230). Die vorstehende *lineare* Theorie gibt für praktische Zwecke ausreichende Genauigkeit für Dickenverhältnisse bis etwa $\delta = 1/4$.

Die resultierende Geschwindigkeit auf der Kontur ist

$$W_K = \sqrt{(U_\infty + u)^2 + v^2} \approx U_\infty + u, \tag{7.231}$$

wenn man quadratische Glieder in u und v vernachlässigt. Im folgenden sollen nun einige einfache Beispiele besprochen werden.

7.63 Beispiele

7.631 Rechteckflügel endlicher Spannweite. Für den einfachen Fall des Rechteckflügels $l(y) = l$ mit einem konstanten Profil längs Spannweite ist für $-s \leqq y \leqq s$:

$$z_0(x, y) = z_0(x). \tag{7.232}$$

Damit wird nach Einsetzen in Gl. (7.228) und Ausführung der Integration über y:

$$\frac{u}{U_\infty} = \frac{u_{\text{eb}}}{U_\infty} + \frac{\Delta u}{U_\infty} \tag{7.233}$$

mit

$$\frac{\Delta u}{U_\infty} =$$

$$= -\frac{1}{2\pi}\int_0^l \frac{\partial z_0}{\partial x'}\left[2 - \frac{s+y}{\sqrt{(x-x')^2+(s+y)^2}} - \frac{s-y}{\sqrt{(x-x')^2+(s-y)^2}}\right]\frac{dx'}{x-x'}. \tag{7.234}$$

Man verifiziert leicht, daß die Größe Δu im allgemeinen negativ ist. Dieses bedeutet, daß durch die endliche Spannweite des Flügels die Übergeschwindigkeiten auf der Kontur verkleinert werden.

Für den Flügelmittelschnitt $y = 0$ erhält man aus Gl. (7.234):

$$\frac{\Delta u}{U_\infty} = -\frac{1}{\pi}\int_0^l \frac{\partial z_0}{\partial x'}\left(1 - \frac{s}{\sqrt{(x-x')^2+s^2}}\right)\frac{dx'}{x-x'} \quad \text{(Mittelschnitt)}. \tag{7.235}$$

Für *große Seitenverhältnisse* $\Lambda = b/l$ läßt sich die Übergeschwindigkeit für den Mittelschnitt durch Reihenentwicklung der Wurzel unter dem Integral sowie durch Umformung mittels partieller Integration in der folgenden Form schreiben:

$$\frac{u}{U_\infty} = \frac{u_{\text{eb}}}{U_\infty} - \frac{2}{\pi\Lambda^2}\int_0^1 Z_0(X)\,dX \quad (\Lambda = \text{groß}). \tag{7.235a}$$

Als neue Abkürzungen wurden $Z_0 = z_0/l$ und $X = x/l$ eingeführt. Der Einfluß des Seitenverhältnisses ist für alle Werte von x derselbe; er hängt nur von der Völligkeit des Profils ab.

Für *kleine Seitenverhältnisse* erhält man:

$$\frac{u}{U_\infty} = \frac{1}{\pi}\frac{\partial^2 Z_0}{\partial X^2}\Lambda \ln \Lambda \quad (\Lambda = \text{klein}). \tag{7.235b}$$

Für $\Lambda = 0$ ergibt sich hieraus $u = 0$.

Parabelprofil. Für das Parabelprofil $Z_0 = 2\delta X(1 - X)$ mit dem Dickenverhältnis $\delta = d/l$ erhält man für die maximale Übergeschwindigkeit im Mittelschnitt $y = 0$ und an der Stelle $x = l/2$ nach den Gln. (7.233) und (7.235):

$$\frac{u_{\max}}{U_\infty} = \frac{4}{\pi}\,\delta\Lambda \operatorname{ar\,sinh}\left(\frac{1}{\Lambda}\right). \tag{7.236}$$

Für den ebenen Fall, $\Lambda \to \infty$, folgt hieraus $u_{\max,\text{eb}}/U_\infty = 4\delta/\pi$ in Übereinstimmung mit Abb. 6.30. In Abb. 7.77 sind die Ergebnisse für den Rechteckflügel mit Parabelprofil angegeben. Abb. 7.77a zeigt für die beiden Schnitte $\eta = 0$ und $\eta = 0{,}5$ den Verlauf der maximalen Übergeschwindigkeit, die bei $X = 0{,}5$ liegt, in Abhängigkeit vom Seitenverhältnis. In Abb. 7.77b sind die maximalen Übergeschwindigkeiten in Abhängigkeit von der Spannweitenkoordinate für verschiedene Seitenverhältnisse dargestellt. Abschließend kann man feststellen, daß erst für

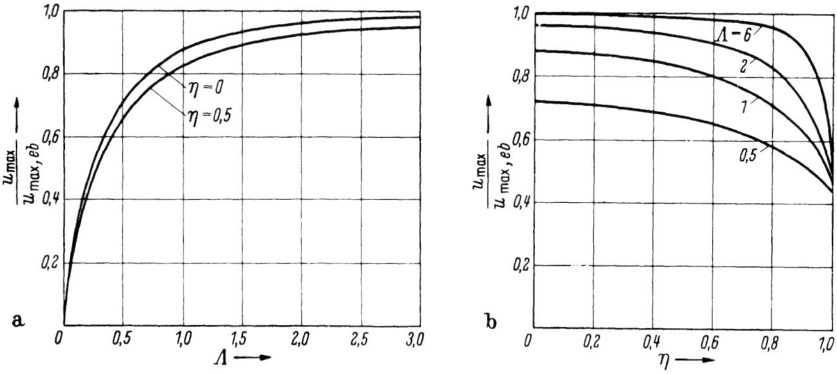

Abb. 7.77. Maximale Übergeschwindigkeiten an Rechteckflügeln mit Parabelprofil beim Auftrieb Null.
Für unendliche Spannweite gilt: $u_{max,eb} = 4/\pi \cdot \delta U_\infty$ bei $x/l = X = 0{,}5$.
a) Abhängigkeit vom Seitenverhältnis Λ;
b) Abhängigkeit von der Spannweitenkoordinate $\eta = y/s$.

Seitenverhältnisse $\Lambda < 2$ die maximale Übergeschwindigkeit am Tragflügel endlicher Spannweite merklich kleiner als am Flügel unendlicher Spannweite ist.

7.632 Ellipsenflügel. Während die in Kap. 7.62 dargelegte Theorie für die Berechnung der Übergeschwindigkeiten und auch das vorstehend behandelte Beispiel für den Rechteckflügel Näherungslösungen für kleine

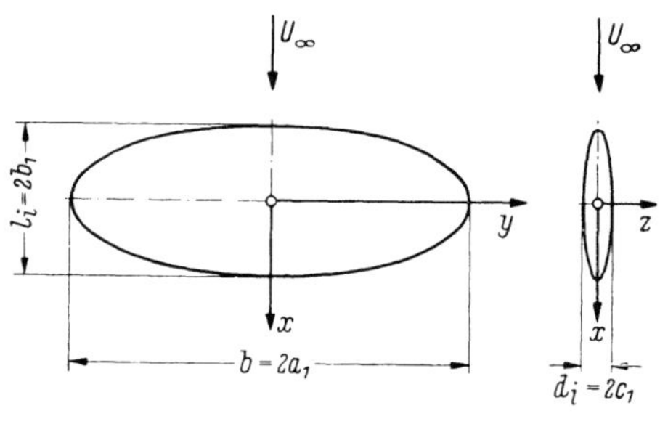

Abb. 7.78. Zur Geometrie des Ellipsenflügels mit elliptischem Profil (dreiachsiges Ellipsoid).

Dickenverhältnisse δ sind, soll nunmehr *ein* Beispiel einer exakten Lösung angegeben werden.

Ein Flügel mit elliptischem Grundriß und Ellipsenprofil nach Abb. 7.78 ist ein dreiachsiges Ellipsoid, bei welchem die beiden Achsenverhältnisse sehr voneinander verschieden sind. Sind a_1, b_1, c_1 die drei

Halbachsen des Ellipsoids, so ist:

$$\left.\begin{array}{ll} \text{das Seitenverhältnis} & \Lambda = \dfrac{b^2}{F} = \dfrac{4}{\pi}\dfrac{b_1}{a_1}, \\[2ex] \text{das Dickenverhältnis} & \delta = \dfrac{d_i}{l_i} = \dfrac{c_1}{b_1}. \end{array}\right\} \tag{7.237}$$

Für ein dreiachsiges Ellipsoid läßt sich die Geschwindigkeitsverteilung auf der Kontur in geschlossener Form angeben. Es gilt nach K. MARUHN [55] für die Druckverteilung auf der Oberfläche des Ellipsoids bei Anströmung längs der x-Achse:

$$c_p = 1 - A^2 \left(1 - \frac{\left(\dfrac{x}{a_1}\right)^2}{\left(\dfrac{x}{a_1}\right)^2 + \left(\dfrac{a_1}{b_1}\right)^2 \left(\dfrac{y}{b_1}\right)^2 + \left(\dfrac{a_1}{c_1}\right)^2 \left(\dfrac{z}{c_1}\right)^2}\right). \tag{7.238}$$

Dabei bedeutet $c_p = (p - p_\infty)/(\varrho/2)\, U_\infty^2$ den dimensionslosen Druckbeiwert und $A = A\,(b_1/a_1,\, c_1/b_1)$ eine Größe, die von den beiden Achsenverhältnissen des Ellipsoids abhängig ist. Diese Abhängigkeit ist in [55] angegeben.

Gl. (7.238) lehrt, daß bei $x = 0$ das Druckminimum und damit das Geschwindigkeitsmaximum vorhanden ist. Dieses Geschwindigkeitsmaximum ist längs der y-Achse konstant. Nach Gl. (7.238) ist

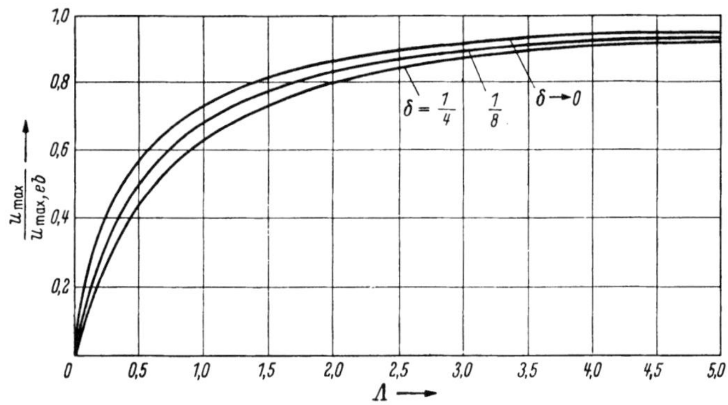

Abb. 7.79. Maximale Übergeschwindigkeit an Ellipsenflügeln mit elliptischem Profil nach Abb. 7.78 beim Auftrieb Null, bei $x = 0$, $-s \leq y \leq +s$.
Für das ebene Problem gilt $u_{\max,\text{eb}} = \delta U_\infty$.

$c_{p\min} = 1 - A^2 = 1 - (U_{\max}/U_\infty)^2$, wobei $U_{\max} = U_\infty + u_{\max}$ die maximale Geschwindigkeit auf der Kontur bedeutet. Hieraus ergibt sich die maximale Übergeschwindigkeit zu:

$$\frac{u_{\max}}{U_\infty} = A\,(\delta, \Lambda) - 1\,. \tag{7.239}$$

Dabei hängen δ und Λ mit den Achsenverhältnissen b_1/a_1 und c_1/b_1 nach Gl. (7.237) zusammen. In Abb. 7.79 ist das Verhältnis $u_{\max}/u_{\max,\,eb}$ in Abhängigkeit vom Seitenverhältnis Λ für verschiedene Dickenverhältnisse δ aufgetragen. Dabei ist $u_{\max,\,eb} = \delta U_\infty$. Die Kurve $\delta \to 0$ stellt die lineare Theorie dar. Die Kurven für die anderen Werte von δ zeigen, um wieviel die exakte Lösung von der linearen Theorie abweicht.[1]

7.633 Gepfeilter Flügel. Als weiteres Beispiel möge der Pfeilflügel konstanter Tiefe behandelt werden, und zwar zunächst derjenige von *unendlicher Spannweite*, Abb. 7.80. Es sei φ der Pfeilwinkel, und

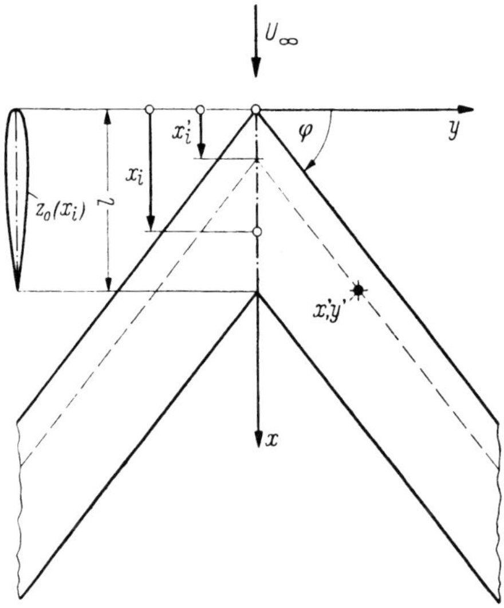

Abb. 7.80. Zur Geometrie des Pfeilflügels unendlicher Spannweite.

das Profil $z_0(x, y) = z_0(x_i)$ mit x_i als x-Koordinate im Mittelschnitt sei längs der Spannweite konstant.

Der Flügelschnitt in großem Abstand von der Symmetrieebene befindet sich in einer „quasi-ebenen" Strömung. Seine Geschwindigkeitsverteilung kann ermittelt werden, indem man den Profilschnitt senkrecht

---

[1] Die Kurve für $\delta \to 0$ in Abb. 7.79 hat die Gleichung

$$\frac{u_{\max}}{U_\infty} = \begin{cases} \sqrt{1-k^2}\, D(k) \quad \text{mit} \quad k = \sqrt{1 - \left(\dfrac{\pi\Lambda}{4}\right)^2} \quad \text{für} \quad \Lambda < \dfrac{4}{\pi}, \\[2ex] B(k) \quad \text{mit} \quad k = \sqrt{1 - \left(\dfrac{4}{\pi\Lambda}\right)^2} \quad \text{für} \quad \Lambda > \dfrac{4}{\pi}. \end{cases}$$

Es gilt $D(k) = (1/k^2)\,[K(k) - E(k)]$ und $B(k) = K(k) - D(k)$, wobei K und E die vollständigen elliptischen Integrale erster bzw. zweiter Gattung mit dem Modul k sind.

zur Vorderkante mit der Geschwindigkeit $U_\infty \cos\varphi$ anströmt. Hierbei ergibt sich, daß die Übergeschwindigkeit in x-Richtung für den gepfeilten Flügel um den Faktor $\cos\varphi$ kleiner ist als diejenige des ungepfeilten Flügels (ebenes Problem):

$$u_\varphi(y \to \infty) = u_{\mathrm{eb}} \cos\varphi . \tag{7.240}$$

Es soll jetzt die Geschwindigkeitsverteilung im Mittelschnitt berechnet werden. Nach Abb. 7.80 ist für diesen

$$x - x' = x_i - x_i' - |y'| \tan\varphi .$$

Führt man dieses in Gl. (7.228) ein, so wird:

$$\frac{u(x_i)}{U_\infty} = \frac{1}{\pi} \int_0^l \frac{\partial z_0}{\partial x'} \left(\int_0^\infty \frac{x_i - x_i' - y' \tan\varphi}{\sqrt{(x_i - x_i' - y' \tan\varphi)^2 + y'^2}^{\,3}} \, dy' \right) dx_i' .$$

Die Ausführung der Integration erfordert besondere Aufmerksamkeit, vgl. die Fußnote zu Gl. (7.226). Als Ergebnis erhält man für den Mittelschnitt:

$$\frac{u(x_i)}{U_\infty} = \cos\varphi \left[\frac{u_{\mathrm{eb}}}{U_\infty} - \right.$$
$$\left. - \frac{2}{\pi} \frac{\partial z_0}{\partial x} \operatorname{ar\,tanh}(\sin\varphi) \right] . \tag{7.241}$$

Diese Beziehung wurde von S. Neumark [60] erstmalig angegeben. Das erste Glied stellt die Geschwindigkeitsverteilung des Flügelschnittes in sehr großem Abstand von der Flügelsymmetrieebene dar, Gl. (7.240). Das zweite Glied gibt die durch den Flügelknick hervorgerufene Änderung der Geschwindigkeitsverteilung an. Bei Rückwärtspfeilung ($\varphi > 0$) wird die Übergeschwindig-

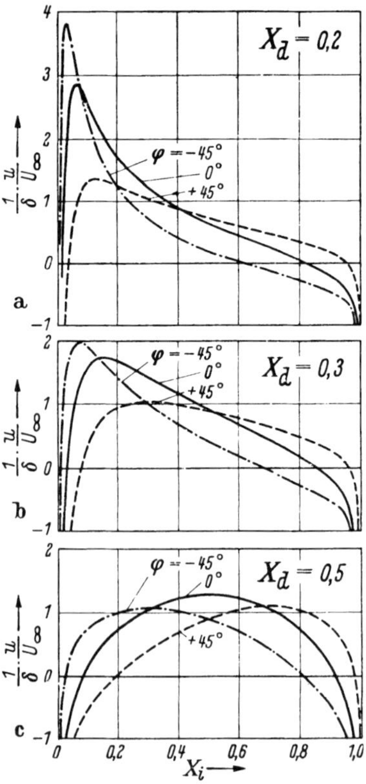

Abb. 7.81. Geschwindigkeitsverteilung im Mittelschnitt von Pfeilflügeln unendlicher Spannweite mit erweitertem Parabelprofil nach Gl. (5.24) bei Nullauftrieb.
Pfeilwinkel $\varphi = -45°, 0°, +45°$.
a) Dickenrücklage $X_d = 0{,}2$;
b) Dickenrücklage $X_d = 0{,}3$;
c) Dickenrücklage $X_d = 0{,}5$.

keit im vorderen Teil des Mittelschnittes infolge der Pfeilung verkleinert und im hinteren Teil des Mittelschnittes vergrößert.

Parabelprofil. Die vorstehende Gleichung ist für die erweiterten Parabelprofile nach Gl. (5.24) und Abb. 6.30 ausgewertet worden. Das Ergebnis ist in Abb. 7.81 für Profile mit den Dickenrücklagen $X_d = x_d/l = 0{,}2$; 0,3 und 0,5 dargestellt. Die Kurven für die Pfeilwinkel $\varphi = -45°$, $0°$ und $+45°$ zeigen einen sehr beträchtlichen Einfluß der Pfeilung auf die Geschwindigkeitsverteilung des Mittelschnittes. Die maximalen Übergeschwindigkeiten sind in Abb. 7.82 in Abhängigkeit vom Pfeilwinkel noch einmal gesondert dargestellt.

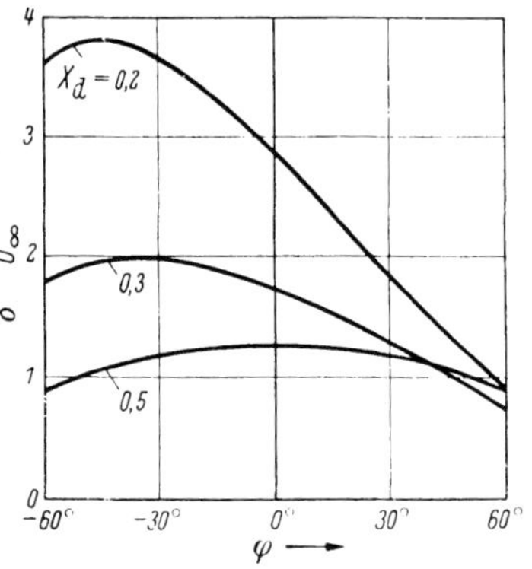

Abb. 7.82. Maximale Übergeschwindigkeiten im Mittelschnitt von Pfeilflügeln konstanter Tiefe und unendlicher Spannweite in Abhängigkeit vom Pfeilwinkel φ; vgl. Abb 7.81.

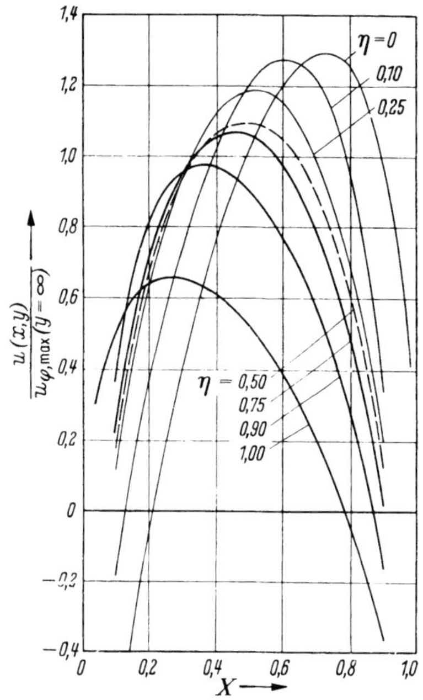

Abb. 7.83. Geschwindigkeitsverteilungen eines Pfeilflügels konstanter Tiefe vom Seitenverhältnis $\Lambda = 2{,}0$ und mit dem Pfeilwinkel $\varphi = 53°$ bei Nullauftrieb für verschiedene Schnitte längs Spannweite nach [60]. Flügelprofil: Parabelprofil $X_d = 0{,}5$. $u_{\varphi,\max}(y = \infty) = 4/\pi \cdot \delta \cos\varphi\, U_\infty$ = maximale Übergeschwindigkeit des Pfeilflügels unendlicher Spannweite im Schnitt $y = \infty$.

Für einen Pfeilflügel konstanter Flügeltiefe und *endlicher Spannweite* sind solche Rechnungen von S. Neumark [60] durchgeführt worden. In Abb. 7.83 ist die Geschwindigkeitsverteilung u für einen Flügel mit dem Seitenverhältnis $\Lambda = 2$ und mit dem Pfeilwinkel $\varphi = 53°$ für verschiedene Schnitte längs Spannweite dargestellt. Sie ist bezogen auf die maximale Übergeschwindigkeit des Pfeilflügels unendlicher Spannweite für einen Schnitt in großem Abstand von der Mitte, Gl. (7.240). Für den gleichen Flügel sind in Abb. 7.84 die Kurven konstanter Geschwindigkeit (= Isobaren) im Flügelgrundriß dargestellt. Man erkennt aus dieser

Abbildung besonders gut, daß in der Umgebung des Flügelmittelschnittes die maximale Übergeschwindigkeit durch die Pfeilung gegenüber dem Außenschnitt beträchtlich erhöht wird, und daß das Geschwindigkeitsmaximum im Mittelschnitt weit nach hinten verschoben ist.

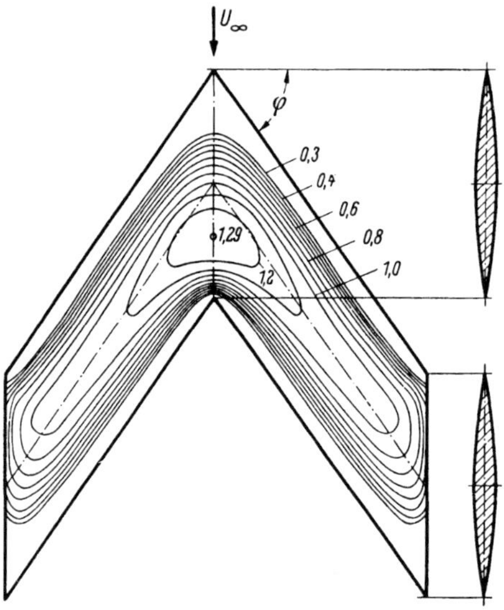

Abb. 7.84. Isobaren eines Pfeilflügels vom Seitenverhältnis $\Lambda = 2$ und mit dem Pfeilwinkel $\varphi = 53°$ bei Nullauftrieb, nach [60]. Kurven $\frac{u(x, y)}{u_{\varphi, \max}(y = \infty)} = \text{const}$; vgl. Abb. 7.83.

Untersuchungen über die Druckverteilung im Mittelschnitt eines gepfeilten Flügels unendlicher Spannweite mit Auftrieb wurden von D. Küchemann und J. Weber [41] und mit beliebigem symmetrischen Profil von J. Weber [81] durchgeführt.

7.7 Maximalauftrieb von Tragflügeln

In den bisherigen Abschnitten dieses Kapitels wurde für die Theorie des Auftriebes das strömende Medium als inkompressibel und reibungslos angenommen. Die hieraus entwickelte Tragflügeltheorie stimmt im Bereich kleiner und mäßiger Anstellwinkel gut mit Messungen überein, vgl. hierzu z. B. die Abb. 7.39; 7.42; 7.43; 7.47; 7.48 und 7.49. Erst im Bereich großer Anstellwinkel wird der Einfluß der Reibung für den Auftrieb wesentlich. Insbesondere wird der maximale Auftriebsbeiwert eines Tragflügels außer durch seine geometrischen Daten durch den Einfluß der Reibung sehr wesentlich bestimmt. Die Ermittlung des maximalen Auftriebsbeiwertes eines Tragflügels ist auf rein theoretischem Wege bisher noch nicht möglich.

Auf Grund von Messungen ist bekannt, daß der maximale Auftriebsbeiwert stark abhängig ist von den geometrischen Profilparametern

(Dicke, Wölbung, Nasenradius) und von der Reynoldsschen Zahl. Hierüber wurde in Kap. 6.4 bereits kurz berichtet (Abb. 6.39; 6.42; 6.43 und 6.44). Es möge zu diesen früher mitgeteilten Ergebnissen noch bemerkt werden, daß die Frage des Maximalauftriebes eines *ungepfeilten Tragflügels* im wesentlichen ein Problem der zweidimensionalen Strömung ist. Bei Tragflügeln endlicher Spannweite kann bei ungepfeilten Flügeln ein großes Seitenverhältnis keinen nennenswerten Einfluß auf die Ablösung der Strömung und damit auf den Höchstauftrieb haben, weil in diesem Fall für den überwiegenden Teil des Flügels die Strömung von der ebenen Strömung nur wenig verschieden ist. Anders liegen die Verhältnisse bei Flügeln mit kleinem Seitenverhältnis, weil hierbei die Randumströmung bis in die Tragflügelmitte hinübergreift. Bei stark nach rückwärts *gepfeilten Flügeln*, zu denen auch der Deltaflügel gehört, sind

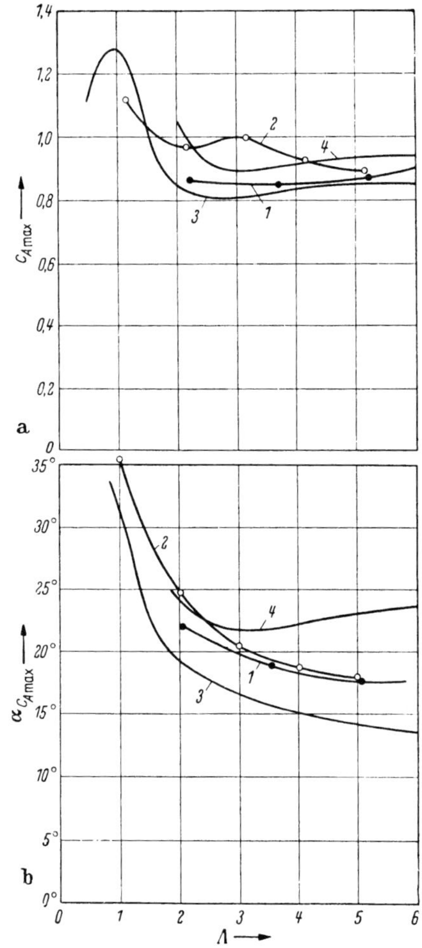

Abb. 7.85. Maximale Auftriebsbeiwerte von Rechteckflügeln ($\varphi = 0$) und Pfeilflügeln konstanter Tiefe ($\varphi \neq 0$), Reynolds-Zahl $Re \approx 10^6$.
a) Maximaler Auftriebsbeiwert $c_{A\,max}$ in Abhängigkeit vom Seitenverhältnis Λ;
b) Anstellwinkel α bei $c_{A\,max}$ in Abhängigkeit vom Seitenverhältnis Λ.
Kurve *1*: $\varphi = 0°$; Profil NACA 0015 nach [7];
Kurve *2*: $\varphi = 45°$; Profil NACA 0012, nach [76];
Kurve *3*: $\varphi = 0°$; $\delta \approx 0{,}10$; Mittelwerte verschiedener Messungen;
Kurve *4*: $\varphi = 35°$; $\delta \approx 0{,}10$; Mittelwerte verschiedener Messungen.

die Strömungsverhältnisse dadurch besonders kompliziert, daß die Vorderkante hierbei in ähnlicher Weise wirkt wie die Seitenkante eines ungepfeilten Rechteckflügels. Für solche Flügel ist auch die nicht abgelöste Strömung erheblich schwieriger zu übersehen als beim ungepfeilten Flügel, weil in der Grenzschicht die Strömungsrichtung unter Umständen von derjenigen der Außenströmung abweicht (Abwandern der Grenzschicht nach außen, Grenzschichtzaun Abb. 4.53).

Im Gegensatz zum ungepfeilten Flügel hat man beim stark gepfeilten unverwundenen Flügel die erste örtliche Ablösung an der Flügelspitze, weil dort die Auftriebsbelastung am größten ist, vgl. Abb. 7.46. Mit wachsendem Anstellwinkel dehnt sich das abgelöste Gebiet in Spannweitenrichtung nach innen aus. Diese Verhältnisse werden in [22] näher beschrieben.

Im folgenden soll an Hand einiger Meßergebnisse über den Einfluß des Seitenverhältnisses und des Pfeilwinkels auf den maximalen Auftriebsbeiwert berichtet werden.

In Abb. 7.85 sind Ergebnisse für den maximalen Auftriebsbeiwert für *Rechteckflügel* und *Pfeilflügel* konstanter Tiefe ($\varphi = 45°$) dargestellt. Die Reynoldsschen Zahlen dieser Messungen liegen bei etwa $Re = 10^6$. Durch Abb. 7.85a wird bestätigt, daß der maximale Auftriebsbeiwert für $\Lambda > 2$ nahezu unabhängig ist vom Seitenverhältnis. Für sehr kleine Seitenverhältnisse ist $c_{A\,\max}$ etwas größer als bei den großen Seitenver-

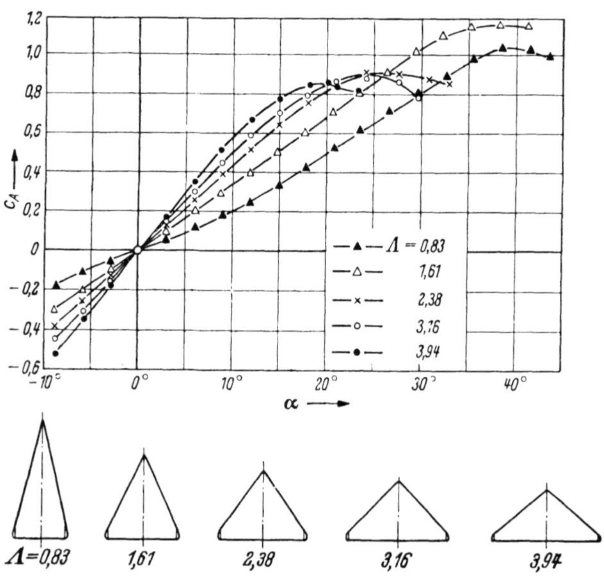

Abb. 7.86. Auftriebsbeiwerte c_A in Abhängigkeit vom Anstellwinkel α für Deltaflügel von verschiedenem Seitenverhältnis Λ, Zuspitzung $\lambda = 1/8$, Dickenverhältnis $\delta = 0{,}12$, Reynolds-Zahl $Re \approx 7 \cdot 10^5$, nach [76].

hältnissen. Besonders auffällig ist in Abb. 7.85b, daß der Anstellwinkel, bei welchem der maximale Auftriebsbeiwert erreicht wird, für Seitenverhältnisse $\Lambda < 2$ sehr stark ansteigt und Werte um etwa $\alpha = 30°$ erreicht.

Eine sehr umfangreiche Zusammenstellung über das Verhalten von Pfeilflügeln bei großen Auftriebsbeiwerten und hohen Reynoldsschen Zahlen ist von G. C. FURLONG und J. G. MCHUGH [12] gegeben worden.

In Abb. 7.86 sind für eine Serie von *Deltaflügeln* die Kurven des Auftriebsbeiwertes über dem Anstellwinkel dargestellt. Mit abnehmendem Seitenverhältnis Λ wird der Auftriebsanstieg erheblich kleiner, während der maximale Auftriebsbeiwert und der dazugehörige Anstellwinkel anwachsen. Die Auftriebsanstiege $dc_A/d\alpha$ dieser Flügel wurden bereits in Abb. 7.42 angegeben. Maximale Auftriebsbeiwerte $c_{A\,max}$ für diese und weitere Deltaflügel (Dreieckflügel) sind in Abb. 7.87a in Abhängigkeit vom Seitenverhältnis wiedergegeben. Im Ver-

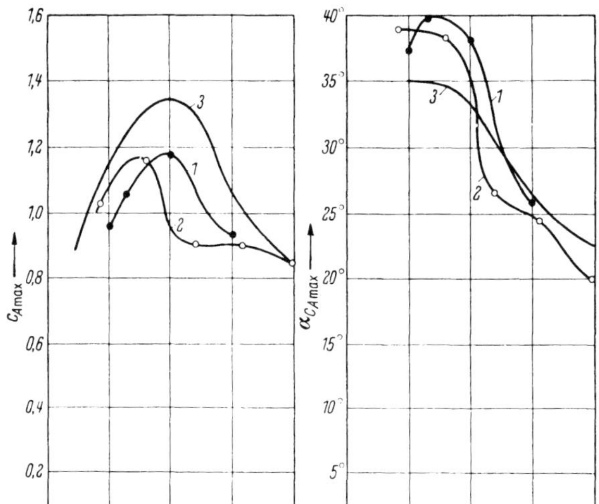

Abb. 7.87. Maximale Auftriebsbeiwerte von Deltaflügeln, Reynolds-Zahl $Re \approx 10^6$.
a) Maximaler Auftriebsbeiwert $c_{A\,max}$ in Abhängigkeit vom Seitenverhältnis Λ;
b) Anstellwinkel α bei $c_{A\,max}$ in Abhängigkeit vom Seitenverhältnis Λ.
Kurve *1*: Dreieckflügel; $\lambda = 0$; Profil NACA 0012 nach [48];
Kurve *2*: Dreieckflügel; $\lambda = 1/8$; Profil NACA 0012 nach [76];
Kurve *3*: Mittelwerte verschiedener Messungen.

gleich mit Abb. 7.85a erkennt man, daß für Deltaflügel der Anstieg von $c_{A\,max}$ bei kleinen Seitenverhältnissen erheblich größer ist als bei Rechteckflügeln und Pfeilflügeln. Auch Abb. 7.87b zeigt in Übereinstimmung mit Abb. 7.85b eine starke Zunahme von $\alpha_{c_{A\,max}}$ bei den kleinen Seitenverhältnissen. Experimentelle Untersuchungen über das Abreißverhalten von Deltaflügeln mittels einfacher Nachlaufmessungen wurden von E. TRUCKENBRODT und E. G. FEINDT [78] durchgeführt.

Bei Deltaflügeln von kleinem Seitenverhältnis mit scharfer Vorderkante tritt schon bei sehr kleinen Anstellwinkeln ($\alpha = 3°$) eine Strö-

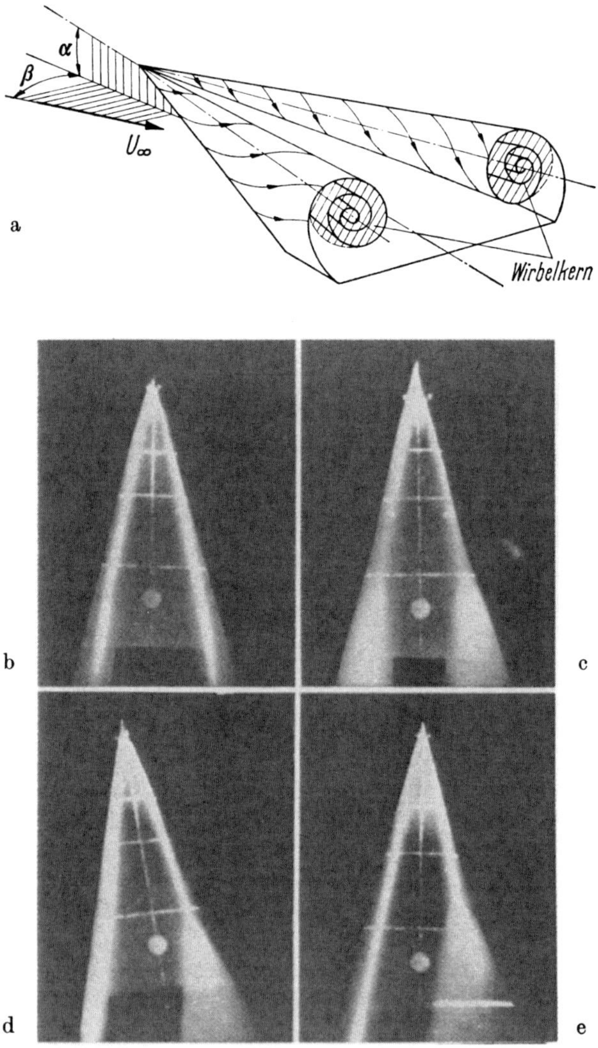

Abb. 7.88. Aufplatzen der freien Wirbel eines Deltaflügels nach D. HUMMEL [25]. Seitenverhältnis $\Lambda = 0{,}78$, Zuspitzung $\lambda = 0{,}125$.
a) Wirbelbildung schematisch;
b) $\alpha = 20°$, $\beta = 0°$, kein Aufplatzen;
c) $\alpha = 30°$, $\beta = 0°$, Aufplatzen der Wirbel bei hohen Anstellwinkeln;
d) $\alpha = 20°$, $\beta = -10°$, Aufplatzen eines Wirbels beim schiebenden Flügel;
e) $\alpha = 20°$, $\beta = 0°$, Aufplatzen eines Wirbels durch künstlichen Druckanstieg.

mungsablösung an der Vorderkante nach der Art von Abb. 7.88 auf. Es bilden sich an den beiden Vorderkanten zwei Wirbelschichten, welche an der Flügelspitze beginnen, sich stromabwärts aufrollen und als freie Wirbel nach hinten abgehen.

Diese Erscheinung wurde zuerst von R. LEGENDRE [50] diskutiert und ist in zahlreichen weiteren Arbeiten behandelt worden [6], [11], [25], [45], [87]. Das Aufrollen der Wirbelflächen wurde von M. ROY [65] und K. W. MANGLER und J. H. B. SMITH [54] theoretisch untersucht und von M. ROY durch zahlreiche Strömungsaufnahmen im einzelnen verfolgt. Unter gewissen Umständen kann man eine auffallende Veränderung der Struktur der aufgerollten Wirbelflächen beobachten, die man als Aufplatzen der Wirbel bezeichnet. In Abb. 7.88b bis e sind Rauchaufnahmen dieser Erscheinung nach D. HUMMEL [25] dargestellt. Das Aufplatzen der Wirbel tritt auf (1.) bei symmetrischer Anströmung bei großen Anstellwinkeln, Abb. 7.88c, (2.) beim schiebenden Flügel in dem Wirbel auf der vorgehenden Seite, Abb. 7.88d, und (3.) beim Einbringen eines Hindernisses in die Wirbelströmung, Abb. 7.88e. Das Aufplatzen der Wirbel hat naturgemäß einen starken Einfluß auf die aerodynamischen Eigenschaften des Deltaflügels, man vergleiche hierzu [26], [27], [28], [28a], [46]. Von H. LUDWIEG [52], [53] wurde gezeigt, daß das Aufplatzen der Wirbel bei einem schlanken Flügel in engem Zusammenhang steht mit der Stabilität einer reibungslosen, rotationssymmetrischen Strömung im Ringraum zwischen zwei konzentrischen Zylindern; man vergleiche hierzu auch eine Arbeit von A. DAS [8].

Eine zusammenfassende Übersicht über die neueren Ergebnisse der Aerodynamik des Tragflügels wurde kürzlich von H. SCHLICHTING [67] gegeben.

Literatur

[1] Betz, A.: Beiträge zur Tragflügeltheorie mit besonderer Berücksichtigung des einfachen rechteckigen Flügels. Diss. Göttingen 1919; Auszug in Beiheft 2 der ZFM 1920, S. 1.

[2] Betz, A.: Applied Airfoil Theory. In Durand: Aerodynamic Theory, Bd. IV, Div. J. Berlin 1935.

[3] Birnbaum, W.: Die tragende Wirbelfläche als Hilfsmittel zur Behandlung des ebenen Problems der Tragflügeltheorie, nach Rechnungen von W. Ackermann. ZAMM 3 (1923) 290–297.

[4] Blenk, H.: Der Eindecker als tragende Wirbelfläche. Diss. Göttingen 1923; ZAMM 5 (1925) 36–47.

[5] Bollay, W.: A Non-Linear Wing Theory and its Application to Rectangular Wings of Small Aspect Ratio. ZAMM 19 (1939) 21–35.

[6] Brown, C. E., u. W. H. Michael: Effect of Leading-Edge Separation on the Lift of a Delta Wing. J. Aer. Sci. 21 (1954) 690–694.

[7] Bussmann, K., u. K. Kopfermann: Sechskomponentenmessungen an Rechteckflügeln mit verschiedenem Seitenverhältnis. Techn. Berichte 11 (1944) Nr. 8.

[8] Das, A.: Zum Anschwellen von aufgerollten Wirbelflächen und Aufplatzen des Wirbelkerns bei schlanken Tragflügeln. Z. Flugwiss. 15 (1967) 355–362.

[9] Falkner, V. M.: The Calculation of the Aerodynamic Loading on Surfaces of any Shape. ARC Rep. Mem. 1910 (1943).

[10] Falkner, V. M.: The Solution of Lifting Plane-Problems by Vortex-Lattice Theory. ARC Rep. Mem. 2591 (1948).

[11] Fink, P. T.: Wind-Tunnel Tests on a Slender Delta Wing at High Incidence. Z. Flugwiss. 4 (1956) 247–249.

[12] Furlong, G. C., u. J. G. McHugh: A Summary and Analysis of the Low Speed Longitudinal Characteristics of Swept Wings at High Reynolds Number. NACA Rep. 1339 (1957).

[13] Garner, H. C.: Multhopp's Subsonic Lifting-Surface Theory of Wings in Low Pitching Oscillations. ARC Rep. Mem. 2885 (1956).

[14] Garner, H. C., u. D. E. Lehrian: Non-Linear Theory of Steady Forces on Wings with Leading Edge Flow Separation. NPL Aero Report 1059 (1963).

[15] Gersten, K.: Nichtlineare Tragflächentheorie für Rechteckflügel bei inkompressibler Strömung. Z. Flugwiss. 5 (1957) 276–280.

[16] Gersten, K.: Tragflügeltheorie bei Unterschallgeschwindigkeit. Jb. 1958 WGL, S. 25–40.

[17] Gersten, K.: Nichtlineare Tragflächentheorie insbesondere für Flügel mit kleinem Seitenverhältnis. Ing. Arch. 30 (1961) 431–452.

[18] Glauert, H.: The Elements of Airfoil and Airscrew Theory, Cambridge 1948; vgl. auch Grundlagen der Tragflügel- und Luftschraubentheorie, deutsch von H. Holl, Berlin: Springer 1929.

[19] Göthert, R., u. H. Otto: Berechnung der Stabilitätsderivativa für die Nickbewegung von Deltaflügeln im Unterschallbereich. Z. Flugwiss. 15 (1967) 363–368.

[20] Gronau, K. H.: Theoretische und experimentelle Untersuchungen an schiebenden Flügeln, insbesondere Pfeil- und Deltaflügeln. Diss. Braunschweig 1956. Jb. 1956 WGL, S. 133–150.
[21] Hansen, M.: Messungen an Kreistragflächen und Vergleich mit der Theorie der tragenden Fläche. Ing. Arch. 10 (1939) 251–268; vgl. ZAMM 18 (1938) 368–370.
[22] Harper, C. W., u. R. L. Maki: A Review of the Stall Characteristics of Swept Wings. NASA TN D-2373 (1964).
[23] Helmbold, H. B.: Der unverwundene Ellipsenflügel als tragende Fläche. Jb. 1942 dtsch. Luftf.-Forschg. S. I, 111–113.
[24] Hürlimann, R.: Zur Berechnung der Kräfte auf schlanke, zugespitzte Tragflügel. Z. Flugwiss. 16 (1968) 69–81.
[25] Hummel, D.: Untersuchungen über das Aufplatzen der Wirbel an schlanken Deltaflügeln. Z. Flugwiss. 13 (1965) 158–168.
[26] Hummel, D.: Experimentelle Untersuchung der Strömung auf der Saugseite eines schlanken Deltaflügels. Z. Flugwiss. 13 (1965) 247–252.
[27] Hummel, D., u. P. S. Srinivasan: Vortex Breakdown Effects on the Low-Speed Aerodynamic Characteristics of Slender Delta Wings in Symmetrical Flow. J. Roy. Aeron. Soc. 71 (1967) 319–322.
[28] Hummel, D.: Zur Umströmung scharfkantiger schlanker Deltaflügel bei großen Anstellwinkeln. Z. Flugwiss. 15 (1967) 376–385.
[28a] Hummel, D., u. G. Redeker: Über den Einfluß des Aufplatzens der Wirbel auf die aerodynamischen Beiwerte von Deltaflügeln mit kleinem Seitenverhältnis beim Schiebeflug. Jb. 1967 WGLR, S. 232–240.
[29] Jacobs, W.: Systematische Sechskomponentenmessungen an Pfeilflügeln (I. Mitteilung). Ing.-Arch. 18 (1950) 344–362.
[30] Jacobs, W.: Experimentelle Untersuchungen am schiebenden Flügel. Ing.-Arch. 20 (1952) 418–426.
[31] Jones, W. P.: Theoretical Determination of the Pressure Distribution on a Finite Wing in Steady Motion. ARC Rep. Mem. 2145 (1943).
[32] v. Kármán, Th.: Neue Darstellung der Tragflügeltheorie. ZAMM 15 (1935) 56–61.
[33] v. Kármán, Th., u. J. M. Burgers: General Aerodynamic Theory — Perfect Fluids. In Durand: Aerodynamic Theory Bd. II, Div. E., Berlin: Springer 1935.
[34] Kaufmann, W.: Die energetische Berechnung des induzierten Widerstandes. Ing.-Arch. 17 (1949) 187–192, u. 18 (1950) 139–140.
[35] Kaufmann, W.: Technische Hydro- und Aeromechanik, 3. Aufl., Berlin/Göttingen/Heidelberg: Springer 1963.
[36] Keune, F.: Singularitätenverfahren zur Berechnung der Strömung um mäßig dicke Flügel endlicher Spannweite. Z. Flugwiss. 2 (1954) 253–259.
[37] Kinner, W.: Die kreisförmige Tragfläche auf potentialtheoretischer Grundlage. Ing.-Arch. 8 (1937) 47–80.
[38] Kraemer, K.: Kraft- und Druckverteilungsmessungen an einem Deltaflügebei inkompressibler Strömung und Vergleich mit der Theorie. Z. Flugwiss. 10 (1962) 242–249.
[39] Kraemer, K.: Über die Bewegungsgröße in der Trefftz-Ebene der Tragflügeltheorie und in sonstigen ebenen inkompressiblen Potentialströmungen. ZAMM 48 (1968) 193–202.
[40] Krienes, K.: Die elliptische Tragfläche auf potentialtheoretischer Grundlage. ZAMM 20 (1940) 65–88.
[41] Küchemann, D., u. J. Weber: On the Chordwise Lift Distribution at the Centre of Swept Wings. Aeron. Quarterly 2 (1950/51) 146–155.

[42] KÜCHEMANN, D.: The Distribution of Lift over the Surface of Swept Wings. Aeron. Quarterly 4 (1952/54) 261–278.

[43] KÜCHEMANN, D.: A Simple Method for Calculating the Span and Chordwise Loading on Straight and Swept Wings of any Given Aspect Ratio at Subsonic Speeds. ARC Rep. Mem. 2935 (1956).

[44] KÜSSNER, H. G.: Allgemeine Tragflächentheorie. Luftf.-Forschg. 17 (1940) 370–378. Vgl. auch: NACA TM 979 (1941).

[45] LAMBOURNE, N. C., u. D. W. BRYER: Some Measurements in the Vortex Flow Generated by a Sharp Leading Edge Having 65° Sweep. ARC CP 477 (1959).

[46] LAMBOURNE, N. C., u. D. W. BRYER: The Bursting of Leading Edge Vortices. Some Observations and Discussion of the Phenomenon. ARC Rep. Mem. 3282 (1962).

[47] LANCHESTER, F. W.: Aerodynamics, London 1907; Aerodonetics, London 1908. Deutsche Übersetzung: Aerodynamik, Bd. I u. II, Berlin/Leipzig 1909 u. 1911.

[48] LANGE, G., u. WACKE: Prüfbericht über Drei- und Sechskomponentenmessungen an der Zuspitzungsreihe von Flügeln kleiner Streckung. Deutsch. Luftfahrtforschg. UM 1023 (1943). NACA TM 1176 (1948).

[49] LASCHKA, B., u. F. WEGENER: Ein einfaches Traglinienverfahren zur Berechnung der Auftriebsverteilung an gepfeilten Flügeln. Z. Flugwiss. 7 (1959) 39–45.

[50] LEGENDRE, R.: Ecoulement au voisinage de la pointe avant d'une aile à forte flêche aux incidences moyennes. La Recherche Aéronautique Nr. 30 (1952), Nr. 31 u. 35 (1953).

[51] LOTZ, I.: Berechnung der Auftriebsverteilung beliebig geformter Flügel. ZFM 22 (1931) 189–195.

[52] LUDWIEG, H.: Zur Erklärung der Instabilität der über angestellten Deltaflügeln auftretenden freien Wirbelkerne. Z. Flugwiss. 10 (1962) 242–249.

[53] LUDWIEG, H.: Zur Erklärung des Wirbelaufplatzens mit Hilfe der Stabilitätstheorie für Strömungen mit schraubenlinienförmigen Stromlinien. Z. Flugwiss. 13 (1965) 437–442.

[54] MANGLER, K. W., u. J. H. B. SMITH: A Theory of the Flow Past a Slender Wing with Leading Edge Separation. Proc. Roy. Soc. London. A 251 (1959) 200–217.

[55] MARUHN, K.: Druckverteilungsrechnungen an elliptischen Rümpfen und in ihrem Außenraum. Jb. 1941 dtsch. Luftf.-Forschg., S. I, 135–147.

[56] MULTHOPP, H.: Die Berechnung der Auftriebsverteilung von Tragflügeln. Luftf.-Forschg. 15 (1938) 153–169.

[57] MULTHOPP, H.: Die Anwendung der Tragflügeltheorie auf Fragen der Flugmechanik. Lilienthal Ges. Bericht S. 2 (1939) 53–64.

[58] MULTHOPP, H.: Methods for Calculating the Lift Distribution of Wings. (Subsonic Lifting-Surface Theory) ARC Rep. Mem. 2884 (1955).

[59] MUNK, M. M.: Isoperimetrische Aufgaben aus der Theorie des Fluges. Diss. Göttingen 1919. The Minimum Induced Drag of Aerofoils. NACA Rep. 121 (1921).

[60] NEUMARK, S.: Critical Mach Numbers for Swept-Back Wings. Aeron. Quarterly 2 (1951) 85–110.

[61] PRANDTL, L.: Tragflügeltheorie, I. und II. Mitteilung. Nachrichten der Kgl. Ges. Wiss. Göttingen, Math.-Phys. Klasse 1918, S. 451–477 und 1919, S. 107 bis 137. Neudruck in: Vier Abhandlungen zur Hydrodynamik und Aerodynamik. Göttingen 1927, S. 9–67; vgl. auch Gesammelte Abhandlungen, Bd. I, Berlin/Göttingen/Heidelberg: Springer 1961, S. 322–372.

[62] PRANDTL, L.: Versuchsergebnisse, Experimentelle Prüfung der Umrechnungsformeln. Ergebnisse der Aerodynamischen Versuchsanstalt zu Göttingen. I. Lieferung, München 1921, S. 50–53.

[63] PRANDTL, L.: Theorie des Flugzeugtragflügels im zusammendrückbaren Medium. Luftf.-Forschg. 13 (1936) 313–319; vgl. auch Gesammelte Abhandlungen, Bd. II, Berlin/Göttingen/Heidelberg: Springer 1961, S. 1027–1045.

[64] REISSNER, E.: Note on the Theory of Lifting Surfaces. Proc. Nat. Acad. Sci. USA 35 (1949) 208–215.

[65] ROY, M.: Über die Bildung von Wirbelzonen in Strömungen mit geringer Zähigkeit. Dritte Ludwig-Prandtl-Gedächtnisvorlesung. Z. Flugwiss. 7 (1959) 217–227.

[66] SCHLICHTING, H.: Neuere Beiträge der Forschung zur aerodynamischen Flügelgestaltung, Jb. 1940 dtsch. Luftf.-Forschg., S. I, 113–132.

[67] SCHLICHTING, H.: Einige neuere Ergebnisse aus der Aerodynamik des Tragflügels. Zehnte Ludwig-Prandtl-Gedächtnisvorlesung, Jb. 1966 WGLR, S. 11–32 (1967).

[68] SCHMIDT, H.: Theorie der Auftriebsverteilung beliebig verwundener elliptischer Flügel. Luftf.-Forschg. 15 (1938) 232–234.

[69] SCHOLZ, N.: Kraft- und Druckverteilungsmessungen an Tragflächen kleiner Streckung. Forschg. Ing.-Wes. 16 (1949/50) 85–91. Vgl. auch J. Aer. Sci. 16 (1949) 637–638.

[70] SCHOLZ, N.: Beiträge zur Theorie der tragenden Fläche. Diss. Braunschweig 1949; Ing.-Arch. 18 (1950) 84–105.

[71] SMITH, J. H. B.: Improved Calculations of Leading-Edge Separation from Slender, Thin, Delta Wings. Proc. Roy. Soc. A 306 (1968) 67–90.

[72] TREFFTZ, E.: Prandtlsche Tragflächen- und Propellertheorie. Vorträge aus dem Gebiet der Hydro- und Aerodynamik, Innsbruck 1922, S. 34–46; Berlin 1924. Vgl. auch ZAMM 1 (1921) 206–218.

[73] TRUCKENBRODT, E.: Das Geschwindigkeitspotential der tragenden Fläche bei inkompressibler Strömung. ZAMM 33 (1953) 165–173.

[74] TRUCKENBRODT, E.: Beiträge zur erweiterten Traglinientheorie. Z. Flugwiss. 1 (1953) 31–37.

[75] TRUCKENBRODT, E.: Tragflächentheorie bei inkompressibler Strömung. Jb. 1953 WGL, S. 40–65; vgl. W. NIEMZ Jb. 1956 WGL, S. 130–133.

[76] TRUCKENBRODT, E.: Experimentelle und theoretische Untersuchungen an symmetrisch angeströmten Pfeil- und Deltaflügeln. Z. Flugwiss. 2 (1954) 185–201. Vgl. J. Aer. Sci. 21 (1954) 637–638.

[77] TRUCKENBRODT, E.: Zum Übergang von der erweiterten zur einfachen Traglinientheorie bei schiebenden und gepfeilten Flügeln. Z. Flugwiss. 5 (1957) 259–264.

[78] TRUCKENBRODT, E., u. E. G. FEINDT: Untersuchungen über das Abreißverhalten von Deltaflügeln in inkompressibler Strömung. Z. Flugwiss. 6 (1958) 97–102.

[79] TRUCKENBRODT, E.: Die entscheidenden Erkenntnisse über den Widerstand von Tragflügeln. Jb. 1966 WGLR, S. 54–66.

[80] WAGNER, S.: Beitrag zum Singularitätenverfahren der Tragflächentheorie bei inkompressibler Strömung. Ing.-Arch. 36 (1967/68) 403–420.

[81] WEBER, J.: The Calculation of the Pressure Distribution over the Surface of Two-Dimensional and Swept Wings with Symmetrical Airfoil Sections. ARC Rep. Mem. 2918 (1956).

[82] WEISSINGER, J.: Der schiebende Tragflügel bei gesunder Strömung. Jb. 1940 dtsch. Luftf.-Forschg., S. I, 145–181. Lilienthal-Ges. Ber. S. 2 (1938/39); vgl. auch Ergänzungen und Berichtigungen in Jb. 1943 dtsch. Luftf.-Forschg., abgedruckt in Techn. Berichte 10 (1943), Nr. 7.

[83] WEISSINGER, J.: Über eine Erweiterung der Prandtlschen Theorie der tragenden Linie. Math. Nachrichten 2 (1949) 45–106. Auch als FB 1552 (1942); NACA TM 1120.

[84] WEISSINGER, J.: Zur Aerodynamik des Ringflügels in inkompressibler Strömung. Z. Flugwiss. 4 (1956) 141–150.

[85] WEISSINGER, J.: Neuere Entwicklungen in der Tragflügeltheorie bei inkompressibler Strömung. Z. Flugwiss. 4 (1956) 225–236.

[86] WEISSINGER, J.: Theorie des Tragflügels bei stationärer Bewegung in reibungslosen, inkompressiblen Medien. Handbuch der Physik, Herausg. S. FLÜGGE, Bd. VIII/2: Strömungsmechanik II, Berlin/Göttingen/Heidelberg: Springer 1963, S. 383–437.

[87] WERLÉ, H.: Sur l'éclatement des tourbillons d'apex d'une aile delta aux faibles vitesses. La Recherche Aéronautique Nr. 74 (1960) 23–30.

[88] WIEGHARDT, K.: Über die Auftriebsverteilung des einfachen Rechteckflügels über die Tiefe. ZAMM 19 (1939) 257–270.

[89] WINTER, H.: Strömungsvorgänge an Platten und profilierten Körpern bei kleinen Spannweiten. Forschg. Ing.-Wes. 6 (1935) 67–71.

[90] YOUNG, J. D., u. C. W. HARPER: Theoretical Symmetric Span Loading at Subsonic Speeds for Wings Having Arbitrary Plan Form. NACA Rep. Nr. 921 (1948).

VIII. Tragflügel bei kompressibler Strömung

8.1 Tragflügel unendlicher Spannweite bei kompressibler Strömung (Profiltheorie)

8.11 Allgemeines

Nachdem die Theorie des Tragflügels bei inkompressibler Strömung für das ebene Problem (unendliche Spannweite) in Kap. VI und für das räumliche Problem (endliche Spannweite) in Kap. VII erörtert worden ist, soll nunmehr in diesem Kapitel der Tragflügel bei kompressibler Strömung behandelt werden. Die hierfür erforderlichen Grundlagen der Theorie kompressibler Strömungen wurden in Kap. III (Gasdynamik) bereitgestellt. Dort wurden auch bereits einige Ergebnisse zur Tragflügeltheorie bei kompressibler Strömung angegeben, Kap. 3.4 und 3.5.

Die Ausführungen dieses Kapitels sollen so gegliedert werden, daß in Anlehnung an Kap. VI bzw. VII zunächst der Tragflügel unendlicher Spannweite bei kompressibler Strömung (Profiltheorie) und anschließend der Tragflügel endlicher Spannweite bei kompressibler Strömung behandelt wird. In Kap. III wurde dargelegt, daß die kompressiblen Strömungen für Unter- und Überschallgeschwindigkeiten von grundsätzlich verschiedenem Charakter sind; das gleiche gilt naturgemäß auch für die Tragflügelströmung. Was die theoretische Behandlung der kompressiblen Tragflügelströmung anbetrifft, so stellen wir im folgenden die sogenannten „linearen Theorien“ in den Vordergrund, da zur Zeit nur diese eine ausgedehnte numerische Lösung und damit die Gewinnung allgemeingültiger und praktisch wichtiger Ergebnisse gestatten. Für die theoretischen Betrachtungen soll ebenso wie in Kap. III, VI und VII das strömende Medium als reibungslos angenommen werden.

8.12 Profiltheorie bei Unterschallgeschwindigkeit

8.121 Lineare Theorie bei Unterschallgeschwindigkeit (Prandtl-Glauertsche Regel). Die exakte Theorie der reibungslosen, kompressiblen Strömung führt nach Kap. 3.33 auf eine nichtlineare Differentialgleichung für das Geschwindigkeitspotential, Gl. (3.79), welche für beliebige Körperformen einer numerischen Lösung kaum zugänglich ist. Für schlanke Körperformen jedoch, insbesondere für Tragflügelprofile, läßt sich diese Gleichung mit guter Näherung linearisieren, Gl. (3.82), und damit für solche Körperformen explizit lösen. Die physikalische Voraussetzung hierfür besteht darin, daß die vom Körper erzeugten Störgeschwindigkeiten im Vergleich zur Anströmungsgeschwindigkeit klein sind. Diese Bedingung ist für Tragflügelprofile bei kleinen und mäßigen Anstellwinkeln erfüllt. Die lineare Theorie der kompressiblen Strömung bei Unterschallgeschwindigkeit führt auf die Prandtl-Glauertsche Regel, nach der die Ermittlung der kompressiblen Unterschallströmung auf die Berechnung einer ihr zugeordneten inkompressiblen Vergleichsströmung zurückgeführt werden kann. Der wesentliche Inhalt dieser *Prandtl-Glauertschen Regel* besteht nach Kap. 3.34 in folgendem: Bei gleicher Körperform und bei gleichem Anströmungszustand sind die Druckunterschiede in der kompressiblen Strömung im Verhältnis $1/\sqrt{1 - Ma_\infty^2}$ größer als in der inkompressiblen Vergleichsströmung. Es bedeutet hierbei $Ma_\infty = U_\infty/a_\infty$ die Machsche Zahl mit U_∞ als Anströmgeschwindigkeit und a_∞ als Schallgeschwindigkeit. Somit gilt für die Druckverteilung längs der Körperkontur nach Gl. (3.97):

$$p(x) - p_\infty = \frac{1}{\sqrt{1 - Ma_\infty^2}} [p_{ik}(x) - p_\infty]. \tag{8.1}$$

Dabei werden hier wie früher die Größen in der kompressiblen Strömung ohne Index und die Größen in der inkompressiblen Vergleichsströmung mit dem Index *ik* bezeichnet.

Druckverteilung. Für den dimensionslosen Druckbeiwert $c_p = (p - p_\infty)/(\varrho_\infty/2)\,U_\infty^2$ nach Gl. (3.30) ergibt sich damit die Umrechnungsformel

$$c_p = \frac{1}{\sqrt{1 - Ma_\infty^2}} (c_p)_{ik}. \tag{8.2}$$

Hierbei ist vorausgesetzt, daß die Profilkontur und der Anstellwinkel in der kompressiblen Strömung und in der inkompressiblen Vergleichsströmung gleich groß sind, also:

$$Z_{ik}(X) = Z(X); \qquad \alpha_{ik} = \alpha. \tag{8.3}$$

Dabei bedeuten $X = x/l$ und $Z = z/l$ die dimensionslosen Profilkoordinaten nach Gl. (5.18).

Die experimentelle Nachprüfung von Gl. (8.2) ist in Abb. 8.1 für den einfachen Fall eines symmetrischen Profils von 12% Dicke bei symmetrischer Anströmung dargestellt. Die Übereinstimmung zwischen Theorie und Messung ist im unteren Machzahlbereich sehr gut, während bei höheren Mach-Zahlen gewisse Abweichungen auftreten. In Abb. 8.1 sind die Werte des kritischen Druckkoeffizienten (Erreichen der örtlichen Schallgeschwindigkeit, $Ma = 1$) mit angegeben. Sie werden nach Gl. (3.52) und Abb. 3.9 ermittelt. Es wird also die örtliche Schallgeschwindigkeit zuerst bei $Ma_\infty = 0{,}73$ erreicht.

Kritische Machsche Zahl. Unter der kritischen Machschen Zahl Ma_∞^* wird die mit der Anströmungsgeschwindigkeit und der Schall-

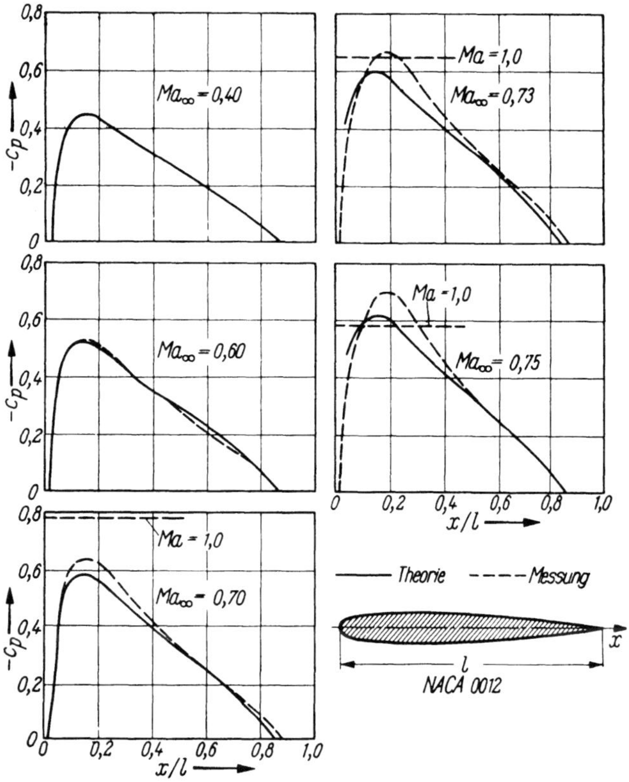

Abb. 8.1. Druckverteilungen des Profils NACA 0012 bei symmetrischer Anströmung für verschiedene Unterschall-Mach-Zahlen Ma_∞.
Theorie nach der Prandtl-Glauertschen Regel, Gl. (8.2); Messung nach [2].
$Ma = 1 (w_K = a)$ bedeutet das Erreichen der örtlichen Schallgeschwindigkeit, nach Gl. (3.52).

geschwindigkeit des Anströmungszustandes gebildete Machsche Zahl verstanden, bei der örtlich am Profil die Schallgeschwindigkeit erreicht wird. Auf die Bedeutung der kritischen Machschen Zahl für das gesamte Strömungsbild wurde in Kap. 3.221 und 4.95 bereits hingewiesen. Mit dem Erreichen der kritischen Machschen Zahl treten im allgemeinen Verdichtungsstöße und infolgedessen auch Strömungsablösungen und starke Widerstandserhöhungen ein. Da beides in der linearen Theorie nicht erfaßt wird, gibt die kritische Machsche Zahl somit auch die Gültigkeitsgrenze der linearen Profiltheorie an. Zu der kritischen Mach-Zahl Ma_∞^* gehört der kritische Druckbeiwert c_p^*. Die Beziehung zwischen Ma_∞^* und c_p^* ist nach Gl. (3.52a):

$$c_p^* = -\frac{2}{\varkappa + 1}\,\frac{1 - Ma_\infty^{*2}}{Ma_\infty^{*2}}. \tag{8.4}$$

Für Luft mit $\varkappa = 1{,}4$ ist dieser Zusammenhang in Abb. 3.9 dargestellt.

Die kritische Machsche Zahl erhält man aus dieser Beziehung, indem man für c_p^* den größten am Profil auftretenden Unterdruck $c_{p\min}$ einsetzt, somit also:

$$c_{p\min} = -\frac{2}{\varkappa + 1}\,\frac{1 - Ma_\infty^{*2}}{Ma_\infty^{*2}}. \tag{8.5}$$

Da nach der Prandtl-Glauertschen Regel, Gl. (8.2),

$$c_{p\min} = \frac{(c_{p\min})_{ik}}{\sqrt{1 - Ma_\infty^2}}$$

ist, gilt auch

$$(c_{p\min})_{ik} = -\frac{2}{\varkappa + 1}\,\frac{(1 - Ma_\infty^{*2})^{3/2}}{Ma_\infty^{*2}}. \tag{8.6}$$

Diese Beziehung ermöglicht es, die kritische Machsche Zahl zu ermitteln, wenn für das Profil der größte Unterdruck bei inkompressibler Strömung bekannt ist. Abb. 8.2 zeigt die graphische Ermittlung der

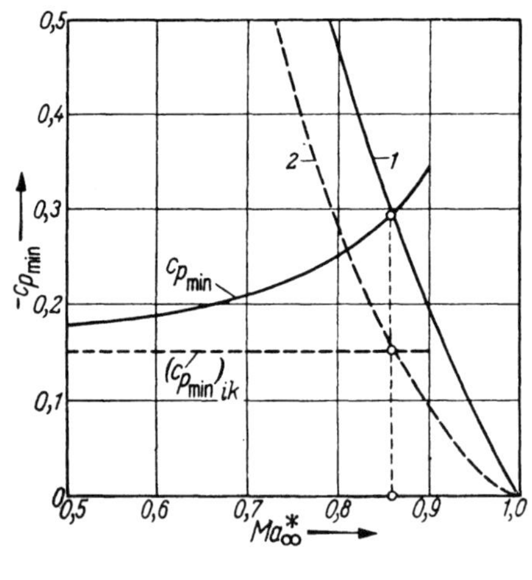

Abb. 8.2. Zur Bestimmung der kritischen Machschen Zahl Ma_∞^* eines Tragflügelprofils; $\varkappa = 1{,}4$. Kurve 1 nach Gl. (8.5); Kurve 2 nach Gl. (8.6).

kritischen Machschen Zahl. Der Schnittpunkt der beiden gestrichelten Kurven ergibt Ma_∞^* nach Gl. (8.6), während der Schnittpunkt der beiden ausgezogenen Kurven Ma_∞^* nach Gl. (8.5) liefert. Der Wert von $c_{p\min}$ hängt stark ab von der Profilform und vom Anstellwinkel. Er wird aus der potentialtheoretischen Geschwindigkeitsverteilung durch $c_{p\min}$

$= 1 - \left(\frac{W_{K\,\max}}{U_\infty}\right)^2$ erhalten, wobei $W_{K\,\max}$ die maximale Geschwindigkeit auf der Profilkontur bedeutet. Setzt man noch $W_{K\,\max} = U_\infty + u_{\max}$ mit $u_{\max}$ als maximale Übergeschwindigkeit am Profil, so gilt im Rahmen der linearen Theorie $c_{p\min} = -2u_{\max}/U_\infty$. Die maximalen Übergeschwindigkeiten für verschiedene Profile bei inkompressibler Strömung sind in Abb. 6.30 in Abhängigkeit von der Dickenrücklage und in Abb. 6.29 in Abhängigkeit vom Dickenverhältnis dargestellt. Die kritischen Mach-Zahlen bei symmetrischer Anströmung sind für mehrere Profile in Abb. 8.3 in Abhängigkeit von der Profildicke $\delta = d/l$ und der Dickenrücklage $X_d = x_d/l$ angegeben. Mit wachsendem Dickenverhältnis nimmt die kritische Mach-Zahl erwartungsgemäß für alle Profile stark ab. Überdies hat auch die Dickenrücklage erheblichen Einfluß auf den Wert der kritischen Machschen Zahl, wie die drei Kurven für die erweiterten Parabelprofile, Gl. (5.24), zeigen. Abb. 8.3 zeigt, daß bei vorgegebener Profildicke Ellipsenprofile gegenüber Joukowsky-Profilen ein günstigeres Verhalten aufweisen.

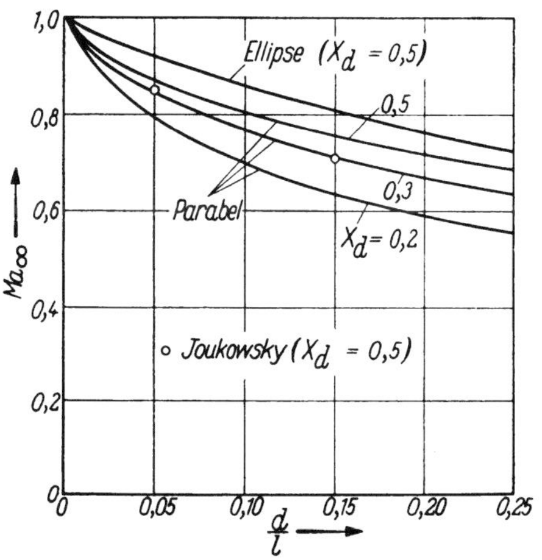

Abb. 8.3. Kritische Mach-Zahl Ma^*_∞ verschiedener Profile bei symmetrischer Anströmung. Erweiterte Parabelprofile mit verschiedener Dickenrücklage X_d.
Ellipsenprofile nach Tab. 3.4.
Joukowsky-Profile nach [54] von Kap. III.

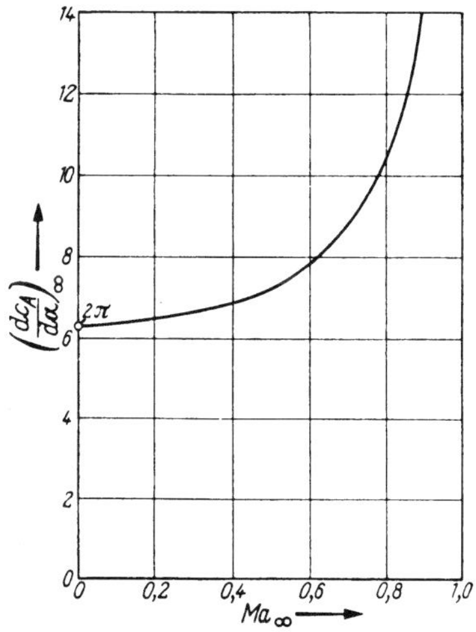

Abb. 8.4. Theoretischer Auftriebsanstieg bei Unterschallströmung nach der Prandtl-Glauertschen Regel.

Auftrieb. Der Auftrieb, der durch Integration der Druckverteilung über die Profiltiefe gewonnen wird, wächst beim Übergang von der inkompressiblen zur kompressiblen Strömung wegen Gl. (8.2) ebenfalls mit $1/\sqrt{1 - Ma_\infty^2}$ an. Damit ergibt sich für den Auftriebsanstieg nach Gl. (3.116), vgl. Abb. 3.18:

$$\frac{dc_A}{d\alpha} = \frac{1}{\sqrt{1 - Ma_\infty^2}} \left(\frac{dc_A}{d\alpha}\right)_{ik} = \frac{2\pi}{\sqrt{1 - Ma_\infty^2}}. \tag{8.7}$$

Dieser Zusammenhang ist in Abb. 8.4 nochmals dargestellt. Die Übereinstimmung dieser Beziehung mit experimentellen Ergebnissen wurde in Abb. 3.19 bereits für symmetrische Profile verschiedener Dicke gezeigt. Dabei sind in Abb. 3.19 auch die Werte der kritischen Mach-Zahlen angegeben. Es zeigt sich, daß die Prandtl-Glauertsche Regel bis etwa Ma_∞^* die Messungen gut wiedergibt. Die experimentellen Ergebnisse für den Auftriebsanstieg nach Abb. 3.19 sind in einer etwas anderen Darstellung (doppelt-logarithmischer Maßstab) in Abb. 8.5a nochmals aufgetragen.

Andere aerodynamische Beiwerte. Die Prandtl-Glauertsche Regel gestattet es, auch die übrigen mit dem Auftrieb zusammenhängenden aerodynamischen Beiwerte in einfacher Weise aus der inkompressiblen Strömung zu ermitteln. Für die inkompressible Strömung wurde die Bestimmung der Neutralpunktlage, des Nullauftriebswinkels, des Nullmomentenbeiwertes sowie des Anstellwinkels und des Auftriebsbeiwertes des stoßfreien Eintritts in Kap. 6.323 angegeben.

Tabelle 8.1. *Aerodynamische Beiwerte eines Profils bei Unterschallgeschwindigkeit nach der Prandtl-Glauertschen Regel.* Aerodynamische Beiwerte für inkompressible Strömung s. Tab. 6.1. $\alpha = \alpha_{ik}$, $f = f_{ik}$.

Druckverteilung	c_p	$= \frac{1}{\sqrt{1 - Ma_\infty^2}} (c_p)_{ik}$
Auftriebsanstieg	$\frac{dc_A}{d\alpha}$	$= \frac{1}{\sqrt{1 - Ma_\infty^2}} \left(\frac{dc_A}{d\alpha}\right)_{ik} = \frac{2\pi}{\sqrt{1 - Ma_\infty^2}}$
Neutralpunktlage	$\frac{x_N}{l}$	$= \left(\frac{x_N}{l}\right)_{ik} = \frac{1}{4}$
Nullauftriebswinkel	α_0	$= (\alpha_0)_{ik}$
Nullmoment	c_{M_0}	$= \frac{1}{\sqrt{1 - Ma_\infty^2}} (c_{M_0})_{ik}$
Anstellwinkel des stoßfreien Eintritts	α_s	$= (\alpha_s)_{ik}$
Auftriebsbeiwert des stoßfreien Eintritts	c_{As}	$= \frac{1}{\sqrt{1 - Ma_\infty^2}} (c_{As})_{ik}$

Die Umrechnungsformeln von der inkompressiblen Strömung zur kompressiblen Strömung sind in Tab. 8.1 zusammengestellt. Nach der vorliegenden linearen Theorie sehr dünner Profile soll die Neutralpunktlage unabhängig von der Machschen Zahl sein. Die experimentellen Ergebnisse in Abb. 8.5b zeigen jedoch für die dort ausgewählten

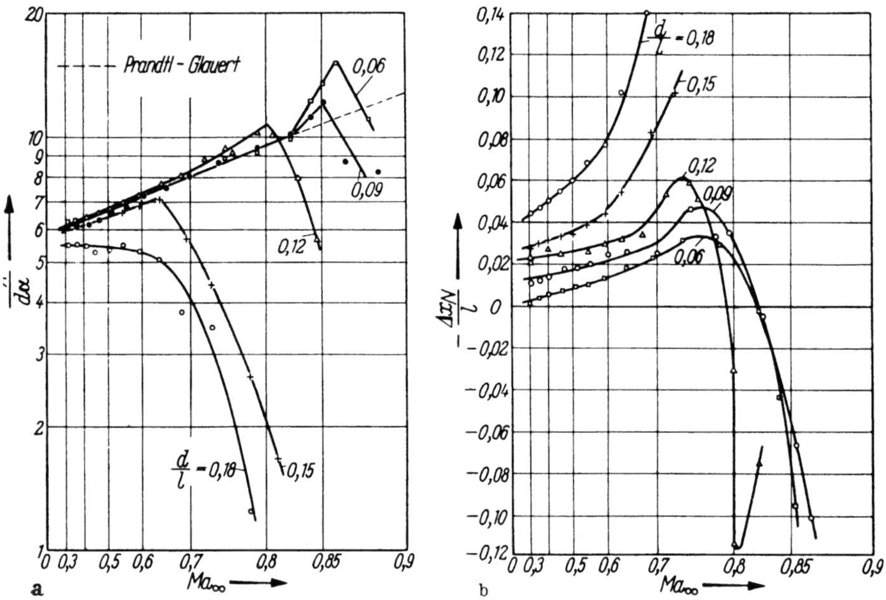

Abb. 8.5. Auftriebsanstieg (a) und Neutralpunktlage (b) von NACA-Profilen verschiedener Dicke d/l in Abhängigkeit von der Machschen Zahl für Unterschallgeschwindigkeit, Auftragung nach H. MULTHOPP; Messungen nach B. GÖTHERT [22]; Neutralpunktlage als Abstand vom $l/4$-Punkt.

Profile mit wachsender Dicke eine beträchtliche Abhängigkeit der Neutralpunktlage von der Machschen Zahl.

Widerstand. Einige experimentelle Ergebnisse über die Abhängigkeit des Profilwiderstandes von der Machschen Zahl wurden bereits in Abb. 3.20 angegeben. Die dort für symmetrische Profile wiedergegebenen Kurven von c_{Wp} in Abhängigkeit von Ma_∞ zeigen ein starkes Ansteigen nach Überschreiten der kritischen Machschen Zahl Ma_∞^*. Weitere experimentelle Ergebnisse sind in Abb. 8.6 und 8.7 dargestellt. Abb. 8.6 zeigt den Einfluß des Anstellwinkels α auf den Verlauf der Kurven $c_{Wp}(Ma_\infty)$. Während bei symmetrischer Anströmung ($\alpha = 0°$) die Machsche Zahl des steilen Widerstandsanstieges stark von der Profildicke abhängig ist (Abb. 8.3), hat bei $\alpha \neq 0°$ die Profildicke kaum noch einen Einfluß auf den Widerstandsanstieg. Erwartungsgemäß verschiebt sich mit der Anstellung des Profils der Widerstandsanstieg zu kleineren Machschen Zahlen. Der Einfluß der geometrischen Profilparameter Dickenrücklage, Nasenradius und Wölbung auf den Verlauf der Kurven $c_{Wp}(Ma_\infty)$ ist in Abb. 8.7 dargestellt.

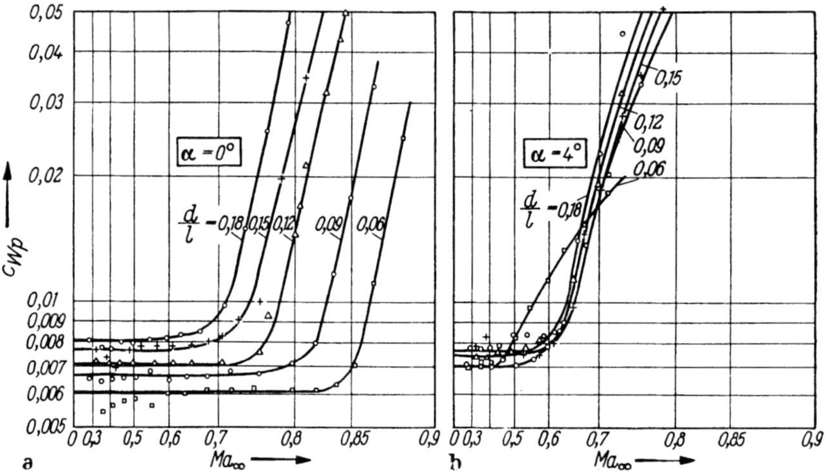

Abb. 8.6. Profilwiderstand von NACA-Profilen verschiedener Dicke in Abhängigkeit von der Machschen Zahl bei Unterschallgeschwindigkeit, nach Messungen von B. GÖTHERT [22].
a) Symmetrische Anströmung, $\alpha = 0°$; b) unsymmetrische Anströmung, $\alpha = 4°$.

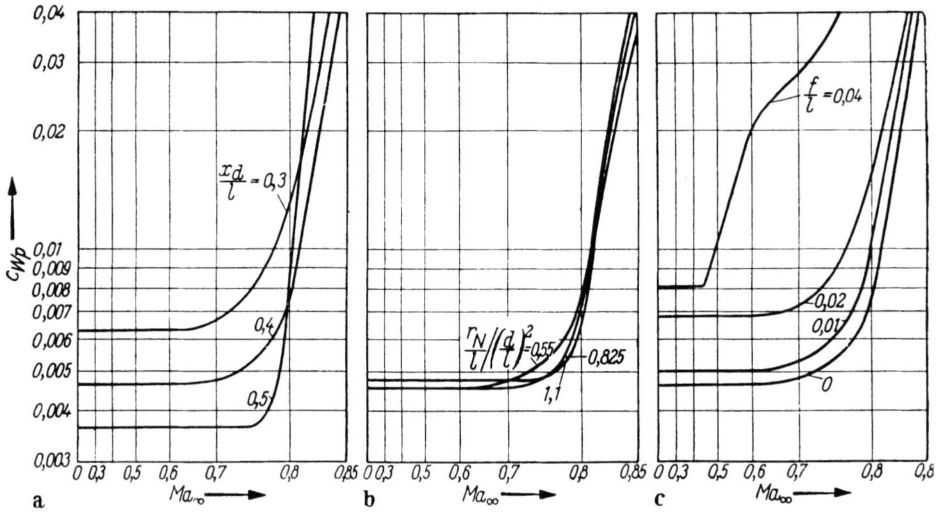

Abb. 8.7. Profilwiderstand von NACA-Profilen in Abhängigkeit von der Machschen Zahl bei Unterschallgeschwindigkeit nach Messungen von B. GÖTHERT [22]; Profildicke $d/l = 0{,}12$; $c_A = 0$.
a) Einfluß der Dickenrücklage x_d/l; b) Einfluß des Nasenradius r_N/l; c) Einfluß der Wölbung f/l; Wölbungsrücklage $x_f/l = 0{,}35$.

8.122 Höhere Näherungen bei Unterschallgeschwindigkeit (v. Kármán-Tsien, Krahn). Aus der Herleitung der Prandtl-Glauertschen Regel in Kap. 3.34 ergibt sich, daß die Abweichungen dieser Näherungslösung von der exakten Lösung um so größer sind, je näher die Machsche Zahl an den Wert Eins herankommt. Dieses zeigen auch die Druckverteilungsmessungen in Abb. 8.1. Deswegen hat man sich verschiedentlich bemüht, die Prandtl-Glauertsche Näherung zu verbessern. Als ein Schritt in dieser Richtung können die höheren Näherungen (Glieder mit Ma_∞^4, Ma_∞^6, ...) des Janzen-Rayleigh-Verfahrens, Kap. 3.41, aufgefaßt werden. Diese Methode ist jedoch wegen ihrer Kompliziertheit für die Profiltheorie praktisch nicht anwendbar.

Ein weiterer Schritt in dieser Richtung wurde von TH. V. KÁRMÁN und H. S. TSIEN [77] unternommen. Auch die Arbeiten von E. KRAHN [40] und A. BETZ und E. KRAHN [6] haben in diesem Zusammenhang Bedeutung erlangt.

Formel von v. Kármán-Tsien. Auch bei der v. Kármán-Tsienschen Formel wird die Berechnung der kompressiblen Strömung um ein vorgegebenes Profil zurückgeführt auf die Ermittlung der inkompressiblen Strömung des gleichen Profils. Ohne auf die Ableitung dieses Verfahrens einzugehen, sei hier nur das Ergebnis mitgeteilt. Es gilt:

$$c_p = \frac{(c_p)_{ik}}{\sqrt{1 - Ma_\infty^2} + \frac{1}{2}\left(1 - \sqrt{1 - Ma_\infty^2}\right)(c_p)_{ik}}. \tag{8.8}$$

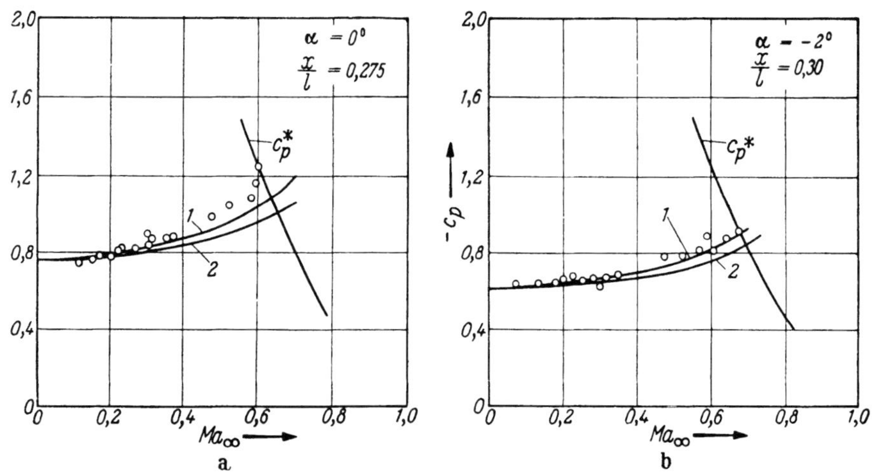

Abb. 8.8. Vergleich gemessener Druckbeiwerte in ebener kompressibler Unterschallströmung mit der Theorie.
1 v. KÁRMÁN-TSIEN, Gl. (8.8); *2* PRANDTL-GLAUERT, Gl. (8.2). Messungen nach [71].

Wie man sofort erkennt, geht für kleine Werte von $(c_p)_{ik}$ diese Gleichung in die Prandtl-Glauertsche Formel, Gl. (8.2), über. Für Unterdrücke erhält man nach v. KÁRMÁN-TSIEN größere und für Überdrücke kleinere Werte als nach PRANDTL-GLAUERT. Die numerische Auswertung von Gl. (8.8) ist in Abb. 8.9 mit eingetragen. In Abb. 8.8 ist die v. Kármán-Tsien-Regel mit Messungen am Profil NACA 4412 verglichen, wobei auch die Prandtl-Glauert-Regel mit eingetragen ist. Man sieht, daß bei den höheren Mach-Zahlen in der Nähe von c_p^* die v. Kármán-Tsien-Regel merklich besser mit den Messungen übereinstimmt als die Prandtl-Glauert-Regel.

Formel von Krahn. Es läßt sich leicht einsehen, daß für die Geschwindigkeitsverteilung W_K und die Stromdichteverteilung ϱW_K längs einer umströmten Kontur im Bereich der Übergeschwindigkeiten die folgenden beiden Ungleichungen gelten:

$$\frac{\varrho W_K}{\varrho_\infty U_\infty} < \left(\frac{W_K}{U_\infty}\right)_{ik} < \frac{W_K}{U_\infty}. \tag{8.9}$$

Im Bereich der Untergeschwindigkeiten ist in dieser Gleichung das $<$-Zeichen durch das $>$-Zeichen zu ersetzen. E. Krahn führt die Annahme ein, daß in Gl. (8.9) das mittlere Glied gleich dem geometrischen Mittel der beiden anderen Glieder ist. Daraus folgt:

$$\frac{W_K}{U_\infty} = \sqrt{\frac{\varrho_\infty}{\varrho}} \left(\frac{W_K}{U_\infty}\right)_{ik}. \tag{8.10}$$

Um diese Gleichung als eine Beziehung zwischen den Druckkoeffizienten bei kompressibler und inkompressibler Strömung zu schreiben, führen wir für das Dichteverhältnis Gl. (3.33) und für die Geschwindigkeitsverteilung Gl. (3.32) ein. Dieses liefert:

$$(c_p)_{ik} = 1 - \left[1 + \frac{2}{\varkappa - 1} \, \frac{1 - \left(1 + \frac{\varkappa}{2} Ma_\infty^2 c_p\right)^{\frac{\varkappa - 1}{\varkappa}}}{Ma_\infty^2}\right] \left[1 + \frac{\varkappa}{2} Ma_\infty^2 c_p\right]^{\frac{1}{\varkappa}}. \tag{8.11}$$

Die numerische Auswertung dieser Formel ist in Abb. 8.9 für verschiedene Werte von $(c_p)_{ik}$ angegeben. Zum Vergleich sind auch die Kurven nach Prandtl-Glauert, Gl. (8.2), mit eingetragen. Bei den höheren Mach-Zahlen ergeben sich nach Krahn etwas größere Werte für c_p als nach der Näherung von Prandtl-Glauert. In Abb. 8.9 ist auch noch die Kurve $c_p^*(Ma_\infty)$ aus Abb. 3.9 angegeben, welche zur Bestimmung der kritischen Mach-Zahl entsprechend Abb. 8.2 dient. Die c_p^*-Kurve begrenzt den Gültigkeitsbereich der Näherungen nach den großen Mach-Zahlen.

Staupunkt. Zum Abschluß mögen noch die Druckbeiwerte im Staupunkt nach den verschiedenen Näherungsverfahren verglichen werden.

Für den Staupunkt ist $(c_p)_{ik} = 1$. Damit ergeben sich für den Druckbeiwert im Staupunkt bei kompressibler Unterschallströmung aus den

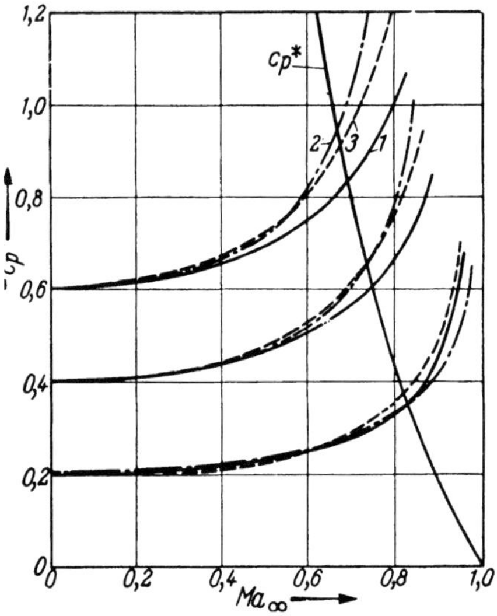

Abb. 8.9. Vergleich der Druckbeiwerte in ebener kompressibler Unterschallströmung nach verschiedenen Näherungsverfahren.

1 PRANDTL-GLAUERT, Gl. (8.2);
2 KRAHN, Gl. (8.11);
3 v. KÁRMÁN-TSIEN, Gl. (8.8);
c_p^* kritischer Druckbeiwert nach Gl. (3.52).

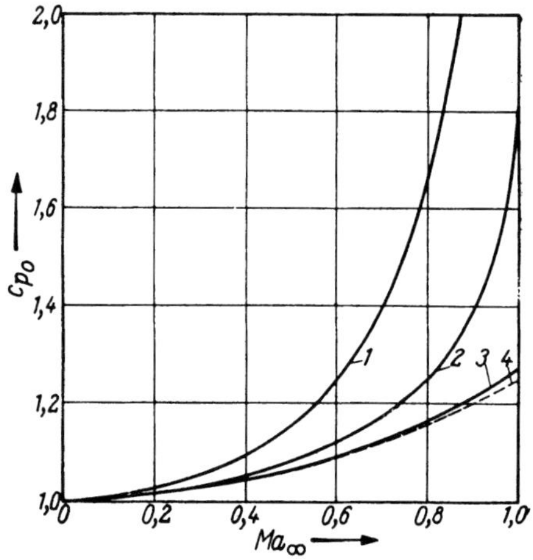

Abb. 8.10. Druckbeiwerte im Staupunkt c_{p0} in Abhängigkeit von der Machschen Zahl Ma_∞ nach verschiedenen Rechenverfahren.

1 PRANDTL-GLAUERT, Gl. (8.12a);
2 v. KÁRMÁN-TSIEN, Gl. (8.12b);
3 KRAHN, Gl. (8.12c) und Gl. (3.64) (exakt);
4 Näherung nach Gl. (3.65).

Gln. (8.2), (8.8) und (8.11) folgende Beziehungen:

$$\text{PRANDTL-GLAUERT:} \quad c_{p0} = \frac{1}{\sqrt{1 - Ma_\infty^2}}, \tag{8.12a}$$

$$\text{v. KÁRMÁN-TSIEN:} \quad c_{p0} = \frac{2}{\sqrt{1 - Ma_\infty^2} + 1}, \tag{8.12b}$$

$$\text{KRAHN:} \quad c_{p0} = \frac{2}{\varkappa Ma_\infty^2}\left[\left(1 + \frac{\varkappa - 1}{2} Ma_\infty^2\right)^{\frac{\varkappa}{\varkappa - 1}} - 1\right]. \tag{8.12c}$$

In Abb. 8.10 sind die Druckbeiwerte c_{p0} in Abhängigkeit von Ma_∞ nach diesen Formeln dargestellt. Der exakte Wert für den Druckbeiwert im Staupunkt c_{p0} wurde früher in Gl. (3.64) angegeben. Durch Vergleich von Gl. (8.12c) mit Gl. (3.64) stellt man fest, daß die Krahnsche Formel für c_{p0} mit der exakten Formel übereinstimmt. In Abb. 8.10 ist auch noch die schon früher in Gl. (3.65) angegebene Näherungsformel $c_{p0} = 1 + Ma_\infty^2/4$ mit eingetragen. Die Prandtl-Glauertsche und die v. Kármán-Tsiensche Formel verlieren bei $Ma_\infty \to 1$ ihre Gültigkeit, was auf Grund ihrer Herleitung auch zu erwarten ist. Hierbei ist noch anzumerken, daß bei der Anwendung der Prandtl-Glauert-Formel der Staupunkt ohnehin auszuschließen ist, vgl. Kap. 3.33.

8.123 Reibungseinfluß. Wird die Anström-Machzahl eines Tragflügelprofiles über die kritische Machzahl $Ma_{\infty\,\mathrm{krit}} = Ma^*_\infty$ hinaus erhöht

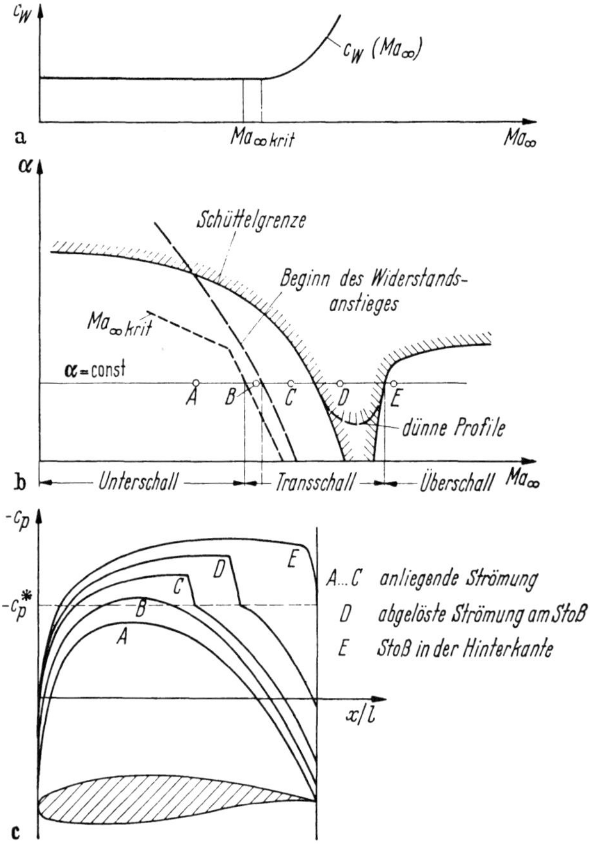

Abb. 8.11. Verhalten eines Tragflügelprofils im transsonischen Geschwindigkeitsbereich (schematisch), nach F. THOMAS [74].
a) Widerstandsbeiwert c_W in Abhängigkeit von der Mach-Zahl Ma_∞ bei konstantem Anstellwinkel, α = const; b) „Schüttelgrenze" in Abhängigkeit von der Mach-Zahl; c) Druckverteilungen bei verschiedenen Mach-Zahlen.

(Abb. 8.11 a), so tritt ein Verdichtungsstoß auf, der mit wachsender Machzahl stromabwärts wandert und an Stärke zunimmt. Die durch den Stoß gemäß Abb. 8.11 c veränderte Druckverteilung liefert zusätzliche Saugkräfte am rückwärtigen Teil des Profils, welche den Widerstandsbeiwert ansteigen lassen (Abb. 8.11 a). Von einer gewissen Stärke des Stoßes an verursacht der Druckanstieg im Stoß Ablösung der Grenzschicht, welche den Widerstand weiter erhöht und ferner wegen des instationären Charakters dieser Strömung zu heftigem Schütteln führt. Diese Erscheinung bezeichnet man in der Flugtechnik auch als „Buffeting". Sowohl die Machzahl des plötzlichen Widerstandsanstieges als auch die Buffeting-Machzahl hängen von der Profilform und dem Anstellwinkel, vgl. hierzu Abb. 8.11 b, ab. Die sog. Schüttelgrenze beschränkt den für ein Flugzeug fliegerisch zulässigen Machzahl-Bereich. Erhöht man die Anström-Machzahl auf Überschallgeschwindigkeit, so rückt der Stoß in die Flügelhinterkante, und die Schüttelerscheinungen verschwinden wieder. Bei sehr dünnen, schwach angestellten Profilen kann dieser Zustand erreicht werden, ohne daß der Stoß vorher eine zum Auslösen des Buffeting hinreichende Stärke erlangt hat. Die einzelnen Phasen der Strömung in Abb. 8.11 b werden durch die in Abb. 8.11 c dargestellten Druckverteilungen erläutert.

Wegen der verwickelten Strömungsvorgänge oberhalb der kritischen Machzahl ist eine Berechnung der Schüttelgrenze auf rein theoretischem Weg nicht möglich. Jedoch ist von F. THOMAS [74] ein halbempirisches Verfahren für die Ermittlung der Buffeting-Grenze angegeben worden, vgl. C. S. SINNOTT [65], [66].

Über eingehende experimentelle Untersuchungen zu diesem für die Flugtechnik sehr wichtigen Problemkreis haben H. H. PEARCEY [53], [55] und D. W. HOLDER [30] ausführlich berichtet.

8.13 Profiltheorie bei Überschallgeschwindigkeit

8.131 Lineare Theorie bei Überschallgeschwindigkeit (Ackeret). Ebenso wie bei Unterschallgeschwindigkeit läßt sich die Berechnung der reibungslosen, kompressiblen Strömung um schlanke Körper (Tragflügelprofile) auch für Überschallgeschwindigkeit nach einer linearen Näherungstheorie ausführen, wie in Kap. 3.33 gezeigt wurde. Die in Gl. (3.82) angegebene linearisierte Potentialgleichung gilt sowohl bei Unterschall- als auch bei Überschallgeschwindigkeit. Die Grundlagen dieser linearen Theorie für Überschallgeschwindigkeit, welche zuerst von J. ACKERET [1] angegeben wurden, sind in Kap. 3.51 bis 3.53 für die ebene Strömung ausführlich erläutert worden.

Der wesentliche Inhalt dieser linearen Theorie besteht darin, daß nach Gl. (3.122) die Störgeschwindigkeit u in x-Richtung nur von der Neigung ϑ des Flächenelementes der Profilkontur gegenüber der Anströmrichtung, von der Geschwindigkeit U_∞ und von der Mach-Zahl Ma_∞ abhängt:

$$u(x) = \frac{\vartheta}{\sqrt{Ma_\infty^2 - 1}} U_\infty . \qquad (8.13\text{a})$$

Für die Geschwindigkeitskomponente w in z-Richtung folgt wegen der kinematischen Strömungsbedingung:

$$w(x) = -\vartheta U_\infty \tag{8.13b}$$

Es bedeuten nach Abb. 3.26 ϑ_o und ϑ_u die Neigungen der Kontur auf Ober- bzw. Unterseite des Profils gegen die Anströmrichtung. Diese betragen nach Abb. 8.12 und Gl. (3.136):

$$\vartheta_{o,u} = \pm\left(\alpha - \frac{dz}{dx}\right) \tag{8.13c}$$

mit α als Anstellwinkel der Sehne und $z(x)$ als Profilkontur.

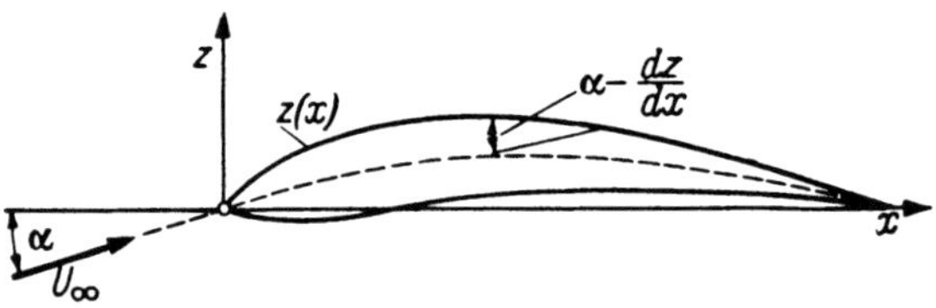

Abb. 8.12. Zur Profiltheorie bei Überschallgeschwindigkeit.

Druckverteilung. Für den Druck an einem Flächenelement der Kontur gilt nach Gl. (3.135):

$$p_{o,u}(x) - p_\infty = -\frac{\varrho_\infty U_\infty^2}{\sqrt{Ma_\infty^2 - 1}}\,\vartheta_{o,u}(x)$$

mit p_∞ und ϱ_∞ als Druck bzw. Dichte der ungestörten Strömung.

Für den *dimensionslosen Druckbeiwert* ist also:

$$c_p(x) = \frac{p - p_\infty}{\frac{\varrho_\infty}{2} U_\infty^2} = \mp \frac{2}{\sqrt{Ma_\infty^2 - 1}}\left(\alpha - \frac{dz(x)}{dx}\right). \tag{8.14}$$

Hierin gilt das obere Vorzeichen für die Oberseite und das untere Vorzeichen für die Unterseite des Profils. Mehrere Beispiele für hiernach berechnete Druckverteilungen wurden bereits in Abb. 3.23 angegeben. Für die weitere Auswertung von Gl. (8.14) ist es zweckmäßig, ebenso wie bei der Profiltheorie bei inkompressibler Strömung in Kap. VI, die Profilkontur aufzuspalten in den Profiltropfen und die Skelettlinie, vgl. Gl. (5.16):

$$Z = \frac{z}{l} = Z^{(s)} \pm Z^{(t)} \quad \text{und} \quad X = \frac{x}{l}. \tag{8.15}$$

Dabei sind wie früher in Gl. (5.18) die Koordinaten mit der Profiltiefe l dimensionslos gemacht worden. Es gilt das obere Vorzeichen für die Oberseite und das untere Vorzeichen für die Unterseite des Profils.

Für den Druckunterschied zwischen Unter- und Oberseite des Profils (Lastverteilung) gilt nach Gl. (8.14) mit Gl. (8.15):

$$\Delta c_p(X) = \frac{p_u - p_o}{q_\infty} = \frac{4}{\sqrt{Ma_\infty^2 - 1}} \left(\alpha - \frac{d Z^{(s)}}{d X}\right). \tag{8.16}$$

Aerodynamische Beiwerte. Die aerodynamischen Beiwerte erhält man in einfacher Weise durch Integration aus der vorstehend angegebenen Druckverteilung.

Der *Auftriebsbeiwert* ist nach Gl. (6.66):

$$c_A = \int_0^1 \Delta c_p(X)\, d X = \frac{4}{\sqrt{Ma_\infty^2 - 1}}\, \alpha, \tag{8.17}$$

vgl. auch Gl. (3.132). Der hieraus sich ergebende Auftriebsanstieg $d c_A/d\alpha = 4/\sqrt{Ma_\infty^2 - 1}$ ist in Abb. 3.24a in Abhängigkeit von Ma_∞ dargestellt.

Aus Gl. (8.17) folgt, daß für alle Profile die *Nullauftriebsrichtung* mit der Profilsehne (x-Achse) zusammenfällt.

Für den auf die Profilvorderkante bezogenen *Momentenbeiwert* (schwanzlastig positiv) ergibt sich nach Gl. (6.67)[1]:

$$c_M = -\int_0^1 \Delta c_p(X)\, X\, d X = -\frac{4}{\sqrt{Ma_\infty^2 - 1}} \left(\frac{\alpha}{2} + \int_0^1 Z^{(s)}\, d X\right). \tag{8.18}$$

Aus den Gln. (8.17) und (8.18) folgt sofort für die *Neutralpunktlage*:

$$\frac{x_N}{l} = -\frac{d c_M}{d c_A} = \frac{1}{2}. \tag{8.19}$$

Es ist bemerkenswert, daß für alle Profile bei Überschallgeschwindigkeit der Neutralpunkt im Abstand $l/2$ von der Profilvorderkante liegt, während er bei Unterschallgeschwindigkeit sich im Abstand $l/4$ von der Vorderkante befindet, vgl. Abb. 3.24b.

Wie bereits in Kap. 3.53 gezeigt wurde, ergibt sich bei Überschallgeschwindigkeit schon in reibungsloser Strömung ein Widerstand, der sog. *Wellenwiderstand.* Für den Widerstandsbeiwert erhält man nach Gl. (3.138):

$$c_W = \frac{2}{\sqrt{Ma_\infty^2 - 1}} \left[2\alpha^2 + \int_0^1 \left(\frac{d Z_o}{d X}\right)^2 d X + \int_0^1 \left(\frac{d Z_u}{d X}\right)^2 d X\right]. \tag{8.20}$$

[1] Das Integral in der zweiten Gleichung ergibt sich durch partielle Integration.

Ersetzt man hierin nach Gl. (8.17) α durch c_A und nach Gl. (8.15) $Z_{o,u}$ durch $Z^{(s)}$ und $Z^{(t)}$, dann wird

$$c_W = \frac{1}{4}\sqrt{Ma_\infty^2 - 1}\, c_A^2 + \frac{4}{\sqrt{Ma_\infty^2 - 1}}\left[\int\limits_0^1 \left(\frac{dZ^{(s)}}{dX}\right)^2 dX + \int\limits_0^1 \left(\frac{dZ^{(t)}}{dX}\right)^2 dX\right]. \tag{8.21}$$

Bemerkenswert ist, daß der gesamte Wellenwiderstand sich additiv aus drei Anteilen zusammensetzt. Der erste Anteil ist proportional zu c_A^2 und unabhängig von der Profilgeometrie. Dieser Anteil ist in Abb. 3.24c in Abhängigkeit von der Mach-Zahl dargestellt. Der zweite und dritte Anteil sind unabhängig vom Auftriebsbeiwert und proportional zum Quadrat der relativen Wölbung bzw. der relativen Dicke. Hieraus folgt sofort, daß die ebene Platte das sogenannte „beste Überschallprofil" ist, da für diese der zweite und dritte Anteil gleich Null sind.

In Tab. 8.2 sind die Formeln für die aerodynamischen Beiwerte bei Überschallgeschwindigkeit zusammengestellt.

Tabelle 8.2. *Aerodynamische Beiwerte eines Profils bei Überschallgeschwindigkeit nach der linearen Theorie* (ACKERET).

Druckverteilung	c_p	$= \mp \frac{2}{\sqrt{Ma_\infty^2 - 1}}\left(\alpha - \frac{dZ}{dX}\right)$
Auftriebsanstieg	$\frac{dc_A}{d\alpha}$	$= \frac{4}{\sqrt{Ma_\infty^2 - 1}}$
Neutralpunktlage	$\frac{x_N}{l}$	$= \frac{1}{2}$
Nullauftriebswinkel	α_0	$= 0$
Nullmoment	c_{M_0}	$= -\frac{4}{\sqrt{Ma_\infty^2 - 1}}\int\limits_0^1 Z^{(s)}\, dX$
Wellenwiderstand	$\frac{dc_W}{dc_A^2}$	$= \frac{1}{4}\sqrt{Ma_\infty^2 - 1}$
	c_{W0}	$= \frac{4}{\sqrt{Ma_\infty^2 - 1}}\int\limits_0^1 \left[\left(\frac{dZ^{(s)}}{dX}\right)^2 + \left(\frac{dZ^{(t)}}{dX}\right)^2\right] dX$

Beispiele. Der charakteristische Unterschied in der Druckverteilung für Anströmung bei Überschallgeschwindigkeit und Unterschallgeschwindigkeit ist in Abb. 8.13 für das Beispiel der angestellten *ebenen*

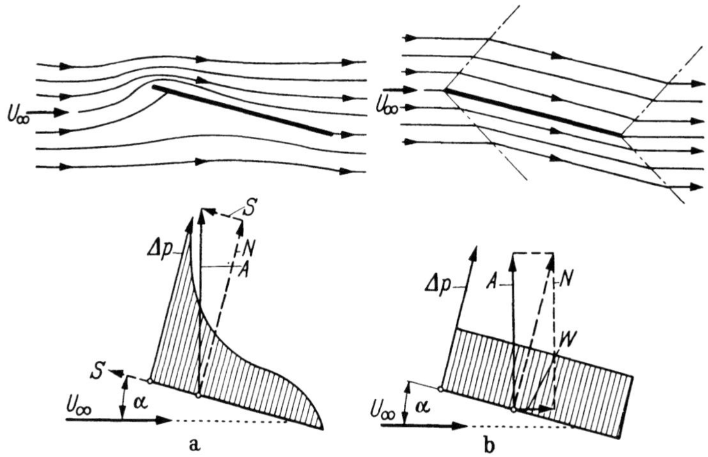

Abb. 8.13. Druckverteilung und Kräfte an der angestellten ebenen Platte bei kompressibler Strömung. a) Für Unterschallgeschwindigkeit ($Ma_\infty < 1$); b) für Überschallgeschwindigkeit ($Ma_\infty > 1$).

Platte erläutert, vgl. hierzu auch Abb. 3.27a. Bei Unterschallgeschwindigkeit gibt nach Abb. 8.13a die Druckverteilung eine resultierende Kraft N normal zur Platte, und außerdem liefert die Umströmung der scharfen Vorderkante eine Saugkraft S, die längs der Platte nach vorn gerichtet ist, vgl. hierzu auch Kap. 2.563. Die resultierende Kraft aus der Normalkraft N und der Saugkraft S ist der Auftrieb A, welcher senkrecht zur Anströmungsgeschwindigkeit U_∞ steht. Die resultierende Luftkraft besitzt keine Komponente parallel zur Anströmungsrichtung, mit anderen Worten, es ist der Widerstand bei reibungsloser Unterschallströmung gleich Null. Bei Überschallgeschwindigkeit, Abb. 8.13b, steht die resultierende Kraft aus der Druckverteilung N ebenfalls senkrecht auf der Platte. Da die Vorderkante jedoch nicht umströmt wird, ist in diesem Fall eine Saugkraft parallel zur Platte nicht vorhanden. Die Normalkraft N stellt somit die gesamte Kraft bei reibungsloser Strömung dar. Ihre Zerlegung in Komponenten senkrecht und parallel zur Anströmungsrichtung ergibt den Auftrieb $A = N \cos\alpha \approx N$ und den Widerstand $W = N \sin\alpha \approx A\alpha$. Dieser Widerstand heißt der *Wellenwiderstand bei Überschallgeschwindigkeit.* Er entsteht infolge der Druckwellen (Machsche Linien), die von Vorder- und Hinterkante der Platte ausgehen.

Als weiteres Beispiel der Druckverteilung an Profilen bei Überschallgeschwindigkeit sind in Abb. 8.14 ein bikonvexes *Parabelprofil* mit der Gleichung

$$Z^{(t)} = 2\frac{d}{l}X(1-X)$$

und ein unendlich dünnes gewölbtes Parabelprofil mit der Gleichung

$$Z^{(s)} = 4\frac{f}{l}X(1-X)$$

gegenübergestellt. Beide Profile werden sehnenparallel angeströmt, $\alpha = 0°$. Infolgedessen ist nach Gl. (8.17) für beide Profile $c_A = 0$. Die nach Gl. (8.14) berechneten Druckverteilungen sind in Abb. 8.14 an-

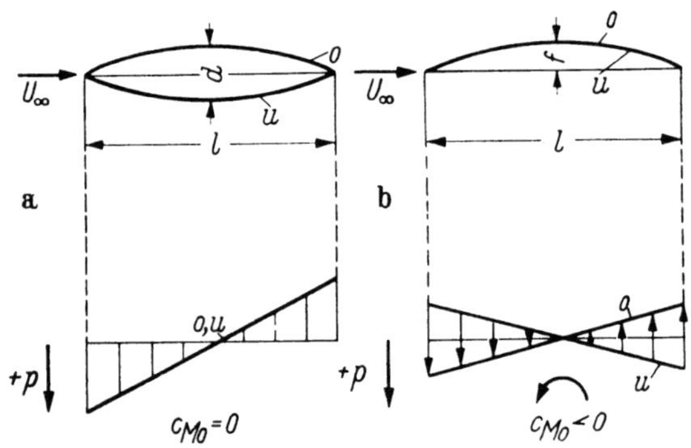

Abb. 8.14. Druckverteilung bei Überschallgeschwindigkeit für Parabelprofile bei sehnenparalleler Anströmung.
a) Bikonvexes Tropfenprofil; b) Skelettprofil.

gegeben. Während für das bikonvexe Tropfenprofil das Nullmoment gleich Null ist, hat das Skelettprofil ein kopflastiges Nullmoment. Für den vom Auftrieb unabhängigen Anteil des Wellenwiderstandes ergibt sich nach Gl. (8.21):

$$c_{W0} = \frac{16}{3\sqrt{Ma_\infty^2 - 1}}\left(\frac{d}{l}\right)^2 \quad \text{(Tropfen)}, \tag{8.22a}$$

$$c_{W0} = \frac{64}{3\sqrt{Ma_\infty^2 - 1}}\left(\frac{f}{l}\right)^2 \quad \text{(Skelett)}. \tag{8.22b}$$

Hieraus erkennt man, daß beide Profile den gleichen Widerstand haben, wenn $f = d/2$ ist.

Weiterhin mögen noch einige Angaben über die Abgängigkeit des Wellenwiderstandes von der *Dickenrücklage* für Doppelkeilprofile und Parabelprofile gemacht werden. Die Geometrie der Parabelprofile wurde in Gl. (5.24) angegeben. In Tab. 8.3 sind die Ergebnisse zusammengestellt, und in Abb. 8.15 ist der von c_A unabhängige Anteil des Wellenwiderstandes in Abhängigkeit von der Dickenrücklage aufgetragen. Für

Tabelle 8.3. *Wellenwiderstand bei Überschallgeschwindigkeit für Doppelkeilprofile und Parabelprofile*, nach [78], vgl. Abb. 8.15.

Bezeichnung	Doppelkeilprofil	Parabelprofil
Abbildung	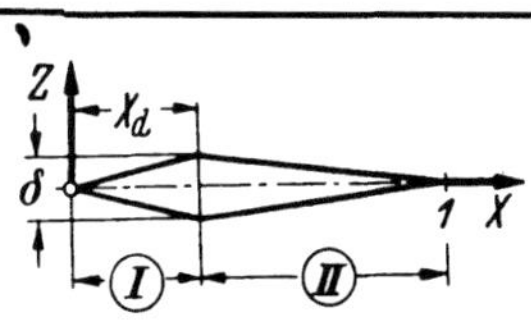	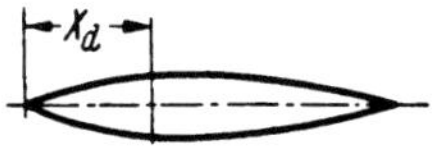
Kontur: Z	$= \frac{\delta}{2} \frac{X}{X_d}$ für (I) $= \frac{\delta}{2} \left(\frac{1-X}{1-X_d}\right)$ für (II)	$= \frac{\delta}{2} \frac{X(1-X)}{X_d^2 + (1-2X_d)X}$
Wellenwiderstand: $\sqrt{Ma_\infty^2 - 1}\, \frac{c_{W0}}{\delta^2}$	$= \frac{1}{X_d(1-X_d)}$	$= \frac{1}{3X_d^2(1-X_d)^2}$

die Dickenrücklage $X_d = 0{,}5$ ist der Wellenwiderstand für das *Doppelkeilprofil*

$$c_{W0} = \frac{4}{\sqrt{Ma_\infty^2 - 1}} \left(\frac{d}{l}\right)^2. \tag{8.23}$$

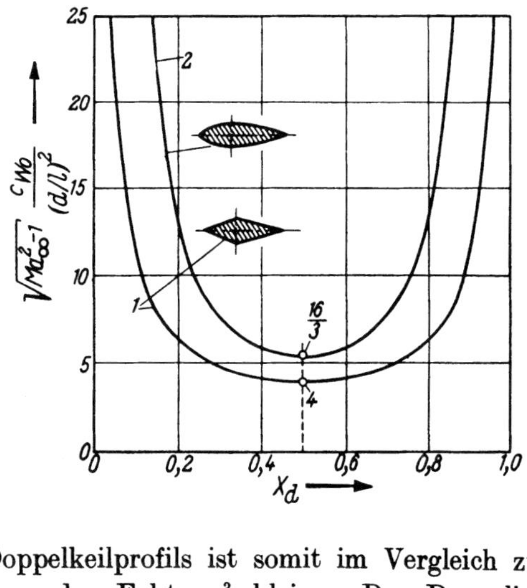

Abb. 8.15. Wellenwiderstand bei Überschallgeschwindigkeit in Abhängigkeit von der Dickenrücklage für Doppelkeilprofile *1* und Parabelprofile *2* nach [78], vgl. hierzu Tab. 8.3.

Der Widerstand dieses Doppelkeilprofils ist somit im Vergleich zum Parabelprofil ($X_d = 0{,}5$) um den Faktor $\frac{3}{4}$ kleiner. Das Doppelkeilprofil ($X_d = 0{,}5$) ist bei vorgegebener Dicke das Profil mit kleinstem

Wellenwiderstand. Angaben für weitere Profilformen findet man in einer Arbeit von F. WEGENER und F. KOWALKE [78].

Angaben über die übrigen aerodynamischen Beiwerte, nämlich Nullauftriebswinkel und Nullmoment, sind in Abb. 8.16 für Skelett-

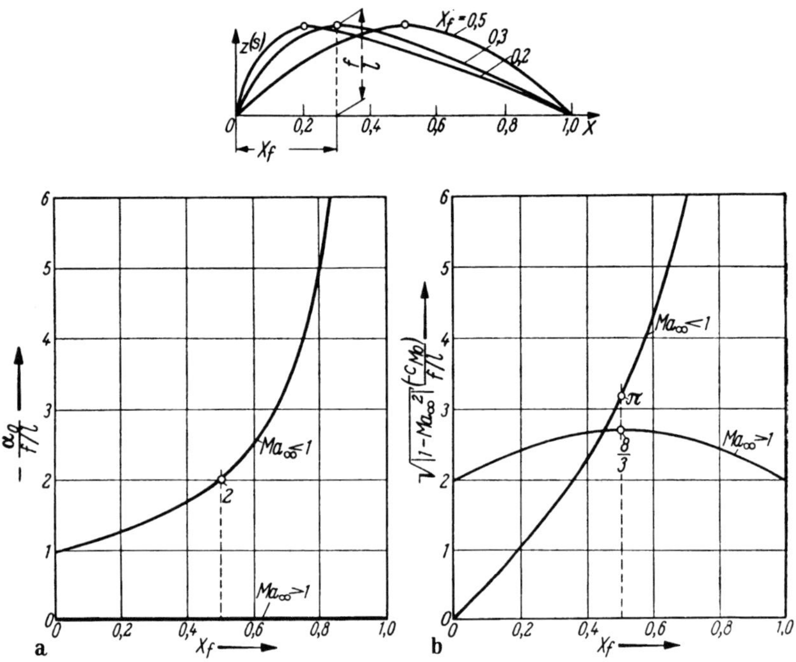

Abb. 8.16. Aerodynamische Beiwerte für gewölbte Skelettprofile bei Unter- und Überschallgeschwindigkeit.

a) Nullauftriebswinkel α_0; b) Nullmomentenbeiwert c_{M0}.

profile zusammengestellt. Dabei ist die *Wölbungsrücklage* X_f geändert worden. Die geometrischen Daten der Skelettlinie wurden in Gl. (5.24) angegeben. Zum Vergleich sind die Beiwerte für Unterschallgeschwindigkeit mit eingetragen. Abb. 8.16a zeigt den Nullauftriebswinkel und Abb. 8.16b das Nullmoment in Abhängigkeit von der Wölbungsrücklage. In beiden Fällen ist ein grundsätzlich verschiedenes Verhalten bei Unter- und Überschallgeschwindigkeit festzustellen.

Schließlich möge noch die Anwendung dieser linearen Profiltheorie bei Überschallgeschwindigkeit auf den *Klappenflügel* gezeigt werden. In Abb. 8.17 sind die Beiwerte $\partial\alpha_0/\partial\eta_k$ (Änderung des Nullauftriebswinkels α_0 infolge Klappenausschlag η_k) und $\partial c_{M0}/\partial\eta_k$ (Änderung des Nullmomentenbeiwertes c_{M0} infolge Klappenausschlag η_k) in Abhängigkeit vom Klappentiefenverhältnis l_k/l angegeben. Zum Vergleich sind auch die Beiwerte für Unterschallgeschwindigkeit eingetragen.[1] Man vergleiche hierzu auch die Werte für inkompressible Strömung nach Abb. 6.20.

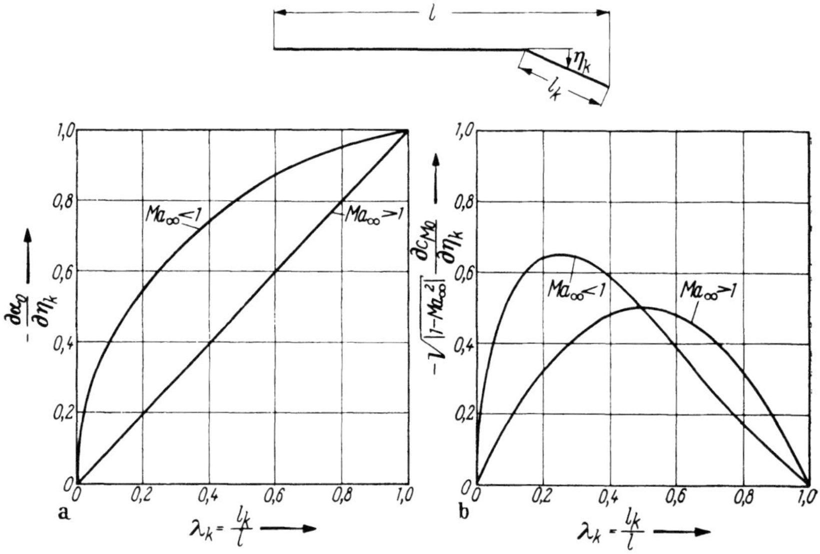

Abb. 8.17. Aerodynamische Beiwerte eines Klappenflügels bei Unter- und Überschallgeschwindigkeit.
a) Änderung des Nullauftriebswinkels mit dem Klappenausschlag, $\partial \alpha_0/\partial \eta_k$;
b) Änderung des Nullmomentes mit dem Klappenausschlag, $\partial c_{M0}/\partial \eta_k$.

8.132 Höhere Näherungen bei Überschallgeschwindigkeit (Busemann). Die vorstehende lineare Profiltheorie bei Überschallgeschwindigkeit, bei welcher die Druckdifferenz $(p - p_\infty)$ proportional zur Profilneigung ϑ ist, ist später von A. Busemann [9] zu einer Theorie höherer Ordnung erweitert worden, indem Glieder mit ϑ^2 und ϑ^3 hinzugenommen wurden. Hierüber wurde bereits in Kap. 3.53 berichtet.

Nach den Gln. (3.141) bis (3.143) ist:

$$p_{o,u} - p_\infty = -\frac{\varrho_\infty U_\infty^2}{\sqrt{Ma_\infty^2 - 1}}\,\vartheta_{o,u}(1 - K\vartheta_{o,u}) \qquad (8.24)$$

mit

$$K = \frac{C_2}{C_1} = \frac{1}{4}\,\frac{(Ma_\infty^2 - 2)^2 + \varkappa Ma_\infty^4}{(Ma_\infty^2 - 1)^{3/2}}. \qquad (8.25)$$

In Gl. (8.24) stellt der Faktor vor der Klammer die lineare Theorie nach Ackeret, Gl. (8.13), dar, während der Klammerausdruck den Einfluß der zweiten Näherung gibt. Die Korrekturgröße $K = K(Ma_\infty)$ hängt nur von der Machschen Zahl ab und ist in Abb. 8.18 dargestellt.

[1] Die dazugehörigen Formeln werden in Kap. 12.22 angegeben.

Setzt man in Gl. (8.24) $\vartheta_{0,u}$ nach Gl. (8.13a) ein, so erhält man für den Druckbeiwert

$$c_p = \mp \frac{2}{\sqrt{Ma_\infty^2 - 1}} \left(\alpha - \frac{dZ}{dX}\right) \left[1 \mp K \left(\alpha - \frac{dZ}{dX}\right)\right]. \tag{8.26}$$

Dabei gilt das obere Vorzeichen für die Oberseite und das untere Vorzeichen für die Unterseite des Profils.

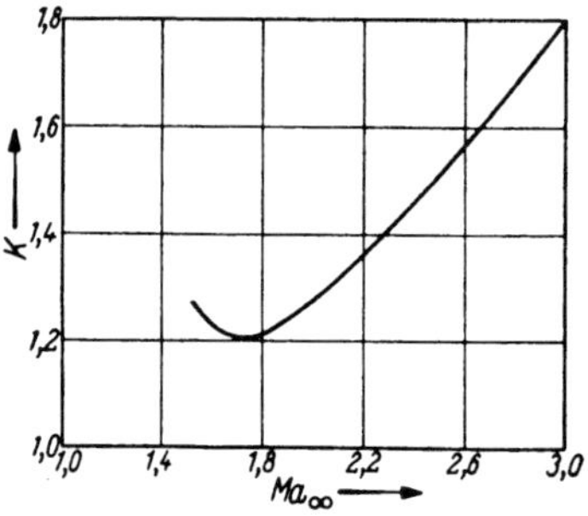

Abb. 8.18. Korrekturgröße K für die Druckverteilung eines Profils bei Überschallgeschwindigkeit nach Gl. (8.25) für $\varkappa = 1{,}4$.

Nach Einführung von Gl. (8.15) erhält man für die Lastverteilung

$$\Delta c_p = \frac{4}{\sqrt{Ma_\infty^2 - 1}} \left(\alpha - \frac{dZ^{(s)}}{dX}\right) \times \\ \times \left(1 + 2K \frac{dZ^{(t)}}{dX}\right). \tag{8.27}$$

Im Hinblick darauf, daß Überschallprofile im allgemeinen eine sehr geringe Dicke und eine sehr geringe Wölbung besitzen, kann in Gl. (8.27) das Glied $(dZ^{(s)}/dX) \cdot (dZ^{(t)}/dX)$ vernachlässigt werden. Damit ist bei voller Berücksichtigung des Anstellwinkeleinflusses:

$$\Delta c_p = \frac{4}{\sqrt{Ma_\infty^2 - 1}} \left(\alpha - \frac{dZ^{(s)}}{dX} + 2\alpha K \frac{dZ^{(t)}}{dX}\right). \tag{8.27a}$$

Führt man diesen Ausdruck in Gl. (8.17) ein, so ergibt sich nach Ausführung der Integration für den Auftriebsbeiwert die gleiche Formel wie in Gl. (8.17). Dieses bedeutet, daß die zweite Näherung keinen Einfluß auf den Auftriebsbeiwert hat.

Setzt man in gleicher Weise Gl. (8.27a) in (8.18) ein, dann erhält man nach Ausführung der Integration für den Momentenbeiwert:

$$c_M = -\frac{4}{\sqrt{Ma_\infty^2 - 1}} \left(\frac{\alpha}{2} + \int_0^1 Z^{(s)}\, dX - 2\alpha K \int_0^1 Z^{(t)}\, dX\right). \tag{8.28}$$

Das letzte Glied stellt das zusätzliche Moment infolge der zweiten Näherung dar. Es hängt vom Anstellwinkel und von der Profildicke ab. Während das Nullmoment durch die zweite Näherung ungeändert bleibt, ergibt sich für die Neutralpunktlage:

$$\frac{x_N}{l} = \frac{1}{2} - 2K \int_0^1 Z^{(t)}\, dX. \tag{8.29}$$

Dieses Ergebnis zeigt, daß unter Berücksichtigung der zweiten Näherung der Neutralpunkt etwas vor dem Punkt $x = l/2$ liegt.

Die beschriebene zweite Näherung kann auch für die Berechnung des Widerstandsbeiwertes benutzt werden. Dabei ergeben sich für den vom Auftriebsbeiwert unabhängigen Anteil des Wellenwiderstandes zusätzliche Glieder, die bei symmetrischen Profilen proportional zu $(d/l)^3$ sind. Theoretische Widerstandsbeiwerte, die nach dieser Theorie zweiter Näherung berechnet wurden, sind in Abb. 3.28 mit Messungen von A. Busemann und O. Walchner [8] verglichen worden. Dabei ergibt sich gute Übereinstimmung zwischen Theorie und Messung.

Mit größerer Genauigkeit als in der vorstehend geschilderten Theorie zweiter Näherung läßt sich die Überschallströmung um dünne Profile nach dem *Charakteristikenverfahren* ermitteln. Die Grundzüge dieses Verfahrens wurden in Kap. 3.55 erläutert. Man vergleiche hierzu u. a. die zusammenfassenden Berichte von M. J. LIGHTHILL [43] und A. FERRI [17].

Die in Kap. 8.12 und 8.13 besprochenen Näherungstheorien für Strömungen mit Unterschall- bzw. Überschallgeschwindigkeit versagen beide, wenn die Anströmungsgeschwindigkeit nahezu gleich der Schallgeschwindigkeit ist ($Ma_\infty \approx 1$). Bei solchen *transsonischen Strömungen* treten meistens Verdichtungsstöße auf, welche die theoretische Behandlung stark erschweren. In manchen Fällen findet jedoch auch ein stetiger Durchgang durch die Schallgeschwindigkeit (ohne Verdichtungsstöße) statt. Im letzteren Fall sind die transsonischen Strömungen einer theoretischen Behandlung mittels Näherungsverfahren zugänglich. Hierbei ergeben sich nach v. KÁRMÁN [37] Ähnlichkeitsgesetze für die Druckverteilung und den Widerstandsbeiwert, die recht gut mit Messungen übereinstimmen, wie in Kap. 3.62 dargelegt wurde. Eine ausführliche Darstellung dieses Sondergebietes der kompressiblen Strömung hat K. G. GUDERLEY [24] gegeben.

8.2 Räumliche Tragflügeltheorie bei kompressibler Strömung

8.21 Geschwindigkeitspotential

8.211 Allgemeine Potentialgleichung. In diesem Abschnitt beschäftigen wir uns mit dem Problem der dreidimensionalen kompressiblen Strömung im Hinblick auf die Anwendungen beim Tragflügel endlicher Spannweite. Da in Kap. III die Grundlagen der kompressiblen Strömungen nur für den zweidimensionalen Fall behandelt wurden, ist es erforderlich, hier für den dreidimensionalen Fall einige Ergänzungen zu den Grundlagen vorauszuschicken. Dabei wird im folgenden ebenso wie in Kap. III das strömende Medium als reibungslos angenommen.

Für die dreidimensionale stationäre kompressible Strömung mit den Geschwindigkeitskomponenten U, V, W im rechtwinkligen Koordinatensystem x, y, z lautet die Kontinuitätsgleichung nach Gl. (2.14):

$$\frac{\partial(\varrho U)}{\partial x} + \frac{\partial(\varrho V)}{\partial y} + \frac{\partial(\varrho W)}{\partial z} = 0, \tag{8.30}$$

vgl. auch Gl. (3.71).

Die in Kap. 3.32 für den zweidimensionalen Fall nachgewiesene Drehungsfreiheit der Strömung gilt auch, wie man sich leicht überzeugt, für den dreidimensionalen Fall. Somit kann für das Geschwindigkeitsfeld ein Potential $\Phi(x, y, z)$ eingeführt werden durch die Gleichungen

$$U = \frac{\partial \Phi}{\partial x}, \quad V = \frac{\partial \Phi}{\partial y}, \quad W = \frac{\partial \Phi}{\partial z}. \tag{8.31}$$

Neben der Kontinuitätsgleichung (8.30) gelten für die kompressible dreidimensionale Strömung die Bewegungsgleichungen, wie sie in Gl. (2.50) angegeben wurden. Durch Einführung von Gl. (8.31) in (8.30) und unter Berücksichtigung der Bewegungsgleichungen sowie der Beziehung $dp/d\varrho = a^2$ nach Gl. (3.5) ergibt sich durch eine analoge Rechnung wie in Kap. 3.33 für den zweidimensionalen Fall die folgende Gleichung für das Geschwindigkeitspotential der dreidimensionalen kompressiblen Strömung:

$$\left.\begin{aligned} &\left(1 - \frac{U^2}{a^2}\right)\frac{\partial^2 \Phi}{\partial x^2} + \left(1 - \frac{V^2}{a^2}\right)\frac{\partial^2 \Phi}{\partial y^2} + \left(1 - \frac{W^2}{a^2}\right)\frac{\partial^2 \Phi}{\partial z^2} \\ &- 2\frac{UV}{a^2}\frac{\partial^2 \Phi}{\partial x\, \partial y} - 2\frac{VW}{a^2}\frac{\partial^2 \Phi}{\partial y\, \partial z} - 2\frac{WU}{a^2}\frac{\partial^2 \Phi}{\partial z\, \partial x} = 0. \end{aligned}\right\} \tag{8.32}$$

In dieser Gleichung bedeutet a die mit dem Ort veränderliche Schallgeschwindigkeit. Die entsprechende Gleichung für das Potential der zweidimensionalen kompressiblen Strömung wurde in Gl. (3.79) angegeben. Man erhält aus Gl. (8.32) die dreidimensionale Potentialgleichung für inkompressible Strömung, Gl. (2.72), wenn man die Schallgeschwindigkeit unendlich groß werden läßt, $a \to \infty$.

Für das Umströmungsproblem eines Körpers, welcher sich in einer Parallelströmung mit der konstanten Geschwindigkeit U_∞ befindet, gilt die folgende Beziehung zwischen der örtlichen Schallgeschwindigkeit a und der Schallgeschwindigkeit a_∞ der ungestörten Strömung:

$$\left(\frac{a}{a_\infty}\right)^2 = 1 - \frac{\varkappa - 1}{2} Ma_\infty^2 \left(\frac{U^2 + V^2 + W^2}{U_\infty^2} - 1\right); \tag{8.33}$$

man vergleiche hierzu die Gln. (3.28a) und (3.80). Hierbei bedeutet

$$Ma_\infty = \frac{U_\infty}{a_\infty} \tag{8.34}$$

die Machsche Zahl der ungestörten Strömung.

8.212 Linearisierung der Potentialgleichung. Wesentliche Vereinfachungen für die Integration der Gl. (8.32) ergeben sich für schlanke Körperformen (Tragflügel), die in Richtung ihrer x-Achse (Längsachse) mit der Geschwindigkeit U_∞ angeströmt werden. Bei der Umströmung solcher Körper ist die örtliche Geschwindigkeit nach Größe und Richtung nur wenig von der Anströmungsgeschwindigkeit U_∞ verschieden. Teilt man die Gesamtströmung in eine Grundströmung und eine überlagerte Störungsbewegung auf, setzt man also

$$U = U_\infty + u, \quad V = v \quad \text{und} \quad W = w, \tag{8.35}$$

wobei u, v, w die sogenannten Störgeschwindigkeiten sind, so gelte:

$$u \ll U_\infty; \quad v \ll U_\infty; \quad w \ll U_\infty.$$

Man erhält dann aus Gl. (8.32) unter Beibehaltung nur der größten Glieder (Linearisierung):

$$(1 - Ma^2)\frac{\partial^2 \Phi}{\partial x^2} + \frac{\partial^2 \Phi}{\partial y^2} + \frac{\partial^2 \Phi}{\partial z^2} = 0. \tag{8.36}$$

Dabei bedeutet $Ma = U/a$ die örtliche Machsche Zahl.

Führt man auch für das Potential die Aufteilung in die Grundströmung mit dem Potential $\Phi_\infty = U_\infty x$ und die überlagerte Störungsbewegung ein, so ist sofort klar, daß Gl. (8.36) auch für die Störungsbewegung gilt, wobei Φ jetzt das *Potential der Störungsbewegung* bedeutet. Es ist somit im folgenden:

$$u = \frac{\partial \Phi}{\partial x}; \quad v = \frac{\partial \Phi}{\partial y}; \quad w = \frac{\partial \Phi}{\partial z}. \tag{8.37}$$

Bei den weiteren Betrachtungen der linearisierten Gl. (8.36) erfordert das erste Glied eine besondere Aufmerksamkeit, da es beim Durchgang durch die Schallgeschwindigkeit ($Ma = 1$) sein Vorzeichen wechselt, womit sich der mathematische Charakter der partiellen Differentialgleichung ändert. Um die örtliche Mach-Zahl Ma durch die Mach-Zahl der Grundströmung Ma_∞ auszudrücken, führen wir zunächst Gl. (8.35) in (8.33) ein und vernachlässigen die Glieder von zweiter Ordnung in den Störgeschwindigkeiten. Damit ergibt sich:

$$\left(\frac{a}{a_\infty}\right)^2 = 1 - (\varkappa - 1) Ma_\infty^2 \frac{u}{U_\infty}. \tag{8.38}$$

Unter Beachtung von $Ma = \left(1 + \frac{u}{U_\infty}\right)\frac{a_\infty}{a} Ma_\infty$ und unter Berücksichtigung nur der linearen Glieder in u/U_∞ wird für die örtliche Mach-Zahl:

$$Ma^2 = \left[1 + 2\left(1 + \frac{\varkappa - 1}{2} Ma_\infty^2\right)\frac{u}{U_\infty}\right] Ma_\infty^2. \tag{8.38a}$$

Führt man dieses in Gl. (8.36) ein, so erhält man die linearisierte Potentialgleichung in der Form:

$$(1 - Ma_\infty^2)\frac{\partial^2\Phi}{\partial x^2} + \frac{\partial^2\Phi}{\partial y^2} + \frac{\partial^2\Phi}{\partial z^2} = \frac{2}{U_\infty}\left(1 + \frac{\varkappa - 1}{2} Ma_\infty^2\right) Ma_\infty^2 \frac{\partial\Phi}{\partial x}\frac{\partial^2\Phi}{\partial x^2}. \tag{8.39}$$

Diese Gleichung ist verwendbar für Unterschall-, Schall- und Überschallanströmung des Tragflügels. Sie ist in dem Geschwindigkeitspotential nichtlinear. Das Glied auf der rechten Seite von Gl. (8.39) ist nur bei Machschen Zahlen nahe Eins (transsonische Strömungen) von Bedeutung. Für Machsche Zahlen in größerer Entfernung von Eins kann dieses Glied vernachlässigt werden.

Somit hat man für die *reine Unterschallströmung* und die *reine Überschallströmung* die folgende einfachere Potentialgleichung[1]

$$(1 - Ma_\infty^2)\frac{\partial^2\Phi}{\partial x^2} + \frac{\partial^2\Phi}{\partial y^2} + \frac{\partial^2\Phi}{\partial z^2} = 0 \qquad (Ma_\infty \lessgtr 1). \tag{8.40}$$

Diese Differentialgleichung für Φ ist jetzt linear. Für reine Unterschallströmung ist sie vom elliptischen Typus wie die Potentialgleichung bei inkompressibler Strömung. Für reine Überschallströmung dagegen ist sie vom hyperbolischen Typus.

Ist die Anströmungsgeschwindigkeit gleich der *Schallgeschwindigkeit* ($Ma_\infty = 1$), dann nimmt Gl. (8.39) die Form an:

$$-\frac{\varkappa + 1}{U_\infty}\frac{\partial\Phi}{\partial x}\frac{\partial^2\Phi}{\partial x^2} + \frac{\partial^2\Phi}{\partial y^2} + \frac{\partial^2\Phi}{\partial z^2} = 0 \qquad (Ma_\infty = 1). \tag{8.41}$$

Diese Differentialgleichung für Φ ist nichtlinear. Deshalb ist die Berechnung der transsonischen Strömung wesentlich schwieriger als die Berechnung der reinen Unterschall- und der reinen Überschallströmung.

Die vorstehend hergeleiteten Potentialgleichungen (8.40) und (8.41) sollen im folgenden dazu verwendet werden, Ähnlichkeitsregeln für die räumliche Tragflügeltheorie bei Unterschall-, Überschall- und transsonischer Strömung herzuleiten, die verwandt sind mit der in Kap. 3.34 besprochenen Prandtl-Glauert-Regel für ebene Unterschallanströmungen und mit der in Kap. 3.62 angegebenen v. Kármánschen Ähnlichkeitsregel für ebene transsonische Strömungen.

---

[1] Im folgenden verstehen wir unter einer reinen Unterschall- und einer reinen Überschallströmung solche Strömungen, bei welchen im ganzen Strömungsfeld die örtliche Geschwindigkeit kleiner bzw. größer als die Schallgeschwindigkeit ($Ma \neq 1$) ist. Im Gegensatz dazu steht die transsonische Strömung, in deren Geschwindigkeitsfeld Stellen mit $Ma = 1$ auftreten.

8.22 Ähnlichkeitsregeln für Unterschall- und Überschallanströmung (Prandtl, Glauert, Ackeret)

Die Ähnlichkeitsregeln für Unterschall- und Überschallströmung erhält man aus einer Transformation der Potentialgleichung (8.40). Diese Transformation soll von der Art sein, daß in der transformierten Potentialgleichung die Mach-Zahl der Anströmung nicht mehr explizit vorkommt.

Zu diesem Zweck ordnen wir der vorgelegten kompressiblen Strömung eine transformierte Vergleichsströmung in geeigneter Weise zu. Wir versehen die Größen in der transformierten Strömung mit einem Strich und setzen die Transformationsformeln folgendermaßen an (vgl. hierzu Kap. 3.34):

$$x' = x, \quad y' = c_1 y, \quad z' = c_1 z, \quad \Phi = c_2 \Phi', \quad U'_\infty = U_\infty. \tag{8.42}$$

Führt man dieses in Gl. (8.40) ein, so erhält man

$$(1 - Ma_\infty^2)\frac{\partial^2 \Phi'}{\partial x'^2} + c_1^2 \left(\frac{\partial^2 \Phi'}{\partial y'^2} + \frac{\partial^2 \Phi'}{\partial z'^2}\right) = 0. \tag{8.43}$$

Aus dieser Gleichung bestimmen wir den Faktor $c_1 > 0$ so, daß die Mach-Zahl aus der Gleichung herausfällt. Dieses ergibt für

$$\text{Unterschallgeschwindigkeit:} \quad c_1 = \sqrt{1 - Ma_\infty^2} \quad (Ma_\infty < 1), \tag{8.44a}$$

$$\text{Überschallgeschwindigkeit:} \quad c_1 = \sqrt{Ma_\infty^2 - 1} \quad (Ma_\infty > 1). \tag{8.44b}$$

Beide Fälle lassen sich auch zusammenfassen in die Gleichung

$$c_1 = \sqrt{|1 - Ma_\infty^2|}. \tag{8.45}$$

Mit Gl. (8.44) ergeben sich aus Gl. (8.43) für die transformierte Vergleichsströmung folgende Differentialgleichungen für das Potential

bei Unterschallgeschwindigkeit:

$$\frac{\partial^2 \Phi'}{\partial x'^2} + \frac{\partial^2 \Phi'}{\partial y'^2} + \frac{\partial^2 \Phi'}{\partial z'^2} = 0 \quad (Ma_\infty < 1), \tag{8.46}$$

bei Überschallgeschwindigkeit:

$$\frac{\partial^2 \Phi'}{\partial x'^2} - \frac{\partial^2 \Phi'}{\partial y'^2} - \frac{\partial^2 \Phi'}{\partial z'^2} = 0 \quad (Ma_\infty > 1). \tag{8.47}$$

Die transformierte Gleichung für die Unterschallströmung ist identisch mit der Potentialgleichung der inkompressiblen Strömung nach Gl. (2.72). Die transformierte Gleichung für Überschallströmung ist identisch mit der linearen Potentialgleichung (8.40) für die Mach-Zahl $Ma_\infty = \sqrt{2}$. Diese Transformation zeigt, daß man die Berechnung der Unterschallströmungen für beliebige Machsche Zahlen zurückführen kann auf die Berechnung der Strömung bei $Ma_\infty = 0$ und die Berechnung der Überschallströmungen für beliebige Machsche Zahlen auf diejenige bei $Ma_\infty = \sqrt{2}$.

Der Transformationsfaktor c_2 in Gl. (8.42) bleibt zunächst noch unbestimmt. Er wird weiter unten angegeben werden. Wir bezeichnen die

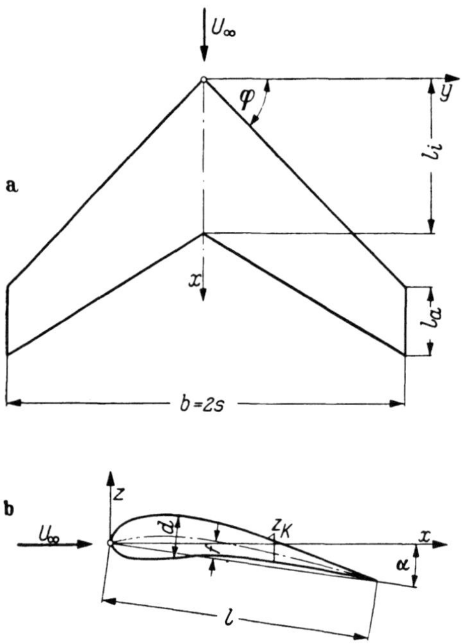

Abb. 8.19. Erläuterungsskizze zur Flügelgeometrie.
a) Flügelgrundriß,
$\lambda = l_a/l_i$, Zuspitzung,
$\Lambda = b^2/F$, Seitenverhältnis,
F Flügelgrundrißfläche,
φ Pfeilwinkel;
b) Profilschnitt y = const,
$z_K(x)$ Profilkontur,
f/l relative Wölbung,
d/l relative Dicke,
α Anstellwinkel.

angegebene Transformation als die *Prandtl-Glauert-Ackeretsche Ähnlichkeitsregel* der räumlichen Tragflügeltheorie.

Transformation der geometrischen Flügeldaten. Es soll im folgenden gezeigt werden, wie sich die Transformationsformeln, Gl. (8.42), auf einen Tragflügel endlicher Spannweite anwenden lassen. Das Koordinatensystem x, y, z sei nach Abb. 8.19 gewählt. Die x-Achse fällt in die Anströmungsrichtung. Aus Gl. (8.42) ergeben sich die Vorschriften, wie aus einem vorgegebenen Flügel für eine vorgegebene Mach-Zahl der transformierte Flügel erhalten wird, dessen Umströmung nach der obigen Regel für Unterschallgeschwindigkeit bei $Ma_\infty = 0$ und für Überschallgeschwindigkeit bei $Ma_\infty = \sqrt{2}$ berechnet werden muß. Aus dem vorgegebenen Tragflügel erhält man den transformierten Flügel nach Gl. (8.42) dadurch, daß man seine Abmessungen senkrecht zur Anströmungsrichtung, also in y- und z-Richtung, mit dem Faktor c_1 nach Gl. (8.45) verkleinert bzw. vergrößert.

Für den *Flügelgrundriß*, vgl. Kap. 5.12, ergeben sich folgende Umrechnungsformeln:

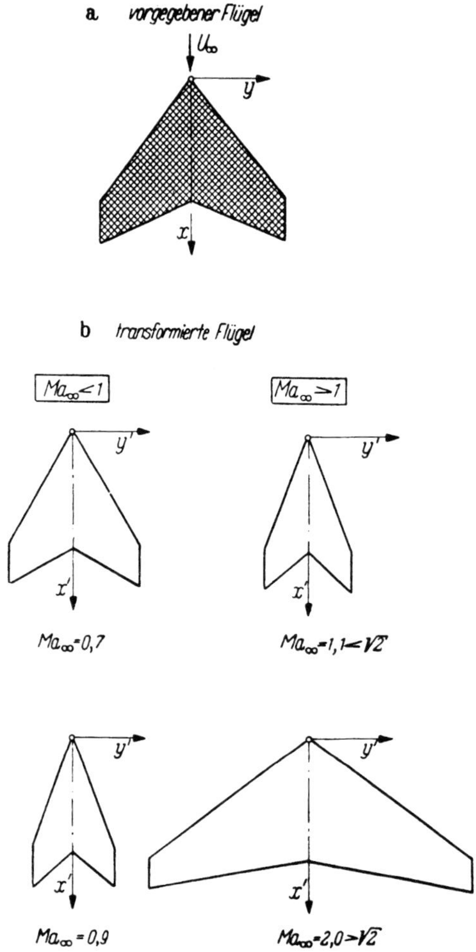

Abb. 8.20. Anwendung der Prandtl-Glauert-Ackeretschen Regel auf das Beispiel eines zugespitzten Pfeilflügels.

a) Vorgegebener Flügel, der für die Mach-Zahlen $Ma_\infty = 0{,}7;\ 0{,}9;\ 1{,}1$ und $2{,}0$ berechnet werden soll;

b) transformierte Flügel für diese Mach-Zahlen.

Zuspitzung: $$\lambda' = \lambda, \tag{8.48a}$$

Seitenverhältnis: $$\Lambda' = \Lambda \sqrt{|1 - Ma_\infty^2|}, \tag{8.48b}$$

Pfeilung: $$\cot \varphi' = \cot \varphi \sqrt{|1 - Ma_\infty^2|}. \tag{8.48c}$$

Aus den Gln. (8.48b) und (8.48c) erhält man sofort die bemerkenswerte Beziehung

$$\Lambda' \tan\varphi' = \Lambda \tan\varphi . \tag{8.48d}$$

Dabei ist es gleichgültig, auf welche im Flügelgrundriß festgelegte Gerade der Pfeilwinkel bezogen wird, z. B. Vorderkante oder Hinterkante.

In Abb. 8.20 ist die Transformation des Flügelgrundrisses am Beispiel eines zugespitzten Pfeilflügels erläutert. Der schraffierte Flügelgrundriß in Abb. 8.20a ist der vorgegebene Flügel, dessen Umströmung für verschiedene Mach-Zahlen $Ma_\infty = 0{,}7$; $0{,}9$; $1{,}1$ und $2{,}0$ ermittelt werden soll. Die dazugehörigen transformierten Flügelgrundrisse sind in Abb. 8.20b dargestellt. Dabei sind für $Ma_\infty < 1$ die transformierten Flügel bei inkompressibler Strömung ($Ma_\infty = 0$) und für $Ma_\infty > 1$ bei $Ma_\infty = \sqrt{2}$ zu berechnen.

Die Transformation des Flügelgrundrisses, wie sie durch Gl. (8.48a, b, c) gegeben ist, ist in Abb. 8.21 noch näher erläutert. In dieser Ab-

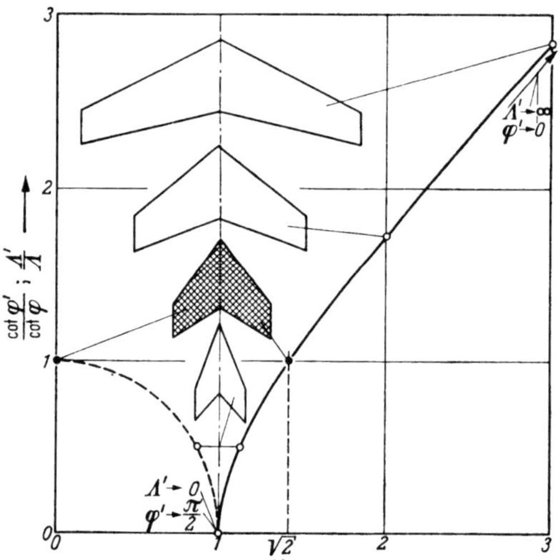

Abb. 8.21. Zur Anwendung der Prandtl-Glauert-Ackeretschen Regel. Transformation des Flügelgrundrisses: Seitenverhältnis Λ' und Pfeilwinkel φ' des transformierten Flügels in Abhängigkeit von der Machschen Zahl.

bildung ist Λ'/Λ und $\cot\varphi'/\cot\varphi$ über der Mach-Zahl Ma_∞ aufgetragen. Es ist wie in Abb. 8.20 der schraffierte Flügelgrundriß der vorgegebene Flügel, der bei verschiedenen Mach-Zahlen berechnet werden soll. Die nichtschraffierten Flügelgrundrisse stellen die transformierten Flügel dar, die zu den vorgegebenen Mach-Zahlen gehören. Ist die vorgegebene Mach-Zahl $Ma_\infty = 0$ bzw. $Ma_\infty = \sqrt{2}$, so stimmt der transformierte Flügel mit dem vorgegebenen Flügel überein. Man erkennt aus Abb. 8.21, daß im Unterschallbereich mit wachsender Mach-Zahl für den transformierten Flügel sich das Seitenverhältnis verkleinert, während der Pfeilwinkel sich vergrößert. Für $Ma_\infty \to 1$ strebt das Seitenverhältnis des transformierten Flügels $\Lambda' \to 0$ und sein Pfeilwinkel gegen $\varphi' \to 90°$. Im Überschallbereich hat man bei $Ma_\infty > \sqrt{2}$ für den transformierten Flügel mit wachsender Mach-Zahl eine Zunahme des Seitenverhältnisses und eine Abnahme des Pfeilwinkels. Im Grenzfall sehr großer Mach-Zahl strebt das Seitenverhältnis des transformierten Flügels $\Lambda' \to \infty$ und der Pfeilwinkel $\varphi' \to 0$. Somit hat man das bemerkenswerte Ergebnis, daß bei großen Überschall-Machzahlen die räumliche Tragflügelströmung in die ebene Tragflügelströmung übergeht.

Die Prandtl-Glauert-Ackeretsche Regel läßt sich auch für unsymmetrische Anströmung (schiebender Flügel) anwenden, vgl. hierzu [76].

Für den *Profilschnitt* und den *Anstellwinkel* (Abb. 8.19b) ergeben sich aus den Gln. (8.42) und (8.45) folgende Umrechnungsformeln:

Wölbungsverhältnis: $$\frac{f'}{l'} = \frac{f}{l}\sqrt{|1 - Ma_\infty^2|}\,, \tag{8.49a}$$

Dickenverhältnis: $$\frac{d'}{l'} = \frac{d}{l}\sqrt{|1 - Ma_\infty^2|}\,, \tag{8.49b}$$

Anstellwinkel: $$\alpha' = \alpha\sqrt{|1 - Ma_\infty^2|}\,. \tag{8.50}$$

Für $Ma_\infty < \sqrt{2}$ hat also der transformierte Flügel geringere Wölbung und geringere Dicke sowie kleineren Anstellwinkel als der vorgegebene Flügel, dagegen für $Ma_\infty > \sqrt{2}$ größere Wölbung, größere Dicke und größeren Anstellwinkel als der vorgegebene Flügel.

Transformation der Druckverteilung. Im vorstehenden wurde die Auswirkung der Transformation Gl. (8.42) zunächst auf die Flügelgeometrie diskutiert. Es muß jetzt noch angegeben werden, welche Beziehung zwischen der Druckverteilung des vorgegebenen und derjenigen des transformierten Flügels besteht.

Für die dimensionslosen Druckkoeffizienten $c_p = (p - p_\infty)\Big/\frac{\varrho_\infty}{2}U_\infty^2$ gilt nach Gl. (3.32a) im Rahmen der linearen Näherung:

$$c_p = -2\frac{u}{U_\infty} = -\frac{2}{U_\infty}\frac{\partial \Phi}{\partial x}; \quad c_p' = -2\frac{u'}{U_\infty} = -\frac{2}{U_\infty}\frac{\partial \Phi'}{\partial x'}. \tag{8.51}$$

Dabei wird vorausgesetzt, daß für den vorgegebenen und den transformierten Flügel die Anströmungsgeschwindigkeit U_∞ gleich groß ist. Hieraus folgt sofort wegen Gl. (8.42):

$$c_p = c_2 c_p'. \tag{8.52}$$

Der noch nicht bekannte Transformationsfaktor c_2 wird aus den kinematischen Strömungsbedingungen für die beiden Flügel ermittelt (Stromlinienanalogie). Diese lauten im Rahmen der linearen Näherung

$$w = U_\infty \frac{\partial z_K}{\partial x}; \qquad w' = U_\infty \frac{\partial z'_K}{\partial x'}, \tag{8.53}$$

wobei w und w' die z-Komponenten der Störgeschwindigkeit auf der Profilkontur z_K bzw. z'_K (Abb. 8.19b) bedeuten. Wegen $w = \partial\Phi/\partial z$ und $w' = \partial\Phi'/\partial z'$ ergibt sich unter Beachtung von Gl. (8.42):

$$c_1^2 c_2 = 1$$

und somit wegen Gl. (8.45):

$$c_2 = \frac{1}{|1 - Ma_\infty^2|}. \tag{8.54}$$

Damit ist jetzt auch die Konstante c_2 bestimmt.

In Worten kann man den Inhalt der Prandtl-Glauert-Ackeretschen Regel folgendermaßen zusammenfassen:[1]

Fassung I: Aus dem vorgegebenen Tragflügel und der vorgegebenen Mach-Zahl bildet man einen transformierten Flügel dadurch, daß man seine Abmessungen in y- und z-Richtung und seinen Anstellwinkel mit dem Faktor $c_1 = \sqrt{|1 - Ma_\infty^2|}$ multipliziert, während seine Abmessungen in x-Richtung ungeändert bleiben. Für den so erhaltenen transformierten Flügel ist, wenn die vorgegebene Mach-Zahl im Bereich der Unterschallgeschwindigkeit liegt, die inkompressible Strömung zu berechnen. Liegt die vorgegebene Mach-Zahl dagegen im Bereich der Überschallgeschwindigkeit, so ist für den transformierten Flügel die kompressible Strömung für $Ma_\infty = \sqrt{2}$ zu berechnen. Bei gleicher Anströmungsgeschwindigkeit für den vorgegebenen und für den transformierten Flügel besteht dann zwischen den Druckbeiwerten der Zusammenhang:

$$c_p = \frac{p - p_\infty}{q_\infty} = \frac{c'_p}{|1 - Ma_\infty^2|}. \tag{8.55}$$

Im Hinblick auf die praktischen Anwendungen ist es angebracht, eine solche Transformation zu haben, bei welcher nur die Abmessungen in der y-Richtung (Flügelgrundriß) verzerrt werden, während die Abmessungen in der z-Richtung (Profil und Anstellwinkel) ungeändert bleiben. Eine solche Transformation erhält man aus der obigen Fassung I

[1] Die Erweiterung der Prandtl-Glauertschen Regel für Unterschallgeschwindigkeit vom ebenen auf den räumlichen Fall wurde zuerst von B. Göthert [23] angegeben.

dadurch, daß man nachträglich die Verzerrung in der z-Richtung nach den Gln. (8.49a, b) und (8.50) wieder rückgängig macht. Damit ändert sich dann der Druckbeiwert nach Gl. (8.55) im Rahmen der linearen Theorie noch um den Faktor $\sqrt{|1 - Ma_\infty^2|}$. Man erhält dann für den Druckbeiwert:

$$c_p = \frac{c_p'}{\sqrt{|1 - Ma_\infty^2|}}. \qquad (8.56)$$

Dieser Zusammenhang ist in Abb. 8.22 dargestellt. Damit ergibt sich für die Prandtl-Glauert-Ackeretsche Regel die folgende Fassung:

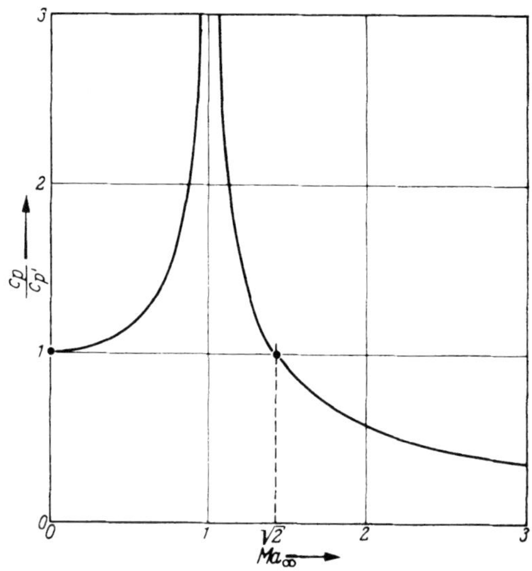

Abb. 8.22. Zur Anwendung der Prandtl-Glauert-Ackeretschen Regel (Fassung *II*). Transformation der Druckbeiwerte nach Gl. (8.56).

Fassung II: Aus dem vorgegebenen Tragflügel und der vorgegebenen Mach-Zahl bildet man einen transformierten Flügel derart, daß man seine Abmessungen in der y-Richtung mit dem Faktor $c_1 = \sqrt{|1 - Ma_\infty^2|}$ multipliziert, während seine Abmessungen in x- *und* z-Richtung sowie der Anstellwinkel unverändert bleiben. Für den so erhaltenen transformierten Flügel ist, wenn die vorgegebene Mach-Zahl im Bereich der Unterschallgeschwindigkeit liegt, die inkompressible Strömung zu berechnen. Liegt die vorgegebene Mach-Zahl dagegen im Bereich der Überschallgeschwindigkeit, so ist für den transformierten Flügel die kompressible Strömung für $Ma_\infty = \sqrt{2}$ zu berechnen. Bei gleicher Anströmgeschwindigkeit für den vorgegebenen und für den transformierten Flügel besteht dann zwischen den Druckbeiwerten der Zusammenhang nach Gl. (8.56).

Abhängigkeit der aerodynamischen Beiwerte von der Machschen Zahl. Aus der Prandtl-Glauert-Ackeretschen Regel ergeben sich für die aerodynamischen Beiwerte die folgenden allgemeingültigen Beziehungen: Wenn die Funktion

$$c_p' = \delta' f_1\left(\lambda';\ \Lambda';\ \cot\varphi';\ \frac{x'}{l'};\ \frac{y'}{s'}\right) \tag{8.57}$$

die Abhängigkeit des Druckbeiwertes von den geometrischen Flügeldaten bei $Ma_\infty = 0$ oder $Ma_\infty = \sqrt{2}$ bedeutet, so erhält man die entsprechende Abhängigkeit von den geometrischen Flügeldaten bei einer beliebigen Mach-Zahl wegen der Gln. (8.48) und (8.56) in der Form:

$$c_p = \frac{\delta}{\sqrt{|1 - Ma_\infty^2|}}\, f_2\left(\lambda;\ \Lambda\sqrt{|1 - Ma_\infty^2|};\ \cot\varphi\sqrt{|1 - Ma_\infty^2|};\ \frac{x}{l};\ \frac{y}{s}\right). \tag{8.58a}$$

Hierbei bedeutet δ entweder die relative Dicke d/l, die relative Wölbung f/l oder den Anstellwinkel α. Diese Gleichung läßt sich auch noch in der folgenden einfacheren Form schreiben:

$$c_p = \frac{\delta}{\sqrt{|1 - Ma_\infty^2|}}\, f_3\left(\lambda;\ \Lambda\tan\varphi;\ \Lambda\sqrt{|1 - Ma_\infty^2|};\ \frac{x}{l};\ \frac{y}{s}\right). \tag{8.58b}$$

Aus der vorstehenden Formel für die Druckverteilung erhält man durch Integration über die Flügelfläche eine entsprechende Formel für den Auftriebsbeiwert:

$$c_A = \frac{\delta}{\sqrt{|1 - Ma_\infty^2|}}\, \mathfrak{F}\left(\lambda;\ \Lambda\tan\varphi;\ \Lambda\sqrt{|1 - Ma_\infty^2|}\right). \tag{8.59}$$

Hierin bedeutet jetzt δ den Anstellwinkel oder die relative Wölbung. Im Grenzübergang zur ebenen Strömung ($\lambda = 1$, $\varphi = 0$, $\Lambda \to \infty$) geht diese Prandtl-Glauert-Ackeretsche Ähnlichkeitsregel für Unterschallgeschwindigkeit in die bekannte Prandtl-Glauertsche Regel nach Gl. (8.7) und für Überschallgeschwindigkeit in die Ackeretsche Lösung nach Gl. (8.17) über. Der besondere Wert der vorstehenden Formeln besteht darin, daß sie den Einfluß der Machschen Zahl in einfacher Weise zum Ausdruck bringen. Aber auch für das Ordnen von Versuchsergebnissen sind sie von großem Nutzen.

Eine zu Gl. (8.59) analoge Formel für den Widerstandsbeiwert wird in Gl. (8.141) angegeben, die jedoch nur für Überschallgeschwindigkeit Gültigkeit hat.

8.23 Ähnlichkeitsregel für Schallanströmung (v. Kármán)

Da die vorstehend besprochenen Ähnlichkeitsregeln nur für reine Unterschall- und reine Überschallströmungen gelten, soll im folgenden auch noch eine Ähnlichkeitsregel für die transsonische Strömung

($Ma_\infty = 1$) angegeben werden. Den Ausgangspunkt hierfür bildet die nichtlineare Potentialgleichung (8.41), welche für $Ma_\infty = 1$ gilt. Während bei den Ähnlichkeitsregeln für die reinen Unterschall- und Überschallströmungen die Abhängigkeit der aerodynamischen Beiwerte von den geometrischen Flügelparametern *und* der Machschen Zahl untersucht wurde, steht jetzt, weil $Ma_\infty = \text{const} = 1$ ist, nur noch die Abhängigkeit der aerodynamischen Beiwerte von den geometrischen Parametern zur Diskussion.

Wir gehen von folgender Fragestellung aus: Vorgegeben ist ein Flügel mit allen seinen geometrischen Daten (Grundriß und Profil) beim Anstellwinkel Null. Gefragt ist, wie ein Vergleichsflügel, der ebenfalls mit $Ma_\infty = 1$ angeströmt wird, aussehen muß, damit er eine affine Druckverteilung wie der vorgegebene Flügel besitzt. Um diese Frage zu beantworten, wird in Gl. (8.41) die folgende Transformation eingeführt:

$$x' = x, \quad y' = c_3 y, \quad z' = c_3 z, \quad \Phi = c_4 \Phi', \quad U'_\infty = U_\infty. \qquad (8.60)$$

Dabei beziehen sich die Größen ohne Strich auf den vorgegebenen Flügel und die Größen mit Strich auf den zugeordneten Vergleichsflügel.

Führt man Gl. (8.60) in Gl. (8.41) ein, so erhält man:

$$-c_4 \frac{\varkappa + 1}{U_\infty} \frac{\partial \Phi'}{\partial x'} \frac{\partial^2 \Phi'}{\partial x'^2} + c_3^2 \left(\frac{\partial^2 \Phi'}{\partial y'^2} + \frac{\partial^2 \Phi'}{\partial z'^2} \right) = 0. \qquad (8.61)$$

Da auch der Vergleichsflügel (Werte mit Strich) mit $Ma_\infty = 1$ angeströmt wird, muß für ihn ebenfalls Gl. (8.41) erfüllt sein. Damit folgt aus Gl. (8.61):

$$c_3^2 = c_4. \qquad (8.62)$$

Um eine weitere Beziehung zwischen den Konstanten c_3 und c_4 zu erhalten, setzen wir für beide Flügel die kinematische Strömungsbedingung an:

$$w = U_\infty \frac{\partial z_K}{\partial x}; \quad w' = U_\infty \frac{\partial z'_K}{\partial x'}, \qquad (8.63\,\text{a, b})$$

wobei $z_K(x, y)$ die Kontur des Flügels bedeutet. Setzt man Gl. (8.60) in (8.63a) ein, so wird wegen $w = \partial\Phi/\partial z$:

$$c_3 c_4 \frac{\partial \Phi'}{\partial z'} = U_\infty \frac{\partial z'_K}{\partial x'} \left(\frac{\partial z_K}{\partial x} \Big/ \frac{\partial z'_K}{\partial x'} \right).$$

Mit $w' = \partial\Phi'/\partial z'$ und mit Gl. (8.63b) erhält man:

$$c_3 c_4 = \frac{\partial z_K}{\partial x} \Big/ \frac{\partial z'_K}{\partial x'}.$$

Hieraus folgt sofort die zweite Beziehung zwischen c_3 und c_4 in der Form:

$$c_3 c_4 = \frac{\delta}{\delta'}, \tag{8.64}$$

wobei $\delta = d/l$ das Dickenverhältnis des Flügelprofils ist. Mit Gl. (8.62) ergibt sich hieraus:

$$c_3 = \left(\frac{\delta}{\delta'}\right)^{1/3}; \qquad c_4 = \left(\frac{\delta}{\delta'}\right)^{2/3}. \tag{8.65}$$

Transformation der geometrischen Flügeldaten. Die Verzerrung der geometrischen Daten des Flügelgrundrisses wird nach Gl. (8.60)

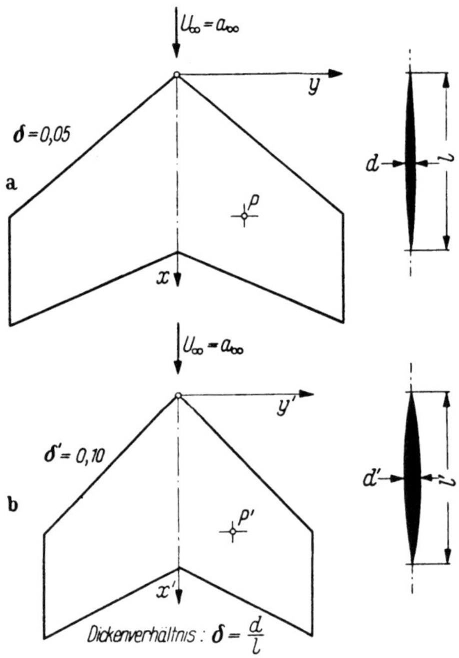

Abb. 8.23. Anwendung der von Kármánschen Regel für Schallanströmung auf das Beispiel eines trapezförmigen Pfeilflügels.

a) Dickenverhältnis $\delta = d/l = 0{,}05$; b) Dickenverhältnis $\delta' = d'/l' = 0{,}10$.

durch den Faktor c_3 gegeben. Es gelten somit die Umrechnungsformeln:

Zuspitzung: $$\lambda' = \lambda, \tag{8.66a}$$

Seitenverhältnis: $$\Lambda' = \left(\frac{\delta}{\delta'}\right)^{1/3} \Lambda, \tag{8.66b}$$

Pfeilung: $$\cot\varphi' = \left(\frac{\delta}{\delta'}\right)^{1/3} \cot\varphi. \tag{8.66c}$$

Als Beispiel für diese *v. Kármánsche Ähnlichkeitsregel* [37] ist in Abb. 8.23 die Transformation für einen gepfeilten Flügel dargestellt.

Transformation der Druckverteilung. Die Transformation der Druckverteilung erhält man analog zu den Gln. (8.51) und (8.52), wobei lediglich c_2 durch c_4 zu ersetzen ist, also $c_p = c_4 c_p'$. Mit c_4 nach Gl. (8.65) ergibt sich somit:

$$c_p = \left(\frac{\delta}{\delta'}\right)^{2/3} c_p' . \tag{8.67}$$

Will man die Abhängigkeit der Druckverteilung auch von den geometrischen Parametern zum Ausdruck bringen, so hat man aus Gl. (8.67) unter Berücksichtigung von Gl. (8.66) die folgende Beziehung:

$$c_p = \delta^{2/3} g \left(\lambda, \Lambda \tan\varphi, \Lambda\delta^{1/3}, \frac{x}{l}, \frac{y}{s}\right). \tag{8.68}$$

Im Grenzübergang zur zweidimensionalen Strömung ($\lambda = 1, \varphi = 0$ $\Lambda \to \infty$) folgt hieraus, daß der Druckbeiwert proportional zu $\delta^{2/3}$ ist in Übereinstimmung mit Gl. (3.181), vgl. Abb. 3.51 a. Nach der linearen Unterschall- und Überschalltheorie ist dagegen der Druckbeiwert proportional zu δ.

Aus Gl. (8.68) ergibt sich für den *Widerstandsbeiwert* sofort die folgende Beziehung:

$$c_W = \delta^{5/3} \mathfrak{G} (\lambda, \Lambda \tan\varphi, \Lambda\delta^{1/3}). \tag{8.69}$$

Hiernach ist der Widerstandsbeiwert proportional zu $\delta^{5/3}$. Die entsprechende Formel für den ebenen Fall wurde in Gl. (3.182) angegeben, vgl. hierzu Abb. 3.51 b. Die experimentelle Nachprüfung für den ebenen Fall wurde in Abb. 3.50 gezeigt. Auch diese v. Kármánsche Ähnlichkeitsregel für den räumlichen Tragflügel eignet sich besonders gut für die übersichtliche Darstellung von Versuchsergebnissen; man vgl. hierzu auch J. R. Spreiter [68].

8.3 Tragflügel endlicher Spannweite bei Unterschallgeschwindigkeit

8.31 Rechenverfahren

In Kap. 8.22 ist gezeigt worden, daß die Berechnung der Umströmung eines Tragflügels endlicher Spannweite für Mach-Zahlen $Ma_\infty < 1$ zurückgeführt werden kann auf die Ermittlung der inkompressiblen Strömung für einen Tragflügel endlicher Spannweite. Das entsprechende Problem für den Tragflügel unendlicher Spannweite (Profiltheorie) wurde in Kap. 8.12 erörtert. Die Berechnung der inkompressiblen Strömung wurde für den Tragflügel unendlicher Spannweite in Kap. VI und für den Tragflügel endlicher Spannweite in Kap. VII ausführlich besprochen. Die Methoden der inkompressiblen Tragflügeltheorie haben somit eine Bedeutung, die weit über den Bereich der inkompressiblen Strömung hinausgeht.

Den Ausgangspunkt für unsere weiteren Betrachtungen bildet die zweite Fassung der Prandtl-Glauertschen Regel nach Kap. 8.22. Hier

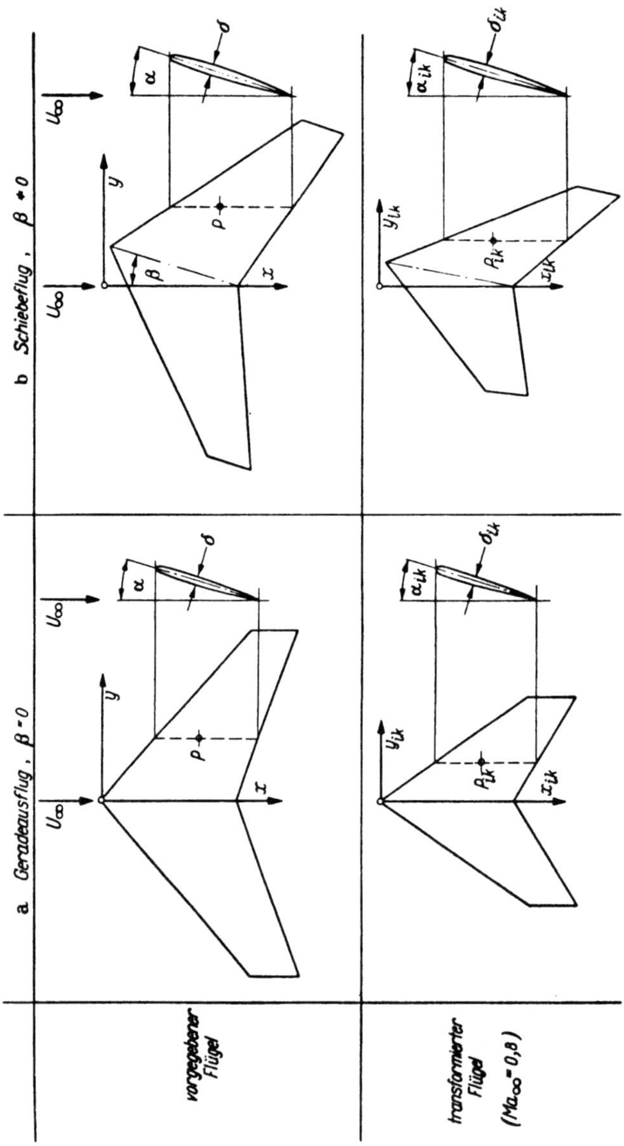

Abb. 8.24. Zur Anwendung der Prandtl-Glauertschen Regel; Transformation des Flügelgrundrisses.
a) Geradeausflug, $\beta = 0$; b) Schiebeflug, $\beta \neq 0$.

soll jetzt der dem vorgegebenen Flügel bei vorgegebener Mach-Zahl zugeordnete Flügel bei inkompressibler Strömung mit dem Index *ik* gekennzeichnet werden. Damit lauten die Umrechnungsformeln für den Flügelgrundriß nach den Gln. (8.42) und (8.48):

Koordinaten: $$x_{ik} = x, \; y_{ik} = y\sqrt{1 - Ma_\infty^2}\,, \tag{8.70}$$

Spannweite: $$b_{ik} = b\sqrt{1 - Ma_\infty^2}\,, \tag{8.71a}$$

Flügeltiefe: $$l_{ik} = l, \tag{8.71b}$$

Zuspitzung: $$\lambda_{ik} = \lambda, \tag{8.72a}$$

Seitenverhältnis: $$\Lambda_{ik} = \Lambda\sqrt{1 - Ma_\infty^2}\,, \tag{8.72b}$$

Pfeilung: $$\cot\varphi_{ik} = \cot\varphi\sqrt{1 - Ma_\infty^2}\,. \tag{8.72c}$$

Bei ungeändertem Profil, $(f/l)_{ik} = f/l$, $(d/l)_{ik} = d/l$, und ungeändertem Anstellwinkel, $\alpha_{ik} = \alpha$, ergibt sich der Druckbeiwert des vorgegebenen Flügels c_p aus demjenigen des transformierten Flügels $(c_p)_{ik}$ nach Gl. (8.56) zu:

$$c_p = \frac{p - p_\infty}{q_\infty} = \frac{1}{\sqrt{1 - Ma_\infty^2}}(c_p)_{ik}\,. \tag{8.73}$$

In Abb. 8.24 ist die geometrische Transformation für einen trapezförmigen Pfeilflügel im Geradeausflug und im Schiebeflug für die Mach-Zahl $Ma_\infty = 0{,}8$ dargestellt. Die Umrechnung des Druckbeiwertes nach Gl. (8.73) wurde bereits in Abb. 8.22 angegeben.

8.32 Angestellter Tragflügel endlicher Spannweite (Auftriebsproblem)

8.321 Allgemeine Formeln

Auftriebsverteilung. Den örtlichen Auftriebsbeiwert eines Tragflügelschnittes erhält man durch Integration der Druckverteilung über die Flügeltiefe nach Gl. (5.38). Unter Beachtung von Gl. (8.73) lautet demnach die Umrechnungsformel für den örtlichen Auftriebsbeiwert:

$$c_a(y) = \frac{1}{\sqrt{1 - Ma_\infty^2}}(c_a)_{ik}(y_{ik}) \qquad (\alpha = \alpha_{ik})\,. \tag{8.74}$$

Eine entsprechende Beziehung gilt für den örtlichen Nickmomentenbeiwert:

$$c_m(y) = \frac{1}{\sqrt{1 - Ma_\infty^2}}(c_m)_{ik}(y_{ik})\,. \tag{8.75}$$

Die Rechenverfahren zur Ermittlung der Auftriebsverteilung bei inkompressibler Strömung, wie sie in Kap. 7.3 beschrieben wurden, liefern die Auftriebsverteilung längs Spannweite nach den Gln. (7.70) und (7.145) in der dimensionslosen Form:

$$\gamma_{ik}(\eta_{ik}) = \frac{(c_a)_{ik} l_{ik}}{2 b_{ik}}$$

und die Nickmomentenverteilung nach Gl. (7.146) in der Form

$$\mu_{ik}(\eta_{ik}) = \frac{(c_m)_{ik} l_{ik}}{2 b_{ik}}.$$

Setzt man die Gln. (8.71a, b) in (8.74) und (8.75) ein, so findet man für die dimensionslosen Verteilungen bei kompressibler Strömung:

$$\gamma = \frac{c_a l}{2b} = \gamma_{ik}; \qquad \mu = \frac{c_m l}{2b} = \mu_{ik}. \tag{8.76}$$

Diese Gleichungen zeigen, daß die dimensionslose Auftriebs- und Momentenverteilung beim Übergang von der inkompressiblen auf die kompressible Strömung ungeändert bleibt. Es ist jedoch zu beachten, daß die Verteilungen γ und γ_{ik} sowie μ und μ_{ik} zu verschiedenen Grundrissen gehören, Abb. 8.24.

Gesamtauftrieb und Nickmoment. Die Umrechnung der Beiwerte von Gesamtauftrieb und Nickmoment liefert unter Beachtung der Gln. (8.70), (8.71a, b) und (8.73):

$$c_A = \frac{1}{\sqrt{1 - Ma_\infty^2}} (c_A)_{ik} \qquad (\alpha = \alpha_{ik}), \tag{8.77}$$

$$c_M = \frac{1}{\sqrt{1 - Ma_\infty^2}} (c_M)_{ik}. \tag{8.78}$$

Die Umrechnungsformeln für die übrigen aerodynamischen Beiwerte sind in Tab. 8.4 zusammengestellt.

Induzierter Widerstand. Für den Beiwert des induzierten Widerstandes gilt die folgende Umrechnungsformel:

$$c_{Wi} = \frac{1}{\sqrt{1 - Ma_\infty^2}} (c_{Wi})_{ik} \qquad (\alpha = \alpha_{ik}). \tag{8.79}$$

Bei inkompressibler Strömung ist nach Gl. (7.24) für elliptische Auftriebsverteilung $(c_{Wi})_{ik} = (c_A)_{ik}^2/\pi \Lambda_{ik}$. Setzt man für $(c_A)_{ik}$ und Λ_{ik} die obigen Umrechnungsformeln ein, so findet man die Beziehung:

$$c_{Wi} = \frac{c_A^2}{\pi \Lambda}. \tag{8.80}$$

Tabelle 8.4. *Umrechnungsformeln für die aerodynamischen Beiwerte eines Tragflügels endlicher Spannweite bei Unterschallgeschwindigkeit (Prandtl-Glauertsche Regel).* $\alpha = \alpha_{ik}$; $f = f_{ik}$.

Druckverteilung	c_p	$= \dfrac{1}{\sqrt{1 - Ma_\infty^2}} (c_p)_{ik}$
Auftrieb	c_A	$= \dfrac{1}{\sqrt{1 - Ma_\infty^2}} (c_A)_{ik}$
Auftriebsanstieg	$\dfrac{dc_A}{d\alpha}$	$= \dfrac{1}{\sqrt{1 - Ma_\infty^2}} \left(\dfrac{dc_A}{d\alpha}\right)_{ik}$
Nullauftriebswinkel	α_0	$= (\alpha_0)_{ik}$
Nickmoment	c_M	$= \dfrac{1}{\sqrt{1 - Ma_\infty^2}} (c_M)_{ik}$
Neutralpunktlage	$\dfrac{x_N}{l_\mu}$	$= \left(\dfrac{x_N}{l_\mu}\right)_{ik}$
Nullmoment	c_{M0}	$= \dfrac{1}{\sqrt{1 - Ma_\infty^2}} (c_{M0})_{ik}$
Rollmoment	c_L	$= \dfrac{1}{\sqrt{1 - Ma_\infty^2}} (c_L)_{ik}$

Die Formel für den Beiwert des induzierten Widerstandes in Abhängigkeit vom Auftriebsbeiwert ist somit unabhängig von der Machschen Zahl.

8.322 Beispiele

Im folgenden soll jetzt das vorstehend gegebene Verfahren zur Berechnung der Auftriebsverteilung an Tragflügeln bei Unterschallgeschwindigkeit auf einige Beispiele angewendet werden.

Unverwundene Flügel. Wir berechnen die aerodynamischen Beiwerte für die gleichen Flügel, für die in Kap. 7.3 die Auftriebsverteilungen bei inkompressibler Strömung ermittelt wurden. Es handelt sich dabei um einen Trapezflügel, einen Pfeilflügel und einen Dreieckflügel mit Seitenverhältnissen zwischen $\Lambda = 2$ und 3. In Abb. 8.25 sind diese drei vorgegebenen Flügel in der obersten Zeile dargestellt. Die geometrischen Daten der Flügel sind in Tab. 7.5 zusammengestellt. Die zweite und dritte Zeile von Abb. 8.25 zeigen die nach der Prandtl-Glauertschen Regel für $Ma_\infty = 0{,}4$ bzw. $Ma_\infty = 0{,}8$ transformierten Flügel. Für diese Flügel sind die Auftriebsverteilungen nach den Methoden der inkompressiblen Strömung von Kap. 7.3 berechnet worden. Insbesondere wählen wir für diese Beispiele das Tragflächenverfahren von Kap. 7.35.

Die Ergebnisse der Berechnung der Auftriebsverteilung für die unverwundenen Flügel ($\alpha = 1$) sind in Abb. 8.26 wiedergegeben. In

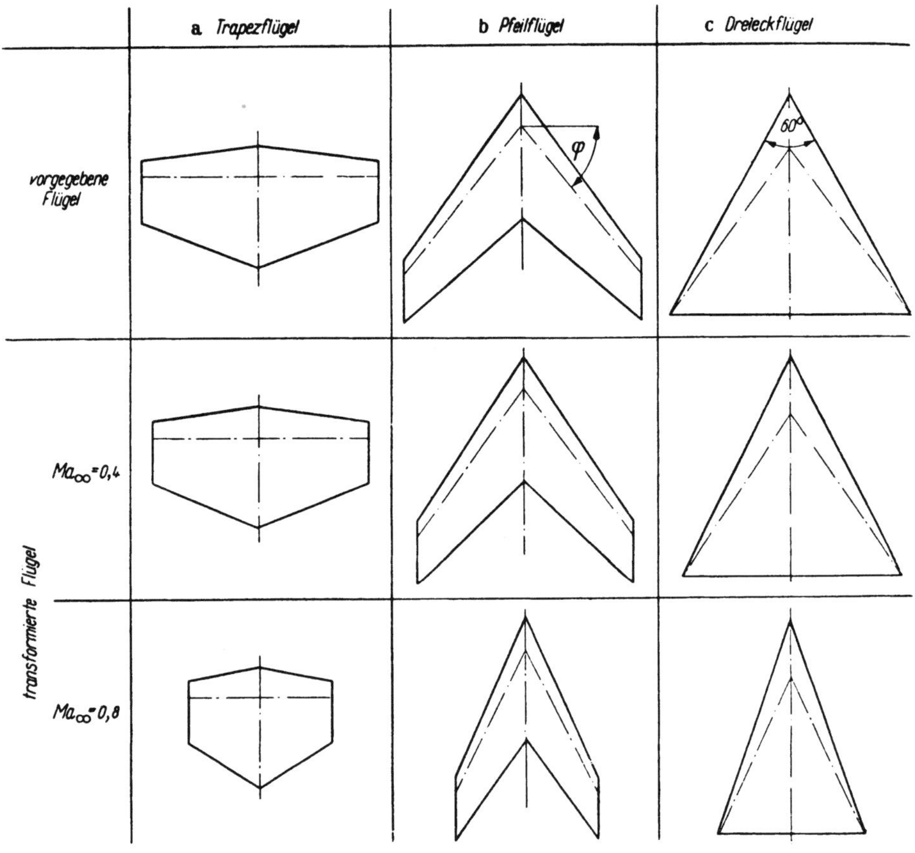

Abb. 8.25. Die Grundrisse der vorgegebenen und der transformierten Flügel für die Beispiele zur Auftriebsverteilung bei Unterschallgeschwindigkeit. Vorgegebene Flügel: vgl. Tab. 7.5.

a) Trapezflügel: $\varphi = 0°$; $\Lambda = 2{,}75$; $\lambda = 0{,}5$;
b) Pfeilflügel: $\varphi = 50°$; $\Lambda = 2{,}75$; $\lambda = 0{,}5$;
c) Dreieckflügel: $\varphi = 52{,}4°$; $\Lambda = 2{,}31$; $\lambda = 0$.

den unteren Abbildungen sind die dimensionslosen *Auftriebsverteilungen* γ nach Gl. (8.76) für die Machschen Zahlen $Ma_\infty = 0$ und $Ma_\infty = 0{,}8$ dargestellt. Dabei stimmen die Kurven für $Ma_\infty = 0$ mit den in Abb. 7.31 als Kurve (3) angegebenen Verteilungen überein. In den oberen Abbildungen sind die *örtlichen Neutralpunkte* sowie die *Gesamtneutralpunkte* N in die Flügelgrundrisse eingezeichnet.

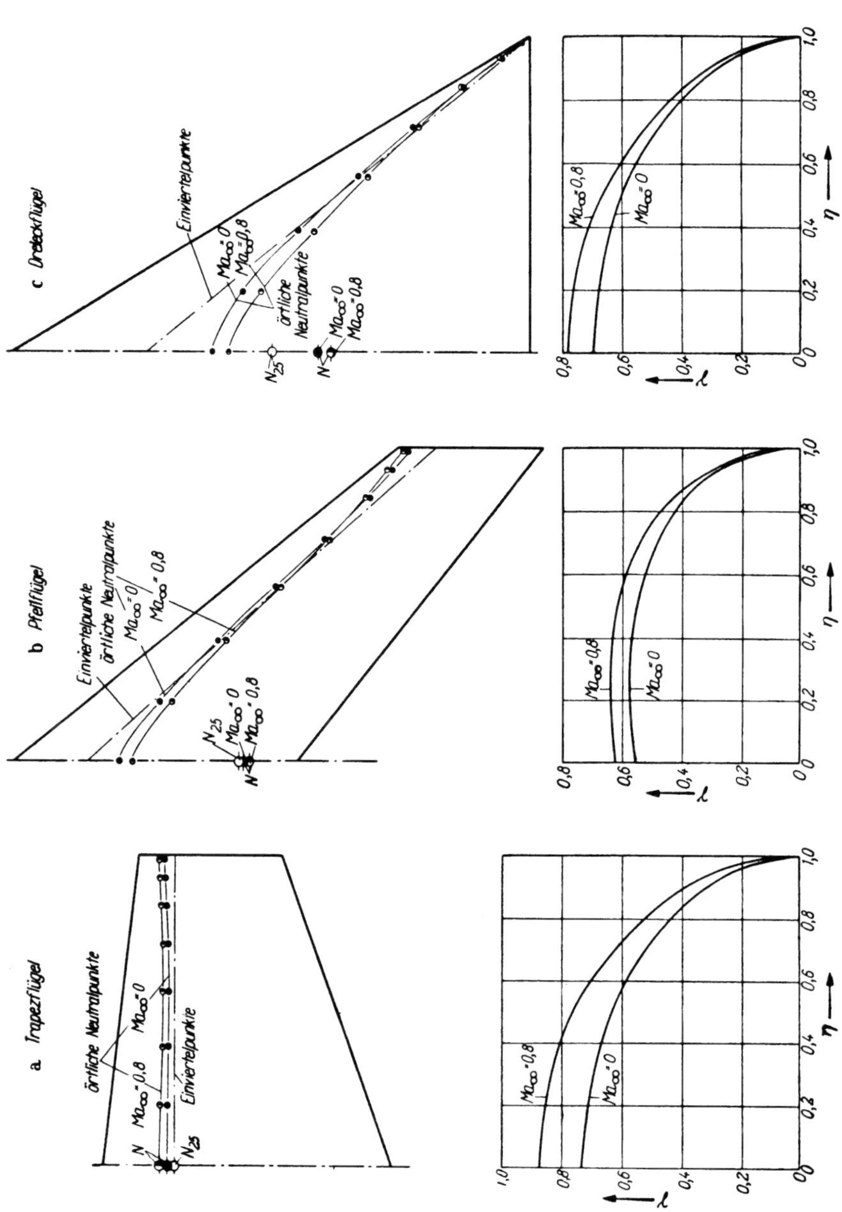

Abb. 8.26. **Zirkulationsverteilung γ für $\alpha = 1$ und örtliche Neutralpunktlage für die drei unverwundenen Flügel nach Abb. 8.25 für $Ma_\infty = 0$ und 0,8; gerechnet nach der Tragflächentheorie, Kap. 7.352.**

a) Trapezflügel; b) Pfeilflügel; c) Dreieckflügel.

Weitere Ergebnisse für die gleichen Flügel sind in Abb. 8.27 zusammengestellt. In den oberen Abbildungen sind die *Auftriebsanstiege* und in den unteren die *Neutralpunktverschiebungen* gegenüber dem geometrischen Neutralpunkt in Abhängigkeit von der Mach-Zahl angegeben. Die für $Ma_\infty = 1$ als offene Kreise eingetragenen Punkte sind

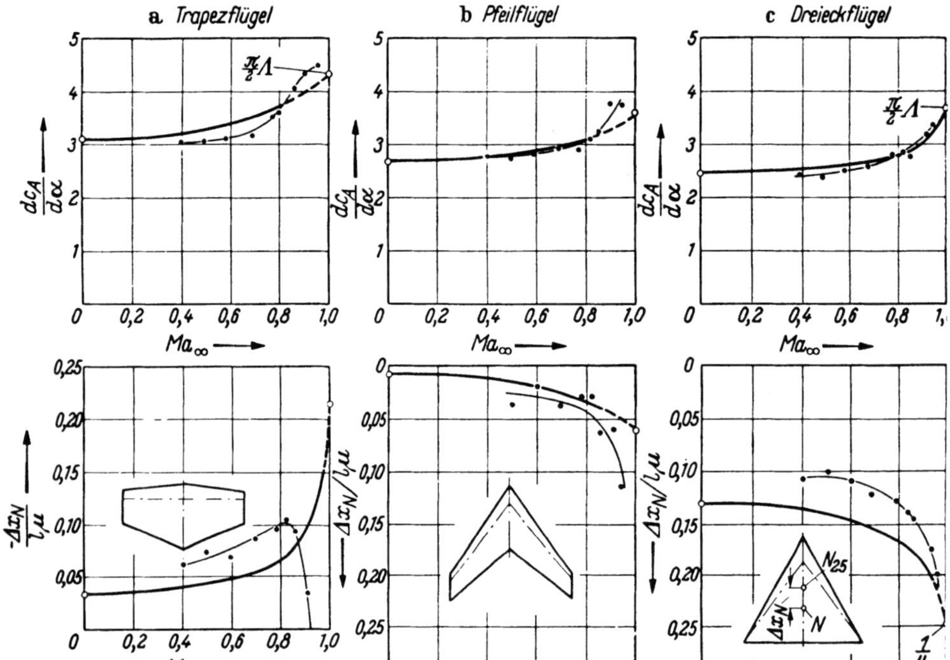

Abb. 8.27. Auftriebsanstiege und Neutralpunktverschiebungen für die drei Flügel nach Abb. 8.25 in Abhängigkeit von der Machschen Zahl.

——— Prandtl-Glauertsche Regel (Tragflächentheorie, Kap. 7.352), [39];
○ Näherungstheorie für $Ma_\infty = 1$ nach [75];
—•— Messungen nach [4], Profildicke $\delta = 0{,}05$.

theoretische Werte einer Näherungstheorie, die in Kap. 8.5 erläutert wird. Außerdem sind in allen sechs Diagrammen Messungen von E. Bekker und E. Wedemeyer [4] eingetragen. Die gemessenen Auftriebsanstiege stimmen mit der Theorie durchweg gut überein. Bei den Neutralpunktlagen wird die Abhängigkeit von der Mach-Zahl im allgemeinen von der Theorie befriedigend wiedergegeben. Gewisse Unterschiede der Neutralpunktlage zwischen Theorie und Experiment dürften hauptsächlich auf den Einfluß der endlichen Profildicke zurückzuführen sein, die in der Theorie vernachlässigt wurde; man vergleiche hierzu Abb. 8.5b.

Es ist bemerkenswert, daß sich beim Trapezflügel durch den Kompressibilitätseinfluß der Neutralpunkt stark nach vorn verschiebt. Dieses theoretische Ergebnis wird jedoch durch Messungen nur teilweise bestätigt, weil nach Überschreiten der kritischen Mach-Zahl Verdichtungsstöße auftreten. Die beiden übrigen Flügel, der Pfeilflügel und der Dreieckflügel, weisen eine Neutralpunktverschiebung nach hinten auf.

Über den *induzierten Widerstand* brauchen keine näheren Angaben gemacht zu werden, da, wie in Gl. (8.80) angegeben wurde, der Quotient c_{Wi}/c_A^2 unabhängig von der Mach-Zahl und somit gleich dem Wert bei inkompressibler Strömung ist, vgl. Tab. 7.5.

Weitere Ergebnisse über die aerodynamischen Beiwerte von Dreieckflügeln, und zwar für verschiedene Seitenverhältnisse Λ, sind in Abb. 8.59 zusammen mit solchen für Überschallgeschwindigkeit angegeben.

Ellipsenflügel. Für den Flügel mit elliptischem Grundriß lassen sich einfache geschlossene Formeln für den Auftriebsanstieg in Abhängigkeit von der Mach-Zahl angeben. Für inkompressible Strömung gilt nach Gl. (7.125) für den Auftriebsanstieg:

$$\left(\frac{dc_A}{d\alpha}\right)_{ik} = \frac{2\pi \Lambda_{ik}}{\sqrt{\Lambda_{ik}^2 + 4} + 2}.$$

Nach Anwendung der Prandtl-Glauertschen Regel wird

$$\frac{dc_A}{d\alpha} = \frac{2\pi\Lambda}{\sqrt{(1 - Ma_\infty^2)\,\Lambda^2 + 4} + 2}. \tag{8.81}$$

Hieraus erhält man für

$$\Lambda \to 0: \quad \frac{dc_A}{d\alpha} = \frac{\pi}{2}\Lambda, \tag{8.82a}$$

$$\Lambda \to \infty: \quad \frac{dc_A}{d\alpha} = \frac{2\pi}{\sqrt{1 - Ma_\infty^2}}. \tag{8.82b}$$

Gl. (8.82a) ist identisch mit Gl. (7.121). Für sehr kleines Seitenverhältnis verschwindet also die Abhängigkeit des Auftriebsanstieges von der Mach-Zahl. Gl. (8.82b) ist identisch mit Gl. (8.7) für das ebene Problem.

Für den Fall $Ma_\infty = 1$ ergibt sich:

$$Ma_\infty = 1: \quad \frac{dc_A}{d\alpha} = \frac{\pi}{2}\Lambda. \tag{8.82c}$$

Dieser Wert gilt auch für Trapez- und Dreieckflügel und wurde bereits in Abb. 8.27a und c mit eingetragen.

Für das Verhältnis der Auftriebsanstiege für $Ma_\infty \neq 0$ und $Ma_\infty = 0$ gilt nach Gl. (8.81):

$$\left(\frac{dc_A}{d\alpha}\right) \Big/ \left(\frac{dc_A}{d\alpha}\right)_{Ma_\infty = 0} = \frac{\sqrt{\Lambda^2 + 4} + 2}{\sqrt{(1 - Ma_\infty^2)\,\Lambda^2 + 4} + 2}. \tag{8.83}$$

Diese Größe ist in Abb. 8.28 in Abhängigkeit von der Machschen Zahl für verschiedene Seitenverhältnisse dargestellt. Diese Abbildung zeigt,

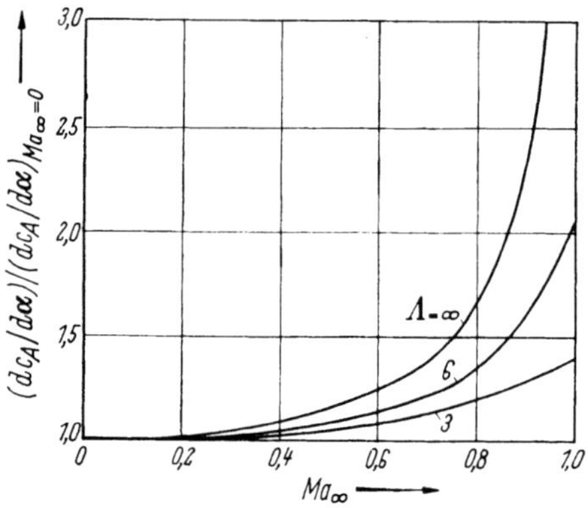

Abb. 8.28. Verhältnis des Auftriebsanstieges bei kompressibler und inkompressibler Strömung für Ellipsenflügel von verschiedenem Seitenverhältnis Λ in Abhängigkeit von der Machschen Zahl, nach Gl. (8.83).

daß der Kompressibilitätseinfluß auf den Auftriebsanstieg mit abnehmendem Seitenverhältnis Λ geringer wird. Auf diese Tatsache wurde erstmalig von B. Göthert [23] hingewiesen.

Zahlenwerte über den Kompressibilitätseinfluß bei Unterschallgeschwindigkeit für die *flugmechanischen Beiwerte*, z. B. des rollenden, nickenden und schiebenden Flügels, findet man in einer Arbeit von F. Kowalke [39].

8.33 Tragflügel endlicher Spannweite bei Nullauftrieb

8.331 Allgemeine Formeln

Druckverteilung. In diesem Abschnitt soll jetzt der Tragflügel endlicher Spannweite im Unterschallbereich für Nullauftrieb betrachtet werden. Die Druckverteilung eines solchen Tragflügels endlicher Dicke interessiert besonders im Hinblick auf die Ermittlung der kritischen Mach-Zahl bei hohen Unterschallgeschwindigkeiten. Der Begriff der kritischen Mach-Zahl wurde für das ebene Problem in Kap. 3.221 und 8.121 bereits erläutert. Die zur kritischen Mach-Zahl gehörende Anströmungsgeschwindigkeit gibt die untere Grenze für das Auftreten von

Verdichtungsstößen, welche das gesamte Strömungsbild erheblich verändern und insbesondere mit einem starken Anstieg des Widerstandes verbunden sind, Abb. 3.20.

Die Druckverteilung eines räumlichen Tragflügels im Unterschallbereich erhalten wir aus derjenigen des transformierten Flügels nach Gl. (8.73) zu:

$$c_p = \frac{1}{\sqrt{1 - Ma_\infty^2}} (c_p)_{ik} \qquad (\delta = \delta_{ik}). \tag{8.84}$$

Dabei ist $(c_p)_{ik}$ die Druckverteilung des transformierten Flügels, für welchen die Druckverteilung bei inkompressibler Strömung zu berechnen ist. Das Rechenverfahren hierfür wurde in Kap. 7.6 angegeben. Die Transformation des Flügelgrundrisses geschieht nach den Gln. (8.70) bis (8.72); das Dickenverhältnis bleibt hierbei ungeändert (II. Fassung der Prandtl-Glauertschen Regel nach Kap. 8.22).

Kritische Machsche Zahl. Beim räumlichen Tragflügel liegt im Gegensatz zum ebenen Problem sehr häufig der Fall vor, daß die Flügelvorderkante oder die Flügelhinterkante nicht senkrecht zur Anströmungsrichtung ist. Der einfachste Fall dieser Art ist der gepfeilte Flügel konstanter Tiefe und unendlicher Spannweite, der bereits in Kap. 7.63 bei inkompressibler Strömung behandelt wurde. Die Pfeilung hat einen erheblichen Einfluß auf die Größe der kritischen Machschen Zahl, weil bei einem solchen Flügel endlicher Dicke für die größte Übergeschwindigkeit auf der Kontur nur die Geschwindigkeitskomponente normal zur Vorderkante maßgebend ist. Aus Gl. (8.4) erhält man für den kritischen Druck p^* des senkrecht zur Vorderkante angeströmten ungepfeilten Flügels nach Multiplikation mit $\varrho_\infty U_\infty^{*2}/2$ und mit $Ma_\infty^* = U_\infty^*/a_\infty$:

$$p^* - p_\infty = -\frac{\varrho_\infty a_\infty^2}{\varkappa + 1}\left(1 - \frac{U_\infty^{*2}}{a_\infty^2}\right).$$

Führt man nun hier gemäß Vorstehendem $U_\infty^* \cos\varphi$ als wirksame Geschwindigkeit an Stelle von U_∞^* ein, und geht man wieder zur dimensionslosen Schreibweise über, so erhält man für den kritischen Druckbeiwert des gepfeilten Flügels:

$$c_p^* = \frac{p^* - p_\infty}{\frac{\varrho_\infty}{2} U_\infty^{*2}} = -\frac{2}{\varkappa + 1} \frac{1 - Ma_\infty^{*2} \cos^2\varphi}{Ma_\infty^{*2}}. \tag{8.85}$$

Dabei wird auch für den gepfeilten Flügel der Druckbeiwert auf den Staudruck der Anströmung bezogen. Dieser Zusammenhang ist in Abb. 8.29 dargestellt. In der gewählten Auftragung ist diese Abbildung identisch mit Abb. 3.9.

8.332 Pfeilflügel

Im folgenden soll jetzt das vorstehend erläuterte Verfahren zur Berechnung der kritischen Machschen Zahl an einigen einfachen Beispielen erläutert werden.

Gepfeilter Flügel unendlicher Spannweite. Um die kritische Mach-Zahl zu ermitteln, ist in Abb. 8.29 die Kurve $c_{p\min}$ einzutragen und mit der Kurve c_p^* zum Schnitt zu bringen, vgl. Abb. 8.2. Bei der Ermittlung des Druckunterschiedes $p - p_\infty$ eines gepfeilten Flügels ist zu beachten, daß dieser proportional zu dem mit der wirksamen Geschwindigkeit gebildeten Staudruck $(\varrho_\infty/2)\, U_\infty^2 \cos^2\varphi$ und proportional zum Dickenverhältnis bzw. zum Anstellwinkel, gemessen in der Ebene der wirksamen Anströmung, d. h. proportional zu $(d/l)/\cos\varphi$ bzw. $\alpha/\cos\varphi$ ist. Hieraus folgt bei inkompressibler Strömung:

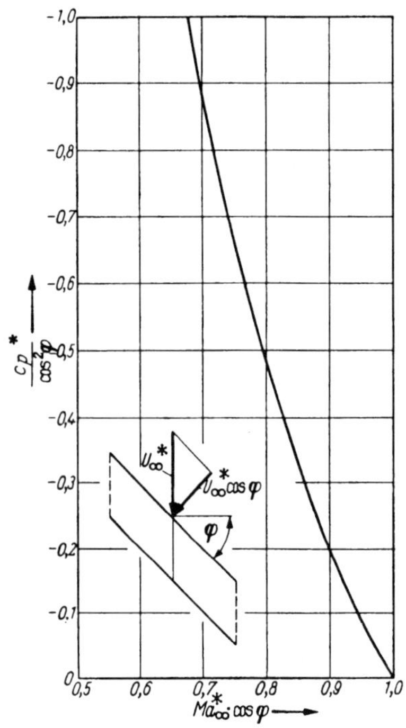

Abb. 8.29. Kritischer Druckbeiwert c_p^* nach Gl. (8.85) in Abhängigkeit von der kritischen Mach-Zahl für einen Pfeilflügel.

$$p - p_\infty = (p - p_\infty)_{\varphi=0} \cos\varphi .$$

Bezogen auf den Staudruck der Anströmung $(\varrho_\infty/2)\, U_\infty^2$ erhält man für den Zusammenhang der Druckbeiwerte also:

$$(c_{p\min})_{ik} = \cos\varphi_{ik}\, (c_{p\min})_{ik,\,\varphi=0} .$$

Unter Beachtung von Gl. (8.84) wird:

$$c_{p\min} = \frac{\cos\varphi_{ik}}{\sqrt{1 - Ma_\infty^2}}\, (c_{p\min})_{ik,\,\varphi=0} .$$

Der Pfeilwinkel φ ist zu transformieren nach Gl. (8.72c). Dieses ergibt:

$$\cos\varphi_{ik} = \sqrt{\frac{1 - Ma_\infty^2}{1 - Ma_\infty^2 \cos^2\varphi}}\, \cos\varphi .$$

Durch Einsetzen in die vorige Gleichung ergibt sich schließlich:

$$c_{p\min} = \frac{\cos\varphi}{\sqrt{1 - Ma_\infty^2 \cos^2\varphi}}\, (c_{p\min})_{ik,\,\varphi=0} . \tag{8.86}$$

In Abb. 8.30 ist das vorstehend erläuterte Verfahren auf ein Beispiel angewendet worden. Gewählt wurden ein ungepfeilter Flügel unendlicher Spannweite und ein solcher mit dem Pfeilwinkel $\varphi = 45°$. Für den ungepfeilten Flügel ist $(c_{p\,\min})_{ik,\,\varphi=0} = -0{,}2$ angenommen worden. Der ungepfeilte Flügel ergibt eine kritische Mach-Zahl von $(Ma^*_\infty)_{\varphi=0}$

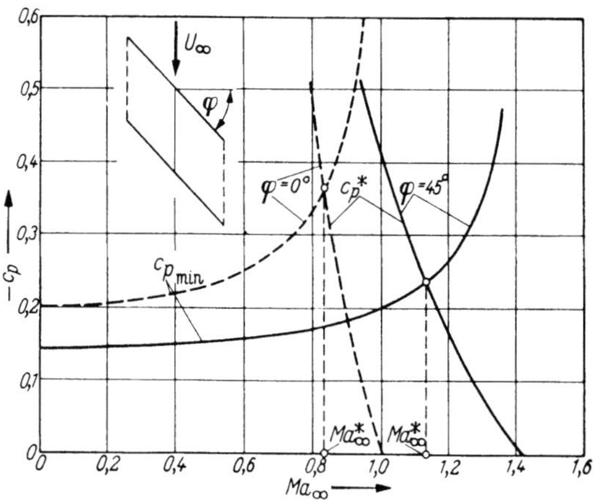

Abb. 8.30. Bestimmung der kritischen Mach-Zahl Ma^*_∞ für einen ungepfeilten und einen gepfeilten Flügel unendlicher Spannweite.
$(c_{p\,\min})_{\varphi=0,\,Ma_\infty=0} = -0{,}2.$

$= 0{,}83$. Durch den Einfluß des Pfeilwinkels verschiebt sich die kritische Mach-Zahl zu einem wesentlich größeren Wert, nämlich

$$(Ma^*_\infty)_{\varphi=45°} = 1{,}13 .$$

Für diese Verschiebung sind drei Umstände maßgebend. Erstens: die Kurve c_p^* rückt durch den Pfeilungseinfluß nach rechts; zweitens: durch die Pfeilung wird $c_{p\,\min}$ bei $Ma_\infty = 0$ kleiner und drittens: der Anstieg von $c_{p\,\min}$ mit der Mach-Zahl ist beim gepfeilten Flügel erheblich schwächer als beim ungepfeilten Flügel.

Diese Erhöhung der kritischen Machschen Zahl infolge der Pfeilung hat im Flugzeugbau eine sehr bedeutungsvolle praktische Anwendung gefunden. Wie schon oben erwähnt wurde, hat die Erhöhung der kritischen Machschen Zahl eine Verschiebung des Widerstandsanstieges infolge des Kompressibilitätseinflusses nach größeren Machschen Zahlen zur Folge (Abb. 3.20). Damit muß erwartet werden, daß sich infolge der Pfeilung in den Kurven des Profilwiderstandsbeiwertes über der Mach-Zahl, $c_{Wp}(Ma_\infty)$, der starke Anstieg nach größeren Mach-Zahlen verschiebt. Diese Tatsache hat zuerst A. Betz [5] 1939 erkannt, und sie ist von H. Ludwieg [46] in der Aerodynamischen Versuchsanstalt Göttingen (AVA) experimentell nachgeprüft worden. Abb. 8.31 gibt einige Messungen hierzu wieder, die von H. Ludwieg [46] ausgeführt wurden.[1] Die Polaren für einen ungepfeilten und einen gepfeilten Trapezflügel ($\varphi = 45°$) zeigen folgendes: Beim ungepfeilten Flügel ist bei $Ma_\infty = 0{,}9$ der Profilwiderstand ($c_A = 0$) um ein Mehrfaches größer als

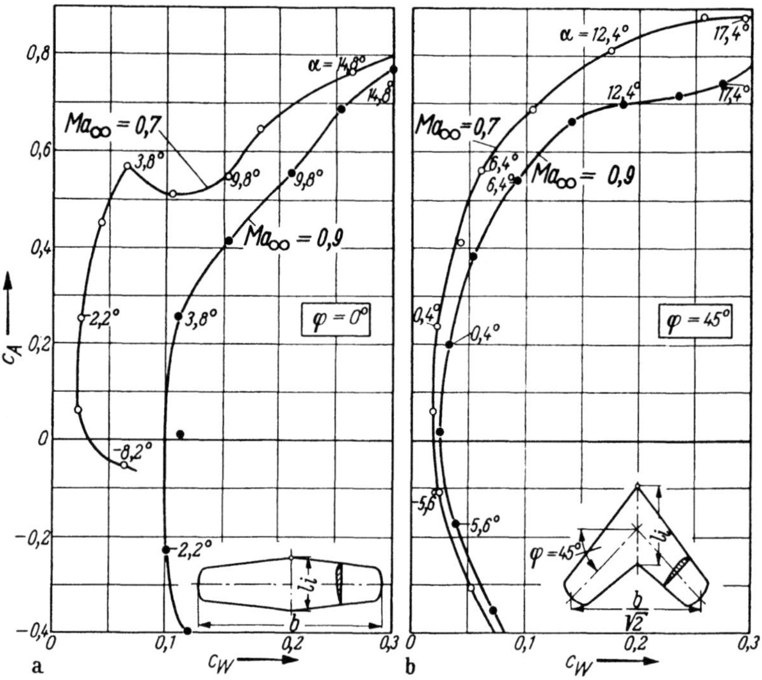

Abb. 8.31. Polaren, Auftriebsbeiwert c_A und Widerstandsbeiwert c_W bei hohen Unterschallgeschwindigkeiten; Mach-Zahl $Ma_\infty = 0{,}7$ und 0,9, für einen geraden Flügel und einen gepfeilten Flügel vom Profil Gö 623, nach Göttinger Messungen von H. Ludwieg [46].

a) Gerader Flügel, $b = 80$ mm, $l_i = 22{,}5$ mm; $Re = U_\infty l_i/\nu = 3{,}0 \cdot 10^5$ bei $Ma_\infty = 0{,}7$, $= 3{,}5 \cdot 10^5$ bei $Ma_\infty = 0{,}9$.
b) Pfeilflügel, $\varphi = 45°$, $b' = 57$ mm, $l_i = 32$ mm; $Re = U_\infty l_i/\nu = 4{,}2 \cdot 10^5$ bei $Ma_\infty = 0{,}7$, $= 5{,}0 \cdot 10^5$ bei $Ma_\infty = 0{,}9$.

---

[1] Diese ersten Messungen an Pfeilflügeln im transsonischen Geschwindigkeitsbereich wurden nach Vorschlägen von Prof. Betz im Jahre 1939 in der Aerodynamischen Versuchsanstalt Göttingen in einem kleinen intermittierend betriebenen Hochgeschwindigkeits-Windkanal mit einem Meßquerschnitt von 11×11 cm² ausgeführt. Man vgl. hierzu das deutsche Geheimpatent Nr. 732/42 vom 9. 9. 1939: „Flugzeug mit Geschwindigkeiten in der Nähe der Schallgeschwindigkeit". Die Ergebnisse dieser und anderer Messungen an Pfeilflügeln wurden außerhalb Deutschlands erst nach dem zweiten Weltkrieg bekannt. Sie erregten damals erhebliches Aufsehen, weil dieser „Pfeilflügeleffekt" bis dahin im Ausland unbekannt geblieben war. Eine historische Darstellung dieser Entwicklung hat R. Smelt [67] im Jahre 1946 gegeben; man vgl. auch Th. v. Kármán: Aerodynamik — Ausgewählte Themen im Lichte der historischen Entwicklung. Genf 1956, S. 148—150.

Die Anwendung des Pfeilflügels für das Überschallflugzeug hatte A. Busemann [9] bereits 1935 vorgeschlagen.

bei $Ma_\infty = 0{,}7$. Für diesen Flügel liegt also die kritische Mach-Zahl zwischen $Ma_\infty = 0{,}7$ und 0,9. Für den Pfeilflügel dagegen ist bei $Ma_\infty = 0{,}9$ der Profilwiderstand nur unwesentlich größer als bei $Ma_\infty = 0{,}7$. Mit anderen Worten, für diesen Flügel liegt die kritische Mach-Zahl oberhalb $Ma_\infty = 0{,}9$. Einen weiteren Beitrag zu diesem wichtigen Pfeilflügeleffekt zeigt Abb. 8.32. Hier sind nach [57] die Kurven c_{Wp} über Ma_∞

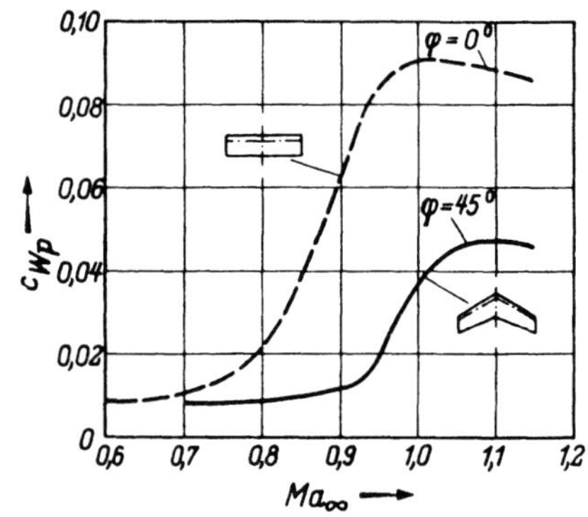

Abb. 8.32. Profilwiderstandsbeiwerte in Abhängigkeit von der Machschen Zahl für einen ungepfeilten und einen gepfeilten Flügel ($\varphi = 45°$) nach [57]. $d/l = 0{,}12$; $\Lambda = 4$.

für einen ungepfeilten und einen gepfeilten ($\varphi = 45°$) Flügel aufgetragen Durch den Pfeilungseinfluß wird der Beginn des starken Widerstandsanstieges von etwa $Ma_\infty = 0{,}8$ auf 0,95 verschoben. Diesen günstigen Pfeilflügeleffekt hat sich der Flugzeugbau nach dem zweiten Weltkrieg sehr zunutze gemacht. Unter den in Abb. 5.9 dargestellten Flügelgrundrissen befindet sich eine große Zahl von Pfeilflügeln. Die in Abb. 5.10b gegebene Darstellung, nämlich Pfeilwinkel in Abhängigkeit von der Flug-Machzahl, zeigt sehr deutlich, daß bei Annäherung an $Ma_\infty = 1$ der Pfeilwinkel der ausgeführten Flügelformen stark anwächst.

Eine Erweiterung von Abb. 8.30 ist in Abb. 8.33a angegeben, indem dort die kritischen Mach-Zahlen von Pfeilflügeln unendlicher Spannweite in Abhängigkeit von $(c_{p\,\min})_{ik,\varphi=0}$ dargestellt sind. In Abb. 8.33b sind zu den Werten von $(c_{p\,\min})_{ik,\varphi=0}$ noch das Dickenverhältnis $\delta = d/l$ und die Dickenrücklage X_d gezeigt, wie man sie für die erweiterten Parabelprofile nach Gl. (5.24) bei $c_A = 0$ erhält. Entsprechend dem eingetragenen Beispiel wurde in Abb. 8.33c der Pfeilwinkel in Abhängigkeit von der kritischen Machzahl für verschiedene Dickenverhältnisse (Dickenrücklage $X_d = 0{,}5$) ausgewertet. Für $d/l = 0$ gilt

$$Ma_\infty^* = \frac{1}{\cos\varphi}.$$

Bei sehr dünnen Profilen kann somit durch die Pfeilung die kritische Machzahl beträchtlich größer als Eins werden.

a

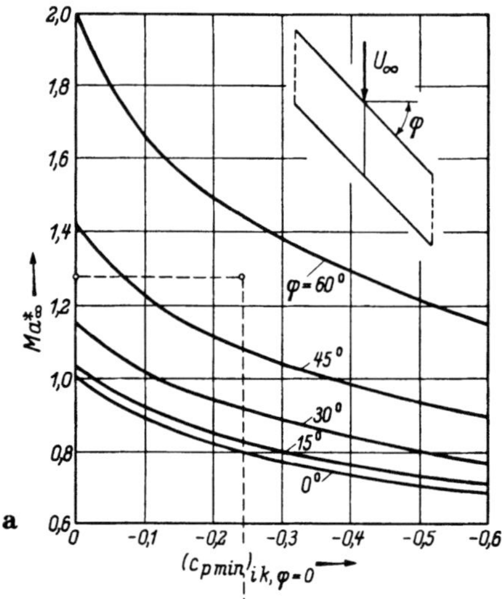

Abb. 8.33. a) Kritische Mach-Zahl von Pfeilflügeln unendlicher Spannweite in Abhängigkeit von $(c_{p\,\min})_{ik,\,\varphi=0}$;

b

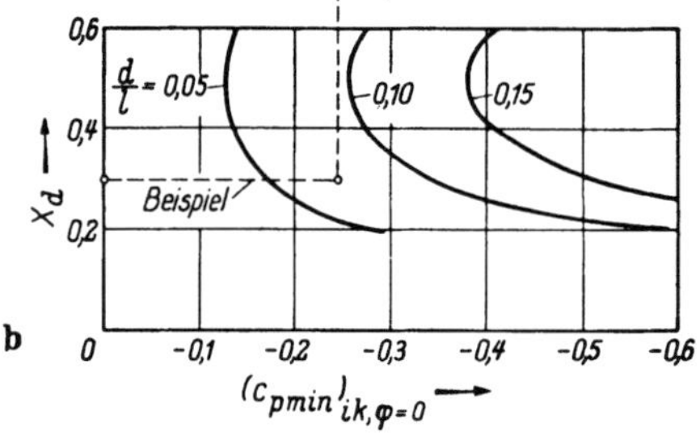

b) Druckbeiwert $(c_{p\,\min})_{ik,\,\varphi=0}$ in Abhängigkeit von Dickenverhältnis $\delta = d/l$ und Dickenrücklage X_d für die erweiterten Parabelprofile nach Gl. (5.24);

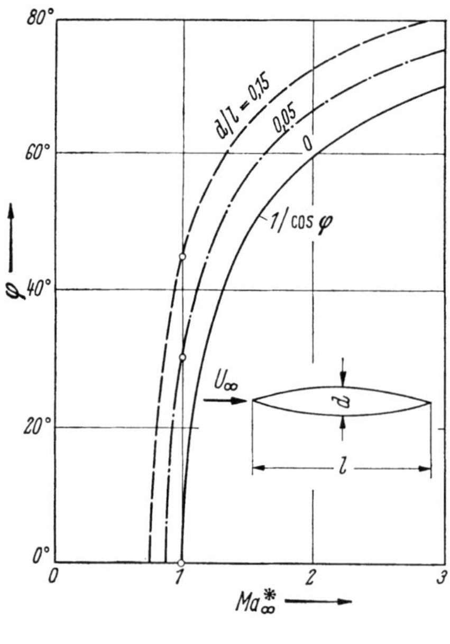

c) Pfeilwinkel φ in Abhängigkeit von der kritischen Mach-Zahl Ma^*_∞.

Der Mittelschnitt des Pfeilflügels. Die bisherigen Betrachtungen über den Pfeilflügeleffekt gelten nur für den geraden Pfeilflügel unendlicher Spannweite, vgl. Abb. 8.30. Beim geknickten Pfeilflügel (Abb. 7.80) kommt der günstige Pfeilflügeleffekt (Erhöhung der kritischen Machschen Zahl) in der Umgebung des Mittelschnittes nicht voll zur Geltung, weil der mittlere Teil des Flügels etwa wie ein ungepfeiltes Flügelstück wirkt. Um die kritische Mach-Zahl für den Mittelschnitt des geknickten Pfeilflügels zu berechnen, gehen wir folgendermaßen vor: Für inkompressible Strömung hat man im Mittelschnitt eine Geschwindigkeitsverteilung nach Gl. (7.241). Die maximale Geschwindigkeit im Mittelschnitt liefert den größten Unterdruck $(c_{p\,\min})_{ik} = -2(u_{\max}/U_\infty)_{ik}$. Der Wert von $(u_{\max}/U_\infty)_{ik}$ ist in Abb. 7.82 für Parabelprofile in Abhängigkeit vom Pfeilwinkel φ_{ik} aufgetragen. Die Umrechnung von $(c_{p\,\min})_{ik}$ auf $c_{p\,\min}$ in Abhängigkeit von der Machschen Zahl Ma_∞ geschieht nach Gl. (8.84), wobei auch der Pfeilwinkel nach Gl. (8.72c) umzurechnen ist. Die kritische Mach-Zahl wird nach Abb. 8.30 als Schnittpunkt der Kurven $c_{p\,\min}$ und c_p^* ermittelt, wobei jetzt für den Mittelschnitt die c_p^*-Kurve für $\varphi = 0$ zu nehmen ist. Das Ergebnis dieser Rechnung ist in Abb. 8.34 dargestellt, und zwar für die Pfeilwinkel $\varphi = 0°$, 45° und −45° und für verschiedene Dickenrücklagen X_d. Die gestrichelte Kurve für $\varphi = \pm 45°$ gibt die Werte des geraden Pfeilflügels. Diese gelten für den geknickten Pfeilflügel für die Schnitte in großem Abstand von der Mitte. Man erkennt deutlich, daß beim rückwärtsgepfeilten Flügel ($\varphi = +45°$) die kritische Mach-Zahl des Mittelschnittes am günstigsten bei Dickenrücklagen um 30%, dagegen beim vorwärtsgepfeilten Flügel bei Dickenrücklagen um 70% ist. Die dargestellten Ergebnisse zeigen, daß im Mittelschnitt des geknickten Pfeilflügels die kritische Mach-Zahl im allgemeinen erheblich geringer ist als im Außenschnitt. Daraus folgt, daß der günstige Pfeileffekt, wie er für den geraden Pfeilflügel errechnet wird, beim geknickten Pfeilflügel nicht voll zum Tragen kommt.

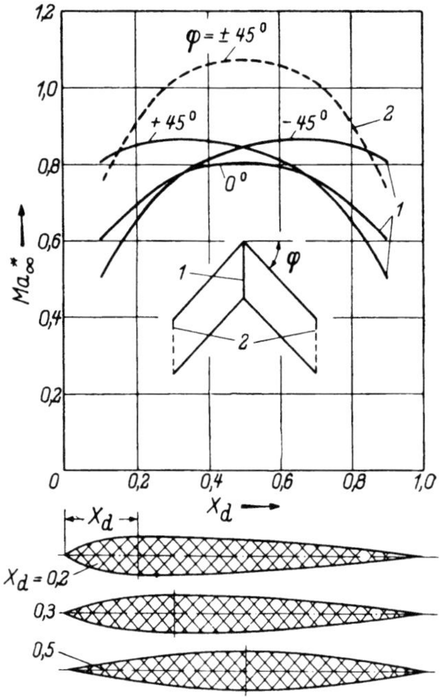

Abb. 8.34. Kritische Mach-Zahlen im Mittel- und Außenschnitt geknickter Pfeilflügel mit Parabelprofilen verschiedener Dickenrücklage; Dickenverhältnis $\delta = d/l = 0,1$.
1 Mittelschnitt; *2* Außenschnitt.

Weitere Rechenergebnisse für die kritische Mach-Zahl im Mittelschnitt des geknickten Pfeilflügels sind in Abb. 8.35 mitgeteilt. Dort ist für drei Dickenrücklagen $X_d = 0{,}2$; 0,3 und 0,5 das zulässige Dickenverhältnis, bei dem am Profil noch keine Schallgeschwindigkeit auftritt, in Abhängigkeit von der kritischen Mach-Zahl für verschiedene Pfeilwinkel aufgetragen. Nach diesem Bild können bei vorgegebenen Pfeilwinkeln und vorgegebener Entwurfsmachzahl die Profilparameter (Dickenverhältnis und Dickenrücklage) im Mittelschnitt des Pfeilflügels ermittelt werden.

Mit der Untersuchung der kritischen Mach-Zahl an geknickten Pfeilflügeln hat sich S. Neumark [52] beschäftigt. Dabei wurde auch der Einfluß des endlichen

Seitenverhältnisses auf die kritische Mach-Zahl untersucht, und es ergab sich keine wesentliche Änderung gegenüber dem Tragflügel unendlicher Spannweite, vgl. hierzu Abb. 7.77.

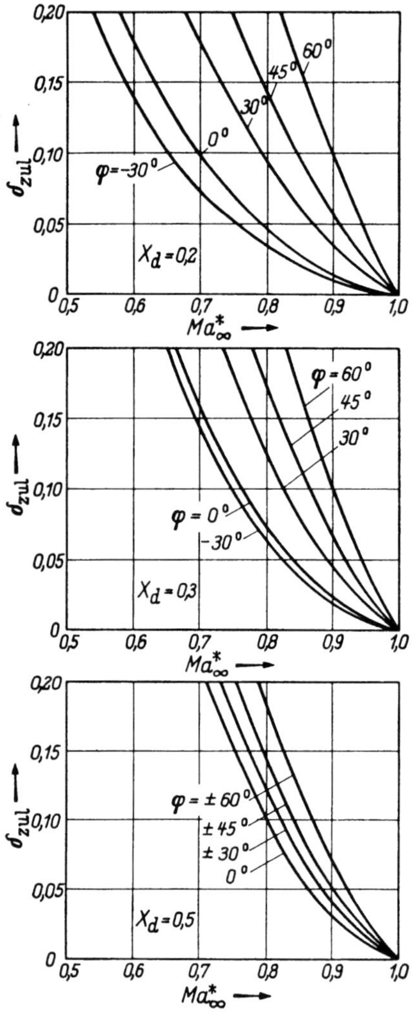

Abb. 8.35. Das zulässige Dickenverhältnis δ_{zul} im Mittelschnitt geknickter Pfeilflügel in Abhängigkeit von der kritischen Mach-Zahl.

8.4 Tragflügel endlicher Spannweite bei Überschallgeschwindigkeit

8.41 Grundlagen

8.411 Grundbegriffe. In diesem Abschnitt über die Theorie des Tragflügels endlicher Spannweite bei Überschallgeschwindigkeit mögen zunächst einige Grundbegriffe erläutert werden, welche den wesentlichen physikalischen Unterschied zwischen der Unterschall- und Überschallströmung ausmachen. Einiges hierüber wurde bereits in Kap. 3.12 und 3.36 berichtet, jedoch hauptsächlich für das einfachere ebene Problem. Hier wollen wir vor allen Dingen diejenigen neuen Begriffe erläutern, die sich für einen Tragflügel *endlicher Spannweite bei Überschallgeschwindigkeit* ergeben.

Machkegel (Einflußbereich). Der wesentliche physikalische Unterschied zwischen der Strömung mit Unterschall- und Überschallgeschwindigkeit besteht darin, daß die Störungen einer angeströmten punktförmigen Schallquelle sich in der ersteren Strömung allseitig und in der letzteren nur in einem Kegel ausbreiten, welcher stromabwärts von der Schallquelle liegt, Abb. 3.2b und d. Dieser sogenannte Machsche Kegel hat den halben Öffnungswinkel μ, für welchen nach Gl. (3.8)

$$\sin\mu = \frac{1}{Ma_\infty} \quad \text{und} \quad \tan\mu = \frac{1}{\sqrt{Ma_\infty^2 - 1}} \tag{8.87}$$

mit $Ma_\infty = U_\infty/a_\infty$ gilt. Der soeben erläuterte Sachverhalt kann nach Abb. 8.36 auch so gedeutet werden, daß ein vorgegebener Punkt in einer Überschallströmung, $U_\infty > a_\infty$, nur den vom *Nachkegel* umschlossenen Raum beeinflussen kann, während er selbst nur aus dem Raum des *Vorkegels* her beeinflußt werden kann. Die Anwendung dieser Grundtatsache der Überschallströmung auf einen Tragflügel endlicher Spannweite ist in Abb. 8.37 gezeigt. Der Strömungszustand

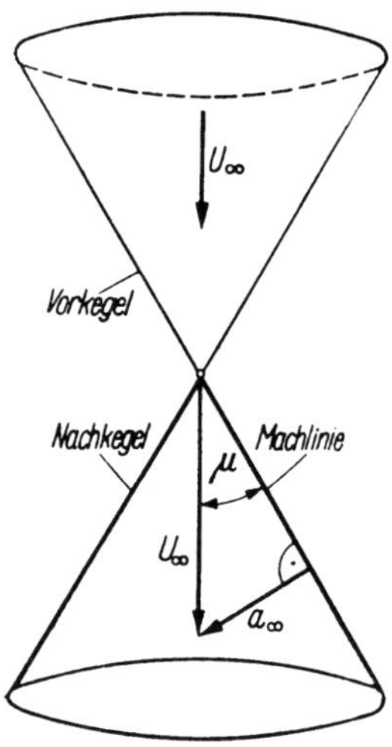

Abb. 8.36. Vorkegel und Nachkegel eines Punktes bei Überschallgeschwindigkeit.
μ = Machscher Winkel

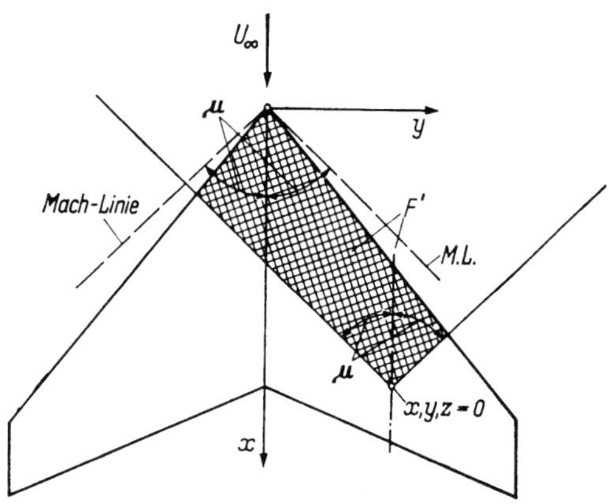

Abb. 8.37. Zur Anströmung eines Tragflügels mit Überschallgeschwindigkeit.
F' Einflußbereich.

in einem Punkt $x, y, z = 0$ auf der Tragfläche kann nur beeinflußt werden von dem schraffierten Bereich F' der Tragfläche, welchen der Vorkegel aus der Tragfläche herausschneidet. Falls die Mach-Linie $M. L.$ sich vor der Flügelvorderkante befindet wie in Abb. 8.37, so bringt auch der Bereich zwischen dieser Mach-Linie und der Vorderkante einen Beitrag zum Einfluß im Punkt $x, y, z = 0$. Der Einflußbereich wird stromabwärts begrenzt durch die beiden durch den Punkt $x, y, z = 0$ hindurchgehenden Machschen Linien.

Unterschall- und Überschallkante. Die in Abb. 8.36 dargestellten Verhältnisse finden eine wichtige Anwendung bei der schrägen Anströmung einer Flügelkante. Liegt nach Abb. 8.38a die Machsche Linie vor der Flügelkante, so ist die Komponente v_n der Anströmungsgeschwindigkeit U_∞ normal zur Kante kleiner als die Schallgeschwindigkeit a_∞. Eine solche Kante nennt man *Unterschallkante*. Liegt dagegen nach Abb. 8.38b die Machsche Linie hinter der Flügelkante, so ist v_n größer als a_∞. In diesem Fall bezeichnet man die Kante als *Überschallkante*. Es gilt somit

$$\left.\begin{array}{lll}\text{Unterschallkante:} & \mu > \gamma, & v_n < a_\infty, \\ \text{Überschallkante:} & \mu < \gamma, & v_n > a_\infty.\end{array}\right\} \tag{8.88}$$

Dabei bedeutet γ den Winkel der Kante gegenüber der Anströmungsrichtung. Der Sonderfall $\gamma = 0$ ist für alle Überschall-Machzahlen

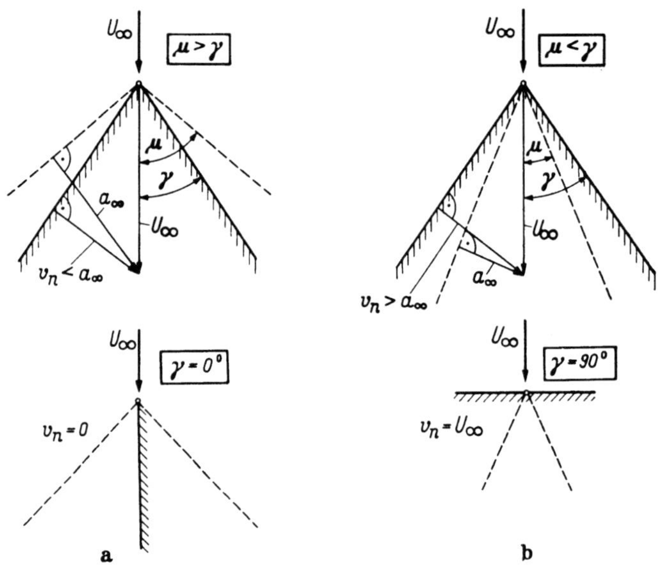

Abb. 8.38. Zum Begriff der Unter- und Überschallkante.
a) Unterschallkante; b) Überschallkante.

eine Unterschallkante und der Fall $\gamma = 90°$ eine Überschallkante. Der Begriff der Unterschall- und Überschallkante hat nicht nur für die Vorderkanten, sondern auch für die Hinterkanten und Seitenkanten eines Tragflügels Bedeutung. In Abb. 8.39 ist dieser Sachverhalt erläutert. Dabei sind die Unterschallkanten gestrichelt und die Überschallkanten ausgezogen. Es sind für den gleichen Flügelgrundriß die Mach-Linien für drei verschieden große Mach-Zahlen gezeichnet. Bei der kleinsten Mach-Zahl (Abb. 8.39a) sind sämtliche Kanten Unterschallkanten, während bei der größten Mach-Zahl (Abb. 8.39c) die Vorder- und Hinterkante Überschallkanten, aber die Seitenkanten noch Unterschallkanten sind.

Die Unterscheidung zwischen Unterschall- und Überschallkanten ist bedingt durch das verschiedene Verhalten der Strömung in der Umgebung dieser Kanten.

In Abb. 8.40 sind die verschiedenen Strömungstypen dargestellt, wobei die Stromlinienbilder als Schnitte senkrecht zur Vorderkante bzw. zur Hinterkante aufzufassen sind. In einer kleinen Umgebung der Schnittebene dürfen wir die Strömung als näherungsweise zweidimensional ansehen. Der grundsätzlich verschiedene Charakter der

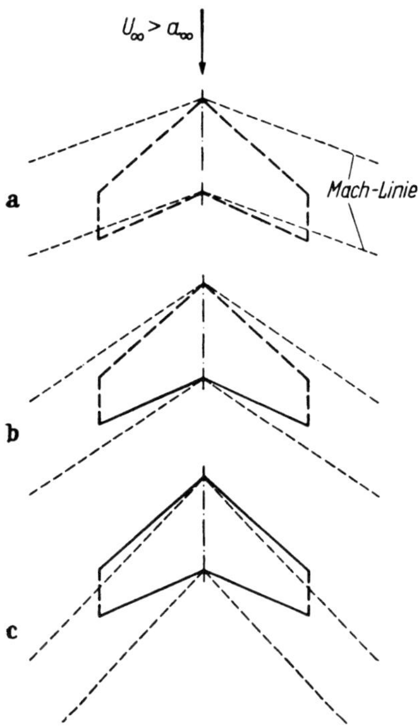

Abb. 8.39. Beispiel zur Erläuterung der Unterschall- und Überschallkanten an einem Pfeilflügel, gestrichelt: Unterschallkanten, ausgezogen: Überschallkanten.

a) Unterschallvorderkante und Unterschallhinterkante;
b) Unterschallvorderkante und Überschallhinterkante;
c) Überschallvorderkante und Überschallhinterkante.

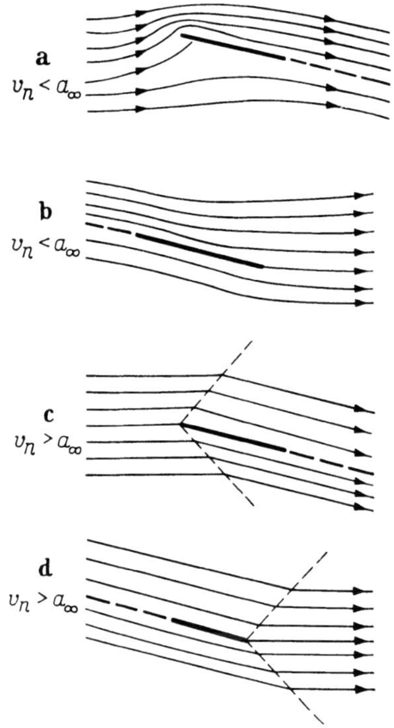

Abb. 8.40. Strömungstypen an Unter- und Überschallkanten, vgl. Abb. 8.38.

a) Unterschallvorderkante, $v_n < a_\infty$, Kante wird umströmt;
b) Unterschallhinterkante, $v_n < a_\infty$, glatter Abfluß (Kutta-Bedingung);
c) Überschallvorderkante, $v_n > a_\infty$, mit Mach-Linien;
d) Überschallhinterkante, $v_n > a_\infty$, mit Mach-Linien.

Unterschall- und der Überschallströmung um eine angestellte ebene Platte wurde in Abb. 8.13 angegeben. Hiervon ausgehend ist in Abbildung 8.40a die Unterschallvorderkante dargestellt, bei welcher wie bei inkompressibler Strömung nach Abb. 2.59 eine Umströmung der Vorderkante von unten nach oben stattfindet. Ein wesentliches Merkmal dieser Strömung ist das Auftreten einer nach vorn gerichteten Saugkraft an der umströmten Nase, vgl. Abb. 8.13a. Abb. 8.40b zeigt die Unterschallhinterkante mit dem glatten Abfließen nach der Kuttaschen

Abflußbedingung, vgl. Kap. 6.12. An einer solchen Hinterkante ist die Druckdifferenz zwischen Unter- und Oberseite gleich Null (Abb. 8.13a). Es tritt also voller Druckausgleich zwischen Unter- und Oberseite ein. In Abb. 8.40c und d ist die Überschallvorderkante bzw. Überschall-

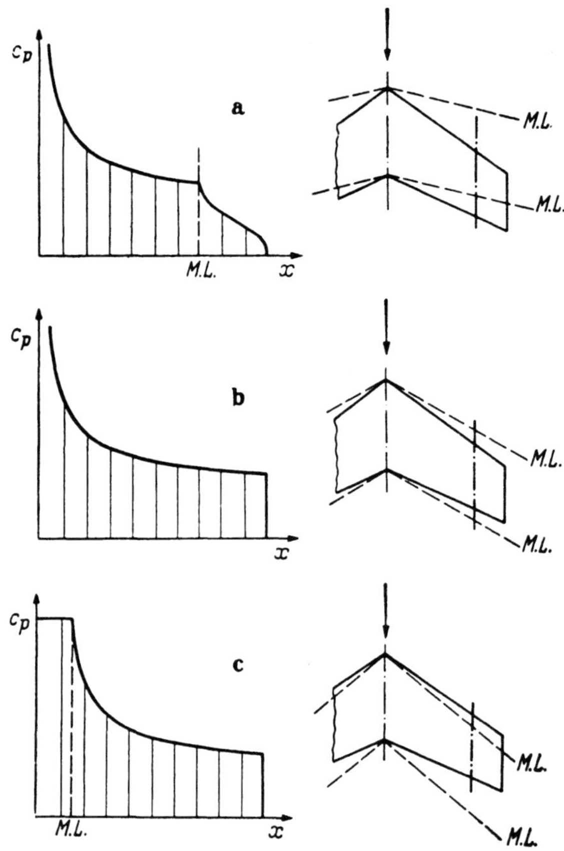

Abb. 8.41. Druckverteilungen über Flügeltiefe (schematisch) für einen Schnitt eines angestellten Pfeilflügels.

a) Unterschallvorder- und -hinterkante;
b) Unterschallvorder- und Überschallhinterkante;
c) Überschallvorder- und -hinterkante.

hinterkante gezeigt. In beiden Fällen tritt weder ein Umströmen noch ein glattes Abströmen ein, sondern es gehen von der Kante Machsche Linien aus, längs welcher alle Strömungsgrößen sich unstetig ändern. Zwischen Unter- und Oberseite besteht ein endlicher Druckunterschied, vgl. Abb. 8.13b.

Zum Abschluß sind in Abb. 8.41 die Druckverteilungen längs eines Flügelschnittes schematisch dargestellt, und zwar für die drei verschiedenen in Abb. 8.39 angegebenen Fälle. Bei dem Schnitt mit Unterschallvorder- und -hinterkante (Abb. 8.41 a) ist die Druckverteilung erwartungsgemäß ähnlich wie die bei inkompressibler Strömung. Die hintere Mach-Linie erzeugt jedoch einen Knick in der Druckverteilung. Bei dem Schnitt mit Überschallvorderkante und -hinterkante (Abbildung 8.41 c) hat der Druck an Vorder- und Hinterkante endlich große Werte. Die vordere Mach-Linie gibt wiederum einen Knick in der Druckverteilung.

8.412 Kegelsymmetrische Überschallströmung. Bevor in den folgenden Abschnitten die allgemeine Theorie der räumlichen Tragflügelströmung bei Überschallgeschwindigkeit behandelt wird, soll vorweg ein einfacher Sonderfall besprochen werden, der insbesondere für den Tragflügel endlicher Spannweite große Bedeutung hat. Wir betrachten nach Abb. 8.42 die Strömung um eine *dreieckförmige ebene Fläche.* Von der Spitze A_0 des Dreiecks gehen zwei Mach-Linien aus, wobei in dem vorliegenden Beispiel die rechte Dreieckskante eine Unterschallkante und die linke Kante eine Überschallkante ist. Weiterhin betrachten wir den Strömungszustand auf einem von der Dreieckspitze ausgehenden Strahl. Der Strömungszustand im Punkt A_1 dieses Strahles wird ausschließlich bestimmt durch dasjenige Flächenstück, welches der Vorkegel in A_1 aus der Dreieckfläche herausschneidet, gegebenenfalls zuzüglich des Flächenstückes zwischen der Mach-Linie *M. L.* und der Flügelvorderkante (Einflußbereich von A_1). Der Strömungszustand in A_2 wird ebenso ausschließlich durch den Einflußbereich von A_2 bestimmt. Die beiden Einflußbereiche von A_1 und A_2 sind geometrisch ähnlich. Hieraus folgt, daß die Strömungszustände in A_1 und A_2 gleich sein müssen. Somit haben wir gefunden, daß auf dem ganzen von A_0 ausgehenden Strahl der Strömungszustand (Druck, Dichte, Geschwindigkeit und Temperatur) konstant ist. Dieses gilt für jeden beliebigen Strahl durch A_0. Das hiermit beschriebene Strömungsfeld nennt man nach A. BUSEMANN [10] ein *kegelsymmetrisches (konisches) Strömungsfeld.* Eine notwendige Voraussetzung für die vorstehende Betrachtung besteht darin, daß die Kanten der dreieckförmigen Fläche geradlinig sind; sie stellen zwei spezielle Strahlen des kegelsymmetrischen Strömungsfeldes dar.

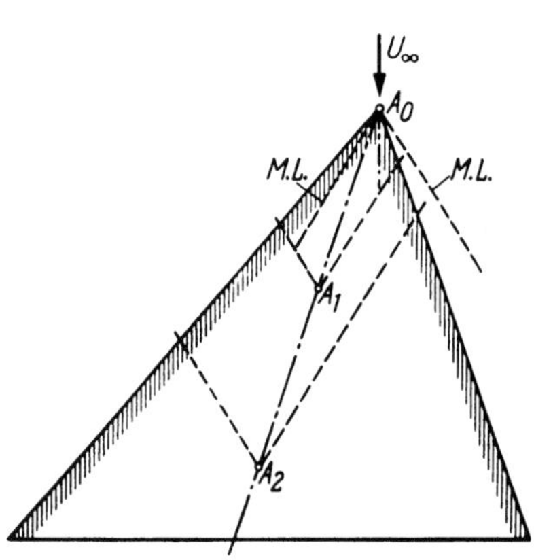

Abb. 8.42. Zur Erläuterung der kegelsymmetrischen Strömung an einer dreieckförmigen ebenen Platte bei Überschallgeschwindigkeit.

Einige Anwendungsbeispiele für solche kegelsymmetrischen Strömungen sind in Abb. 8.43 zusammengestellt. Abb. 8.43a stellt einen Dreieckflügel (Deltaflügel) dar, der im Schnitt senkrecht zur Anströmrichtung ein Doppelkeilprofil hat. Es ist dieses ein Beispiel für einen Flügel endlicher Dicke bei Nullauftrieb. Abb. 8.43b stellt die dreieckige

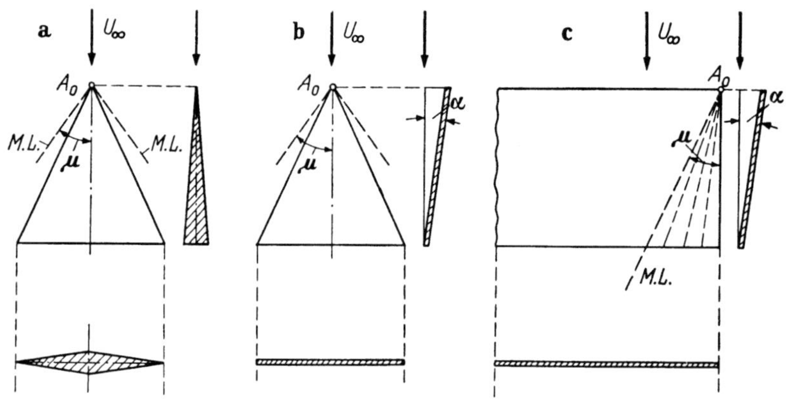

Abb. 8.43. Anwendungsbeispiele zur kegelsymmetrischen Strömung.
a) Dreieckflügel mit Dicke bei Nullauftrieb;
b) dreieckige ebene Platte mit Anstellwinkel;
c) angestellte ebene Rechteckplatte mit Seitenkante.

ebene Platte mit Anstellwinkel (Auftriebsproblem) dar. Abb. 8.43c zeigt die Strömung an der Seitenkante einer angestellten rechteckigen Platte. In dem durch die Mach-Linie begrenzten dreieckigen Stück der Plattenfläche ist der Strömungszustand jeweils auf den Strahlen durch die Ecke A_0 konstant. Auf dem ganzen übrigen Teil der Platte ist das Strömungsfeld konstant, weil hier in den Schnitten senkrecht zur Plattenvorderkante zweidimensionale Überschallströmung herrscht, vgl. Abb. 3.22 und 8.13b.

Lösungsansatz. Für die vorstehend besprochene kegelsymmetrische Strömung vereinfacht sich naturgemäß die dreidimensionale Potentialgleichung. Um dieses zu zeigen, gehen wir von der linearisierten dreidimensionalen Potentialgleichung in kartesischen Koordinaten nach Gl. (8.40) aus. Wählt man für die kegelsymmetrische Strömung das Koordinatensystem nach Abb. 8.44, so hängt das Strömungsfeld nur von den beiden dimensionslosen Koordinaten

$$\eta = \frac{y}{x} \quad \text{und} \quad \zeta = \frac{z}{x} \tag{8.89}$$

ab. Führt man fernerhin für das Potential der Störbewegung Φ den Ansatz

$$\Phi(x, y, z) = x f(\eta, \zeta) \tag{8.90}$$

ein, so ist die Bedingung, daß die Geschwindigkeitskomponenten nach Gl. (8.37) auf den Strahlen durch die Kegelspitze A konstant sind, erfüllt. Setzt man die Gln. (8.89) und (8.90) in (8.40) ein, dann erhält man

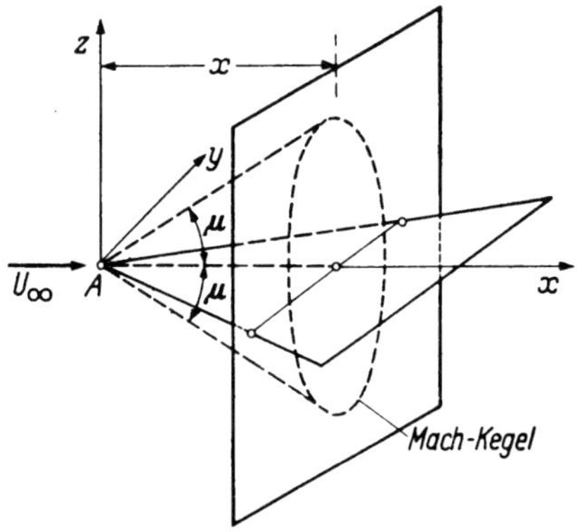

Abb. 8.44. Kegelsymmetrische Strömung bei Überschallgeschwindigkeit.

für $f(\eta, \zeta)$ die folgende partielle Differentialgleichung zweiter Ordnung:

$$(\tan^2\mu - \eta^2)\frac{\partial^2 f}{\partial \eta^2} - 2\eta\zeta\frac{\partial^2 f}{\partial\eta\,\partial\zeta} + (\tan^2\mu - \zeta^2)\frac{\partial^2 f}{\partial\zeta^2} = 0. \qquad (8.91)$$

Hierin bedeutet nach Gl. (8.87) $\tan\mu = 1/\sqrt{Ma_\infty^2 - 1}$. Diese Gleichung für die neue Funktion f hängt nur von den zwei Ortsvariablen η und ζ in der Ebene senkrecht zur Anströmungsrichtung ($x = \text{const}$) ab, vgl. Abb. 8.44. In den Querebenen $x = \text{const}$ ergeben die v- und w-Komponente eine quasi-ebene Strömung. Zweckmäßigerweise löst man Gl. (8.91) für $\tan\mu = 1$, d. h. für die Machsche Zahl $Ma_\infty = \sqrt{2}$, und transformiert diese Lösung auf beliebige andere Mach-Zahlen nach der Prandtl-Glauert-Ackeretschen Ähnlichkeitsregel, Kap. 8.22.

Die Lösung der Differentialgleichung (8.91) wird in zahlreichen Lehrbüchern beschrieben, vgl. hierzu das Literaturverzeichnis von Kap. III.

8.413 Grundlösungen der kegelsymmetrischen Überschallströmung. Die Anwendung der kegelsymmetrischen Überschallströmung ist auf Flügel mit geraden Kanten beschränkt. Sie wurde zuerst von A. Busemann [10] angegeben und später auf „quasi-kegelsymmetrische" Strömungen ausgedehnt, vgl. [29].

An Hand von Abb. 8.45 möge die Anwendung dieses Verfahrens beim gleichen Flügel für verschiedene Machzahlen gezeigt werden. Der als Beispiel gewählte unverwundene, zugespitzte Pfeilflügel hat in Abb. 8.45a nur Unterschallvorderkanten und in Abb. 8.45b nur Überschallvorderkanten. In Abb. 8.45a hat man in dem Bereich I kegelsymmetrische Strömung mit der Flügelspitze A als Kegelzentrum.

In den übrigen schraffierten Bereichen liegt keine Kegelsymmetrie in bezug auf die Zentren B und C vor, da auf den Mach-Linien, die von B

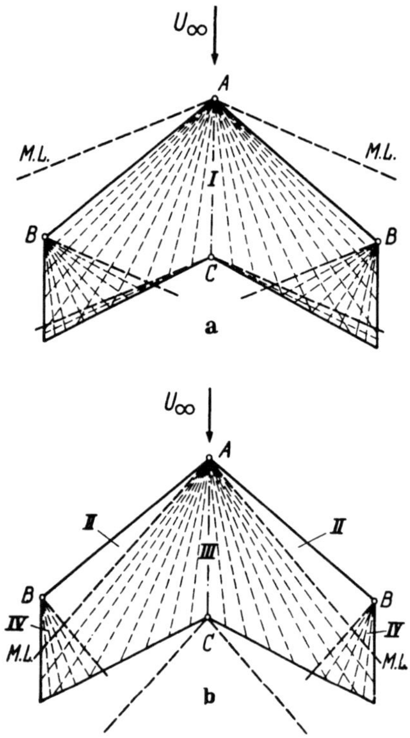

Abb. 8.45. Strömungstypen an angestellten Tragflügeln endlicher Spannweite bei Überschallgeschwindigkeit. Beispiel eines unverwundenen zugespitzten Pfeilflügels, M. L. = Mach-Linien.

a) Flügel mit Unterschallvorderkante, $\mu > \gamma$;
b) Flügel mit Überschallvorderkante, $\mu < \gamma$.

Nicht schraffiert = Druck konstant;
einfach schraffiert = Druckverteilung kegelsymmetrisch;
doppelt schraffiert = Druckverteilung nicht kegelsymmetrisch.

und C ausgehen, der Druck mit Rücksicht auf den Bereich I nicht konstant sein kann. In Abb. 8.45b herrscht im ganzen Bereich II konstanter Druck, wie noch näher gezeigt wird. Im Bereich III hat man eine kegel-

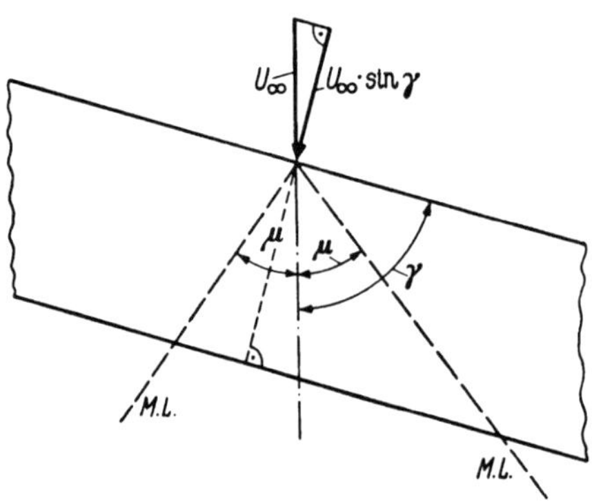

Abb. 8.46. Gepfeilte ebene Platte mit Überschallvorderkante.

symmetrische Strömung mit der Flügelspitze A als Kegelzentrum, da auf den vom Punkt A ausgehenden Mach-Linien der Druck mit Rücksicht auf den Bereich II konstant ist. Auch der Bereich IV hat kegelsymmetrische Strömung in bezug auf das Zentrum B. In den doppelt schraffierten Flächen dagegen liegt keine Kegelsymmetrie vor.

Tragflügel mit Überschallvorderkante. Der einfachste Fall eines Tragflügels mit Überschallvorderkante ist die *ebene Platte mit senkrecht angeströmter Vorderkante*. Diese Strömung wurde als ebenes Problem bereits in Kap. 3.52 und 8.131 behandelt (vgl. Abb. 8.13b). Die konstante Druckverteilung längs der Tiefe einer unter dem Anstellwinkel α angestellten Platte ist nach Gl. (8.14):

$$c_{p_{\mathrm{eb}}} = \frac{p - p_\infty}{\frac{\varrho_\infty}{2} U_\infty^2} = \mp \frac{2\alpha}{\sqrt{Ma_\infty^2 - 1}}. \tag{8.92}$$

Dabei soll der Index eb bei c_p das ebene Problem bedeuten. Das obere Vorzeichen gilt für die Oberseite und das untere Vorzeichen für die Unterseite der Platte.

Für die *gepfeilte ebene Platte*, deren Vorderkante mit der Anströmrichtung den Winkel γ bildet (Abb. 8.46), erhält man die Druckverteilung aus der Überlegung, daß lediglich die Komponente der Anströmungsgeschwindigkeit senkrecht zur Vorderkante, also $U_\infty \sin\gamma$, für die Auftriebserzeugung von Bedeutung ist, vgl. Abb. 7.44. In dem Schnitt senkrecht zur Vorderkante hat die Platte den Anstellwinkel $\alpha^* = \alpha/\sin\gamma$, wobei α der Anstellwinkel in der Ebene ist, welche die Geschwindigkeit U_∞ enthält. Somit hat man für die Druckverteilung der gepfeilten angestellten ebenen Platte:

$$c_p = \frac{p - p_\infty}{\frac{\varrho_\infty}{2} U_\infty^2} = \mp \frac{2\alpha \sin\gamma}{\sqrt{Ma_\infty^2 \sin^2\gamma - 1}}. \tag{8.93}$$

Die gepfeilte Platte hat ebenfalls eine über die Tiefe konstante Druck verteilung. Wir bilden jetzt noch das Verhältnis des Druckbeiwertes der gepfeilten Platte zu demjenigen der ungepfeilten Platte. Hierfür führen wir die Größe

$$m = \frac{\tan\gamma}{\tan\mu} = \tan\gamma \sqrt{Ma_\infty^2 - 1} \tag{8.94}$$

ein. Es bedeutet somit:

$m < 1$: Unterschallvorderkante,
$m > 1$: Überschallvorderkante,

wobei die vorstehende Rechnung voraussetzungsgemäß jedoch nur für $m > 1$ Gültigkeit hat. Man erhält aus den Gln. (8.92), (8.93) mit (8.94):

$$\frac{c_p}{c_{p_{eb}}} = \frac{m}{\sqrt{m^2 - 1}}. \tag{8.95}$$

Es ist sehr bemerkenswert, daß $c_p/c_{p_{eb}} > 1$ ist, was bedeutet, daß die gepfeilte Platte bei gleichem in der Anströmungsrichtung gemessenen Anstellwinkel größeren Auftrieb pro Flächeneinheit erfährt als die ungepfeilte Platte.

Für $\gamma = \pi/2$, d. i. $m = \infty$, erhält man erwartungsgemäß $c_p/c_{p_{eb}} = 1$. Für $\gamma = \mu$, d. i. $m = 1$, ergibt sich $c_p/c_{p_{eb}} = \infty$. In diesem Fall fällt die Mach-Linie in die Vorderkante, und es ist somit die Anströmungskomponente normal zur Vorderkante gleich der Schallgeschwindigkeit. Infolgedessen versagt die lineare Überschalltheorie.

Die hier mitgeteilten Ergebnisse für die zweidimensionale Strömung um eine gepfeilte ebene Platte lassen sich auch auf den *Tragflügel endlicher Spannweite* übertragen. Wir betrachten zu diesem Zweck einen angestellten Dreieckflügel mit Überschallvorderkante ($m > 1$) nach Abb. 8.47a. Dabei ist m nach Gl. (8.94) gegeben, und es bedeutet

$$t = \frac{\tan\gamma'}{\tan\mu} = \frac{y}{x}\cot\mu = \frac{y}{x}\sqrt{Ma_\infty^2 - 1}.$$

Die Geraden $t = \text{const}$ sind Strahlen durch die Flügelspitze, wobei t von 0 bis $m > 1$ läuft; $t = \pm 1$ stellt die Mach-Linien und $t = \pm m$ die Vorderkanten dar. Auf dem Flügel hat man nun die beiden Bereiche II und III nach Abb. 8.45b zu unterscheiden. Zwischen der Mach-Linie und der Vorderkante ist der Druck konstant und durch G. (8.95) gegeben. Es ist im

$$\text{Bereich II} \quad (1 < t < m): \quad \frac{c_p}{c_{p_{eb}}} = \frac{m}{\sqrt{m^2 - 1}}. \tag{8.96a}$$

Hierin ist $c_{p_{eb}}$ durch Gl. (8.92) gegeben. Ohne auf Einzelheiten der Rechnung einzugehen, sei auch das Ergebnis für den Bereich III angegeben, vgl. Abb. 8.45b. Für die Druckverteilung in einem Schnitt quer zur Anströmung ergibt sich im

$$\text{Bereich III} \quad (0 < t < 1): \quad \frac{c_p}{c_{p_{eb}}} = \frac{2}{\pi}\frac{m}{\sqrt{m^2 - 1}}\left(\arccos\sqrt{\frac{1 - t^2}{m^2 - t^2}}\right). \tag{8.96b}$$

Die Gln. (8.96a) und (8.96b) beschreiben zwei Grundlösungen der kegelsymmetrischen Überschallströmung. In Abb. 8.47b ist die Druckverteilung für einen Schnitt quer zur Strömungsrichtung dargestellt. Bemerkenswert ist, daß die Flächenteile vor den von der Spitze ausgehenden Machschen Linien größere und die Flächenteile hinter diesen Mach-Linien

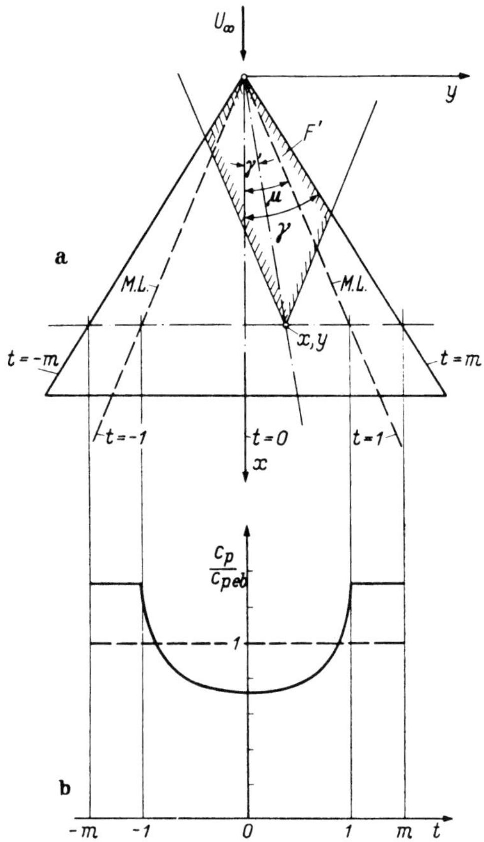

Abb. 8.47. Angestellter Tragflügel mit Überschallvorderkante ($m > 1$).
a) Flügelgrundriß (Dreieckflügel);
b) Druckverteilung in einem Schnitt quer zur Strömungsrichtung, $m = 1{,}5$.

im wesentlichen kleinere Drücke als bei senkrecht angeströmter Vorderkante haben. Der Mittelwert von c_p über die Breite ist

$$\overline{c_p} = c_{p_{eb}}. \tag{8.97}$$

Tragflügel mit Überschallvorderkante und Seitenkante. Nachdem bisher der Tragflügel mit Überschallvorderkante behandelt wurde, soll jetzt als weitere Grundlösung der Flügel mit Überschallvorderkante und Seitenkante besprochen werden. Dabei verstehen wir nach Abb. 8.48a unter einer Seitenkante eine solche Kante, die im Grundriß parallel zur Anströmrichtung ist. Vom Punkt B der Seitenkante aus erstreckt sich nach hinten ein keilförmiger Bereich IV mit kegelsymmetrischer Strömung, vgl. Abb. 8.45 b. Dieser Bereich wird begrenzt durch die Seitenkante des Flügels und die beiden von A und B ausgehenden Machschen Linien. Die Randbedingungen für die Druckverteilung in dem Bereich IV sind $c_p = 0$ auf der Seitenkante und $c_p = c_{p_{II}} =$ const auf der Machschen Linie.

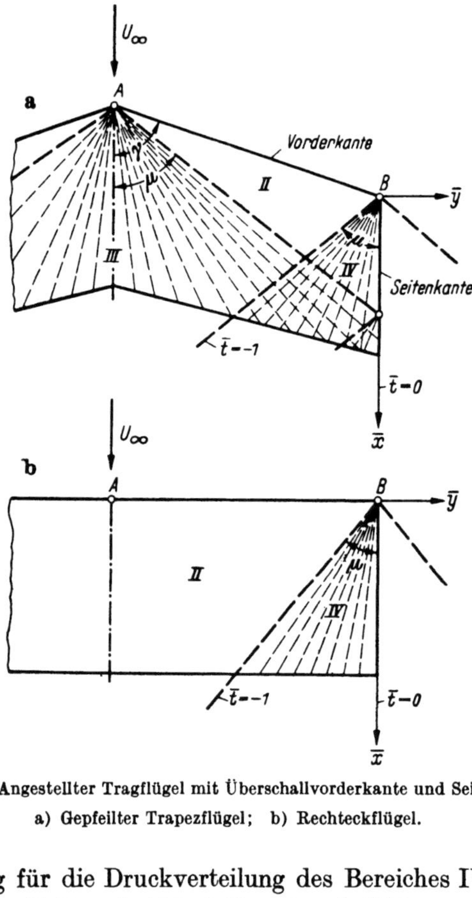

Abb. 8.48. Angestellter Tragflügel mit Überschallvorderkante und Seitenkante.
a) Gepfeilter Trapezflügel; b) Rechteckflügel.

Die Lösung für die Druckverteilung des Bereiches IV mit dem Koordinatensystem $\bar{x}, \bar{y}$ nach Abb. 8.48 a ist, vgl. [32]:

$$\text{Bereich IV } (-1 < \bar{t} < 0): \frac{c_p}{c_{p_{eb}}} = \frac{1}{\pi} \frac{m}{\sqrt{m^2 - 1}} \left[\arccos \left(1 + 2\bar{t} \, \frac{m+1}{m - \bar{t}} \right) \right]. \tag{8.98}$$

Hierin ist $c_{p_{eb}}$ durch Gl. (8.92) und m durch Gl. (8.94) gegeben. Ferner ist:

$$\bar{t} = \frac{\bar{y}}{\bar{x}} \cot \mu = \frac{\bar{y}}{\bar{x}} \sqrt{Ma_\infty^2 - 1}, \tag{8.98a}$$

und somit $\bar{t} = 0$ für die Seitenkante und $\bar{t} = -1$ für die Mach-Linie. Man überzeugt sich leicht, daß für $\bar{t} = 0$ sich $c_p = 0$ und für $\bar{t} = -1$ sich $c_p = c_{p_{II}} = \left(m/\sqrt{m^2 - 1}\right) c_{p_{eb}}$ nach Gl. (8.95) ergibt.

Tragflügel mit Unterschallvorderkante. Für einen Flügel mit Unterschallvorderkante (Bereich I in Abb. 8.45a) möge hier, ohne auf die

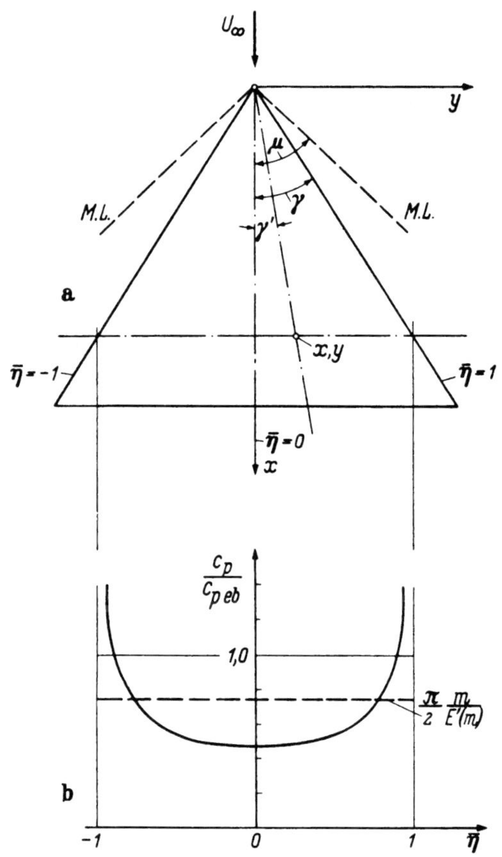

Abb. 8.49. Angestellter Tragflügel mit Unterschallvorderkante ($0 < m < 1$). a) Flügelgrundriß (Dreieckflügel); b) Druckverteilung in einem Schnitt quer zur Strömungsrichtung, $m = 0{,}6$.

Einzelheiten der Rechnung einzugehen, das Ergebnis angegeben werden. Man erhält für die Druckverteilung in einem Schnitt durch den Flügel quer zur Anströmungsrichtung, vgl. z. B. [16] und [63]:

$$\text{Bereich I } (0 < \bar{\eta} < 1)\colon \frac{c_p}{c_{p_{eb}}} = \frac{m}{E'(m)} \frac{1}{\sqrt{1 - \bar{\eta}^2}}. \tag{8.99}$$

Dabei ist m durch Gl. (8.94) gegeben, und $E'(m)$ bedeutet das vollständige elliptische Integral zweiter Gattung.[1] Im vorliegenden Fall nimmt m die Werte $0 < m < 1$ an. Es ist nach Abb. 8.49a:

$$\bar{\eta} = \frac{y}{x} \cot\gamma = \frac{\tan\gamma'}{\tan\gamma}.$$

Auf dem Flügel läuft $\bar{\eta}$ von -1 bis $+1$, wobei $\bar{\eta} = -1$ und $\bar{\eta} = +1$ die Vorderkanten sind.

Tabelle 8.5. *Grundlösungen für die Druckverteilung der angestellten ebenen Platte bei Überschallgeschwindigkeit für die Bereiche (I), (II), (III) und (IV) nach Abb. 8.45.* $c_{p_{eb}}$ nach Gl. (8.92); m nach Gl. (8.94).

(I) Tragflügel mit Unterschallvorderkante.
(II) Tragflügel mit Überschallvorderkante, Bereich vor der Mach-Linie.
(III) Tragflügel mit Überschallvorderkante, Bereich hinter der Mach-Linie.
(IV) Tragflügel mit Überschallvorderkante und Seitenkante.

Bereich	Zentrum	m	$c_p/c_{p_{eb}}$ Vorderkante: gepfeilt	$c_p/c_{p_{eb}}$ ungepfeilt ($m \to \infty$)
I	A	$0 < m < 1$	$\frac{m}{E'(m)} \frac{1}{\sqrt{1-\bar{\eta}^2}}$	—
II	—	$m > 1$	$\frac{m}{\sqrt{m^2-1}}$	1
III	A	$m > 1$	$\frac{2}{\pi} \frac{m}{\sqrt{m^2-1}} \left(\operatorname{arc\,cos} \sqrt{\frac{1-t^2}{m^2-t^2}}\right)$	1
IV	B	$m > 1$	$\frac{1}{\pi} \frac{m}{\sqrt{m^2-1}} \left[\operatorname{arc\,cos}\left(1 + 2\bar{t}\,\frac{m+1}{m-\bar{t}}\right)\right]$	$\frac{1}{\pi} \operatorname{arc\,cos}(1 + 2\bar{t})$

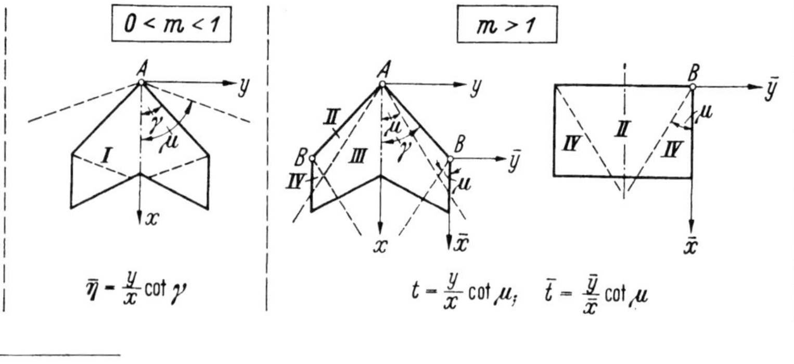

[1] $E'(m) = \int_0^{\pi/2} \sqrt{1 - (1 - m^2)\sin^2\varphi}\, d\varphi$. Es ist $E'(0) = 1$.

Ferner ist $c_{p_{eb}}$ die konstante Druckverteilung der angestellten ebenen Platte bei Überschallgeschwindigkeit nach Gl. (8.92).

In Abb. 8.49b ist die Druckverteilung nach Gl. (8.99) dargestellt. An den beiden Kanten ist c_p unendlich groß, wie es für die Umströmung einer scharfen Unterschallvorderkante erwartet werden muß, vgl. Abb. 8.40a und 8.41a und b. Der Mittelwert des Druckes über die Breite ist:

$$\bar{c}_p = \frac{\pi}{2} \frac{m}{E'(m)} c_{p_{eb}} = \frac{\pi}{2} c_p(0). \tag{8.99a}$$

Schließlich sollen die oben behandelten Grundlösungen in Tab. 8.5 noch einmal zusammengestellt werden. Dabei sind die Beziehungen für die Druckverteilung der angestellten ebenen Platte wiedergegeben. Die Gültigkeitsbereiche für die Lösungen I, II, III und IV sind aus den beigegebenen Skizzen zu ersehen. Eine besonders umfangreiche Zusammenstellung von weiteren Grundlösungen ist von R. T. Jones und D. Cohen [32] angegeben worden.

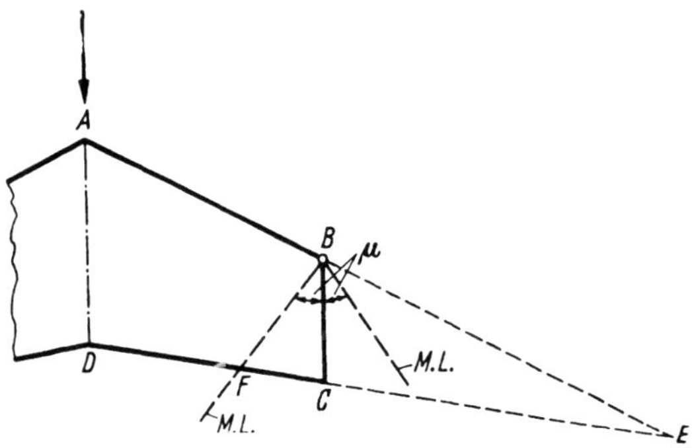

Abb. 8.50. Erläuterungsskizze zum Überlagerungsprinzip bei Überschallgeschwindigkeit. Flügel *AED*: Ausgangsflügel; Flügel *ABCD*: vorgelegter Flügel.

8.414 Überlagerungsprinzip. Mit den obigen Grundlösungen läßt sich die Auftriebsverteilung bei Überschallgeschwindigkeit für eine beliebige Flügelform noch nicht ermitteln. In solchen Bereichen des Flügels, die von den Machschen Kegeln mehrerer Störzentren überdeckt werden, wie z. B. die doppelt schraffierten Gebiete in Abb. 8.45, sind die Grundlösungen nicht ohne weiteres anwendbar. Jedoch kann man auch für diese Gebiete die Lösungen nach einem einfachen Überlagerungsverfahren erhalten, das im folgenden kurz skizziert werden soll:

Gesucht sei die Auftriebsverteilung eines unverwundenen, zugespitzten Pfeilflügels *ABCD* nach Abb. 8.50. Wir ergänzen diesen Flügel zu einem spitzen Flügel *AED*. Für diesen Ausgangsflügel ist die Auftriebsverteilung aus den obigen Grundlösungen nach Tab. 8.5 bekannt. Um aus dem Flügel *AED* den vorgelegten Flügel *ABCD* zu erhalten, denkt man im Punkt *B* ein Störzentrum angebracht. Von diesem gehen zwei Machsche Linien unter dem Winkel μ zur Seitenkante *BC* aus. Die linke Mach-Linie trifft die Hinterkante des vorgelegten Flügels im Punkt *F*. In dem Gebiet *ABFD* des vorgelegten Flügels verursacht das Störungszentrum *B* keine Änderung der Auftriebsverteilung. Um nun aus der bekannten Auftriebsverteilung des

Flügels *AED* diejenige des vorgelegten Flügels *ABCD* zu erhalten, hat man zu der Lösung des ersteren Flügels folgende Lösung hinzuzufügen: Für den Bereich *BEF* ist eine Lösung mit folgenden Eigenschaften zu finden (sog. Kompensationsflügel). Im Teilgebiet *BEC* muß der Auftrieb des Kompensationsflügels entgegengesetzt gleich dem des Flügels *AED* sein, damit in dem ersteren nach Überlagerung der Gesamtauftrieb verschwindet (Auftriebslöschung). In dem Teilgebiet *BCF* darf

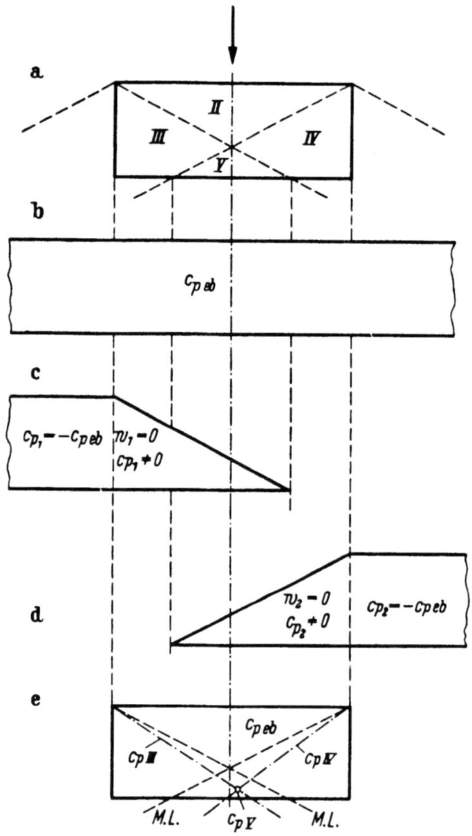

Abb. 8.51. Zur Anwendung des Überlagerungsprinzips auf die angestellte ebene Rechteckplatte. a) Vorgelegter Flügel; b) Ausgangsflügel (unendlich breite Platte); c) und d) Kompensationsflügel *1* und *2*; e) zur Ermittlung der Druckverteilung.

der Kompensationsflügel keine Normalkomponente der Geschwindigkeit haben, damit in diesem Gebiet nach Überlagerung der örtliche Anstellwinkel ungeändert bleibt. Auf die Einzelheiten der Berechnung eines solchen Kompensationsflügels können wir hier nicht näher eingehen. Jedoch findet man eine ausführliche Zusammenstellung der wichtigsten Kompensationsflügel mit den zugehörigen Geschwindigkeitsverteilungen bei R. T. Jones und D. Cohen [32]. Über die Grundlagen der Theorie vgl. man auch H. Mirels [51].

Beispiel. Das vorstehende Verfahren möge auf ein einfaches Beispiel angewendet werden, nämlich auf den Bereich V der angestellten ebenen rechteckigen Platte nach Abb. 8.51a. Dieser Bereich liegt im Einflußgebiet der *beiden* Mach-Kegel, die von den vorderen Ecken ausgehen. Im vorliegenden Fall ist der Ausgangsflügel die unendlich breite angestellte ebene Platte mit der bekannten Druckverteilung $c_{p_{eb}}$. Wir wählen jetzt zwei Kompensationsflügel *1* und *2* nach Abb. 8.51, die die oben angegebenen Bedingungen, nämlich $c_{p_1} = -c_{p_{eb}}$ und $c_{p_2} = -c_{p_{eb}}$ links und rechts von den Seitenkanten, sowie $w_1 = 0$ und $w_2 = 0$ in den beiden von den Machschen Linien auf dem Rechteckflügel abgeschnittenen Dreiecken erfüllen. In den letzteren Bereichen auf dem vorgelegten Flügel liefern die Kompensationsflügel die zusätzlichen Drücke c_{p_1} und c_{p_2}. Durch Überlagerung erhält man somit die Druckverteilungen in den verschiedenen Bereichen zu:

$$c_{p_{II}} = c_{p_{eb}},$$

$$c_{p_{III}} = c_{p_{eb}} + c_{p_1}, \quad c_{p_{IV}} = c_{p_{eb}} + c_{p_2},$$

$$c_{p_V} = c_{p_{eb}} + c_{p_1} + c_{p_2}.$$

Berücksichtigt man jetzt, daß die Strömung in den Bereichen III und IV kegelsymmetrisch ist, so läßt sich der Druck in einem beliebigen Punkt des Bereiches V aus den Drücken $c_{p_{III}}$ und $c_{p_{IV}}$ erhalten, wenn man hierfür die Werte auf den beiden Strahlen nimmt, die durch den vorgegebenen Punkt des Bereiches V hindurchgehen. Eliminiert man c_{p_1} und c_{p_2} aus den obigen Gleichungen, so erhält man für den Druck im Bereich V das bemerkenswerte Ergebnis

$$c_{p_V} = c_{p_{III}} + c_{p_{IV}} - c_{p_{eb}}.$$

Hierbei bedeuten $c_{p_{III}}$ und $c_{p_{IV}}$ die in den Bereich V fortgesetzten kegelsymmetrischen Druckverteilungen der Bereiche III und IV nach Abb. 8.51e.

8.415 Singularitätenmethode für Überschallströmung. Während die kegelsymmetrische Strömung der vorigen Abschnitte nur für Sonderfälle anwendbar ist, besitzt man in der Singularitätenmethode auch für Überschallströmungen ein allgemein anwendbares Berechnungsverfahren. Die Grundzüge des Singularitätenverfahrens wurden für inkompressible Strömungen in Kap. 7.2 und 7.6 erläutert. Die dort angegebenen Lösungsansätze lassen sich in analoger Weise auf lineare Überschallströmungen übertragen. Die inkompressible und die kompressible Potentialgleichung lauten nach Gl. (8.40) für die dreidimensionale Strömung:

$$\frac{\partial^2 \Phi}{\partial x^2} + \frac{\partial^2 \Phi}{\partial y^2} + \frac{\partial^2 \Phi}{\partial z^2} = 0, \; (Ma_\infty = 0), \tag{8.100a}$$

$$(Ma_\infty^2 - 1)\frac{\partial^2 \Phi}{\partial x^2} - \frac{\partial^2 \Phi}{\partial y^2} - \frac{\partial^2 \Phi}{\partial z^2} = 0, \; (Ma_\infty > 1). \tag{8.100b}$$

Quellbelegung. In Kap. 7.62 wurde gezeigt, daß man eine Lösung der Potentialgleichung für $Ma_\infty = 0$ durch eine Quellbelegung in der x, y-Ebene erhalten kann. Ist $q(x', y')$ das an der Stelle x', y' befindliche Quellelement, so gilt nach Gl. (7.223) für den Beitrag dieses Elementes zum Geschwindigkeitspotential der Störbewegung:

$$d^2\Phi(x, y, z; x', y') = -\frac{1}{4\pi} \frac{q(x', y')\, dx'\, dy'}{\sqrt{(x - x')^2 + (y - y')^2 + z^2}}.$$

Die entsprechende Lösung für die Überschallströmung lautet:

$$d^2\Phi(x, y, z; x', y') = -\frac{1}{4\pi} \frac{2q(x', y')\, dx'\, dy'}{\sqrt{(x - x')^2 - (Ma_\infty^2 - 1)\,[(y - y')^2 + z^2]}}. \quad (8.101)$$

Man kann leicht nachweisen, daß dieser Ansatz eine Lösung von Gl. (8.100 b) ist. Der Wurzelausdruck hat reelle Werte nur innerhalb der beiden

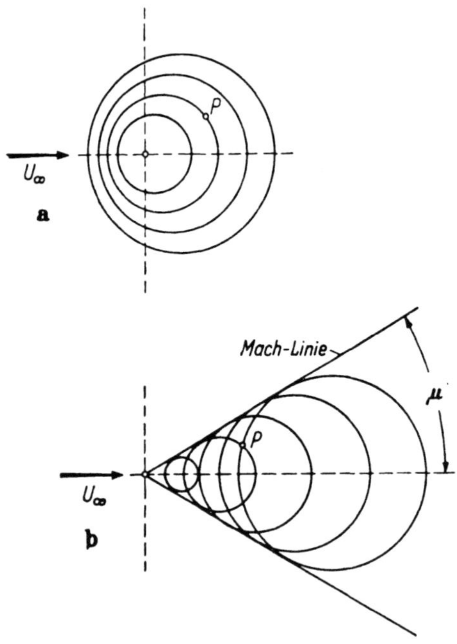

Abb. 8.52. Erläuterungsskizze zur Wirkung einer punktförmigen Schallquelle bei Unter- und Überschallgeschwindigkeit.

Machschen Kegel des Punktes $x', y', z' = 0$ (Vor- und Nachkegel, vgl. Abb. 8.36) mit dem Öffnungswinkel μ, wobei $\tan\mu = 1/\sqrt{Ma_\infty^2 - 1}$ ist. Das Quellelement im Punkt $x', y', z' = 0$ bringt aus physikalischen Gründen jedoch nur für solche Aufpunkte x, y, z einen Beitrag zum Potential, die im Nachkegel des Quellelementes liegen. Daß in Gl. (8.101) für die Überschallströmung der Faktor vor dem Quellelement doppelt so groß ist wie bei inkompressibler Strömung, rührt daher, daß nach Abb. 8.52 bei Überschallgeschwindigkeit ein Punkt P von zwei Stellen aus erreicht wird, während er bei Unterschallgeschwindigkeit nur von einer Stelle erreicht werden kann.

Um jetzt das gesamte Potential in einem Aufpunkt x, y, z zu erhalten, ist über die Beiträge der Quellelemente in der x', y'-Ebene zu integrieren. Hierbei werden nur die Nachkegel der Quellelemente berücksichtigt, während die Vorkegel unberücksichtigt bleiben. Es gilt somit:

$$\Phi(x, y, z) = -\frac{1}{2\pi} \iint\limits_{(F')} \frac{q(x', y')\, dx'\, dy'}{\sqrt{(x - x')^2 - (Ma_\infty^2 - 1)\,[(y - y')^2 + z^2]}}. \tag{8.102}$$

Hierin bedeutet F' den Einflußbereich des Punktes x, y, z. Dieser ist für $z = 0$ in Abb. 8.37 dargestellt. Für $z \neq 0$ wird der Einflußbereich durch eine Hyperbel begrenzt, vgl. Abb. 8.53.

Die Geschwindigkeitskomponenten in x- und z-Richtung am Ort des Flügels $z = 0$ ergeben sich aus Gl. (8.102), vgl. hierzu auch Gl. (7.226), zu:

$$u(x, y, 0) = -\frac{1}{2\pi} \frac{\partial}{\partial x} \iint\limits_{(F')} \frac{q(x', y')\, dx'\, dy'}{\sqrt{(x - x')^2 - (Ma_\infty^2 - 1)\,(y - y')^2}}, \tag{8.103}$$

$$w(x, y, 0) = \pm \frac{1}{2}\, q(x, y), \tag{8.104}$$

wobei das obere Vorzeichen für $z > 0$ und das untere Vorzeichen für $z < 0$ gilt.

Die in Gl. (8.103) auszuführende partielle Differentiation nach x erfordert besondere Sorgfalt, da an den Grenzen des von den Machschen Linien gebildeten Integrationsbereiches, die von x und y abhängig sind, der Integrand unendlich wird. Am besten behandelt man solche Integrale mit der Hadamardschen „Methode der endlichen Bestandteile divergenter Integrale". Im einzelnen werde verwiesen auf die Arbeit von J. C. Evvard [15], vgl. Kap. 8.424.

Im folgenden möge die Anwendung der Methode der Quellbelegung auf den *angestellten Flügel mit Überschallvorderkante* gezeigt werden: Weil die Anströmungskomponente senkrecht zur Vorderkante größer als die Schallgeschwindigkeit ist und daher die Vorderkante nicht umströmt wird (Abb. 8.40c), gibt die Lösung für die Unter- oder Oberseite eines Keilprofils mit linear zunehmender Dicke $z_K(x)$ gleichzeitig die Lösung für die angestellte ebene Platte (vgl. Abb. 8.43a und b). Die Quellverteilung $q(x, y)$ bestimmt sich aus der kinematischen Strömungsbedingung, Gl. (7.37), und mit Gl. (8.104) zu:

$$U_\infty \frac{\partial z_K}{\partial x} = w(x, y) = \frac{1}{2}\, q(x, y). \tag{8.105}$$

Wegen $\partial z_K/\partial x = -\alpha$ nach Abb. 8.19 ist somit $q(x, y) = -2U_\infty \alpha$. Damit ergibt sich für den Druckbeiwert $c_p = -2u/U_\infty$ nach Gl. (8.103):

$$c_p(x, y) = -\frac{2\alpha}{\pi}\frac{\partial}{\partial x}\iint\limits_{(F')}\frac{dx'\,dy'}{\sqrt{(x-x')^2-(Ma_\infty^2-1)(y-y')^2}}. \tag{8.106}$$

Der für den Punkt x, y auf der Tragfläche vorgeschriebene Integrationsbereich ist in Abb. 8.37 schraffiert eingetragen.

Wirbelbelegung. Der *angestellte Tragflügel* mit *Unterschallvorderkante* läßt sich nach der besprochenen Methode der Quellbelegung nicht ohne weiteres behandeln, weil in diesem Fall eine Umströmung der Vorderkante stattfindet. Ein Verfahren, den Flügel mit Unterschallvorderkante dennoch nach der Quellmethode zu berechnen, wird in [14] und [15] angegeben. Statt der Quellbelegung empfehlen sich besonders auch die Dipolbelegung nach [29] sowie eine Wirbelbelegung von der Art, wie sie für inkompressible Strömung bereits in Kap. 7.2 dargelegt wurde.

In Kap. 7.241 wurde gezeigt, daß man eine Lösung der inkompressiblen Potentialgleichung durch eine Wirbelbelegung in der x, y-Ebene erhalten kann. Ist $k(x', y')$ das an der Stelle x', y' befindliche Wirbelelement (Abb. 7.13), so gilt nach Gl. (7.48) für den Beitrag dieses Elementes zum Geschwindigkeitspotential:

$$d^2\Phi(x, y, z; x', y') = \frac{k(x', y')}{4\pi}\frac{z}{(y-y')^2+z^2}\left(1+\frac{x-x'}{r}\right)dx'\,dy'$$

mit

$$r = \sqrt{(x-x')^2+(y-y')^2+z^2}.$$

Die entsprechende Lösung für Überschallströmung lautet analog zu Gl. (8.101):

$$d^2\Phi(x, y, z; x', y') = \frac{2k(x', y')}{4\pi}\frac{z}{(y-y')^2+z^2}\frac{x-x'}{r}dx'\,dy' \tag{8.107}$$

mit

$$r = \sqrt{(x-x')^2-(Ma_\infty^2-1)\left[(y-y')^2+z^2\right]}.$$

Beim Übergang vom Potential der inkompressiblen Strömung zu demjenigen der Überschallströmung ist in der vorigen Gleichung das Glied mit 1 in der Klammer auszuscheiden, da es im ganzen Raum reell ist und somit bei Überschallgeschwindigkeit physikalisch keinen Sinn hat. Das Glied mit $1/r$ im Potential der inkompressiblen Strömung geht in das nur im Mach-Kegel reelle Potential der Überschallströmung über. Dieses Glied erhält jedoch für die Überschallgeschwindigkeit einen zusätzlichen Faktor 2 aus Gründen, die im Anschluß an Gl. (8.101) erläutert wurden.

Um jetzt das gesamte Potential in einem Aufpunkt x, y, z zu erhalten, ist wieder über die Beiträge der Wirbelelemente in der x', y'-Ebene zu integrieren. Hierbei werden nur die Nachkegel der Wirbelelemente berücksichtigt, während die Vorkegel unberücksichtigt bleiben. Damit ergibt sich für das Potential der Wirbelbelegung:

$$\Phi(x, y, z) = \frac{1}{4\pi} \int_{-s}^{+s} \frac{z}{(y - y')^2 + z^2} G(x, y, z; y')\, dy' \qquad (8.108)$$

mit

$$G(x, y, z; y') = 2 \int_{x_v(y')}^{x_0(y')} \frac{k(x', y')\,(x - x')\, dx'}{\sqrt{(x - x')^2 - (Ma_\infty^2 - 1)\,[(y - y')^2 + z^2]}}. \qquad (8.109)$$

Dabei ist in Gl. (8.108) in Spannweitenrichtung über die Breite des Vorkegels zu integrieren, vgl. Abb. 8.53. In Gl. (8.109) ist über x' im Vor-

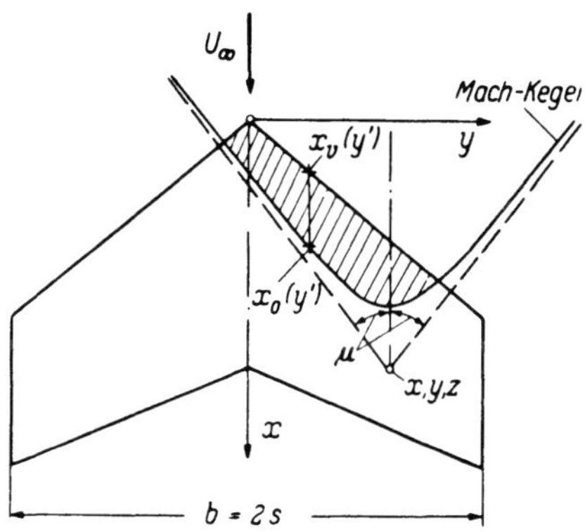

Abb. 8.53. Erläuterungsskizze zum Integrationsbereich für das Potential eines Tragflügels bei Anströmung mit Überschallgeschwindigkeit nach Gl. (8.108) und (8.109).

kegel des Punktes x, y, z von der Vorderkante $x_v(y')$ bis zum Mach-Kegel $x_0(y')$ zu integrieren. Es ist

$$x_0(y') = x - \sqrt{(Ma_\infty^2 - 1)\,[(y - y')^2 + z^2]}. \qquad (8.110)$$

Die Geschwindigkeitskomponenten in x- und z-Richtung am Ort des Flügels $z = 0$ ergeben sich aus den Gln. (8.108) und (8.109), vgl. hierzu die Gln. (7.34) und (7.38):

$$u(x, y, 0) = \pm \tfrac{1}{2} k(x, y), \qquad (8.111)$$

$$w(x, y, 0) = -\frac{1}{4\pi} \lim_{\varepsilon \to 0} \left[\frac{2}{\varepsilon} G(x, y; y) - \int_{-s}^{+s} \frac{G(x, y; y')}{(y - y')^2}\, dy' \right] \qquad (8.112)$$

mit

$$G(x, y; y') = 2 \int\limits_{x_v(y')}^{x_0(y')} \frac{k(x', y')(x - x')\,dx'}{\sqrt{(x - x')^2 - (Ma_\infty^2 - 1)(y - y')^2}}, \qquad (8.113\,\text{a})$$

$$G(x, y; y) = 2 \int\limits_{x_v(y)}^{x} k(x', y)\,dx'. \qquad (8.113\,\text{b})$$

Aus der Geschwindigkeitskomponente u erhält man wie nach Gl. (7.41) für die Druckdifferenz zwischen Unter- und Oberseite des Flügels:

$$\Delta c_p(x, y) = \frac{p_u - p_o}{\frac{\varrho_\infty}{2} U_\infty^2} = 2\,\frac{k(x, y)}{U_\infty}. \qquad (8.114)$$

Um die Gleichung für die Wirbeldichte $k(x, y)$ zu erhalten, ist noch die kinematische Strömungsbedingung zu berücksichtigen. Diese lautet nach Gl. (7.37) für den unverwundenen Flügel:

$$U_\infty \alpha + w(x, y) = 0. \qquad (8.115)$$

Nach Einführung von Gl. (8.112) in Gl. (8.115) ist die letztere Gleichung bei vorgegebener Flügelform eine Integralgleichung für die Ermittlung der Wirbeldichte $k(x, y)$. Die Lösung dieser Integralgleichung bereitet ebenso wie bei inkompressibler Strömung erhebliche Schwierigkeiten, vgl. hierzu [11], [15], [29].

Eine verhältnismäßig einfache Lösung für die Singularitätenmethode für einige Beispiele wurde schon frühzeitig von L. PRANDTL [59] und H. SCHLICHTING [64] angegeben.

8.42 Angestellter Tragflügel endlicher Spannweite

8.421 Allgemeines. Bevor über ein allgemeines Berechnungsverfahren zur Ermittlung der Auftriebsverteilung von Tragflügeln endlicher Spannweite bei Überschallgeschwindigkeit berichtet wird, mögen im folgenden zwei besonders einfache Flügelformen behandelt werden, nämlich der Rechteckflügel und der Dreieckflügel (Deltaflügel). Diese beiden Flügel lassen sich grundsätzlich mit der verhältnismäßig einfachen Methode der kegelsymmetrischen Strömung berechnen. Für beliebige Flügelformen dagegen hat man die oben erläuterten Singularitätenmethoden anzuwenden.

8.422 Rechteckflügel. Den einfachen Rechteckflügel erhält man nach Abb. 8.48 für $\gamma = \pi/2$. Somit wird nach Gl. (8.94) $m = \infty$. Beim Übergang von der gepfeilten Vorderkante in Abb. 8.48a auf die ungepfeilte

Vorderkante (Abb. 8.48b) verschwindet die von A ausgehende Mach-Linie, weil der Punkt A jetzt nicht mehr Störungszentrum ist. Deshalb erstreckt sich beim Rechteckflügel der Bereich II mit konstanter Druckverteilung jetzt auf die ganze Fläche außerhalb des Bereiches IV. Die Lösung für die Randzone des Rechteckflügels (Bereich IV) erhält man aus Gl. (8.98) für $m \to \infty$ zu:

$$\frac{c_p}{c_{p_{\text{eb}}}} = \frac{1}{\pi} \arccos(1 + 2\bar{t}), \tag{8.116}$$

wobei $\bar{t}$ durch Gl. (8.98a) gegeben ist. Diese Druckverteilung ist in Abb. 8.54 dargestellt. Sie wurde zuerst von H. Schlichting [64]

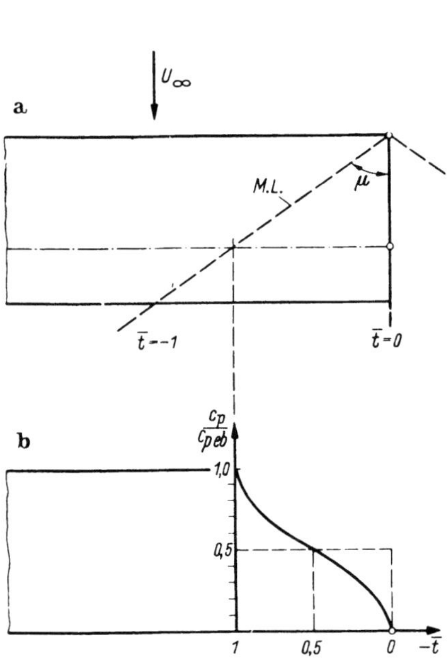

Abb. 8.54. Angestellte Rechteckplatte bei Überschallgeschwindigkeit.
a) Grundriß;
b) Druckverteilung am Flügelrand nach Gl. (8.116).

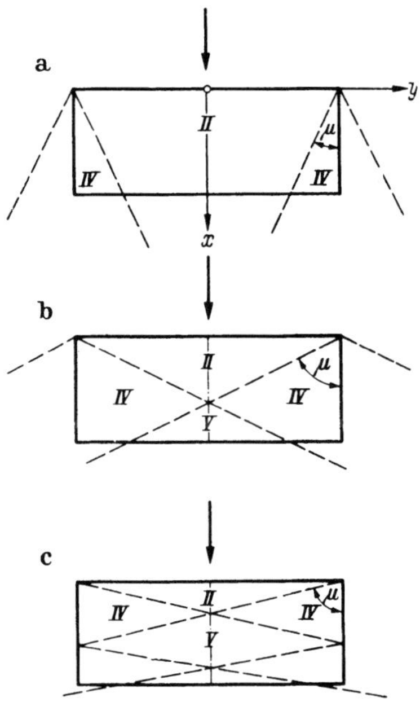

Abb. 8.55. Angestellte Rechteckplatte endlicher Spannweite bei Überschallgeschwindigkeit für verschiedene Mach-Zahlen.
a) $\Lambda \sqrt{Ma_\infty^2 - 1} > 2$;
b) $1 < \Lambda \sqrt{Ma_\infty^2 - 1} < 2$;
c) $\Lambda \sqrt{Ma_\infty^2 - 1} < 1$.

untersucht. Man erkennt aus Abb. 8.54b, daß die Randzone nur einen halb so großen Auftrieb wie ein flächengleiches Stück in ebener Strömung besitzt. Diese Lösung gestattet es, in einfacher Weise den Gesamtauftrieb eines Rechteckflügels endlicher Spannweite zu ermitteln. Es gilt für den

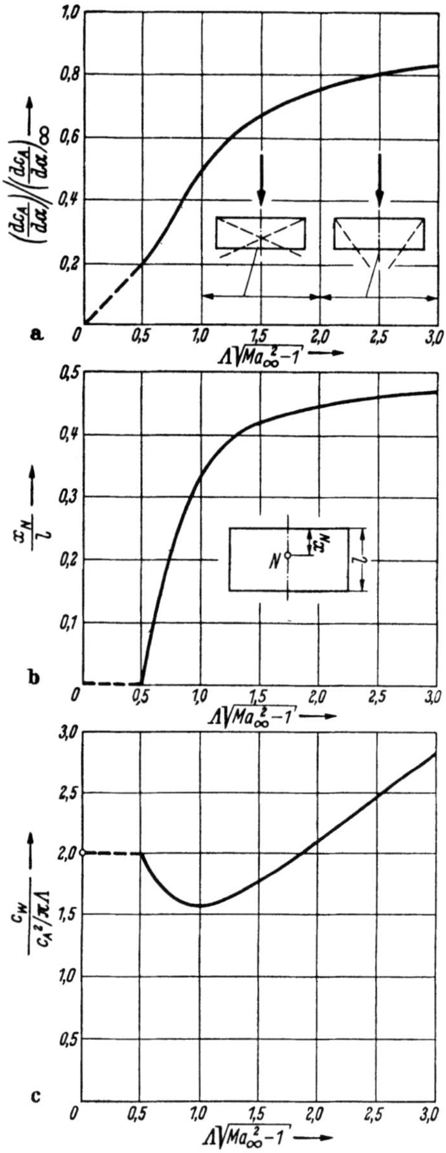

Abb. 8.56. Luftkräfte an angestellten Rechteckplatten von verschiedenem Seitenverhältnis bei Überschallgeschwindigkeit.

a) Auftriebsanstieg;
b) Neutralpunktlage;
c) Widerstandsbeiwert.

Auftriebsanstieg:

$$\frac{dc_A}{d\alpha} = \frac{4}{\sqrt{Ma_\infty^2 - 1}} \times \left(1 - \frac{1}{2\Lambda\sqrt{Ma_\infty^2 - 1}}\right). \quad (8.117)$$

Die Formel gilt, solange die beiden Randzonen sich nicht überschneiden, d. i. für $\Lambda\sqrt{Ma_\infty^2 - 1} > 2$ (Abb. 8.55a). Für $1 < \Lambda\sqrt{Ma_\infty^2 - 1} < 2$ überschneiden sich die beiden Randzonen nach der Art von Abb. 8.55b. Die von den vorderen Ecken ausgehenden Mach-Linien schneiden die Hinterkante des Flügels. Für $\Lambda\sqrt{Ma_\infty^2 - 1} < 1$ schneiden diese Mach-Linien die Seitenkanten und werden dort reflektiert nach Art von Abb. 8.55c. Die Druckverteilungen in den von zwei Mach-Kegeln getroffenen Bereichen (einfache Überschneidung) lassen sich durch Überlagerung gewinnen, vgl. Kap. 8.414.

Der *Auftriebsanstieg* des Rechteckflügels ist in Abbildung 8.56a dargestellt. Dabei gilt Gl. (8.117) auch noch bis $\Lambda\sqrt{Ma_\infty^2 - 1} = 1$, wie hier nicht näher gezeigt werden kann, vgl. hierzu Abschnitt 8.414. In Abb. 8.56b und 8.56c sind auch noch die *Neutralpunktlage* und der *Widerstandsbeiwert* aufgetragen. Abschließend ist in Abb. 8.57 für einen Rechteckflügel vom Seitenverhältnis $\Lambda = 2{,}5$ die *Druckverteilung* über Flügeltiefe und die *Auftriebsverteilung* über Spannweite dargestellt. In Abb. 8.57a sind diese Verteilungen für die Mach-Zahl $Ma_\infty = 1{,}89$ und in Abb. 8.57b für $Ma_\infty = 1{,}13$ angegeben. Wie man leicht zeigt, besitzt ein Flügel mit $\Lambda\sqrt{Ma_\infty^2 - 1} = 1$ ebenso wie bei $Ma_\infty = 1$ elliptische Zirkulationsverteilung.

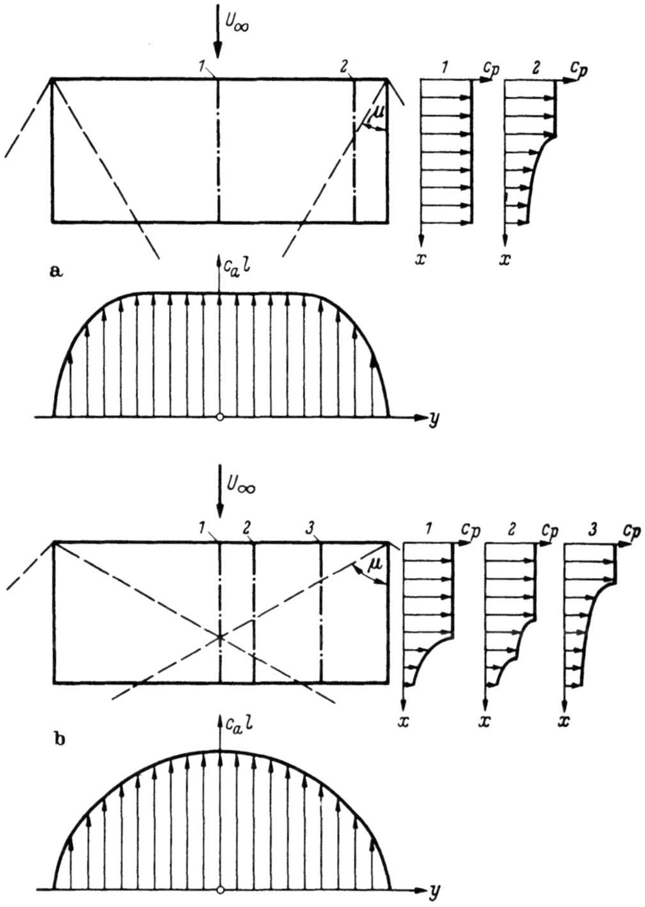

Abb. 8.57. Druckverteilung längs Tiefe und Auftriebsverteilung längs Spannweite für die angestellte Rechteckplatte vom Seitenverhältnis $\Lambda = 2{,}5$.
a) $\Lambda\sqrt{Ma_\infty^2 - 1} = 4$: $Ma_\infty = 1{,}89$; b) $\Lambda\sqrt{Ma_\infty^2 - 1} = 4/3$: $Ma_\infty = 1{,}13$.

8.423 Dreieckflügel. Als weiteres einfaches Beispiel möge der Dreieckflügel (Deltaflügel) behandelt werden. Bei diesem treten je nach Größe der Machzahl Flügel mit Unterschall- und Überschallvorderkante auf (Abb. 8.49 und 8.47).

Überschallvorderkante. In diesem Fall hat man auf dem Flügel nur die Bereiche II und III nach Abb. 8.45b zu unterscheiden. Die zugehörigen

Druckverteilungen sind in Tab. 8.5 sowie in den Gln. (8.96a) und (8.96b) und in Abb. 8.47b bereits angegeben worden.

Berücksichtigt man den Mittelwert des Druckes über die Breite nach Gl. (8.97), so ergibt sich der *Gesamtauftrieb* des Dreieckflügels mit Überschallvorderkante zu

$$A = \frac{\varrho_\infty}{2} U_\infty^2 F \Delta c_{p_{eb}},$$

wobei $\Delta c_{p_{eb}} = c_{p_{eb,u}} - c_{p_{eb,o}}$ den mittleren Druckunterschied zwischen Unter- und Oberseite der ungepfeilten Platte bedeutet. Mit $\Delta c_{p_{eb}} = 4\alpha/\sqrt{Ma_\infty^2 - 1}$ hat man für den Auftriebsbeiwert des Dreieckflügels mit Überschallvorderkante:

$$c_A = \frac{4\alpha}{\sqrt{Ma_\infty^2 - 1}} \tag{8.118a}$$

und damit

$$\frac{dc_A}{d\alpha} = \frac{4}{\sqrt{Ma_\infty^2 - 1}} \quad (m > 1). \tag{8.118b}$$

Somit hat man beim Dreieckflügel mit Überschallvorderkante den gleichen Auftriebsanstieg wie beim ebenen Problem, Gl. (8.17).

Der *Neutralpunkt* liegt im Flächenschwerpunkt, weil die in der Querrichtung gemittelten Druckunterschiede in der Längsrichtung konstant sind. Somit hat man für die Neutralpunktlage:

$$\frac{x_N}{l_i} = \frac{2}{3}. \tag{8.119}$$

Der gesamte *Widerstand* (induzierter Widerstand + Wellenwiderstand) ist:

$$W = A\alpha.$$

Somit ist

$$c_W = \frac{4\alpha^2}{\sqrt{Ma_\infty^2 - 1}} = \frac{c_A^2}{4}\sqrt{Ma_\infty^2 - 1} \tag{8.120}$$

in Übereinstimmung mit der ebenen Platte unendlicher Spannweite. Mit $m = \tan\gamma\sqrt{Ma_\infty^2 - 1} = \sqrt{Ma_\infty^2 - 1}\,(\Lambda/4)$ kann Gl. (8.120) auch in der Form

$$c_W = \pi m \frac{c_A^2}{\pi \Lambda} \tag{8.120a}$$

geschrieben werden.

Unterschallvorderkante. In diesem Fall hat man auf dem Flügel nur den Bereich I nach Abb. 8.45a. Die zugehörige Druckverteilung ist in Tab. 8.5 sowie in Gl. (8.99) und in Abb. 8.49 bereits angegeben worden.

Unter Berücksichtigung des Mittelwertes des Druckes über die Breite nach Gl. (8.99a) ergibt sich der *Gesamtauftrieb* durch Integration über die Flügelfläche zu:

$$c_A = \frac{m}{E'(m)} \frac{2\pi\alpha}{\sqrt{Ma_\infty^2 - 1}}. \tag{8.121}$$

Für den Auftriebsanstieg erhält man hieraus:

$$\frac{dc_A}{d\alpha} = \frac{m}{E'(m)} \frac{2\pi}{\sqrt{Ma_\infty^2 - 1}} = \frac{2\pi}{E'(m)} \tan\gamma \qquad (0 < m < 1), \tag{8.122}$$

gültig für $Ma_\infty > 1$ und $0 < m < 1$. In Abb. 8.58 ist das Verhältnis der Auftriebsanstiege des Dreieckflügels zu demjenigen der angestellten ebenen Platte

$$(dc_A/d\alpha)_\infty = 4 \,/\, \sqrt{Ma_\infty^2 - 1}$$

über m aufgetragen unter Hinzunahme von Gl. (8.118b) für den Dreieckflügel mit Überschallvorderkante. Sofern die Flügelvorderkante als

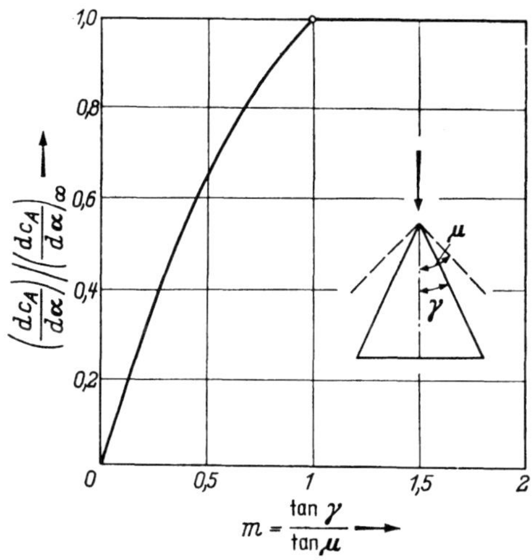

Abb. 8.58. Auftriebsanstieg eines Dreieckflügels bei Überschallgeschwindigkeit.

Unterschallvorderkante: $0 < m < 1$; Überschallvorderkante: $m > 1$.

Unterschallkante wirkt $(0 < m < 1)$, ist der Auftriebsanstieg des Dreieckflügels erheblich kleiner, als wenn sie Überschallkante ist.

Ein besonders zu beachtendes Ergebnis erhält man aus der zweiten Formel in Gl. (8.122). Für sehr schlanke Flügel (γ sehr klein) geht $m \to 0$ für beliebige Mach-Zahl. Damit erhält man aus Gl. (8.122) wegen $E'(0) = 1$:

$$\gamma \to 0; \quad \Lambda \to 0: \quad \frac{dc_A}{d\alpha} = 2\pi \tan\gamma = \frac{\pi}{2}\Lambda. \tag{8.123}$$

Dabei ist $\tan\gamma = \Lambda/4$. Hiernach ist also für $Ma_\infty > 1$ der Auftriebsanstieg sehr schlanker Flügel unabhängig von der Mach-Zahl. Für $Ma_\infty < 1$ wurde das gleiche Ergebnis in Gl. (8.82a) gefunden. Dies

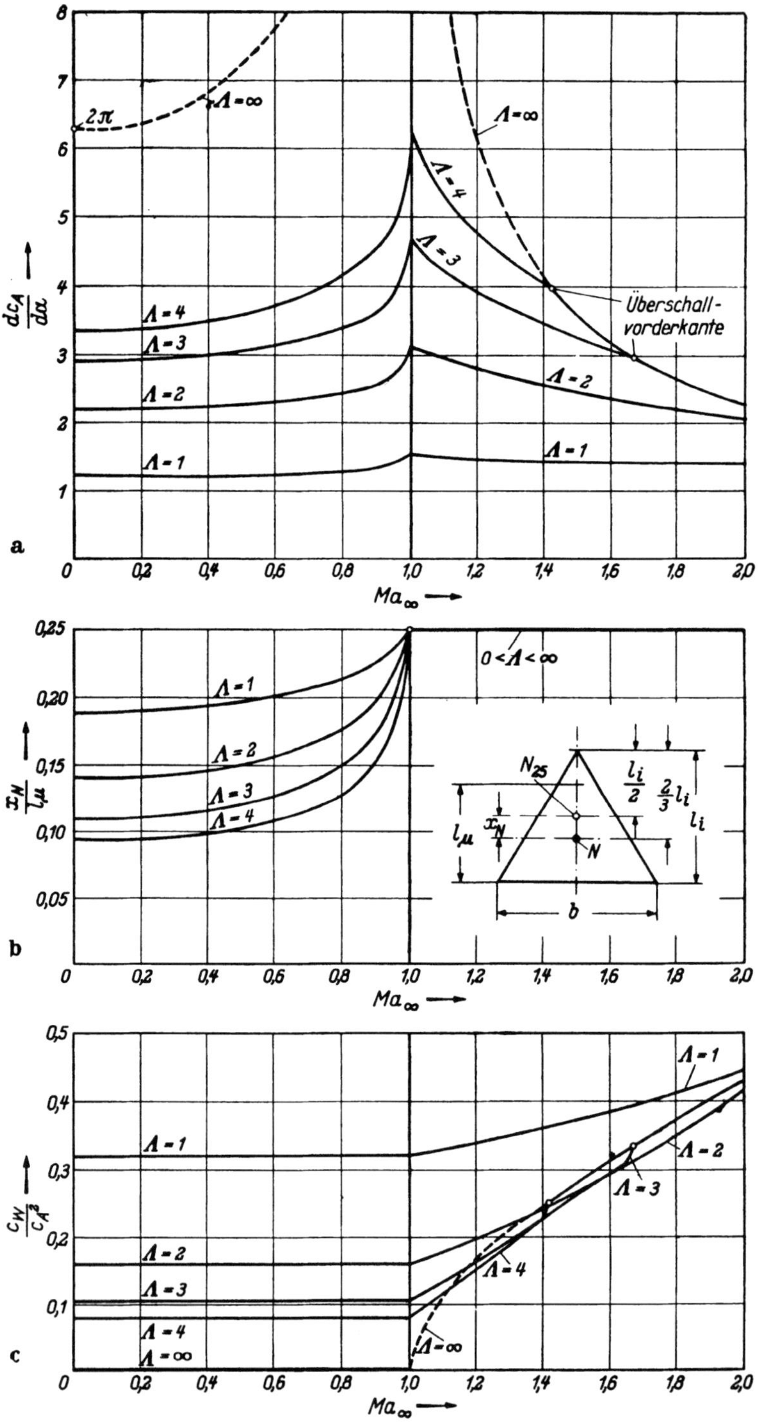

Abb. 8.59. Luftkräfte an angestellten Dreieckflügeln von verschiedenem Seitenverhältnis Λ bei Unter- und Überschallgeschwindigkeit.

a) Auftriebsanstieg; b) Neutralpunktlage; c) Widerstandsbeiwert (mit Saugkraft).

ist die sogenannte *Theorie schlanker Körper (Slender Body Theory)* von R. T. Jones [31].

Für $Ma_\infty = 1$ ergibt sich aus Gl. (8.122) der Wert:

$$Ma_\infty = 1: \quad \frac{dc_A}{d\alpha} = \frac{\pi}{2} \Lambda, \tag{8.124}$$

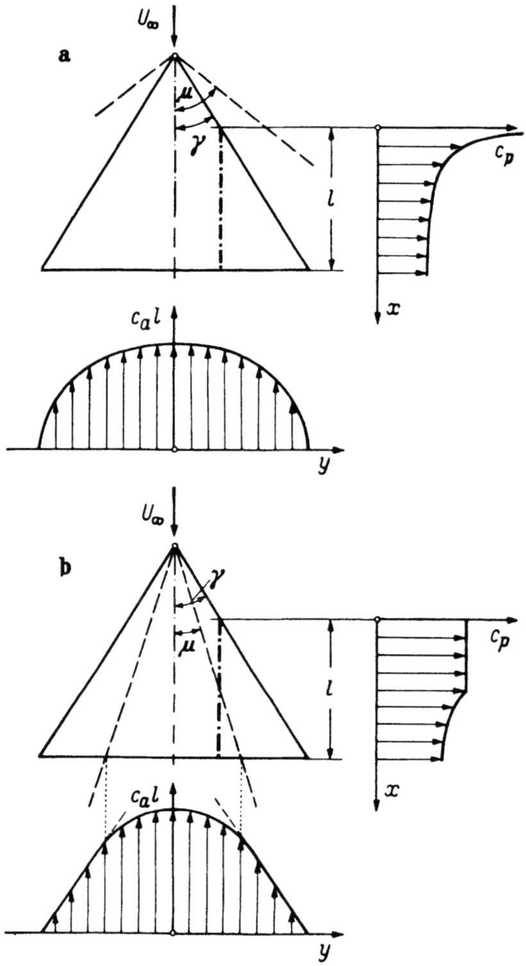

Abb. 8.60. Druckverteilung über die Flügeltiefe und Auftriebsverteilung längs Spannweite von Dreieckflügeln bei Überschallgeschwindigkeit.

a) Unterschallvorderkante, $0 < m < 1$; b) Überschallvorderkante, $m > 1$.

in Übereinstimmung mit Gl. (8.82c). Damit ist gezeigt, daß sich bei $Ma_\infty = 1$ für den Auftriebsanstieg der gleiche Wert $dc_A/d\alpha = \pi\Lambda/2$ ergibt, gültig für beliebiges Seitenverhältnis Λ und unabhängig davon, ob $Ma_\infty = 1$ vom Unterschall- oder Überschallbereich her erreicht wird.

Die theoretischen Ergebnisse für den Auftriebsanstieg des Dreieckflügels im ganzen Machzahlbereich sind in Abb. 8.59a zusammengefaßt. Die Werte für $Ma_\infty < 1$ sind auf Grund der linearen Unterschallströmung (Kap. 8.32), diejenigen für Überschallströmung nach den vorstehenden, ebenfalls linearen Formeln ermittelt worden. Die Kurve für $\Lambda = \infty$ entspricht dem ebenen Problem nach Abb. 3.24a.

Neutralpunkt: Auch für den Dreieckflügel mit Unterschallvorderkante liegt der Neutralpunkt im Flächenschwerpunkt, weil die in der

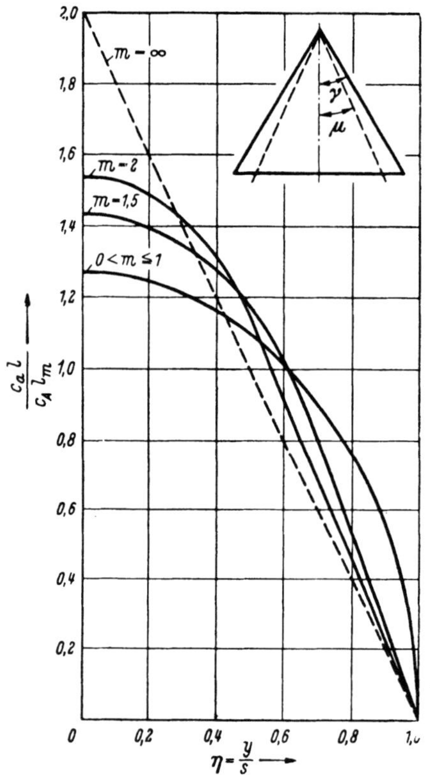

Abb. 8.61. Auftriebsverteilungen längs Spannweite von Dreieckflügeln bei Überschallgeschwindigkeit für verschiedene Werte von $m = \tan\gamma/\tan\mu$. $0 < m < 1$: Unterschallvorderkante, $m > 1$: Überschallvorderkante.

Querrichtung gemittelten Druckunterschiede in der Längsrichtung konstant sind. Somit hat man für die Neutralpunktlage:

$$\frac{x_N}{l_i} = \frac{2}{3}. \tag{8.125}$$

Die Neutralpunktlagen des Dreieckflügels im ganzen Machzahlbereich sind in Abb. 8.59b für verschiedene Seitenverhältnisse Λ angegeben. Die Kurve für $\Lambda = \infty$ entspricht dem ebenen Problem nach Abb. 3.24b.

Auftriebsverteilung: In Abb. 8.60 ist für den Dreieckflügel mit Unterschall- und Überschallvorderkante eine Übersicht gegeben über die Druckverteilungen über Flügeltiefe sowie über die Auftriebsverteilungen längs Spannweite. Die Auftriebsverteilungen $c_a l$ sind in Abb. 8.61 für verschiedene Werte von m zusammengestellt. Bemerkenswert ist, daß für alle Flügel mit Unterschallvorderkante, $0 < m < 1$, die Auftriebsverteilung über Spannweite elliptisch ist. Für die Flügel mit Überschallvorderkante nähert sich die Auftriebsverteilung für sehr große Mach-Zahlen ($m \to \infty$) der dreieckigen Form.

Widerstand: Der Widerstand eines Tragflügels mit Unterschallvorderkante setzt sich zusammen aus dem Anteil $A\alpha$, welcher von der Druckverteilung auf der Fläche herrührt, und der Saugkraft S, die durch die Umströmung der Vorderkante entsteht. Somit ist:

$$W = A\alpha - S. \tag{8.126}$$

Der Anteil $A\alpha$ ist aus dem Vorstehenden bekannt. Die Saugkraft S kann aus der Wirbeldichte $k(x, y)$ in der Nähe der Vorderkante ermittelt werden. Für die ebene inkompressible Strömung wurde diese Beziehung in Gl. (6.99) angegeben. Die Ermittlung der Saugkraft für kompressible Strömung mit Unterschallvorderkante ist u. a. in [31] und [63] angegeben worden. Für den Dreieckflügel mit Unterschallvorderkante ($m < 1$) erhält man für den Widerstandsbeiwert *ohne Saugkraft* $c_W = c_A \alpha$:

$$c_W = \frac{m}{E'(m)} \frac{2\pi\alpha^2}{\sqrt{Ma_\infty^2 - 1}} = 2E'(m) \frac{c_A^2}{\pi\Lambda}. \tag{8.127}$$

Hierbei wurde berücksichtigt, daß nach Gl. (8.94):

$$m = \tan\gamma \sqrt{Ma_\infty^2 - 1} = \frac{\Lambda}{4} \sqrt{Ma_\infty^2 - 1}$$

ist. In Abb. 8.62 ist der Widerstandsbeiwert von Dreieckflügeln aufgetragen, und zwar für $m \leqq 1$ nach Gl. (8.127) als Kurve *2a* und für $m \geqq 1$ nach Gl. (8.120a) als Kurve *1*.

Der Beiwert der Saugkraft ergibt sich nach [63] zu:

$$c_S = \frac{c_A^2}{\pi\Lambda} \sqrt{1 - m^2}. \tag{8.128}$$

Entsprechend Gl. (8.126) ist dieser Betrag von dem c_W-Wert nach Gl. (8.127) abzuziehen, um den *Gesamtwiderstand* zu erhalten. Somit ist

$$c_W = \frac{c_A^2}{\pi\Lambda} \left[2E'(m) - \sqrt{1 - m^2}\right]. \tag{8.129}$$

Dieser Zusammenhang ist in Abb. 8.62 als Kurve *2b* wiedergegeben.

Es ist üblich, bei inkompressibler Strömung den Anteil $c_W = c_A^2/\pi\Lambda$, der von dem hinter dem Flügel induzierten Geschwindigkeitsfeld herrührt, als induzierten Widerstand zu bezeichnen. Auch bei kompressibler Strömung existiert ein solcher Anteil des Widerstandes, der von dem induzierten Geschwindigkeitsfeld der Wirbelfläche des Flügels herrührt. Diesen Widerstandsanteil bezeichnet man zweckmäßig auch als induzierten Widerstand, Abb. 8.62, Kurve *3*. Zieht man diesen Widerstand vom Gesamtwiderstand bei Überschallgeschwindigkeit ab, so erhält man den Wellenwiderstand (Abb. 8.62). Für die praktische Anwendung hat es aber keine besondere Bedeutung, den induzierten

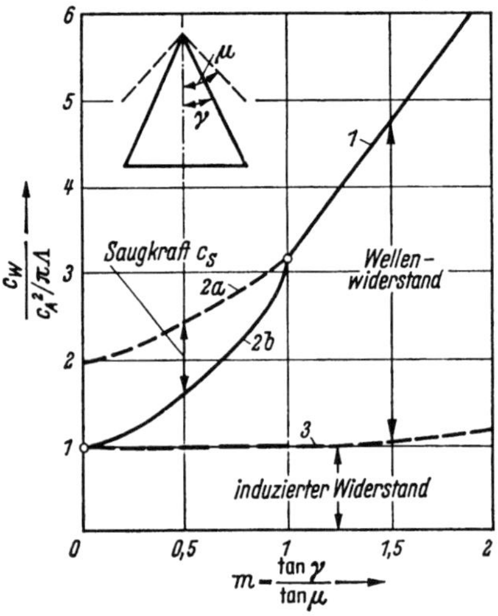

Abb. 8.62. Widerstand von Dreieckflügeln bei Überschallgeschwindigkeit in Abhängigkeit von

$$m = \frac{\tan\gamma}{\tan\mu} = \frac{\Lambda}{4}\sqrt{Ma_\infty^2 - 1},$$

$m < 1$: Unterschallvorderkante,
$m > 1$: Überschallvorderkante.
Kurve *1*: nach Gl. (8.120a);
Kurve *2a*: nach Gl. (8.127);
Kurve *2b*: nach Gl. (8.129);
Kurve *3*: induzierter Widerstand nach Gl. (7.172).

Widerstand allein zu betrachten, sondern es kommt lediglich auf die Summe von induziertem und Wellenwiderstand an, vgl. H. Schlichting [64].

In Abb. 8.59c ist der Widerstandsbeiwert von unverwundenen Dreieckflügeln mit verschiedenem Seitenverhältnis Λ über der Machschen Zahl aufgetragen. Die Kurve für $\Lambda = \infty$ entspricht dem ebenen Problem nach Abb. 3.24c. Es ist bemerkenswert, daß im Unterschallbereich das Seitenverhältnis einen starken Einfluß auf den auftriebsabhängigen Widerstand hat, während im Überschallbereich der Widerstand kaum vom Seitenverhältnis abhängt.

Für den Flugzeugbau wirkt sich diese Tatsache dahingehend aus, daß bei Überschallfluggeschwindigkeiten Flügelformen mit großem Seitenverhältnis keinen Vorteil mehr bieten, vgl. Abb. 5.10c.

Messungen. Systematische Messungen zur Nachprüfung der dreidimensionalen Tragflügeltheorie bei Überschallgeschwindigkeit sind hauptsächlich für den Dreieckflügel ausgeführt worden. Von E. S. Love

[45] sind solche Messungen an *Dreieckflügeln* (Deltaflügeln) mit runder und scharfkantiger Nase mitgeteilt worden. Das Seitenverhältnis Λ liegt zwischen 0,7 und 4, die Profildicke ist $\delta = (d/l) = 0{,}08$ und die Dickenrücklage $X_d = (x_d/l) = 0{,}18$. Die Messungen wurden für die Mach-Zahlen $Ma_\infty = 1{,}62$, 1,92 und 2,40 ausgeführt.

Die Ergebnisse für den *Auftriebsanstieg* sind in Abb. 8.63 dargestellt. Dabei ist als Abszisse der Parameter $m = \sqrt{Ma_\infty^2 - 1}\,\Lambda/4$

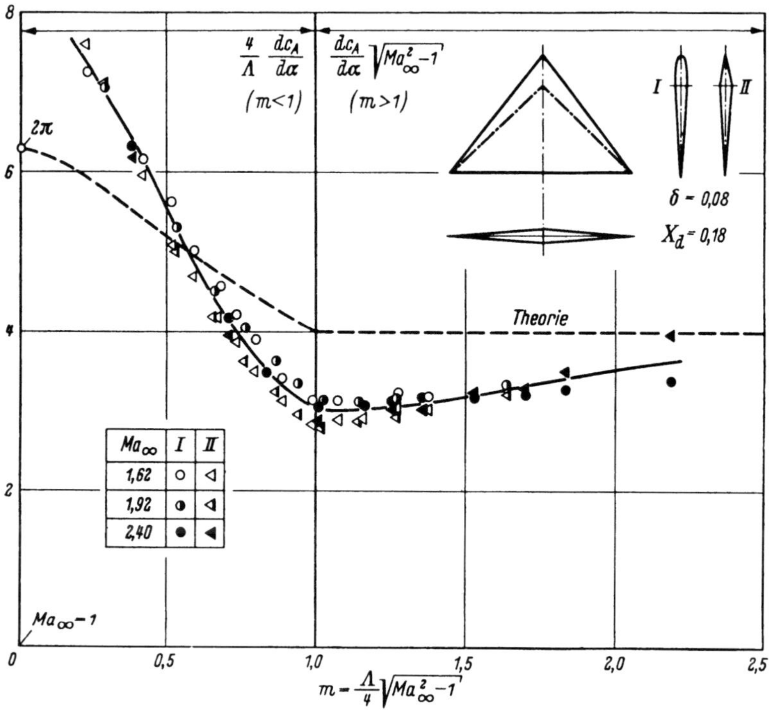

Abb. 8.63. Gemessene Auftriebsanstiege für *Dreieckflügel* bei Überschallgeschwindigkeit nach [45]. $0 < m < 1$: Unterschallvorderkante; $m > 1$: Überschallvorderkante.

gewählt worden. Als Ordinate wurde für den Bereich der Unterschallvorderkante ($m < 1$) die Größe $\cot\gamma \, \frac{dc_A}{d\alpha} = \frac{4}{\Lambda}\frac{dc_A}{d\alpha}$ gewählt, während im Bereich der Überschallvorderkante ($m > 1$) die Größe $\frac{dc_A}{d\alpha}\sqrt{Ma_\infty^2 - 1}$ dargestellt wurde. Die Meßergebnisse für die 22 Flügel bei den drei verschiedenen Mach-Zahlen ordnen sich sehr gut auf *einem* Kurvenzug an, wodurch die Ähnlichkeitsregel für Überschallgeschwindigkeit bestätigt wird. Die gemessene Kurve gibt den theoretischen Verlauf im ganzen recht gut wieder. Die Abweichungen zwischen Theorie und Messung bei $m = 0$ und $m = 1$ sind verständlich, da $m \approx 0$ die trans-

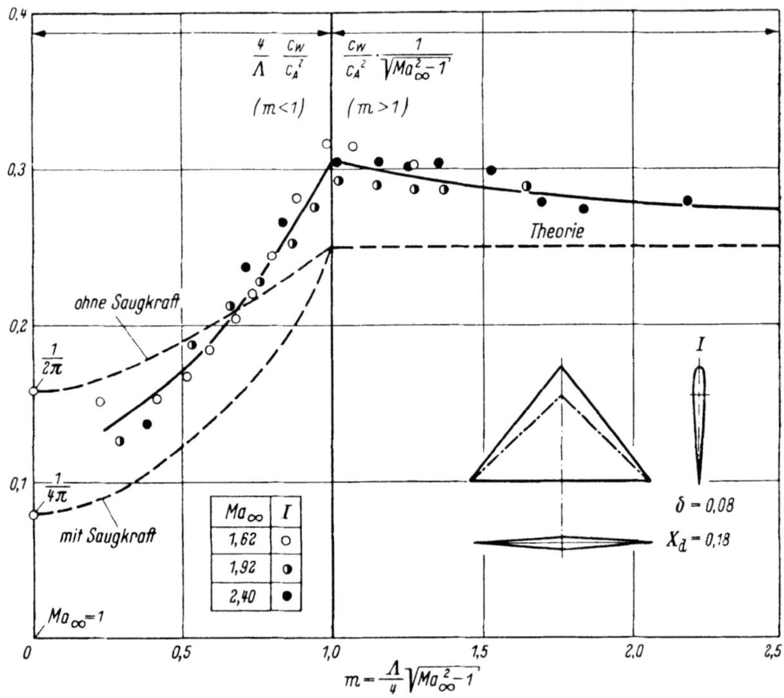

Abb. 8.64. Gemessene Widerstandsbeiwerte infolge Auftrieb für *Dreieckflügel* bei Überschallgeschwindigkeit nach [45].

$0 < m < 1$: Unterschallvorderkante; $m > 1$: Überschallvorderkante.

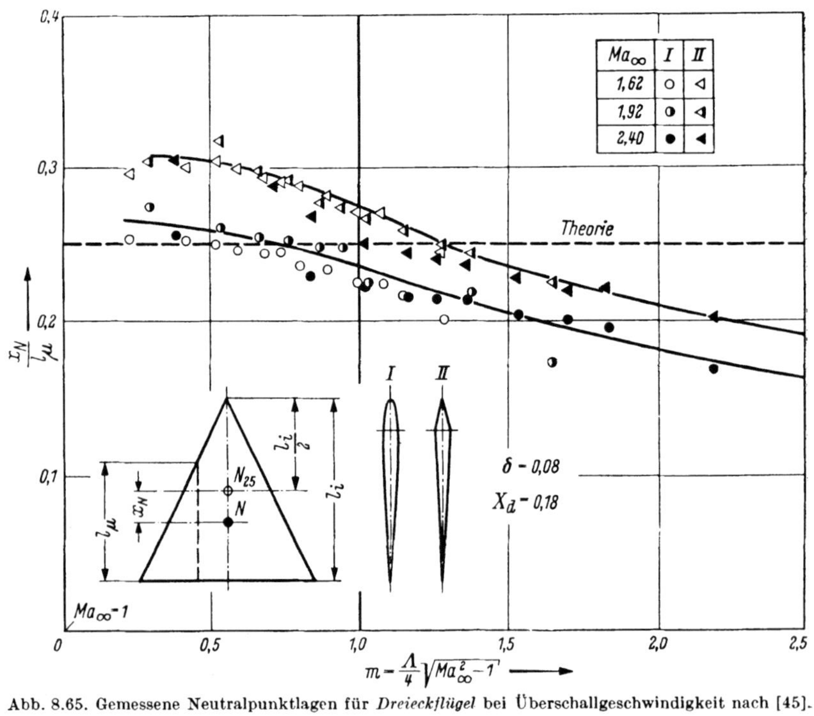

Abb. 8.65. Gemessene Neutralpunktlagen für *Dreieckflügel* bei Überschallgeschwindigkeit nach [45].

$0 < m < 1$: Unterschallvorderkante; $m > 1$: Überschallvorderkante.

sonische Strömung ($Ma_\infty \approx 1$) bedeutet, während $m = 1$ den Übergang von der Unterschallvorderkante zur Überschallvorderkante darstellt.

Die analoge Auftragung für die *Widerstandsbeiwerte* gibt Abb. 8.64. Dabei sind nur die Werte für die abgerundete Nase wiedergegeben. Auch die gemessenen Widerstandsbeiwerte ordnen sich gut auf *einem* Kurvenzug an, wodurch auch hierfür die Ähnlichkeitsregel bestätigt wird. Im Bereich der Unterschallvorderkante liegt die Kurve der gemessenen Widerstandsbeiwerte teilweise zwischen den theoretischen Kurven mit und ohne Saugkraft. Schließlich sind in Abb. 8.65 die gemessenen Neutralpunktlagen angegeben. Auch hier wird die Ähnlichkeitsregel der Überschallströmung ziemlich gut bestätigt. Für die Flügel mit runder Nase liegen die Neutralpunkte etwas weiter vorn als für die Flügel mit scharfkantiger Nase. Mit wachsender Mach-Zahl verschiebt sich die gemessene Neutralpunktlage etwas nach vorn, während sie nach der linearen Theorie von der Mach-Zahl unabhängig ist.

8.424 Beliebiger Flügel. Bei den in den vorigen beiden Abschnitten besprochenen Beispielen zur Berechnung der Strömung um Tragflügel bei Überschallgeschwindigkeit wurde die Methode der kegelsymmetrischen Strömung angewendet. Diese Methode ist beschränkt auf unverwundene Flügel mit geraden Kanten, und sie stellt überdies eine lineare Theorie dar. Flügel mit allgemeiner Grundrißform und mit Verwindung können mit dieser Methode nicht behandelt werden. Hierfür steht die Singularitätenmethode zur Verfügung, deren Grundzüge in Kap. 8.415 bereits erläutert wurden. Eine ausführliche Darstellung dieser Methode und ihrer Anwendung findet man bei R. T. Jones und D. Cohen [32] sowie bei M. A. Heaslet und H. Lomax [29]. Die Methode der Quellbelegung wurde von J. C. Evvard [15], vgl. auch [60], zu einem Berechnungsverfahren ausgebaut. Nachstehend möge ein kurzer Abriß der Singularitätenmethode von J. C. Evvard gegeben werden.

Wir gehen aus von der Methode der Quellbelegung nach Kap. 8.415 mit Gl. (8.102) für das Potential der Störbewegung. Bei einem angestellten Flügel sind hierbei in der Flügelebene auf der Ober- und Unterseite des Flügels Quellbelegungen verschiedenen Vorzeichens anzuordnen. Dadurch wird am Flügel ein Drucksprung erzeugt, der den Auftrieb liefert.

Für die weitere Erörterung genügt die Betrachtung nur des oberen Halbraumes $z \geqq 0$. Der oberen Quellbelegung entspreche das Potential $\Phi(x, y, z)$. Hieraus erhält man die Geschwindigkeitskomponenten der Störbewegung zu

$$u = \frac{\partial \Phi}{\partial x}, \qquad w = \frac{\partial \Phi}{\partial z}. \tag{8.130}$$

In gleicher Weise wie bei inkompressibler Strömung gilt für den Druckbeiwert

$$c_p(x, y) = -2\,\frac{u(x, y)}{U_\infty} \tag{8.131}$$

und für die Quellintensität

$$q(x, y) = 2\,w(x, y). \tag{8.132}$$

Für die Lösung der Aufgabe müssen folgende Bedingungen erfüllt werden: Für Überschallvorderkanten ist im Bereich *vor dem Flügel* die Strömung ungestört, während für den Flügel mit Unterschallvorderkante die Strömung *vor den Machlinien* ungestört ist. In diesen beiden Bereichen ist somit $\Phi \equiv 0$.

Am *Ort des Flügels* muß die kinematische Strömungsbedingung erfüllt sein, nämlich

$$U_\infty \alpha(x, y) + w(x, y) = 0 \tag{8.133}$$

mit $\alpha(x, y)$ als Anstellwinkelverteilung. Damit ergibt sich aus Gl. (8.132) für die Quellbelegung des Flügels:

$$q(x, y) = -2\,U_\infty \alpha(x, y). \tag{8.134}$$

Beim Flügel mit Unterschallvorderkante befindet sich in dem Gebiet zwischen den Machlinien und den Flügelvorderkanten ein *Aufwindgebiet* mit der örtlichen Neigung der Stromlinien $\lambda(x, y)$. Hieraus folgt in Analogie zu Gl. (8.134)

$$q(x, y) = -2\,U_\infty \lambda(x, y). \tag{8.135}$$

In diesem Aufwindgebiet kann jedoch kein Drucksprung in z-Richtung vorhanden sein, so daß dort $u(x, y) = v(x, y) \equiv 0$ sein muß. Durch Einsetzen von Gl. (8.134) und (8.135) in Gl. (8.102) ergibt sich

$$\Phi(x, y, z) = \frac{U_\infty}{\pi}\left[\iint\limits_{(B_F)} \frac{\alpha(x', y')\,dx'\,dy'}{\sqrt{(x - x')^2 - (Ma_\infty^2 - 1)\,[(y - y')^2 + z^2]}} + \iint\limits_{(B_A)} \frac{\lambda(x', y')\,dx'\,dy'}{\sqrt{(x - x')^2 - (Ma_\infty^2 - 1)\,[(y - y')^2 + z^2]}}\right]. \tag{8.136}$$

Dabei bedeutet B_F den Integrationsbereich auf dem Flügel und B_A denjenigen im Aufwindgebiet. Diese Bereiche seien im folgenden an drei Beispielen erläutert: In Abb. 8.47 ist ein Dreieckflügel mit zwei Überschallvorderkanten dargestellt. In diesem Fall ist der Bereich B_A nicht vorhanden, während der Bereich B_F identisch ist mit dem schraffierten Bereich F'. In Abb. 8.66a ist ein Flügel mit einer Überschall- und einer Unterschallvorderkante dargestellt. Wie J. C. Evvard [15] gezeigt hat, bleibt für das Potential im Aufpunkt $P(x, y, 0)$ nur noch das Integral über den Bereich B_F' übrig, da die Integrale über die Bereiche B_A und

B_F'' sich gerade aufheben. In Abb. 8.66b ist ein Flügel mit zwei Unterschallvorderkanten dargestellt. In diesem Fall ergibt eine zweimalige Anwendung des vorstehenden Evvardschen Theorems, daß näherungsweise nur die schraffierten Bereiche B_F' zum Integral Gl. (8.136) beitragen, vgl. [14], [25], [80]. Während die Anwendung des Evvardschen

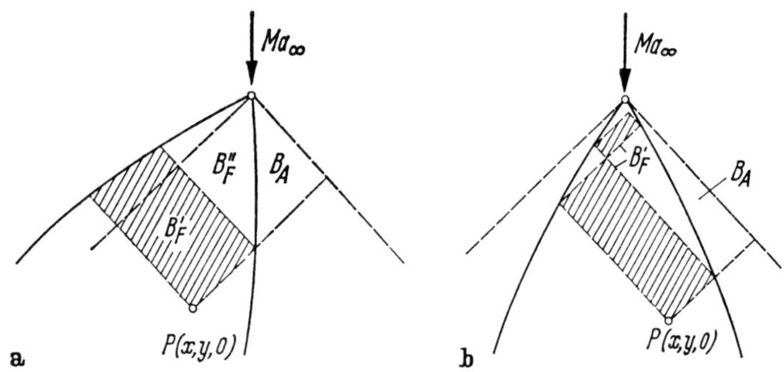

Abb. 8.66. Zur Anwendung der Singularitäten-Methode von EVVARD für die Berechnung der Auftriebsverteilung von Tragflügeln bei Überschallgeschwindigkeit.
a) Eine Überschallvorderkante und eine Unterschallvorderkante nach [15];
b) zwei Unterschallvorderkanten nach [14].

Verfahrens für Flügel mit Überschallhinterkanten ohne weiteres möglich ist, erfordert der Fall mit Unterschallhinterkanten die Berücksichtigung der Wirbelschicht hinter dem Flügel. Einen Beitrag hierzu hat H. FRIEDEL [21] geliefert.

Beispiele und Vergleich mit Messungen. In diesem Abschnitt sollen jetzt einige Beispiele zur linearen Überschalltheorie angegeben werden, die nach den vorstehenden Verfahren berechnet wurden.

Zunächst sind in Abb. 8.67a die Auftriebsanstiege für Flügel mit der Zuspitzung $\lambda = l_a/l_i = 0$ sowie in Abb. 8.67b die Auftriebsanstiege für Flügel mit $\lambda = 1$ angegeben. Zur Belebung der Anschauung sind die Flügelgrundrisse für $\Lambda = 3$ eingetragen; jedoch gelten die Diagramme auch für andere Werte von Λ. Der Auftriebsanstieg ist bezogen auf denjenigen des ebenen Problems, $(dc_A/d\alpha)_\infty = 4/\sqrt{Ma_\infty^2 - 1}$, und er hängt ab von dem Parameter $m = \tan\gamma/\tan\mu = \tan\gamma\sqrt{Ma_\infty^2 - 1}$ sowie von der rein geometrischen Größe $\Lambda \cot\gamma$. Es gilt

$$\left(\frac{dc_A}{d\alpha}\right)\bigg/\left(\frac{dc_A}{d\alpha}\right)_\infty = \mathfrak{F}\,(\lambda, \Lambda \cot\gamma, m)\,. \tag{8.137}$$

Daß das Verhältnis der Auftriebsanstiege nur von diesen drei Parametern abhängig ist, erkennt man sofort aus der Prandtl-Glauert-Ackeretschen Ähnlichkeitsregel nach Gl. (8.59), wenn man dort $\tan\varphi = \cot\gamma$ einführt und beachtet, daß $\Lambda\sqrt{Ma_\infty^2 - 1}/\Lambda \tan\varphi = \tan\gamma/\tan\mu$

$= m$ ist. Für die vorliegenden Flügelformen gilt in ähnlicher Weise wie beim Dreieckflügel (Abb. 8.58), daß für die Strömungszustände mit Unterschallvorderkante der Auftriebsanstieg erheblich vom Wert des ebenen Problems abweicht, während er für solche mit Überschallvorder-

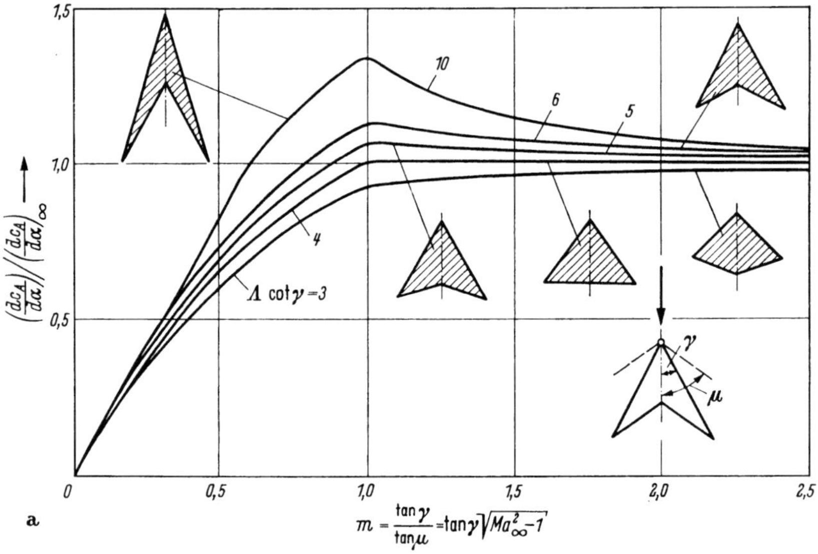

a

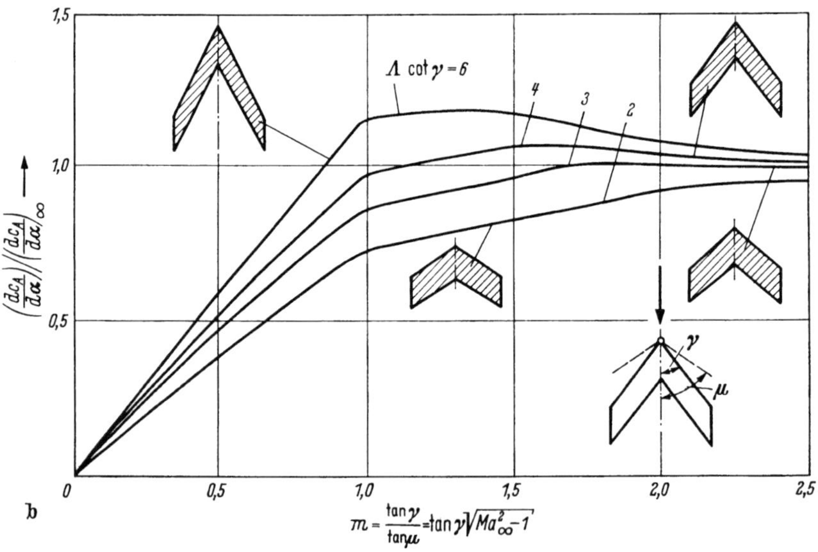

b

Abb. 8.67.
Auftriebsanstiege von Flügeln mit verschiedenen Grundrissen bei Überschallgeschwindigkeit,
a) Zuspitzung $\lambda = 0$; b) Zuspitzung $\lambda = 1$;
$0 < m < 1$: Unterschallvorderkante; $m > 1$: Überschallvorderkante.

kanten nahezu gleich dem Wert des ebenen Problems ist. Abb. 8.67b enthält den Rechteckflügel nicht, weil für diesen wegen $\gamma = \pi/2$ die gewählte Darstellung nicht anwendbar ist. Die Auftriebsanstiege des Rechteckflügels wurden jedoch bereits in Abb. 8.56a angegeben.

Des weiteren sollen einige Ergebnisse für einen Trapezflügel, einen Pfeilflügel und einen Dreieckflügel angegeben werden. Abb. 8.68 zeigt die theoretischen Auftriebsanstiege dieser drei Flügel für den ganzen

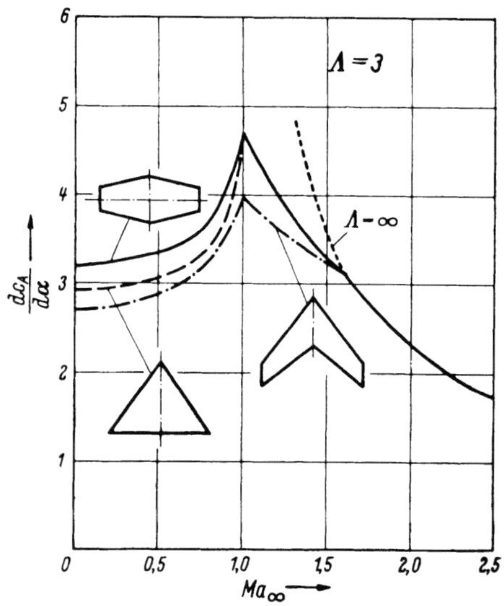

Abb. 8.68. Auftriebsanstiege in Abhängigkeit von der Mach-Zahl für einen *Trapezflügel*, einen *Pfeilflügel* und einen *Dreieckflügel* vom Seitenverhältnis $\Lambda = 3$, nach [18].

Machzahlbereich von $Ma_\infty = 0$ bis 2,5. Die Widerstandsbeiwerte dieser drei Flügel für den gleichen Machzahlbereich sind in Abb. 8.69 dargestellt. Im Unterschallbereich und im Überschallbereich mit Unterschallvorderkante sind jeweils zwei Kurven angegeben. Die gestrichelte Kurve gilt mit Saugkraft und die ausgezogene ohne Saugkraft. Für die erstere gilt im Unterschallbereich die bekannte Formel für den induzierten Widerstand $c_W = c_A^2/\pi\Lambda$. Den Widerstand ohne Saugkraft erhält man aus $c_W = c_A\alpha = c_A^2\,(d\alpha/dc_A)$, wobei die Werte von $dc_A/d\alpha$ aus Abb. 8.68 zugrunde gelegt werden. Es ist zu erwarten, daß bei gut abgerundeter Profilnase die Saugkraft nahezu voll zur Wirkung kommt, so daß für die Widerstandsbeiwerte die gestrichelte Kurve gilt. Bei dünnen Profilen mit scharfkantiger Nase, wie sie bei Überschallflugzeugen meistens verwendet werden, kommt die Saugkraft nicht zur Wirkung, so daß für diese die obere Kurve gilt. In Abb. 8.70 ist auch noch die Neutralpunktlage dieser drei Flügel in Abhängigkeit von der Mach-Zahl schematisch angegeben. Man erkennt das typische Verhalten beim Übergang von Unterschall- zu Überschallgeschwindigkeit, nämlich daß der Neutralpunkt bei Überschreiten der Mach-Zahl 1 erheblich nach hinten wandert.

Dies bedeutet für das Flugzeug eine Zunahme der Längsstabilität beim Übergang vom Unterschall- zum Überschallflug.

Es möge jetzt noch kurz berichtet werden über eine experimentelle Nachprüfung der linearen Tragflächentheorie. In Abb. 8.71 sind für vier

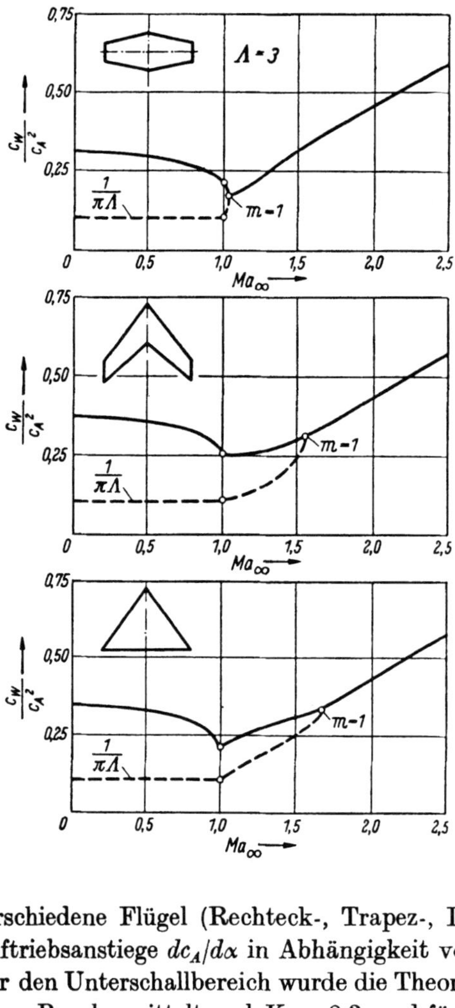

Abb. 8.69. Widerstandsbeiwerte infolge Auftrieb in Abhängigkeit von der Machschen Zahl für einen *Trapezflügel*, einen *Pfeilflügel* und einen *Dreieckflügel* vom Seitenverhältnis $\Lambda = 3$, nach [18].
Gestrichelte Kurve: *mit* Saugkraft; ausgezogene Kurve: *ohne* Saugkraft.

verschiedene Flügel (Rechteck-, Trapez-, Dreieck- und Pfeilflügel) die Auftriebsanstiege $dc_A/d\alpha$ in Abhängigkeit von der Machzahl dargestellt. Für den Unterschallbereich wurde die Theorie nach der Prandtl-Glauertschen Regel ermittelt, vgl. Kap. 8.3, und für den Überschallbereich nach H. Friedel [20]. Die gemessenen Auftriebsanstiege stimmen, abgesehen von einer kleinen Umgebung bei $Ma_\infty = 1$, im wesentlichen gut mit der Theorie überein. Weitere Einzelheiten einer Dreikomponentenmessung im Unter- und Überschallbereich zeigt Abb. 8.72 für den Trapezflügel von Abb. 8.71b. Die Kurven $c_A(\alpha)$ in Abb. 8.72a zeigen, daß für Überschallströmung der lineare Bereich und der Beiwert des

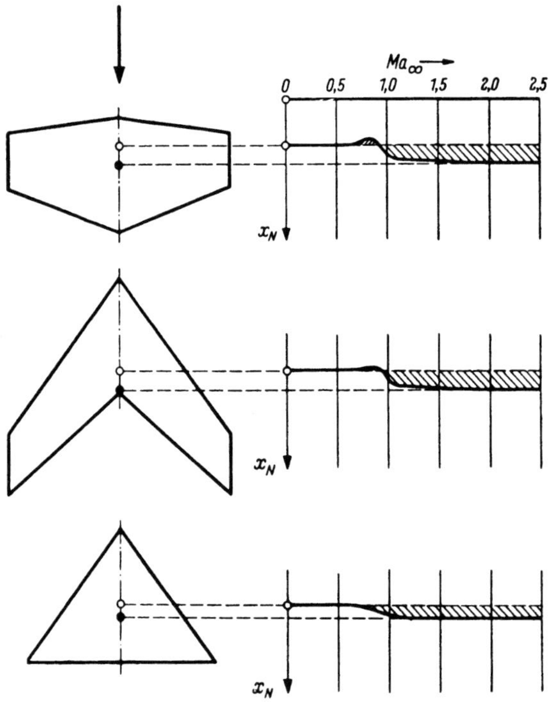

Abb. 8.70. Neutralpunktlage in Abhängigkeit von der Machschen Zahl für einen *Trapezflügel*, für einen *Pfeilflügel* und einen *Dreieckflügel*, nach [18].

○ Neutralpunktlage für $Ma_\infty < 1$;

● Neutralpunktlage für $Ma_\infty > 1$.

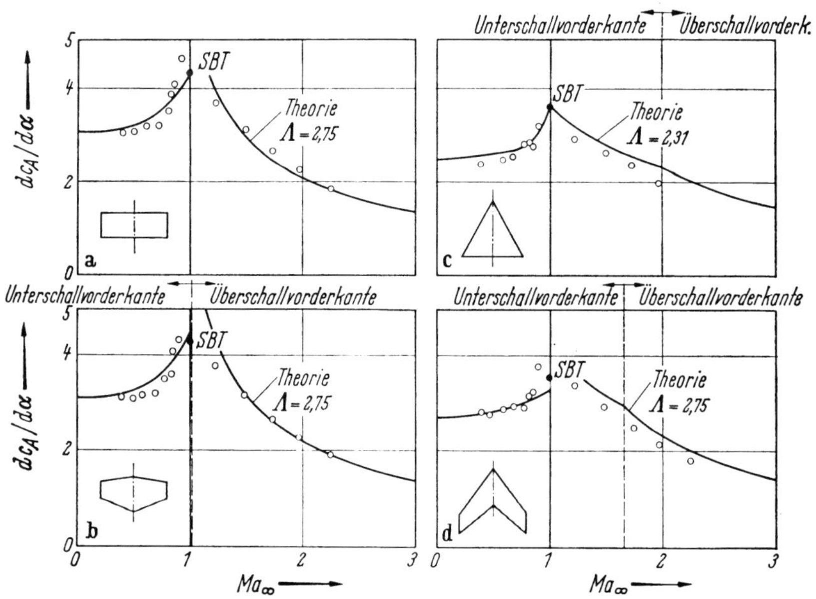

Abb. 8.71. Experimentelle Nachprüfung der linearen Tragflächentheorie bei Unter- und Überschallgeschwindigkeit. Auftriebsanstieg in Abhängigkeit von der Mach-Zahl; nach Messungen von E. Bekker und E. Wedemeyer [4], W. Stahl und P. A. Mackrodt [72], [73]. Theorie für Überschall nach H. Friedel [20], [21]; SBT = Slender Body Theory.

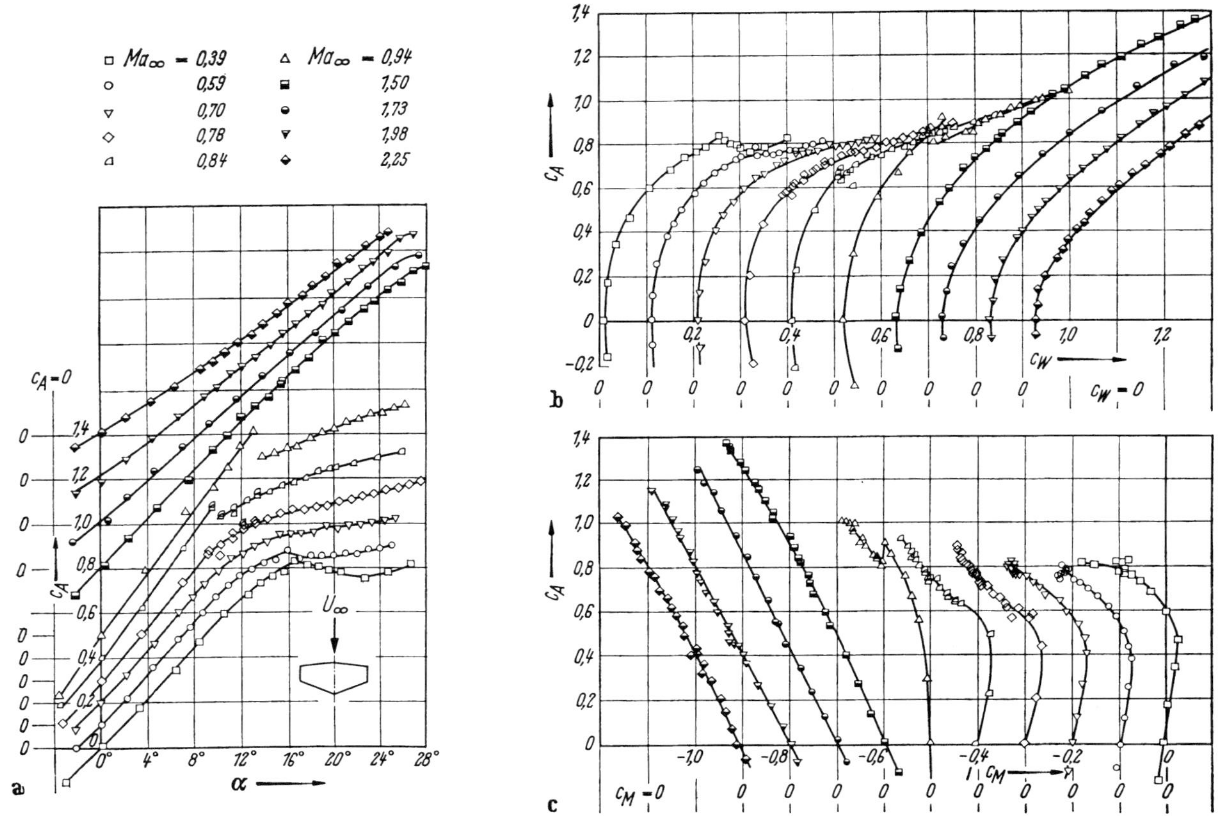

Abb. 8.72. Dreikomponentenmessungen an einem Trapezflügel vom Seitenverhältnis $\Lambda = 2{,}75$ mit dem Profil NACA 65 A 005 im Unter- und Überschallbereich nach W. STAHL und P. A. MACKRODT [72]. Reynolds-Zahl $Re \approx 1$ bis $1{,}8 \cdot 10^6$.

a) Auftriebsbeiwert c_A über Anstellwinkel α; b) Polare c_A über c_W; c) Auftriebsbeiwert c_A über Nickmomentenbeiwert c_M.

Maximalauftriebes $c_{A\max}$ wesentlich größer sind als bei Unterschallströmung. Auch die Nickmomentenkurven $c_A(c_M)$ in Abb. 8.72c bestätigen, daß bei $Ma_\infty > 1$ der lineare Bereich wesentlich größer ist als bei $Ma_\infty < 1$.

Abschließend möge noch auf einige Arbeiten hingewiesen werden, welche sich mit der Berechnung verwundener Flügel und flugmechanischer Beiwerte von Tragflügeln bei Überschallgeschwindigkeit befassen [26], [27], [28], [33], [34], [44], [47], [50], [79].

8.43 Tragflügel endlicher Spannweite bei Nullauftrieb

8.431 Allgemeines. Nachdem in den vorigen Abschnitten der angestellte Tragflügel endlicher Spannweite bei Überschallgeschwindigkeit behandelt wurde, soll jetzt für den Tragflügel endlicher Dicke der Sonderfall näher erörtert werden, bei dem der Auftrieb Null ist. Hierbei interessieren die Druckverteilung über die Flügelkontur und der daraus resultierende Wellenwiderstand. Der letztere hängt stark von der Profildicke ab, man vergleiche hierzu die Ausführungen über das ebene Problem in Kap. 3.53 und Kap. 8.13. Das allgemeinste Verfahren zur Bestimmung der Druckverteilung von Flügeln endlicher Dicke bei Nullauftrieb ist die Quell-Senken-Methode von TH. V. KÁRMÁN [35]. Die Grundlagen dieses Verfahrens für den mit Überschallgeschwindigkeit angeströmten Tragflügel wurden in Kap. 8.415 bereitgestellt.

Der Grundgedanke dieses Verfahrens besteht darin, daß die Grundrißfläche des vorgegebenen Tragflügels in der x, y-Ebene mit einer Quellverteilung $q(x, y)$ belegt wird. Aus dieser erhält man am Ort der Flügelfläche die x-Komponente der Geschwindigkeit $u(x, y)$ nach Gl. (8.103) und die z-Komponente $w(x, y)$ nach Gl. (8.104). Ist $z^{(t)}(x, y) = z_0(x, y)$ die Kontur des Flügels, so lautet die kinematische Strömungsbedingung nach Gl. (7.221):

$$w = U_\infty \frac{\partial z_0}{\partial x}.$$

Führt man dies in Gl. (8.104) ein, so hat man

$$q(x, y) = 2U_\infty \frac{\partial z_0}{\partial x}, \tag{8.138}$$

und nach Einsetzen in Gl. (8.103) für den Druckbeiwert $c_p = -2u/U_\infty$:

$$c_p(x, y) = \frac{2}{\pi}\frac{\partial}{\partial x}\iint\limits_{(F')} \frac{\frac{\partial z_0}{\partial x'}(x', y')\,dx'\,dy'}{\sqrt{(x-x')^2 - (Ma_\infty^2 - 1)(y-y')^2}}. \tag{8.139}$$

Hierin bedeutet F' den Einflußbereich des Punktes x, y, wie er in Abb. 8.37 schraffiert angegeben ist. Hiernach kann bei vorgegebener Flügelkontur $z_0(x, y)$ die Druckverteilung ermittelt werden.

Wellenwiderstand. Den Beiwert des Wellenwiderstandes des Flügels erhält man durch eine Integration der Druckverteilung über die Flügelfläche F zu:

$$c_{W0} = \frac{2}{F} \iint\limits_{(F)} c_p(x, y) \frac{\partial z_0}{\partial x}\, dx\, dy. \tag{8.140}$$

Diese Formel ist nur gültig für scharfkantige Profile.

In Kap. 8.22 wurde gezeigt, daß nach der Ähnlichkeitstheorie der Überschallströmungen, Gl. (8.58b), der Druckbeiwert abhängig ist von folgenden Größen: Dickenverhältnis $\delta = d/l$, Zuspitzung $\lambda = l_a/l_i$, $\Lambda \tan\varphi$ und $\Lambda \sqrt{Ma_2^\infty - 1}$, wobei Λ das Seitenverhältnis und φ der Pfeilwinkel ist. Somit erhält man für den Widerstandsbeiwert bei Nullauftrieb, da $\partial z_0/\partial x$ zu δ proportional ist, den folgenden allgemeinen Zusammenhang:

$$c_{W0} = \frac{\delta^2}{\sqrt{Ma_\infty^2 - 1}}\, \mathfrak{G}\left(\lambda, \Lambda \tan\varphi, \Lambda \sqrt{Ma_\infty^2 - 1}\right). \tag{8.141}$$

Diese Beziehung ist von großem Wert für die übersichtliche Darstellung von theoretischen und experimentellen Ergebnissen.

8.432 Rechteckflügel bei Nullauftrieb. Für die Tragfläche mit rechteckigem Grundriß und über die Spannweite konstantem Profil $z_0(x, y) = z_0(x)$ ergibt sich nach Einsetzen von Gl. (8.139) in Gl. (8.140) sowie nach Ausführung von zwei Integrationen, vgl. K.-R. Dorfner [11]:

$$c_{W0} = \frac{4}{\sqrt{Ma_\infty^2 - 1}} \int\limits_0^1 \left(\frac{dZ_0}{dX}\right)^2 dX \quad \text{für} \quad \Lambda' \geqq 1, \tag{8.142a}$$

$$\begin{aligned} c_{W0} = \frac{4}{\sqrt{Ma_\infty^2 - 1}} \Bigg[&\int\limits_0^1 \left(\frac{dZ_0}{dX}\right)^2 dX + \\ &+ \frac{2}{\pi \Lambda'} \int\limits_{\Lambda'}^1 \frac{dZ_0}{dX} \left(\int\limits_0^{X-\Lambda'} \frac{dZ_0}{dX'} \frac{\sqrt{(X - X')^2 - \Lambda'^2}}{X - X'}\, dX' \right) dX \Bigg] \quad \text{für} \quad \Lambda' \leqq 1. \end{aligned} \tag{8.142b}$$

Es ist bemerkenswert, daß für $\Lambda' = \Lambda \sqrt{Ma_\infty^2 - 1} \geqq 1$ die Widerstandsformel für den Rechteckflügel endlicher Spannweite mit derjenigen des Rechteckflügels unendlicher Spannweite übereinstimmt, vgl. Tab. 8.2 und Gl. (3.140).

Für ein bikonvexes *Parabelprofil* $Z_0 = 2\delta X(1 - X)$ erhält man nach Ausführung der Integrationen:

$$\frac{c_{W0}}{c_{W0\infty}} = 1 \qquad (\Lambda' \geqq 1), \tag{8.143a}$$

$$\frac{c_{W0}}{c_{W0\infty}} = \frac{1}{2\pi}\left[4 \arcsin \Lambda' - \Lambda'\left(\sqrt{1 - \Lambda'^2} - (6 - \Lambda'^2) \operatorname{ar\,cosh} \frac{1}{\Lambda'}\right)\right]$$

$$(\Lambda' \leqq 1). \tag{8.143b}$$

Dabei ist nach Gl. (8.22a):

$$c_{W0\infty} = \frac{16\,\delta^2}{3\sqrt{Ma_\infty^2 - 1}} \quad \text{(Parabel)}. \tag{8.144a}$$

Die numerische Auswertung der Gl. (8.143) ist in Abb. 8.73 angegeben.

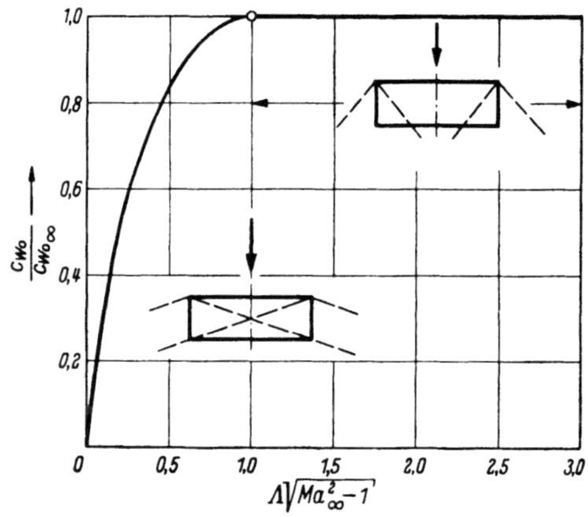

Abb. 8.73. Widerstandsbeiwert (Wellenwiderstand) bei Nullauftrieb für *Rechteckflügel* bei Überschallgeschwindigkeit in Abhängigkeit von der Mach-Zahl. Bikonvexes Parabelprofil, $c_{W0\infty}$ nach Gl. (8.144a).

8.433 Dreieckflügel bei Nullauftrieb. Es sollen noch einige Ergebnisse für Dreieckflügel (Deltaflügel) angegeben werden. Dreieckflügel mit Doppelkeilprofil wurden von A. E. PUCKETT [60] und solche mit bikonvexem Parabelprofil von B. BEANE [3] berechnet. In Abb. 8.74 sind die Beiwerte des Wellenwiderstandes bei Nullauftrieb für das Doppelkeilprofil und das bikonvexe Parabelprofil mit 50% Dickenrücklage in Abhängigkeit von dem Parameter $m = \sqrt{Ma_\infty^2 - 1}\,\Lambda/4$ angegeben. Für das Doppelkeilprofil ist nach Gl. (8.23):

$$c_{W0\infty} = \frac{4\,\delta^2}{\sqrt{Ma_\infty^2 - 1}} \quad \text{(Doppelkeil)}. \tag{8.144b}$$

Für Überschallvorderkanten ($m > 1$) ist $c_{W0}/c_{W0\infty}$ nahezu unabhängig von der Mach-Zahl, während bei Unterschallvorderkanten ($m < 1$) sich $c_{W0}/c_{W0\infty}$ stark mit der Mach-Zahl ändert. Beide Kurven haben einen ausgeprägten Knick bei $m = 1$, d. h. wenn die Mach-Linie die gleiche Neigung hat wie die Vorderkante. Die Kurve für das Doppelkeilprofil hat außerdem einen Knick bei $m = 1/2$, d. h. wenn die Machsche Linie parallel zur Linie der größten Dicke ist.

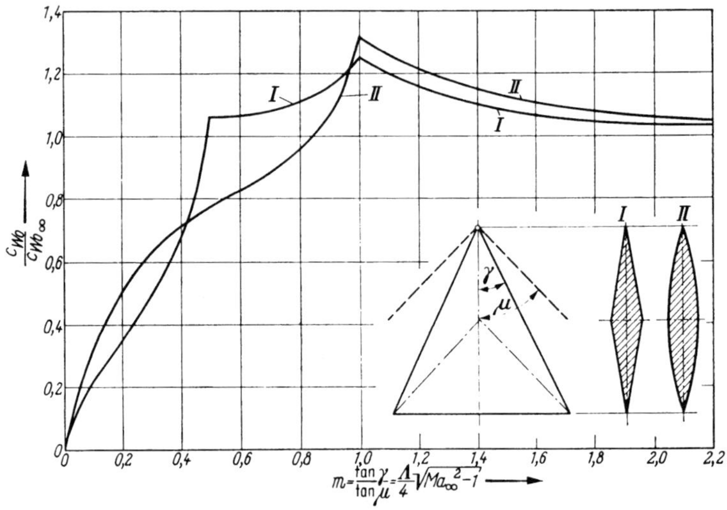

Abb. 8.74. Widerstandsbeiwert (Wellenwiderstand) bei Nullauftrieb für *Dreieckflügel* (Deltaflügel) in Abhängigkeit von der Mach-Zahl.

Profil I: Doppelkeilprofil, $c_{W0\infty}$ nach Gl. (8.144b);
Profil II: Parabelprofil, $c_{W0\infty}$ nach Gl. (8.144a);
$0 < m < 1$: Unterschallvorderkante; $m > 1$: Überschallvorderkante.

Vergleich mit Messungen. In Abb. 8.75 sind einige Messungen für Dreieckflügel mit Doppelkeilprofil mit 18% Dickenrücklage nach [45] angegeben. Dabei sind, ähnlich wie in Abb. 8.64, für $m < 1$ und $m > 1$ wieder verschiedene Darstellungen gewählt worden. Die an elf Flügeln für die Mach-Zahlen $Ma_\infty = 1{,}62$, 1,92 und 2,40 durchgeführten Messungen ordnen sich bei der hier gewählten Darstellung sehr gut auf *einem* Kurvenzug an, womit die Ähnlichkeitsregel nach Gl. (8.141) ihre Bestätigung findet. Die theoretische Kurve nach [60] für die Dickenrücklage $X_d = 0{,}18$ hat bei $m = 1$ einen hohen Spitzenwert, der durch die Messungen erwartungsgemäß nicht bestätigt wird, weil in diesem Fall die Vorderkante gerade mit Schallgeschwindigkeit angeströmt wird. Der Vergleich von Theorie und Messung leidet darunter, daß von den gemessenen Widerständen rechnerisch ermittelte Reibungswiderstände abgezogen werden, deren Ermittlung unsicher ist.

8.434 Weitere Beispiele. Die Ergebnisse weiterer Beispielrechnungen für allgemeine Dreieckflügel sind in Abb. 8.76a nach [61] angegeben, und zwar für Doppelkeilprofile mit 50% Dickenrücklage. Die Kurven haben einen ausgeprägten Knick bei $m = 1$, d. h. wenn die Machsche

Linie die gleiche Neigung wie die Vorderkante hat. Im Bereich der Unterschallvorderkante $0 < m < 1$ tritt außerdem ein Knick auf, wenn die Mach-Linie parallel zur Linie der größten Dicke ist. Die Verläufe sind

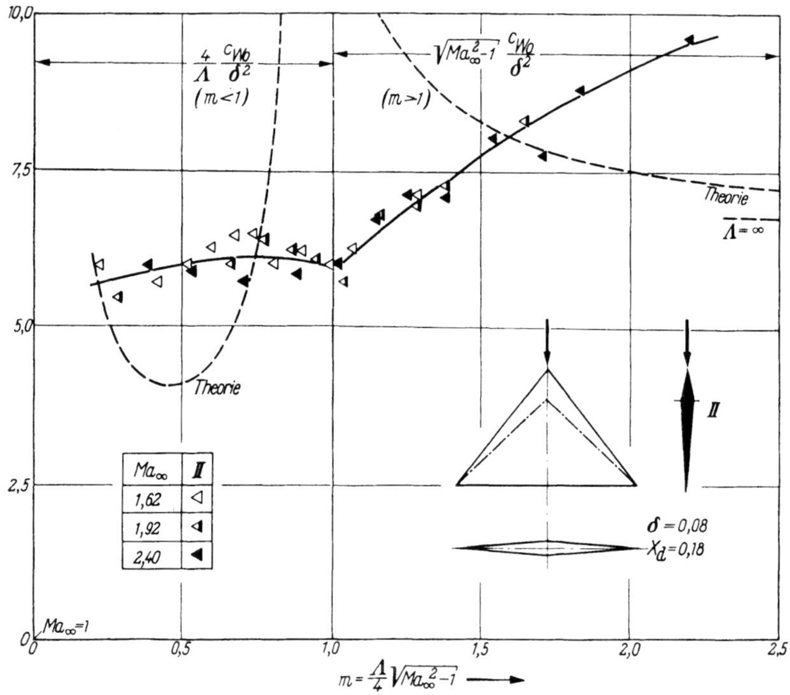

Abb. 8.75. Gemessene Widerstandsbeiwerte (Wellenwiderstand) bei Nullauftrieb für *Dreieckflüge* bei Überschallgeschwindigkeit nach [45].
Theorie nach [60]. Doppelkeilprofil mit 18% Dickenrücklage;
$0 < m < 1$: Unterschallvorderkante; $m > 1$: Überschallvorderkante.

im übrigen ähnlich wie beim Deltaflügel, Abb. 8.74, der hier mit eingetragen ist. Entsprechende Auftragungen für Pfeilflügel mit konstanter Tiefe zeigt Abb. 8.76b für verschiedene Werte von $\Lambda \cot \gamma$. Es möge angemerkt sein, daß sich im Bereich der Überschallvorderkante nach [11] der Wert

$$\frac{c_{W0}}{c_{W0\infty}} = \frac{m}{\sqrt{m^2-1}} \quad \text{für} \quad m > 1 + \frac{2}{\Lambda \cot \gamma} \tag{8.144c}$$

ergibt, falls die von der Spitze ausgehende Mach-Linie (Gerade g) die Hinterkante trifft.

Abschließend sind in Abb. 8.77 für die in Abb. 8.68 bis 8.70 bereits behandelten drei Flügel (Trapezflügel, Pfeilflügel und Dreieckflügel) die Gesamtwiderstandsbeiwerte beim Auftrieb Null (Wellenwiderstand + Reibungswiderstand) in Abhängigkeit von der Mach-Zahl angegeben.

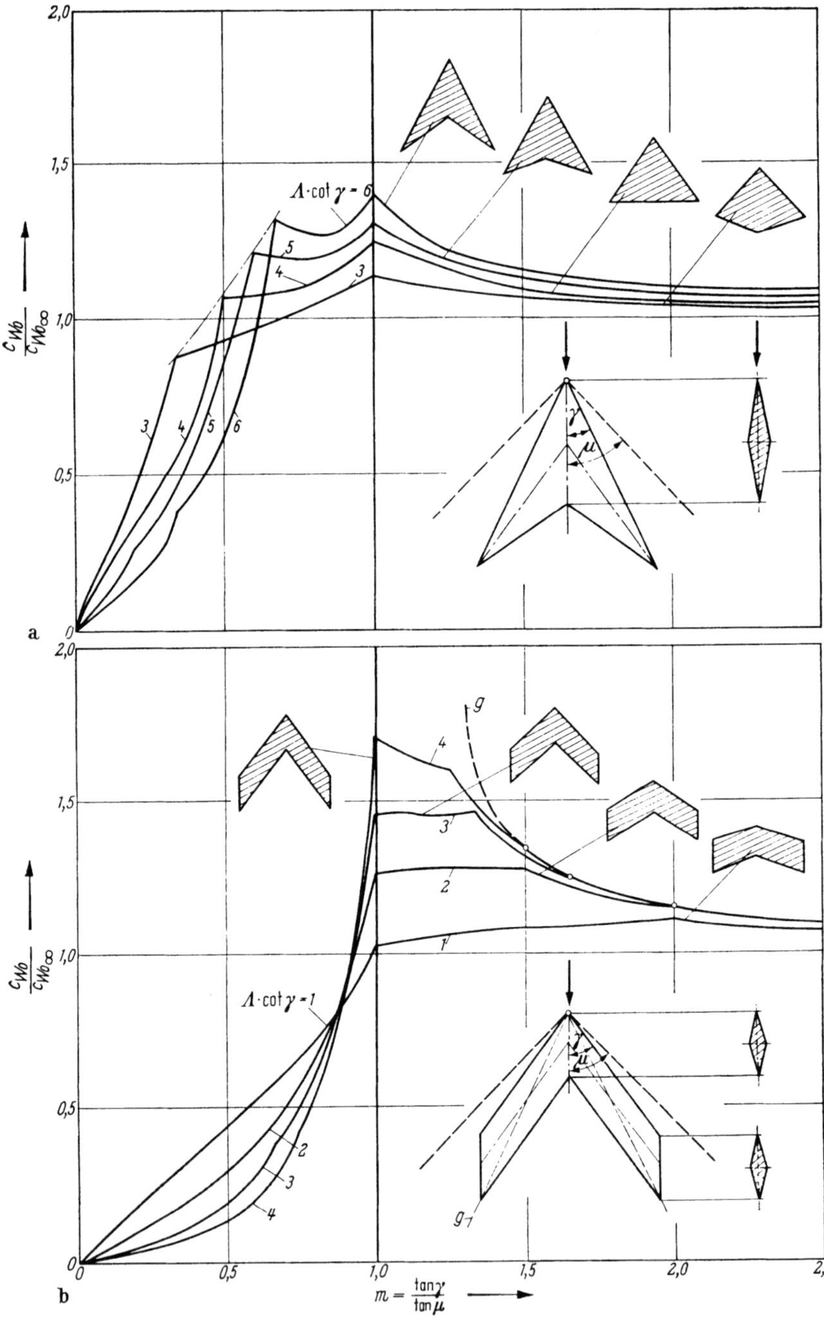

Abb. 8.76. Widerstandsbeiwerte (Wellenwiderstand) bei Nullauftrieb von Flügeln mit verschiedenem Grundriß.

a) Zuspitzung $\lambda = 0$; b) Zuspitzung $\lambda = 1$;
$0 < m < 1$: Unterschallvorderkante; $m > 1$: Überschallvorderkante.
Gestrichelte Kurve (g) nach Gl. (8.144c).

Die drei Flügel haben Doppelkeilprofil mit $d/l = 0{,}05$ und ein Seitenverhältnis von $\Lambda = 3$. In dem dargestellten Machzahlbereich beträgt der Wellenwiderstand das zwei- bis dreifache des Reibungswiderstandes.

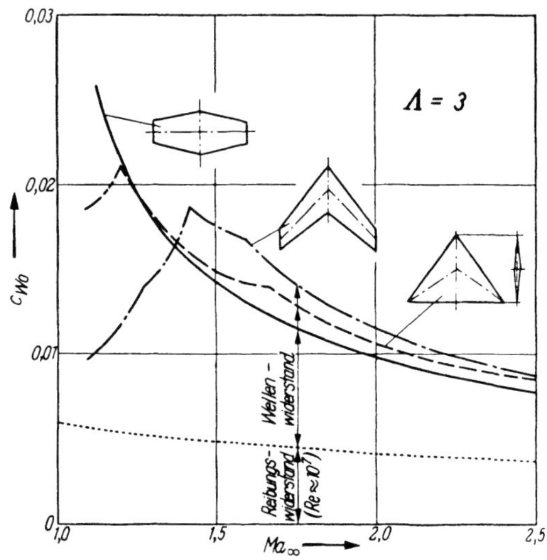

Abb. 8.77. Gesamtwiderstandsbeiwerte (Wellenwiderstand + Reibungswiderstand) in Abhängigkeit von der Mach-Zahl für einen *Trapezflügel*, einen *Pfeilflügel* und einen *Dreieckflügel* vom Seitenverhältnis $\Lambda = 3$. Doppelkeilprofil, $d/l = 0{,}05$, $x_d/l = 0{,}50$ nach [18].

Der letztere wurde nach Abb. 4.42 für eine Reynolds-Zahl $Re_l \approx 10^7$ ermittelt. Da der Wellenwiderstand proportional zu $(d/l)^2$ ist, kann man diesen Anteil und damit auch den Gesamtwiderstand beim Auftrieb Null im Überschallbereich beträchtlich vermindern, wenn man das Dickenverhältnis d/l klein hält. Dieser Tatsache trägt der Flugzeugbau Rechnung, indem für Überschallflugzeuge extrem kleine Dickenverhältnisse gewählt werden; man vergleiche hierzu Abb. 5.10a.

8.5 Tragflügel endlicher Spannweite bei Schallgeschwindigkeit

Die bisherigen Ergebnisse zur Tragflügeltheorie bei kompressibler Strömung haben gezeigt, daß die aerodynamischen Beiwerte beim Durchgang durch die Schallgeschwindigkeit sich sehr stark ändern. Während beim Tragflügel unendlicher Spannweite die linearen Näherungsmethoden für Unter- und Überschallgeschwindigkeit bei Annäherung an die Schallgeschwindigkeit, $Ma_\infty \to 1$, versagen, erhält man für den Tragflügel endlicher Spannweite für $Ma_\infty = 1$ in gewissen Fällen Lösungen, die physikalisch einigermaßen plausibel erscheinen. Dabei ergeben sich für die mit dem Auftrieb zusammenhängenden Beiwerte beim Grenzübergang zu $Ma_\infty = 1$ von beiden Seiten die gleichen

Grenzwerte (vgl. z. B. Abb. 8.59). Bei der Berechnung des Tragflügels endlicher Dicke bei Nullauftrieb dagegen versagen die linearen Näherungstheorien bei Annäherung an $Ma_\infty = 1$, weil die Drücke am Ort des Flügels unendlich große Werte annehmen. Für dieses verschiedene Verhalten des Auftriebsproblems und des Dickenproblems beim Grenzübergang $Ma_\infty \to 1$ vergleiche man u. a. [76]. Um für das Dickenproblem bei $Ma_\infty = 1$ brauchbare Aussagen zu erhalten, muß man deshalb zu nichtlinearen Näherungsverfahren übergehen (v. Kármánsche Ähnlichkeitsregel, Kap. 8.23).

Im folgenden sollen für das Auftriebsproblem bei $Ma_\infty = 1$ einige Ergebnisse mitgeteilt werden, die nach einem Verfahren von E. Truckenbrodt [75] erhalten worden sind; man vergleiche hierzu auch die Arbeiten von K. W. Mangler [48], K. W. Mangler und D. G. Randall [49] sowie J. R. Spreiter [69].

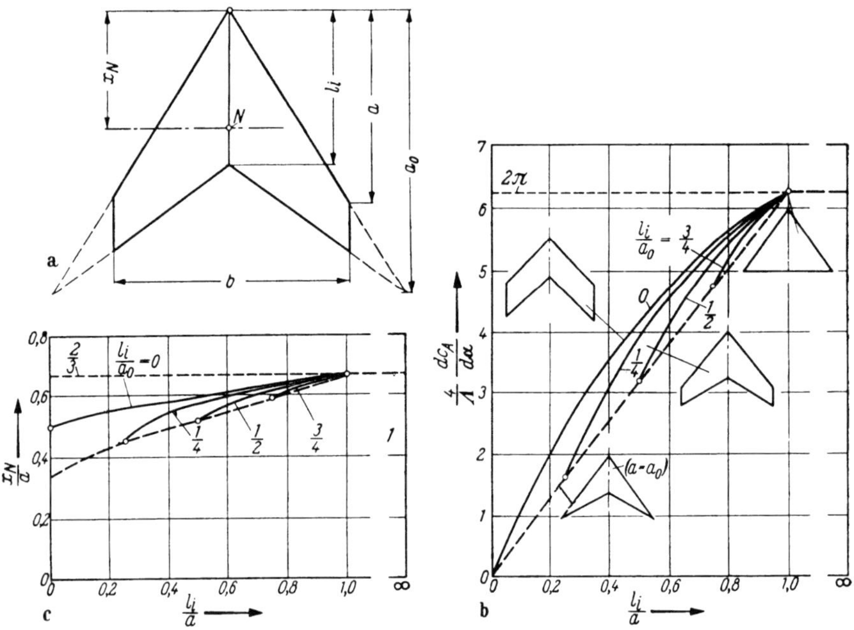

Abb. 8.78. Aerodynamische Beiwerte von angestellten Pfeilflügeln bei $Ma_\infty = 1$ nach [75]. a) Flügelgeometrie; b) Auftriebsanstieg; c) Neutralpunktlage.

In Abb. 8.78 sind für zugespitzte Pfeilflügel der Auftriebsanstieg und die Neutralpunktlage in Abhängigkeit von dem geometrischen Parameter l_i/a für verschiedene Werte l_i/a_0 angegeben. Abb. 8.78a zeigt die Flügelgeometrie, Abb. 8.78b den Auftriebsanstieg und Abb. 8.78c die Neutralpunktlage. Bemerkenswert ist, daß für $l_i/a \geq 1$ (d. h. wenn die Hinterkante des Innenschnittes weiter hinten liegt als die Vorderkante des Außenschnittes) der Auftriebsanstieg für alle Flügelformen gleich $\pi\Lambda/2$ ist, in Übereinstimmung mit den Gln. (8.82a) und (8.124). Ist jedoch $l_i/a < 1$ (d. h. liegt die Hinterkante des Innenschnittes

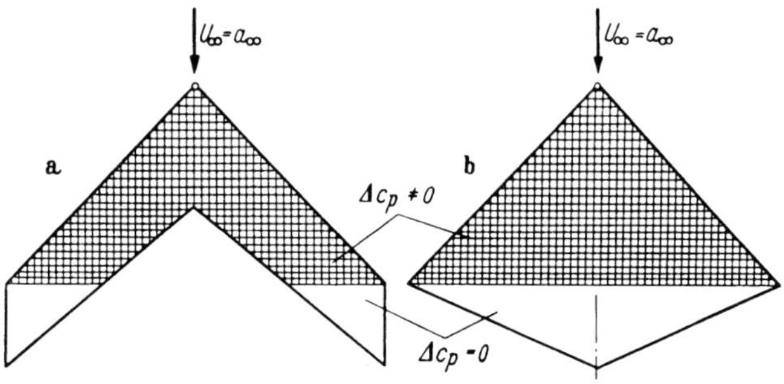

Abb. 8.79. Erläuterungsskizze zur Druckverteilung an ungewölbten Flügeln bei $Ma_\infty = 1$. Die weißen Flächenteile tragen nichts zum Auftrieb bei, $\Delta c_p = 0$, weil für diese

a) die Spannweite in Tiefenrichtung konstant ist;
b) die Spannweite in Tiefenrichtung abnimmt.

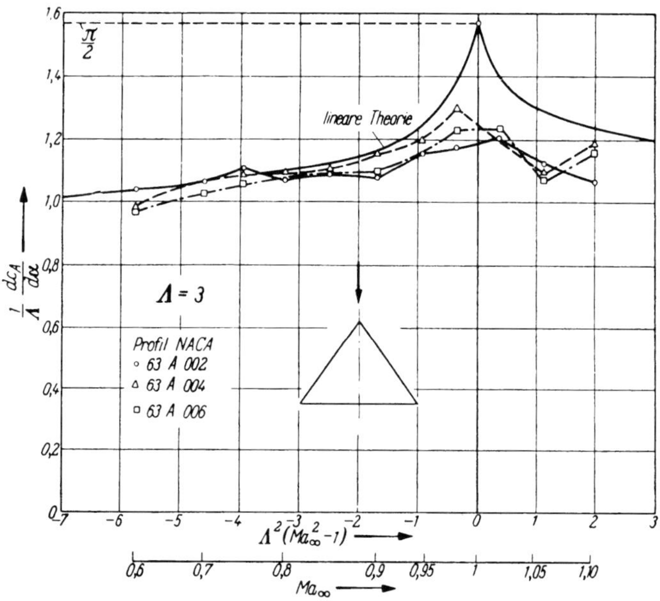

Abb. 8.80. Auftriebsanstieg von Dreieckflügeln verschiedener Dicke; Seitenverhältnis $\Lambda = 3$ nach [13]; Vergleich mit linearer Theorie.

weiter vorn als die Vorderkante des Außenschnittes), so ist der Auftriebsanstieg kleiner als $\pi\Lambda/2$. Wie Abb. 8.78c zeigt, liegt der Neutralpunkt für $l_i/a \geqq 1$ bei $x_N/a = \frac{2}{3}$. Für reine Dreieckflügel ($a_0 = a = l_i$) ergibt sich $x_N/l_i = \frac{2}{3}$ in Übereinstimmung mit Gl. (8.125). Für $l_i/a < 1$ wandert der Neutralpunkt nach vorn. Die lineare Theorie für $Ma_\infty = 1$

gestattet es auch, die Druckverteilung über die Flügelfläche zu berechnen. Dabei ergibt sich für ungewölbte Flügel die Aussage, daß diejenigen Flügelteile, bei welchen die örtliche Spannweite in Tiefenrichtung konstant bleibt (Abb. 8.79a) oder abnimmt (Abb. 8.79b), nichts zum Auftrieb beitragen ($\Delta c_p = 0$).

Schließlich sind in Abb. 8.80 noch einige Meßergebnisse [13] über den Auftrieb von Dreieckflügeln bei Mach-Zahlen nahe Eins angegeben. Die Auftriebsanstiege $dc_A/d\alpha$ sind in Abhängigkeit vom Parameter $\Lambda^2(Ma_\infty^2 - 1)$ dargestellt, der sich aus der Ähnlichkeitstransformation der kompressiblen Strömung ergibt. Die in der Theorie vorhandene ausgeprägte Spitze im Verlauf von $dc_A/d\alpha$ bei $Ma_\infty = 1$ wird durch die Messungen nicht in vollem Maße bestätigt. Im Unterschall- und Überschallbereich gibt die Messung jedoch die Theorie gut wieder.

Weitere experimentelle Ergebnisse über Tragflügel bei transsonischer Strömung findet man bei C. W. Frick [19]. Im Zusammenhang mit der Theorie der transsonischen Strömung von Tragflügeln endlicher Spannweite sei auch auf die Arbeit von F. Keune [38] hingewiesen.

In neuerer Zeit haben D. W. Holder [30] und H. H. Pearcey [55], [56] zusammenfassende Überblicke über die Probleme der transsonischen Strömung um Tragflügel gegeben.

Literatur

[1] ACKERET, J.: Luftkräfte auf Flügel, die mit größerer als Schallgeschwindigkeit bewegt werden. ZFM 16 (1925) 72–74.

[2] AMIC, J. L.: Comparison of the Experimental Pressure Distribution on a NACA 0012 Profile at High Speeds with that Calculated by the Relaxation Method. NACA TN 2174 (1950).

[3] BEANE, B.: The Characteristics of Supersonic Wings Having Biconvex Sections. J. Aer. Sci. 18 (1951) 7–20.

[4] BECKER, E., u. E. WEDEMEYER: Untersuchungen an fünf Flügeln mit verschiedener Umrißform bei hohen Unterschallgeschwindigkeiten. Z. Flugwiss. 8 (1960) 44–52.

[5] BETZ, A.: Strömungen von Gasen bei hohen Geschwindigkeiten. Z. VDI 92 (1950) 201–206.

[6] BETZ, A., u. E. KRAHN: Berechnung von Unterschallströmungen kompressibler Flüssigkeiten um Profile. Ing.-Arch. 17 (1949) 403–417.

[7] BONNEY, A. E.: Aerodynamic Characteristics of Rectangular Wings at Supersonic Speeds. J. Aer. Sci. 14 (1947) 110–116.

[8] BUSEMANN, A., u. O. WALCHNER: Profileigenschaften bei Überschallgeschwindigkeit. Forschg. Ing.-Wes. 4 (1933) 87–92.

[9] BUSEMANN, A.: Aerodynamischer Auftrieb bei Überschallgeschwindigkeit. Volta-Kongreß, Rom 1935, S. 328–360. Vgl. auch: Luftf.-Forschg. 12 (1935) 210–220.

[10] BUSEMANN, A.: Die achsensymmetrische kegelige Überschallströmung. Luftf.-Forschg. 19 (1942) 137–144. Vgl. auch: Schriften dtsch. Akad. Luftf. 7 B/3 (1943) 105–120.

[11] DORFNER, K.-R.: Dreidimensionale Überschallprobleme der Gasdynamik, Berlin/Göttingen/Heidelberg: Springer 1957.

[12] VAN DYKE, M. D.: Second-Order Subsonic Airfoil Theory Including Edge Effects. NACA Rep. 1274 (1956).

[13] EMERSON, H. F.: Wind-Tunnel Investigation of the Effect of Clipping the Tips of Triangular Wings of Different Thickness, Camber and Aspect Ratio; Transonic Bump Method. NACA TN 3671 (1956).

[14] ETKIN, B., u. F. A. WOODWARD: Lift Distribution on Supersonic Wings with Subsonic Leading Edges and Arbitrary Angle of Attack Distributions. J. Aer. Sci. 21 (1954) 783–785.

[15] EVVARD, J. C.: Use of Source Distributions for Evaluating Theoretical Aerodynamics of Thin Finite Wings at Supersonic Speeds. NACA Rep. 951 (1950).

[16] FERRI, A.: Elements of Aerodynamics of Supersonic Flow, New York: MacMillan 1949.

[17] FERRI, A.: The Method of Characteristics. Section G in: General Theory of High Speed Aerodynamics (Herausg. W. R. SEARS), Bd. VI: High Speed Aerodynamics and Jet Propulsion. Princeton: University Press 1954, S. 583–669.

[18] FIECKE, D.: Aerodynamische Probleme bei der Entwicklung vom Unterschall- zum Überschalltragflügel. Z. VDI 100 (1958) 133–146.

[19] FRICK, C. W.: The Experimental Aerodynamics of Wings at Transonic and Supersonic Speeds. Section G in: Aerodynamic Components of Aircraft at High Speeds (Herausg. A. F. DONOVAN, H. R. LAWRENCE), Bd. VII: High Speed Aerodynamics and Jet Propulsion, Princeton: University Press 1957, S. 794—832.
[20] FRIEDEL, H.: Berechnung der Auftriebsverteilung an Tragflügeln bei Überschallgeschwindigkeit. Jb. 1961 WGL, S. 181—203.
[21] FRIEDEL, H.: Ein Verfahren zur Berechnung der Auftriebsverteilung von schiebenden Tragflügeln bei Anströmung mit Überschallgeschwindigkeit. Diss. TH München 1964. Z. Flugwiss. 13 (1965) 210—223.
[22] GÖTHERT, B.: Profilmessungen im DVL-Hochgeschwindigkeits-Windkanal (2,7 m ∅). FB 1490 (1941).
[23] GÖTHERT, B.: Ebene und räumliche Strömung bei hohen Unterschallgeschwindigkeiten. Jb. 1941 dtsch. Luftf.-Forschg., S. I, 156-158.
[24] GUDERLEY, K. G.: Theorie schallnaher Strömungen, Berlin/Göttingen/Heidelberg: Springer 1957.
[25] HANCOCK, G. J.: Note on the Extension of Evvards Method to Wings with Subsonic Leading Edges Moving at Supersonic Speeds. Aeron. Quarterly 8 (1957) 87—102.
[26] HARMON, M. S., u. I. JEFFREYS: Theoretical Lift and Damping in Roll of Thin Wings with Arbitrary Sweep and Taper at Supersonic Speeds, Supersonic Leading and Trailing Edges. NACA TN 2114 (1950).
[27] HASKELL, R. N., J. J. HOSEK u. W. S. JOHNSON: Equations for Chordwise Center of Pressure for the Basic Twist Distributions on Triangular Wings Having Supersonic Leading and Trailing Edge. J. Aer. Sci. 22 (1955) 274.
[28] HASKELL, R. N., u. W. S. JOHNSON: Equations for Loading on Triangular Wings Having Subsonic Leading Edges to Various Basic Antisymmetric Twist Distributions. J. Aer. Sci. 22 (1955) 278—279.
[29] HEASLET, M. A., u. H. LOMAX: Supersonic and Transonic Small Perturbation Theory. Section D in: General Theory of High Speed Aerodynamics (Herausg. W. R. SEARS), Bd. VI: High Speed Aerodynamics and Jet Propulsion, Princeton: University Press 1954, S. 122—344.
[30] HOLDER, D. W.: Transsonische Strömung an zweidimensionalen Flügeln (Zweite Reynolds-Prandtl-Vorlesung 1964). Z. Flugwiss. 12 (1964) 285—303.
[31] JONES, R. T.: Properties of Low-Aspect-Ratio Pointed Wings at Speeds Below and Above the Speed of Sound. NACA Rep. 835 (1946).
[32] JONES, R. T., u. D. COHEN: Aerodynamics of Wings at High Speeds. Section A in: Aerodynamic Components of Aircraft at High Speeds (Herausg. A. F. DONOVAN, H. R. LAWRENCE), Bd. VII: High Speed Aerodynamics and Jet Propulsion, Princeton: University Press 1957, S. 3—243.
[33] KAINER, J. H.: Equations for the Loading on Triangular Wings Having Supersonic Leading and Trailing Edges Due to Basic Twist Distributions. J. Aer. Sci. 20 (1953) 469—476.
[34] KAINER, J. H.: Spanwise Variation in the Pitching Moment Coefficient and the Center of Pressure on Triangular Wings Having Supersonic Leading and Trailing Edges. J. Aer. Sci. 22 (1955) 598—606.
[35] KÁRMÁN, TH. v.: The Problem of Resistance in Compressible Fluids. Volta-Kongreß, Rom 1935, S. 222—276.
[36] KÁRMÁN, TH. v.: Supersonic Aerodynamics. Principles and Applications (Wright-Brothers Lecture, 1946). J. Aer. Sci. 14 (1947) 373—409.
[37] KÁRMÁN, TH. v.: The Similarity Law of Transonic Flow. J. Math. Phys. 26 (1947) 182—190.

[38] KEUNE, F.: Über den Kompressibilitätseinfluß bei und nahe Machzahl Eins für Körper kleiner Streckung und schlanke Rotationskörper. Z. Flugwiss. 4 (1956) 47–53.

[39] KOWALKE, F.: Die flugmechanischen Beiwerte von Tragflügeln bei Unterschallgeschwindigkeit. Jb. 1958 WGL, S. 40–48.

[40] KRAHN, E.: Näherungsverfahren zur Berechnung kompressibler Unterschallströmung. ZAMM 29 (1949) 2–3.

[41] KRAUSE, F.: Die aerodynamischen Beiwerte von schiebenden Tragflügeln bei hohen Unterschallgeschwindigkeiten. Z. Flugwiss. 12 (1964) 263–273.

[42] LAWRENCE, T.: Charts of the Wave Drag of Wings at Zero Lift. ARC CP 116 (1953).

[43] LIGHTHILL, M. J.: Higher Approximations. Section E in: General Theory of High Speed Aerodynamics (Herausg. W. R. SEARS), Bd. VI: High Speed Aerodynamics and Jet Propulsion, Princeton: University Press 1954, S. 345–489.

[44] LIPOWSKI, K.: Die Schieberollmomente von fünf Tragflügeln mit verschiedenen Umrißformen bei Überschallgeschwindigkeit. Z. Flugwiss. 13 (1965) 453–459.

[45] LOVE, E. S.: Investigations at Supersonic Speeds of 22 Triangular Wings Representing Two Airfoil Sections for Each of 11 Apex Angles. NACA Rep. 1238 (1955).

[46] LUDWIEG, H.: Pfeilflügel bei hohen Geschwindigkeiten. Bericht 127 der Lilienthal-Gesellschaft für Luftfahrtforschung über die Tagung für Hochgeschwindigkeit im September 1940 in Braunschweig und Göttingen.

[47] MALVESTUTO, F. S., K. MARGOLIS, u. H. RIBNER: Theoretical Lift and Damping in Roll at Supersonic Speed of Thin Swept-Back Wings with Streamwise Tips, Subsonic Leading Edges and Supersonic Trailing Edges. NACA Rep. 970 (1950).

[48] MANGLER, K. W.: Calculation of the Pressure Distribution over a Wing at Sonic Speeds. ARC Rep. Mem. 2888 (1955).

[49] MANGLER, K. W., u. D. G. RANDALL: Calculation of the Load Distribution over a Wing with Arbitrary Camber and Twist at Sonic Speed. ARC Rep. Mem. 3102 (1959).

[50] MARTIN, J. C., u. I. JEFFREYS: Span Load Distribution Resulting from Angle of Attack, Rolling and Pitching for Tapered Swept-Back Wings with Streamwise Tips, Supersonic Leading and Trailing Edges. NACA TN 2643 (1952).

[51] MIRELS, H.: A Lift-Cancellation Technique in Linearized Supersonic-Wing Theory. NACA Rep. 1004 (1951).

[52] NEUMARK, S.: Critical Mach Numbers for Swept-Back Wings. Aeron. Quarterly 2 (1951) 85–110.

[53] PEARCEY, H. H.: A Method for Prediction of the Onset of Buffeting and Other Separation Effects from Wind Tunnel Tests on Rigid Models. AGARD Rep. 223 (1958).

[54] PEARCEY, H. H.: Shock Induced Separation and its Prevention by Design and Boundary Layer Control. In: LACHMANN, G. V.: Boundary Layer and Flow Control, Bd. 2, Oxford/London/New York/Paris: Pergamon Press 1961, S. 1166–1344.

[55] PEARCEY, H. H.: Some Aspects of the Physical Nature of Transonic Flows Past Aerofoils and Wings. In: OSWATITSCH, K. (Herausg.): Symposium Transsonicum, Aachen 1962, Berlin/Göttingen/Heidelberg: Springer 1964, S. 264 bis 275.

[56] PEARCEY, H. H.: The Aerodynamic Design of Section Shapes for Swept Wings. Advances in Aeronautical Sciences, Bd. 3. Proc. of the Second International

Congress in the Aeronautical Sciences, Zürich 1960, Oxford/London/New York/ Paris: Pergamon Press 1962, S. 277–322.

[57] POLHAMUS, E. C.: Summary of Results Obtained by Transonic-Bump Method on Effects of Plan Form and Thickness on Lift and Drag Characteristics of Wings at Transonic Speeds. NACA TN 3469 (1955).

[58] PRANDTL, L.: Allgemeine Betrachtungen über die Strömung zusammendrückbarer Flüssigkeiten. ZAMM 16 (1936) 129–142; vgl. auch Bericht über den Volta-Kongreß, Rom 1935, S. 169–197.

[59] PRANDTL, L.: Theorie des Flugzeugtragflügels im zusammendrückbaren Medium. Luftf.-Forschg. 13 (1936) 313–319.

[60] PUCKETT, A. E.: Supersonic Wave Drag of Thin Airfoils. J. Aer. Sci. 13 (1946) 475–484.

[61] PUCKETT, A. E., u. H. J. STEWART: Aerodynamic Performance of Delta Wings at Supersonic Speeds. J. Aer. Sci. 14 (1947) 567–578.

[62] ROBINSON, A.: Aerofoil Theory for Swallow Tail Wings of Small Aspect Ratio. Aeron. Quarterly 4 (1952) 69–82.

[63] ROBINSON, A.: Aerofoil Theory of a Flat Delta Wing at Supersonic Speeds. ARC Rep. Mem. 2548 (1952).

[64] SCHLICHTING, H.: Tragflügeltheorie bei Überschallgeschwindigkeit. Luftf.-Forschg. 13 (1936) 320–335.

[65] SINNOTT, C. S.: On the Prediction of Mixed Subsonic/Supersonic Pressure Distributions. J. Aerospace Sci. 27 (1960) 767–778.

[66] SINNOTT, C. S.: Theoretical Prediction of the Transonic Characteristics of Airfoils. J. Aerospace Sci. 29 (1962) 275–283.

[67] SMELT, R.: A Critical Review of German Research on High-Speed Airflow. J. Roy. Aer. Soc. 50 (1946) 899–934.

[68] SPREITER, J. R.: On the Application of Transonic Similarity Rules to Wings of Finite Span. NACA Rep. 1153 (1953).

[69] SPREITER, J. R.: The Local Linearization Method in Transonic Flow Theory. Symposium Transsonicum (Herausg. K. OSWATITSCH), Berlin/Göttingen/ Heidelberg: Springer 1964, S. 152–183.

[70] SPREITER, J. R., u. A. SACKS: The Rolling Up of the Trailing Vortex Sheet and Its Effect on the Downwash Behind Wings. J. Aer. Sci. 18 (1951) 21–32.

[71] STACK, J., W. F. LINDSEY u. R. E. LITTELL: The Compressibility Burble and the Effect of Compressibility on Pressures and Forces Acting on an Airfoil. NACA Rep. 646 (1938).

[72] STAHL, W., u. P. A. MACKRODT: Dreikomponenten-Messungen an symmetrischen Tragflügeln verschiedener Umrißform in Überschallströmung. Z. Flugwiss. 11 (1963) 150–160.

[73] STAHL, W., u. P. A. MACKRODT: Dreikomponenten-Messungen bis zu großen Anstellwinkeln an fünf Tragflügeln mit verschiedenen Umrißformen in Unter- und Überschallströmung. Z. Flugwiss. 13 (1965) 447–453.

[74] THOMAS, F.: Die Ermittlung der Schüttelgrenzen von Tragflügeln im transsonischen Geschwindigkeitsbereich. Habilitationsschrift TH Braunschweig 1966. Jb. 1966 WGLR, S. 126–144.

[75] TRUCKENBRODT, E.: Ein Verfahren zur Berechnung der Auftriebsverteilung an Tragflügeln bei Schallanströmung. Jb. 1956 WGL, S. 113–130.

[76] TRUCKENBRODT, E.: Zur Anwendung der Ähnlichkeitsregeln der kompressiblen Strömung in der räumlichen Tragflügeltheorie. Z. Flugwiss. 5 (1957) 341 bis 346.

[77] TSIEN, H. S.: Two-Dimensional Subsonic Flow of Compressible Fluids. J. Aer. Sci. 6 (1939) 399–407.

[78] WEGENER, F., u. F. KOWALKE: Die Widerstandsbeiwerte von Tragflügeln und Rümpfen nach der linearen Überschalltheorie. Z. Flugwiss. 6 (1958) 29 bis 35.

[79] ZIENKIEWICZ, H. K.: Load Distribution on Some Twisted and Cambered Delta Wings with Supersonic Leading and Trailing Edges. J. Aer. Sci. 21 (1954) 421–423.

[80] ZIEREP, J.: Die Überschallströmung um einen Flügel mit zwei Unterschallvorderkanten. ZAMM 41 (1961) Sonderheft ST 166–169.

Teil C

Aerodynamik des Rumpfes und der Leitwerke

IX. Aerodynamik des Rumpfes

9.1 Einführung in die Aerodynamik des Rumpfes

9.11 Geometrie des Rumpfes

Während der Tragflügel eines Flugzeuges in erster Linie die Aufgabe hat, den Auftrieb zu erzeugen, hat der Rumpf im wesentlichen die Aufgabe, die Nutzlast des Flugzeuges aufzunehmen. Daraus ergibt sich, daß der Flügel bei vorgegebenem Auftrieb und der Rumpf bei vorgegebenem Volumen einen möglichst kleinen Widerstand haben muß.

Hieraus folgt, daß der Rumpf im allgemeinen die geometrische Gestalt eines langen, spindelförmigen Körpers besitzt. Der Rumpf hat somit die Form eines Körpers, bei welchem die eine Dimension (Länge) im Vergleich zu den beiden anderen Dimensionen (Höhe und Breite) sehr groß ist, während die beiden letzteren von gleicher Größenordnung sind. In Abb. 9.1 ist eine Reihe von idealisierten Rumpfformen zusammengestellt. Im allgemeinen hat der Rumpf eine Symmetrieebene, die mit der Symmetrieebene des Flugzeuges zusammenfällt. Der Schnitt des Rumpfes in der Symmetrieebene und senkrecht zur Symmetrieebene (Grundriß) hat eine schlanke, profilförmige Gestalt. Es werden im folgenden die wichtigsten geometrischen Parameter des Rumpfes besprochen, die für seine aerodynamischen Eigenschaften von Bedeutung sind.

Zur Beschreibung der *Geometrie des Rumpfes* wird in analoger Weise wie in Kap. 5.1 für den Tragflügel ein rumpffestes rechtwinkliges Koordinatensystem nach Abb. 9.1 zugrunde gelegt mit:

x-Achse: Rumpflängsachse, nach hinten positiv;

y-Achse: Rumpfquerachse, in Flugrichtung gesehen nach rechts positiv; senkrecht zur Rumpfsymmetrieebene;

z-Achse: Rumpfhochachse, nach oben positiv.

Im allgemeinen empfiehlt es sich, den Koordinatenursprung in die Rumpfnase zu legen. Bei rotationssymmetrischen Rümpfen ist es häufig zweckmäßig, ein Zylinderkoordinatensystem nach Abb. 9.1d mit r als Radius und ϑ als Polarwinkel zu verwenden.

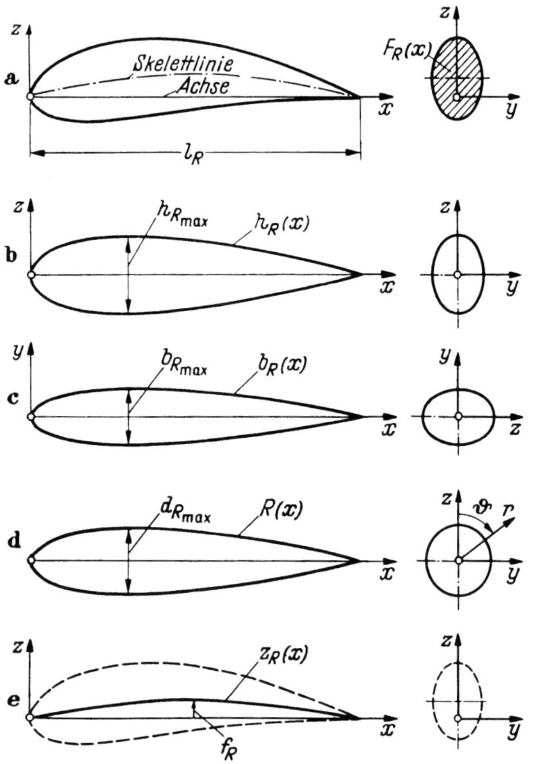

Abb. 9.1. Geometrische Bezeichnungen bei Rümpfen.
a) Allgemeine Rumpfform; b) und c) Rumpftropfen mit nichtkreisförmigen Querschnitten; d) Rumpftropfen mit kreisförmigen Querschnitten (rotationssymmetrischer Rumpf); e) Rumpfskelettlinie.

Die Hauptabmessungen des Rumpfes sind nach Abb. 9.1:

die Rumpflänge l_R,
die größte Rumpfbreite $b_{R\max}$,
die größte Rumpfhöhe $h_{R\max}$.

Die Rumpfquerschnitte in der y, z-Ebene haben meistens eine ovale Gestalt (Abb. 9.1b und c). Der einfachste Fall ist der Rumpf mit kreisförmigen Querschnitten nach Abb. 9.1d. Bei diesem rotationssymmetrischen Rumpf ist $b_{R\max} = h_{R\max} = d_{R\max}$, wobei $d_{R\max}$ als größter Rumpfdurchmesser bezeichnet werden soll. Aus den vier angegebenen Hauptabmessungen lassen sich die folgenden Verhältniszahlen bilden:

$$\frac{d_{R\max}}{l_R} = \delta_R \quad \text{Rumpfdickenverhältnis,}$$

$$\frac{b_{R\max}}{l_R} = \delta_R^* \quad \text{Rumpfbreitenverhältnis,}$$

$$\frac{h_{R\max}}{l_R} = \delta_R^{**} \quad \text{Rumpfhöhenverhältnis,}$$

$$\frac{h_{R\max}}{b_{R\max}} = \lambda_R \quad \text{Rumpfquerschnittsverhältnis.}$$

Die ersten drei Größen sind ein Maß für das Schlankheitsverhältnis des Rumpfes. Für den Rumpf mit kreisförmigem Querschnitt ist $\delta_R = \delta_R^* = \delta_R^{**}$ und $\lambda_R = 1$.

Die Geometrie des Rumpfes kann nach Abb. 9.1a dadurch noch näher beschrieben werden, daß man die Verbindungslinie der Schwerpunkte der Querschnittsflächen $F_R(x)$ als Rumpfmittellinie oder *Rumpfskelettlinie* einführt. Die Verbindungslinie des vorderen und hinteren Punktes der Skelettlinie wird als *Rumpfachse* bezeichnet; sie soll mit der x-Achse zusammenfallen. Die Rumpfskelettlinie $z_R(x)$ nach Abb. 9.1e liegt in der Rumpfsymmetrieebene. Wir bezeichnen die größte Erhebung der Skelettlinie über der Rumpfachse mit f_R.

Eine allgemeine Rumpfform nach Abb. 9.1a kann man sich in analoger Weise wie beim Tragflügel nach Kap. 5.13 entstanden denken aus einer Skelettlinie $z_R(x)$, auf welcher eine Querschnittsverteilung $F_R(x)$ angeordnet ist. Die Querschnittsverteilung wird auch als *Rumpftropfen* bezeichnet. Für den Rumpftropfen sind bei Rümpfen mit nichtkreisförmigen Querschnitten die Verteilungen $h_R(x)$ und $b_R(x)$ nach Abb. 9.1b und c charakteristisch. Bei Rümpfen mit kreisförmigen Querschnitten ist der Rumpftropfen allein durch die Radiusverteilung $R(x)$ bestimmt (Abb. 9.1d). Während beim Tragflügel die geometrischen Parameter (Tropfen und Skelett) in erster Linie im Hinblick auf die aerodynamischen Auswirkungen gewählt werden können, ist dieses beim Rumpf nur in beschränktem Umfang möglich, da bei den Rümpfen neben den aerodynamischen wichtige andere Gesichtspunkte zu berücksichtigen sind. Für theoretische Untersuchungen über die aerodynamischen Eigenschaften von Rümpfen sind die in Kap. 5.13 besprochenen Profiltropfen durchaus geeignet.

Eine einfache Rumpfform für Unterschallgeschwindigkeit ist das Rotationsellipsoid nach Abb. 9.2a. Ein weiterer einfacher rotationssymmetrischer Rumpf, der insbesondere bei Überschallfluggeschwindigkeit verwendet wird, ist das Rotationsparaboloid mit spitzer Nase[1]

[1] Die Rotationsachse ist parallel zur Scheiteltangente.

nach Abb. 9.2b. Mit Rücksicht auf den Einbau eines Strahltriebwerkes werden auch Rumpfformen gewählt, welche am hinteren Ende stumpf abgeschnitten sind.

Unter den Baugrößen des Rumpfes spielen neben der Rumpflänge und dem Rumpfdurchmesser das *Volumen* und die *Oberfläche* des

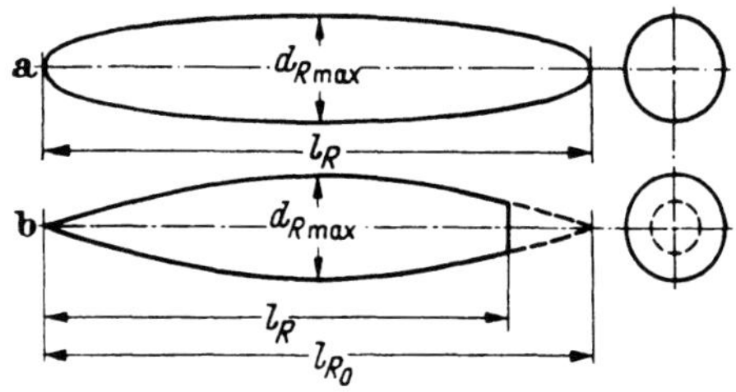

Abb. 9.2. Besondere rotationssymmetrische Rümpfe.
a) Rotationsellipsoid;
b) Rotationsparaboloid.

Rumpfes eine wichtige Rolle. Für rotationssymmetrische Rümpfe gilt für das Volumen:

$$V_R = \pi \int_0^{l_R} R^2(x)\, dx, \tag{9.1}$$

und für die Oberfläche:

$$O_R = 2\pi \int_0^{l'_R} R(x)\, ds, \tag{9.2}$$

wobei s die Bogenlänge längs der Rumpfkontur und l'_R die zugehörige auf der Rumpfkontur gemessene Länge eines Meridianschnittes ist.

Abschließend mögen noch einige Angaben für das Rotationsellipsoid und das Rotationsparaboloid ($l_R = l_{R0}$) nach Abb. 9.2 gemacht werden. Für das Rotationsellipsoid gilt:

$$V_R = \frac{2}{3}\, l_R\, F_{R\max}, \tag{9.3}$$

und für das Rotationsparaboloid:

$$V_R = \frac{8}{15}\, l_R\, F_{R\max}. \tag{9.4}$$

Dabei bedeutet l_R die Rumpflänge und $F_{R\max}$ die größte Rumpfquerschnittsfläche, die auch als *Stirnfläche* bezeichnet wird.

9.12 Kräfte und Momente am Rumpf

In den nächsten Abschnitten werden wir uns eingehend mit der Aerodynamik des Rumpfes befassen. Um eine Vorstellung von der Größe der an Rumpfkörpern auftretenden Kräfte und Momente zu geben, möge hier vorweg eine typische Messung an einem Rumpf mitgeteilt werden. In Abb. 9.3 ist das Ergebnis einer Dreikomponenten-

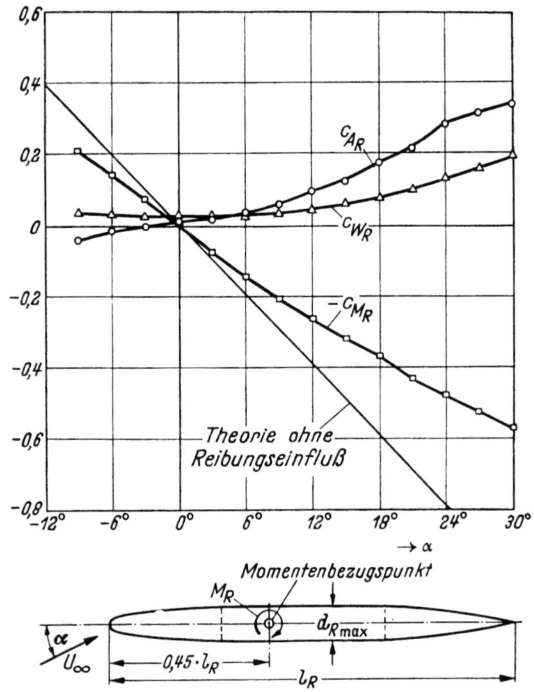

Abb. 9.3. Dreikomponentenmessung c_{AR}, c_{WR}, c_{MR} in Abhängigkeit vom Anstellwinkel α für einen rotationssymmetrischen Rumpf, [43], Reynolds-Zahl $Re = 3 \cdot 10^6$. Theorie für c_{MR}, Gl. (9.54).

messung eines rotationssymmetrischen Rumpfes nach [43] angegeben. Es ist die gleiche Darstellung wie beim Tragflügel nach Abb. 5.13 gewählt worden. Dabei sind für die Komponenten der resultierenden Kraft (Auftrieb und Widerstand) sowie für das Nickmoment die folgenden dimensionslosen Beiwerte eingeführt worden:

$$\left.\begin{aligned} &\text{Auftrieb:} && A_R = c_{AR}\, V_R^{2/3} q_\infty\,,\\ &\text{Widerstand:} && W_R = c_{WR}\, V_R^{2/3} q_\infty\,,\\ &\text{Nickmoment:} && M_R = c_{MR}\, V_R\, q_\infty\,. \end{aligned}\right\} \qquad (9.5)^1$$

[1] Daß im vorliegenden Fall das Rumpfvolumen als Bezugsgröße für die dimensionslosen Beiwerte eingeführt wird, hängt mit der Theorie der Luftkräfte von Rumpfkörpern zusammen, vgl. Kap. 9.22. Der Widerstandsbeiwert wird auch häufig auf die Oberfläche O_R oder die Stirnfläche $F_{R\max}$ des Rumpfes bezogen.

Es ist $q_\infty = (\varrho/2)\,U_\infty^2$ der Staudruck der Anströmungsgeschwindigkeit U_∞ und V_R das Volumen des Rumpfes. In Abb. 9.3 sind der Auftriebsbeiwert c_{AR}, der Widerstandsbeiwert c_{WR} und der Nickmomentenbeiwert c_{MR} in Abhängigkeit vom Anstellwinkel α angegeben. Die Lage der Bezugsachse für das Nickmoment ist aus der Skizze des Rumpfes in Abb. 9.3 zu ersehen. Der Auftriebsbeiwert in Abhängigkeit vom Anstellwinkel α zeigt in der Umgebung von $\alpha = 0$ einen linearen Verlauf. Bei größeren Anstellwinkeln wächst c_{AR} stärker als linear an. Diese Auftriebscharakteristik $c_{AR}(\alpha)$ ist sehr ähnlich derjenigen eines Tragflügels von sehr kleinem Seitenverhältnis, vgl. Abb. 7.49. Der Widerstandsbeiwert c_{WR} ist näherungsweise proportional zum Quadrat des Anstellwinkels in ähnlicher Weise wie beim Tragflügel, vgl. Abb. 5.13. Der Nickmomentenbeiwert ändert sich in einem großen Anstellwinkelbereich nahezu linear mit dem Anstellwinkel.

In der unter [43] angegebenen Arbeit sind Meßergebnisse für mehrere rotationssymmetrische Rümpfe enthalten. Auch Arbeiten von E. N. Jacobs und K. E. Ward [17] sowie auch von E. Möller und H. Trienes [30] mögen in diesem Zusammenhang erwähnt werden.

Außer den vorstehend erörterten Kräften und Momenten treten am Rumpf auch weitere Kräfte und Momente infolge der Drehbewegung des Flugzeuges sowie bei seitlicher Anströmung auf, wie sie für den Flügel in Kap. 5.3 besprochen wurden.

9.2 Rumpf bei inkompressibler Strömung

9.21 Allgemeines

Nachdem im vorigen Abschnitt einige experimentelle Ergebnisse über die Aerodynamik des Rumpfes besprochen wurden, soll jetzt die *Theorie* der Strömung um Rümpfe behandelt werden. Die Rumpftheorie läßt sich, ähnlich wie die Profiltheorie, nach zwei verschiedenen Verfahren beschreiben, deren Grundlagen in Kap. II bereitgestellt wurden. Das erste Verfahren besteht in der Beschaffung von *exakten Lösungen der räumlichen Potentialgleichung*, die jedoch nur für wenige Sonderfälle gelingt. Das zweite Verfahren ist die sogenannte *Singularitätenmethode*, bei welcher der umströmte Rumpfkörper durch Quellen, Senken und gegebenenfalls Dipole auf der Rumpfachse ersetzt wird. Dieses Verfahren ist für Rotationskörper recht einfach. Eine Erweiterung dieser Methode zur Berechnung der Strömung um Rumpfkörper besteht in der Anordnung von ringförmigen Quellverteilungen auf der Körperoberfläche, vgl. I. Lotz [27], F. Riegels [35] sowie J. L. Hess [14]. Hierbei können auch Körperformen erfaßt werden, deren Querschnitte von der Kreisform nicht allzu stark abweichen.

Es möge zunächst der Fall des axial angeströmten Rumpfes und danach der schräg angeströmte Rumpf behandelt werden.

9.22 Rumpf bei axialer Anströmung

9.221 Druckverteilung nach der Methode der Quell-Senkenbelegung. Die Methode der Quell-Senkenbelegung für axial angeströmte Rotationskörper wurde zuerst von G. Fuhrmann [10] eingehend dargestellt. Die Grundlagen dieses Verfahrens wurden bereits in Kap. 2.35.12 angegeben. Auch wurde dort an Hand eines Beispieles gezeigt, daß die theoretisch berechnete Druckverteilung gut mit Messungen übereinstimmt, vgl. Abb. 2.31.

Die Strömung um einen axial angeströmten Rotationskörper kann nach Abb. 9.4 durch eine räumliche Quellverteilung $q(x)$ auf der Rumpf-

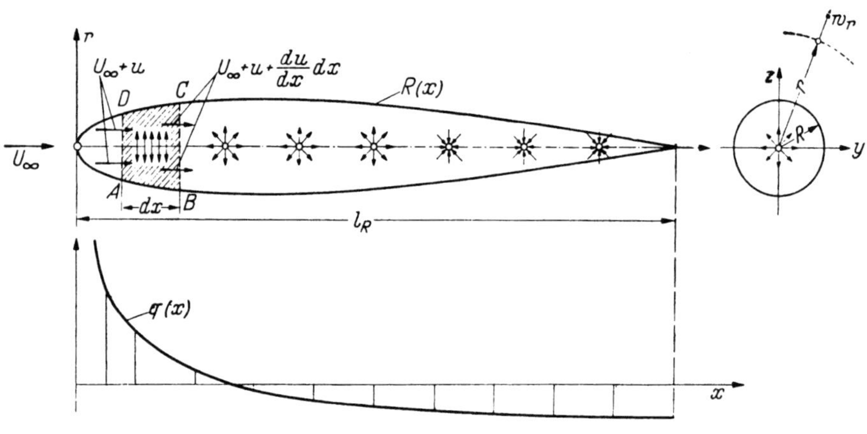

Abb. 9.4. Erläuterungsskizze zur Theorie des Rumpfes bei axialer Anströmung; $q(x)$ = Quell-Senkenverteilung.

achse, der eine Translationsströmung U_∞ überlagert ist, erzeugt werden. Man vergleiche hierzu die Ausführungen für den ebenen Fall in Kap. 6.33. Die Quellverteilung $q(x)$ muß die *Schließungsbedingung*

$$\int_0^{l_R} q(x)\,dx = 0 \tag{9.6}$$

erfüllen, damit sich eine geschlossene Rumpfkontur ergibt.

Das Geschwindigkeitspotential der Quell-Senkenverteilung ist unter Verwendung von Zylinderkoordinaten x und r nach Gl. (2.130):

$$\Phi(x, r) = -\frac{1}{4\pi}\int_0^{l_R} \frac{q(x')\,dx'}{\sqrt{(x-x')^2 + r^2}}. \tag{9.7}$$

Für die induzierten Geschwindigkeitskomponenten in axialer und radialer Richtung erhält man hieraus:

$$u(x,r) = \frac{\partial \Phi}{\partial x} = \frac{1}{4\pi} \int\limits_0^{l_R} \frac{q(x')\,(x-x')\,dx'}{\sqrt{(x-x')^2 + r^2}^3}, \tag{9.8}$$

$$w_r(x,r) = \frac{\partial \Phi}{\partial r} = \frac{r}{4\pi} \int\limits_0^{l_R} \frac{q(x')\,dx'}{\sqrt{(x-x')^2 + r^2}^3}. \tag{9.9}$$

Den Zusammenhang zwischen der Quellverteilung $q(x)$ und der Rumpfkontur $R(x)$ findet man durch Anwendung der Kontinuitätsgleichung auf das in Abb. 9.4 angegebene Volumenelement $ABCD$ zu:

$$(U_\infty + u)\,\pi R^2 + q\,dx = \left(U_\infty + u + \frac{du}{dx}\,dx\right)\pi\left(R + \frac{dR}{dx}\,dx\right)^2.$$

Hieraus folgt für die Quellverteilung:

$$q(x) = \pi \frac{d}{dx}\left[(U_\infty + u)\,R^2\right].$$

Für schlanke Rümpfe ist $u \ll U_\infty$, mithin also:

$$q(x) = \pi\, U_\infty \frac{d(R^2)}{dx} = U_\infty \frac{dF_R}{dx}. \tag{9.10}$$

Dabei bedeutet $F_R(x) = \pi R^2(x)$ den örtlichen Rumpfquerschnitt. Diese Beziehung für die Quellverteilung erfüllt die Schließungsbedingung Gl. (9.6) von selbst, wenn am Bug und Heck $F_R = 0$ ist.

Für die Ermittlung der Geschwindigkeitsverteilung auf der Oberfläche von schlanken Rumpfkörpern benötigt man die Werte der induzierten Geschwindigkeiten u und w_r nach Gl. (9.8) und (9.9) für kleine Werte von r. Die Ermittlung dieser Werte erfordert besondere Sorgfalt, da auf der Rumpfachse selbst die induzierten Geschwindigkeiten singulär sind. Die Entwicklung von u und w_r für kleine Werte von r ergibt unter der Annahme, daß dq/dx in der Umgebung des Punktes $x' = x$ stetig ist:

$$u(x, r \to 0) =$$

$$= \frac{1}{4\pi} \lim_{\varepsilon \to 0} \left[2\left(1 - \ln \frac{2\varepsilon}{r}\right) \frac{dq(x)}{dx} + \int\limits_0^{x-\varepsilon} \frac{q(x')\,dx'}{(x-x')^2} - \int\limits_{x+\varepsilon}^{l_R} \frac{q(x')\,dx'}{(x-x')^2} \right], \tag{9.11a}$$

$$w_r(x, r \to 0) = \frac{1}{2\pi} \frac{q(x)}{r}. \tag{9.11 b}$$[1]

Aus diesen beiden Gleichungen erkennt man, daß auf der Rumpfachse ($r = 0$) die beiden Komponenten der induzierten Geschwindigkeit unendlich groß werden. Hierin besteht ein grundlegender Unterschied gegenüber dem ebenen Fall (Profiltheorie), vgl. Gl. (6.118).

Es möge an dieser Stelle für die radiale Geschwindigkeitskomponente noch der Grenzwert (Randbedingung) auf der Rumpfachse angemerkt werden; es gilt

$$\lim_{r\to 0} (r\, w_r) = U_\infty R \frac{dR}{dx}, \tag{9.12}$$

was sich sofort ergibt, wenn man Gl. (9.10) in (9.11b) einsetzt.

Somit erhält man schließlich für die induzierten Geschwindigkeiten *auf der Oberfläche* des schlanken Rumpfes ($r = R(x)$) aus den Gln. (9.11 a) und (9.11b) die folgenden Werte, wenn noch für die Quellverteilung $q(x)$ die Beziehung (9.10) eingesetzt wird:

$$\frac{u(x)}{U_\infty} = \frac{1}{4} \lim_{\varepsilon\to 0} \left[2\left(1 - \ln \frac{2\varepsilon}{l_R}\right) \frac{d^2(R^2)}{dx^2} + \right. \tag{9.13}$$[2]

$$\left. + \int_0^{x-\varepsilon} \frac{d(R^2)}{dx'} \frac{dx'}{(x-x')^2} - \int_{x+\varepsilon}^{l_R} \frac{d(R^2)}{dx'} \frac{dx'}{(x-x')^2} \right] + \frac{1}{2} \frac{d^2(R^2)}{dx^2} \ln \frac{R(x)}{l_R},$$

$$\frac{w_r(x)}{U_\infty} = \frac{dR(x)}{dx}. \tag{9.14}$$

Die letztere Gleichung ist gleichbedeutend mit der kinematischen Strömungsbedingung, welche aussagt, daß auf der Oberfläche des Rumpfes die Geschwindigkeitsrichtung tangential zur Oberfläche ist.

Druckverteilung. Für die Druckverteilung auf der Oberfläche des Rumpfes erhält man aus der Bernoullischen Gleichung:

$$c_p = \frac{p - p_\infty}{q_\infty} = 1 - \left(\frac{W_K}{U_\infty}\right)^2 = -\left[2\frac{u}{U_\infty} + \left(\frac{u}{U_\infty}\right)^2 + \left(\frac{w_r}{U_\infty}\right)^2\right].$$

---

[1] Die Gültigkeit dieser Gleichung erkennt man auch sofort aus der Kontinuitätsgleichung.

[2] An solchen Stellen der Rumpfkontur, wo die Krümmung d^2R/dx^2 unstetig ist, hat man in Gl. (9.13) zu setzen:

$$\frac{d^2(R^2)}{dx^2} = \frac{1}{2}\left[\left(\frac{d^2(R^2)}{dx^2}\right)_{x-0} + \left(\frac{d^2(R^2)}{dx^2}\right)_{x+0}\right].$$

Hierin bedeutet $W_K^2 = (U_\infty + u)^2 + w_r^2$ die Geschwindigkeit auf der Rumpfkontur.

Für schlanke Rümpfe kann man ebenso wie in der Profiltheorie des Tragflügels die in den induzierten Geschwindigkeiten quadratischen Glieder vernachlässigen. Damit erhält man aus dieser Gleichung als erste Näherung:

$$c_p(x) = -2\,\frac{u(x)}{U_\infty} \quad \text{(erste Näherung)}. \tag{9.15}$$

Eine genauere Formel für die Druckverteilung ergibt sich durch Berücksichtigung des Gliedes w_r^2, weil nach Gl. (9.14) w_r proportional zur Neigung dR/dx ist, und deren Einfluß damit besser erfaßt wird. Somit ist in zweiter Näherung:

$$c_p(x) = -2\,\frac{u(x)}{U_\infty} - \left[\frac{dR(x)}{dx}\right]^2 \quad \text{(zweite Näherung)}. \tag{9.16}$$

Die Gln. (9.15) und (9.16) gestatten zusammen mit Gl. (9.13) anzugeben, in welcher Weise der Druckbeiwert vom Rumpfdickenverhältnis $\delta_R = d_{R\max}/l_R$ abhängt. Man findet den Zusammenhang:

$$c_p(x) = [f(x) + g(x)\ln\delta_R]\,\delta_R^2, \tag{9.17}$$

wobei die Funktionen $f(x)$ und $g(x)$ nur von der Form des Rumpfes, aber nicht von dem Dickenverhältnis abhängig sind. Insbesondere gilt

$$g(x) = -\frac{1}{4}\,\frac{l_R^2}{R_{\max}^2}\,\frac{d^2(R^2)}{dx^2}. \tag{9.18}$$

Beispiele. Im folgenden sollen einige Beispiele zu dieser Methode der Quell-Senkenbelegung besprochen werden.

Rotationsellipsoid: Für ein Rotationsellipsoid mit dem Dickenverhältnis $\delta_R = d_{R\max}/l_R$ ist mit $X = x/l_R$:

$$\frac{R}{l_R} = \delta_R\sqrt{X(1-X)}. \tag{9.19}$$

Damit ergibt sich für die induzierte Geschwindigkeit $u(x)$ nach Gl. (9.13):

$$\frac{u(X)}{U_\infty} = -\left[\frac{1}{4X\,(1-X)} + \ln\frac{\delta_R}{2}\right]\delta_R^2. \tag{9.20}$$

In Abb. 9.5 ist die Druckverteilung für das Rotationsellipsoid mit dem Dickenverhältnis $\delta_R = 0{,}1$ dargestellt, und zwar sowohl für die erste Näherung nach Gl. (9.15) als auch für die zweite Näherung nach Gl. (9.16). Zum Vergleich ist auch die exakte Lösung eingetragen, über die im nächsten Abschnitt berichtet wird. Die zweite Näherung stimmt mit der exakten Lösung längs der ganzen Kontur gut überein, während die erste Näherung im vorderen und hinteren Teil Abweichungen aufweist.

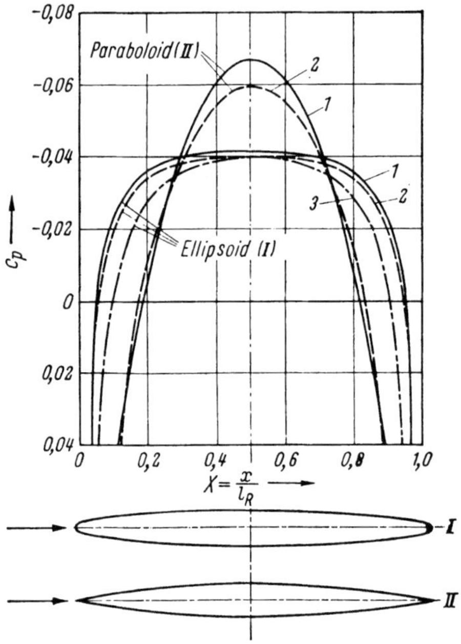

Abb. 9.5. Druckverteilung an axial angeströmten Rotationskörpern (Ellipsoid, Paraboloid) bei inkompressibler Strömung. Rumpfdickenverhältnis $\delta_R = 0{,}1$.
1 **Exakte Lösung nach Gl. (9.26) bzw. [25];**
2 **zweite Näherung nach Gl. (9.16);**
3 **erste Näherung nach Gl. (9.15).**

Für die maximale Übergeschwindigkeit auf dem Rotationsellipsoid, die bei $X = \frac{1}{2}$ liegt, ergibt sich aus Gl. (9.20):

$$\frac{u_{\max}}{U_\infty} = -\left(1 + \ln \frac{\delta_R}{2}\right) \delta_R^2 . \tag{9.21}$$

In Abb. 9.6 ist dieser Wert in Abhängigkeit vom Rumpfdickenverhältnis dargestellt. Auch hier ist die exakte Lösung zum Vergleich mit eingetragen. Bei großem Dickenverhältnis ergibt die exakte Lösung größere Werte als die Näherungslösung nach der Quell-Senkenmethode bei Anordnung der Quellen auf der Achse. Ferner ist in Abb. 9.6 auch noch die Übergeschwindigkeit für das ebene Problem des Ellipsenprofils nach Abb. 6.29 mit eingetragen. Hierfür gilt $u_{\max}/U_\infty = \delta\,(= \delta_R)$. Man erkennt aus dem Vergleich der Kurven „Ellipsenprofil" und „Ellipsoid", daß beim Rotationskörper die maximale Übergeschwindigkeit erheblich kleiner ist als beim Flügelprofil gleichen Dickenverhältnisses.

Rotationsparaboloid: Für ein Rotationsparaboloid ist

$$\frac{R}{l_R} = 2\,\delta_R X(1 - X). \tag{9.22}$$

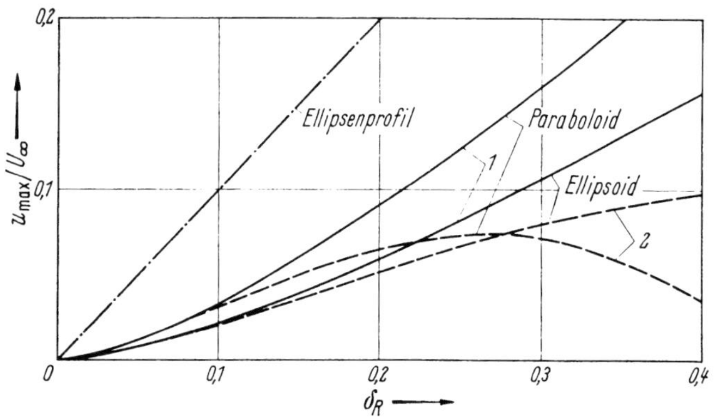

Abb. 9.6. Maximale Übergeschwindigkeit axial angeströmter Rotationskörper in Abhängigkeit vom Dickenverhältnis δ_R.
1 Exakte Lösung nach Gl. (9.27) bzw. [25];
2 Näherung nach Gl. (9.21) bzw. (9.24).

Für die induzierte Geschwindigkeit $u(X)$ ergibt sich aus Gl. (9.13):

$$\frac{u(X)}{U_\infty} = 2\,[1 - 6X\,(1 - X)]\,[3 + \ln X(1 - X) + 2\ln\delta_R]\,\delta_R^2. \tag{9.23}$$

Die hiernach berechnete Druckverteilung (zweite Näherung) ist in Abb. 9.5 für $\delta_R = 0{,}1$ als Kurve *2* dargestellt. Für die maximale Übergeschwindigkeit, die wieder bei $X = \frac{1}{2}$ liegt, ergibt sich aus Gl. (9.23):

$$\frac{u_{\max}}{U_\infty} = -\left(3 + 2\ln\frac{\delta_R}{2}\right)\delta_R^2. \tag{9.24}$$

Auch dieser Wert ist in Abb. 9.6 als Kurve *2* dargestellt.

Die bisherigen Rechnungen gelten für die Anordnung der Quellverteilung auf der Rumpfachse. In Abb. 9.5 und 9.6 sind auch Ergebnisse für die Anordnung von Quellringen auf der Körperoberfläche jeweils als Kurve *1* eingetragen. Diese Lösungen können als ‚exakt' angesehen werden. Die beträchtliche Verbesserung der Theorie bei der Oberflächenbelegung gegenüber der Achsbelegung ist aus Abb. 9.6 ersichtlich.

Andere Rotationskörper: In Abb. 9.7 ist noch die Druckverteilung für einen Rotationskörper angegeben, der aus einem halben Rotationsellipsoid und einem daran angesetzten unendlich langen zylindrischen Stück besteht. An der Stelle des Krümmungssprunges $x/l_{R0} = \frac{1}{2}$ ist bei der Auswertung von Gl. (9.13) die dazu angegebene Fußnote zu berücksichtigen. Hier ergibt sich der besonders gekennzeichnete Wert von c_p.[1] Schließlich ist noch in Abb. 9.8 die Druckverteilung eines Rotationskörpers angegeben, der vorn aus einem halben Ellipsoid, hinten aus einem halben Paraboloid und einem zylindrischen Mittel-

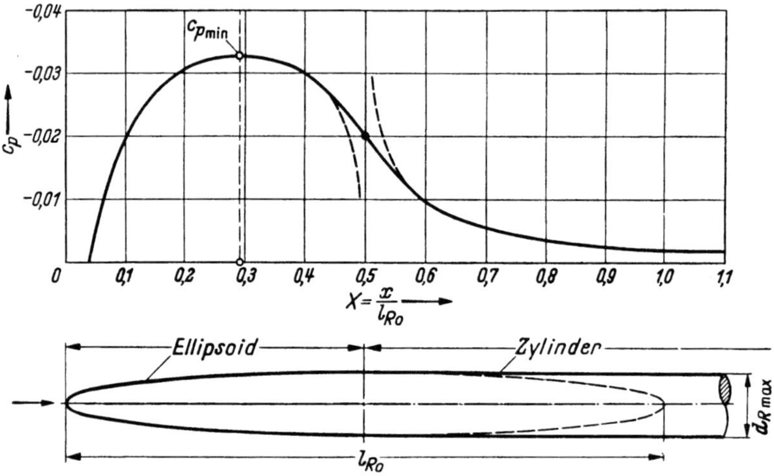

Abb. 9.7. Druckverteilung an einem rotationssymmetrischen Halbkörper ($d_{R\,max}/l_{Ro} = 0{,}1$) bei axialer Anströmung (Quellbelegung auf der Achse).

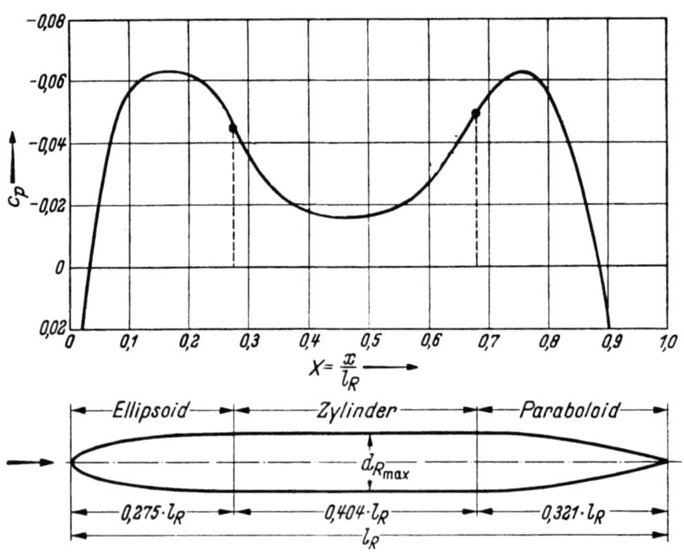

Abb. 9.8. Druckverteilung an einem Rotationskörper mit zylindrischem Mittelstück, $\delta_R = d_{R\,max}/l_R = 0{,}09$ (Quellbelegung auf der Achse).

[1] Die in Abb. 9.7 eingetragenen gestrichelten Kurvenverläufe ergeben sich aus Gl. (9.13) ohne Beachtung der Fußnote.

stück besteht. Für die beiden besonders gekennzeichneten Punkte an den Stellen des Krümmungssprunges gilt das bereits zu Abb. 9.7 Gesagte.

9.222 Exakte Lösungen. Es mögen jetzt noch einige Angaben über exakte Lösungen für axial angeströmte Rümpfe gemacht werden. Solche exakte Lösungen der räumlichen Potentialgleichung lassen sich in geschlossener Form nur für wenige Fälle angeben. Wir beschränken uns auf einige Angaben für das axial angeströmte dreiachsige Ellipsoid, das zuerst von L. B. TUCKERMANN [45] und A. F. ZAHM [51] und später ausführlicher von K. MARUHN [28] behandelt worden ist. Sind a, b und c nach Abb. 9.9 die Halbachsen des Ellipsoids, das in

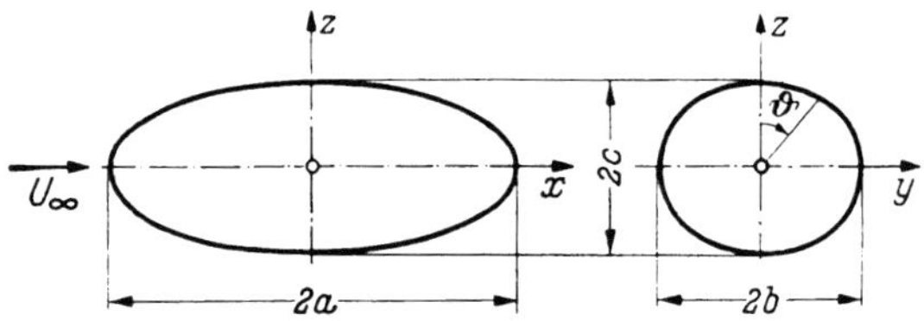

Abb. 9.9. Zur Geometrie des dreiachsigen Ellipsoids.

Richtung der x-Achse angeströmt wird, so gilt für die Druckverteilung auf der Oberfläche des Ellipsoids nach [28]:

$$c_p = 1 - A^2 \left\{ 1 - \frac{\left(\frac{x}{a}\right)^2}{\left(\frac{x}{a}\right)^2 + \left[1 - \left(\frac{x}{a}\right)^2\right]\left[\left(\frac{a}{b}\right)^2 \sin^2\vartheta + \left(\frac{a}{c}\right)^2 \cos^2\vartheta\right]} \right\}. \tag{9.25}$$

Dabei liegt der Koordinatenursprung im Mittelpunkt des Ellipsoids. Die Größe A hängt von den beiden Achsenverhältnissen a/c und b/c ab; sie ist nach [28] in Abb. 9.10 angegeben.

Den Sonderfall des *axial angeströmten Rotationsellipsoids* erhält man für $b = c$. Hierfür ergibt sich aus Gl. (9.25):

$$c_p = 1 - A^2 \frac{1 - \left(\frac{x}{a}\right)^2}{1 - \left[1 - \left(\frac{b}{a}\right)^2\right]\left(\frac{x}{a}\right)^2}. \tag{9.26}$$

Es bedeutet hierbei $b/a = \delta_R$ das Dickenverhältnis des Rotationskörpers. Die Auswertung von Gl. (9.26) ist in Abb. 9.5 als exakte Lösung eingetragen. Das Druckminimum liegt bei $x = 0$ und hat den Wert $c_{p\min} = 1 - A^2$. Somit ergibt sich für die größte Übergeschwindigkeit:

$$\frac{u_{\max}}{U_\infty} = A - 1. \tag{9.27}$$

Dabei ist

$$A = \frac{2}{2 - \alpha_0} \tag{9.27a}$$

mit

$$\alpha_0 = \frac{2\,\delta_R^2}{\sqrt{1-\delta_R^2}^{\,3}} \left(\operatorname{ar\,tanh} \sqrt{1-\delta_R^2} - \sqrt{1-\delta_R^2}\right). \tag{9.27b}$$

Der Zusammenhang zwischen $u_{\max}/U_\infty$ und δ_R ist in Abb. 9.6 als exakte Lösung für das Rotationsellipsoid eingetragen. Für kleine Werte von

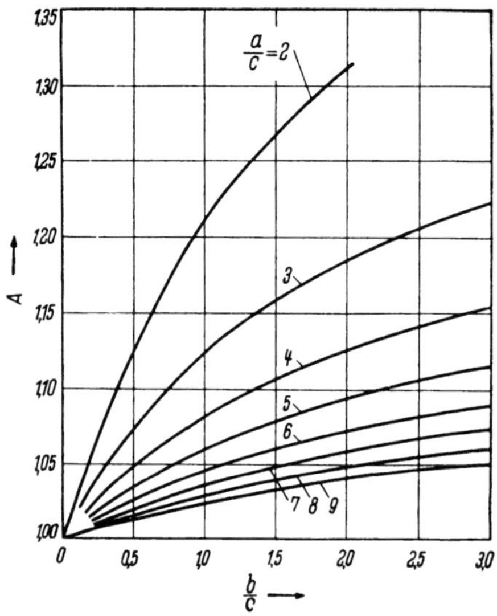

Abb. 9.10. Koeffizient A für die Ermittlung der Druckverteilung eines axial angeströmten dreiachsigen Ellipsoids nach Gl. (9.25) in Abhängigkeit von den beiden Achsenverhältnissen a/c und b/c.

δ_R ergibt sich aus den drei vorstehenden Gleichungen die bereits nach der Singularitätenmethode gefundene Beziehung (9.21).

9.223 Einfluß der Reibung. Bei den bisherigen Betrachtungen dieses Kapitels wurde durchweg das strömende Medium als reibungslos und inkompressibel angenommen. Über den Einfluß der Kompressibilität auf die aerodynamischen Eigenschaften eines Rumpfes wird in den folgenden Abschnitten dieses Kapitels noch berichtet werden. Hier mögen zunächst nur einige Angaben über den Einfluß der Reibung bei inkompressibler Strömung gemacht werden (Einfluß der Reynoldsschen Zahl). Beim axial angeströmten Rotationskörper ist der Einfluß der Reibung auf die Druckverteilung bei einigermaßen großen Reynolds-Zahlen ($Re > 10^5$) recht klein. Dies erkennt man z. B. aus Abb. 2.31, wo die reibungslos gerechnete Druckverteilung mit Messungen verglichen ist. Die geringe Abweichung zwischen der potentialtheoretischen und der in der Strömung mit Reibung vorhandenen Druckverteilung bedingt den Druckwiderstand des Rotationskörpers. Zu diesem kommt der durch die Wandschubspannung verursachte Reibungswiderstand hinzu, vgl. Kap. 4.16.

Will man den Einfluß der Reibung bei der Umströmung von Rumpfkörpern bestimmen, so hat man für diese Körper die Berechnung der Grenzschicht in ähnlicher Weise wie für Tragflügelprofile durchzuführen. Während beim Tragflügelprofil die Grenzschichten zweidimensional sind, liegen bei den axial angeströmten Rumpfkörpern mit Kreisquerschnitten rotationssymmetrische Grenzschichten vor. Die Berechnungsverfahren für die letzteren sowohl bei laminarer als auch bei turbulenter Strömung sind denjenigen der ebenen Grenzschichten ähnlich, welche in Kap. 4.45 und 4.8 erläutert wurden. Die Berechnung der Grenzschicht für einen vorgegebenen Körper liefert die Verteilung der Grenzschichtdicken (Impulsverlustdicke und Verdrängungsdicke) und die eines Formparameters der Grenzschichtprofile längs der Kontur, die den Widerstand und die Lage des Ablösungspunktes bestimmen. Mit der Berechnung des Widerstandes von Rotationskörpern haben sich A. D. YOUNG [50] und N. SCHOLZ [39] eingehend befaßt. Dabei hat sich ergeben, daß der durch die Wandschubspannung hervorgerufene Widerstand von Rotationskörpern im allgemeinen gleich ist demjenigen der längsangeströmten ebenen Platte gleicher Oberfläche und gleicher auf die Rumpflänge bezogener Reynoldsscher Zahl. Für vollturbulente Strömung läßt sich der Rumpfwiderstand infolge Reibung W_{Rr} näherungsweise aus dem Plattenwiderstand W_P nach folgender Formel ermitteln:

$$W_{Rr} = W_P(1 + c\,\delta_R) \qquad (9.28)$$

mit $c \approx 0{,}5$. Dabei bedeutet W_P den Widerstand der längsangeströmten ebenen Platte, welche die gleiche Oberfläche O_R und die gleiche Länge l_R wie der Rotationskörper hat. Es ist also $W_P = c_f O_R q_\infty$, wobei für die glatte Oberfläche der Beiwert c_f aus Abb. 4.41 entnommen werden kann. Weitere Angaben über Rumpfwiderstände findet man bei S. F. HOERNER [15].

9.23 Rumpf bei unsymmetrischer Anströmung

9.231 Allgemeines. Wir betrachten jetzt die unsymmetrische reibungsfreie Strömung um einen angestellten Rumpfkörper nach Abb. 9.11. Eine erste wichtige Feststellung hierzu ist, daß der angestellte Rumpf in reibungsloser Strömung keine resultierende Kraft, sondern nur ein Moment erfährt. Dieses kommt dadurch zustande, daß wegen der Umströmung des Hecks an der Oberseite des Bugs und an der Unterseite des Hecks Unterdrücke und entsprechend an der Unterseite des Bugs und an der Oberseite des Hecks Überdrücke vorhanden sind. Aus dieser

Druckverteilung ergibt sich ein Moment M_R, welches den Rumpfkörper quer zu stellen bestrebt ist (instabiles Moment). Für kleine Anstellwinkel α ist dieses Moment proportional zum Anstellwinkel.

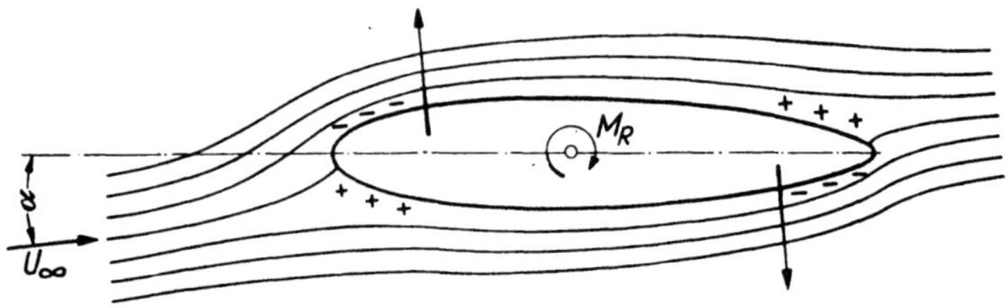

Abb. 9.11. Reibungslose Strömung um einen angestellten Rumpfkörper.

Durch das Zusammenwirken mit dem Flügel wird die Größe dieses instabilen Momentes erheblich geändert (vgl. hierzu Kap. X). Hier möge jedoch zunächst das Moment des Rumpfes allein behandelt werden, und zwar zuerst in reibungsloser Strömung und später mit Berücksichtigung der Reibung. Es sei bereits hier vermerkt, daß der Einfluß der Reibung auf die aerodynamischen Eigenschaften des Rumpfes beträchtlich ist. Das Moment in reibungsloser Strömung kann aus einer einfachen Impulsbetrachtung ermittelt werden. Die Berechnung der Druckverteilung auf der Rumpfoberfläche erfordert potentialtheoretische Methoden, wobei in ähnlicher Weise wie beim axial angeströmten Rumpf exakte Lösungen und Näherungslösungen nach der Singularitätenmethode bekannt sind. Der Reibungseinfluß schließlich kann mit Hilfe der Grenzschichttheorie erfaßt werden.

9.232 Rumpfmoment nach der Impulsmethode von Munk. Für die Berechnung des Momentes schrägangeströmter Rumpfkörper hat M. Munk [32] schon frühzeitig ein einfaches Verfahren angegeben, das auf der Anwendung des Impulssatzes beruht (vgl. Kap. 2.6). Bei der Bewegung eines Körpers mit konstanter

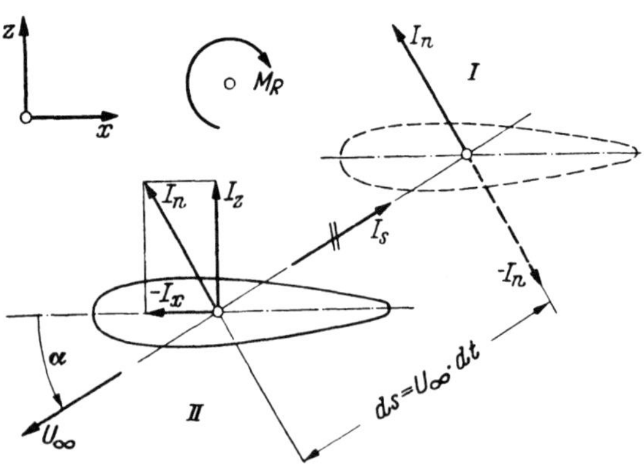

Abb. 9.12. Erläuterungsskizze zur Berechnung des Luftkraftmomentes eines angestellten Rumpfkörpers mit Hilfe des Impulssatzes nach Munk [32].

Geschwindigkeit in reibungsloser Flüssigkeit bleibt weit hinter dem Körper der Impuls ungeändert, und somit erfährt der Körper keine resultierende Kraft. Dies schließt aber das Vorhandensein eines freien Kräftepaares (Momentes) am Körper nicht aus. Um dieses zu ermitteln, betrachten wir nach Abb. 9.12 einen Rumpfkörper, der sich mit der Geschwindigkeit U_∞ durch die ruhende Flüssigkeit bewegt, wobei die Bewegungsrichtung mit der Körperachse den Winkel α bildet. Durch das Mitbewegen der Flüssigkeit in der Umgebung des Körpers entstehen die Impulskomponenten J_s *in* Richtung der Bewegung und J_n *senkrecht* dazu. In der Zeit dt bewege sich der Körper aus der Lage I in die Lage II, wobei der Weg $ds = U_\infty dt$ zurückgelegt wird. Bei der Fortbewegung muß der Impuls am Ort I gelöscht und am Ort II neu gebildet werden. Hierbei entsteht das Impulsmoment (Drall) um die y-Achse:

$$dD = J_n \, ds. \tag{9.29}$$

Dabei bringt die Impulskomponente J_s keinen Beitrag zum Moment. Die zeitliche Änderung dieses Dralles ist gleich dem Moment:

$$M_R = \frac{dD}{dt} = J_n \frac{ds}{dt} = U_\infty J_n . \tag{9.30}$$

Es ist J_n der sogenannte Kelvinsche Impuls der mitbewegten Flüssigkeitsmasse senkrecht zur Bewegungsrichtung. Für seine Ermittlung führt man zweckmäßig die körperfesten Komponenten J_x und J_z ein. Es gilt

$$J_n = -J_x \sin\alpha + J_z \cos\alpha .$$

Für J_x und J_z hat man:

$$J_x = \varrho(\cos\alpha \, U_\infty) V_x, \quad J_z = \varrho(\sin\alpha \, U_\infty) V_z,$$

wobei V_x und V_z die mitbewegten Flüssigkeitsvolumina bei Bewegung des Körpers in x- bzw. z-Richtung sind. Ihre genauen Werte können nur aus der vollständigen Berechnung der Potentialströmung für den vorgelegten Körper ermittelt werden. Setzt man für J_n die zuletzt angegebenen Beziehungen in Gl. (9.30) ein, so erhält man

$$M_R = \frac{\varrho}{2} U_\infty^2 (V_z - V_x) \sin 2\alpha . \tag{9.31}$$

Es ist zweckmäßig, die Volumina der mitbewegten Flüssigkeitsmassen zum Körpervolumen V_R ins Verhältnis zu setzen durch

$$V_x = k_x V_R \quad \text{und} \quad V_z = k_z V_R .$$

Somit wird schließlich aus Gl. (9.31) mit dem Staudruck $q_\infty = (\varrho/2) U_\infty^2$ und für kleine Anstellwinkel α:

$$M_R = 2 k q_\infty V_R \alpha . \tag{9.32}$$

Dabei ist noch

$$k = k_z - k_x \tag{9.33}$$

eingeführt worden.

Die Werte von k bestimmt M. Munk für Rotationsellipsoide aus exakten Lösungen von H. Lamb [24]. Für dreiachsige Ellipsoide sind die Werte von k von A. F. Zahm [51] angegeben und von F. Vandrey [46] dargestellt worden. In

Abb. 9.13 sind für dreiachsige Ellipsoide, deren Volumen $V_R = (4/3)\,\pi abc$ ist, die Beiwerte k in Abhängigkeit von den beiden Achsenverhältnissen c/a und b/c angegeben. Man entnimmt aus Abb. 9.13, daß für schlanke Rotationsellipsoide ($b = c$ und $c/a < 0{,}2$) der Beiwert k nur wenig von Eins verschieden ist. Damit

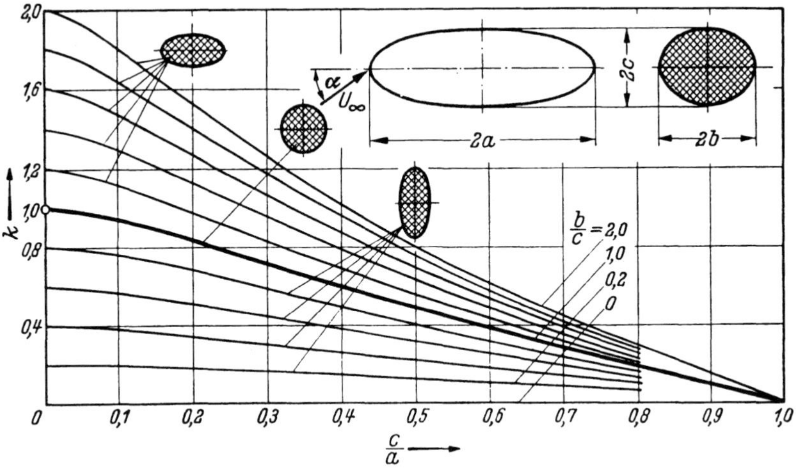

Abb. 9.13. Beiwert k zur Berechnung des Momentes eines angestellten dreiachsigen Ellipsoides nach Gl. (9.32), nach [46].

ergibt sich für das Moment von schlanken Rotationskörpern aus Gl. (9.32) die einfache Näherungsformel:

$$M_R = 2 q_\infty V_R \alpha\,. \tag{9.34}$$

Es ist bemerkenswert, daß das instabile Luftkraftmoment von angestellten schlanken rotationssymmetrischen Rumpfkörpern proportional ist zum Anstellwinkel α und zum Rumpfvolumen V_R nach Gl. (9.1).

9.233 Druckverteilung nach der Methode der Dipolbelegung. Das Strömungsfeld eines *angestellten Rotationskörpers* kann nach der Singularitätenmethode berechnet werden. Dabei wird im einfachsten Fall auf der Achse des Körpers eine räumliche Dipolbelegung nach Abb. 9.14 angeordnet.[1] Die Achsen der Dipole sind parallel zur z-Achse. Sei $m(x)$ die Dipolstärke, so ist das Potential der Dipolverteilung:

$$\Phi(x, r, \vartheta) = \frac{r\cos\vartheta}{4\pi}\int\limits_0^{l_R}\frac{m(x')\,dx'}{\sqrt{(x-x')^2+r^2}^{\,3}}\,. \tag{9.35}$$

Man vergleiche hierzu die Ausführungen über die Strömungen um die Kugel in Kap. 2.35.11. Für schlanke Rotationskörper werden die Werte

[1] Für unsymmetrische Anströmung hat sich auch das Verfahren der Quellbelegung auf der Oberfläche mit nicht rotationssymmetrischer Verteilung bewährt, vgl. [25].

des Potentials nur für kleine Abstände r von der Achse benötigt. Die Entwicklung von $\Phi(x, r, \vartheta)$ für kleine r liefert:

$$\Phi(x, r \to 0, \vartheta) = \frac{\cos\vartheta}{2\pi} \frac{m(x)}{r}. \tag{9.36}$$[1]

Aus Gl. (9.36) ergeben sich die Geschwindigkeitskomponenten in axialer, radialer und Umfangsrichtung für kleine r zu:

$$u = \frac{\partial \Phi}{\partial x} = \frac{1}{2\pi} \frac{\cos\vartheta}{r} \frac{dm(x)}{dx}, \tag{9.37a}$$

$$w_r = \frac{\partial \Phi}{\partial r} = -\frac{1}{2\pi} \frac{\cos\vartheta}{r^2} m(x), \tag{9.37b}$$

$$w_\vartheta = \frac{1}{r} \frac{\partial \Phi}{\partial \vartheta} = -\frac{1}{2\pi} \frac{\sin\vartheta}{r^2} m(x). \tag{9.37c}$$

Die Dipolstärke ist aus der kinematischen Strömungsbedingung zu bestimmen, welche erfordert, daß auf der Rumpfoberfläche die resultierende Normalgeschwindigkeit verschwindet. Legen wir hierbei in Verallgemeinerung von Abb. 9.14 sogleich einen Rumpf mit gewölbter

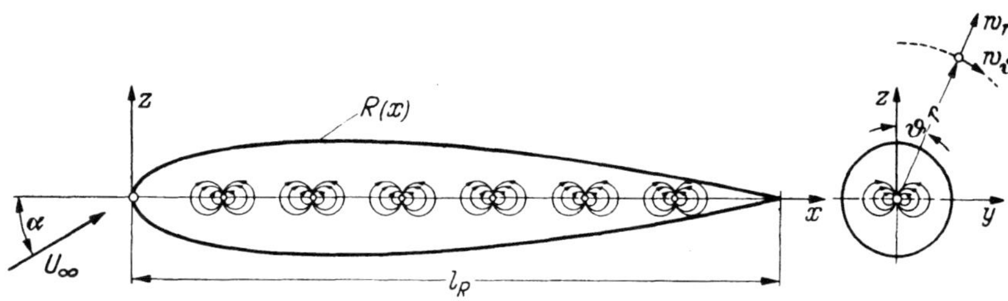

Abb. 9.14. Erläuterungsskizze zur Theorie eines rotationssymmetrischen Rumpfes bei unsymmetrischer Anströmung.

Skelettlinie nach Abb. 9.15 zugrunde, so lautet die kinematische Strömungsbedingung[2]:

$$\alpha(x)\, U_\infty \cos\vartheta + w_r(x) = 0 \quad \text{für} \quad r = R. \tag{9.38}$$

[1] Es möge hier angemerkt werden, daß dieser Ausdruck für das Potential des sehr langen Rotationskörpers identisch ist mit dem Potential der Dipolbelegung des Kreiszylinders, was anschaulich ohne weiteres einleuchtet. Man vgl. hierzu Gl. (2.111).

[2] Dabei darf die Dipolverteilung auf der Rumpfachse verbleiben wie bei der der ebenen Skelett-Theorie, vgl. Kap. 6.32.

Hierin bedeutet $\alpha(x)$ den örtlichen Anstellwinkel der Skelettlinie gegen die Anströmrichtung von U_∞. Dieser ist

$$\alpha(x) = \alpha - \frac{dz_R(x)}{dx}, \tag{9.39}$$

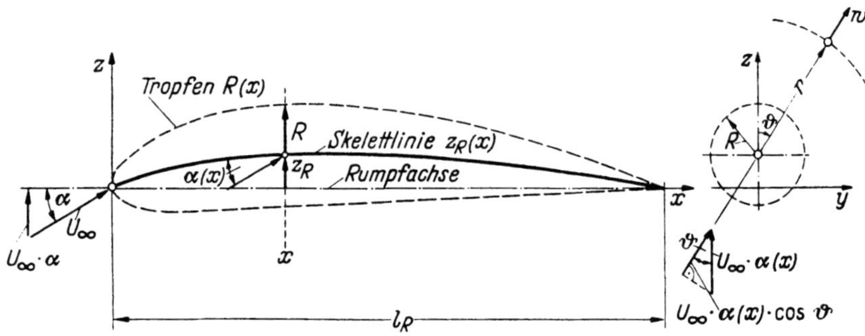

Abb. 9.15. Erläuterungsskizze zur Theorie des gewölbten, angestellten Rumpfes.

wobei α der Anstellwinkel der Rumpfachse und $z_R(x)$ die Skelettlinie des Rumpfes ist. Führt man w_r nach Gl. (9.37b) in Gl. (9.38) ein, so erhält man für die Dipolverteilung:

$$m(x) = 2\pi U_\infty \alpha(x) R^2(x) = 2 U_\infty \alpha(x) F_R(x). \tag{9.40}$$

Dabei bedeutet $F_R(x)$ die Querschnittsfläche des Rumpfes. Führt man Gl. (9.40) in (9.37a) ein, so ergibt sich für die axiale Geschwindigkeitskomponente auf der Rumpfoberfläche:

$$\frac{u(x, \vartheta)}{U_\infty} = \frac{\cos\vartheta}{R(x)} \frac{d}{dx} [\alpha(x) R^2(x)]. \tag{9.41}$$

Druckverteilung. Die durch die Anstellung des Rumpfes verursachte Druckverteilung auf der Rumpfoberfläche ergibt sich nach Gl. (9.15) in erster Näherung zu $c_p(x, \vartheta) = -2u(x, \vartheta)/U_\infty$. Nach Einsetzen von Gl. (9.41) erhält man:

$$c_p(x, \vartheta) = -2 \frac{\cos\vartheta}{R(x)} \frac{d}{dx} [\alpha(x) R^2(x)]. \tag{9.42}$$

Für längs der Rumpfachse *konstanten Anstellwinkel* vereinfacht sich dies zu:

$$c_p = -4\alpha \cos\vartheta \frac{dR(x)}{dx}. \tag{9.43}$$

Als Beispiel sind in Abb. 9.16 die Druckverteilungen angestellter *Rotationsellipsoide* vom Dickenverhältnis $\delta_R = d_{R\max}/l_R = 0{,}1$ und $0{,}2$

dargestellt. Es ergibt sich für die Druckverteilung durch Einführen von Gl. (9.19) in Gl. (9.43) die Beziehung:

$$c_p = -2\alpha\cos\vartheta\,\frac{1-2X}{\sqrt{X(1-X)}}\,\delta_R. \tag{9.43a}$$

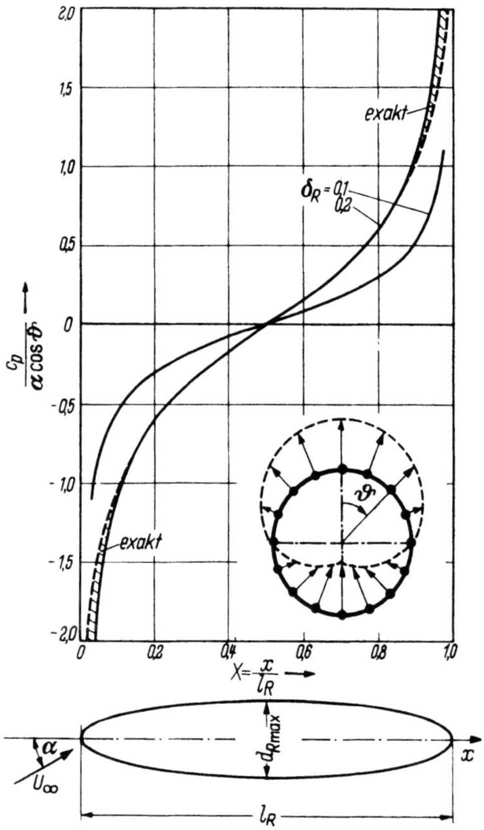

Abb. 9.16. Druckverteilung infolge unsymmetrischer Anströmung an Rotationsellipsoiden vom Dickenverhältnis $\delta_R = 0{,}1$ und $0{,}2$ nach Gl. (9.43a). Exakte Lösung nach Gl. (9.53).

Auftriebsverteilung. Aus der Druckverteilung erhält man durch Integration die Auftriebsverteilung. Ein Rumpfstück der Länge dx hat die Auftriebskraft dA_R, und es gilt:

$$dA_R = -q_\infty\, R(x)\, dx \int_0^{2\pi} c_p \cos\vartheta\, d\vartheta. \tag{9.44}$$

Unter Beachtung von Gl. (9.42) ergibt sich nach Ausführung der Integration über ϑ für die Auftriebsverteilung:

$$\frac{dA_R}{dx} = 2\pi q_\infty \frac{d}{dx}\left[\alpha(x)\, R^2(x)\right]. \tag{9.45}$$

Für *konstanten Anstellwinkel* ist:

$$\frac{dA_R}{dx} = 2\pi\, q_\infty\, \alpha\, \frac{d(R^2)}{dx}. \tag{9.46}$$

Diese Beziehung wurde von H. MULTHOPP [31] auch aus einer Impulsbetrachtung hergeleitet.

Aus Gl. (9.46) erkennt man sofort, daß die gesamte Auftriebskraft verschwindet, denn es gilt

$$A_R = \int_0^{l_R} \frac{dA_R}{dx}\, dx = 2\pi\, q_\infty\, \alpha \left[R^2(x)\right]_0^{l_R} = 0, \tag{9.46a}$$

wenn am Bug und am Heck des Rumpfes $R(x) = 0$ ist.

Nickmoment. Für das Nickmoment des Rumpfes bei *konstantem Anstellwinkel* erhält man aus Gl. (9.46):

$$M_R = -\int_0^{l_R} \frac{dA_R}{dx}\, x\, dx = 2\pi q_\infty \alpha \int_0^{l_R} R^2(x)\, dx. \tag{9.47}$$

Unter Beachtung von Gl. (9.1) wird das Moment:

$$M_R = 2 q_\infty V_R \alpha, \tag{9.48}$$

wobei V_R das Volumen des Rumpfes ist. Hiermit ist die Munksche Näherungsformel für das Moment schlanker Rotationskörper, Gl. (9.34),

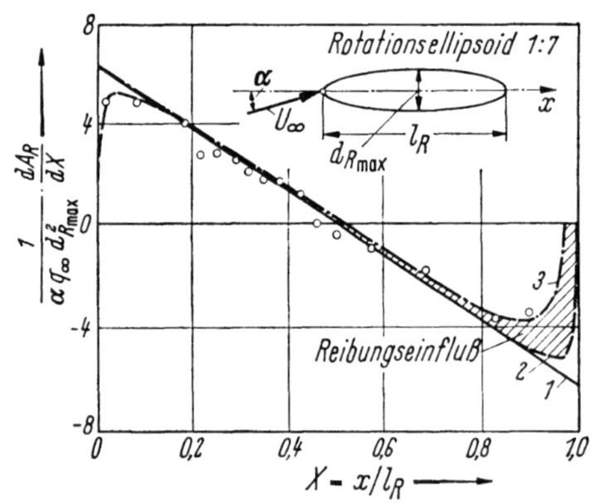

Abb. 9.17. Auftriebsverteilung eines Rotationsellipsoides vom Dickenverhältnis $\delta_R = 1/7$.
1 Näherungstheorie nach Gl. (9.49); *2* Exakte Theorie (reibungslos); *3* Theorie mit Reibung nach [13]; Messungen aus [13].

auch aus der Singularitätenmethode erhalten worden. Wegen $A_R = 0$ ist das Rumpfmoment von der Lage des Bezugspunktes unabhängig. Es ist also ein sogenanntes „freies Moment".

Als Beispiel ist in Abb. 9.17 die aus [13] entnommene Auftriebsverteilung eines angestellten *Rotationsellipsoides* vom Dickenverhältnis

$\delta_R = \frac{1}{7}$ nach Theorie und Messung angegeben. Die theoretische Auftriebsverteilung ergibt sich aus Gl. (9.46) mit (9.19) zu:

$$\frac{dA_R}{dX} = 2\pi q_\infty \alpha d_{R\max}^2 (1 - 2X). \tag{9.49}$$

Die hiernach berechnete Näherung ist in Abb. 9.17 als ausgezogene Gerade *1* eingetragen. Die Messungen stimmen im vorderen Teil des Rumpfes mit der Theorie gut überein, während sich im hinteren Teil einige Abweichungen ergeben. Man vergleiche hierzu Kap. 9.235.

Rümpfe mit nichtkreisförmigem Querschnitt: Die vorstehenden Betrachtungen gelten für Rotationskörper. Um auch für Körper mit nichtkreisförmigen Querschnitten bei konstantem Anstellwinkel das Moment zu erhalten, kann man sich überlegen, daß im wesentlichen nur die Rumpfbreitenverteilung $b_R(x)$ für das durch die Anstellung hervorgerufene Moment maßgebend ist. Man kann deshalb Gl. (9.47) auch für Rümpfe mit nichtkreisförmigem Querschnitt übernehmen, wenn man $b_R/2$ an Stelle von R setzt und überdies einen Korrekturfaktor k^* einführt, also setzt:

$$M_R = 2k^* q_\infty V_R^* \alpha. \tag{9.50}$$

Dabei ist V_R^* das Volumen des Rotationskörpers, welcher die Rumpfbreite als Durchmesser hat, also

$$V_R^* = \frac{\pi}{4} \int_0^{l_R} b_R^2(x)\, dx. \tag{9.51}$$

Der Korrekturfaktor kann durch Vergleich von Gl. (9.50) mit der exakten Gleichung (9.32) für dreiachsige Ellipsoide erhalten werden. Wegen $V_R^* = (b/c) V_R$ ergibt sich $k^* = kc/b$, wobei k in Abb. 9.13 angegeben ist. Die hiernach berechneten Werte von k^* sind in Abb. 9.18 in Abhängigkeit vom Rumpfbreitenverhältnis $\delta_R^* = b_{R\max}/l_R$ und vom Rumpfquerschnittsverhältnis $\lambda_R = h_{R\max}/b_{R\max}$ dargestellt, vgl. Abb. 9.1. Hieraus ergibt sich, daß für schlanke Rümpfe für alle gebräuchlichen Rumpfquerschnittsverhältnisse λ_R der Faktor k^* nahezu gleich Eins ist. Die vorstehende Betrachtung hat also gezeigt, daß bei der Berechnung des Momentes für schlanke Rümpfe von nichtkreisförmigem Querschnitt mit guter Näherung in Gl. (9.47) der Radius R durch die halbe Rumpfbreite $b_R/2$ ersetzt werden kann.

Um auch für den Rumpf mit *veränderlichem Anstellwinkel* $\alpha(x)$ das Moment zu erhalten, setzen wir in Gl. (9.45) an Stelle von R die halbe Breite $b_R/2$ ein. Damit ergibt sich durch Integration über die Rumpflänge für das Nickmoment nach Gl. (9.47):

$$M_R = \frac{\pi}{2} q_\infty \int_0^{l_R} \alpha(x)\, b_R^2(x)\, dx. \tag{9.52}$$

Diese Gleichung findet Anwendung für den Rumpf mit gekrümmter Skelettlinie nach Gl. (9.39) sowie für den Rumpf in gekrümmter Strö-

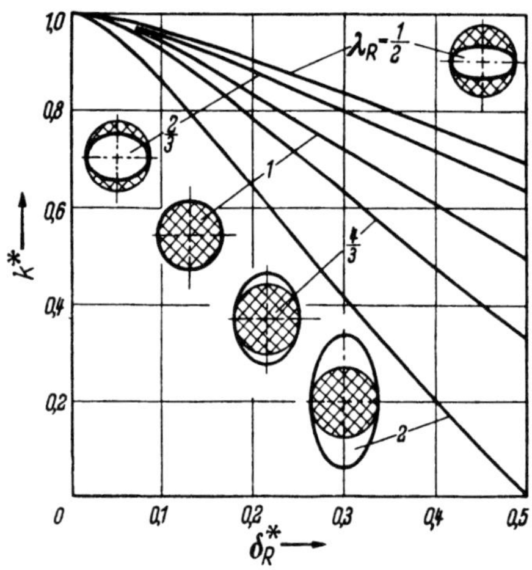

Abb. 9.18. Beiwert k^* zur Berechnung des Momentes eines angestellten Rumpfes mit nichtkreisförmigem Querschnitt, nach Gl. (9.50).

mung, wie er bei Drehbewegungen um die Querachse, vgl. Gl. (7.190), vorliegt. Weiterhin ist diese Beziehung von Bedeutung für die Berechnung des Rumpfmomentes, wenn der Rumpf mit einem Flügel kombiniert wird (vgl. Kap. X).

Die vorstehenden Betrachtungen über die Auftriebsverteilung und das Moment liefern für den schiebenden Rumpf sinngemäß auch die Seitenkraftverteilung und das Schiebegiermoment.

9.234 Exakte Lösungen. Es mögen jetzt noch einige Angaben über exakte Lösungen für angestellte Rotationsellipsoide gemacht werden. Nach K. Maruhn [28] gilt für die Druckverteilung des angestellten Rotationsellipsoides bei kleinem Anstellwinkel α:

$$c_p = (c_p)_{\alpha=0} + 2AC\frac{b}{a}\,\frac{\frac{x}{a}\sqrt{1-\left(\frac{x}{a}\right)^2}\cos\vartheta}{1-\left[1-\left(\frac{b}{a}\right)^2\right]\left(\frac{x}{a}\right)^2}\,\alpha. \tag{9.53}$$

Hierin bedeutet $b/a = \delta_R$ das Rumpfdickenverhältnis. Für die Größe C gilt:

$$C = \frac{4}{2 + \alpha_0}$$

mit α_0 nach Gl. (9.27b). Mit A nach Gl. (9.27a) ist:

$$A\,C = \frac{8}{4 - \alpha_0^2} \approx 2.$$

In Abb. 9.16 ist die vom Anstellwinkel abhängige Druckverteilung nach dieser exakten Lösung für $\delta_R = 0{,}2$ dargestellt. In der Nähe von Bug und Heck gibt die exakte Lösung etwas kleinere Werte für den Druckbeiwert als die Näherungslösung von Kap. 9.233. Dies ist gleichbedeutend damit, daß der Korrekturfaktor k^* für das Moment in Gl. (9.50) etwas kleiner als Eins ist. Auch in Abb. 9.17 ist die exakte Lösung für die Auftriebsverteilung mit eingetragen, (Kurve *2*). In der Nähe von Bug und Heck ist die exakte Lösung von der Näherungslösung etwas verschieden. In der Nähe der Nase stimmen die Messungen mit der exakten Lösung sehr gut überein, während in der Nähe des Hecks größere Abweichungen verbleiben. Diese sind auf den Einfluß der Reibung zurückzuführen, der im nächsten Abschnitt behandelt wird.

Die Werte für das Moment nach der exakten Lösung wurden bereits in Kap. 9.232 angegeben. Nach Gl. (9.50) ergibt sich für den theoretischen Momentenbeiwert $c_{MR} = M_R/q_\infty V_R^*$:

$$c_{MR} = 2\,k^*\,\alpha. \tag{9.54}$$

In Abb. 9.3 ist dieser theoretische Wert mit $k^* = 0{,}95$ mit einer Messung verglichen. Der Momentenanstieg $dc_{MR}/d\alpha$ ist nach der Theorie beträchtlich größer als nach der Messung. Dieser Unterschied ist auf den Einfluß der Reibung zurückzuführen. Daß der Auftrieb nach der Messung von Null verschieden ist, wie Abb. 9.3 zeigt, rührt ebenfalls von der Reibung her.

9.235 Einfluß der Reibung. Bei dem angestellten Rumpf nach Abb. 9.11 wirkt sich der Einfluß der Reibung qualitativ so aus, daß wegen der Abdrängung der Außenströmung durch die Grenzschicht am Heck die Drücke abgebaut werden. Infolgedessen ist der negative Auftrieb des Heckteiles etwas kleiner als der positive Auftrieb des Bugteiles. Im ganzen ergibt sich somit durch den Reibungseinfluß ein positiver Auftrieb, den man auch als *Reibungsauftrieb* bezeichnet. Dieser Sachverhalt ist auch aus Abb. 9.17 für die Auftriebsverteilung zu ersehen. Der Reibungsauftrieb bewirkt eine Änderung des Momentes, und zwar, bezogen auf die Querachse durch die Rumpfmitte, ein zusätzliches kopflastiges Moment.

Einen Weg zur näherungsweisen Berechnung dieses Reibungseinflusses mit Hilfe der Grenzschichttheorie hat X. HAFER [13] angegeben. Man ermittelt den Verlauf der Grenzschichtverdrängungsdicke δ_1 längs der Rumpfoberfläche bei axialer Anströmung. Dabei ergibt sich in der Nähe des Hecks ein ziemlich starkes Anwachsen der Grenzschichtdicke, wie es in Abb. 9.19 angegeben ist. Dies wirkt sich auf die Druckverteilung so

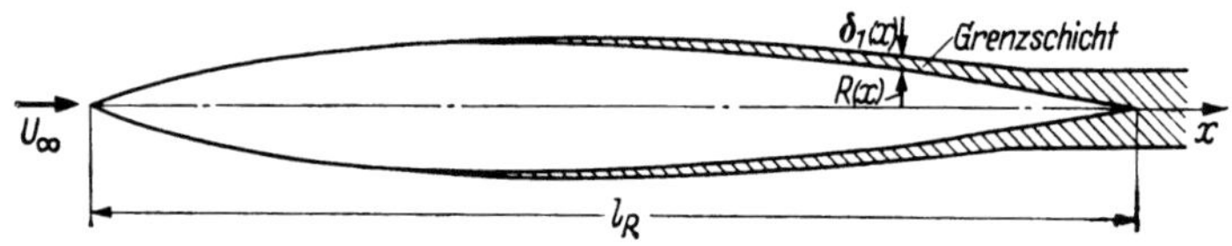

Abb. 9.19. Erläuterungsskizze zum Reibungseinfluß auf die Umströmung von Rumpfkörpern. $\delta_1(x)$ = Verdrängungsdicke der Grenzschicht.

aus, daß in Gl. (9.42) an Stelle des örtlichen Rumpfradius $R(x)$ der um die Verdrängungsdicke $\delta_1(x)$ vergrößerte Radius $[R(x) + \delta_1(x)]$ zu setzen ist. Aus dieser reibungskorrigierten Druckverteilung ermittelt man durch Integration über den Umfang die Auftriebsverteilung. In Abb. 9.17 ist die so nach [13] berechnete Auftriebsverteilung mit ein-

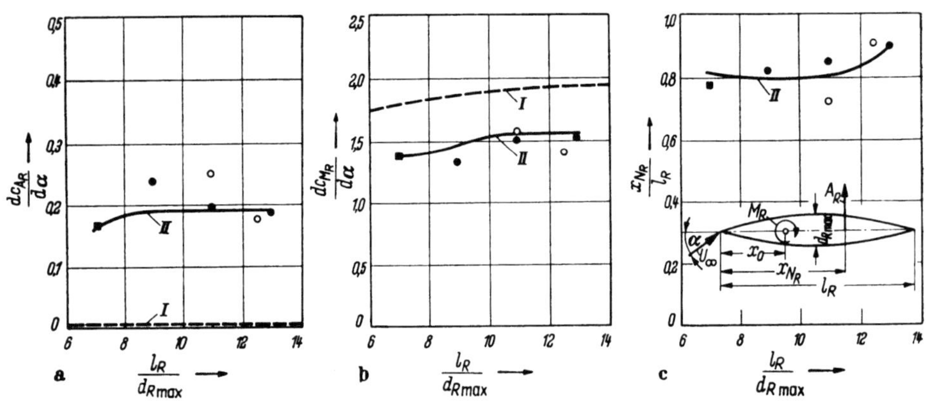

Abb. 9.20. Reibungseinfluß auf die aerodynamischen Beiwerte von angestellten rotationssymmetrischen Rümpfen. Die Lage des Momentenbezugspunktes x_0 ist für alle Rümpfe verschieden: $0{,}25 l_R < x_0 < 0{,}5 l_R$.
I Theorie *ohne* Reibung; *II* Theorie *mit* Reibung nach [13]; Messung nach [43].
a) Auftriebsanstieg, $c_{AR} = A_R/q_\infty V_R^{2/3}$; b) Momentenanstieg, $c_{MR} = M_R/q_\infty V_R$; c) Neutralpunktlage x_{NR}.

getragen. Durch die Reibungskorrektur wird besonders in der Nähe des Hecks eine bessere Übereinstimmung mit der Messung erzielt.

Aus der Auftriebsverteilung erhält man durch weitere Integrationen den Auftrieb, das Nickmoment sowie die Neutralpunktlage. In Abb. 9.20 ist für mehrere rotationssymmetrische Rümpfe, die in [43] vermessen wurden, der Auftriebsanstieg $dc_{AR}/d\alpha$, der Momentenanstieg $dc_{MR}/d\alpha$

und die Neutralpunktlage x_{NR}/l_R über dem reziproken Rumpfdickenverhältnis $l_R/d_{R\max}$ aufgetragen. Die Kurven *I* gelten für die Theorie ohne Reibung, die Kurven *II* für die Theorie mit Reibung nach X. HAFER [13]. Die Theorie mit Berücksichtigung der Reibung stimmt recht gut mit den Messungen überein.

9.3 Grundlagen der Rumpftheorie bei kompressibler Strömung

9.31 Geschwindigkeitspotential

In diesem Abschnitt soll das Problem der dreidimensionalen kompressiblen Strömung um rotationssymmetrische Rumpfkörper behandelt werden. Man vergleiche hierzu die entsprechenden Ausführungen für den Tragflügel endlicher Spannweite in Kap. 8.2.

Für die dreidimensionale kompressible stationäre Strömung mit den Geschwindigkeitskomponenten U, W_r und W_ϑ im Zylinderkoordinatensystem x, r, ϑ nach Abb. 9.1d lautet die Kontinuitätsgleichung:

$$\frac{\partial(\varrho U)}{\partial x} + \frac{1}{r}\frac{\partial(\varrho r W_r)}{\partial r} + \frac{1}{r}\frac{\partial(\varrho W_\vartheta)}{\partial \vartheta} = 0. \qquad (9.55)$$

Für das Geschwindigkeitsfeld kann ein Potential $\Phi(x, r, \vartheta)$ eingeführt werden durch die Gleichungen:

$$U = \frac{\partial \Phi}{\partial x}, \quad W_r = \frac{\partial \Phi}{\partial r}, \quad W_\vartheta = \frac{1}{r}\frac{\partial \Phi}{\partial \vartheta}. \qquad (9.55\,\text{a})$$

Für das Geschwindigkeitspotential gilt in Zylinderkoordinaten (vgl. [37]):

$$\left(1 - \frac{U^2}{a^2}\right)\frac{\partial^2 \Phi}{\partial x^2} + \left(1 - \frac{W_r^2}{a^2}\right)\frac{\partial^2 \Phi}{\partial r^2} + \left(1 - \frac{W_\vartheta^2}{a^2}\right)\frac{1}{r^2}\frac{\partial^2 \Phi}{\partial \vartheta^2} - 2\frac{U W_r}{a^2}\frac{\partial^2 \Phi}{\partial x\,\partial r}$$
$$- 2\frac{U W_\vartheta}{a^2}\frac{1}{r}\frac{\partial^2 \Phi}{\partial x\,\partial \vartheta} - 2\frac{W_r W_\vartheta}{a^2}\frac{1}{r}\frac{\partial^2 \Phi}{\partial r\,\partial \vartheta} + \left(1 + \frac{W_\vartheta^2}{a^2}\right)\frac{1}{r}\frac{\partial \Phi}{\partial r} = 0. \qquad (9.56)$$

Für das Umströmungsproblem eines Körpers, welcher sich in einer Parallelströmung mit der konstanten Geschwindigkeit U_∞ befindet, gilt die folgende Beziehung zwischen der örtlichen Schallgeschwindigkeit a und der Schallgeschwindigkeit a_∞ der ungestörten Strömung, vgl. Gl. (8.33):

$$\left(\frac{a}{a_\infty}\right)^2 = 1 - \frac{\varkappa - 1}{2} Ma_\infty^2 \left(\frac{U^2 + W_r^2 + W_\vartheta^2}{U_\infty^2} - 1\right) \qquad (9.57)$$

mit

$$Ma_\infty = \frac{U_\infty}{a_\infty}. \qquad (9.58)$$

Linearisierung. Für schlanke Rümpfe, die unter einem kleinen Winkel zur Rumpfachse angeströmt werden, ist die örtliche Geschwindigkeit nach Größe und Richtung nur wenig von der Anströmungsgeschwindigkeit U_∞ verschieden. Deshalb ist es zweckmäßig, in diesem Fall die Gesamtströmung in eine Grundströmung und eine überlagerte Störungsbewegung aufzuteilen:

$$U = U_\infty + u, \quad W_r = w_r, \quad W_\vartheta = w_\vartheta,$$

wo bei u, w_r, w_ϑ die Störungsgeschwindigkeiten sind. Dabei gilt:

$$u \ll U_\infty, \quad w_r \ll U_\infty, \quad w_\vartheta \ll U_\infty.$$

Unter Beibehaltung nur der größten Glieder (Linearisierung) erhält man aus Gl. (9.56):

$$(1 - Ma^2)\frac{\partial^2 \Phi}{\partial x^2} + \frac{\partial^2 \Phi}{\partial r^2} + \frac{1}{r}\frac{\partial \Phi}{\partial r} + \frac{1}{r^2}\frac{\partial^2 \Phi}{\partial \vartheta^2} = 0. \qquad (9.59)$$

Dabei bedeutet $Ma = U/a$ die örtliche Mach-Zahl. In Gl. (9.59) kann jetzt $\Phi(x, r, \vartheta)$ auch als das *Potential der Störungsbewegung* aufgefaßt werden. Mithin gilt:

$$u = \frac{\partial \Phi}{\partial x}, \quad w_r = \frac{\partial \Phi}{\partial r}, \quad w_\vartheta = \frac{1}{r}\frac{\partial \Phi}{\partial \vartheta}. \qquad (9.60)$$

Für reine Unterschall- und reine Überschallströmungen kann in Gl. (9.59) die örtliche Mach-Zahl Ma näherungsweise durch die Mach-Zahl Ma_∞ nach Gl. (9.58) ersetzt werden. Für die transsonische Strömung ($Ma \approx 1$) erfordert jedoch das erste Glied in Gl. (9.59) besondere Aufmerksamkeit; man vergleiche hierzu die Ausführungen in Kap. 8.21. Drückt man die örtliche Mach-Zahl Ma nach Gl. (8.38a) durch die Mach-Zahl der Anströmung Ma_∞ aus, so erhält man aus Gl. (9.59) die folgende vereinfachte Potentialgleichung in Zylinderkoordinaten:

$$(1 - Ma_\infty^2)\frac{\partial^2 \Phi}{\partial x^2} + \frac{\partial^2 \Phi}{\partial r^2} + \frac{1}{r}\frac{\partial \Phi}{\partial r} + \frac{1}{r^2}\frac{\partial^2 \Phi}{\partial \vartheta^2} = \\ = \frac{2}{U_\infty}\left(1 + \frac{\varkappa - 1}{2} Ma_\infty^2\right) Ma_\infty^2 \frac{\partial \Phi}{\partial x}\frac{\partial^2 \Phi}{\partial x^2}. \qquad (9.61)$$

Diese Gleichung ist das Analogon zu Gl. (8.39); sie ist verwendbar für Unterschall-, Schall- und Überschallanströmung des Rumpfes.

Für *reine Unterschallströmung* und *reine Überschallströmung* erhält man in Analogie zu Gl. (8.40) die folgende lineare Differentialgleichung für das Potential Φ:

$$(1 - Ma_\infty^2)\frac{\partial^2\Phi}{\partial x^2} + \frac{\partial^2\Phi}{\partial r^2} + \frac{1}{r}\frac{\partial\Phi}{\partial r} + \frac{1}{r^2}\frac{\partial^2\Phi}{\partial\vartheta^2} = 0 \quad (Ma_\infty \lesseqgtr 1). \qquad (9.62)$$

Für *Schallanströmung* wird in Analogie zu Gl. (8.41):

$$-\frac{\varkappa + 1}{U_\infty}\frac{\partial\Phi}{\partial x}\frac{\partial^2\Phi}{\partial x^2} + \frac{\partial^2\Phi}{\partial r^2} + \frac{1}{r}\frac{\partial\Phi}{\partial r} + \frac{1}{r^2}\frac{\partial^2\Phi}{\partial\vartheta^2} = 0 \quad (Ma_\infty = 1). \qquad (9.63)$$

Im Gegensatz zu Gl. (9.62) ist diese Differentialgleichung für das Potential nichtlinear.

Die vorstehend hergeleiteten Potentialgleichungen (9.62) und (9.63) sollen im folgenden in analoger Weise wie beim Tragflügel endlicher Spannweite in Kap. 8.22 und 8.23 dazu verwendet werden, *Ähnlichkeitsregeln* für die Rumpftheorie bei Unterschall-, Überschall- und transsonischer Strömung herzuleiten, welche der Prandtl-Glauert-Ackeretschen Regel bzw. der v. Kármánschen Regel der Tragflügeltheorie entsprechen.

9.32 Ähnlichkeitsregeln für Unterschall- und Überschallanströmung

Die Ähnlichkeitsregeln für Unterschall- und Überschallanströmung erhält man aus einer Transformation der Potentialgleichung (9.62). Zu diesem Zweck ordnen wir der vorgelegten kompressiblen Strömung eine transformierte Strömung zu, deren Potentialgleichung die Mach-Zahl nicht mehr explizit enthält. Die Größen der transformierten Strömung sollen mit einem Strich versehen werden. Wir setzen in Analogie zu Gl. (8.42):

$$x' = x; \quad r' = c_1 r; \quad \vartheta' = \vartheta; \quad \Phi = c_2\Phi', \quad U'_\infty = U_\infty. \qquad (9.64)$$

Aus der mit diesen Ansätzen transformierten Potentialgleichung (9.62) fällt die Mach-Zahl Ma_∞ heraus, wenn

$$c_1 = \sqrt{|1 - Ma_\infty^2|} \qquad (9.65)$$

gesetzt wird. Hierbei bleibt der Faktor c_2 zunächst noch unbestimmt.

Dieser Faktor wird aus der kinematischen Strömungsbedingung (Stromlinienanalogie), Gl. (8.53), ermittelt. Dies ergibt:

$$c_2 = \frac{1}{|1 - Ma_\infty^2|}. \qquad (9.66)$$

Die transformierten Potentialgleichungen lauten in Analogie zu Gl. (8.46) und (8.47) für Unter- bzw. Überschallgeschwindigkeit:

$$\frac{\partial^2 \Phi'}{\partial x'^2} + \frac{\partial^2 \Phi'}{\partial r'^2} + \frac{1}{r'} \frac{\partial \Phi'}{\partial r'} + \frac{1}{r'^2} \frac{\partial^2 \Phi'}{\partial \vartheta'^2} = 0 \quad (Ma_\infty < 1), \tag{9.67}$$

$$\frac{\partial^2 \Phi'}{\partial x'^2} - \frac{\partial^2 \Phi'}{\partial r'^2} - \frac{1}{r'} \frac{\partial \Phi'}{\partial r'} - \frac{1}{r'^2} \frac{\partial^2 \Phi'}{\partial \vartheta'^2} = 0 \quad (Ma_\infty > 1). \tag{9.68}$$

Die transformierte Potentialgleichung für die Unterschallströmung ist identisch mit der Potentialgleichung der inkompressiblen Strömung ($Ma_\infty = 0$). Die transformierte Gleichung für die Überschallströmung ist identisch mit der linearen Potentialgleichung (9.62) für $Ma_\infty = \sqrt{2}$. Diese Transformation zeigt, daß man die Berechnung der Unterschallströmungen für beliebige Mach-Zahlen zurückführen kann auf die Berechnung der Strömung bei $Ma_\infty = 0$ und die Berechnung der Überschallströmung für beliebige Mach-Zahlen auf diejenige bei $Ma_\infty = \sqrt{2}$.

Dies ist die *Prandtl-Glauert-Ackeretsche Regel* für Rümpfe. Man kann sie entsprechend der Fassung I beim Tragflügel endlicher Spannweite (Kap. 8.22) folgendermaßen formulieren:

Aus dem vorgegebenen Rumpf und der vorgegebenen Mach-Zahl bildet man einen transformierten Rumpf dadurch, daß man seine Abmessungen in y- und z-Richtung und seinen Anstellwinkel mit dem Faktor $c_1 = \sqrt{|1 - Ma_\infty^2|}$ verzerrt, während seine Abmessungen in x-Richtung ungeändert bleiben. Für den so transformierten Rumpf ist, wenn die vorgegebene Mach-Zahl im Bereich der Unterschallgeschwindigkeit liegt, die inkompressible Strömung zu berechnen. Liegt die vorgegebene Mach-Zahl dagegen im Bereich der Überschallgeschwindigkeit, so ist für den transformierten Rumpf die kompressible Strömung für $Ma_\infty = \sqrt{2}$ zu berechnen.

Die Umrechnungsformeln für die geometrischen Größen des Rumpfes lauten:

Dickenverhältnis: $$\frac{d_R'}{l_R'} = \sqrt{|1 - Ma_\infty^2|}\, \frac{d_R}{l_R}, \tag{9.69a}$$

Wölbungsverhältnis: $$\frac{f_R'}{l_R'} = \sqrt{|1 - Ma_\infty^2|}\, \frac{f_R}{l_R}, \tag{9.69b}$$

Anstellwinkel: $$\alpha' = \sqrt{|1 - Ma_\infty^2|}\, \alpha. \tag{9.70}$$

Bei gleicher Anströmungsgeschwindigkeit für den vorgegebenen und den transformierten Rumpf besteht dann zwischen den Druckbeiwerten der Zusammenhang:

$$c_p = \frac{p - p_\infty}{q_\infty} = \frac{c'_p}{|1 - Ma_\infty^2|}. \qquad (9.71)^1$$

Die sich aus Gl. (9.69a) ergebende geometrische Transformation ist in Abb. 9.21 dargestellt, wobei das transformierte Dickenverhältnis

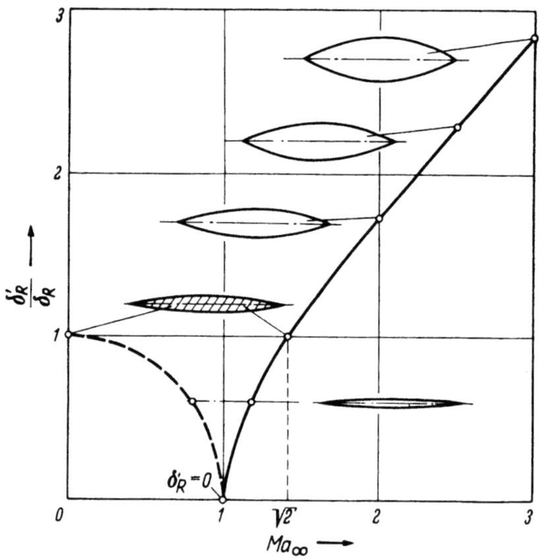

Abb. 9.21. Zur Anwendung der Prandtl-Glauert-Ackeretschen Regel auf Rumpfkörper. Dickenverhältnis δ'_R des transformierten Rumpfes in Abhängigkeit von der Machschen Zahl.

in Abhängigkeit von der Mach-Zahl angegeben ist. Der schraffierte Rumpf ist der vorgegebene Rumpf, dessen Umströmung für verschiedene Mach-Zahlen berechnet werden soll. Die nichtschraffierten Rümpfe stellen die transformierten Rümpfe dar, die zu den vorgegebenen Mach-Zahlen gehören. Dabei sind für $Ma_\infty < 1$ die transformierten Rümpfe bei inkompressibler Strömung und für $Ma_\infty > 1$ diejenigen bei $Ma_\infty = \sqrt{2}$ zu berechnen. Über die Anwendung dieser Regel wird in Kap. 9.4 und 9.5 berichtet werden.

9.33 Ähnlichkeitsregel für Schallanströmung

Da die vorstehend besprochenen Ähnlichkeitsregeln nur für reine Unterschall- und reine Überschallströmungen gelten, soll im folgenden für axial angeströmte Rumpfkörper auch noch eine Ähnlichkeitsregel

[1] Die Gültigkeit dieser Umrechnungsformel für die Druckverteilung geht über den Rahmen der ersten Näherung nach Gl. (9.15) hinaus, wie in [44] gezeigt wird. Sie gilt auch für die zweite Näherung nach Gl. (9.16).

für die transsonische Strömung ($Ma_\infty = 1$) angegeben werden. Dieses Ähnlichkeitsgesetz wurde zuerst von TH. VON KÁRMÁN [19] formuliert. Eine genauere Darstellung dieser Ähnlichkeitsregel wurde später von F. KEUNE und K. OSWATITSCH [21] gegeben. Im folgenden begnügen wir uns mit einer vereinfachten Herleitung:

Den Ausgangspunkt hierfür bildet die nichtlineare Potentialgleichung (9.63). Wir gehen von folgender Fragestellung aus: Vorgegeben ist ein rotationssymmetrischer Rumpfkörper bei $Ma_\infty = 1$. Gefragt ist, welche Druckverteilung ein affiner Vergleichsrumpf hat, der ebenfalls mit $Ma_\infty = 1$ angeströmt wird. In Analogie zu Gl. (8.60) wird die folgende Transformation eingeführt:

$$x' = x, \quad r' = c_3 r, \quad \Phi = c_4 \Phi', \quad U'_\infty = U_\infty . \tag{9.72}$$

Dabei beziehen sich die Größen ohne Strich auf den vorgegebenen Rumpf und diejenigen mit Strich auf den Vergleichsrumpf. Führt man Gl. (9.72) in Gl. (9.63) ein, so erhält man in Analogie zu Gl. (8.62):

$$c_3^2 = c_4. \tag{9.73}$$

Um eine weitere Beziehung zwischen den Konstanten c_3 und c_4 zu erhalten, wird für die radiale Geschwindigkeitskomponente w_r die Randbedingung Gl. (9.12) herangezogen. Es gilt somit:

$$\lim_{r \to 0} (r w_r) = U_\infty R \frac{dR}{dx}; \quad \lim_{r' \to 0} (r' w'_r) = U_\infty R' \frac{dR'}{dx'} . \tag{9.74}$$

Wegen der Affinität der beiden Rümpfe gilt

$$R' = \frac{\delta'_R}{\delta_R} R,$$

wobei δ_R und δ'_R die Rumpfdickenverhältnisse bedeuten. Mit $w_r = \partial\Phi/\partial r$ und $w'_r = \partial\Phi'/\partial r'$ folgt nach Einsetzen in Gl. (9.74):

$$c_4 = \left(\frac{\delta_R}{\delta'_R}\right)^2 . \tag{9.75}$$

Damit wird

$$c_3 = \frac{\delta_R}{\delta'_R} . \tag{9.76}$$

Es bleibt jetzt noch übrig, die Beziehung zwischen den Druckverteilungen c_p und c'_p der beiden Rümpfe zu ermitteln. Zunächst erhält man wegen $c_p = -2u/U_\infty = -(2/U_\infty)\, \partial\Phi/\partial x$:

$$c_p = c_4 c'_p = \left(\frac{\delta_R}{\delta'_R}\right)^2 c'_p . \tag{9.77}$$

Dies ist die bekannte v. Kármánsche Ähnlichkeitsregel für die Schallanströmung von Rotationskörpern.

Wie K. OSWATITSCH [21] zuerst gezeigt hat, ergibt sich jedoch noch eine Korrektur zu dieser Formel. Es gilt danach:

$$c_p = c_p' \left(\frac{\delta_R}{\delta_R'}\right)^2 + 2g(x)\,\delta_R^2 \ln \frac{\delta_R}{\delta_R'}. \tag{9.78}$$

Dabei ist $g(x)$ durch Gl. (9.18) gegeben.

9.4 Rumpf bei Unterschallgeschwindigkeit

9.41 Rechenverfahren

In Kap. 9.32 ist gezeigt worden, daß die Berechnung der Umströmung eines Rumpfes für Mach-Zahlen $Ma_\infty < 1$ auf die Ermittlung der inkompressiblen Strömung für einen entsprechend transformierten Rumpf zurückgeführt werden kann. Die Berechnung der inkompressiblen Rumpfströmung wurde in Kap. 9.2 ausführlich erörtert. Den Ausgangspunkt für unsere weiteren Betrachtungen bildet die Prandtl-Glauertsche Regel nach Kap. 9.32. Hier soll jetzt der dem vorgegebenen Rumpf bei vorgegebener Mach-Zahl zugeordnete Rumpf bei inkompressibler Strömung mit dem Index *ik* gekennzeichnet werden. Damit lauten die Umrechnungsformeln für die geometrischen Daten des Rumpfes nach den Gln. (9.64), (9.69) und (9.70):

Koordinaten: $$x_{ik} = x, \quad r_{ik} = r\sqrt{1 - Ma_\infty^2}, \quad \vartheta_{ik} = \vartheta, \tag{9.79}$$

Rumpfradius: $$R_{ik} = R\sqrt{1 - Ma_\infty^2}, \tag{9.80a}$$

Rumpflänge: $$l_{Rik} = l_R, \tag{9.80b}$$

Dickenverhältnis: $$\delta_{Rik} = \delta_R\sqrt{1 - Ma_\infty^2}, \tag{9.80c}$$

Anstellwinkel: $$\alpha_{ik} = \alpha\sqrt{1 - Ma_\infty^2}. \tag{9.80d}$$

Die Umrechnungsformel für den Druckbeiwert ist nach Gl. (9.71):

$$c_p = \frac{1}{1 - Ma_\infty^2}\,(c_p)_{ik}. \tag{9.81}$$

Im folgenden wird dieses Rechenverfahren auf axial und schräg angeströmte Rümpfe bei Unterschallgeschwindigkeit angewendet.

9.42 Rumpf bei axialer Anströmung

Druckverteilung. Für inkompressible Strömung läßt sich der Druckbeiwert nach Gl. (9.17) in der Form angeben:

$$(c_p)_{ik} = [f(x) + g(x) \ln \delta_{Rik}]\, \delta_{Rik}^2 .$$

Dabei sind die Funktionen $f(x)$ und $g(x)$ nicht vom Dickenverhältnis des Rumpfes abhängig, vgl. Kap. 9.221. Durch Einsetzen der Gln. (9.80c) und (9.81) in die vorstehende Gleichung erhält man:

$$c_p(x) = \left[f(x) + g(x) \ln\left(\delta_R \sqrt{1 - Ma_\infty^2}\right)\right] \delta_R^2 . \tag{9.82}$$

Dies läßt sich auch in folgender Form schreiben:

$$c_p = (c_p)_{Ma_\infty = 0} - \frac{1}{\pi} \frac{d^2 F_R}{dx^2} \ln \sqrt{1 - Ma_\infty^2} . \tag{9.83}$$

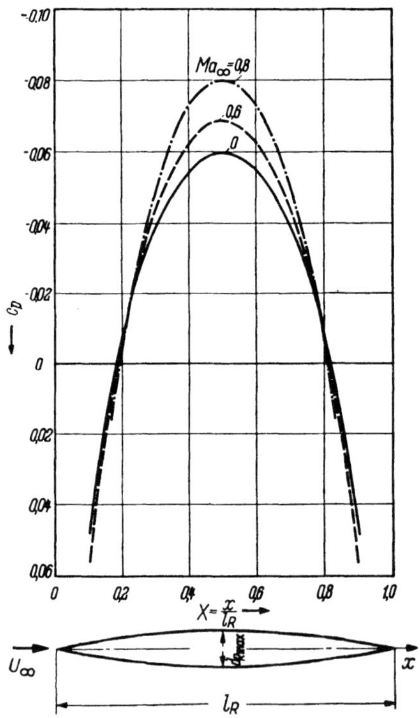

Abb. 9.22. Druckverteilung an einem Rotationsparaboloid vom Dickenverhältnis $\delta_R = 0{,}1$ bei axialer Anströmung für verschiedene Mach-Zahlen.

Dabei wurde berücksichtigt, daß nach Gl. (9.18) $g(x)\,\delta_R^2 = -\dfrac{1}{\pi}\dfrac{d^2 F_R}{dx^2}$ ist mit $F_R = \pi R^2$ als Rumpfquerschnitt. Aus Gl. (9.83) ist zu ersehen, daß der Kompressibilitätseinfluß auf die Druckverteilung durch ein additives

Glied gegeben wird, welches zur Druckverteilung bei inkompressibler Strömung hinzukommt und der zweiten Ableitung der Rumpfquerschnittsverteilung proportional ist. Da diese im allgemeinen negativ ist, stellt das Zusatzglied eine Erhöhung des Unterdruckes dar. Dies bestätigt die in Kap. 9.32 besprochene Ähnlichkeitsregel, nach der man die Berechnung der Unterschallströmung für eine beliebige Mach-Zahl zurückführen kann auf die Berechnung für $Ma_\infty = 0$.

In Abb. 9.22 sind für das *Rotationsparaboloid* mit dem Dickenverhältnis $\delta_R = 0{,}1$ die Druckverteilungen für verschiedene Mach-Zahlen dargestellt. Nur in der Umgebung der Rumpfmitte ergibt sich eine größere Änderung der Druckverteilung durch den Kompressibilitätseinfluß. Hierzu vgl. man F. KRAUSE [23].

Kritische Machsche Zahl. Die kritische Mach-Zahl der Anströmung Ma_∞^*, bei der am Körper örtlich die Schallgeschwindigkeit erreicht wird, erhält man nach Gl. (8.5) aus dem größten Unterdruck am Körper $c_{p\,\mathrm{min}}$ zu:

$$c_{p\,\mathrm{min}} = -\frac{2}{\varkappa + 1}\,\frac{1 - Ma_\infty^{*2}}{Ma_\infty^{*2}}. \tag{9.84}$$

In Abb. 9.23 ist die Ermittlung der kritischen Mach-Zahl für Rotationsparaboloide von verschiedenem Dickenverhältnis δ_R angegeben. Dabei

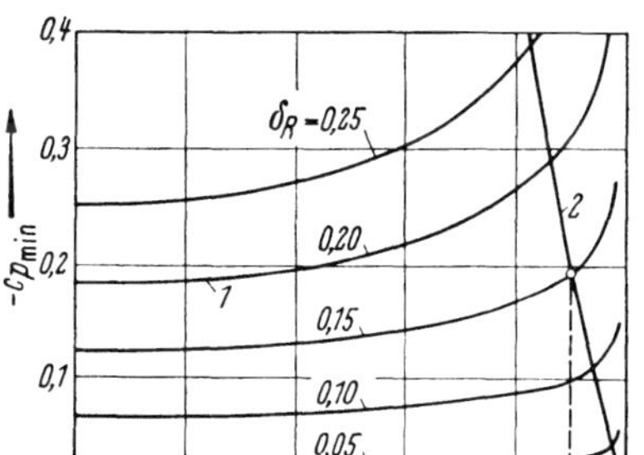

Abb. 9.23. Zur Ermittlung der kritischen Mach-Zahl Ma_∞^* von Rotationsparaboloiden von verschiedenem Dickenverhältnis δ_R bei axialer Anströmung.

Kurve *1* nach Gl. (9.83) und Abb. 9.6; Kurve *2* nach Gl. (9.84).

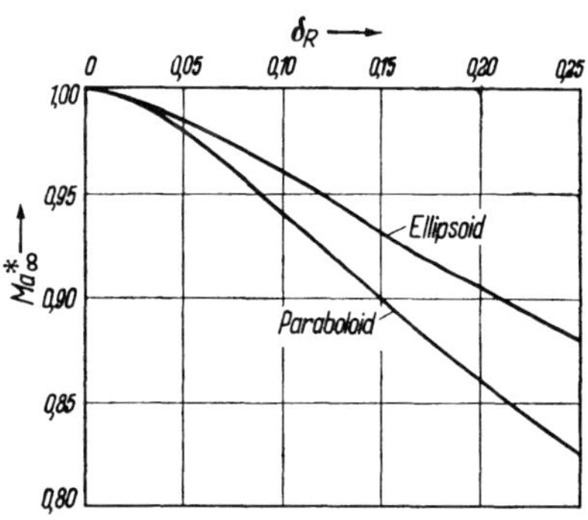

Abb. 9.24. Die kritische Mach-Zahl von Rotationsparaboloiden und Rotationsellipsoiden in Abhängigkeit vom Dickenverhältnis bei axialer Anströmung.

werden die Kurven $c_{p\,\mathrm{min}}$ über Ma_∞ der verschiedenen Rotationsparaboloide nach Gl. (9.83) mit der Kurve nach Gl. (9.84) zum Schnitt gebracht. Man vergleiche hierzu auch Abb. 8.2. Die hieraus ermittelte kritische Mach-Zahl ist in Abb. 9.24 in Abhängigkeit vom Dickenverhältnis des Rumpfes angegeben. Dabei sind auch die kritischen

Mach-Zahlen für Rotationsellipsoide mit angegeben. Für die Ellipsoide sind die kritischen Machschen Zahlen etwas größer als für die Paraboloide.

Der Vergleich dieser kritischen Mach-Zahlen der Rotationskörper mit denjenigen von Tragflügelprofilen in Abb. 8.3 zeigt, daß bei gleichem Dickenverhältnis ($\delta_R = \delta$) die kritische Mach-Zahl bei räumlicher Strömung erheblich größer ist als bei ebener Strömung.

Die kritische Mach-Zahl ist bedeutungsvoll für den Anstieg des Widerstandes bei hohen Unterschall-Machzahlen, man vergleiche Abb. 8.6 für Tragflügelprofile. Abschließend sind in Abb. 9.25 für einige verhältnismäßig dicke Rumpfkörper die Widerstandsbeiwerte bei axialer

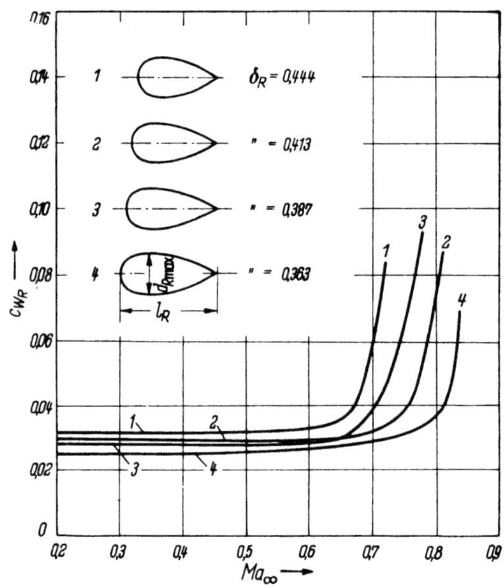

Abb. 9.25. Widerstandsbeiwerte von axial angeströmten Rotationskörpern in Abhängigkeit von der Machschen Zahl, nach Messungen in [11]; c_{W_R} bezogen auf Stirnfläche.

Anströmung in Abhängigkeit von der Mach-Zahl angegeben. Diese Messungen zeigen, daß für Rümpfe der Widerstandsanstieg bei größeren Mach-Zahlen liegt als für Tragflügelprofile gleicher Dicke, wie es nach der Theorie zu erwarten ist.

9.43 Rumpf bei unsymmetrischer Anströmung

Für inkompressible Strömung läßt sich die vom Anstellwinkel verursachte Druckverteilung nach Gl. (9.42) in der Form angeben:

$$(c_p)_{ik} = -2\,\frac{\cos\vartheta_{ik}}{R_{ik}}\,\frac{d}{dx_{ik}}\,[\alpha_{ik} R_{ik}^2]\,.$$

Durch Einsetzen der Gln. (9.79), (9.80) und (9.81) in diese Gleichung erhält man für die Druckverteilung bei kompressibler Strömung:

$$c_p(x, \vartheta) = -2 \frac{\cos\vartheta}{R(x)} \frac{d}{dx} [\alpha(x) R^2(x)]. \tag{9.85}$$

Durch Vergleich mit Gl. (9.42) stellt man fest, daß die durch den Anstellwinkel hervorgerufene Druckverteilung von der Mach-Zahl unabhängig ist. Hieraus folgt, daß die in Kap. 9.23 für die Auftriebsverteilung, den Auftrieb und das Moment bei inkompressibler Strömung angegebenen Beziehungen für kompressible Unterschallströmung unverändert Gültigkeit haben.[1]

9.5 Rumpf bei Überschallgeschwindigkeit

9.51 Grundlagen

Der wesentliche Unterschied zwischen der Unterschall- und der Überschallströmung wurde bereits in Kap. 3.12 und 3.36 erläutert. Weiterhin wurden die besonderen Fragen des Tragflügels endlicher Spannweite bei Überschallgeschwindigkeit in Kap. 8.4 besprochen. Im folgenden soll nun unter Bezugnahme auf die dort gemachten Ausführungen der Rumpf bei Überschallgeschwindigkeit behandelt werden. Der wesentliche physikalische Unterschied zwischen der Strömung mit Unterschall- und Überschallgeschwindigkeit besteht darin, daß bei der letzteren nach Abb. 8.36 ein vorgegebener Punkt nur den vom Nachkegel umschlossenen Raum beeinflussen kann, während er selbst nur aus dem Raum des Vorkegels her beeinflußt werden kann. Die Anwendung dieser Grundtatsache der Überschallströmung auf einen Rumpf ist in Abb. 9.26 erläutert. Der Strömungszustand in einem Punkt x, r kann nur beeinflußt werden von dem schraffierten Bereich, den der Vorkegel mit dem halben Öffnungswinkel μ aus dem Rumpfkörper herausschneidet. Dabei gilt nach Gl. (8.87):

$$\sin\mu = \frac{1}{Ma_\infty} \quad \text{und} \quad \tan\mu = \frac{1}{\sqrt{Ma_\infty^2 - 1}}. \tag{9.86}$$

Der zum Punkt (x, r) gehörige Vorkegel schneidet die Rumpfachse (x-Achse) im Punkt

$$x_0 = x - r\cot\mu = x - r\sqrt{Ma_\infty^2 - 1}. \tag{9.87}$$

[1] Dies gilt auch für Überschallströmung, wie in Kap. 9.53 gezeigt wird.

Im Hinblick auf die folgenden Betrachtungen bezeichnen wir die Strecke x_0 als die *Einflußstrecke*. In Abb. 9.26 ist auch noch der von der Rumpfnase ausgehende Machsche Kegel angegeben.

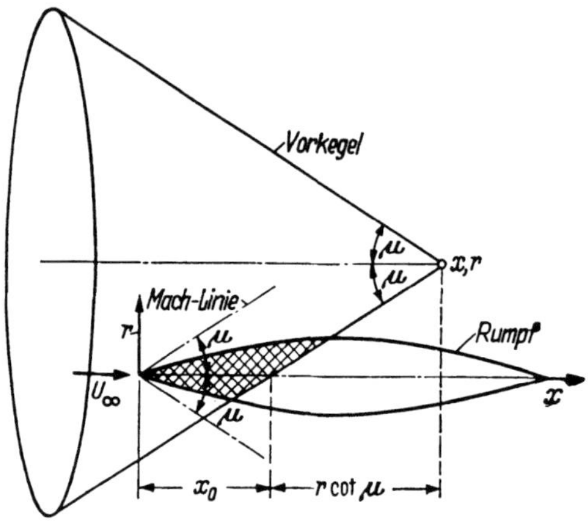

Abb. 9.26. Erläuterungsskizze zur Rumpftheorie bei Überschallgeschwindigkeit.

Die Überschallströmung um einen axial angeströmten Kreiskegel (Rumpfspitze) ist der einfachste Fall einer *kegelsymmetrischen Überschallströmung*, die bereits beim Tragflügel endlicher Spannweite besprochen wurde (Kap. 8.4).

Im folgenden soll der schlanke Rotationskörper bei axialer Anströmung und bei einem kleinen Anstellwinkel behandelt werden. Beide Fälle können näherungsweise nach der Singularitätenmethode (Quell-Senkenbelegung bzw. Dipolbelegung) berechnet werden, die für inkompressible Strömung bereits in Kap. 9.2 dargelegt wurde. Eine weitere Möglichkeit besteht in der Anwendung des Charakteristikenverfahrens, dessen Grundzüge in Kap. 3.55 für das ebene Problem angegeben wurden. Für einige einfache Körperformen (z. B. Kreiskegel) existieren auch exakte Lösungen. Ausführliche Darstellungen der Grundlagen findet man u. a. bei R. Sauer [37], K. Oswatitsch [34] sowie in dem von W. R. Sears herausgegebenen Werk über Hochgeschwindigkeits-Aerodynamik [41].

9.52 Rumpf bei axialer Anströmung

9.521 Druckverteilung. Der rotationssymmetrische Rumpf bei axialer Anströmung mit Überschallgeschwindigkeit läßt sich nach Th. v. Kármán und N. B. Moore [18] mit Hilfe einer Quell-Senkenbelegung auf der Rumpfachse in ähnlicher Weise behandeln, wie es in Kap. 9.22 für die inkompressible Strömung erläutert wurde. Die Übertragung der Quell-Senkenmethode von der inkompressiblen auf die Überschallströmung wurde in Kap. 8.415 für den Tragflügel ausführlich dargelegt und kann hier für den Rumpf entsprechend übernommen werden.

Für eine auf der x-Achse angeordnete linienförmige Verteilung von räumlichen Quellen $q(x)$ lautet das Potential $\Phi(x, r)$ der induzierten Strömung nach Gl. (9.7), vgl. auch Gl. (8.102):

$$\Phi(x, r) = -\frac{1}{2\pi}\int\limits_0^{x_0} \frac{q(x')\,dx'}{\sqrt{(x-x')^2 - (Ma_\infty^2 - 1)r^2}}. \tag{9.88}$$

Dabei bedeutet x_0 die Einflußstrecke nach Gl. (9.87). Die Geschwindigkeitskomponenten im ganzen Raum erhält man in bekannter Weise zu:

$$u = \frac{\partial \Phi}{\partial x}, \qquad w_r = \frac{\partial \Phi}{\partial r}. \tag{9.89}$$

Bei der Ausführung dieser Differentiationen ist zu beachten, daß im Gegensatz zu Gl. (9.7) in Gl. (9.88) die obere Grenze des Integrals noch von x und r abhängig ist, und daß bei $x = x_0$, das ist auf dem Mach-Kegel, der Nenner des Integranden verschwindet; man vergleiche hierzu die Bemerkung von Kap. 8.415.

Für die Bestimmung des Zusammenhanges zwischen der Quellverteilung $q(x)$ und der Rumpfkontur $R(x)$ kann man die gleichen Überlegungen durchführen wie bei inkompressibler Strömung. Dies führt nach Gl. (9.10) zu:

$$q(x) = \pi U_\infty \frac{d(R^2)}{dx} = U_\infty \frac{dF_R}{dx}, \tag{9.90}$$

wobei U_∞ die Anströmungsgeschwindigkeit und $F_R(x) = \pi R^2(x)$ den örtlichen Rumpfquerschnitt bedeutet.

Für die Ermittlung der Geschwindigkeitsverteilung auf der Rumpfoberfläche benötigt man die Werte der induzierten Geschwindigkeiten für kleine radiale Abstände r; man vergleiche hierzu die Gln. (9.11a) und (9.11b). Man erhält aus Gl. (9.88) und (9.89):

$$u(x, r \to 0) = \tag{9.91a}$$

$$= \frac{1}{2\pi}\lim_{\varepsilon\to 0}\left[\left(1 - \ln\frac{2\varepsilon}{r\sqrt{Ma_\infty^2 - 1}}\right)\frac{dq(x)}{dx} + \int\limits_0^{x-\varepsilon}\frac{q(x')\,dx'}{(x-x')^2} - \frac{1}{\varepsilon}\,q(x)\right],$$

$$w_r(x, r \to 0) = \frac{1}{2\pi}\frac{q(x)}{r}. \tag{9.91b}$$

Da nach der kinematischen Strömungsbedingung für $r = R$ die radiale Geschwindigkeitskomponente $w_r = U_\infty \, dR/dx$ zu setzen ist, folgt aus Gl. (9.91b) ebenfalls Gl. (9.90). Führt man Gl. (9.90) in Gl. (9.91a) und Gl. (9.91b) ein, so erhält man die induzierten Geschwindigkeitskomponenten in der endgültigen Form:

$$\frac{u(x)}{U_\infty} = \frac{1}{2} \lim_{\varepsilon \to 0} \left[\left(1 - \ln \frac{2\varepsilon}{l_R}\right) \frac{d^2(R^2)}{dx^2} + \int\limits_0^{x-\varepsilon} \frac{d(R^2)}{dx'} \frac{dx'}{(x-x')^2} - \frac{1}{\varepsilon} \frac{d(R^2)}{dx} \right] + \\ + \frac{1}{2} \frac{d^2(R^2)}{dx^2} \ln \left(\frac{R(x)}{l_R} \sqrt{Ma_\infty^2 - 1} \right), \tag{9.92}$$

$$\frac{w_r(x)}{U_\infty} = \frac{dR(x)}{dx}. \tag{9.93}$$

Für die Ermittlung der Druckverteilung aus den induzierten Geschwindigkeiten haben die Formeln der inkompressiblen Strömung, nämlich die Gleichungen (9.15) für die erste Näherung und (9.16) für die zweite Näherung, hier unverändert Gültigkeit.[1] Unter Beachtung der Gln. (9.92) und (9.93) ergibt sich damit für axial angeströmte Rümpfe bei Überschallgeschwindigkeit in Analogie zu Gl. (9.17) die folgende Abhängigkeit der Druckverteilung vom Rumpfdickenverhältnis δ_R und von der Mach-Zahl:

$$c_p(x) = \left[f_1(x) + g_1(x) \ln \left(\delta_R \sqrt{Ma_\infty^2 - 1}\right)\right] \delta_R^2. \tag{9.94}$$

Dabei sind die Funktionen $f_1(x)$ und $g_1(x)$ zwar von der Rumpfgeometrie, aber nicht vom Dickenverhältnis des Rumpfes abhängig. Diese Gleichung ist analog zu Gl. (9.82) für die Untetschallströmung. Während die Funktionen $f_1(x)$ und $f(x)$ für Überschall- bzw. Unterschallgeschwindigkeit verschieden sind, stimmen die Funktionen $g_1(x)$ und $g(x)$ überein. Es ist somit nach Gl. (9.18):

$$g_1(x) = -\frac{1}{4} \frac{d^2(R/R_{\max})^2}{d(x/l_R)^2}. \tag{9.95}$$

Die Gl. (9.94) für die Druckverteilung läßt sich noch in der folgenden Form schreiben:

$$c_p = (c_p)_{Ma_\infty = \sqrt{2}} - \frac{1}{\pi} \frac{d^2 F_R}{dx^2} \ln \sqrt{Ma_\infty^2 - 1}. \tag{9.96}$$

Diese Gleichung ist analog zu Gl. (9.83) für Unterschallgeschwindigkeit.

Aus Gl. (9.96) ist zu ersehen, daß für Überschallgeschwindigkeit der Kompressibilitätseinfluß auf die Druckverteilung durch ein additives

[1] Vgl. hierzu Kap. 3.21.

Glied gegeben wird, welches zu der Druckverteilung bei $Ma_\infty = \sqrt{2}$ hinzukommt. Dies bestätigt die Ähnlichkeitsregel in Kap. 9.32, wonach man die Berechnung der Überschallströmung für eine beliebige Mach-Zahl zurückführen kann auf die Berechnung für $Ma_\infty = \sqrt{2}$.

Beispiele. *Rotationsparaboloid:* Das vorstehende Berechnungsverfahren für die Druckverteilung an axial angeströmten Rumpfkörpern bei Überschallgeschwindigkeit möge jetzt an einigen Beispielen erläutert werden. In Abb. 9.27 ist für das Rotationsparaboloid nach Gl. (9.22)

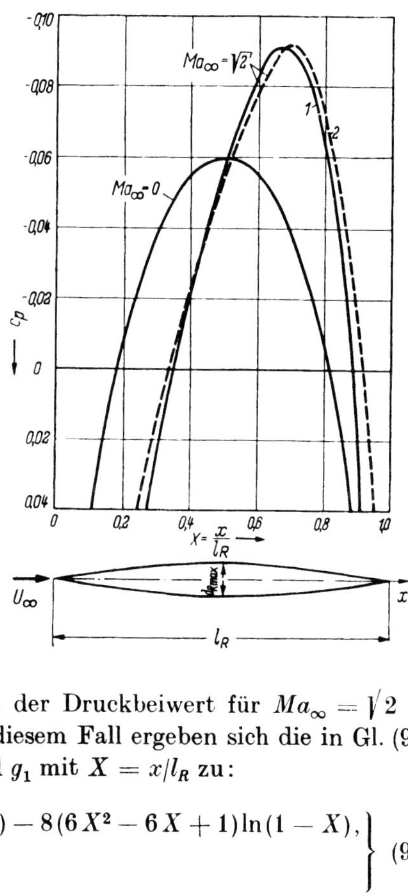

Abb. 9.27. Druckverteilung an einem axial angeströmten Rotationsparaboloid mit dem Dickenverhältnis $\delta_R = 0{,}1$ bei $Ma_\infty = \sqrt{2}$ und $Ma_\infty = 0$.
Kurve *1*: Singularitätenmethode: zweite Näherung nach Gl. (9.94) und (9.97);
Kurve *2*: Charakteristikenverfahren nach [38].

vom Dickenverhältnis $\delta_R = 0{,}1$ der Druckbeiwert für $Ma_\infty = \sqrt{2}$ dargestellt (zweite Näherung). In diesem Fall ergeben sich die in Gl. (9.94) auftretenden Funktionen f_1 und g_1 mit $X = x/l_R$ zu:

$$\left.\begin{aligned} f_1(X) &= -4(22X^2 - 16X + 1) - 8(6X^2 - 6X + 1)\ln(1 - X), \\ g_1(X) &= -8(6X^2 - 6X + 1). \end{aligned}\right\} \quad (9.97)$$

Zum Vergleich ist auch die Druckverteilung nach dem linearen Charakteristikenverfahren von R. Sauer und C. Heinz [38] eingetragen. Die Übereinstimmung der beiden Rechenverfahren ist für dieses Beispiel sehr gut. Ferner ist in Abb. 9.27 auch die Druckverteilung für inkompressible Strömung ($Ma_\infty = 0$) nach Abb. 9.5 mit eingetragen.

Bemerkenswert ist, daß bei der Überschallströmung das Druckminimum hinter der Mitte liegt, obgleich der Körper zu $X = 0{,}5$ symmetrisch ist. Ferner sei darauf hingewiesen, daß im rotationssymmetrischen Fall die Druckverteilung bei gleicher Form des Querschnittes des umströmten Körpers einen völlig anderen Charakter hat als im ebenen Fall, wie man durch Vergleich mit Abb. 8.14a erkennt.

Kegel: Für den Kreiskegel mit dem halben Öffnungswinkel ω_0 nach Abb. 9.28 ist $R = x \tan\omega_0$. Damit ergibt sich für die Quellverteilung aus

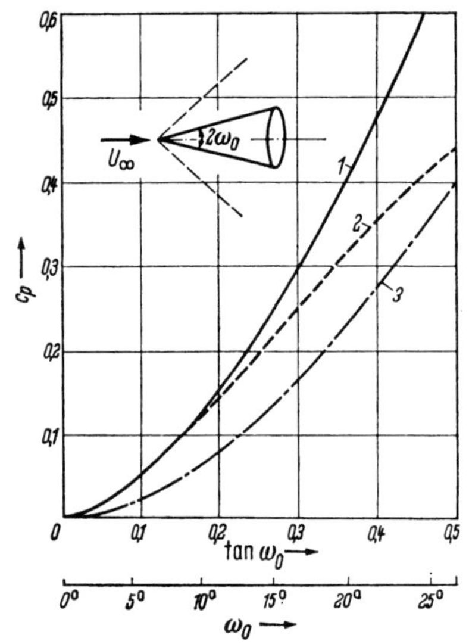

Abb. 9.28. Druckbeiwerte von axial angeströmten Kreiskegeln in Abhängigkeit vom Öffnungswinkel ω_0 für $Ma_\infty = \sqrt{2}$.
Kurve *1*: exakt nach [22];
Kurve *2*: Näherung, Gl. (9.100);
Kurve *3*: Newtonsche Näherung, Gl. (9.100a).

Gl. (9.90): $q(x) = 2\pi U_\infty x \tan\omega_0$. Für das Potential findet man hiermit aus Gl. (9.88):

$$\Phi(x, r) = U_\infty x \left(1 - \ln \frac{2x}{r\sqrt{Ma_\infty^2 - 1}}\right) \tan^2\omega_0. \qquad (9.98)$$

Für die axiale Geschwindigkeitskomponente erhält man hieraus:

$$\frac{u}{U_\infty} = \tan^2\omega_0 \ln \frac{r\sqrt{Ma_\infty^2 - 1}}{2x}. \qquad (9.99)$$

Für die Druckverteilung nach der zweiten Näherung nach Gl. (9.16) wird mit $r = R = x \tan\omega_0$:

$$c_p = \tan^2\omega_0 \left[2 \ln 2 - 1 - 2 \ln\left(\sqrt{Ma_\infty^2 - 1}\,\tan\omega_0\right)\right]. \qquad (9.100)$$

Die Druckverteilung ist längs des Kegelmantels konstant. In Abb. 9.28 ist für $Ma_\infty = \sqrt{2}$ der hiernach berechnete Druckbeiwert in Abhängigkeit vom halben Öffnungswinkel ω_0 des Kegels aufgetragen. Zum Vergleich sind auch die Druckbeiwerte nach der exakten Lösung von Z. KOPAL [22] eingetragen. Für kleine Werte des Öffnungswinkels ω_0 stimmt die Näherungslösung sehr gut mit der exakten Lösung überein, während für größere Werte von ω_0 die Näherungstheorie etwas kleinere Werte ergibt als die exakte Lösung.

In Abb. 9.29 ist der Druckbeiwert von axial angeströmten Kreiskegeln mit den halben Öffnungswinkeln $\omega_0 = 5°$ und 7,5° in Abhängig-

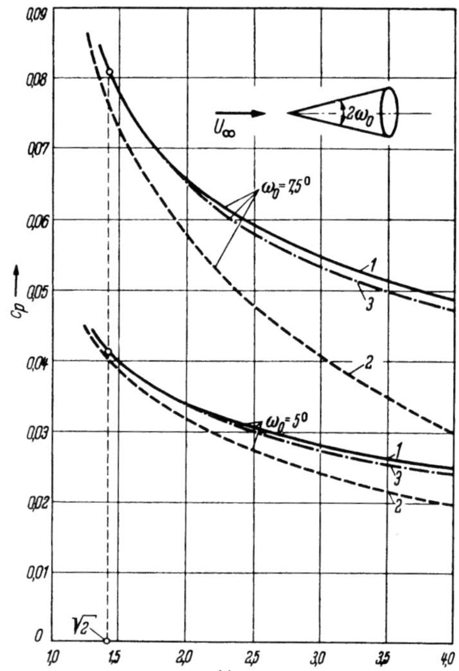

Abb. 9.29. Druckbeiwerte von axial angeströmten Kreiskegeln bei Überschallgeschwindigkeit. Öffnungswinkel $\omega_0 = 5°$ und 7,5°.
Kurve *1*: exakt nach [22];
Kurve *2*: nach Näherung, Gl. (9.100);
Kurve *3*: Umrechnung nach der Prandtl-Glauert-Ackeret-Regel, ausgehend von $Ma_\infty = \sqrt{2}$ unter Verwendung von Abb. 9.28.

keit von der Mach-Zahl Ma_∞ dargestellt. Die ausgezogenen Kurven stellen die exakte Lösung nach [22] dar. Die gestrichelten Kurven ergeben sich nach dem Singularitätenverfahren (Näherungslösung), Gl. (9.100). Mit wachsender Mach-Zahl wird die Abweichung der Näherungslösung von der exakten Lösung größer. Außerdem ist noch diejenige Näherungslösung eingetragen (strichpunktiert), die sich durch Anwendung der Prandtl-Glauert-Ackeretschen Regel nach Kap. 9.32 ergibt, wenn man hierbei die exakten Werte für $Ma_\infty = \sqrt{2}$ nach Abb. 9.28 zugrunde legt. Es ist bemerkenswert, daß die so konstruierte Näherungslösung der exakten Lösung sehr nahe kommt und insbesondere auch die Abhängigkeit des Druckbeiwertes von der Mach-Zahl gut wiedergibt. Man vgl. hierzu [44]. Untersuchungen über den Einfluß einer Abrundung der Kegelnase wurden von H. KÖSTER [21a] durchgeführt.

Abschließend möge noch die *Newtonsche Näherung* angegeben werden; sie lautet nach Gl. (3.195):

$$c_p = 2\sin^2\omega_0. \tag{9.100a}$$

Dieses Ergebnis ist in Abb. 9.28 als Kurve *3* eingetragen.

9.522 Wellenwiderstand. Bei einem rotationssymmetrischen Rumpfkörper, der mit Überschallgeschwindigkeit axial angeströmt wird, ergibt sich ebenso wie beim Tragflügel aus der Druckverteilung über die gesamte Oberfläche eine von Null verschiedene Kraft in Strömungsrichtung. Wir nennen sie ebenso wie beim Tragflügel den *Wellenwiderstand.* Dieser Widerstand wird verursacht durch die vom Körper ausgehenden Machschen Wellen. Die Berechnung dieses Wellenwiderstandes kann entweder mit Hilfe des Impulssatzes oder durch unmittelbare Integration der Druckverteilung über die Oberfläche ausgeführt werden. Im folgenden soll nur das letztere Berechnungsverfahren beschrieben werden.

Aus der Integration der Druckverteilung über die Oberfläche (Komponente der Druckkraft in x-Richtung) ergibt sich für den Wellenwiderstand des axial angeströmten Rotationskörpers:

$$W_R = 2\pi q_\infty \int_0^{l_R} c_p R \frac{dR}{dx}\, dx = q_\infty \int_0^{l_R} c_p \frac{dF_R}{dx}\, dx. \qquad (9.101)^1$$

Um die Abhängigkeit des Wellenwiderstandes von der Mach-Zahl zu erkennen, führen wir in Gl. (9.101) für c_p die Gl. (9.96) ein. Dabei ergibt sich nach Ausführung einer partiellen Integration

$$W_R = (W_R)_{Ma_\infty=\sqrt{2}} - \frac{1}{2\pi} q_\infty \left[\frac{dF_R}{dx}(l_R)\right]^2 \ln\sqrt{Ma_\infty^2 - 1}. \tag{9.102}$$

Wegen $dF_R/dx = 2\pi R\, dR/dx$ erkennt man aus Gl. (9.102), daß der Wellenwiderstand von der Mach-Zahl unabhängig und gleich dem Wert bei $Ma_\infty = \sqrt{2}$ ist, wenn am Heck der Rumpfradius gleich Null ist, oder wenn dort $dR/dx = 0$ ist.

Es ist zweckmäßig, noch den auf die Stirnfläche $F_{R\max}$ bezogenen Beiwert des Wellenwiderstandes einzuführen:

$$c_{WR} = \frac{W_R}{q_\infty F_{R\max}}. \tag{9.103}$$

Für die Fälle $R(l_R) = 0$ oder $dR/dx = 0$ bei $x = l_R$ ergibt sich für den Beiwert des Wellenwiderstandes von Rümpfen aus den Gln. (9.102)

---

[1] Wir bezeichnen in diesem Abschnitt mit W_R den Widerstand des Rumpfes, wie er sich in reibungsloser Strömung ergibt (Wellenwiderstand). Zu diesem Widerstand kommt infolge der Reibung noch ein Anteil W_{Rr} hinzu, vgl. Gl. (9.28).

und (9.103) unter Beachtung von Gl. (9.94):

$$c_{WR} = (c_{WR})_{Ma_\infty=\sqrt{2}} = \text{Zahl} \cdot \delta_R^2. \tag{9.104}$$

Dabei hängt die „Zahl" zwar von der Geometrie des Rumpfkörpers, aber nicht vom Dickenverhältnis ab. Hiernach ist also der auf die Stirnfläche bezogene Beiwert des Wellenwiderstandes proportional zu δ_R^2.[1]

Beispiele. *Paraboloide:* Die Auswertung der vorstehenden Formeln für das Paraboloid nach Gl. (9.22) ergibt, wenn man $c_p(x)$ nach Gl. (9.94) in Verbindung mit Gl. (9.97) einsetzt:

$$c_{WR} = \frac{32}{3}\,\delta_R^2 = 10{,}67\,\delta_R^2 \quad \text{(Paraboloid)}. \tag{9.105}$$

Die Beiwerte des Wellenwiderstandes von abgeschnittenen Paraboloiden nach F. Wegener und F. Kowalke [49] sind in Abb. 9.30 angegeben.

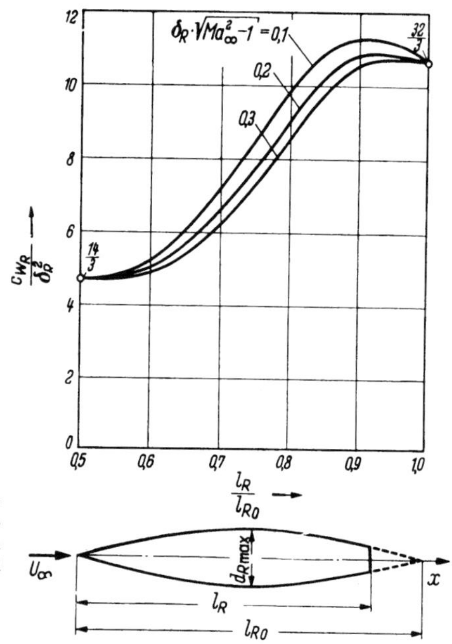

Abb. 9.30. Beiwerte des Wellenwiderstandes für abgeschnittene Rotationsparaboloide in Abhängigkeit vom Dickenverhältnis $\delta_R = d_{R\max}/l_{R0}$ und von der Mach-Zahl nach [49].

Für das in der Mitte abgeschnittene Paraboloid ($l_R/l_{R0} = \frac{1}{2}$) ist:

$$c_{WR} = \frac{14}{3}\,\delta_R^2 = 4{,}67\,\delta_R^2 \quad \text{(Parabelspitze)}. \tag{9.106}$$

[1] In diesem Zusammenhang sei daran erinnert, daß für Tragflügel endlicher Dicke der auf die Grundrißfläche bezogene Beiwert des Wellenwiderstandes ebenfalls proportional zum Quadrat des Dickenverhältnisses ist (Kap. 8.131).

In diesem Widerstandsbeiwert ist der Beitrag aus dem Unterdruck auf der abgeschnittenen Heckfläche (sog. „base pressure") nicht enthalten.

In Abb. 9.31 sind die nach der Methode der Quellbelegung ermittelten Widerstandsbeiwerte verglichen mit denjenigen nach dem Charakte-

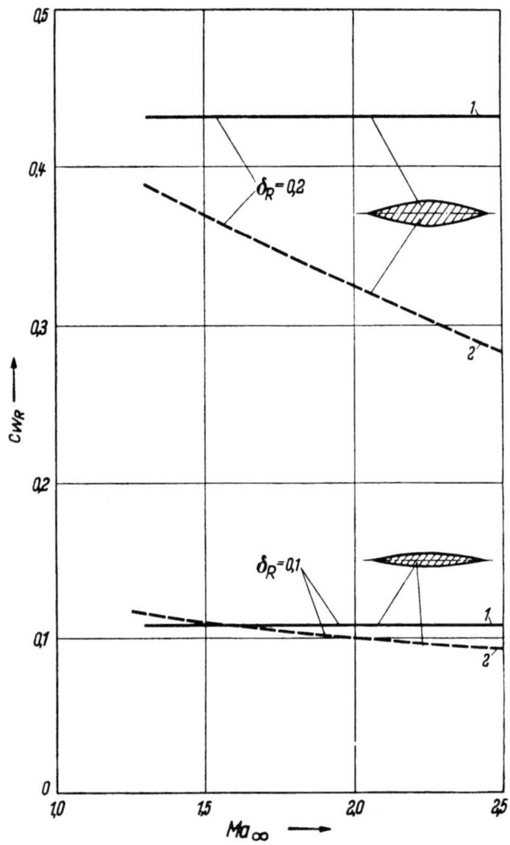

Abb. 9.31. Beiwerte des Wellenwiderstandes für Rotationsparaboloide vom Dickenverhältnis $\delta_R = 0,1$ und 0,2. Vergleich der Singularitätenmethode *1*, nach Gl. (9.105), mit dem Charakteristikenverfahren *2* nach [38].

ristikenverfahren [38], und zwar für die Paraboloide mit den Dickenverhältnissen $\delta_R = 0,1$ und 0,2. Während bei $\delta_R = 0,1$ die Abweichungen der Beiwerte nach diesen beiden Methoden sehr gering sind, sind sie bei $\delta_R = 0,2$ nicht mehr vernachlässigbar.

Kegel: Für die axial angeströmte Kegelspitze ist nach Abb. 9.29 der Druckbeiwert längs der Erzeugenden konstant. Deshalb ist der auf die

Stirnfläche bezogene Widerstandsbeiwert gleich dem Druckbeiwert, also

$$c_{WR} = c_p \tag{9.107}$$

mit c_p nach Gl. (9.100).

Quadraturformel. Für den allgemeinen spitzen Rotationskörper erhält man eine Formel für den Wellenwiderstand, welche seine Abhängigkeit von der Geometrie des Körpers zum Ausdruck bringt, wenn man in Gl. (9.101) den Ausdruck für $c_p(x)$ nach Gl. (9.94) einsetzt. Nach TH. V. KÁRMÁN [18] und G. N. WARD [48] ergibt sich, man vergleiche die Herleitung in [4] und [41]:

$$W_R = \frac{\varrho}{2} U_\infty^2 \frac{1}{\pi} \left\{ F_R'(l_R) \int_0^{l_R} F_R'' \ln\left(1 - \frac{x}{l_R}\right) dx - \right. \\ - \frac{1}{2} \int_0^{l_R} \int_0^{l_R} F_R''(x') F_R''(x) \ln \frac{|x - x'|}{l_R} dx' dx - \\ \left. - \frac{1}{2} [F_R'(l_R)]^2 \ln\left(\frac{R(l_R)}{2 l_R} \sqrt{Ma_\infty^2 - 1}\right) \right\}. \tag{9.108}$$

Hierbei bedeutet $F_R' = dF_R/dx$ und $F_R'' = d^2F_R/dx^2$ mit $F_R(x)$ als Rumpfquerschnittsfläche. Nach dieser Formel kann man bei vorgegebener Körperform den Wellenwiderstand durch verhältnismäßig einfache Quadraturen ermitteln.

Messungen. Abschließend seien noch einige Meßergebnisse über den Wellenwiderstand von Rotationskörpern angegeben. Die Auswertung von Widerstandsmessungen im Hinblick auf die Ermittlung des Wellenwiderstandes ist mit einer erheblichen Unsicherheit behaftet, da in den gemessenen Gesamtwiderständen außer dem Wellenwiderstand noch der Reibungswiderstand und bei abgeschnittenem Heck auch noch der Heckwiderstand enthalten ist. Messungen, bei denen diese drei Widerstandsteile gesondert ermittelt wurden, stammen von D. R. CHAPMAN und E. W. PERKINS [6] sowie von A. J. EVANS [8]. In Abb. 9.32 sind die Meßergebnisse von [8] für ein abgeschnittenes Paraboloid angegeben, wobei die Widerstandsbeiwerte in Abhängigkeit von der Mach-Zahl aufgetragen sind. Der Vergleich dieser Messungen mit der Theorie wurde so ausgeführt, daß zu dem gemessenen Heckwiderstand der theoretische Reibungswiderstand nach Abb. 4.43 und der Wellenwiderstand nach Abb. 9.30 hinzugeschlagen wurde. Die Übereinstimmung der so errechneten Widerstandsbeiwerte mit der Messung ist recht gut. Doch sei vermerkt, daß in anderen Fällen größere Abweichungen zwischen Messung und Theorie auftreten. Weitere Meßergebnisse sind in Abb. 9.33

angegeben, nämlich die Beiwerte des Druckwiderstandes c_{WR} von vier schlanken Rümpfen bei axialer Anströmung in Abhängigkeit von der Mach-Zahl Ma_∞. In diesen Widerstandsbeiwerten ist der Heckwider-

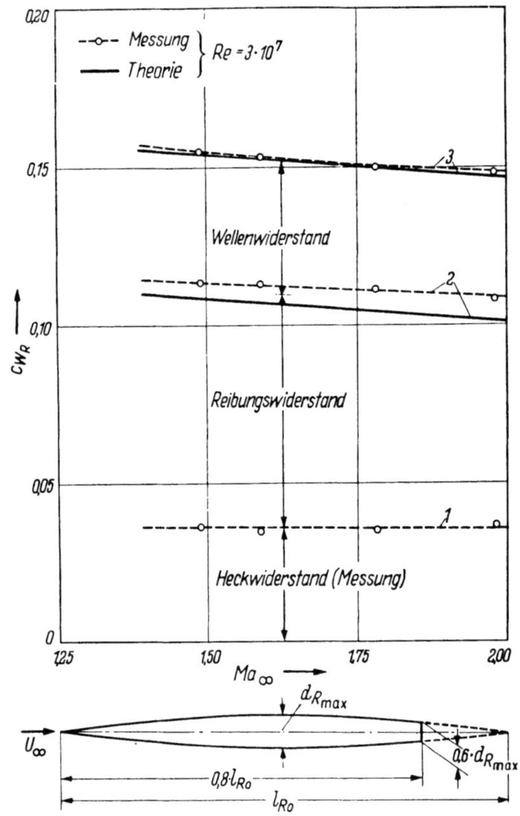

Abb. 9.32. Gemessene Widerstandsbeiwerte eines axial angeströmten, abgeschnittenen Rotationsparaboloides ($d_{R\,\max}/l_{R0} = 0{,}07$) bei Überschallgeschwindigkeit nach [8].
Vergleich mit der Theorie. Kurve *1*: Heckwiderstand; Kurve *2*: Heck- und Reibungswiderstand; Kurve *3*: Gesamtwiderstand.

stand nicht enthalten. Rumpf *I* ist der Rumpf mit minimalem Wellenwiderstand bei vorgegebenem Volumen und vorgegebener Länge nach W. Haack [12] und W. R. Sears [40]. Rumpf *II* ist ein Rotationsparaboloid. Rumpf *III* und *IV* haben ein zylindrisches Heckteil. Für die Rümpfe *II* und *III* sind die theoretischen Werte nach Gl. (9.108) mit angegeben.

Eine andere optimale Rumpfform mit spitzer Nase und stumpfem Heck wurde von Th. v. Kármán [19a] angegeben. Eine Zusammenstellung von weiteren Meßergebnissen und Vergleiche mit der Theorie findet man bei D. Fiecke [9].

Einen tieferen Einblick in die Strömung um einen mit Überschallgeschwindigkeit axial angeströmten Rumpfkörper erhält man aus der

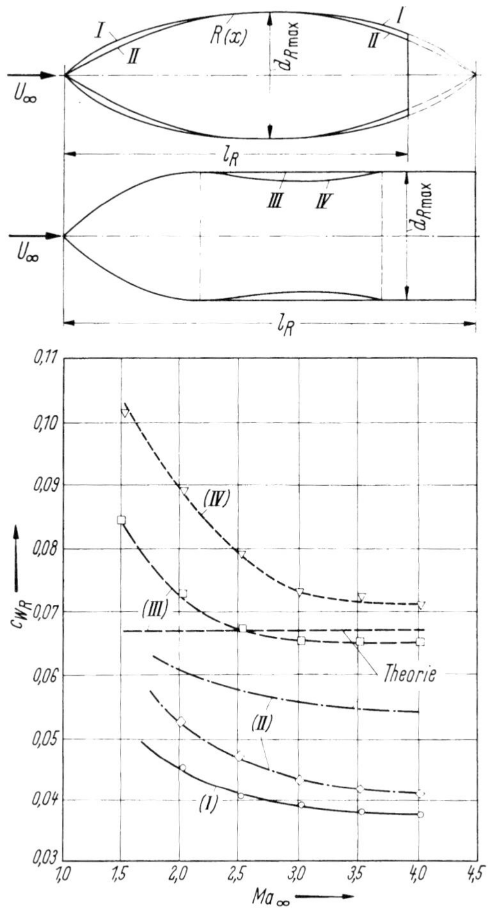

Abb. 9.33. Widerstandsbeiwerte (Druckwiderstand ohne Heckwiderstand) von schlanken Rümpfen in Abhängigkeit von der Mach-Zahl Ma_∞ nach Messungen von [3]. (Rumpfkontur überhöht gezeichnet.)
I: Optimal-Rumpf nach HAACK-SEARS, $d_{R\,max}/l_R = 0{,}086$;
II: Rotationsparaboloid $d_{R\,max}/l_R = 0{,}091$;
III: Zylinderrumpf $d_{R\,max}/l_R = 0{,}08$;
IV: Zylinderrumpf mit Einschnürung $d_{R\,max}/l_R = 0{,}08$.

Strömungsaufnahme in Abb. 9.34. Diese Abbildung zeigt besonders deutlich die Kopf- und Heckwelle bei einer Mach-Zahl von $Ma_\infty = 3{,}5$.

Für die transsonische Strömung um Rotationskörper liegen bisher noch keine voll befriedigenden Lösungen vor. Es sei jedoch in diesem Zusammenhang auf die umfangreichen Untersuchungen von F. KEUNE und K. OSWATITSCH [21] hingewiesen.

9.53 Rumpf bei unsymmetrischer Anströmung

Der Rumpf bei unsymmetrischer Anströmung in Überschallgeschwindigkeit läßt sich mit Hilfe einer Dipolbelegung auf der Rumpfachse in ähnlicher Weise wie in Kap. 9.233 für die inkompressible

Abb. 9.34. Strömungsaufnahme nach der Schattenmethode für einen Rumpfkörper bei der Mach-Zahl $Ma_\infty = 3{,}5$. Aufnahme aus dem ballistischen Schießkanal des Naval Ordnance Laboratory, White Oak, Maryland, USA.

Strömung behandeln. Die Übertragung der Dipolbelegung von der inkompressiblen auf die Überschallströmung geschieht ebenso, wie es in Kap. 9.52 für die axiale Anströmung erläutert wurde. Für eine auf der x-Achse angeordnete linienförmige Verteilung von räumlichen Dipolen $m(x)$ lautet das Potential $\Phi(x, r, \vartheta)$ nach Gl. (9.35):

$$\Phi(x, r, \vartheta) = -\frac{r(Ma_\infty^2 - 1)\cos\vartheta}{2\pi} ⨍_0^{x_0} \frac{m(x')\,dx'}{\sqrt{(x-x')^2 - (Ma_\infty^2 - 1)\,r^2}^{\,3}}. \qquad (9.109)^1$$

Hier ist x_0 die Einflußstrecke nach Gl. (9.87) und Abb. 9.26. Die Entwicklung von $\Phi(x, r, \vartheta)$ für kleine radiale Abstände r ergibt:

---

[1] Das Zeichen ⨍ bedeutet, daß von diesem Integral nach HADAMARD nur der endliche Bestandteil zu nehmen ist. Gl. (9.109) kann auch in der Form geschrieben werden:

$$\Phi(x, r, \vartheta) = \frac{\cos\vartheta}{2\pi r}\frac{\partial}{\partial x}\int_0^{x_0} \frac{m(x')\,(x-x')\,dx'}{\sqrt{(x-x')^2 - (Ma_\infty^2 - 1)\,r^2}}.$$

$$\Phi(x, r \to 0, \vartheta) = \frac{\cos\vartheta}{2\pi} \frac{m(x)}{r}. \qquad (9.110)$$

Dies stimmt mit Gl. (9.36) der inkompressiblen Strömung überein. Damit sind dann auch die nach Gl. (9.37) ermittelten Geschwindigkeitskomponenten in Überschallströmung die gleichen wie bei inkompressibler Strömung. Weiterhin gilt auch die kinematische Strömungsbedingung nach Gl. (9.38) und damit die Bestimmungsgleichung für die Dipolbelegung, Gl. (9.40), unverändert für Überschallströmung.

Schließlich folgt hieraus, daß auch die Formel für die Druckverteilung bei inkompressibler Strömung, Gl. (9.42), für beliebige Mach-Zahlen bei Überschallströmung Gültigkeit hat. Da in Gl. (9.85) festgestellt wurde, daß auch für Unterschallgeschwindigkeit die Druckverteilung

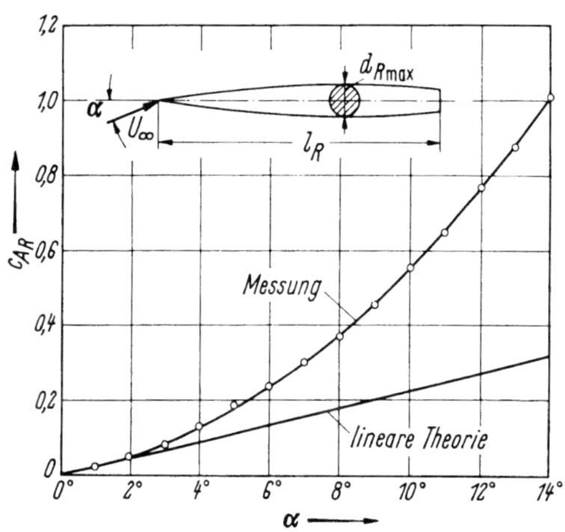

Abb. 9.35. Auftriebsbeiwert $c_{AR} = A_R/F_{R\max} q_\infty$ eines schlanken Rotationskörpers mit stumpfem Heck in Abhängigkeit vom Anstellwinkel α nach [47].

Rumpfdickenverhältnis $d_{R\max}/l_R = 0{,}10$;
Mach-Zahl $Ma_\infty = 1{,}97$;
Reynolds-Zahl $Re = U_\infty l_R/\nu \approx 10^6$;
Lineare Theorie nach Gl. (9.111).

nach dieser Formel zu ermitteln ist, hat man das bemerkenswerte Ergebnis, daß die vom Anstellwinkel eines Rumpfes herrührende Druckverteilung, die Auftriebsverteilung sowie der Auftrieb und das Moment für den ganzen Machzahlbereich nach den Formeln für inkompressible Strömung ermittelt werden können.

Für einen hinten stumpf abgeschnittenen Rumpf bei Überschallgeschwindigkeit ergibt sich nach Gl. (9.46a)

$$A_R = 2\alpha q_\infty F_{Rh}, \qquad (9.111)$$

wobei F_{Rh} die Querschnittsfläche des Rumpfhecks ist.

Alle bisher behandelten Berechnungsverfahren für den Auftrieb von Rümpfen liefern eine lineare Abhängigkeit des Rumpfauftriebs vom Anstellwinkel. Bei größeren Anstellwinkeln wächst der Auftrieb jedoch stärker als linear mit dem Anstellwinkel. Als Beispiel hierfür ist in Abb. 9.35 der Auftriebsbeiwert c_{AR} eines schlanken Rotationskörpers mit stumpfem Heck in Abhängigkeit vom Anstellwinkel α für die Machzahl $Ma \approx 2$ angegeben, vgl. auch Abb. 9.3 für den Fall der inkompressiblen Strömung. Diese Auftriebscharakteristik ist sehr

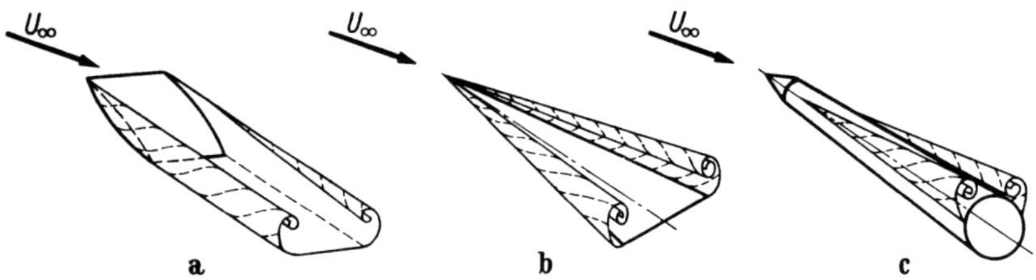

Abb. 9.36. Wirbelbildung bei der Umströmung von Flügeln mit kleinem Seitenverhältnis sowie von schlanken Rumpfkörpern, die zu einer nichtlinearen Auftriebscharakteristik führt
a) Rechteckflügel, b) Deltaflügel, c) Rumpfkörper.

ähnlich derjenigen eines Tragflügels von extrem kleinem Seitenverhältnis (vgl. Kap. 7.36). Die Nichtlinearität ist auf Reibungseinflüsse zurückzuführen. Für größere Anstellwinkel kommt es bei der Querumströmung des Rumpfkörpers auf der Oberseite und an den Seiten des Rumpfes zur Ablösung der Strömung. Die Strömung rollt sich danach auf, und es entstehen wie bei der Umströmung der Seitenkanten von Tragflügeln mit kleinem Seitenverhältnis freie Wirbel, die unter einem von Null verschiedenen Winkel vom Rumpfkörper abgehen (vgl. Abb. 7.50a). In Abb. 9.36 ist die Bildung der Wirbelschicht an schlanken Körpern mit großem Anstellwinkel skizziert, und zwar für einen Rechteckflügel und einen Deltaflügel mit kleinen Seitenverhältnissen sowie für einen schlanken Rumpfkörper. Die Einzelheiten der Strömung um schlanke Körper bei großen Anstellwinkeln und die theoretische Ermittlung der nichtlinearen Auftriebscharakteristik werden in [2], [7], [20], [29] behandelt.

Literatur

[1] ACKERET, J.: Elementare Betrachtungen über die Stabilität der Langgeschosse. Helv. Phys. Acta 22 (1949) 127–134.

[2] ALLEN, H. J., u. E. W. PERKINS: A Study of Effects of Viscosity on Flow over Slender Inclined Bodies of Revolution. NACA-Rep. 1048 (1951).

[3] ARNOLD, K. O., u. H. KÖSTER: Experimentelle Untersuchungen an schlanken Flügeln, Rümpfen und Flügel-Rumpfkombinationen im Überschallbereich. Teil I: Messungen bei Nullauftrieb. DFL-Bericht 0426, Braunschweig 1967.

[4] BROWN, C. E.: Aerodynamics of Bodies at High Speeds. Section B in: Aerodynamic Components of Aircraft at High Speeds (Herausg. A. F. DONOVAN u. H. R. LAWRENCE), Bd. VII: High Speed Aerodynamics and Jet Propulsion. Princeton: University Press 1957, S. 244–280.

[5] BUSEMANN, A.: Drücke auf kegelförmige Spitzen bei Bewegung mit Überschallgeschwindigkeit. ZAMM 9 (1929) 496–498.

[6] CHAPMAN, D. R., u. E. W. PERKINS: Experimental Investigation of the Effects of Viscosity on the Drag and Base Pressure of Bodies of Revolution at a Mach Number of 1.5. NACA Rep. 1036 (1951).

[7] VAN DYKE, M. D.: First- and Second-Order Theory of Supersonic Flow Past Bodies of Revolution. J. Aer. Sci. 18 (1951) 161–178.

[8] EVANS, A. J.: The Zero-Lift Drag of a Slender Body of Revolution (NACA RM-10 Research Model) as Determined from Tests in Several Wind Tunnels and in Flight at Supersonic Speeds. NACA Rep. 1160 (1954).

[9] FIECKE, D.: Vergleich der theoretischen und experimentellen Widerstandsbeiwerte im Schall- und Überschallgebiet. Z. Flugwiss. 6 (1958) 36–47.

[10] FUHRMANN, G.: Theoretische und experimentelle Untersuchungen an Ballonmodellen. Diss. Göttingen 1910. Jahrbuch der Motor-Luftschiff-Studienges. Bd. 5 (1911/12) 63–123.

[11] GÖTHERT, B.: Hochgeschwindigkeitsmessungen an rotationssymmetrischen Körpern. Techn. Berichte 11 (1944) 377–386.

[12] HAACK, W.: Geschoßformen kleinsten Wellenwiderstandes. Lilienthalgesellschaft, Bericht 139 (1941) 14–28.

[13] HAFER, X.: Untersuchungen zur Aerodynamik der Flügel-Rumpf-Anordnungen. Jb. 1957 WGL, S. 191–207.

[14] HESS, J. L.: Calculation of Potential Flow about Bodies of Revolution Having Axes Perpendicular to the Free-Stream Direction. J. Aer. Sci. 29 (1962) 726 bis 742.

[15] HOERNER, S. F.: Fluid-Dynamic Drag, 2. Aufl., Eigenverlag 1965.

[16] HOLDER, D. W., u. A. CHINNECK: The Flow Past Elliptic-Nosed Cylinders and Bodies of Revolution in Supersonic Air Streams. Aeron. Quarterly 4 (1952/54) 317–340.

[17] JACOBS, E. N., u. K. E. WARD: Interference of Wing and Fuselage from Tests of 209 Combinations in the NACA Variable-Density Tunnel. NACA Rep. 450 (1935).

[18] KÁRMÁN, TH. v., u. N. B. MOORE: The Resistance of Slender Bodies Moving with Supersonic Velocities with Special Reference to Projectiles. Trans. Amer. Soc. Mech. Engrs. 54 (1932) 303–310.
[19] KÁRMÁN, TH. v.: The Similarity Law of Transonic Flow. J. Math. Phys. 26 (1947) 182–190.
[19a] KÁRMÁN, TH. v.: The Problem of Resistance in Compressible Fluids. Volta-Kongreß Rom, 1935, S. 222–276.
[20] KELLY, H. R.: The Estimation of Normal Force, Drag, and Pitching-Moment Coefficients for Blunt-Based Bodies of Revolution at Large Angles of Attack, J. Aer. Sci. 21 (1954) 549–555.
[21] KEUNE, F., u. K. OSWATITSCH: Äquivalenzsatz, Ähnlichkeitssätze für schallnahe Geschwindigkeiten und Widerstand nicht angestellter Körper kleiner Spannweite. ZAMP 7 (1956) 40–63.
[21a] KÖSTER, H.: Aerodynamische Untersuchungen an abgestumpften Kegeln im Überschallbereich. (Machzahl Ma = 2 bis 4). Abhandlg. Braunschwg. Wiss. Ges. 19 (1967) 1–12.
[22] KOPAL, Z.: Tables of Supersonic Flow around Cones. Mass. Inst. of Techn., Techn. Rep. 1 (1947).
[23] KRAUSE, F.: Unterschallströmung um nicht angestellte, dicke Rotationskörper. Diss. Göttingen. Ing.-Arch. 32 (1963) 1–25.
[24] LAMB, H.: Hydrodynamics, 6. Aufl., Cambridge: University Press 1957.
[25] LESSING, F.: Anwendung des Singularitätenverfahrens der Oberflächenbelegung auf rotationssymmetrische Körper. Erscheint im Ing.-Arch. (1969).
[26] LIGHTHILL, M. J.: Supersonic Flow Past Bodies of Revolution. ARC Rep. Mem. 2003 (1945).
[27] LOTZ, I.: Zur Berechnung der Potentialströmung um quergestellte Luftschiffkörper. Ing.-Arch. 2 (1932) 507–527.
[28] MARUHN, K.: Druckverteilungsrechnungen an elliptischen Rümpfen und in ihrem Außenraum. Jb. 1941 dtsch. Luftf.-Forschg., S. I, 135–147.
[29] MELLO, J. F.: Investigation of Normal Force Distributions and Wake Vortex Characteristics of Bodies of Revolution at Supersonic Speeds. J. Aerospace Sci. 26 (1959) 155–168.
[30] MÖLLER, E., u. H. TRIENES: Untersuchungen über die Neutralpunktlage von Flügel-Rumpf-Anordnungen. Z. Flugwiss. 1 (1953) 2–8.
[31] MULTHOPP, H.: Zur Aerodynamik des Flugzeugrumpfes. Luftf.-Forschg. 18 (1941) 52–66.
[32] MUNK, M. M.: The Aerodynamic Forces on Airship Hulls. NACA Rep. 184 (1923).
[33] MUNK, M. M.: Aerodynamics of Airships. Beitrag in W. F. DURAND: Aerodynamic Theory, Bd. 6, Berlin: Springer 1936, S. 32–48.
[34] OSWATITSCH, K.: Gasdynamik, Wien: Springer 1952.
[35] RIEGELS, F.: Zur Darstellung von Potentialströmungen durch ringförmige Quellbelegungen. Abhandlg. Braunschwg. Wiss. Ges. 6 (1952) 146–165.
[36] RIEGELS, F., u. M. BRAND: Stromfunktionen und Geschwindigkeitsfelder räumlicher Quellstrecken und ihr handlicher Gebrauch zur Bestimmung von Umriß und Druckverteilung rotationssymmetrischer Körper mit Beispielen. Dtsch. Luftf.-Forschg. UM 3106 (1944).
[37] SAUER, R.: Einführung in die theoretische Gasdynamik, 3. Aufl., Berlin/Göttingen/Heidelberg: Springer 1960.
[38] SAUER, R., u. C. HEINZ: Lineares Charakteristikenverfahren. Nichtveröffentlichter Bericht. Siehe hierzu S. F. ERDMANN u. K. OSWATITSCH: Z. Flugwiss. 2 (1954) 201–215.

[39] SCHOLZ, N.: Über eine rationelle Berechnung des Strömungswiderstandes schlanker Körper mit beliebig rauher Oberfläche. Jb. Schiffbautechn. Ges., Bd. 45, 1951, S. 244–259.

[40] SEARS, W. R.: On Projectiles of Minimum Wave Drag. Quart. Appl. Math. 14 (1947) 361–366.

[41] SEARS, W. R. (Herausg.): General Theory of High Speed Aerodynamics, Bd. VI: High Speed Aerodynamics and Jet Propulsion. Princeton: University Press 1954.

[42] TAYLOR, G. I., u. J. W. MACOLL: The Air Pressure over a Cone Moving at High Speeds. Proc. Roy. Soc. A 139 (1933) 278–311.

[43] TRUCKENBRODT, E., u. K. GERSTEN: Experimentelle und theoretische Untersuchungen an Deltaflügel-Rumpf-Anordnungen bei symmetrischer Anströmung. Z. Flugwiss. 5 (1957) 204–216.

[44] TRUCKENBRODT, E.: Zur Aerodynamik der Rumpfkörper bei kompressibler Strömung. Z. Flugwiss. 6 (1958) 15–20.

[45] TUCKERMANN, L. B.: Inertia Factors of Ellipsoids for Use in Airship Design. NACA Rep. 210 (1925).

[46] VANDREY, F.: Abschätzung des Rumpfeinflusses auf das Längsmoment eines Flugzeuges. Jb. 1940 dtsch. Luftf.-Forschg., S. I, 367–370.

[47] VOELMY, H. R.: Experimentelle Untersuchungen an verschiedenen stark konvergenten schlanken Rotationskörpern bei mäßig hohen Überschallgeschwindigkeiten. Mitteilungen aus dem Institut für Aerodynamik an der ETH Zürich, Mitteilung 24 (1958).

[48] WARD, G. N.: Supersonic Flow past Slender Pointed Bodies. Quart. J. Mech. Appl. Math. 2 (1949) 75–97.

[49] WEGENER, F., u. F. KOWALKE: Die Widerstandsbeiwerte von Tragflügeln und Rümpfen nach der linearen Überschalltheorie. Z. Flugwiss. 6 (1958) 29 bis 35.

[50] YOUNG, A. D.: The Calculation of the Total and Skin Friction Drag of Bodies of Revolution at 0° Incidence. ARC Rep. Mem. 1874 (1939). Vgl. auch: The Calculation of the Profile Drag of Airfoils and Bodies of Revolution at Supersonic Speeds. Jb. 1953 WGL, S. 66–76.

[51] ZAHM, A. F.: Flow and Force Equations for a Body Revolving in a Fluid. NACA Rep. 323 (1929).

X. Aerodynamik der Flügel-Rumpf-Anordnung

10.1 Einführung in die Aerodynamik der Flügel-Rumpf-Anordnung

10.11 Allgemeines über die gegenseitige Beeinflussung der Flugzeugteile

Für die wesentlichen Einzelteile des Flugzeuges — Flügel, Rumpf, Leitwerk — sind die aerodynamischen Beiwerte auf Grund der Theorie und von systematischen Messungen ziemlich gut bekannt. Die Aerodynamik des Tragflügels wurde in Kap. V bis VIII ausführlich besprochen. Die dort gemachten Ausführungen gelten sinngemäß auch für Leitwerke (Höhen- und Seitenleitwerk, vgl. Kap. XI). Die Aerodynamik des Rumpfes wurde in Kap. IX behandelt. Beim Zusammenbau dieser Einzelteile zum ganzen Flugzeug spielt für die Luftkräfte jedoch ihre gegenseitige Beeinflussung (Interferenz) eine sehr wichtige Rolle. In vielen Fällen sind die hierbei auftretenden Interferenzeinflüsse von der gleichen Größenordnung wie die Beiträge der einzelnen Teile zur Luftkraft des ganzen Flugzeuges. Aus diesem Grunde erfordert in der Aerodynamik des Flugzeuges die Berücksichtigung der gegenseitigen Beeinflussung eine besondere Aufmerksamkeit. Die physikalischen Verhältnisse bei der Aerodynamik der gegenseitigen Beeinflussung sind naturgemäß wesentlich schwieriger zu überblicken als bei der Aerodynamik der Einzelteile. Deshalb ist die theoretische Behandlung der Interferenzprobleme erst viel später in Angriff genommen worden und auch heute noch nicht so weit ausgebaut wie die der Einzelteile. Die Theorie der Interferenz-Aerodynamik ist bisher nur für reibungslose Strömung entwickelt worden.

Von den zahlreichen Interferenzeinflüssen der verschiedenen Teile des Flugzeuges sind am wichtigsten die gegenseitige Beeinflussung von Flügel und Rumpf sowie der Einfluß des Flügels auf die Leitwerke. Bei der Interferenz zwischen Flügel und Rumpf handelt es sich hauptsächlich um die Änderung der Auftriebsverteilung über Flügel und Rumpf, während der Einfluß des Flügels auf die Leitwerke im wesentlichen in einer Änderung der Zuströmrichtung der Leitwerke besteht, die durch das vom Flügel induzierte Geschwindigkeitsfeld hervorgerufen wird.

Ein weiterer wichtiger Interferenzeinfluß ist der sog. Bodeneinfluß, welcher entsteht, wenn sich das Flugzeug in Bodennähe befindet. Hierbei wird durch den Bodeneinfluß der Auftriebsanstieg vergrößert und der induzierte Widerstand bei gleichem Auftrieb im allgemeinen verkleinert. Dieses Problem ist in [10], [12], [13], [16], [54], [55] und [60] eingehend theoretisch und experimentell behandelt worden.

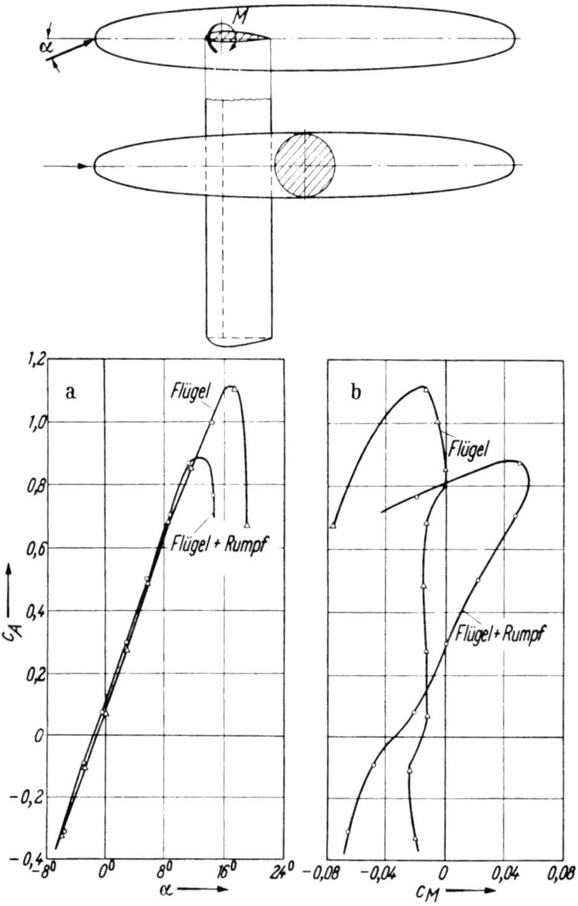

Abb. 10.1. Auftrieb und Nickmoment einer *Mitteldeckeranordnung* und eines Flügels allein, nach [36].
Rumpf: Rotationsellipsoid vom Achsenverhältnis 1 : 7;
Flügel: Rechteck vom Seitenverhältnis $\Lambda = 5$; Profil NACA 23012.
a) Auftriebsbeiwert c_A in Abhängigkeit vom Anstellwinkel α;
b) Nickmomentenbeiwert c_M in Abhängigkeit vom Auftriebsbeiwert c_A.

Im vorliegenden Kapitel soll zunächst nur die gegenseitige Beeinflussung von Flügel und Rumpf behandelt werden. Die mit den Leitwerken zusammenhängenden Interferenzprobleme werden in Kap. XI zusammen mit der Aerodynamik der Leitwerke erörtert werden.

Um eine Vorstellung von der Größe der Interferenzeinflüsse bei Flügel-Rumpf-Anordnungen zu geben, sind in Abb. 10.1 und 10.2 vorweg einige Meßergebnisse mitgeteilt. In Abb. 10.1a ist für eine einfache Flügel-Rumpf-Anordnung, bestehend aus einem Rechteckflügel und einem rotationssymmetrischen Rumpf in *Mitteldeckeranordnung*, sowie für den Flügel allein der Auftriebsbeiwert c_A in Abhängigkeit vom Anstellwinkel α dargestellt. Im Bereich mäßiger Anstellwinkel hat der

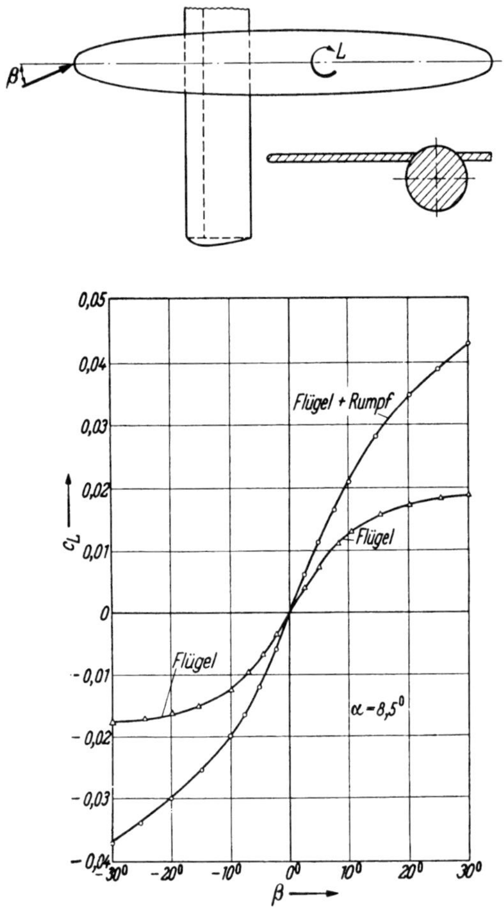

Abb. 10.2. Schiebe-Rollmoment einer *Hochdeckeranordnung* und eines Flügels allein, nach [34]. Rumpf und Flügel wie in Abb. 10.1.

Rumpf keinen nennenswerten Einfluß auf den Verlauf der Kurve $c_A(\alpha)$ Der Beiwert des Maximalauftriebes $c_{A\max}$ wird jedoch im vorliegenden Fall durch den Rumpf erheblich abgemindert. Dies wird verständlich, wenn man bedenkt, daß beim Mitteldecker die Flügelumströmung auf der Saugseite durch den Rumpf stark gestört wird und infolgedessen die Ablösung vorzeitig einsetzt. In Abb. 10.1b ist der Nickmomentenbeiwert c_M in Abhängigkeit von c_A für den Flügel allein und die Flügel-

Rumpf-Anordnung dargestellt. Man erkennt, daß durch den Rumpf der Nickmomentenanstieg dc_M/dc_A stark vergrößert wird. Dies ist verständlich, wenn man bedenkt, daß der angestellte Rumpf allein ein Nickmoment erfährt, welches ihn querzustellen bestrebt ist, vgl. Kap. 9.23. Durch den Einfluß des Flügels wird dieses Nickmoment des Rumpfes jedoch noch erheblich vergrößert.

In Abb. 10.2 ist für eine *Hochdeckeranordnung*, die ebenfalls aus einem Rechteckflügel und einem rotationssymmetrischen Rumpf besteht, der Beiwert des Rollmomentes c_L in Abhängigkeit vom Schiebewinkel β angegeben. Der Unterschied im Verlauf der Kurven $c_L(\beta)$ für den Flügel allein und die Flügel-Rumpf-Anordnung ist recht groß. Durch den Einfluß des Rumpfes in Hochdeckeranordnung wird der Schieberollmomentenanstieg $\partial c_L/\partial \beta$ stark vergrößert. Dies kommt durch die seitliche Umströmung des Rumpfes zustande. Die in Abb. 10.1 und 10.2 aufgezeigten Interferenzeinflüsse sind einer theoretischen Behandlung zugänglich. Andere Interferenzprobleme, insbesondere solche des Widerstandes von Flügel-Rumpf-Anordnungen, sind einer theoretischen Behandlung kaum zugänglich. Aus diesem Grunde sind hierfür systematische experimentelle Untersuchungen unentbehrlich [18], [52].

Zusammenfassende Darstellungen über die gegenseitige Beeinflussung von Flügel und Rumpf sind u. a. von H. Schlichting [47] und [48], C. Ferrari [9] und H. R. Lawrence und A. H. Flax [27] veröffentlicht worden.

10.12 Geometrie der Flügel-Rumpf-Anordnung und aerodynamische Beiwerte

Geometrie. Im Hinblick auf die im folgenden zu besprechende Aerodynamik der Flügel-Rumpf-Anordnung möge vorweg ihre Geometrie kurz erörtert werden. Die Geometrie des Tragflügels wurde in Kap. 5.1 erläutert (Abb. 5.1 und 5.2) und die Geometrie des Rumpfes in Kap. 9.1 (Abb. 9.1). Die Geometrie einer Flügel-Rumpf-Anordnung ist in Abb. 10.3 und 10.4 dargestellt. Abb. 10.3 zeigt den Grundriß und die Seitenansicht einer Flügel-Rumpf-Anordnung, während Abb. 10.4 die Ansicht zweier Flügel-Rumpf-Anordnungen von hinten darstellt. Die Lage des Flügels gegenüber dem Rumpf wird durch die folgenden drei Größen festgelegt:

Flügelrücklage: e
Flügelhochlage: z_0
Flügeleinstellwinkel: ε_0

Dabei ist in Abb. 10.3 die Flügelrücklage e der Abstand des geometrischen Neutralpunktes des Flügels (Kap. 5.12) von der Rumpfnase. Die Flügelhochlage z_0 ist nach Abb. 10.4a der Abstand des Flügels von der Rumpfachse. Es gilt für den

$$\begin{aligned} &\text{Hochdecker:} && z_0 > 0,\\ &\text{Mitteldecker:} && z_0 = 0,\\ &\text{Tiefdecker:} && z_0 < 0. \end{aligned}$$

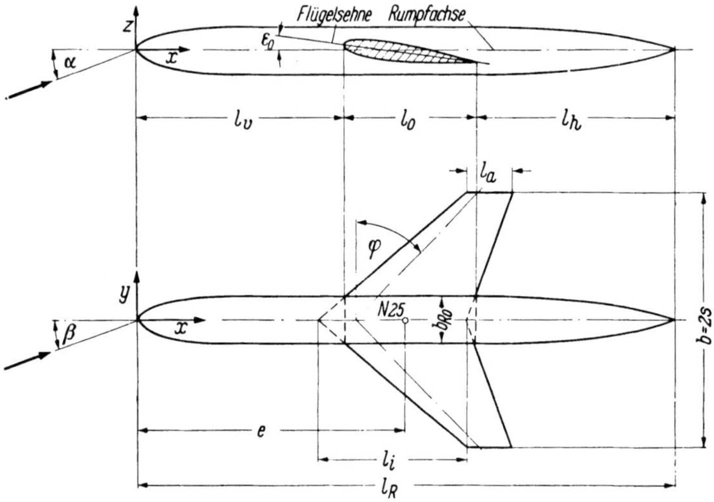

Abb. 10.3. Zur Geometrie der Flügel-Rumpf-Anordnung (Seitenansicht und Grundriß).

Ein typischer Mitteldecker mit V-Stellung ist in Abb. 10.4b dargestellt. Der Flügeleinstellwinkel ε_0 ist nach Abb. 10.3 der Winkel zwischen der Sehne des Flügelwurzelschnittes und der Rumpfachse.

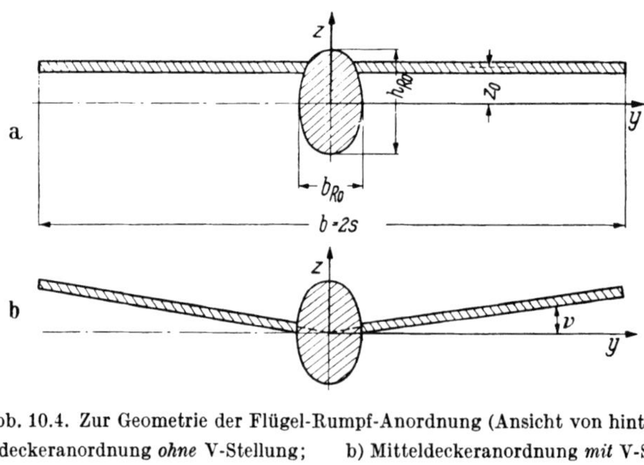

Abb. 10.4. Zur Geometrie der Flügel-Rumpf-Anordnung (Ansicht von hinten).
a) Hochdeckeranordnung *ohne* V-Stellung; b) Mitteldeckeranordnung *mit* V-Stellung.

Falls Flügel und Rumpf sich durchdringen, bedarf das vom Rumpf verdeckte Flügelstück einer besonderen Erläuterung. Ist der Flügel ein gepfeilter Trapezflügel, so ist es zweckmäßig, das vom Rumpf überdeckte gepfeilte Flügelstück nach Abb. 10.3 durch ein rechteckiges Flügelstück zu ersetzen. Dieses Rechteck wird gebildet aus der Tiefe des Wurzelschnittes l_0 und der mittleren Rumpfbreite im Flügelbereich b_{R0}. Dabei ist bei den üblichen Flügel-Rumpf-Anordnungen b_{R0} nahezu gleich der maximalen Rumpfbreite $b_{R\,\max}$ nach Abb. 9.1. Den so definierten Flügel nennen wir den „Ersatzflügel", während der Ausgangsflügel der „ursprüngliche Flügel" heißen soll.

Ein weiterer wichtiger geometrischer Parameter einer Flügel-Rumpf-Anordnung ist das Verhältnis von Rumpfbreite b_{R0} zu Flügelspannweite b. Wir führen deshalb

$$\eta_R = \frac{b_{R0}}{b} \tag{10.1}$$

als *relative Rumpfbreite* ein.

Aerodynamische Beiwerte. Es ist zweckmäßig und allgemein üblich, die aerodynamischen Beiwerte einer Flügel-Rumpf-Anordnung auf die geometrischen Größen des „ursprünglichen Flügels" zu beziehen. In dieser Weise wurde bereits in Abb. 10.1 und 10.2 verfahren. Eine Zusammenstellung der aerodynamischen Beiwerte des Flügels wurde in den Gln. (7.186) und (7.187) gegeben. Die Definitionen der aerodynamischen Beiwerte werden unverändert für die Flügel-Rumpf-Anordnung übernommen, wobei jetzt die Kräfte und Momente diejenigen der Flügel-Rumpf-Anordnung sind. Die Bezugsachsen für die Kräfte und Momente sowie ihre Vorzeichen sind aus Abb. 7.59 zu ersehen.

10.13 Strömungsmechanische Grundlagen zur Flügel-Rumpf-Interferenz

Bevor wir uns im nächsten Abschnitt der quantitativen Berechnung der gegenseitigen Beeinflussung von Flügel und Rumpf zuwenden, mögen hier einige physikalische Erläuterungen vorausgeschickt werden. Fügt man Flügel und Rumpf zusammen, so ergibt sich für die Flügel-Rumpf-Anordnung eine resultierende Strömung, bei welcher sich der Rumpf im Strömungsfeld des Flügels und der Flügel im Strömungsfeld des Rumpfes befindet. Es findet somit eine wechselseitige aerodynamische Interferenz zwischen Rumpf und Flügel statt, derart, daß die Umströmung des Flügels durch das Vorhandensein des Rumpfes und diejenige des Rumpfes durch das Vorhandensein des Flügels geändert wird. Für die rechnerische Ermittlung der Strömung um eine Flügel-Rumpf-Anordnung kann man also so vorgehen, daß man zu den Strömungen um den Rumpf allein und den Flügel allein die Interferenzeinflüsse des Flügels auf den Rumpf und des Rumpfes auf den Flügel hinzufügt. Diese Interferenzeinflüsse erhält man durch Erfüllung der kinematischen Strömungsbedingung (Verschwinden der Normalkomponente der Geschwindigkeit auf der Oberfläche der Flügel-Rumpf-Anordnung).

Für die *symmetrische Anströmung* einer Flügel-Rumpf-Anordnung (Schiebewinkel $\beta = 0$) ist in Abb. 10.5 das Strömungsfeld bei Unter-

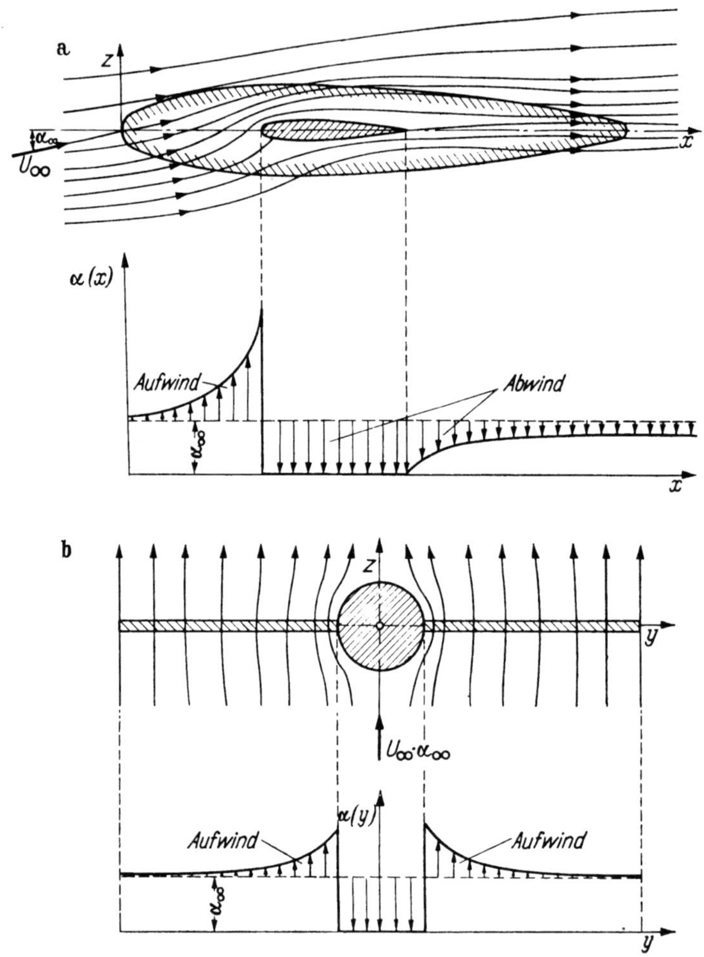

Abb. 10.5. Symmetrische Anströmung einer Flügel-Rumpf-Anordnung (schematisch). a) Strömung in der Flugzeug-Symmetrieebene und Anstellwinkelverteilung $\alpha(x)$ auf der Rumpfachse; b) Strömung in einer Ebene senkrecht zur Rumpfachse und Anstellwinkelverteilung $\alpha(y)$ längs Flügelspannweite.

schallgeschwindigkeit schematisch dargestellt. Abb. 10.5a zeigt den Einfluß des Flügels auf die Umströmung des Rumpfes. Durch den Flügel werden längs der Rumpfachse zusätzliche Geschwindigkeiten normal zur Rumpfachse induziert, die vor dem Flügel nach aufwärts und hinter dem

Flügel nach abwärts gerichtet sind. Im Bereich der Flügel-Rumpf-Durchdringung verläuft die Strömung in Richtung der Flügelsehne, was einer längs der Flügeltiefe konstanten induzierten Abwärtsgeschwindigkeit gleichkommt. Der Rumpf befindet sich somit in einer gekrümmten Strömung mit einer längs der Rumpfachse veränderlichen Anstellwinkelverteilung $\alpha(x)$, wie sie in Abb. 10.5a angegeben ist. Diese vom Flügel am Rumpf induzierte Anstellwinkelverteilung läßt erkennen, daß der Rumpf durch die Interferenz ein zusätzliches schwanzlastiges Nickmoment erfährt.

Der Einfluß des Rumpfes auf die Umströmung des Flügels ist in Abb. 10.5b schematisch dargestellt. Die Komponente der Anströmungsgeschwindigkeit normal zur Rumpfachse $U_\infty \sin \alpha_\infty \approx U_\infty \alpha_\infty$ erzeugt in der Nähe des Rumpfes zusätzliche Aufwärtsgeschwindigkeiten. In ihrer Wirkung auf den Flügel können diese induzierten Geschwindigkeiten, die normal zur Flügelebene sind, auch als eine zusätzliche längs Flügelspannweite symmetrische Anstellwinkelverteilung (Verwindungswinkel) aufgefaßt werden.

Für die *unsymmetrische Anströmung* einer Flügel-Rumpf-Anordnung ist das Strömungsfeld in Abb. 10.6 schematisch dargestellt. Die Umströmung der Flügel-Rumpf-Anordnung mit dem Schiebewinkel β kann man sich zerlegt denken in eine Anströmung *in* der Symmetrieebene mit der Geschwindigkeit $U_\infty \cos \beta \approx U_\infty$ und in eine solche *senkrecht* zur Symmetrieebene mit der Geschwindigkeit $U_\infty \sin \beta \approx U_\infty \beta$. Diese letztere Komponente der Anströmung ergibt eine Querumströmung des Rumpfes, wie sie in Abb. 10.6b, c und d für eine Hoch-, Mittel- bzw. Tiefdecker-Anordnung dargestellt ist. Diese Querumströmung des Rumpfes ergibt am Ort des Flügels eine zusätzliche längs Spannweite antimetrische Verteilung von Normalgeschwindigkeiten, welche einer antimetrischen Anstellwinkelverteilung $\alpha(y)$ äquivalent ist. Die durch diese Anstellwinkelverteilung hervorgerufene Auftriebsverteilung längs der Spannweite des Flügels ist dem Vorzeichen nach für den Hochdecker und den Tiefdecker verschieden. Das aus dieser antimetrischen Auftriebsverteilung resultierende Rollmoment (Schieberollmoment) ist für den Mitteldecker gleich Null, für den Hochdecker positiv und für den Tiefdecker negativ. Diese Überlegungen werden durch die Meßergebnisse in Abb. 10.2 bestätigt, welche zeigen, daß für den Hochdecker der Schieberollmomentenanstieg $\partial c_L / \partial \beta$ größer als für den Flügel allein ist.

Der Einfluß des Rumpfes auf den Flügel beim Schieben kann somit beim Hochdecker wie die Wirkung einer positiven V-Stellung und beim Tiefdecker wie diejenige einer negativen V-Stellung des Flügels gedeutet werden.

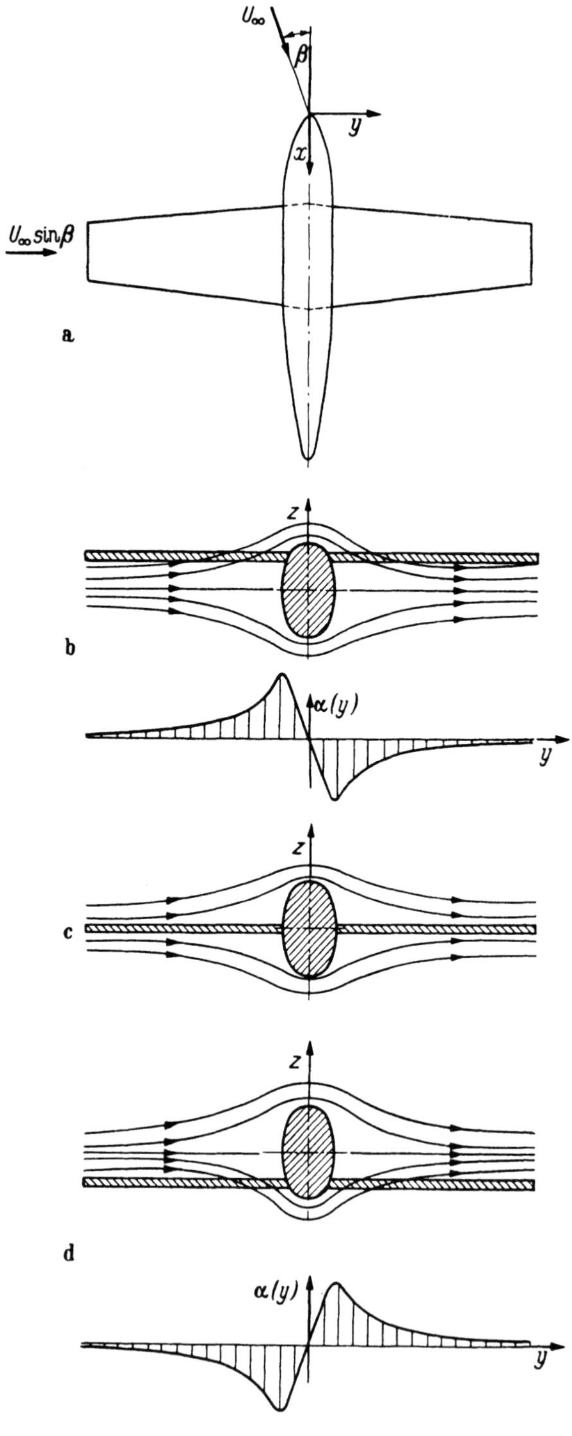

a) Flügelgrundriß

b) Hochdecker mit Anstellwinkelverteilung $\alpha(y)$

c) Mitteldecker

d) Tiefdecker mit Anstellwinkelverteilung $\alpha(y)$

Abb. 10.6. Unsymmetrische Anströmung einer Flügel-Rumpf-Anordnung (schematisch).

10.2 Flügel-Rumpf-Anordnung bei inkompressibler Strömung

10.21 Flügel-Rumpf-Anordnung bei symmetrischer Anströmung

10.211 Gesamtauftrieb einer Flügel-Rumpf-Anordnung. Der erste Versuch einer theoretischen Behandlung der Interferenz einer Flügel-Rumpf-Anordnung ist von J. LENNERTZ [28] unternommen worden. Es soll hier zunächst nur der Auftrieb einer Flügel-Rumpf-Anordnung mit seiner Verteilung auf Flügel und Rumpf

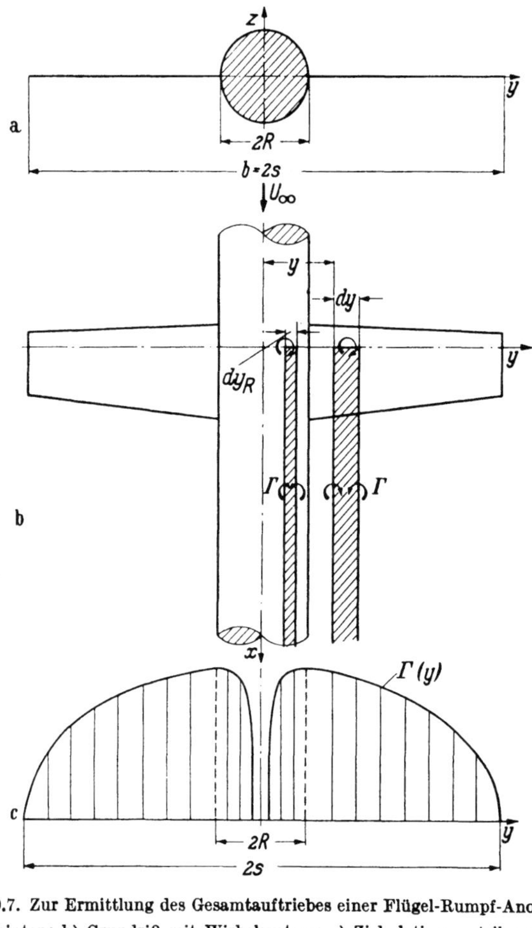

Abb. 10.7. Zur Ermittlung des Gesamtauftriebes einer Flügel-Rumpf-Anordnung.
a) Ansicht von hinten; b) Grundriß mit Wirbelsystem; c) Zirkulationsverteilung in Spannweitenrichtung.

untersucht werden. Der Einfachheit halber sei der Rumpf ein unendlich langer Kreiszylinder nach Abb. 10.7, während der Flügel von endlicher Spannweite und ungepfeilt sei. Für den nicht vom Rumpf überdeckten Flügelteil sei die Auftriebsverteilung längs Spannweite und damit die Zirkulationsverteilung $\Gamma(y)$ bekannt. Das Wirbelsystem des Tragflügels kann nach Abb. 7.16a aus Hufeisenwirbeln der Breite dy und der Wirbelstärke Γ aufgebaut werden, wie in Abb. 10.7b angegeben.

Um den bei dieser Anordnung am Rumpf entstehenden Auftrieb zu ermitteln, hat man auf der Rumpfoberfläche die kinematische Strömungsbedingung zu erfüllen, nämlich daß die Rumpfoberfläche Stromfläche ist. Für einen Querschnitt senkrecht zur Rumpfachse sehr weit hinter dem Flügel liegt eine ebene Strömung in der y, z-Ebene vor. Die Erfüllung der kinematischen Strömungsbedingung gelingt hier einfach mit Hilfe des Spiegelungsprinzips, d. h., es ist zu jedem freien Wirbel außerhalb des Rumpfes im Innern des Rumpfes ein am Kreis gespiegelter Wirbel von gleicher Stärke, aber entgegengesetztem Drehsinn anzubringen. Der gespiegelte Wirbel, welcher zum freien Wirbel an der Stelle y gehört, hat von der Rumpfachse den Abstand

$$y_R = \frac{R^2}{y}, \tag{10.2}$$

wobei R den Radius des Rumpfquerschnittes bedeutet.[1] Auf diese Weise ergibt sich auf dem Rumpf eine Zirkulationsverteilung, wie sie in Abb. 10.7c dargestellt ist.

Den Auftrieb des *nicht* vom Rumpf *überdeckten Flügelteiles* A'_F erhält man durch Integration der Zirkulationsverteilung über die Spannweite nach Gl. (7.7) zu:

$$A'_F = 2\varrho U_\infty \int\limits_{y=R}^{s} \Gamma(y)\, dy. \tag{10.3}$$

In analoger Weise ist der Auftrieb des *Rumpfes*:

$$A_R = 2\varrho U_\infty \int\limits_{y_R=R^2/s}^{R} \Gamma(y_R)\, dy_R.$$

Unter Beachtung von $dy_R = -(R^2/y^2)dy$ und $\Gamma(y_R) = \Gamma(y)$ für den gebundenen Wirbel gilt:

$$A_R = 2\varrho U_\infty \int\limits_{y=R}^{s} \Gamma(y)\, \frac{R^2}{y^2}\, dy. \tag{10.4}$$

Der Gesamtauftrieb der *Flügel-Rumpf-Anordnung* ergibt sich aus den Gln. (10.3) und (10.4) zu:

$$A_{(F+R)} = A'_F + A_R = 2\varrho U_\infty \int\limits_{y=R}^{s} \Gamma(y) \left(1 + \frac{R^2}{y^2}\right) dy. \tag{10.5}$$

Um die vorstehenden Formeln numerisch auszuwerten, muß eine Annahme über die Zirkulationsverteilung $\Gamma(y)$ getroffen werden. Der einfachste Fall ist die konstante Zirkulationsverteilung $\Gamma(y) = \Gamma_0 = \text{const}$. Für diesen Fall ergibt sich aus den Gln. (10.3) und (10.4) für das Verhältnis von Rumpfauftrieb zu Flügelauftrieb:

$$\frac{A_R}{A'_F} = \frac{R}{s} = \eta_R. \tag{10.6}$$

[1] Man überzeugt sich leicht, daß das Stromlinienbild der beiden bei y und y_R bzw. $y + dy$ und $y_R + dy_R$ gelegenen entgegengesetzt drehenden Wirbel den Kreis um den Nullpunkt mit dem Radius R als Stromlinie enthält.

Man hat also das besonders einfache Ergebnis, daß in diesem Fall das Verhältnis der Auftriebe von Rumpf und Flügel gerade gleich dem Verhältnis von Rumpfbreite zu Flügelspannweite ist, das nach Gl. (10.1) als relative Rumpfbreite bezeichnet wird. Das Verhältnis vom Rumpfauftrieb zum Gesamtauftrieb ist somit

$$\frac{A_R}{A_{(F+R)}} = \frac{\eta_R}{1+\eta_R}. \tag{10.6a}$$

Dieses Verhältnis ist in Abb. 10.8 in Abhängigkeit von der relativen Rumpfbreite $\eta_R = R/s$ als Kurve *1* dargestellt. Wie H. R. LAWRENCE und A. H. FLAX

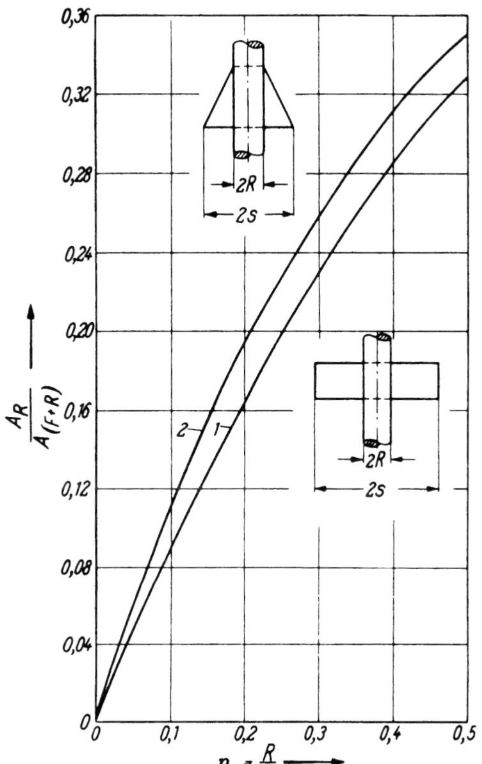

Abb. 10.8. Anteil des Rumpfauftriebes A_R am Gesamtauftrieb einer Flügel-Rumpf-Anordnung $A_{(F+R)}$ in Abhängigkeit von der relativen Rumpfbreite $\eta_R = R/s$.

Kurve *1*: Theorie nach LENNERTZ [28] (Γ = const);
Kurve *2*: Theorie nach SPREITER [53] (Theorie schlanker Körper).

[27] sowie auch H. J. LUCKERT [32] gezeigt haben, ist Kurve *1* in Abb. 10.8 mit sehr guter Näherung auch für andere Auftriebsverteilungen gültig. Die in Abb. 10.8 mit eingetragene Kurve *2* gilt für Flügel von kleinem Seitenverhältnis; vgl. hierzu Kap. 10.6. Das in Gl. (10.4) erhaltene Ergebnis über den Rumpfauftrieb kann auch aus dem Druckintegral über die Körperoberfläche sowie auch mit Hilfe des Impulssatzes gewonnen werden, vgl. [27] und [28].

Die vorstehenden Betrachtungen geben keine Auskunft über die Verteilung des Rumpfauftriebes über die Rumpflänge. Hiermit werden wir uns im nächsten Abschnitt beschäftigen.

10.212 Auftriebsverteilung des Rumpfes

Auftrieb und Nickmoment. Um die unter der Einwirkung des Flügels am Rumpf erzeugte Auftriebsverteilung über die Rumpflänge zu ermitteln, können wir die entsprechenden Überlegungen für einen Rumpf allein von Kap. 9.23 übernehmen. Dort wurde gezeigt, daß für einen Rumpf nach Abb. 10.9 die Auftriebsverteilung über die Rumpflänge nach Gl. (9.45) gegeben ist durch:

$$\frac{dA_R}{dx} = q_\infty \frac{\pi}{2} \frac{d}{dx} [\alpha(x)\, b_R^2(x)]. \tag{10.7}$$

Hierin ist dA_R die Auftriebskraft für ein Rumpfstück der Länge dx sowie $b_R(x)$ die örtliche Rumpfbreite, $\alpha(x)$ der örtliche Anstellwinkel

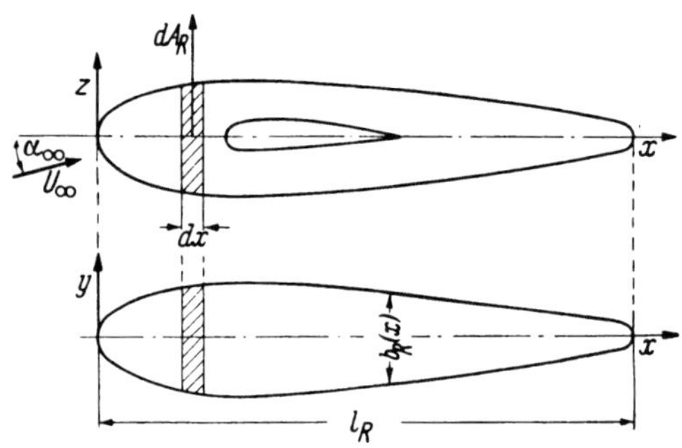

Abb. 10.9. Zur Berechnung der Auftriebsverteilung eines angestellten Rumpfes.

der Rumpfachse und $q_\infty = \varrho U_\infty^2/2$ der Staudruck der Anströmung. Während für die Berechnung der Auftriebsverteilung des unbeeinflußten Rumpfes in dieser Gleichung der Anstellwinkel $\alpha(x) = \alpha_\infty = \text{const}$ gesetzt wurde, erhalten wir die Auftriebsverteilung des Rumpfes unter dem Einfluß des Flügels, wenn jetzt

$$\alpha(x) = \alpha_\infty + \alpha_w(x) \tag{10.8}$$

gesetzt wird, wobei $\alpha_w(x)$ die vom Flügel am Ort des Rumpfes induzierten Auf- oder Abwindwinkel bedeutet, vgl. Abb. 10.5a.

Aus Gl. (10.7) ergibt sich für den *Gesamtauftrieb* des Rumpfes unter dem Einfluß des Flügels:

$$A_R = \int_0^{l_R} \frac{dA_R}{dx}\, dx = 0, \tag{10.7a}$$

wegen $b_R(0) = b_R(l_R) = 0$. Wie bereits in Kap. 9.233 gezeigt wurde, gilt diese Beziehung für reibungslose Strömung.
Für das *Nickmoment* des Rumpfes ergibt sich:

$$M_R = -\int_0^{l_R} \frac{d A_R}{dx}\, x\, dx \tag{10.9}$$

oder nach Einsetzen von Gl. (10.7) und nach partieller Integration:

$$M_R = q_\infty \frac{\pi}{2} \int_0^{l_R} \alpha(x)\, b_R^2(x)\, dx. \tag{10.9a}$$

Die entsprechende Formel für den unbeeinflußten Rumpf wurde in Gl. (9.47) angegeben. Das Nickmoment nach Gl. (10.9a) ist unabhängig von der Lage der Bezugsachse, weil es ein freies Moment ist. Das vorstehende Verfahren zur Berechnung der Flügel-Rumpf-Interferenz ist zuerst von H. MULTHOPP [40] angegeben worden. Die Berechnung der Auftriebsverteilung über der Rumpflänge nach Gl. (10.7) und des Nickmomentes nach Gl. (10.9) erfordert die Ermittlung der Verteilung des vom Flügel induzierten Anstellwinkels $\alpha_w(x)$ längs der Rumpfachse. Dieses ist eine Aufgabe der Tragflügeltheorie, die für den ebenen Fall bereits in Kap. 6.352 und für den räumlichen Fall grundsätzlich in Kap. 7.2 behandelt wurde. Eine eingehende Darstellung der Berechnungsverfahren für das induzierte Geschwindigkeitsfeld von Tragflügeln wird in Kap. XI gegeben werden.

Berechnungsverfahren. Die Grundzüge des Berechnungsverfahrens für die Auftriebsverteilung und das Nickmoment erkennt man aus dem einfachen Fall einer Flügel-Rumpf-Anordnung mit einem Tragflügel unendlicher Spannweite, welcher in Abb. 10.10 dargestellt ist. Für die angestellte ebene Platte ist nach Gl. (6.154) der induzierte Anstellwinkel

$$\alpha_w(X) = \alpha_\infty \left(\sqrt{\frac{X-1}{X}} - 1\right) \quad \text{gültig für} \quad X \geqq 1 \text{ und } X < 0,$$

wobei $X = x/l$ den dimensionslosen Abstand von der Plattenvorderkante bedeutet. Damit wird nach Gl. (10.8) die Verteilung des örtlichen Anstellwinkels

$$\alpha(X) = \alpha_\infty \sqrt{\frac{X-1}{X}} \quad \text{für} \quad X \geqq 1, \quad X < 0. \tag{10.10a}$$

Diese Verteilung ist in Abb. 10.10b dargestellt. Im Bereich des Flügels, $0 < X \leqq 1$, gilt $\alpha_w(x) = -\alpha_\infty$ und somit:

$$\alpha(X) = 0 \quad \text{für} \quad 0 < X \leqq 1. \tag{10.10b}$$

Der Verlauf des örtlichen Anstellwinkels $\alpha(X)$ nach Gl. (10.10a) und (10.10b) hat an der Flügelvorderkante eine Unstetigkeit: es fällt dort

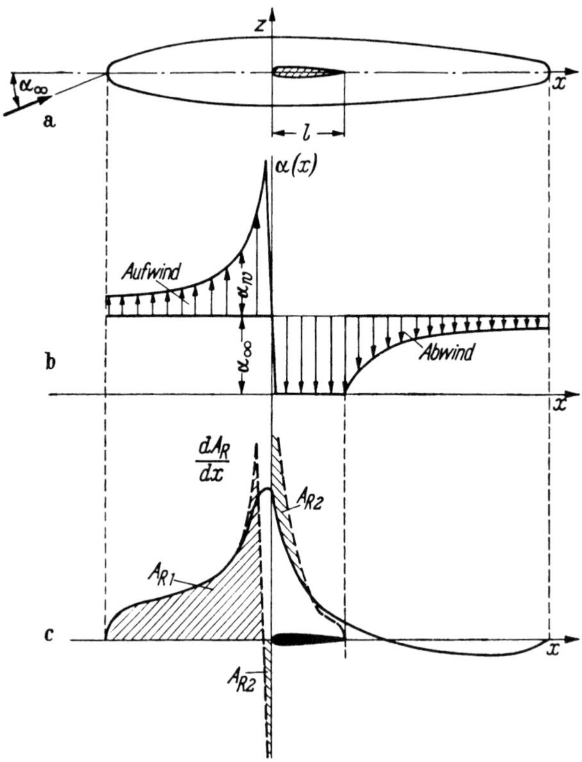

Abb. 10.10. Zur Berechnung der Auftriebsverteilung des Rumpfes einer Flügel-Rumpf-Anordnung. a) Geometrie der Flügel-Rumpf-Anordnung; b) Anstellwinkelverteilung $\alpha(x)$; c) Auftriebsverteilung dA_R/dx.

$\alpha(X)$ von einem unendlich großen positiven Wert auf Null ab. Dort hat also $d\alpha/dx$ einen unendlich großen negativen Wert, der bei der Ermittlung der Auftriebsverteilung nach Gl. (10.7) besonders berücksichtigt werden muß. Zur anschaulicheren Berechnung der Auftriebsverteilung ist in Abb. 10.10b die Unstetigkeit der $\alpha(X)$-Kurve durch einen steilen, aber endlichen Abfall ersetzt worden. Legt man den so festgelegten örtlichen Anstellwinkelverlauf zugrunde, so ergibt sich die in Abb. 10.10c dargestellte Auftriebsverteilung. Diese besitzt unmittelbar vor der Flügelvorderkante einen großen negativen Anteil in Form einer ausgeprägten Spitze, welcher von den großen negativen Werten von $d\alpha/dx$ in der Nähe der Flügelnase herrührt. Die Größe dieses negativen Anteiles der Auftriebsverteilung läßt sich leicht aus der Überlegung bestimmen, daß für den Rumpfteil von der Rumpfnase bis kurz hinter die Flügelvorderkante die gesamte Auftriebskraft nach Gl. (10.7) gleich Null sein

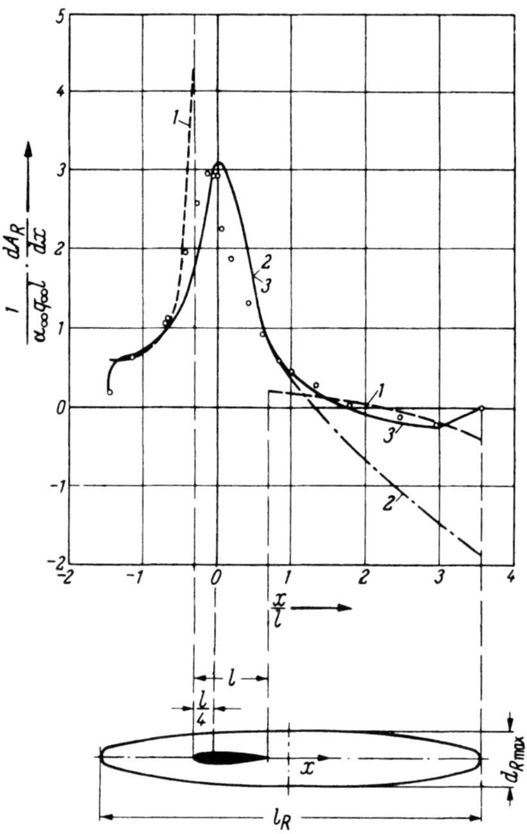

Abb. 10.11. Auftriebsverteilung des Rumpfes einer Flügel-Rumpf-Anordnung (Mitteldecker). Rumpf: Rotationsellipsoid vom Achsenverhältnis 1 : 7; Flügel: Rechteck vom Seitenverhältnis $\Lambda = 5$. Messung nach [48]; Theorie: Kurve *1* nach MULTHOPP [40]; Kurve *2* nach LAWRENCE und FLAX [27]; Kurve *3* aus Kurve *2* nach [1].

muß, weil an der Rumpfnase $b_R = 0$ und kurz hinter der Flügelvorderkante $\alpha = 0$ ist. Somit sind in Abb. 10.10c der positive Anteil A_{R1} und der negative Anteil A_{R2} gleich groß.

Andererseits besitzt der Flügel allein (ohne Rumpfeinfluß) eine Auftriebsverteilung mit einer stark ausgeprägten positiven Spitze in der Nähe der Flügelvorderkante. In Wirklichkeit wird diese positive Auftriebsspitze des Flügels durch die vorhin erwähnte negative Auftriebsspitze des Rumpfes A_{R2} abgebaut. Somit ergibt sich eine Auftriebsverteilung über den Rumpf einschließlich des überdeckten Flügelbereiches, wie sie in Abb. 10.10c als ausgezogene Kurve dargestellt ist.

Schließlich lehrt diese Betrachtung noch, daß der Gesamtauftrieb des Rumpfes in der Flügel-Rumpf-Anordnung näherungsweise so groß ist wie der Auftrieb des vom Rumpf überdeckten Flügelstückes.

Ergebnisse. In Abb. 10.11 ist ein Beispiel zu diesem Berechnungsverfahren und ein Vergleich mit Messungen angegeben. Der Rumpf ist ein *Rotationsellipsoid* vom Achsenverhältnis 1:7, welcher mit einem *Rechteckflügel* vom Seitenverhältnis $\Lambda = 5$ in Mitteldeckeranordnung zusammengesetzt ist. Die nach Gl. (10.7) ermittelte theoretische *Auftriebsverteilung* ist als Kurve *1* eingetragen. Diese theoretische Kurve

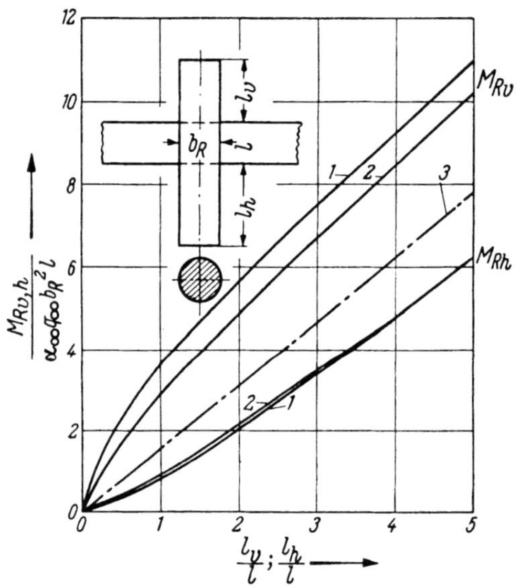

Abb. 10.12. Theoretische Rumpfmomente von Flügel-Rumpf-Anordnungen für einen Rumpf konstanter Breite mit Kreisquerschnitt.
Flügel: Ebene Platte von unendlicher Spannweite; M_{Rv} = Anteil des Rumpfvorderteiles; M_{Rh} = Anteil des Rumpfhinterteiles.
Kurve *1*: Rechnung mit der tragenden Fläche;
Kurve *2*: Rechnung mit der tragenden Linie;
Kurve *3*: ohne Flügeleinfluß.

gibt die Messungen in dem Bereich vor und hinter dem Flügel recht gut wieder. Im Flügelbereich liefert das vorstehende Rechenverfahren kein Ergebnis. Die gemessene Auftriebsverteilung zeigt ein ausgeprägtes Maximum in der Nähe der Flügelvorderkante. Außerdem ist als Kurve *2* noch eine Näherungstheorie von H. R. Lawrence und A. H. Flax [27] dargestellt, über die später berichtet wird; diese stimmt mit den Messungen im Flügelbereich befriedigend überein. Auch die Kurve *3* wird später erläutert werden.

Weiterhin sollen jetzt einige theoretische Ergebnisse für das *Rumpfmoment* infolge des Einflusses des Flügels angegeben werden. In Abb. 10.12 sind nach X. Hafer [15] für *zylindrische Rümpfe* die Momentenanteile des *vor* bzw. *hinter* dem Flügel liegenden Rumpfteiles als Kurven *1* angegeben. Der zugrunde gelegte Flügel ist die *angestellte ebene Platte* von unendlicher Spannweite, für welche die Anstellwinkelverteilung durch die Gln. (10.10a) und (10.10b) gegeben ist. Die Ergebnisse von Abb. 10.12 sind deshalb nur für Flügel-Rumpf-Anordnungen mit Flügeln von großem Seitenverhältnis verwendbar. Die Momentenanteile des Rumpfvorderteiles M_{Rv} und des Rumpfhinterteiles M_{Rh} sind in Abhängigkeit von l_v/l bzw. l_h/l angegeben, wobei l_v und l_h nach Abb. 10.3 die Länge des Rumpfvorderteiles bzw. Rumpfhinterteiles bedeuten. Das gesamte Rumpfmoment erhält man hieraus durch Addition: $M_R = M_{Rv} + M_{Rh}$. Im allgemeinen ist bei gleicher Länge des Rumpfvorder- bzw. -hinterteiles der Beitrag des Rumpfhinterteiles zum gesamten Moment wesentlich kleiner als der des Rumpfvorderteiles.

Zum Vergleich sind in Abb. 10.12 als Kurven *2* die Nickmomente angegeben, die man erhält, wenn man für den Tragflügel an Stelle der tragenden Fläche eine tragende Linie im $l/4$-Punkt zugrunde legt. Man entnimmt aus Abb. 10.12, daß zwischen dem Ergebnis der Rechnung nach der tragenden Fläche und der tragenden Linie nur sehr geringe Unterschiede bestehen. Es erscheint deshalb zulässig, für die Ermittlung des Rumpfmomentes den Tragflügel durch eine tragende Linie zu ersetzen. Ferner ist in Abb. 10.12 als Kurve *3* noch die Momentenkurve des Rumpfes ohne Flügeleinfluß angegeben; sie ergibt sich aus Gl. (10.9a) für $\alpha(x) = \alpha_\infty$ und $b_R(x) = b_R$ zu:

$$M_{Rv,h} = \frac{\pi}{2}\,\alpha_\infty q_\infty b_R^2 l_{v,h}. \tag{10.11}$$

Der Unterschied der Kurven *1* und *2* gegenüber der Kurve *3* stellt den Flügeleinfluß auf das Rumpfmoment dar.

Die vorstehend ermittelten Rumpfmomente gelten für reibungslose Strömung. In Kap. 9.235 wurde bereits darauf hingewiesen, daß die Auftriebsverteilung am hinteren Rumpfteil infolge der Reibung einer Korrektur bedarf (Abb. 9.17).

Den Einfluß der *Flügelform* auf die Flügel-Rumpf-Interferenz übersieht man am besten an Hand der vom Flügel auf der Rumpfachse induzierten Anstellwinkelverteilungen. Abb. 10.13 zeigt für ungepfeilte Flügel den Einfluß des *Seitenverhältnisses* auf die Verteilung des Anstellwinkels. Sämtliche Flügel haben elliptischen Grundriß. Die Anstellwinkelverteilung wurde nach der Theorie der tragenden Linie gerechnet. Nach H. GLAUERT [11] gilt bei elliptischer Zirkulationsverteilung, vgl. die Gln. (7.123) und (7.124):

$$\alpha_w(\xi) = -\frac{c_A}{\pi\Lambda}\left(\frac{2}{\pi\xi}\sqrt{1+\left(\frac{\pi}{2}\xi\right)^2}+1\right). \tag{10.12}$$

Dabei ist $\xi = x/s$, und der Koordinatenursprung $x = 0$ liegt auf der $l/4$-Linie. Wegen $\xi = 8X/\pi\Lambda$ mit $X = x/l_i$ und mit dem Zusammenhang von c_A und α_∞ nach Gl. (7.125) wird aus den Gln. (10.12) und (10.8):

$$\frac{\alpha(X)}{\alpha_\infty} = 1 - \frac{\sqrt{\left(\frac{\Lambda}{4}\right)^2 + X^2} + X}{X\left(\sqrt{\left(\frac{\Lambda}{2}\right)^2 + 1} + 1\right)}. \tag{10.13}$$

In Abb. 10.13 ist α/α_∞ als Funktion von X dargestellt.[1] Danach zeigt sich, daß im Bereich vor dem Flügel die Aufwindwinkel mit kleiner werdendem Seitenverhältnis Λ stark abnehmen. Im Bereich hinter dem

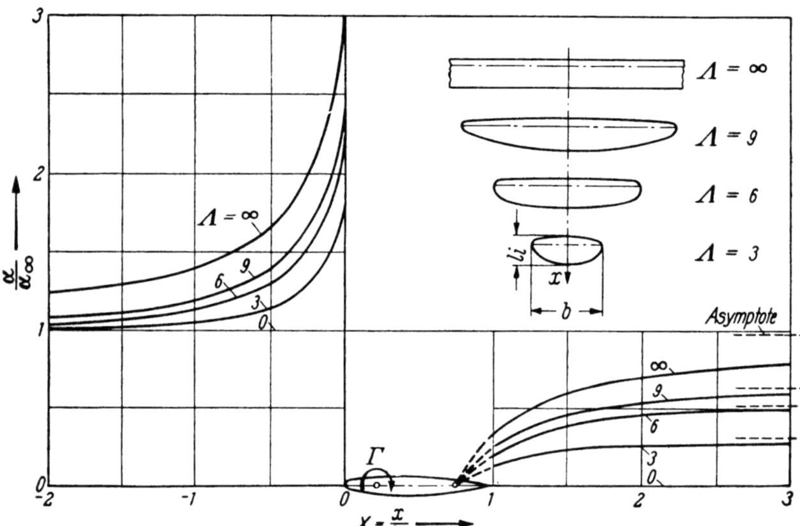

Abb. 10.13. Verteilung des örtlichen Anstellwinkels längs Rumpfachse von Flügel-Rumpf-Anordnungen mit Flügeln von verschiedenem Seitenverhältnis Λ.

Flügel dagegen nehmen die Abwindwinkel mit abnehmendem Seitenverhältnis zu. Daß im $\left(\frac{3}{4}\right)l$-Punkt alle Kurven den Wert $\alpha = 0$ haben, muß auf Grund des verwendeten Rechenverfahrens (erweiterte Traglinientheorie = Dreiviertelpunkt-Methode) erwartet werden.

Den Einfluß des *Pfeilwinkels* auf die Verteilung des Anstellwinkels zeigt Abb. 10.14 für einen Flügel unendlicher Spannweite und konstanter Tiefe mit ungepfeiltem Mittelstück. Letzteres entspricht der Überdeckung des Flügels durch den Rumpf nach Abb. 10.3. Für die induzierte Anstellwinkelverteilung auf der x-Achse ergibt sich aus der Traglinien-

[1] Für die Darstellung wurde der Koordinatenursprung in die Vorderkante gelegt.

theorie nach BIOT-SAVART:

$$\alpha_w(x) = -\frac{\Gamma}{2\pi U_\infty x}\,\frac{x + \sqrt{x^2 + s_R^2}\sin\varphi}{x\cos\varphi + s_R\sin\varphi}. \tag{10.14}$$

Es bedeutet Γ die Zirkulation der tragenden Linie, φ den Pfeilwinkel und s_R die halbe Breite des ungepfeilten Mittelstückes.[1] Für den Zusammenhang der Zirkulation Γ mit dem Anstellwinkel α_∞ gilt für den Pfeilflügel unendlicher Spannweite wegen $c_A = 2\Gamma/U_\infty l$ und $c_A = 2\pi\alpha_\infty\cos\varphi$ nach Gl. (7.155):

$$\frac{\Gamma}{U_\infty l} = \pi\alpha_\infty\cos\varphi. \tag{10.15}$$

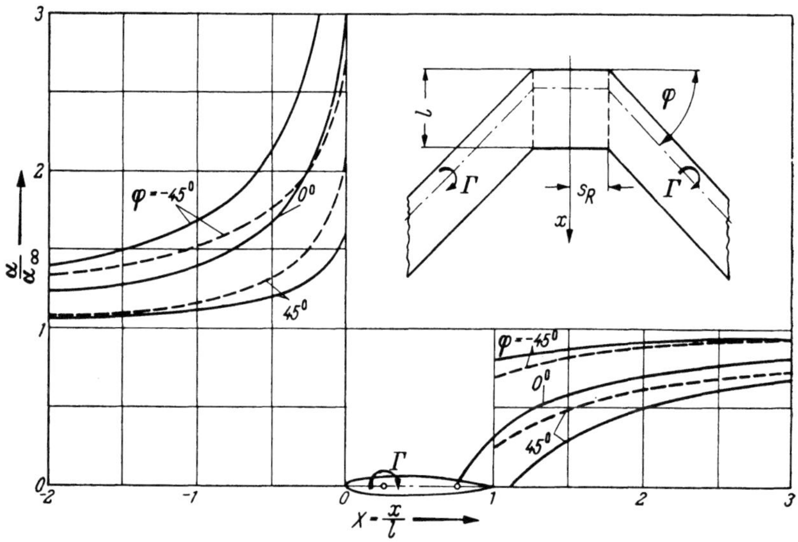

Abb. 10.14. Verteilung des örtlichen Anstellwinkels längs Rumpfachse von Flügel-Rumpf-Anordnungen mit Pfeilflügeln unendlicher Spannweite und mit rechteckigem Mittelstück (Traglinientheorie). Ausgezogene Kurven: $\sigma_R = s_R/l = 0$; gestrichelte Kurven: $\sigma_R = 0{,}5$.

Damit läßt sich Gl. (10.14) schreiben in der Form:

$$\frac{\alpha(X)}{\alpha_\infty} = 1 - \frac{\cos\varphi}{2X}\,\frac{X + \sqrt{X^2 + \sigma_R^2}\sin\varphi}{X\cos\varphi + \sigma_R\sin\varphi} \tag{10.16}$$

mit $X = x/l$ und $\sigma_R = s_R/l$. In Abb. 10.14 ist die hiernach berechnete Anstellwinkelverteilung aufgetragen, und zwar für die Pfeilwinkel $\varphi = 0°$, $+45°$ und $-45°$ sowie für $\sigma_R = 0$ und $0{,}5$.[2] Man entnimmt aus

[1] Dabei befindet sich der Koordinatenursprung im $(l/4)$-Punkt des Mittelschnittes.

[2] Vgl. hierzu die Fußnote auf S. 318.

Abb. 10.14, daß bei Rückwärtspfeilung der Aufwind vor dem Flügel verkleinert und der Abwind hinter dem Flügel vergrößert wird, während Vorwärtspfeilung den entgegengesetzten Einfluß hat. Wie zu erwarten ist, wird durch das Einfügen des rechteckigen Mittelstückes der Einfluß der Pfeilung abgemindert. Die Verteilung des induzierten Anstellwinkels auf der Rumpfachse für den Pfeilflügel ohne rechteckiges Mittelstück ($s_R = 0$) ist nach Gl. (10.14):

$$\alpha_w(x) = -\frac{\Gamma}{2\pi U_\infty x \cos\varphi}\left(1 + \frac{x}{|x|}\sin\varphi\right). \tag{10.17}$$

Da für den ungepfeilten Flügel $\alpha_w = -\Gamma/2\pi U_\infty x$ ist, zeigt Gl. (10.17), daß sich der Einfluß des Pfeilwinkels auf den induzierten Abwindwinkel durch einen Faktor darstellen läßt.

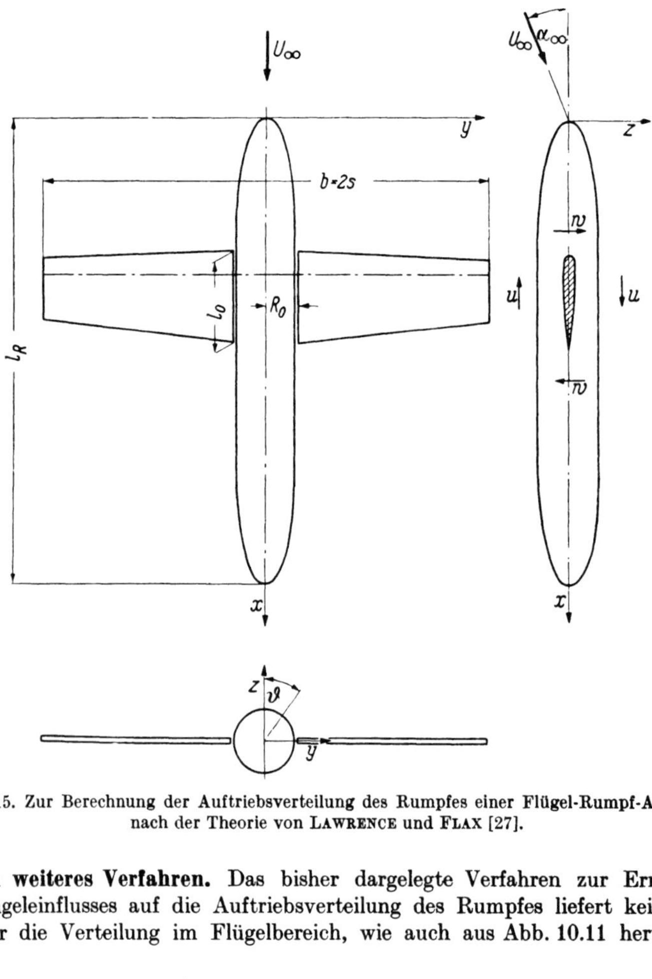

Abb. 10.15. Zur Berechnung der Auftriebsverteilung des Rumpfes einer Flügel-Rumpf-Anordnung nach der Theorie von LAWRENCE und FLAX [27].

Ein weiteres Verfahren. Das bisher dargelegte Verfahren zur Ermittlung des Flügeleinflusses auf die Auftriebsverteilung des Rumpfes liefert keine Aussage für die Verteilung im Flügelbereich, wie auch aus Abb. 10.11 hervorgeht.

Von H. R. LAWRENCE und A. H. FLAX [27] ist eine Methode angegeben worden, welche es gestattet, die Auftriebsverteilung über die ganze Rumpflänge einschließlich des überdeckten Flügelbereiches zu ermitteln. Der Grundgedanke dieser Methode besteht nach Abb. 10.15 darin, daß im Gegensatz zu dem früheren Verfahren, welches einen durchgehenden Flügel zugrunde legt, jetzt der Rumpf als durchgehend und der Flügel als unterbrochen angenommen wird. Es wird nun der Einfluß der beiden Teilflügel auf den Rumpf ermittelt, wobei sowohl die x-Komponente als auch die z-Komponente der induzierten Geschwindigkeit zu berücksichtigen ist. Das die beiden Flügelstücke ersetzende Wirbelsystem erzeugt auf der Rumpfachse Aufwärtsgeschwindigkeiten. Diese ergeben nach den Gln. (10.7) und (10.8) den folgenden Beitrag zur Auftriebsverteilung des Rumpfes

$$\left(\frac{dA_R}{dx}\right)_1 = 2\pi q_\infty \frac{d}{dx}\left[\alpha(x) R^2(x)\right]. \tag{10.18}$$

Einen weiteren Beitrag zu dieser Auftriebsverteilung geben die induzierten Längsgeschwindigkeiten $u(x)$, weil sie an der Rumpfoberfläche eine zusätzliche Druckverteilung liefern. Hieraus ergibt sich nach Gl. (9.44) mit $c_p = -2u/U_\infty$:

$$\left(\frac{dA_R}{dx}\right)_2 = 2q_\infty R(x) \int_0^{2\pi} \frac{u}{U_\infty} \cos\vartheta \, d\vartheta. \tag{10.19a}$$

Dabei bedeutet ϑ den Zentriwinkel nach Abb. 10.15. Für die induzierte Geschwindigkeit auf der Rumpfoberfläche kann man setzen

$$u = z\left(\frac{\partial u}{\partial z}\right)_{z=0} = z\left(\frac{\partial w}{\partial x}\right)_{z=0},$$

weil wegen der Drehungsfreiheit $\partial u/\partial z = \partial w/\partial x$ ist. Dabei ist z die Koordinate der Rumpfoberfläche, also $z = R\cos\vartheta$. Mithin kann in Gl. (10.19a) die Größe u/U_∞ durch $(d\alpha_w/dx)\, R\cos\vartheta$ ersetzt werden. Damit ergibt sich für den zweiten Anteil der Auftriebsverteilung aus Gl. (10.19a):

$$\left(\frac{dA_R}{dx}\right)_2 = 2\pi q_\infty R^2(x) \frac{d\alpha_w}{dx}. \tag{10.19b}$$

Die Addition der beiden Anteile der Auftriebsverteilung nach den Gln. (10.18) und (10.19b) liefert schließlich wegen $d\alpha_w/dx = d\alpha/dx$:

$$\frac{dA_R}{dx} = 2\pi q_\infty \left[2R^2(x)\frac{d\alpha(x)}{dx} + \alpha(x)\frac{d(R^2)}{dx}\right]. \tag{10.20}$$

H. R. LAWRENCE und A. H. FLAX [27] haben diese Formel unter der Annahme konstanter Zirkulationsverteilung auf jedem der beiden Flügelstücke ausgewertet. Für die Flügel-Rumpf-Anordnung nach Abb. 10.11 ist das Ergebnis als Kurve *2* dort eingetragen. Für das Rumpfstück vor dem Flügel und im Flügelbereich ist die Übereinstimmung dieser Näherungstheorie mit den Messungen recht gut. Für den Rumpfteil hinter dem Flügel ergibt diese Näherungstheorie jedoch beträchtliche Abweichungen von den Messungen. Deshalb ist in Abb. 10.11 für diesen Bereich eine Korrektur nach M. C. ADAMS und W. R. SEARS [1] als Kurve *3* eingetragen worden. Hierzu möge bemerkt werden, daß in dem Rumpfbereich hinter dem Flügel das obige Rechenverfahren von H. MULTHOPP etwa die gleichen Ergebnisse liefert.

10.213 Auftriebsverteilung des Flügels. Nachdem bisher der Einfluß des Flügels auf den Rumpf behandelt wurde, soll jetzt der Einfluß des Rumpfes auf die Auftriebserzeugung am Flügel näher untersucht werden. Ein typisches Meßergebnis hierzu ist in Abb. 10.16 dar-

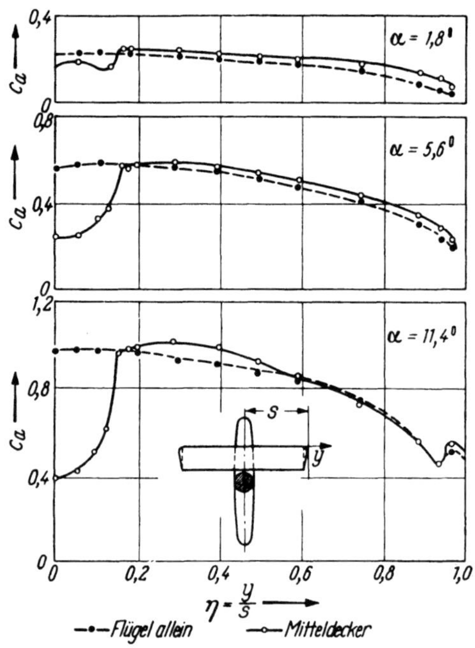

Abb. 10.16. Gemessene Auftriebsverteilung längs Spannweite für eine Mitteldeckeranordnung und für einen Flügel allein bei verschiedenen Anstellwinkeln, nach [48].
Rumpf: Rotationsellipsoid vom Achsenverhältnis 1 : 7;
Flügel: Rechteck vom Seitenverhältnis $\Lambda = 5$.
Die Kurven für den Mitteldecker enthalten nur den Rumpfauftrieb im Bereich des Flügels.

gestellt. Für eine Mitteldeckeranordnung, bestehend aus einem Rechteckflügel und einem rotationssymmetrischen Rumpf, sowie für den Flügel allein ist aus umfangreichen Druckverteilungsmessungen an Flügel-Rumpf-Anordnungen von E. MÖLLER [35] die Verteilung des örtlichen Auftriebsbeiwertes längs der Spannweite angegeben. Für die Flügel-Rumpf-Anordnung beziehen sich die Auftriebsbeiwerte auf das vom Rumpf überdeckte Flügelstück. Die Auftriebsverteilungen für drei verschiedene Anstellwinkel zeigen übereinstimmend für den Flügelteil außerhalb des Rumpfbereiches nur einen geringen Einfluß des Rumpfes, während im Rumpfbereich ein starker Einbruch der Auftriebsverteilung zu verzeichnen ist. Diese Abminderung des Flügelauftriebes im Rumpfbereich wurde schon an Hand von Abb. 10.10c diskutiert.

Um theoretisch den Einfluß des Rumpfes auf die Auftriebsverteilung des Flügels zu erfassen, muß die durch die Querumströmung des Rumpfes hervorgerufene zusätzliche Anstellwinkelverteilung nach Abb. 10.5b ermittelt werden. Abb. 10.17 zeigt als Kurve *1* die zusätzliche Anstell-

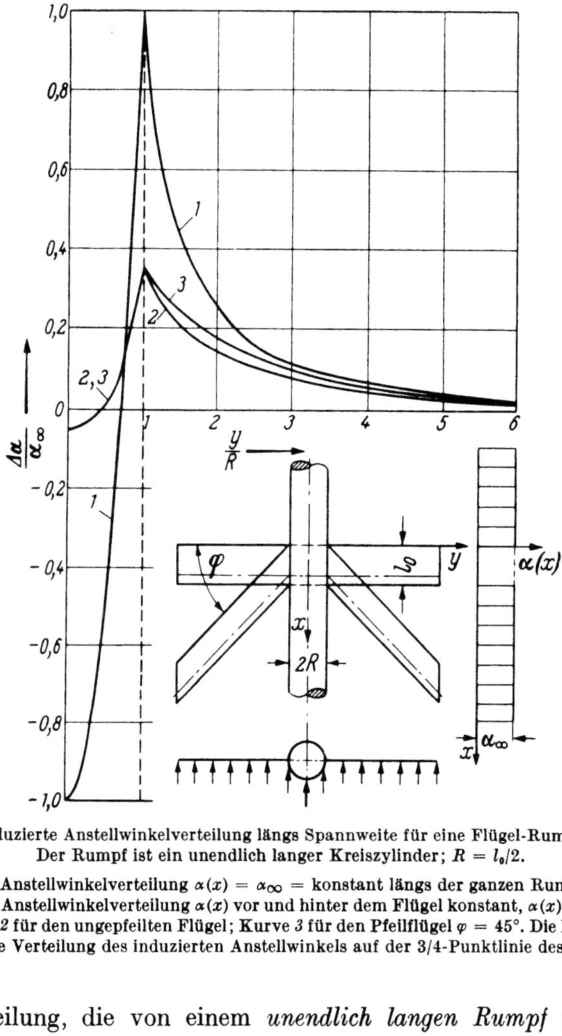

Abb. 10.17. Induzierte Anstellwinkelverteilung längs Spannweite für eine Flügel-Rumpf-Anordnung. Der Rumpf ist ein unendlich langer Kreiszylinder; $R = l_0/2$.

Kurve *1*: Anstellwinkelverteilung $\alpha(x) = \alpha_\infty$ = konstant längs der ganzen Rumpflänge; Kurve *2* und *3*: Anstellwinkelverteilung $\alpha(x)$ vor und hinter dem Flügel konstant, $\alpha(x) = 0$ im Flügelbereich; Kurve *2* für den ungepfeilten Flügel; Kurve *3* für den Pfeilflügel $\varphi = 45°$. Die Kurven *2* und *3* geben die Verteilung des induzierten Anstellwinkels auf der 3/4-Punktlinie des Flügels.

winkelverteilung, die von einem *unendlich langen Rumpf* mit Kreisquerschnitt induziert wird. Mit R als Radius des Kreiszylinders ergibt sich außerhalb des Rumpfes für den induzierten Anstellwinkel bei Mitteldeckeranordnung $\Delta\alpha = w/U_\infty$, vgl. Gl. (2.119):

$$\frac{\Delta\alpha(y)}{\alpha_\infty} = \frac{R^2}{y^2} \quad \text{für} \quad y > R. \tag{10.21a}$$

Für den Bereich $-R < y < +R$ wird für die Ermittlung von $\Delta\alpha$ die Geschwindigkeitskomponente in z-Richtung auf der Rumpfoberfläche genommen. Dies ergibt:

$$\frac{\Delta\alpha}{\alpha_\infty} = -\left(1 - \frac{2y^2}{R^2}\right) \quad \text{für} \quad 0 < y < R. \tag{10.21 b}$$

Die so ermittelte Anstellwinkelverteilung hat an der Rumpfseitenwand eine sehr steile Spitze vom Betrage $\Delta\alpha/\alpha_\infty = +1$, während auf der Rumpfachse der Wert $\Delta\alpha/\alpha_\infty = -1$ erreicht wird; d. h., dort ist der örtliche Anstellwinkel $\alpha = \alpha_\infty + \Delta\alpha = 0$. Rechnet man mit dieser Anstellwinkelverteilung nach Kurve *1* von Abb. 10.17 die Auftriebsverteilung des Flügels, so wird dabei der Einfluß des Rumpfes auf den Flügel stark überschätzt, weil hierbei die Annahme zugrunde liegt, daß der Rumpf auch im Flügelbereich unter dem Winkel $\alpha = \alpha_\infty$ angeströmt wird. Mit Anstellwinkelverteilungen dieser Art sind von H. Multhopp [40] Auftriebsverteilungen gerechnet worden, man vergleiche hierzu auch W. Liess und F. Riegels [30] und F. Vandrey [57].

Eine bessere Annäherung für den Einfluß des Rumpfes auf den Flügel erhält man, wenn man annimmt, daß im Flügelbereich die Strömung durch den Flügel parallel zur Rumpfachse gerichtet wird, d. h. dort $\alpha = 0$ ist. Die hierzu gehörige Verteilung des induzierten Anstellwinkels längs Spannweite kann man ermitteln, wenn man längs der Rumpfachse eine von x abhängige Dipolverteilung anordnet, wie es für den Rumpf allein in Kap. 9.23 angegeben wurde.[1] Aus Gl. (9.35) erhält man mit Gl. (9.40) für $\Delta\alpha = w/U_\infty = (\partial\Phi/\partial z)/U_\infty$ in der Flügelebene $z = 0$:

$$\Delta\alpha(x, y) = \frac{1}{2}\int_0^{l_R} \frac{\alpha(x')\,R^2(x')}{\sqrt{(x-x')^2 + y^2}^{\,3}}\,dx'. \tag{10.22}$$

gültig für $y > R$. Für den unendlich langen Rumpf konstanter Breite mit einem konstanten Anstellwinkel α_∞ vor und hinter dem Flügel und mit $\alpha = 0$ im Flügelbereich ergibt sich aus Gl. (10.22):

$$\frac{\Delta\alpha(x, y)}{\alpha_\infty} = \frac{1}{2}\frac{R^2}{y^2}\left[2 - \frac{l_0 - x}{\sqrt{(l_0 - x)^2 + y^2}} - \frac{x}{\sqrt{x^2 + y^2}}\right]. \tag{10.23}$$

[1] Hierfür lautet das Potential

$$\Phi(x, y, z) = \frac{z}{4\pi}\int_0^{l_R} \frac{m(x')\,dx'}{\sqrt{(x-x')^2 + y^2 + z^2}^{\,3}} \tag{10.22 a}$$

mit $m(x) = 2\pi U_\infty \alpha(x) R^2(x)$ als Dipolverteilung.

Dabei ist l_0 die Flügeltiefe an der Rumpfseitenwand. In Abb. 10.17 ist die nach Gl. (10.23) berechnete Verteilung des induzierten Anstellwinkels als Kurve *2* und *3* für einen ungepfeilten bzw. einen mit $\varphi = 45°$ gepfeilten Flügel mit eingetragen. Die gerechneten Werte gelten für den $\left(\frac{3}{4}\right) l$-Punkt des Flügels. Aus dem Vergleich von Kurve *2* und *3* mit Kurve *1* ersieht man, daß bei dieser verfeinerten Berechnung sich ein wesentlich geringerer Rumpfeinfluß ergibt.

10.214 Neutralpunktlage von Flügel-Rumpf-Anordnungen. Neben den Änderungen der Auftriebsverteilungen des Rumpfes und des Flügels ist für die flugmechanischen Anwendungen die Änderung der Neutralpunktlage von besonderer Bedeutung, vgl. Kap. 5.32. Der Abstand des Neutralpunktes von der Momentenbezugsachse ist allgemein gegeben durch $x_N = -dM/dA$. Somit gilt für die Flügel-Rumpf-Anordnung:

$$x_N = -\frac{dM_{(F+R)}}{dA_{(F+R)}},$$

wobei $M_{(F+R)}$ das Nickmoment und $A_{(F+R)}$ den Gesamtauftrieb der Flügel-Rumpf-Anordnung bedeutet. Das Nickmoment der Flügel-Rumpf-Anordnung läßt sich zusammensetzen aus den Anteilen des Rumpfes M_R und des Flügels M_F. Der Rumpfanteil läßt sich nach Kap. 10.212 berechnen. Unter dem Flügelanteil verstehen wir das Moment des Flügels mit rechteckigem Mittelstück (Ersatzflügel) unter Einschluß des Rumpfeinflusses auf diesen Flügel. Dabei ist jedoch im allgemeinen der Rumpfeinfluß auf den Flügel sehr klein, so daß er häufig vernachlässigt werden kann, vgl. X. Hafer [15]. Der Auftrieb der Flügel-Rumpf-Anordnung $A_{(F+R)}$ ist näherungsweise gleich dem Auftrieb des Flügels A_F, wie oben gezeigt wurde. Wegen $M_{(F+R)} = M_F + M_R$ und $A_{(F+R)} \approx A_F$ wird damit

$$x_N = -\frac{dM_F}{dA_F} - \frac{dM_R}{dA_F}. \tag{10.24}$$

Der erste Anteil stellt die Neutralpunktlage des Flügels mit rechteckigem Mittelstück dar, welcher aus einer Berechnung der Auftriebsverteilung eines solchen Flügels nach dem Tragflächenverfahren ermittelt werden kann. Der zweite Anteil gibt die Neutralpunktverschiebung durch den Rumpf einschließlich des Einflusses des Flügels auf den Rumpf wieder.

Es ist zweckmäßig, die Neutralpunktlage der Flügel-Rumpf-Anordnung auf die Lage des Neutralpunktes des Flügels allein, d. h. des „ursprünglichen Flügels" (Abb. 10.3) zu beziehen. Als Bezugstiefe wählen wir dabei ebenfalls diejenige des „ursprünglichen Flügels". Für die

Neutralpunktverschiebung der Flügel-Rumpf-Anordnung gegenüber dem *aerodynamischen Neutralpunkt des Flügels allein* gilt somit nach Gl. (10.24):

$$\frac{(\varDelta x_N)_{(F+R)}}{l_\mu} = \frac{(\varDelta x'_N)_F}{l_\mu} + \frac{(\varDelta x_N)_R}{l_\mu}. \tag{10.25}$$

Hierbei bedeutet $(\varDelta x'_N)_F$ die Neutralpunktverschiebung infolge der Grundrißänderung des Flügels (Einfügen des rechteckigen Mittelstückes im Überdeckungsbereich des Rumpfes) und $(\varDelta x_N)_R$ die Neutralpunktverschiebung durch den Rumpf. Der erste Anteil kann naturgemäß nur für Pfeilflügel und Deltaflügel von wirklicher Bedeutung sein.

Zahlenwerte für die Neutralpunktverschiebung infolge der Änderung des Flügelgrundrisses sind in Abb. 10.18 als Kurve *1* angegeben. Diese

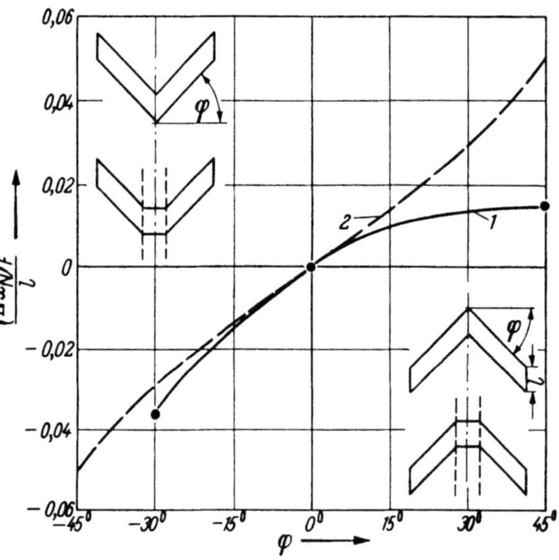

Abb. 10.18. Neutralpunktverschiebung infolge Änderung des Flügelgrundrisses für Pfeilflügel mit rechteckigem Mittelstück; Flügel: Seitenverhältnis $\varLambda = 5$; Breite des rechteckigen Mittelstückes: $\eta_R = 0{,}20$.

Kurve *1*: Verschiebung des aerodynamischen Neutralpunktes nach [15];
Kurve *2*: Verschiebung des geometrischen Neutralpunktes nach Gl. (10.26).

beziehen sich auf Pfeilflügel konstanter Tiefe vom Seitenverhältnis $\varLambda = 5$. Erwartungsgemäß ergibt sich bei Rückwärtspfeilung eine Neutralpunktverschiebung nach hinten und bei Vorwärtspfeilung eine solche nach vorn. Während Kurve *1* die Verschiebung des aerodynamischen Neutralpunktes darstellt, gibt Kurve *2* die zugehörige Verschiebung des geometrischen Neutralpunktes. Für letztere gilt nach Gl. (5.11):

$$\frac{(\varDelta x'_{N25})_F}{l} = \frac{1}{4}\,\varLambda\,\eta_R^2 \tan\varphi \tag{10.26}$$

mit η_R als relativer Rumpfbreite nach Gl. (10.1). Für einen Deltaflügel ist bemerkenswert, daß durch die Einfügung eines rechteckigen Mittelstückes weder die Auftriebsverteilung noch die Lage des Gesamtneutralpunktes wesentlich geändert werden.

Den zweiten Anteil in Gl. (10.25), d. i. die Neutralpunktverschiebung durch den Rumpf, erhält man aus dem Rumpfmoment M_R nach Gl. (10.9) durch die Beziehung:

$$\frac{(\Delta x_N)_R}{l_\mu} = - \frac{1}{F l_\mu} \frac{1}{q_\infty} \frac{d M_R}{d\alpha_\infty} \frac{d\alpha_\infty}{d c_A}. \tag{10.27}$$

Hierin bedeutet $dc_A/d\alpha_\infty$ den Auftriebsanstieg des Flügels, vgl. Kap. 7.52.

Beispiele. Die Neutralpunktverschiebung durch den Rumpf nach Gl. (10.27) hängt, wie anschaulich ohne weiteres einleuchtet, hauptsächlich von folgenden geometrischen Parametern ab: Flügelrücklage, Rumpfbreitenverhältnis, Pfeilwinkel. In Abb. 10.19 bis 10.21 werden nach X. Hafer [15] einige Rechenergebnisse über den Einfluß dieser Parameter und ihr Vergleich mit Messungen mitgeteilt.

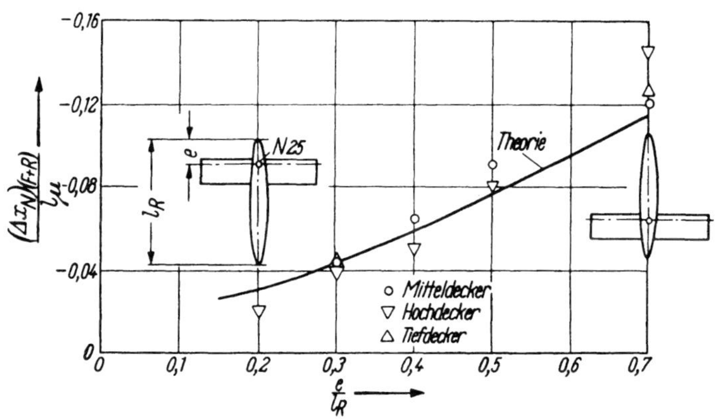

Abb. 10.19. Neutralpunktverschiebung von Flügel-Rumpf-Anordnungen infolge Rumpfeinfluß in Abhängigkeit von der *Flügelrücklage*, nach [15] und [36].
Rumpf: Rotationsellipsoid vom Achsenverhältnis 1 : 7;
Flügel: Rechteck vom Seitenverhältnis $\Lambda = 5$.

Abb. 10.19 gibt für *ungepfeilte Flügel* die Neutralpunktverschiebung infolge der Flügelrücklage, die hier in sehr weiten Grenzen geändert wurde. Durch den Rumpf wird der Neutralpunkt nach vorn verschoben (instabilisierender Rumpfeinfluß), und zwar wächst diese Verschiebung mit zunehmender Flügelrücklage. Bei den Messungen wurde auch die Flügelhochlage geändert; sie hat jedoch keinen wesentlichen Einfluß. Die Übereinstimmung zwischen Theorie und Messungen ist gut.

Abb. 10.20 gibt den Einfluß des *Pfeilwinkels* auf die Neutralpunktverschiebung infolge des Rumpfes wieder. Die Messungen beziehen sich auf Flügel-Rumpf-Anordnungen mit Flügeln konstanter Tiefe ($\lambda = 1$) und mit Trapezflügeln ($\lambda = 0{,}2$). Mit zunehmendem Pfeilwinkel nimmt die Neutralpunktverschiebung stark ab. Es ist bemerkenswert, daß bei

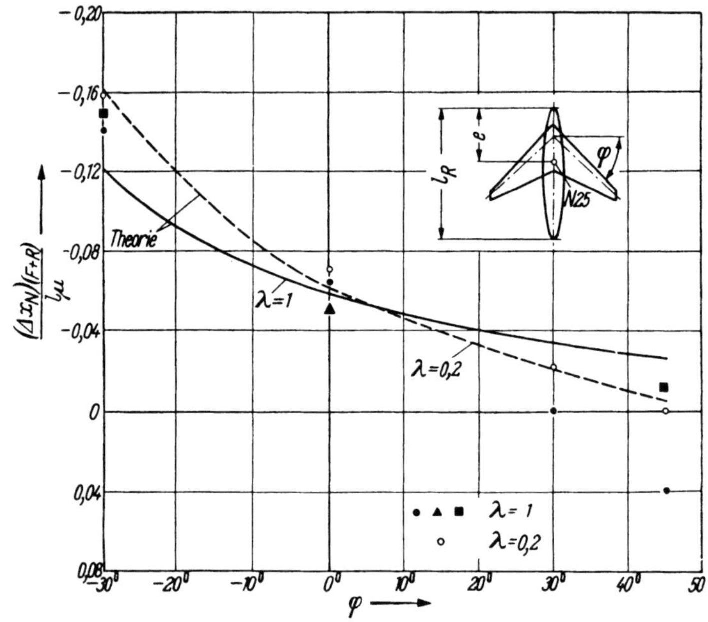

Abb. 10.20. Neutralpunktverschiebung von Flügel-Rumpf-Anordnungen infolge Rumpfeinfluß in Abhängigkeit vom *Pfeilwinkel des Flügels*, nach [15].
Rumpf: Rotationsellipsoid vom Achsenverhältnis 1 : 7;
Flügel: Seitenverhältnis $\Lambda = 5$; Zuspitzung $\lambda = 1{,}0$ und 0,2.

starker Rückwärtspfeilung ($\varphi \approx 45°$) die Neutralpunktverschiebung infolge des Rumpfes nahezu Null ist. Auch hier ist die Übereinstimmung zwischen Theorie und Messungen recht gut. Theoretische Untersuchungen über den Einfluß des Pfeilwinkels auf die Neutralpunktverschiebung durch den Rumpf sind erstmalig von H. SCHLICHTING [49] ausgeführt worden.

Schließlich sind in Abb. 10.21 Ergebnisse über den Einfluß der Flügelrücklage bei einem *Pfeilflügel* und einem *Deltaflügel* angegeben. Der Pfeilflügel hat das Seitenverhältnis $\Lambda = 2{,}75$, die Zuspitzung $\lambda = 0{,}5$ und den Pfeilwinkel der Einviertelpunktlinie $\varphi = 50°$. Für diesen Flügel wurde die Neutralpunktlage in Abb. 7.38 angegeben. Der Deltaflügel hat das Seitenverhältnis $\Lambda = 2{,}33$ und die Zuspitzung $\lambda = 0{,}125$. In Abb. 10.21 sind die Ergebnisse für zwei verschiedene Rumpfformen angegeben, nämlich für ein spitzes und ein rundes Rumpfvorderteil. Bei beiden Flügeln ergibt sich ebenso wie in Abb. 10.19 mit zunehmender Flügelrücklage eine beträchtliche Vergrößerung der

Neutralpunktverschiebung durch den Rumpf. Auch hier ist die Übereinstimmung von Theorie und Messung gut.

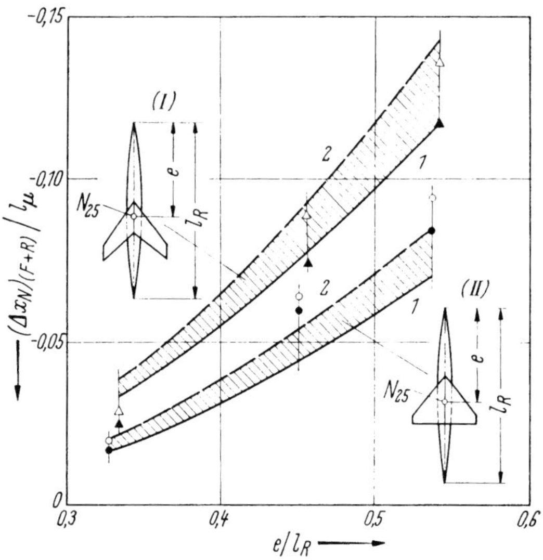

Abb. 10.21. Neutralpunktverschiebung von Flügel-Rumpf-Anordnungen infolge Rumpfeinfluß in Abhängigkeit von der Flügelrücklage, nach [15].
I: Pfeilflügel: $\Lambda = 2{,}75$; $\lambda = 0{,}5$; $\varphi = 50°$;
II: Deltaflügel: $\Lambda = 2{,}33$; $\lambda = 0{,}125$.
Kurve *1*: Rumpf mit spitzer Nase;
Kurve *2*: Rumpf mit runder Nase.

10.215 Widerstand und Maximalauftrieb von Flügel-Rumpf-Anordnungen. Beim Widerstand und beim Maximalauftrieb einer Flügel-Rumpf-Anordnung tritt vor allem dadurch eine Interferenzwirkung ein, daß die Ablösung der Strömung durch das Zusammenfügen von Flügel und Rumpf beeinflußt wird. Diese Einflüsse lassen sich jedoch theoretisch kaum erfassen, und man ist daher fast ganz auf experimentelle Untersuchungen angewiesen. Einen ersten zusammenfassenden Bericht hierüber hat H. Muttray [42] gegeben, man vergleiche hierzu auch H. Schlichting [46]. Sehr eingehende experimentelle Untersuchungen über die gegenseitige Beeinflussung von Flügel und Rumpf, vor allem bezüglich des Widerstandsproblems, sind von E. N. Jacobs und K. E. Ward [18] sowie von A. Sherman [52] ausgeführt worden.

Bezüglich des Widerstandes und des Maximalauftriebes einer Flügel-Rumpf-Anordnung ist die Tiefdeckeranordnung besonders empfindlich, weil hierbei der Rumpf auf der Saugseite des Flügels liegt und dadurch den Ablösungsbeginn bei größeren Auftriebsbeiwerten stark beeinflußt. Durch eine sorgfältige Ausbildung des Flügel-Rumpf-Überganges mit Hilfe einer sogenannten Flügelwurzelverkleidung kann man in diesem Fall die Strömung im günstigen Sinne beeinflussen, d. h. den Ablösungsbeginn zu größeren Anstellwinkeln verschieben.

Die Untersuchungen in [18] und [52] umfassen ein umfangreiches Programm von zwei verschiedenen Rümpfen (kreisförmiger und rechteckiger Querschnitt) und zwei Flügeln mit verschiedenem Profil (symmetrisch und gewölbt). Verändert wurde die Flügelrücklage, die Flügel-

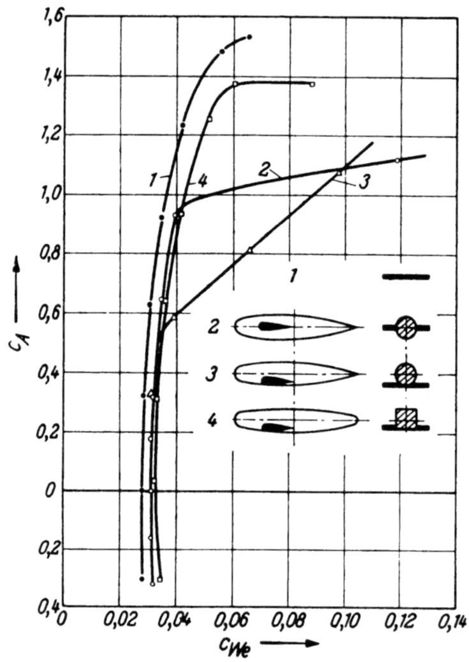

Abb. 10.22. Widerstandsbeiwerte von Flügel-Rumpf-Anordnungen in Abhängigkeit vom Auftriebsbeiwert, nach [18]; c_{W_e} Beiwert des Formwiderstandes nach Gl. (10.28); Rümpfe mit Kreisquerschnitt und quadratischem Querschnitt; Flügelprofil NACA 0012.

hochlage und der Flügeleinstellwinkel. Dabei wurde auch der Einfluß von Flügelwurzelverkleidungen mit untersucht.

Der *Widerstand* einer Flügel-Rumpf-Anordnung hängt in erster Linie von der Flügelhochlage, dagegen sehr wenig von der Rücklage und dem Einstellwinkel ab. In Abb. 10.22 ist für verschiedene Flügel-Rumpf-Anordnungen der Beiwert des Formwiderstandes

$$c_{W_e} = c_W - \frac{c_A^2}{\pi \Lambda} \tag{10.28}$$

in Abhängigkeit vom Auftriebsbeiwert c_A aufgetragen. Dieser ist gebildet als Differenz der Beiwerte des Gesamtwiderstandes und des induzierten

Widerstandes. Die Flügel-Rumpf-Anordnungen sind Mitteldecker mit rundem Rumpf sowie Tiefdecker mit rundem und quadratischem Rumpf. Zum Vergleich ist auch der Flügel allein als Kurve *1* eingetragen. Charakteristisch für die Flügel-Rumpf-Anordnungen ist eine starke Widerstandserhöhung oberhalb eines bestimmten Auftriebsbeiwertes, welche verursacht wird durch den Ablösungsbeginn, der vom Rumpf

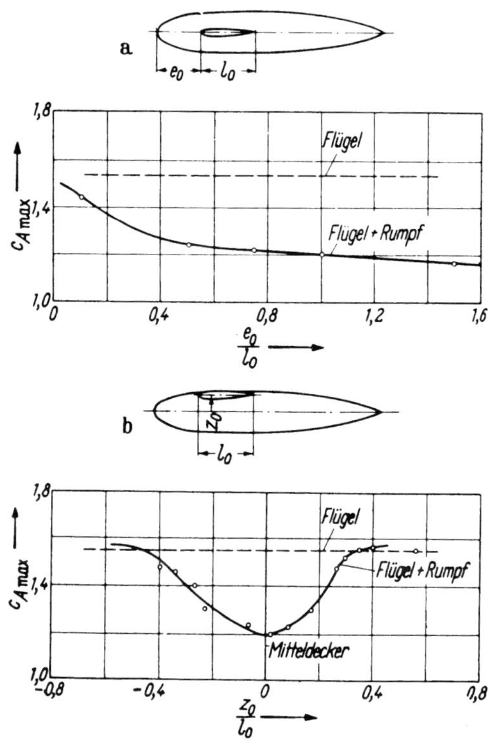

Abb. 10.23. Maximale Auftriebsbeiwerte von Flügel-Rumpf-Anordnungen, nach [46]. Rümpfe mit Kreisquerschnitt. Flügelprofil NACA 0012.
a) Abhängigkeit des maximalen Auftriebsbeiwertes von der Flügelrücklage, $z_0/l_0 = 0$;
b) Abhängigkeit des maximalen Auftriebsbeiwertes von der Flügelhochlage, $e_0/l_0 = 1$.

hervorgerufen wird. Am stärksten ist diese Erscheinung ausgeprägt bei der Tiefdeckeranordnung mit rundem Rumpf, Kurve *3*, bei welcher die Ablösung bereits bei $c_A = 0{,}6$ beginnt. Hier bilden Rumpfseitenwand und Flügeloberseite einen spitzen Winkel, der die Ablösung der Grenzschicht besonders fördert. Wesentlich günstiger als dieser Tiefdecker ist der Mitteldecker, Kurve *2*, weil der Flügel hier unter einem rechten Winkel am Rumpf ansetzt. Durch Übergang vom runden Rumpf auf den quadratischem Rumpf können die Verhältnisse noch weiter verbessert werden, wie Kurve *4* für den Tiefdecker zeigt.

Für den Fall einer symmetrischen Flügel-Rumpf-Anordnung (Mitteldecker) bei symmetrischer Anströmung ($c_A = 0$) liegen auch theoretische Ergebnisse für die Druckverteilung am Flügel-Rumpf-Übergang vor [29].

Der *Maximalauftrieb* von Flügel-Rumpf-Anordnungen hängt sowohl von der Hochlage als auch von der Rücklage des Flügels ab. Abb. 10.23 gibt eine Zusammenstellung der $c_{A\max}$-Werte für verschiedene Hoch- und Rücklagen. Nach Abb. 10.23a nimmt der maximale Auftriebsbeiwert $c_{A\max}$ mit wachsender Rücklage ab. Im günstigsten Fall ist $c_{A\max}$ für eine Flügel-Rumpf-Anordnung so groß wie für den Flügel allein. Bezüglich der Fügelhochlage ist nach Abb. 10.23b die Mitteldeckeranordnung am ungünstigsten; man vgl. hierzu auch Abb. 10.1. Ausgehend von dieser Lage nimmt $c_{A\max}$ sowohl mit der Hochlage als auch mit der Tieflage zu.

10.22 Flügel-Rumpf-Anordnung bei unsymmetrischer Anströmung

10.221 Schieberollmoment von Flügel-Rumpf-Anordnungen. Bei der unsymmetrischen Anströmung einer Flügel-Rumpf-Anordnung ergibt sich aus der seitlichen Komponente der Rumpfumströmung für den Flügel eine zusätzliche antimetrische Anstellwinkelverteilung, wie sie in Kap. 10.13 und in Abb. 10.6 erläutert wurde. Diese hat für den Hochdecker und Tiefdecker entgegengesetztes Vorzeichen, während sie für den Mitteldecker gleich Null ist. Diese antimetrische Anstellwinkelverteilung erzeugt am Flügel eine antimetrische Auftriebsverteilung und damit ein Schieberollmoment. Dieses zusätzliche Schieberollmoment infolge des Rumpfeinflusses hat ebenfalls entgegengesetztes Vorzeichen für den Hochdecker und den Tiefdecker.

Anstellwinkelverteilung. Um theoretisch den Einfluß des Rumpfes auf die Auftriebsverteilung des Flügels zu erfassen, muß die durch die Querumströmung des Rumpfes mit der Geschwindigkeit $U_\infty \sin\beta \approx U_\infty \beta$ hervorgerufene antimetrische Anstellwinkelverteilung nach Abb. 10.6 ermittelt werden. Für einen *unendlich langen Rumpf* mit Kreisquerschnitt (Radius R) ergibt sich für die Anstellwinkelverteilung $\Delta\alpha = w/U_\infty$ nach Gl. (2.119):

$$\frac{\Delta\alpha}{\beta} = -2R^2 \frac{yz}{(y^2+z^2)^2}, \tag{10.29}$$

gültig für $y > y_0$, wobei der Rumpfquerschnitt nach Abb. 10.24 durch $y_0^2 + z_0^2 = R^2$ gegeben ist. Im Bereich des Rumpfes, d. i. für $y < y_0$, ist $\Delta\alpha = 0$ zu setzen.

Für den Flügel *ohne V-Stellung* ist in Gl. (10.29) nach Abb. 10.4a $z = z_0$ zu setzen. Damit läßt sich die Anstellwinkelverteilung in den dimensionslosen Koordinaten $y/s = \eta$ und $z_0/s = \zeta_0$ in folgender Form schreiben:

$$\frac{\Delta\alpha}{\beta} = -2\eta_R^2 \frac{\eta\zeta_0}{(\eta^2 + \zeta_0^2)^2} \tag{10.30}$$

mit $\eta_R = R/s$ als relativer Rumpfbreite. In Abb. 10.24 ist die hiernach berechnete Anstellwinkelverteilung für verschiedene Werte ζ_0

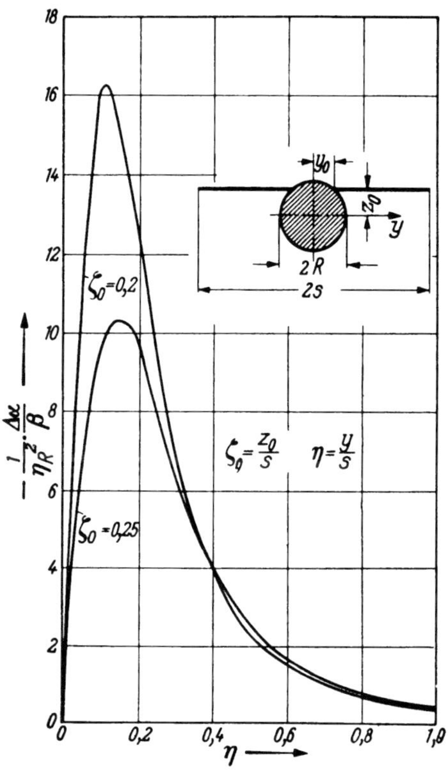

Abb. 10.24. Zusätzliche Anstellwinkelverteilungen von Flügel-Rumpf-Anordnungen bei unsymmetrischer Anströmung. Rumpf mit Kreisquerschnitt.

dargestellt. Diese Verteilungen haben ein stark ausgeprägtes Maximum in der Nähe der Rumpfachse (bei $\eta = 0{,}578\zeta_0$), das jedoch in manchen Fällen im Innern des Rumpfes liegt und deswegen nichts zur Auftriebsverteilung beiträgt.

Will man die Anstellwinkelverteilung für einen Rumpf endlicher Länge ermitteln, so ergibt sich durch eine analoge Überlegung wie in

Kap. 10.213:

$$\frac{\Delta\alpha}{\beta} = -\frac{3}{2}\,y z \int\limits_0^{l_R} \frac{R^2(x')\,dx'}{\sqrt{(x-x')^2+y^2+z^2}^{\,5}}. \qquad (10.31)^1$$

Wie noch gezeigt werden wird, ist es jedoch in den meisten Fällen ausreichend, mit einem unendlich langen Rumpf zu rechnen.

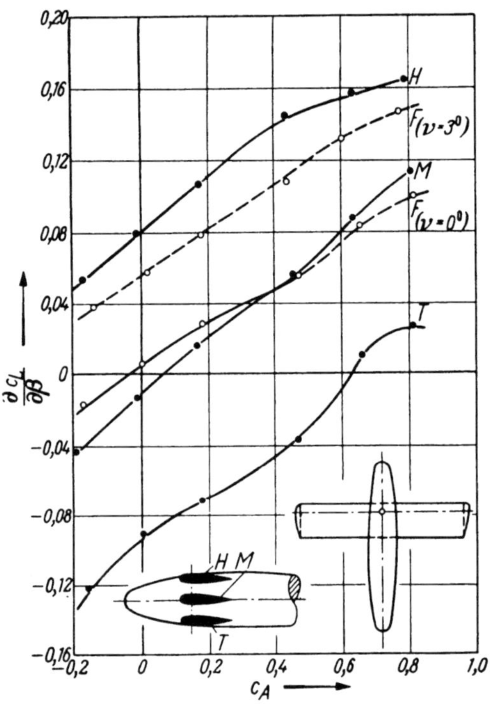

Abb. 10.25. Schieberollmomenten-Beiwerte $\partial c_L/\partial\beta$ in Abhängigkeit vom Auftriebsbeiwert für Flügel-Rumpf-Anordnungen, nach [34].
Rumpf: Rotationsellipsoid vom Achsenverhältnis 1 : 7; Flügel: Rechteck $\Lambda = 5$.
T = Tiefdecker; M = Mitteldecker; H = Hochdecker; F = Flügel allein (ν = V-Stellungswinkel).

Schieberollmoment. In Abb. 10.25 sind nach Messungen von E. MÖLLER [34] die Schieberollmomente $\partial c_L/\partial\beta$ von Flügel-Rumpf-Anordnungen

---

[1] Das Potential des quer angeströmten Rumpfes endlicher Länge lautet in Analogie zu Gl. (10.22a):

$$\Phi(x, y, z) = \frac{y}{4\pi} \int\limits_0^{l_R} \frac{m(x')\,dx'}{\sqrt{(x-x')^2+y^2+z^2}^{\,3}}, \qquad (10.31\text{a})$$

mit $m(x) = 2\pi U_\infty \beta\, R^2(x)$ als Dipolverteilung.

in Abhängigkeit vom Auftriebsbeiwert c_A angegeben, und zwar für einen Tiefdecker, einen Mitteldecker und einen Hochdecker. Zum Vergleich sind auch Werte für einen Flügel ohne V-Stellung und für einen Flügel mit einer V-Stellung von $\nu = 3°$ mit angegeben. Durch den Rumpfeinfluß tritt eine Parallelverschiebung der Kurven gegenüber derjenigen des Flügels allein ein; somit gibt der Rumpfeinfluß einen vom Auftriebsbeiwert unabhängigen Anteil zum Schieberollmoment in gleicher Weise wie der Anteil der V-Stellung beim Flügel allein. Der Rumpfeinfluß auf das Schieberollmoment kann, wie Abb. 10.25 zeigt, durch eine „effektive V-Stellung" des Flügels ersetzt werden. Dabei hat der Hochdecker eine positive und der Tiefdecker eine negative effektive V-Stellung.

Diesem Umstand trägt man im Flugzeugbau dadurch Rechnung, daß man, um bei verschiedener Flügelhochlage etwa gleiches Schieberollmoment zu erhalten, dem Tiefdecker eine wesentlich größere geometrische V-Stellung gibt als dem Hochdecker.

Theoretische Rechnungen über den Rumpfeinfluß auf das Schieberollmoment hat W. Jacobs [19] nach dem vorstehenden Verfahren für den unendlich langen Rumpf ausgeführt. In Abb. 10.26 ist nach seinen Rechnungen das zusätzliche Schieberollmoment infolge des Rumpfeinflusses $\Delta(\partial c_L/\partial\beta)$ in Abhängigkeit von der Flügelhochlage z_0/R angegeben. Dabei ist der Schieberollmomentenbeiwert definiert durch $L = c_L q_\infty F s$ mit s als Halbspannweite des Flügels. Zum Vergleich mit der Theorie sind Messungen nach [2] und [34] angegeben. Theorie und Messungen erstrecken sich bis zu so großen Flügelhochlagen, bei denen Flügel und Rumpf sich nicht mehr durchdringen. Die Übereinstimmung von Theorie und Messung ist sehr gut. Für das Schieberollmoment infolge des Rumpfeinflusses kann man auch leicht eine geschlossene Formel erhalten, wenn man die Anstellwinkelverteilung nach Gl. (10.30) in Gl. (7.127) einsetzt. Es ergibt sich:

$$\Delta\frac{\partial c_L}{\partial\beta} = \frac{\pi\Lambda}{\sqrt{k^2+4}+2}\,\zeta_0\,\eta_R^2\,\frac{8}{\pi}\int\limits_{\eta_0}^{+1}\frac{\eta^2\sqrt{1-\eta^2}}{(\eta^2+\zeta_0^2)^2}\,d\eta\,. \qquad (10.32)$$

Hierbei ist

$$\eta_0 = \sqrt{\eta_R^2-\zeta_0^2}$$

die Koordinate auf der Rumpfoberfläche und $k = \pi\Lambda/c'_{A\infty} \approx \Lambda/2$. Um die Integration in Gl. (10.32) einfach ausführen zu können, wird nach H. Multhopp [40] im Integranden die Wurzel gleich Eins und die obere Grenze an Stelle von Eins gleich $2/\pi$ gesetzt. Damit ergibt sich dann für $\zeta_0^2 \ll (2/\pi)^2$:

$$\Delta \frac{\partial c_L}{\partial \beta} = \frac{\pi \Lambda}{\sqrt{k^2+4}+2} \frac{4}{\pi} \eta_R^2 \left(\frac{\zeta_0}{\eta_R} \sqrt{1-\frac{\zeta_0^2}{\eta_R^2}} + \arcsin \frac{\zeta_0}{\eta_R} - \pi \zeta_0\right). \quad (10.33)$$

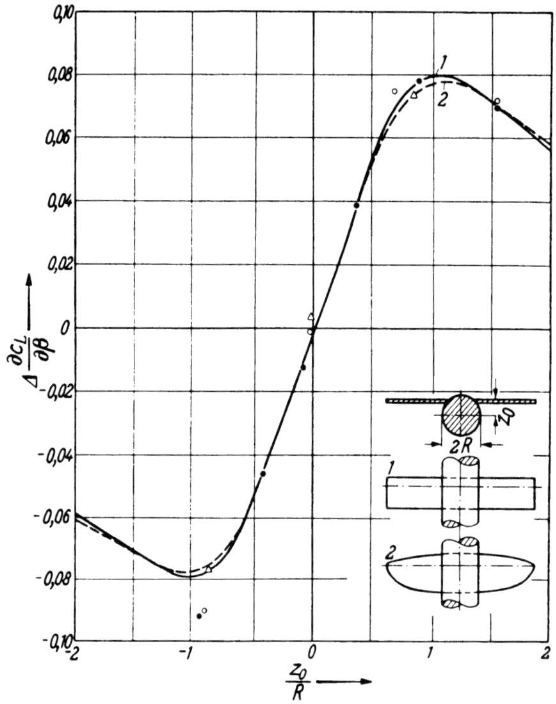

Abb. 10.26. Zusätzliches Schieberollmoment infolge Rumpfeinfluß in Abhängigkeit von der Flügelhochlage, nach [2] und [34]. Theorie nach JACOBS [19].[1]
Relative Rumpfbreite $\eta_R = 1:7{,}5$; Seitenverhältnis $\Lambda = 5$.

Diese Formel gilt für Rümpfe mit Kreisquerschnitt und für Flügelhochlagen $-R < z_0 < R$.

Um das zusätzliche Schieberollmoment infolge Rumpfeinfluß durch eine effektive V-Stellung auszudrücken, beachten wir, daß nach Gl. (7.204) gilt:

$$\frac{\partial c_L}{\partial \beta} = \frac{4}{3\pi} \frac{\pi \Lambda}{\sqrt{k^2+4}+2} \nu . \quad (10.34)$$

[1] Die angegebenen theoretischen Kurven wurden unter Berücksichtigung der erweiterten Traglinientheorie korrigiert ($c'_{A\infty} = 2\pi$).

Durch Vergleich der Gln. (10.33) und (10.34) ergibt sich für die effektive V-Stellung:

$$\nu_{\text{eff}} = 3\eta_R^2 \left[\frac{z_0}{R}\sqrt{1-\left(\frac{z_0}{R}\right)^2} + \arc\sin\frac{z_0}{R} - \pi\eta_R\frac{z_0}{R}\right]. \tag{10.35}$$

In Abb. 10.27 ist der hiernach berechnete effektive V-Winkel in Abhängigkeit von der relativen Rumpfbreite η_R für verschiedene Flügel-

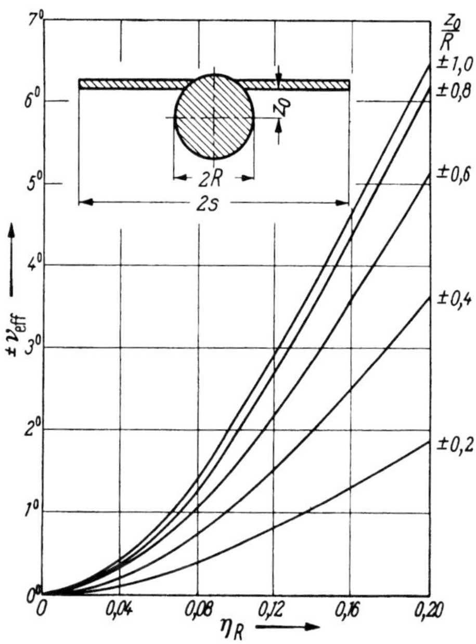

Abb. 10.27. Effektive V-Stellung ν_{eff} für Flügel-Rumpf-Anordnungen in Abhängigkeit von der relativen Rumpfbreite $\eta_R = R/s$ und der Flügelhochlage z_0/R für Rümpfe mit Kreisquerschnitt. Theorie nach Gl. (10.35).

hochlagen z_0/R aufgetragen. Mit zunehmender relativer Rumpfbreite η_R und zunehmender Flügelhochlage wächst der effektive V-Winkel stark an. Es ist z. B. bei $\eta_R = 0{,}12$ und $z_0/R = \pm 1$ der effektive V-Winkel gleich $+3°$ bzw. $-3°$.

In [40] hat H. MULTHOPP solche Rechnungen auch für Rümpfe mit elliptischem Querschnitt ausgeführt. Für Rümpfe mit anderen Querschnittsformen wurde von K. MARUHN [33] die Berechnung des Schieberollmomentes ausgeführt. Solche Ergebnisse sind in Abb. 10.28 dargestellt. Rümpfe mit eckigem Querschnitt erzeugen ein besonders großes Schieberollmoment. Während die bisher besprochenen theoretischen Ergebnisse sämtlich für unendlich lange Rümpfe gelten, wurde der Einfluß der endlichen Rumpflänge von G. BRAUN und H. SCHARN [3] berechnet.

10.222 Schiebegiermoment und Schiebeseitenkraft von Flügel-Rumpf-Anordnungen. Auf das *Schiebegiermoment* hat die Flügel-Rumpf-Anordnung nur einen recht geringen Einfluß. Das Schiebegiermoment einer

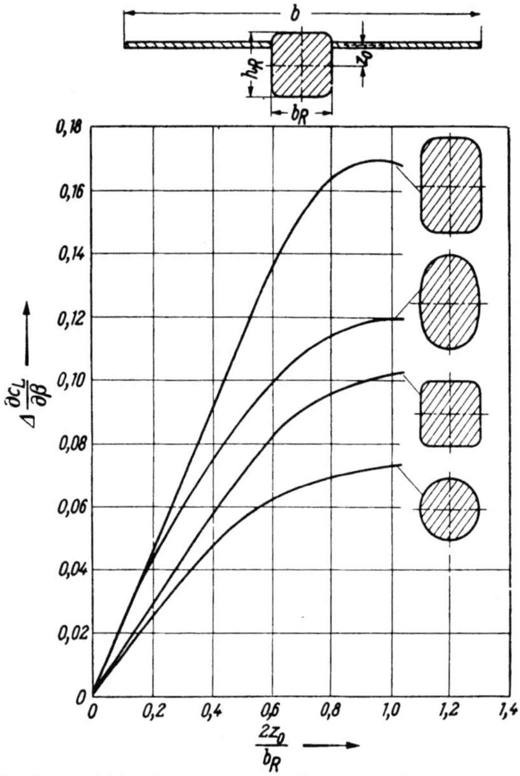

Abb. 10.28. Zusätzliches Schieberollmoment von Flügel-Rumpf-Anordnungen in Abhängigkeit von der Flügelhochlage für verschiedene Rumpfquerschnittsformen, nach [33].[1]
Flügel: Ellipse $\Lambda = 3{,}8$; relative Rumpfbreite $\eta_R = 1/6$; Rumpfquerschnittsverhältnisse $h_R/b_R = 1{,}0$ und $1{,}5$.

Flügel-Rumpf-Anordnung erhält man im wesentlichen richtig, wenn man einfach den stabilisierenden Anteil des Flügels (Kap. 7.53) zu dem instabilisierenden Anteil des Rumpfes (Kap. 9.23) addiert. Abb. 10.29 zeigt nach Messungen von E. Möller [34] die Schiebegiermomente von drei verschiedenen Flügel-Rumpf-Anordnungen (Tiefdecker, Mitteldecker, Hochdecker). Zum Vergleich sind auch der Flügel allein und der Rumpf allein eingetragen. Man erkennt, daß hier kein wesentlicher Interferenzeinfluß vorhanden ist. Überdies ist zu beachten, daß für das Giermoment des ganzen Flugzeuges der meist instabilisierende Beitrag von Flügel und Rumpf wesentlich geringer ist als der stabilisierende Anteil des Seitenleitwerkes (vgl. hierzu Kap. XI).

---

[1] Vgl. hierzu die Fußnote auf S. 336.

Bei der *Schiebeseitenkraft* dagegen ist die Interferenz von Flügel und Rumpf wieder größer. Abb. 10.30 zeigt ebenfalls nach Messungen

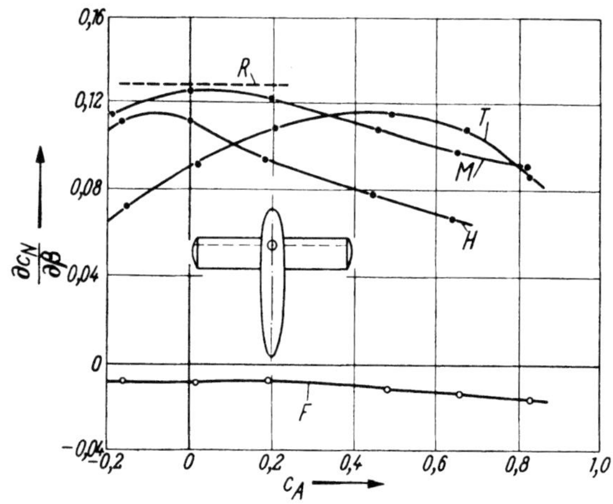

Abb. 10.29. Schiebegiermoment von Flügel-Rumpf-Anordnungen in Abhängigkeit vom Auftriebsbeiwert. Messungen nach [34].

Rumpf: Rotationsellipsoid 1 : 7; Flügel: Rechteck $\Lambda = 5$.
T = Tiefdecker, M = Mitteldecker, H = Hochdecker, F = Flügel allein, R = Rumpf allein.

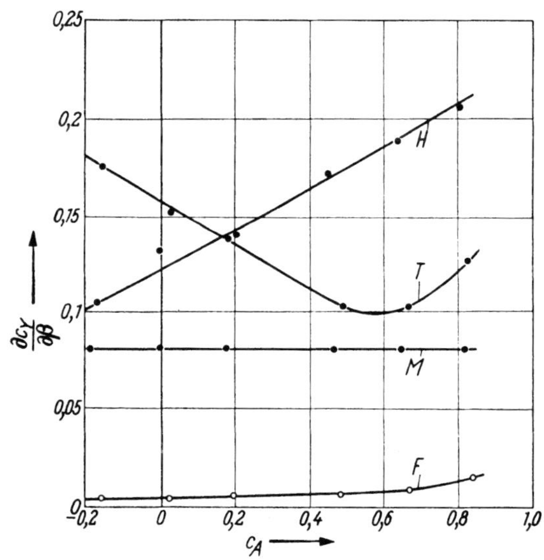

Abb. 10.30. Schiebeseitenkraft in Abhängigkeit vom Auftriebsbeiwert. Messungen nach [34]. (Anordnung wie Abb. 10.29.)

von E. Möller [34] die Schiebeseitenkräfte für die gleichen drei Flügel-Rumpf-Anordnungen wie in Abb. 10.29. Beachtenswert ist, daß hier bei $c_A = 0{,}2$ für den Hochdecker und Tiefdecker die Schiebeseitenkraft etwa doppelt so groß ist wie für den Mitteldecker. Außerdem ist beim Hochdecker und beim Tiefdecker eine starke Abhängigkeit des Beiwertes der Schiebeseitenkraft vom Auftriebsbeiwert vorhanden. Sowohl die größeren Werte von $\partial c_Y/\partial\beta$ beim Hochdecker und Tiefdecker als auch ihre Abhängigkeit vom Auftriebsbeiwert können durch den induzierten Seitenwind erklärt werden. Mit der Theorie dieser Erscheinungen haben sich H. J. PUFFERT [45] sowie K. GERSTEN und D. HUMMEL [14] befaßt.

10.3 Flügel-Rumpf-Anordnung bei Unterschallgeschwindigkeit

Bei den folgenden Ausführungen über die Umströmung von Flügel-Rumpf-Anordnungen bei Unterschallgeschwindigkeit möge nur der Fall symmetrischer Anströmung behandelt werden. Der Einfluß der Kompressibilität auf die Strömung um Flügel wurde in Kap. 8.31 und für Rümpfe in Kap. 9.41 mit Hilfe der Prandtl-Glauertschen Regel erläutert. Diese Regel gestattet es, die kompressible Unterschallströmung ($Ma_\infty < 1$) für Flügel und Rümpfe mit Hilfe einer Transformation auf die inkompressible Strömung zu ermitteln. Hierbei wird die inkompressible Strömung für einen transformierten Flügel und einen transformierten Rumpf berechnet. Die Transformation der geometrischen Größen erfolgt für den Flügel und den Rumpf nach den Gln. (8.70), (8.71 a, b) und (8.72 a, b, c) sowie (9.79) und (9.80 a, b), wobei die Größen für die inkompressible Strömung mit dem Index *ik* und diejenigen für die kompressible Strömung ohne Index bezeichnet sind. Es gilt:

Koordinaten: $$x_{ik} = x, \quad y_{ik} = y\sqrt{1 - Ma_\infty^2}, \quad z_{ik} = z\sqrt{1 - Ma_\infty^2}; \tag{10.36}$$

Spannweite: $$b_{ik} = b\sqrt{1 - Ma_\infty^2}; \tag{10.37a}$$

Flügeltiefe: $$l_{ik} = l; \tag{10.37b}$$

Zuspitzung: $$\lambda_{ik} = \lambda; \tag{10.37c}$$

Seitenverhältnis: $$\Lambda_{ik} = \Lambda\sqrt{1 - Ma_\infty^2}; \tag{10.37d}$$

Pfeilung: $$\cot\varphi_{ik} = \cot\varphi\sqrt{1 - Ma_\infty^2}; \tag{10.37e}$$

Rumpfbreite: $$b_{Rik} = b_R\sqrt{1 - Ma_\infty^2}; \tag{10.38a}$$

Rumpflänge: $$l_{Rik} = l_R. \tag{10.38b}$$

Berechnet man die inkompressible Strömung für die so transformierte Flügel-Rumpf-Anordnung bei dem gleichen Anstellwinkel wie die kompressible Strömung, d. h. für

$$\alpha_{ik} = \alpha, \tag{10.39}$$

so gilt für die Umrechnung der *Druckbeiwerte* nach Gl. (8.73):

$$c_p = \frac{1}{\sqrt{1 - Ma_\infty^2}} (c_p)_{ik} . \qquad (10.40)^1$$

Eine zu dieser Gleichung analoge Umrechnung gibt dann auch die Auftriebsbeiwerte und die Nickmomentenbeiwerte der Flügel-Rumpf-Anordnung.

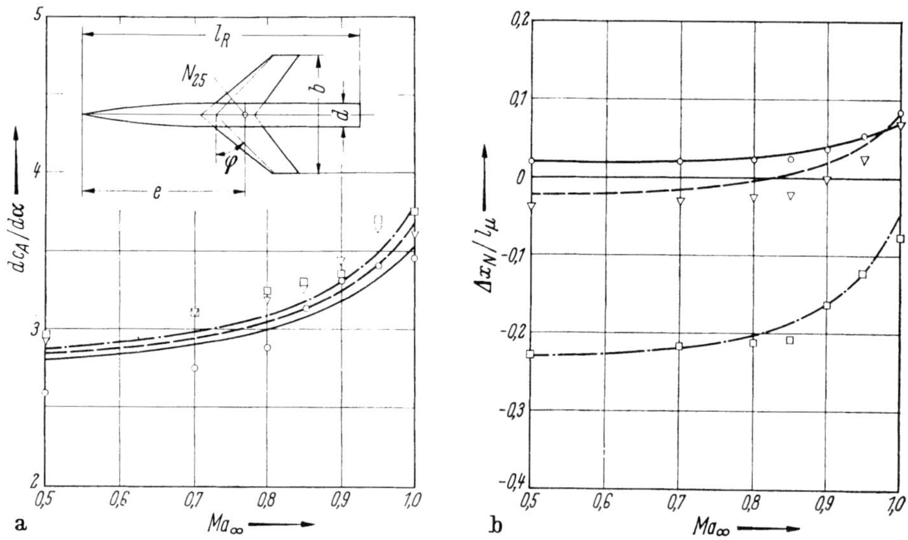

Abb. 10.31. Auftriebsanstiege (a) und Neutralpunktverschiebungen (b) infolge Rumpfeinfluß in Abhängigkeit von der Mach-Zahl für einen rotationssymmetrischen Rumpf mit einem Pfeilflügel. Messungen nach [50]; Theorie nach [44], [50], [53].

○ ——— Flügel allein, $\Lambda = 2{,}75$; $\lambda = 0{,}5$; $\varphi = 52{,}4°$;
▽ – – – – Flügel und Rumpf: $l_R/d = 12{,}5$; $e/d = 7{,}25$; $b/d = 5{,}0$;
□ –·–·–· Flügel und Rumpf: $l_R/d = 10$; $e/d = 6{,}5$; $b/d = 3{,}33$.

Unsere Betrachtungen über die inkompressible Umströmung von Flügel-Rumpf-Anordnungen in Kap. 10.21 haben ergeben, daß bei kleinen und mäßigen relativen Rumpfbreiten der Auftriebsanstieg der Flügel-Rumpf-Anordnung von demjenigen des Flügels allein nicht wesentlich verschieden ist. Für die Abhängigkeit des *Auftriebsanstieges* einer Flügel-Rumpf-Anordnung von der Mach-Zahl gilt somit die gleiche

[1] Für den Rumpf wurde in Gl. (9.81) eine hiervon verschiedene Umrechnungsformel für den Druckkoeffizienten angegeben, bei der der Anstellwinkel nach Gl. (9.80d) umgerechnet wurde. Es sind jedoch im Rahmen der linearen Theorie des Auftriebes die jetzt hier für den Rumpf verwendeten Gln. (10.39) und (10.40) äquivalent mit den früheren Gln. (9.80d) und (9.81).

Beziehung wie für den Flügel allein nach Gl. (8.81), also:

$$\left(\frac{dc_A}{d\alpha}\right)_{(F+R)} = \frac{2\pi\Lambda}{\sqrt{(1 - Ma_\infty^2)\Lambda^2 + 4} + 2}. \tag{10.41}$$

Für die Abhängigkeit der *Neutralpunktlage* einer Flügel-Rumpf-Anordnung von der Machschen Zahl folgt aus dem soeben Gesagten wegen $x_N/l_\mu = -dc_M/dc_A$ sofort

$$\frac{(x_N)_{(F+R)}}{l_\mu} = \frac{(x_N)_{(F+R)ik}}{l_\mu}. \tag{10.42}$$

Dabei bedeutet $(x_N)_{(F+R)ik}$ die Neutralpunktlage der nach den Gln. (10.36) bis (10.38) transformierten Flügel-Rumpf-Anordnung bei inkompressibler Strömung. Als Beispiel hierzu sind in Abb. 10.31 für Flügel-Rumpf-Anordnungen mit einem Pfeilflügel die Auftriebsanstiege und die Neutralpunktverschiebungen in Abhängigkeit von der Machzahl dargestellt. Dabei sind Messungen mit theoretischen Ergebnissen verglichen. Während beim Auftriebsanstieg kein wesentlicher Rumpfeinfluß vorhanden ist, ist dieser bei der Neutralpunktverschiebung beträchtlich. In [50] liegen auch Ergebnisse für Flügel-Rumpf-Anordnungen mit einem Rechteckflügel und einem Deltaflügel vor.

10.4 Flügel-Rumpf-Anordnung bei Überschallgeschwindigkeit

10.41 Allgemeines

Obgleich über die Aerodynamik der Flügel-Rumpf-Interferenz bei Überschallgeschwindigkeit zahlreiche Arbeiten erschienen sind, ist es bisher noch nicht gelungen, einfache allgemeingültige Berechnungsverfahren anzugeben, wie sie für die inkompressible Strömung bereits vorliegen (Kap. 10.2). Von H. R. Lawrence und A. H. Flax [27], C. Ferrari [9] sowie W. C. Pitts, J. N. Nielsen und G. E. Kaattari [44] wurden zusammenfassende Darstellungen gegeben.

Die meisten Theorien über Flügel-Rumpf-Interferenzen gehen von den Annahmen der Theorie des Tragflügels und des Rumpfes aus und beschränken sich auf bestimmte Flügel-Rumpf-Anordnungen. Die erste Arbeit dieser Art stammt von S. Kirkby und A. Robinson [25]. Hier wird ein Flügel von großem Seitenverhältnis in Verbindung mit einem kegeligen Rumpf nach der Streifenmethode behandelt. Bei diesem Verfahren werden der Auftriebsabfall am Flügel-Rumpf-Übergang, sowie der Einfluß des Flügels auf den Rumpf wegen des großen Verhältnisses von Flügelspannweite zu Rumpfdurchmesser nicht erfaßt. Wie von R. H. Cramer [6] gezeigt wurde, heben sich diese beiden Anteile weitgehend auf, so daß der Gesamtauftrieb verhältnismäßig gut wiedergegeben wird. Im Zusammenhang mit der Streifenmethode sei noch auf die Arbeiten von P. A. LAGERSTROM und M. D. VAN DYKE [26] und G. K. MORIKAWA [38] hingewiesen, die mit den Ansätzen der Theorie schlanker Körper eine Verfeinerung dieses Verfahrens erzielen.

Weitere Untersuchungen auf dem Gebiet der Flügel-Rumpf-Interferenzen bei Überschallgeschwindigkeit wurden von C. FERRARI [7], [8] durchgeführt. Dieser betrachtet das Problem eines Rechteckflügels von großem Seitenverhältnis mit einem zylindrischen Rumpf mit spitzem Bug. Zur Lösung wird ein Iterationsverfahren benutzt. Es werden zunächst Potentialfunktionen für den Flügel und den Rumpf gesondert bestimmt, welche dann zusammengefaßt und schrittweise so korrigiert werden, daß die Randbedingungen nur an einem Teil der Anordnungen, entweder am Flügel oder am Rumpf, exakt erfüllt werden, während sie an dem anderen Teil unberücksichtigt bleiben. Das Verfahren konvergiert nach einigen Schritten.

S. H. BROWNE, L. FRIEDMAN und I. HODES [4] untersuchen einen Deltaflügel mit kegeligem Rumpf (Flügel- und Rumpfspitze fallen zusammen) nach der Methode der kegelsymmetrischen Strömung und geben Lösungen für Flügel mit Unterschall- und Überschallvorderkanten an. Obgleich dieses Verfahren für praktische Probleme keine weitreichende Anwendungsmöglichkeit bietet, sind die gewonnenen exakten Lösungen für den Vergleich mit Näherungslösungen wertvoll.

Ein Rechteckflügel mit einem zylindrischen Rumpf wird von G. K. MORIKAWA [37] und J. N. NIELSEN [43] behandelt. Unter Anwendung der Laplace-Transformation wird eine exakte Lösung in Form einer Reihe gewonnen. Während G. K. MORIKAWA nur eine Näherungslösung angibt, gelingt J. N. NIELSEN die Rücktransformation der Lösung. Darüber hinaus werden von G. K. MORIKAWA [39] weitere theoretische Ansätze zum Flügel-Rumpf-Problem in stationärer Überschallströmung gemacht.

Im folgenden soll nun gezeigt werden, wie man unter Verzicht auf längere mathematische Ableitungen die wesentlichen Ergebnisse aus einfachen, physikalisch anschaulichen Überlegungen erhalten kann, vgl. auch [51].

In analoger Weise wie bei inkompressibler Strömung soll auch für Überschallgeschwindigkeit die Flügel-Rumpf-Interferenz in der Weise behandelt werden, daß wir nacheinander den Einfluß des Flügels auf den Rumpf und anschließend den Einfluß des Rumpfes auf den Flügel besprechen.

10.42 Auftriebsverteilung des Rumpfes

Auftrieb. In Kap. 9.53 wurde gezeigt, daß für Überschallgeschwindigkeit die Auftriebsverteilung des „Rumpfes allein“ nach der Beziehung für inkompressible Strömung ermittelt werden kann, Gl. (9.46):

$$\frac{dA_R}{dx} = 2\pi\alpha_\infty q_\infty \frac{d(R^2)}{dx}. \tag{10.43}$$

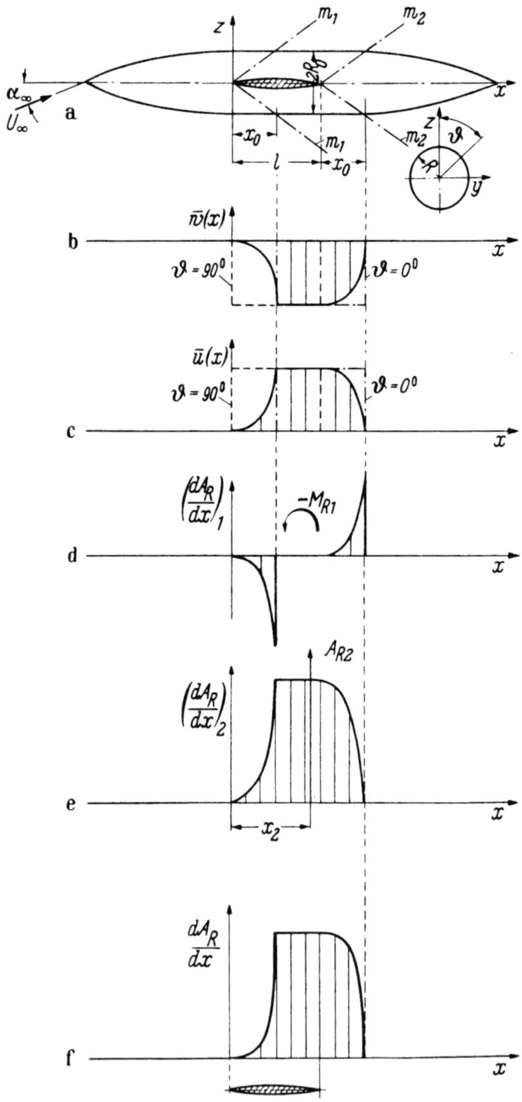

a) Geometrie der Flügel-Rumpf-Anordnung.

b) Verteilung der Vertikalgeschwindigkeit $\overline{w}(x)$.

c) Verteilung der Längsgeschwindigkeit $\overline{u}(x)$.

d) Auftriebsverteilung infolge der Vertikalgeschwindigkeit.

e) Auftriebsverteilung infolge der Längsgeschwindigkeit.

f) Resultierende Auftriebsverteilung.

Abb. 10.32. Zur Berechnung der Interferenz von Flügel-Rumpf-Anordnungen bei Überschallgeschwindigkeit.

In Abb. 10.32a ist die Überschallströmung für eine einfache Flügel-Rumpf-Anordnung, nämlich einen rotationssymmetrischen Rumpf mit einem *Rechteckflügel in Mitteldeckeranordnung*, schematisch dargestellt. Bei Überschallgeschwindigkeit besteht gegenüber der inkompressiblen Strömung der wichtige Unterschied, daß der Rumpfteil vor dem Flügel keine Beeinflussung durch den Flügel erfahren kann. Damit bleibt bei der Flügel-Rumpf-Anordnung für den Rumpfvorderteil die Auftriebsverteilung die gleiche wie beim Rumpf allein nach Gl. (10.43). Es gilt somit für den Auftrieb des *Rumpfvorderteiles*:

$$A_{Rv} = 2\pi\alpha_\infty q_\infty R_0^2. \tag{10.44}$$

Für den *übrigen Rumpfteil* möge im folgenden eine einfache Betrachtung über die vom Flügel am Rumpf gegenüber Gl. (10.43) zusätzlich hervorgerufene Auftriebsverteilung gegeben werden. Zur Vereinfachung werde dabei in Abb. 10.32 ein Flügel von unendlicher Spannweite angenommen. In diesem Fall erzeugt der Flügel Störgeschwindigkeiten nur in dem Gebiet zwischen den von der Vorder- und Hinterkante des Flügels ausgehenden Machschen Linien m_1 und m_2. Unter der vereinfachenden Annahme, daß die Auftriebsverteilung des Flügels im Rumpfbereich nicht geändert ist, hat dann auch der hintere Rumpfteil keine zusätzliche Auftriebskraft infolge des Flügeleinflusses. Mithin erfährt der Rumpf eine zusätzliche Auftriebskraft nur im Bereich zwischen den Machschen Linien m_1 und m_2.

Dieser Auftrieb infolge *Flügeleinfluß* wird verursacht durch die vom Flügel induzierten Geschwindigkeiten in z-Richtung, d. i. $w(x)$, und in x-Richtung, d. i. $u(x)$. Man vergleiche hierzu die Betrachtungen in Kap. 10.13. In Abb. 10.32b und 10.32c ist die Verteilung der induzierten Geschwindigkeiten $w(x)$ und $u(x)$ dargestellt. Der Verlauf auf der Rumpfoberfläche bei $z = 0$ bzw. $\vartheta = 90°$ ist durch die gestrichelten Kurven und derjenige bei $y = 0$ bzw. $\vartheta = 0°$ ist durch die strichpunktierten Kurven gekennzeichnet. Diese beiden Kurven sind in der Längsrichtung lediglich gegeneinander verschoben. Nach Gl. (8.13) ist der Größtwert der induzierten Vertikalgeschwindigkeit

$$w = -\alpha_\infty U_\infty \tag{10.45}$$

und derjenige der Längsgeschwindigkeit

$$u = \frac{\alpha_\infty}{\sqrt{Ma_\infty^2 - 1}} U_\infty. \tag{10.46}$$

Als Mittelwert der induzierten Geschwindigkeiten über dem Umfang, die für die Berechnung der Auftriebsverteilung des Rumpfes maßgebend sind, sind die ausgezogenen Kurven anzusehen. Nach C. Ferrari [7] ist für $0 < x < x_0$, wenn in diesem Bereich $R(x) = R_0 = \text{const}$ ist:[1]

$$\frac{\overline{w}(x)}{U_\infty} = -\frac{2}{\pi}\left(\arc\sin\frac{x}{x_0} - \frac{x}{x_0}\sqrt{1-\left(\frac{x}{x_0}\right)^2}\right)\alpha_\infty \qquad (10.47)$$

und

$$\frac{\overline{u}(x)}{U_\infty} = \left(1 - \sqrt{1-\left(\frac{x}{x_0}\right)^2}\right)\frac{\alpha_\infty}{\sqrt{Ma_\infty^2 - 1}}. \qquad (10.48)$$

Dabei ist $x_0 = R_0\sqrt{Ma_\infty^2 - 1}$. Entsprechende Formeln gelten für $l < x < l + x_0$.

Aus diesen Mittelwerten der induzierten Geschwindigkeiten erhält man zwei Anteile der *Auftriebsverteilung des Rumpfes im Flügelbereich*, nämlich $(dA_R/dx)_1$ aus der Vertikalgeschwindigkeit $\alpha_\infty U_\infty + \overline{w}(x)$ und $(dA_R/dx)_2$ aus der Längsgeschwindigkeit $\overline{u}(x)$. Der qualitative Verlauf dieser beiden Anteile ist in Abb. 10.32d und e dargestellt. Die Beziehungen für die Ermittlung dieser beiden Verteilungen sind in den Gln. (10.18) und (10.19b) angegeben.

Für den Fall, daß im Bereich $0 < x < l + x_0$ der Rumpfradius $R(x) = R_0$ konstant ist, ergibt sich

$$\left(\frac{dA_R}{dx}\right)_1 = 2\pi q_\infty R_0^2\frac{d\alpha_w}{dx} \quad \text{mit} \quad \alpha_w(x) = \frac{\overline{w}(x)}{U_\infty} \qquad (10.49\text{a})$$

und

$$\left(\frac{dA_R}{dx}\right)_2 = 8 q_\infty R_0\frac{\overline{u}(x)}{U_\infty}. \qquad (10.49\text{b})$$

In Abb. 10.32f ist die resultierende Auftriebsverteilung als Summe der Gln. (10.49a) und (10.49b) dargestellt. Die Integration des ersten Anteiles nach Gl. (10.49a) ergibt $A_{R1} = 0$, weil $\alpha_w(x)$ vor und hinter dem Flügel nach Abb. 10.32b gleich Null ist.

Die Auftriebskraft erhält man durch Integration von Gl. (10.49b) unter Beachtung von Abb. 10.32c wegen $A_{R2} = A_R$ zu:

$$A_R = 8 q_\infty\frac{\alpha_\infty}{\sqrt{Ma_\infty^2 - 1}}R_0 l. \qquad (10.50)$$

Diese einfache Beziehung für den Auftrieb des Rumpfes durch den Flügel gilt, sofern der Durchstoßpunkt der vorderen Mach-Linie m_1 mit der Rumpfoberfläche bei $y = 0$ *vor* der Flügelhinterkante liegt,

[1] Es ist $\overline{w}(x) = U_\infty F_1(x)$ mit $F_1(x)$ nach [7], und nach Gl. (10.19):

$$\overline{u}(x) = \frac{1}{4}\int_0^{2\pi} u(x,\vartheta)\cos\vartheta\, d\vartheta.$$

vgl. Abb. 10.32a. Dies Ergebnis von Gl. (10.50) kann auch so gedeutet werden, daß der Rumpfauftrieb infolge des Flügeleinflusses gleich dem Auftrieb des vom Rumpf überdeckten Flügelstückes $\Delta F = 2R_0 l$ in ebener Strömung ist. Von C. FERRARI [9] ist auch der Fall untersucht worden, daß die vordere Mach-Linie die Rumpfoberkante hinter der Flügelhinterkante trifft. In diesem Fall ist die Berechnung des zusätzlichen Rumpfauftriebes wesentlich komplizierter als hier angegeben.

In Abb. 10.33 ist nach R. H. CRAMER [5] die Auftriebsverteilung des Rumpfes unter dem Einfluß des Flügels für ein Beispiel angegeben.

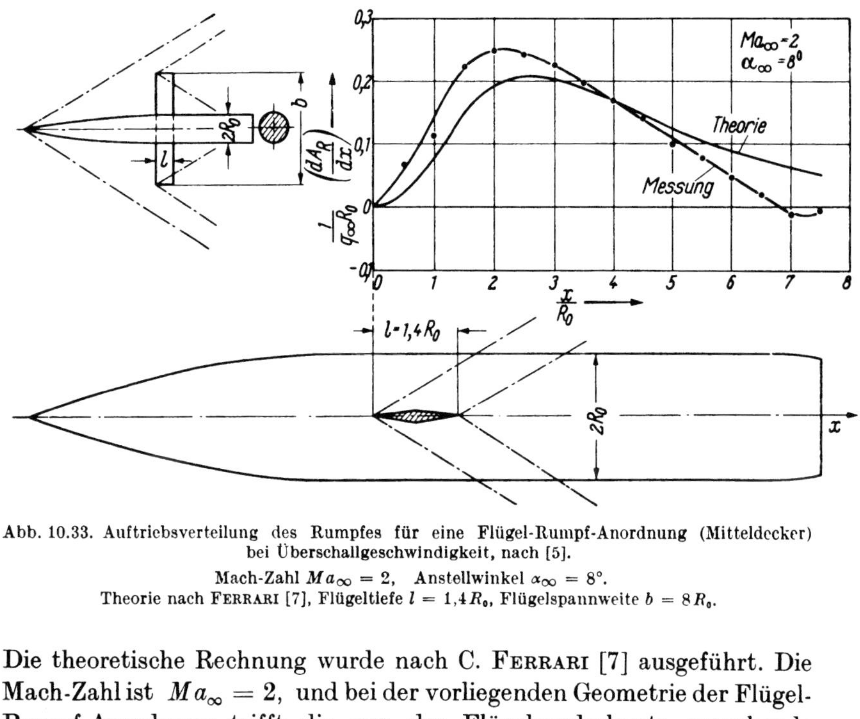

Abb. 10.33. Auftriebsverteilung des Rumpfes für eine Flügel-Rumpf-Anordnung (Mitteldecker) bei Überschallgeschwindigkeit, nach [5].
Mach-Zahl $Ma_\infty = 2$, Anstellwinkel $\alpha_\infty = 8°$.
Theorie nach FERRARI [7], Flügeltiefe $l = 1{,}4R_0$, Flügelspannweite $b = 8R_0$.

Die theoretische Rechnung wurde nach C. FERRARI [7] ausgeführt. Die Mach-Zahl ist $Ma_\infty = 2$, und bei der vorliegenden Geometrie der Flügel-Rumpf-Anordnung trifft die von der Flügelvorderkante ausgehende Mach-Linie die Rumpfoberkante hinter der Flügelhinterkante. Deshalb reicht, im Gegensatz zu Abb. 10.32f, die Auftriebsverteilung beträchtlich über die Flügelhinterkante hinaus. Die Übereinstimmung von Theorie und Messung ist gut.

Die vorstehenden theoretischen Ergebnisse gelten, wie oben angegeben, für den Fall, daß der Flügel eine sehr große Spannweite hat. Um den Einfluß des *Seitenverhältnisses* des Flügels aufzuzeigen, sind in Abb. 10.34 nach [9] die zusätzlichen Auftriebsverteilungen des Rumpfes für Flügel-Rumpf-Anordnungen mit Flügeln von verschiedenem Seitenverhältnis angegeben. Auch hier ist die Mach-Zahl $Ma_\infty = 2$.

Mit abnehmendem Seitenverhältnis nimmt die zusätzliche Auftriebskraft, wie zu erwarten ist, erheblich ab.

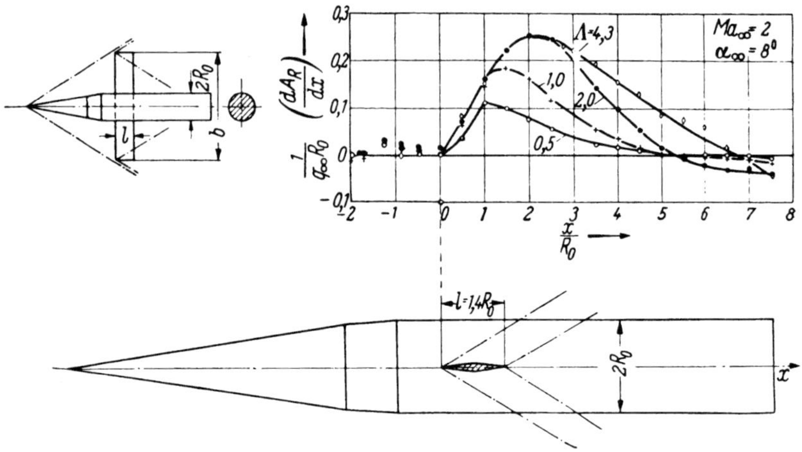

Abb. 10.34. Einfluß des Seitenverhältnisses des Flügels auf die Auftriebsverteilung des Rumpfes für Flügel-Rumpf-Anordnungen (Mitteldecker) bei Überschallgeschwindigkeit, nach [9] und [27]. Mach-Zahl $Ma_\infty = 2$; Anstellwinkel $\alpha_\infty = 8°$.

Für die gleiche Meßreihe wie in Abb. 10.34 ist in Abb. 10.35 das Verhältnis vom Rumpfauftrieb A_R zum Auftrieb des nicht vom Rumpf überdeckten Flügelteiles A'_F angegeben. Zum Vergleich mit den Mes-

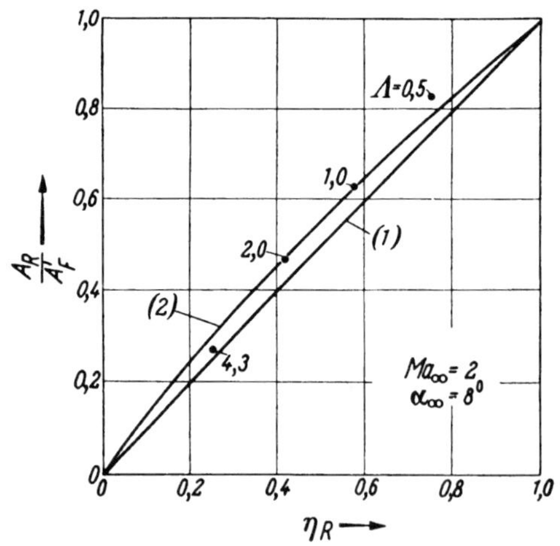

Abb. 10.35. Verhältnis von Rumpfauftrieb A_R zu Flügelauftrieb A'_F in Abhängigkeit von der relativen Rumpfbreite für Flügel-Rumpf-Anordnungen bei Überschallgeschwindigkeit, nach [9] und [27] (Anordnungen wie Abb. 10.34). Mach-Zahl $Ma_\infty = 2$; Anstellwinkel $\alpha_\infty = 8°$. Kurve *1*: Theorie nach LENNERTZ [28]; Kurve *2*: Theorie nach SPREITER [53] (Theorie schlanker Körper).

sungen sind zwei theoretische Kurven eingetragen: Kurve *1* entspricht der Theorie von J. LENNERTZ [28] nach Gl. (10.6), welche auch für Überschallströmung Gültigkeit hat. Kurve *2* gibt die Theorie der Flügel-Rumpf-Anordnungen mit Flügeln von kleinem Seitenverhältnis nach

Kap. 10.6. Die beiden theoretischen Kurven weichen nur wenig voneinander ab. Die Meßpunkte liegen recht gut auf der theoretischen Kurve *2*.

Nickmoment. Aus der Auftriebsverteilung erhält man das Nickmoment mittels Gl. (10.9a). Führt man in Gl. (10.9a) die beiden Anteile der Auftriebsverteilung nach den Gln. (10.49a) und (10.49b) ein, so ergeben sich für das *Nickmoment ohne den Anteil des Rumpfvorderteiles*, vgl. Gl. (10.49a und b), bezogen auf die Flügelmitte, die folgenden beiden Anteile:

$$M_{R1} = 2\pi q_\infty R_0^2 \int_0^{l+x_0} \frac{\overline{w}(x)}{U_\infty}\, dx \tag{10.51}$$

und

$$M_{R2} = -8 q_\infty R_0 \int_0^{l+x_0} \left(x - \frac{l}{2}\right) \frac{\overline{u}(x)}{U_\infty}\, dx. \tag{10.52}$$

Dabei ist x von der Vorderkante des Flügels gemessen. Die Integrationen in den Gln. (10.51) und (10.52) lassen sich unter Beachtung von Abb. 10.32b und c leicht ausführen. Man erhält:

$$M_{R1} = -2\pi q_\infty \alpha_\infty R_0^2 l \quad \text{(freies Moment)}; \tag{10.51a}$$

$$M_{R2} = -2\pi q_\infty \alpha_\infty R_0^2 l \quad \text{(bezogen auf Flügelmitte)}. \tag{10.52a}$$

Die Lage des Angriffspunktes der Kraft A_{R2} von der Flügelvorderkante aus gemessen ergibt sich aus den Gln. (10.50) und (10.52a) zu:

$$x_2 = \frac{l}{2} - \frac{M_{R2}}{A_{R2}} = \frac{l}{2} + \frac{\pi}{4} R_0 \sqrt{Ma_\infty^2 - 1}. \tag{10.53}$$

Das Moment (ohne Rumpfvorderteil) ist damit, bezogen auf die Flügelmitte:

$$M_R = -4\pi q_\infty \alpha_\infty R_0^2 l. \tag{10.54}$$

Bemerkenswert ist, daß dieses Zusatzmoment von der Mach-Zahl unabhängig ist.

Die *Neutralpunktverschiebung* infolge des Einflusses des Flügels auf den Rumpf gegenüber dem Neutralpunkt des Flügels allein, $(x_N)_F = l/2$, wird hieraus:

$$(\Delta x_N)_{(F+R)} = -\frac{M_R}{A_{(F+R)}}.$$

Für kleine relative Rumpfbreiten $\eta_R = 2R_0/b$ kann $A_{(F+R)}$ näherungsweise gleich A_F genommen werden. Für den Flügel von großem Seitenverhältnis gilt nach Gl. (8.17):

$$A_F = q_\infty \alpha_\infty \frac{4}{\sqrt{Ma_\infty^2 - 1}} b l .$$

Damit wird schließlich näherungsweise mit $\Lambda = b/l$:

$$\frac{(\Delta x_N)_{(F+R)}}{l} = \frac{\pi}{4} \eta_R^2 \Lambda \sqrt{Ma_\infty^2 - 1} . \tag{10.55}$$

Diese stabilisierende Neutralpunktverschiebung infolge des Einflusses des Flügels auf den Rumpf wirkt dem instabilisierenden Anteil entgegen, der vom Rumpfvorderteil herrührt.

Die vorstehenden Ergebnisse über den Einfluß des Flügels auf den Auftrieb des Rumpfes gelten für ungepfeilte Flügel von großem Seitenverhältnis, d. h. für Flügel mit Überschallvorderkante. Für Flügel von kleinem Seitenverhältnis verweisen wir auf die Ausführungen in Kap. 10.6.

10.43 Auftriebsverteilung des Flügels

Der Einfluß des Rumpfes auf die Auftriebsverteilung des Flügels bei Überschallgeschwindigkeit kann näherungsweise nach dem gleichen Verfahren behandelt werden, welches in Kap. 10.213 für die inkompressible Strömung angegeben wurde. Die durch die Querumströmung des Rumpfes nach Abb. 10.5b hervorgerufene zusätzliche Anstellwinkelverteilung erzeugt örtlich am Flügel zusätzliche Auftriebe. Bei Annahme eines unendlich langen Rumpfes ist für eine vorgegebene Rumpfquerschnittsform die zusätzliche Anstellwinkelverteilung die gleiche wie bei inkompressibler Strömung, weil die Geschwindigkeit der Queranströmung des Rumpfes erheblich kleiner ist als die Schallgeschwindigkeit. Für einen Rumpf von Kreisquerschnitt (Radius R) mit einem Flügel in Mitteldeckeranordnung ist die Verteilung des induzierten Anstellwinkels durch die Gln. (10.21a) und (10.21b) gegeben. Die Berechnung der Auftriebsverteilung längs Spannweite zu der vorgegebenen Anstellwinkelverteilung kann näherungsweise sehr einfach nach der sogenannten *Streifenmethode* ausgeführt werden.[1] Mithin ist der örtliche Auftriebsbeiwert

$$c_a(y) = \frac{4\alpha_\infty}{\sqrt{Ma_\infty^2 - 1}} \left(1 + \frac{\Delta\alpha(y)}{\alpha_\infty}\right) \tag{10.56}$$

mit $\Delta\alpha(y)$ nach Gl. (10.21a).

---

[1] Unter der Streifenmethode verstehen wir, daß der örtliche Auftriebsbeiwert proportional zum örtlichen Anstellwinkel gesetzt wird, wobei der Auftriebsanstieg des ebenen Problems zugrunde gelegt ist; dieser ist für Überschallgeschwindigkeit nach Gl. (8.17) gleich $(dc_a/d\alpha)_\infty = 4/\sqrt{Ma_\infty^2 - 1}$.

Als Beispiel ist in Abb. 10.36 für eine Flügel-Rumpf-Anordnung, bestehend aus einem rotationssymmetrischen Rumpf und einem Rechteckflügel, die Auftriebsverteilung längs Spannweite für die Mach-Zahl $Ma_\infty = 2$ beim Anstellwinkel $\alpha_\infty = 8°$ angegeben. Kurve *1* gibt die

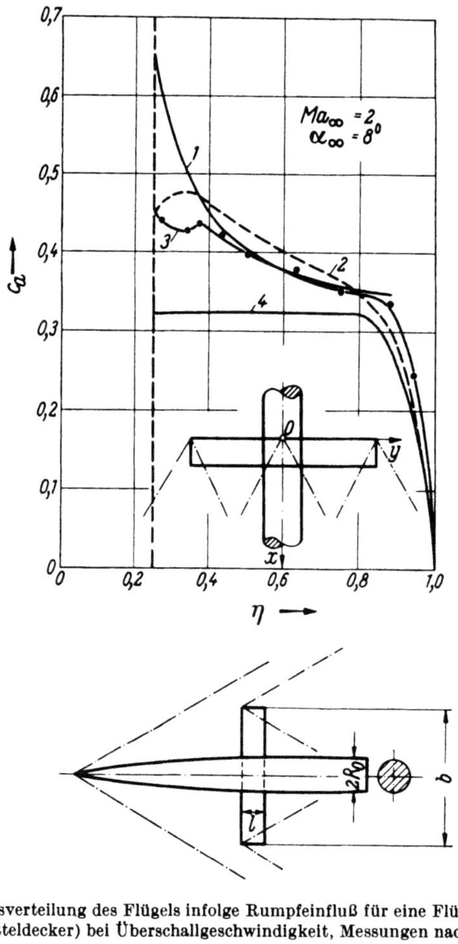

Abb. 10.36. Auftriebsverteilung des Flügels infolge Rumpfeinfluß für eine Flügel-Rumpf-Anordnung (Mitteldecker) bei Überschallgeschwindigkeit, Messungen nach [9].
Kurve *1*: Theorie, Streifenmethode nach Gl. (10.56);
Kurve *2*: Theorie nach FERRARI [9];
Kurve *3*: Messungen nach [9];
Kurve *4*: Theorie, Flügel allein.

Theorie nach der Streifenmethode Gl. (10.56), während Kurve *2* eine Theorie nach C. FERRARI [9] darstellt. Beide Theorien stimmen mit der Messung recht gut überein, ausgenommen die unmittelbare Rumpfnähe bei der Streifenmethode. Zum Vergleich ist auch die Theorie für den Flügel allein, Kurve *4*, eingetragen. Man erkennt, daß der Einfluß des Rumpfes auf die Auftriebsverteilung des Flügels ziemlich groß ist.

Eine bessere Annäherung für den Einfluß des Rumpfes auf den Flügel erhält man, wenn man annimmt, daß im Flügelbereich die Strömung durch den Flügel parallel zur Rumpfachse gerichtet wird, d. h. dort $\alpha = 0$ ist (Abb. 10.37a); vgl. Kap. 10.213. Die hierzugehörige Verteilung des induzierten Anstellwinkels kann man mit Hilfe einer längs der Rumpfachse angeordneten von x abhängigen Dipolverteilung ermitteln, vgl. Kap. 9.53. Man erhält als Anstellwinkelverteilung:

$$\frac{\Delta\alpha}{\alpha_\infty} = \frac{R^2}{y^2} \quad \text{für} \quad x < y\sqrt{Ma_\infty^2 - 1} \tag{10.57a}$$

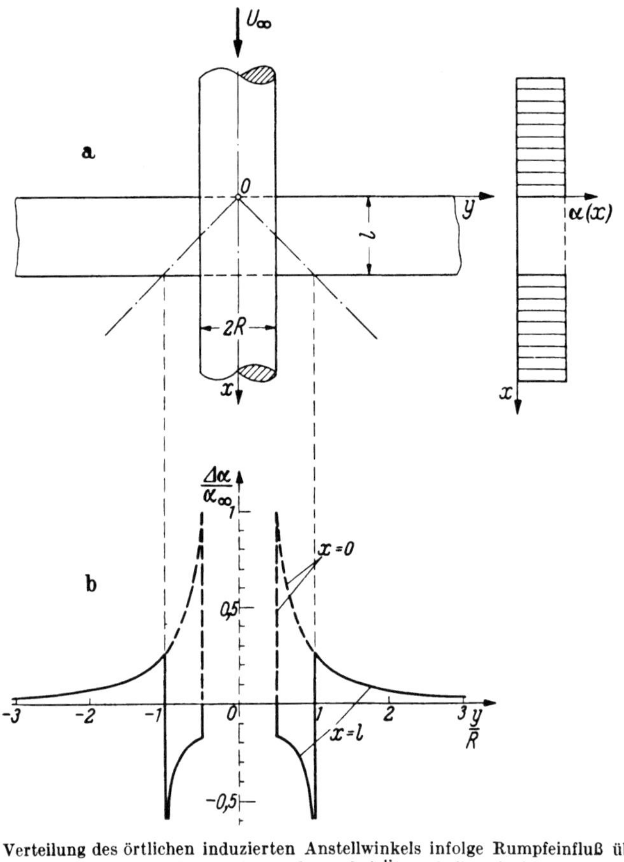

Abb. 10.37. Verteilung des örtlichen induzierten Anstellwinkels infolge Rumpfeinfluß über Spannweite für eine Flügel-Rumpf-Anordnung bei Überschallgeschwindigkeit.
a) Geometrie der Flügel-Rumpf-Anordnung mit Anstellwinkelverteilung $\alpha(x)$ längs Rumpfachse; b) Anstellwinkelverteilung $\Delta\alpha(y)$ längs Spannweite.
$x = 0$: Flügelvorderkante; $x = l$: Flügelhinterkante.

und

$$\frac{\Delta\alpha}{\alpha_\infty} = \frac{R^2}{y^2}\left(1 - \frac{x}{\sqrt{x^2 - (Ma_\infty^2 - 1)y^2}}\right) \quad \text{für} \quad x > y\sqrt{Ma_\infty^2 - 1}. \tag{10.57b}$$

Die erste Gleichung gilt außerhalb des vom Koordinatenursprung ausgehenden Machschen Kegels und die zweite Gleichung innerhalb dieses Kegels, und beide

Gleichungen gelten nur außerhalb des Rumpfes. Die aus den Gln. (10.57a) und (10.57b) sich ergebenden Anstellwinkelverteilungen längs der Vorderkante und der Hinterkante des Flügels sind in Abb. 10.37b dargestellt. Die Verteilung längs der Vorderkante ($x = 0$) ist gleich derjenigen für den unendlich langen Rumpf, während diejenige längs der Hinterkante ($x = l$) hiervon stark verschieden ist und innerhalb des Machschen Kegels sogar negative Werte annimmt. Aus dieser Darstellung ist zu entnehmen, daß sich innerhalb des Machschen Kegels die örtliche Anstellwinkelverteilung über die Flügeltiefe stark ändert. Mit diesem Ergebnis kann man jetzt mittels der Streifenmethode wieder eine verbesserte Auftriebsverteilung längs Spannweite berechnen, wenn man hierfür eine über die Flügeltiefe gemittelte örtliche Anstellwinkelverteilung zugrunde legt.[1] Es ergibt sich:

$$\frac{\overline{\Delta\alpha}}{\alpha_\infty} = \frac{R^2}{y^2}\left(1 - \sqrt{1 - (Ma_\infty^2 - 1)\,\frac{y^2}{l^2}}\right), \tag{10.58}$$

$$\text{für } R < y < \frac{x}{\sqrt{Ma_\infty^2 - 1}}.$$

In Abb. 10.38 ist diese Verteilung in Abhängigkeit von y/R mit $(R/l)\sqrt{Ma_\infty^2 - 1}$ als Parameter dargestellt. Man erkennt, daß jetzt in Rumpfnähe ein starker Abfall des örtlichen Anstellwinkels und damit auch des örtlichen Auftriebsbeiwertes eintritt, und zwar wenn die in Abb. 10.37a vom Nullpunkt ausgehenden Mach-Linien die Hinterkante des Flügels außerhalb des Rumpfes schneiden. Das in Abb. 10.36 mitgeteilte Beispiel wird durch diese Verbesserung nicht berührt, da dort $(R/l)\sqrt{Ma_\infty^2 - 1} = 1{,}24$ ist, und somit oberhalb der Grenze liegt, an der diese Verbesserung wirksam wird.

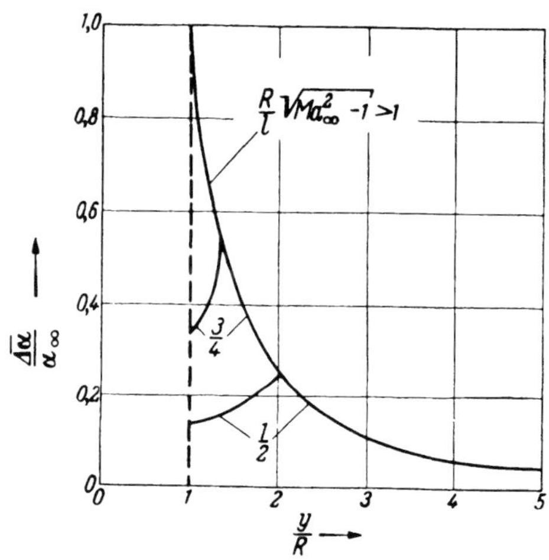

Abb. 10.38. Verteilung des mittleren induzierten Anstellwinkels $\overline{\Delta\alpha}$ infolge Rumpfeinfluß über Spannweite für eine Flügel-Rumpf-Anordnung bei Überschallgeschwindigkeit für verschiedene Werte von $(R/l)\sqrt{Ma_\infty^2 - 1}$.

[1] Der über die Tiefe gemittelte Anstellwinkel $\overline{\Delta\alpha}$ wird gemäß der ebenen Profiltheorie bei Überschallgeschwindigkeit als $\overline{\Delta\alpha} = \frac{1}{l}\int_0^l \Delta\alpha(x)\,dx$ genommen.

Die vorstehenden Ergebnisse über den Einfluß des Rumpfes auf den Auftrieb des Flügels gelten für Flügel von großem Seitenverhältnis. Für Flügel von kleinem Seitenverhältnis können wir wieder auf die Ausführungen in Kap. 10.6 verweisen.

Mit dem Problem der Ermittlung des *Wellenwiderstandes* von Flügel-Rumpf-Anordnungen bei Überschallgeschwindigkeit haben sich J. F. VANDREY [58], H. LOMAX und M. A. HEASLET [31] sowie R. T. JONES [22] befaßt. Auch auf die experimentellen Untersuchungen von W. SCHNEIDER [50] sei hingewiesen.

10.5 Flügel-Rumpf-Anordnung bei transsonischer Strömung

Unsere Betrachtungen zur Interferenz der Flügel-Rumpf-Anordnungen bei transsonischer Strömung mögen auf das *Widerstandsproblem* beschränkt werden. Der Widerstand von Flügel-Rumpf-Anordnungen in der Umgebung von $Ma_\infty = 1$ ist im allgemeinen größer als die Summe der Widerstände von Flügel allein und Rumpf allein. Es handelt sich hierbei in erster Linie um den Wellenwiderstand beim Auftrieb Null.

Abb. 10.39 gibt Widerstandsmessungen von R. T. WHITCOMB [61] an Flügel-Rumpf-Anordnungen bei $c_A = 0$ im Bereich der Mach-Zahlen zwischen $Ma_\infty = 0{,}85$ bis 1,1. Dabei zeigt Abb. 10.39a die vermessenen Modelle, Abb. 10.39b deren Gesamtwiderstände und Abb. 10.39c die Restwiderstände nach Abzug der Reibungswiderstände. Die Kurve für den Rumpf allein (Modell 1) hat in der Nähe von $Ma_\infty = 1$ einen starken Anstieg. Die einfache Zusammenfügung von Rumpf und Flügel (Modell 2) hat im transsonischen Bereich einen besonders großen Widerstand. Durch Einschnürung des Rumpfes im Flügelbereich konnte R. T. WHITCOMB zeigen, daß sich der Widerstand im transsonischen Bereich erheblich vermindern läßt (Modell 3). Dabei wurde die Einschnürung des Rumpfes so gewählt, daß die Verteilung der Querschnittsfläche der Flügel-Rumpf-Anordnung längs der Rumpfachse etwa mit derjenigen des Rumpfes allein (Modell 1) übereinstimmt. Diese Vorschrift der Verteilung der Querschnittsfläche der Flügel-Rumpf-Anordnung wird als *Flächenregel* („Area Rule") bezeichnet. Abb. 10.40 zeigt die Anwendung dieser Querschnittsregel auf ein Flugzeug, und zwar gibt Abb. 10.40a den Grundriß des Flugzeuges, Abb. 10.40b die Querschnittsverteilung $F_R(x)$ eines flächengleichen Rotationskörpers und Abb. 10.40c die Änderung dieser Querschnittsfläche längs der Rumpfachse, dF_R/dx. Dabei gilt in Abb. 10.40c die ausgezogene Kurve ohne Querschnittseinziehung und die gestrichelte Kurve mit Querschnittseinziehung.

Die Querschnittseinziehung des Rumpfes ist so gewählt worden, daß dF_R/dx einen möglichst glatten Verlauf hat.

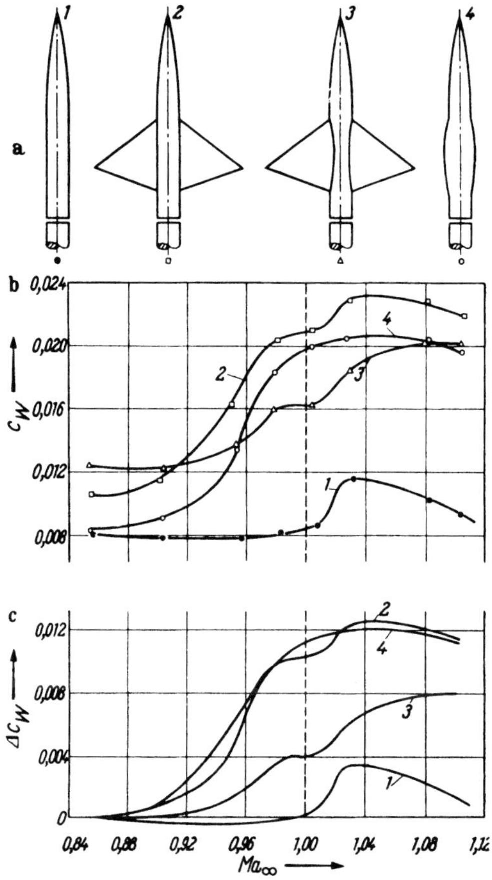

Abb. 10.39. Widerstandsbeiwerte von Flügel-Rumpf-Anordnungen und rotationssymmetrischen Rümpfen im transsonischen Machzahl-Bereich, nach [61].
a) Geometrie; b) Gesamtwiderstandsbeiwerte c_W bei Auftrieb Null; c) Beiwerte des Wellenwiderstandes.

Um diese Überlegungen experimentell nachzuprüfen, hat R. T. Whitcomb auch einen Rumpf vermessen, dessen Querschnittsverteilung gleich derjenigen der Flügel-Rumpf-Anordnung ohne Einschnürung ist (Modell 4 in Abb. 10.39). Dieses Modell hat in der Tat den gleichen Widerstandsanstieg im transsonischen Bereich wie das Modell 2. Mit den theoretischen Grundlagen dieser Erscheinung haben sich R. T. Jones [22] und K. Oswatitsch [23] sowie auch F. Keune und W. Schmidt [24] befaßt.

Schließlich möge in Abb. 10.41 noch gezeigt werden, daß der Vorteil dieser Flächenregel auf den transsonischen Machzahlbereich beschränkt bleibt. Diese Abbildung gibt Widerstandsbeiwerte von drei Flügel-Rumpf-Anordnungen im Machzahlbereich von $Ma_\infty = 0{,}8$ bis 1,4.

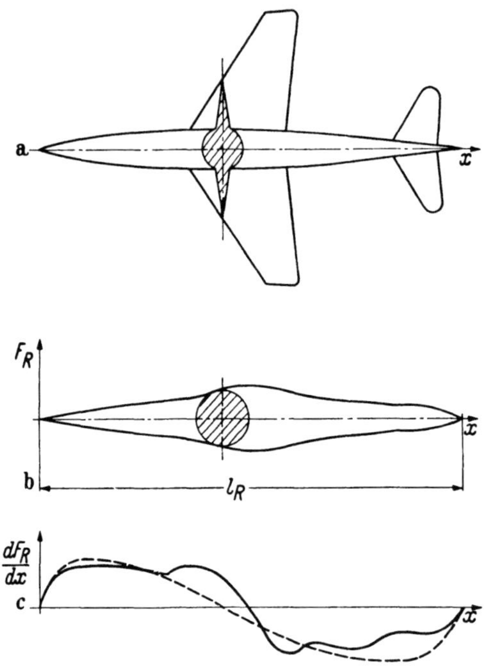

Abb. 10.40. Erläuterungsskizze zur Flächenregel für transsonische Strömungen. a) Flugzeuggrundriß; b) Querschnittsverteilung $F_R(x)$ des aequivalenten Rotationskörpers; c) Änderung der Querschnittsverteilung längs der Rumpfachse, dF_R/dx.

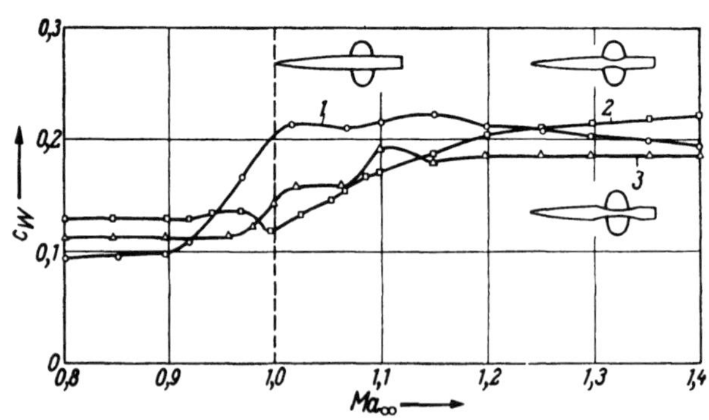

Abb. 10.41. Widerstandsbeiwerte von Flügel-Rumpf-Anordnungen bei Auftrieb Null im transsonischen Machzahl-Bereich; Messungen nach [22].

Kurve *1*: ohne Einschnürung des Rumpfes;
Kurve *2*: mit Einschnürung des Rumpfes, ausgelegt für $Ma_\infty = 1$;
Kurve *3*: mit Einschnürung des Rumpfes, ausgelegt für $Ma_\infty = 1{,}2$.

Modell (1) ist der Rumpf ohne Einschnürung, während Modell (2) und (3) Rümpfe mit zwei verschiedenen Einschnürungen sind. Beim Modell (2) ist die Einschnürung so gewählt worden, daß die größte Widerstandsverminderung bei $Ma_\infty = 1$ eintritt, während Modell (3) für kleinsten Widerstand bei $Ma_\infty = 1{,}2$ ausgelegt worden ist. Diese Messungen zeigen, daß die Einschnürung nach der Flächenregel nur im transsonischen Bereich günstige Ergebnisse liefert, während sie im Überschallbereich ungünstiger ist als die Anordnung ohne Einschnürung.

In diesem Zusammenhang seien die umfangreichen experimentellen Untersuchungen an Flügel-Rumpf-Anordnungen mit drei verschiedenen Flügeln (Rechteck-, Pfeil- und Deltaflügel) mit zwei verschiedenen Rümpfen von W. Schneider [50] erwähnt.

10.6 Schlanke Flugkörper

Während in den bisherigen Abschnitten dieses Kapitels Flügel-Rumpf-Anordnungen mit Flügeln von großem und mittlerem Seitenverhältnis betrachtet wurden, mögen jetzt Anordnungen mit Flügeln von kleinem Seitenverhältnis behandelt werden. Hierbei spielen die schlanken Dreieckflügel (*Delta-Flügel*) mit großer Pfeilung eine besondere Rolle. Mit der Steigerung der Fluggeschwindigkeit in den letzten Jahr-

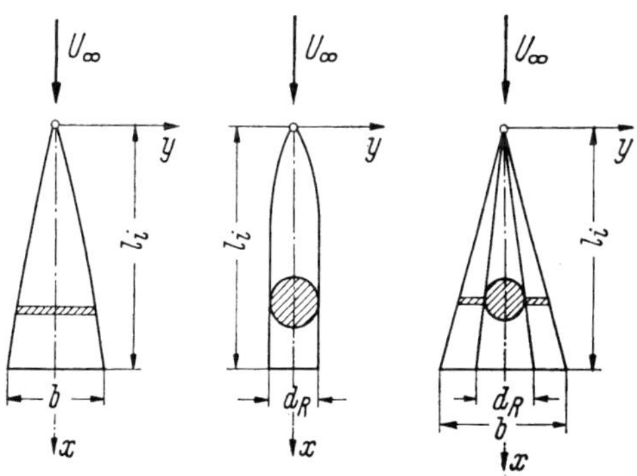

Abb. 10.42. Schlanke Flugkörper: Flügel, Rumpf, Flügel-Rumpf-Anordnung.

zehnten vom Unterschallbereich zum Überschallbereich sind solche schlanken Flugkörper (Abb. 10.42) sehr wichtig geworden. Sie sind dadurch gekennzeichnet, daß ihre aerodynamischen Beiwerte zwar von der Machzahl weitgehend unabhängig sind, während jedoch ihre Abhängigkeit vom Anstellwinkel in starkem Maße nichtlinear ist (vgl. Kap. 7.36 und Kap. 9.53).

Die von M. Munk [41] für schlanke Rumpfkörper und von R. T. Jones [21] für Flügel von kleinem Seitenverhältnis angegebene Theorie der Auftriebsberechnung ist von G. N. Ward [59] und J. R. Spreiter

[53] auf Flügel-Rumpf-Anordnungen mit Flügeln von kleinem Seitenverhältnis ausgedehnt worden, vgl. auch W. Jacobs [20]. Der Grundgedanke der Theorie besteht darin, daß für die Umströmung solcher schlanker Rümpfe und Flügel die Störgeschwindigkeiten in der x-Richtung (Rumpfachse, Flügellängsachse) gegenüber denen in der Querrichtung (y- und z-Richtung) klein sind. Damit reduziert sich die dreidimensionale Potentialgleichung (8.40) auf diejenige der zweidimensionalen Strömung in der y, z-Ebene:

$$\frac{\partial^2 \Phi}{\partial y^2} + \frac{\partial^2 \Phi}{\partial z^2} = 0. \tag{10.59}$$

Dabei sind $v = \partial\Phi/\partial y$ und $w = \partial\Phi/\partial z$ die induzierten Geschwindigkeiten in der Querebene. Da Gl. (10.59) sowohl für die inkompressible als auch für die kompressible Strömung gilt, sind die nachstehenden Ergebnisse anwendbar für Unterschall- und Überschallgeschwindigkeit.

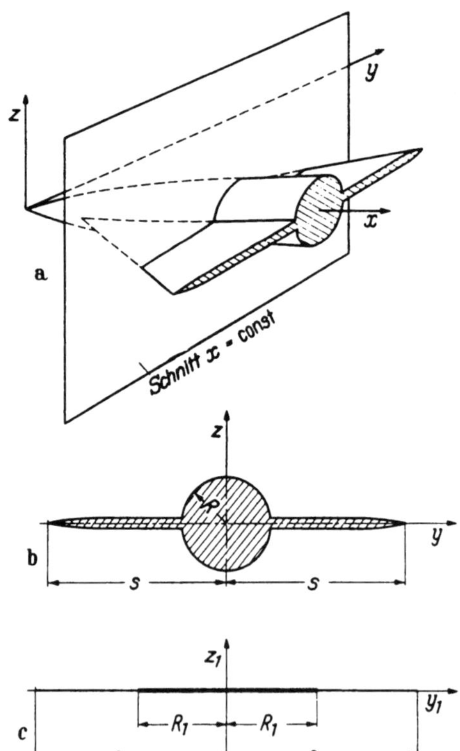

Abb. 10.43. Erläuterungsskizze zur Theorie von Flügel-Rumpf-Anordnungen mit Flügeln von kleinem Seitenverhältnis.

a) Skizze der Flügel-Rumpf-Anordnung; b) Querschnitt x = const; c) konforme Abbildung des Querschnittes x = const von b).

Die Potentialgleichung (10.59) ist für jeden Schnitt $x = \text{const}$ zu lösen (Abb. 10.43a), was z. B. mit Hilfe der konformen Abbildung ausgeführt werden kann. Die Umströmung einer Flügel-Rumpf-Anordnung nach Abb. 10.43b kann damit aus der Umströmung der senkrecht angeströmten ebenen Platte ermittelt werden (Abb. 10.43c). Die Rechenverfahren hierfür wurden in Kap. 2.562 angegeben (Joukowskysche Abbildungsfunktion).

Nachstehend wird über einige Ergebnisse berichtet, welche aus Arbeiten von J. R. Spreiter [53] und G. N. Ward [59] entnommen sind, vgl. auch [9] und [17].

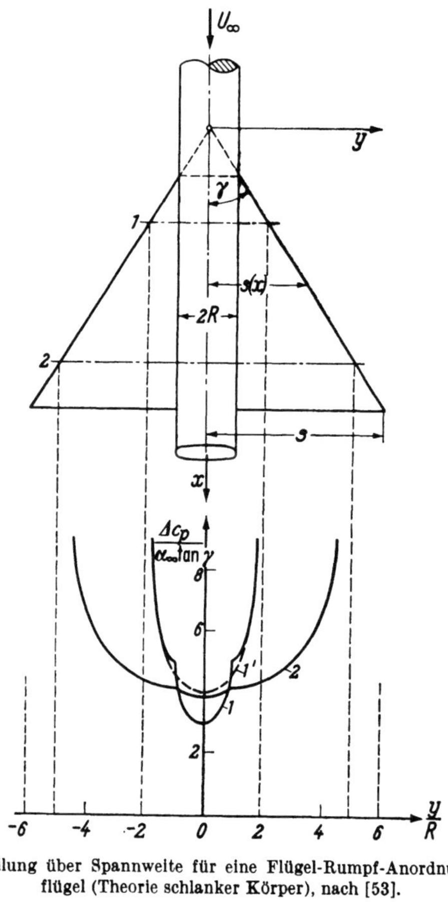

Abb. 10.44. Lastverteilung über Spannweite für eine Flügel-Rumpf-Anordnung mit einem Deltaflügel (Theorie schlanker Körper), nach [53].
Kurven *1* und *2* für die Flügel-Rumpf-Anordnung; Kurve *1'* für den Flügel allein.

Druckverteilung. Für Flügel-Rumpf-Anordnungen, bestehend aus einem Deltaflügel und einem unendlich langen Rumpf mit Kreisquerschnitt, sind in Abb. 10.44 Druckverteilungen für zwei Schnitte *1* und *2* quer zur Rumpfachse angegeben. Die Lastverteilung über den *Flügel* ist:

$$\Delta c_p = 4\alpha_\infty \tan\gamma \frac{1-\left(\frac{R}{s(x)}\right)^4}{\sqrt{\left[1+\left(\frac{R}{s(x)}\right)^2\right]^2-\left(\frac{y}{s(x)}\right)^2\left[1+\left(\frac{R}{y}\right)^2\right]^2}} \quad \text{für } R^2 < y^2 < s^2, \tag{10.60a}$$

und diejenige über den *Rumpf*:

$$\Delta c_p = 4\alpha_\infty \tan\gamma \frac{1-\left(\frac{R}{s(x)}\right)^4}{\sqrt{\left[1+\left(\frac{R}{s(x)}\right)^2\right]^2-4\left(\frac{y}{s(x)}\right)^2}} \quad \text{für } 0 < y^2 < R^2. \tag{10.60b}$$

Für den Flügel allein gilt nach Gl. (10.60a) mit $R = 0$:

$$\Delta c_p = \frac{4\alpha_\infty \tan\gamma}{\sqrt{1-\left(\frac{y}{s(x)}\right)^2}}. \tag{10.61}$$

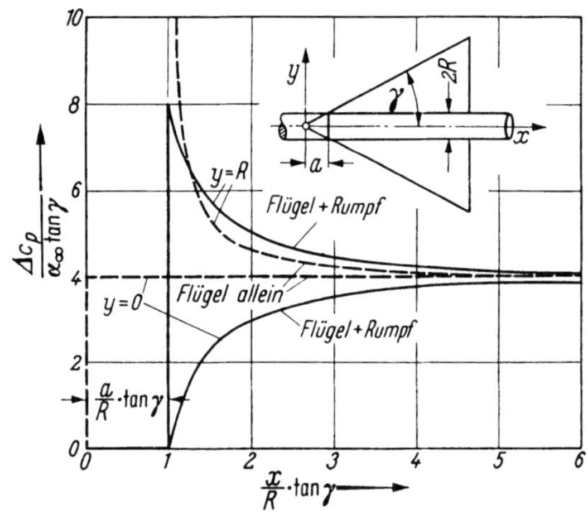

Abb. 10.45. Lastverteilung in Längsrichtung für den Mittelschnitt ($y = 0$) und für den Schnitt an der Flügelwurzel ($y = R$) für eine Flügel-Rumpf-Anordnung mit einem Deltaflügel (Theorie schlanker Körper), nach [53].

In den Gln. (10.60a), (10.60b) und (10.61) bedeutet γ den halben Vorderkantenwinkel des Flügels, $s(x) = x \tan\gamma$ die örtliche Halbspannweite und R den Rumpfradius. Die Auftragung der Lastverteilung in Abb. 10.44 zeigt, daß der vom Rumpf verursachte Einbruch in der Druckverteilung vorn am Flügel größer ist als hinten. Zum Vergleich ist für den Schnitt *1* auch die Lastverteilung des Flügels allein eingetragen (Kurve *1'*).

In Abb. 10.45 sind für die gleiche Flügel-Rumpf-Anordnung wie in Abb. 10.44 Lastverteilungen in der Längsrichtung dargestellt, und zwar zunächst für den Flügelwurzelschnitt $y = R$. Der Einfluß des Rumpfes bewirkt, daß der Abfall der Lastverteilung in der Längsrichtung etwas kleiner als beim Flügel allein ist. Außerdem sind auch die Lastverteilungen für den Mittelschnitt ($y = 0$) eingetragen.

Ein Verfahren zur Berechnung der Druckverteilung an schlanken Flugkörpern mit beliebiger Grundriß- und Querschnittsform wurde von D. Hummel [17a] angegeben.

Auftriebsverteilung. Für die gleiche Flügel-Rumpf-Anordnung wie in Abb. 10.44 und 10.45 ist in Abb. 10.46 die Auftriebsverteilung über

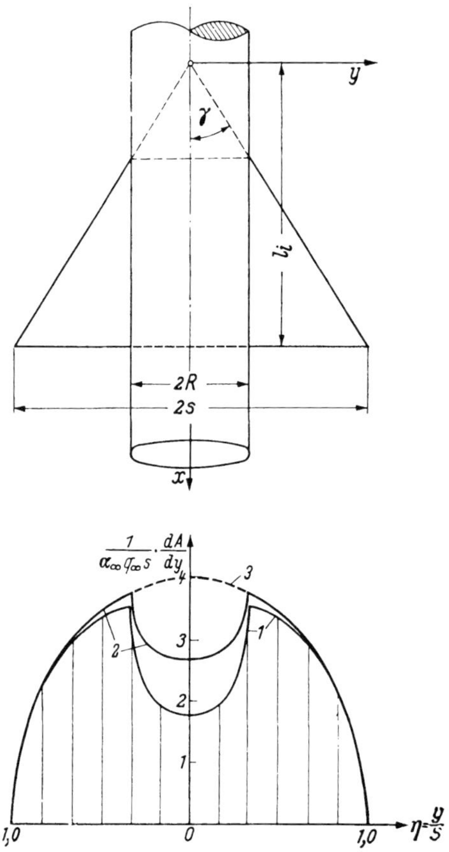

Abb. 10.46. Auftriebsverteilung über Spannweite für eine Flügel-Rumpf-Anordnung mit einem Deltaflügel, $\eta_R = 1/3$ (Theorie schlanker Körper), nach [53].
Kurve 1: Flügel + Rumpf; Kurve 2: Flügel + abgeplatteter Rumpf; Kurve 3: Flügel allein.

Spannweite dargestellt. Die relative Rumpfbreite beträgt $\eta_R = 1/3$. Der durch den Rumpf verursachte Einbruch in der Auftriebsverteilung ist sehr beträchtlich. Ein Beispiel einer Auftriebsverteilung über die

Rumpflänge ist in Abb. 10.47 gezeigt. Bemerkenswert ist, daß der Rumpf nur im Bereich des Flügels einen Auftrieb hat. In der Nähe der Flügelnase steigt der Rumpfauftrieb sehr steil an; an der Flügelhinterkante fällt er plötzlich auf Null ab.

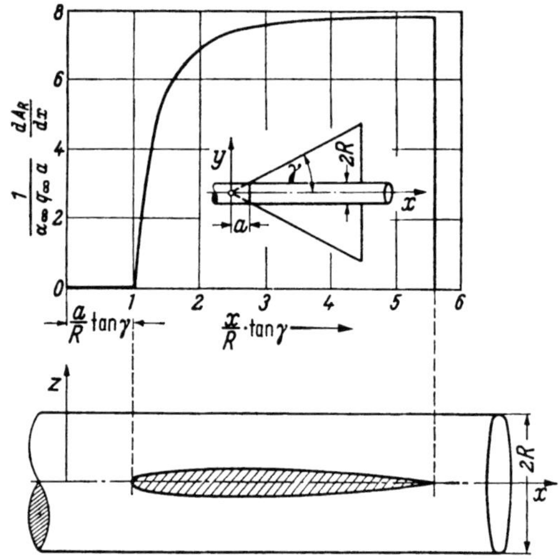

Abb. 10.47. Auftriebsverteilung des Rumpfes für eine Flügel-Rumpf-Anordnung mit einem Deltaflügel (Theorie schlanker Körper), nach [53].

Gesamtauftrieb. Für Flügel-Rumpf-Anordnungen, bestehend aus einem Deltaflügel und einem unendlich langen Rumpf mit Kreisquerschnitt, wurde bereits in Abb. 10.8, Kurve *2*, das Verhältnis von Rumpfauftrieb A_R zu Gesamtauftrieb $A_{(F+R)}$ in Abhängigkeit von der relativen Rumpfbreite η_R nach dieser Theorie angegeben. Der Vergleich der Kurven *2* und *1* in Abb. 10.8 lehrt, daß für die bezogenen Werte $A_R/A_{(F+R)}$ die Theorie schlanker Körper nahezu das gleiche Ergebnis liefert wie die Theorie von J. Lennertz [28], die für beliebige Seitenverhältnisse gilt. Hieraus folgern wir, daß man die bezogenen Werte von $A_R/A_{(F+R)}$ aus der Theorie schlanker Körper auch für Flügel-Rumpf-Anordnungen mit Flügeln von größerem Seitenverhältnis verwenden kann.

Der Gesamtauftrieb für die Flügel-Rumpf-Anordnung nach Abb. 10.46 beträgt:

$$A_{(F+R)} = 2\pi\alpha_\infty q_\infty s^2(1-\eta_R^2)^2. \tag{10.62}$$

Daraus ergibt sich für den Auftriebsanstieg, wenn man den Auftriebsbeiwert c_A auf die Flügelfläche $F = l_i s$ bezieht:

$$\left(\frac{dc_A}{d\alpha}\right)_{(F+R)} = \frac{\pi}{2}\Lambda(1-\eta_R^2)^2. \tag{10.63}$$

Für den Flügel allein ($\eta_R = 0$) ergibt sich hieraus

$$\left(\frac{dc_A}{d\alpha}\right)_F = \frac{\pi}{2}\,\Lambda \tag{10.63a}$$

in Übereinstimmung mit Gl. (7.121).

In Abb. 10.48 ist das Verhältnis des Gesamtauftriebs zum Auftrieb des Flügels allein, d. i. $A_{(F+R)}/A_F$, in Abhängigkeit von der relativen

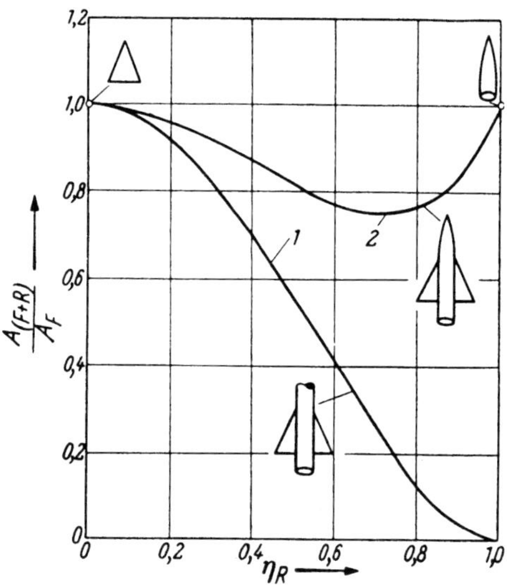

Abb. 10.48. Verhältnis des Gesamtauftriebes zum Flügelauftrieb für Flügel-Rumpf-Anordnungen mit einem Deltaflügel (Theorie schlanker Körper), nach [53].
Kurve *1*: unendlich langer Rumpf;
Kurve *2*: endlich langer Rumpf (mit Rumpfspitze).

Rumpfbreite η_R als Kurve *1* aufgetragen. Mit wachsendem η_R nimmt das Verhältnis $A_{(F+R)}/A_F$ stark ab und erreicht bei $\eta_R = 1$ den Wert Null.

Bei einem *vorn spitzen Rumpf* erfährt das endlich lange Rumpfvorderteil gegenüber dem unendlich langen Rumpfvorderteil nach Gl. (10.7) einen zusätzlichen Auftrieb vom Betrage:

$$A_{Rv} = 2\pi\alpha_\infty q_\infty R_0^2. \tag{10.64a}$$

Dieses bedeutet gegenüber dem Wert von Gl. (10.63) eine Vergrößerung des Auftriebsanstieges von

$$\left(\frac{dc_A}{d\alpha}\right)_{Rv} = \frac{\pi}{2}\,\Lambda\eta_R^2. \tag{10.64b}$$

Der Auftriebsanstieg einer Flügel-Rumpf-Anordnung mit vorn spitzem Rumpf ergibt sich also als Summe von Gl. (10.63) und (10.64b) zu:

$$\left(\frac{dc_A}{d\alpha}\right)_{(F+R)} = \frac{\pi}{2}\,\Lambda(1 - \eta_R^2 + \eta_R^4) \tag{10.65}$$

Hiervon ausgehend ist in Abb. 10.48 das Verhältnis $A_{(F+R)}/A_F$ in Abhängigkeit von der relativen Rumpfbreite η_R als Kurve *2* angegeben.

Neutralpunktlage. Schließlich mögen in Abb. 10.49 noch einige Ergebnisse über die Neutralpunktverschiebung durch den Rumpfeinfluß mitgeteilt werden. Für die in Abb. 10.46 dargestellte Flügel-Rumpf-Anordnung ist die Neutralpunktverschiebung durch Rumpfeinfluß gegenüber dem Neutralpunkt des Flügels allein $(\Delta x_N/l_\mu)_{(F+R)}$ in Abhängigkeit von der relativen Rumpfbreite als Kurve *1* angegeben. Der Neutralpunkt des Flügels allein liegt nach der Theorie kleinen Seitenverhältnisses im Abstand $\frac{2}{3} l_i$ von der Flügelspitze. Mit wachsendem η_R rückt der Neutralpunkt nach hinten. Es gilt:

$$\frac{(\Delta x_N)_{(F+R)}}{l_\mu} = \frac{2\eta_R^2}{(1+\eta_R)^2}. \tag{10.66}$$[1]

Für $\eta_R = 1$ wird die Neutralpunktverschiebung

$$(\Delta x_N/l_\mu)_{(F+R)} = \frac{1}{2},$$

d. h. für diesen Fall liegt der Neutralpunkt der Flügel-Rumpf-Anordnung in der Flügelhinterkante. Dies ist an Hand von Abb. 10.47 leicht einzusehen. In Abb. 10.49 ist als Kurve *2* auch die Neutralpunktverschiebung

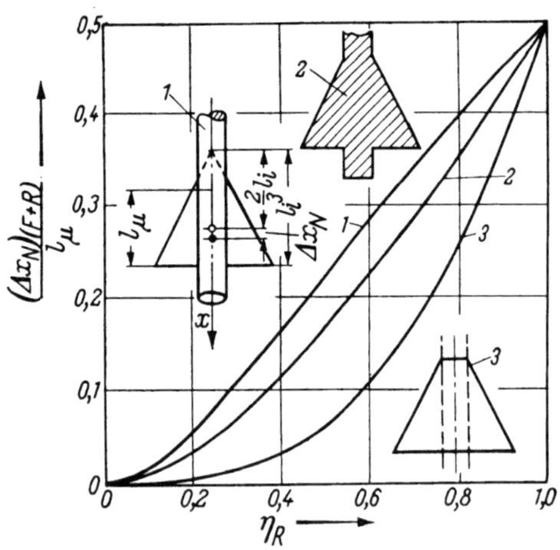

Abb. 10.49. Neutralpunktverschiebung von Flügel-Rumpf-Anordnungen mit einem Deltaflügel (Theorie schlanker Körper), nach [53].
Kurve *1*: Flügel + Rumpf;
Kurve *2*: Flügel + abgeplatteter Rumpf;
Kurve *3*: Ersatzflügel (mit rechteckigem Mittelstück).

angegeben, die man für einen „abgeplatteten Rumpf" (Höhe Null) erhält. Der Unterschied gegenüber Kurve *1* ist verhältnismäßig gering. Auch in Abb. 10.46 ist für den Fall mit abgeplattetem Rumpf die Auftriebsverteilung über Spannweite eingetragen. Zum Vergleich ist in

[1] Diese einfache Formel wurde aus [53] durch Umformungen gewonnen.

Abb. 10.49 auch die Neutralpunktverschiebung für den Flügel mit rechteckigem Mittelstück (Ersatzflügel) als Kurve *3* eingetragen.

Jetzt möge auch noch der Fall eines *Rumpfes mit endlich langem Vorderteil* angegeben werden. Das Moment des Rumpfvorderteiles, bezogen auf die Achse durch den Flügelneutralpunkt, ist nach den Gln. (10.7) und (10.9a):

$$M_{Rv} = 2\pi\alpha_\infty q_\infty \left[\int_0^l R^2(x)\,dx + (x_{NF} - l_v)\,R_0^2\right]. \tag{10.67}$$

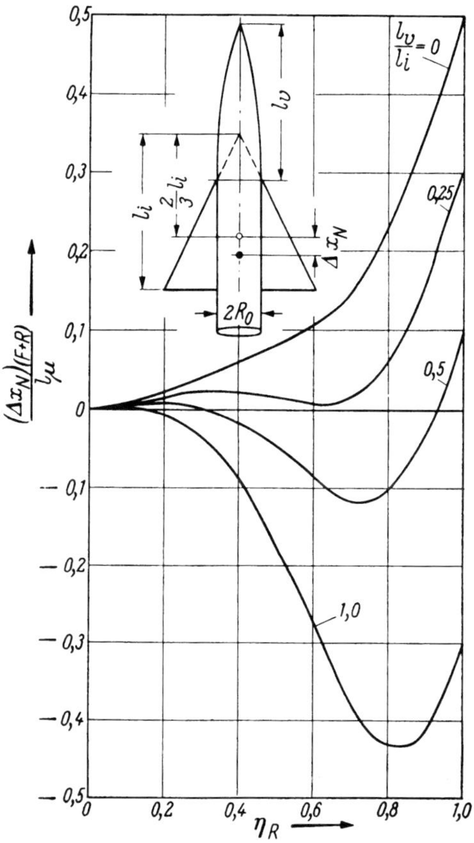

Abb. 10.50. Neutralpunktverschiebung von Flügel-Rumpf-Anordnungen mit einem Deltaflügel und mit einem Rumpf endlicher Länge (Theorie schlanker Körper), nach Gl. (10.69).

Dabei bedeutet l_v die Länge des vorderen Rumpfteiles nach Abb. 10.50. und x_{NF} den Abstand des Flügelneutralpunktes von der Rumpfspitze. Der Abstand $x_{NF} - l_v$ ergibt sich leicht zu $\frac{l_i}{3}(2 - 3\eta_R)$. Die Auswertung von

Gl. (10.67) für einen Rumpf mit *Parabelspitze* ergibt:

$$M_{Rv} = 2\pi\alpha_\infty q_\infty R_0^2 l_\mu \left(1 - \frac{3}{2}\eta_R + \frac{4}{5}\frac{l_v}{l_i}\right). \qquad (10.68)^1$$

Dabei ist $l_\mu = \frac{2}{3} l_i$.

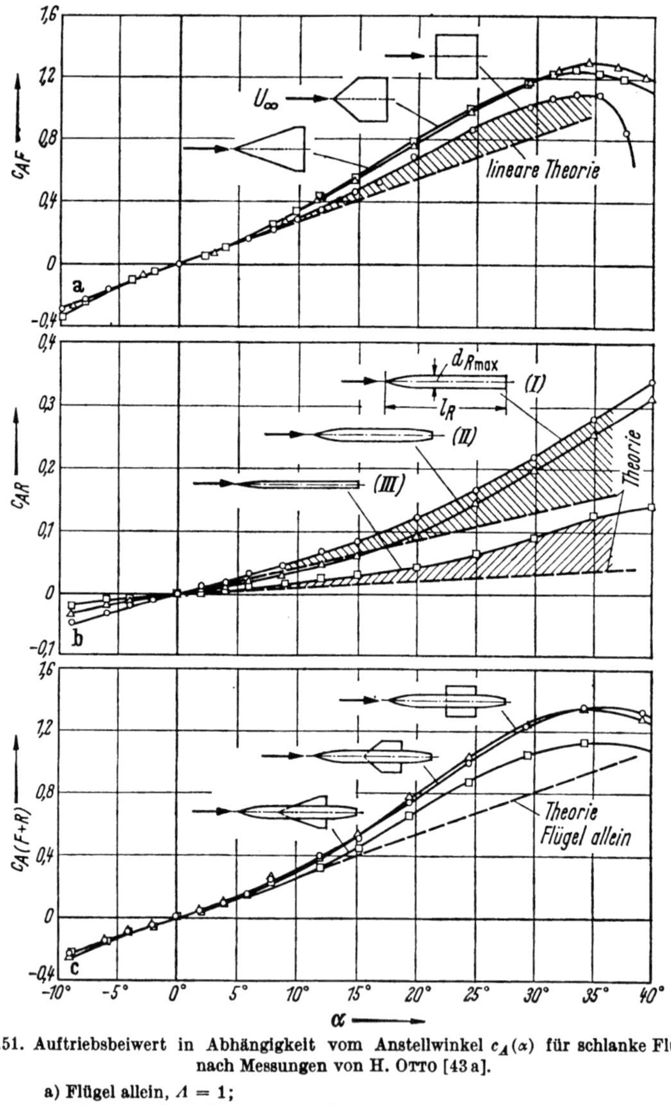

Abb. 10.51. Auftriebsbeiwert in Abhängigkeit vom Anstellwinkel $c_A(\alpha)$ für schlanke Flugkörper nach Messungen von H. OTTO [43a].

a) Flügel allein, $\Lambda = 1$;
b) Rümpfe allein *I, II, III*: $d_{R\max}/l_R = 0{,}10;\ 0{,}10;\ 0{,}05$;
c) Flügel-Rumpf-Anordnungen mit Rumpf *II*; $Re = U_\infty l_R/\nu = 7{,}5 \cdot 10^6$.

[1] Für einen Rumpf mit elliptischem Bug ist der Faktor 4/5 bei der Größe l_v/l_i durch 1 zu ersetzen.

Für die Flügel-Rumpf-Anordnung mit endlich langem Rumpfvorderteil ist die Neutralpunktverschiebung gegenüber dem Flügel allein:

$$\Delta x_N = -\frac{M_{(F+R)\infty} + M_{Rv}}{A_{(F+R)\infty} + A_{Rv}}.$$

Dabei bedeutet der Index ∞ die Größen für die Flügel-Rumpf-Anordnung mit dem unendlich langen Rumpf, und zwar $A_{(F+R)\infty}$ nach Gl. (10.62) und $M_{(F+R)\infty} = -\Delta x_N A_{(F+R)\infty}$ mit Δx_N nach Gl. (10.66). Die Größen A_{Rv} und M_{Rv} sind gegeben durch die Gln. (10.64a) bzw. (10.68). Durch Einsetzen ergibt sich:

$$\frac{(\Delta x_N)_{(F+R)}}{l_\mu} = \frac{\eta_R^2}{1-\eta_R^2+\eta_R^4}\,\frac{1}{2}\left(2 - 5\eta_R + 4\eta_R^2 - \frac{8}{5}\,\frac{l_v}{l_i}\right). \qquad (10.69)$$

Die hiernach berechnete Neutralpunktverschiebung ist in Abb. 10.50 in Abhängigkeit von der relativen Rumpfbreite η_R für verschiedene Längen des Rumpfvorderteiles l_v/l_i aufgetragen. Hiernach ist für kleine Werte von l_v/l_i die Neutralpunktverschiebung Δx_N positiv (stabilisierend) wie beim unendlich langen Rumpf (Abb. 10.49). Bei größeren Werten von l_v/l_i überwiegt jedoch der instabile Beitrag des Rumpfvorderteiles, so daß hier Δx_N negativ wird.

Schließlich mögen noch einige Meßergebnisse mitgeteilt werden, welche die *nichtlineare Auftriebscharakteristik* $c_A(\alpha)$ für Körper zeigen. In Abb. 10.51 sind Auftriebsbeiwerte für drei Flügel, drei Rümpfe und drei Flügel-Rumpf-Anordnungen nach unveröffentlichten Messungen von H. Otto [43a] wiedergegeben. Dabei sind die Auftriebsbeiwerte der Rümpfe (Abb. 10.51 b) auf die Flügelfläche bezogen. Für die Flügel allein ist die lineare Theorie schlanker Körper nach Gl. (10.63a) eingetragen. In allen drei Fällen (Flügel, Rumpf, Flügel-Rumpf-Anordnung) ist die Abweichung von der linearen Theorie beträchtlich.

Literatur

[1] ADAMS, M. C., u. W. R. SEARS: Slender-Body Theory, Review and Extension. J. Aer. Sci. 20 (1953) 85–98.

[2] BAMBER, M. J., u. R. O. HOUSE: Wind-Tunnel Investigations of Effect of Yaw on Lateral-Stability Characteristics. NACA TN 703 u. 730 (1939/40).

[3] BRAUN, G., u. H. SCHARN: Der Einfluß des Rumpfes auf das Schiebe-Rollmoment. Jb. 1942 dtsch. Luftf.-Forschg., S. I, 246–262.

[4] BROWNE, S. H., L. FRIEDMAN u. I. HODES: A Wing-Body Problem in a Supersonic Conical Flow. J. Aer. Sci. 15 (1948) 443–452.

[5] CRAMER, R. H.: Interference between Wing and Body at Supersonic Speeds. – Theoretical and Experimental Determination of Pressures on the Body. J. Aer. Sci. 18 (1951) 629–632.

[6] CRAMER, R. H.: Wing-Body Interference at Supersonic Speeds. Recent Experimental Results and their Bearing on Advances in Theory. NAVORD Rep. 3146 (1952).

[7] FERRARI, C.: Interference between Wing and Body at Supersonic Speeds. – Theory and Numerical Application. J. Aer. Sci. 15 (1948) 317–336.

[8] FERRARI, C.: Interference between Wing and Body at Supersonic Speeds. – Note on Wind-Tunnel Results and Addendum to Calculations. J. Aer. Sci. 16 (1949) 542–546.

[9] FERRARI, C.: Interaction Problems. Section C in: Aerodynamic Components of Aircraft at High Speeds (Herausg. A. F. DONOVAN u. H. R. LAWRENCE), Bd. VII: High Speed Aerodynamics and Jet Propulsion. Princeton: University Press 1957, S. 281–551.

[10] FURLONG, G. C., u. T. V. BOLLECH: Effect of Ground Interference on the Aerodynamic and Flow Characteristics of a 42° Swept-Back Wing at Reynolds Numbers up to $6.8 \cdot 10^6$. NACA Rep. 1218 (1955).

[11] GLAUERT, H.: Die Grundlagen der Tragflügel- und Luftschraubentheorie (deutsch von H. HOLL), Berlin: Springer 1929.

[12] GERSTEN, K.: Berechnung der aerodynamischen Beiwerte von Tragflügeln endlicher Spannweite in Bodennähe. Abhandlg. Braunschwg. Wiss. Ges. 12 (1960) 95–115.

[13] GERSTEN, K., u. J. v. D. DECKEN: Aerodynamische Eigenschaften schlanker Flügel in Bodennähe. Jb. 1966 WGLR, S. 108–125 (1967).

[14] GERSTEN, K., u. D. HUMMEL: Experimentelle und theoretische Untersuchungen über die Interferenzeinflüsse an schiebenden Flügel-Rumpf-Anordnungen mit Pfeil- und Deltaflügeln. DLR FB 66–77 (1966).

[15] HAFER, X.: Untersuchungen zur Aerodynamik der Flügel-Rumpf-Anordnungen. Jb. 1957 WGL, S. 191–207 (1958).

[16] HALLER, P. DE: La portance et la trainée induite minimum d'une aile au voisinage du sol. Mitt. 4/5 Inst. Aerodyn. ETH Zürich (1936).

[17] HEASLET, M. A., u. H. LOMAX: Supersonic and Transonic Small Perturbation Theory. Section D in: General Theory of High Speed Aerodynamics (Herausg. W. R. SEARS), Bd. VI: High Speed Aerodynamics and Jet Propulsion. Princeton: University Press 1954, S. 122–344.

[17a] HUMMEL, D.: Berechnung der Druckverteilung an schlanken Flugkörpern mit beliebiger Grundriß- und Querschnittsform in Unter- und Überschallströmung. Erscheint im Jahrbuch 1968 der DGLR.

[18] JACOBS, E. N., u. K. E. WARD: Interference of Wing and Fuselage from Tests of 209 Combinations in the NACA Variable-Density Tunnel. NACA Rep. 540 (1935).

[19] JACOBS, W.: Berechnung des Schiebe-Rollmomentes für Flügel-Rumpf-Anordnungen. Jb. 1941 dtsch. Luftf.-Forschg., S. I, 165–171.

[20] JACOBS, W.: Interferenz zwischen Rumpf und Flügel von kleinem Seitenverhältnis nach der Theorie schlanker Körper. Jb. 1955 WGL, S. 168–171 (1956).

[21] JONES, R. T.: Properties of Low-Aspect-Ratio Pointed Wings at Speeds below and above the Speed of Sound. NACA Rep. 835 (1946).

[22] JONES, R. T.: Theory of Wing-Body Drag at Supersonic Speeds. NACA Rep. 1284 (1956).

[23] KEUNE, F., u. K. OSWATITSCH: Äquivalenzsatz, Ähnlichkeitssätze für schallnahe Geschwindigkeiten und Widerstand nicht angestellter Körper kleiner Spannweite. ZAMP 7 (1956) 40–63.

[24] KEUNE, F., u. W. SCHMIDT: Ein Invarianzkriterium für die Unter- und Überschallströmung an äquivalenten Körpern, insbesondere an Flügel-Rumpf-Kombinationen. Jb. 1956 WGL, S. 150–155.

[25] KIRKBY, S., u. A. ROBINSON: Wing-Body Interference at Supersonic Speeds. College of Aeronautics Cranfield Rep. 7 (1947).

[26] LAGERSTROM, P. A., u. M. D. VAN DYKE: General Considerations about Planar and Nonplanar Lifting Systems. Douglas Aircraft Comp. Rep. SM 13432 (1949).

[27] LAWRENCE, H. R., u. A. H. FLAX: Wing-Body Interference at Subsonic and Supersonic Speeds. – Survey and New Developments. J. Aer. Sci. 21 (1954) 289–328.

[28] LENNERTZ, J.: Beitrag zur theoretischen Behandlung des gegenseitigen Einflusses von Tragfläche und Rumpf. ZAMM 7 (1927) 249–276; vgl. auch W. F. DURAND 4 (1935) 152–157.

[29] LIESE, J., u. F. VANDREY: Theoretische Untersuchungen über die Druckverteilung eines Mitteldeckers in der Nähe des Rumpf-Flügel-Überganges. Jb. 1942 dtsch. Luftf.-Forschg., S. I, 326–335.

[30] LIESS, W., u. F. RIEGELS: Bemerkungen zum Rumpfeinfluß. Jb. 1942 dtsch. Luftf.-Forschg., S. I, 366–373.

[31] LOMAX, H., u. M. A. HEASLET: Recent Developments in the Theory of Wing Body Wave Drag. J. Aer. Sci. 23 (1956) 1061–1074; vgl. auch NACA Rep. 1282 (1956).

[32] LUCKERT, H. J.: Lift and Lift Distribution of Wings in Combination with Slender Bodies of Revolution. Canad. Aeron. J. 1 (1955) 205–217.

[33] MARUHN, K.: Aerodynamische Untersuchungen an Rümpfen mit rechteckähnlichem Querschnitt. Jb. 1942 dtsch. Luftf.-Forschg., S. I, 263–279.

[34] MÖLLER, E.: Systematische Sechskomponenten-Messungen an Flügel-Rumpf-Anordnungen. Jb. 1942 dtsch. Luftf.-Forschg., S. I, 336–365.

[35] MÖLLER, E.: Druckverteilungsmessungen an einem Hoch- und Tiefdecker bei symmetrischer und unsymmetrischer Anströmung. Jb. 1943 dtsch. Luftf.-Forschg. Vorabdruck Techn. Berichte 11 (1944) H. 5.

[36] MÖLLER, E., u. H. TRIENES: Untersuchungen über die Neutralpunktlage von Flügel-Rumpf-Anordnungen. Z. Flugwiss. 1 (1953) 2–8.

[37] MORIKAWA, G. K.: The Wing-Body Problem for Linearized Supersonic Flow. Cal. Inst. Tech. Jet Prop. Lab. Progress Rep. 4-116 ORDCIT Projekt (1949).

[38] MORIKAWA, G. K.: Supersonic Wing-Body Lift. J. Aer. Sci. 18 (1951) 217–228.

[39] MORIKAWA, G. K.: A Non-Planar Boundary Problem for Wave Equation. Quart. Appl. Math. 10 (1952) 129–140.

[40] MULTHOPP, H.: Zur Aerodynamik des Flugzeugrumpfes. Luftf.-Forschg. 18 (1941) 52–66; vgl. auch NACA TM 1036 (1942).

[41] MUNK, M. M.: The Aerodynamic Forces on Airship Hulls. NACA Rep. 184 (1923).

[42] MUTTRAY, H.: Die gegenseitige Beeinflussung der Einzelteile am Flugzeug ohne laufende Schraube. Ringbuch der Luftfahrttechnik, I A 4 (1937).

[43] NIELSEN, J. N.: Supersonic Wing-Body Interference. Thesis Cal. Inst. Tech. (1951).

[43a] OTTO, H.: Systematische Drei- und Sechskomponentenmessungen an schlanken Flügel-Rumpf-Kombinationen. Teil I: Einfluß der Flügelrücklage und der Rumpfbreite. DFL-Bericht 0362 (1966). Teil II: Einfluß der Rumpfgeometrie und der Flügelrücklage. DFL-Bericht 0490 (1968).

[44] PITTS, W. C., J. N. NIELSEN, u. G. E. KAATTARI: Lift and Center of Pressure of Wing-Body-Tail Combinations at Subsonic, Transonic, and Supersonic Speeds. NACA Rep. 1307 (1957).

[45] PUFFERT, H. J.: Über die gegenseitige Beeinflussung von Flügel, Rumpf und Leitwerken bei Schräganblasung. Z. Flugwiss. 3 (1955) 323–331.

[46] SCHLICHTING, H.: Neuere Beiträge der Forschung zur aerodynamischen Flügelgestaltung (Umriß, Verwindung, Rumpfeinfluß). Jb. 1940 dtsch. Luftf.-Forschg., S. I, 113–132.

[47] SCHLICHTING, H.: Die Stabilitätsbeiwerte des Flugzeuges unter Berücksichtigung der Interferenz von Flügel, Rumpf und Leitwerk. Sonderheft „Flugmechanische Probleme", 2/43g der Deutschen Akademie der Luftfahrtforschung (1943) 3–23.

[48] SCHLICHTING, H.: (Monographie) Aerodynamik der gegenseitigen Beeinflussung der Flugzeugteile (Interferenz), Bericht 46/5 des Inst. f. Strömungsmechanik der TH Braunschweig (1946); vgl. auch Monograph on the Aerodynamics of Mutual Interference between the Components of the Airplane. Nat. Res. Council of Canada Techn. Transl. TT-92 (1949).

[49] SCHLICHTING, H.: Calculation of the Influence of a Body on the Position of the Aerodynamic Centre of Aircraft with Swept-Back Wings. ARC Rep. Mem. 2582 (1952).

[50] SCHNEIDER, W.: Experimentelle Bestimmung von Flügel-Rumpf-Interferenzen im Machzahlbereich $Ma = 0{,}5$ bis $Ma = 2{,}0$. DLR FB 67–93 (1967); vgl. auch AVA-Bericht 66 A 31 (1966) und AGARD Conference Proceedings 35 (1968).

[51] SCHRENK, O.: Angenäherte Berechnung der gegenseitigen Beeinflussung zwischen Flügel und Rumpf im Überschallbereich. ZAMP 1 (1950) 202–209.

[52] SHERMAN, A.: Interference of Wing and Fuselage from Tests of 28 Combinations in the NACA Variable-Density Tunnel. NACA Rep. 575 (1936).

[53] SPREITER, J. R.: The Aerodynamic Forces on Slender Plane- and Cruciform-Wing and Body Combinations. NACA Rep. 962 (1950); vgl. auch J. Aer. Sci. 19 (1952) 571–572.

[54] TANI, I., M. TAIMA, u. S. SIMEDU: The Effect of Ground on the Aerodynamic Characteristics of a Monoplane Wing. Aero. Res. Inst. Tokyo Imperial University, Rep. 156 (1937); vgl. auch Rep. 158 (1937).

[55] THOMAS, F.: Aerodynamische Eigenschaften von Pfeil- und Deltaflügeln in Bodennähe. Jb. 1958 WGL, S. 53–61 (1959).

[56] TRUCKENBRODT, E., u. K. GERSTEN: Experimentelle und theoretische Untersuchungen an Deltaflügel-Rumpf-Anordnungen bei symmetrischer Anströmung. Z. Flugwiss. 5 (1957) 204–216.

[57] Vandrey, F.: Abschätzung des Rumpfeinflusses auf das Längsmoment eines Flugzeuges. Jb. 1940 dtsch. Luftf.-Forschg., S. I, 367–370; vgl. auch Luftf.-Forschg. 14 (1937) 347–355.
[58] Vandrey, F.: Der gegenseitige Einfluß zwischen einem geraden Flügel und einem Rumpf bei Nullauftrieb im Überschallgebiet. Z. Flugwiss. 4 (1956) 44–46.
[59] Ward, G. N.: Supersonic Flow past Slender Pointed Bodies. Quart. J. Mech. Appl. Math. 2 (1949) 75–97.
[60] Wieselsberger, C.: Über den Flügelwiderstand in der Nähe des Bodens. ZFM 12 (1921) 145–154; vgl. auch Ergebnisse der AVA-Göttingen, II. Lieferung (1923) 41–42. – Engl. Übersetzung NACA TM 77 (1922).
[61] Whitcomb, R. T.: A Study of the Zero-Lift Drag-Rise Characteristics of Wing-Body Combinations near the Speed of Sound. NACA Rep. 1273 (1956).

XI. Aerodynamik der Leitwerke

11.1 Einführung in die Aerodynamik der Leitwerke

11.11 Aufgabe der Leitwerke

Die wesentlichen Teile eines Flugzeuges sind Flügel, Rumpf und Leitwerke. Über die Aerodynamik des Flügels wurde in Kap. V bis VIII ausführlich berichtet, während der Rumpf sowie die gegenseitige Beeinflussung von Flügel und Rumpf in Kap. IX bzw. X behandelt wurden. Nunmehr soll in Kap. XI und XII die Aerodynamik der Leitwerke erörtert werden. Im allgemeinen besitzt ein Flugzeug ein Höhenleitwerk, ein Seitenleitwerk und zwei Querruder (Abb. 11.1).

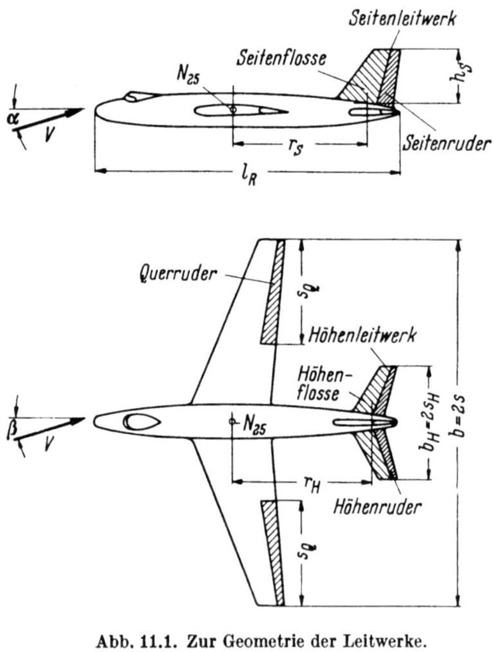

Abb. 11.1. Zur Geometrie der Leitwerke.

Ein erster wesentlicher Zweck der Leitwerke ist die *Steuerung* des Flugzeuges, und zwar dient das Höhenleitwerk für die Steuerung um die Querachse, das Seitenleitwerk und die Querruder für die Steuerung um die Hoch- und die Längsachse (Abb. 7.59). Die Steuerung des Flugzeuges erfordert die Herstellung des Momentengleichgewichtes um die genannten drei Achsen, wobei außer den Luftkraftmomenten auch die Momente der Massenkräfte mitwirken.

Eine andere ebenso wichtige Aufgabe der Leitwerke ist die *Stabilisierung* des Flugzeuges. Hierunter verstehen wir, daß das Flugzeug bei einer kleinen Störung des stationären Flugzustandes das Bestreben haben soll, unter der Einwirkung der Luftkräfte ,,von selbst'', d. h. ohne Betätigung der Steuerorgane, in den Ausgangszustand zurückzukehren.

Wie bereits in Kap. 5.31 ausgeführt wurde, bezeichnet man die Bewegung des Flugzeuges um die Querachse als Längsbewegung und diejenige um die Hoch- und Längsachse als Seitenbewegung. Somit dient das Höhenleitwerk zur Steuerung und Stabilisierung der Längsbewegung und das Seitenleitwerk sowie die Querruder für die Steuerung und Stabilisierung der Seitenbewegung.

Im allgemeinen hat jedes der drei Leitwerke die Form eines Klappenflügels nach Abb. 6.19, d. h., es besteht aus einem feststehenden Teil, den man bei Höhen- und Seitenleitwerk als *Flosse* bezeichnet, und einem

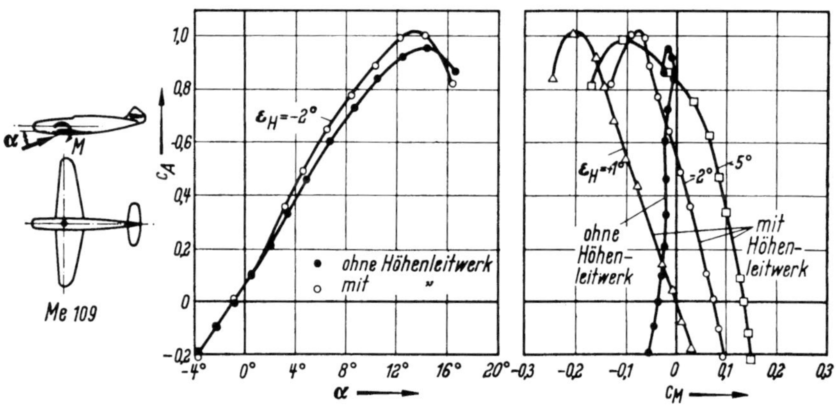

Abb. 11.2. Windkanalmessungen an einem Flugzeug (Baumuster Messerschmitt Me 109) mit und ohne Höhenleitwerk nach [20].

ε_H = Einstellwinkel der Höhenflosse, vgl. Abb. 11.6a.
a) Auftriebsbeiwert in Abhängigkeit vom Anstellwinkel;
b) Auftriebsbeiwert in Abhängigkeit vom Momentenbeiwert.

beweglichen Teil, dem sogenannten *Ruder*. In Abb. 11.1 sind Höhenflosse und Höhenruder, Seitenflosse und Seitenruder sowie die Querruder durch Schraffur gekennzeichnet. Die für die Steuerung erforderlichen aerodynamischen Momentenänderungen werden durch Ausschlag der verschiedenen Ruder erzielt. Beim Höhen- und Seitenleitwerk kann die Momentenänderung auch durch eine Verstellung der Flosse (Flossentrimmung) erreicht werden. Bei vielen Flugzeugen verzichtet man beim Höhenleitwerk auf die Aufteilung des Leitwerkes in Flosse und Ruder. In diesem Falle wird die Momentenänderung um die Querachse durch Verstellung des ganzen Höhenleitwerkes erzielt.

Um die aerodynamische Wirkung des Höhenleitwerkes aufzuzeigen, ist in Abb. 11.2 für ein Flugzeug mit und ohne Höhenleitwerk der Auftriebsbeiwert in Abhängigkeit vom Anstellwinkel und der Momentenbeiwert in Abhängigkeit vom Auftriebsbeiwert dargestellt. Nach Abb. 11.2a ist der Beitrag des Höhenleitwerkes zum Gesamtauftrieb verhältnismäßig gering. In Abb. 11.2b sind für das Flugzeug mit Höhenleitwerk die Momentenkurven für verschiedene Flossenwinkel ε_H angegeben. Wie man aus dem Vergleich der Kurven ohne und mit Höhenleitwerk erkennt, bewirkt das Leitwerk bei festgehaltener Flossenstellung eine beträchtliche Änderung des nach Kap. 5.32 definierten Stabilitätsbeiwertes $\partial c_M / \partial c_A$ im Sinne einer Vergrößerung der Stabilität. Eine Änderung des Flosseneinstellwinkels ε_H bewirkt lediglich eine Parallelverschiebung der Momentenkurven $c_M(c_A)$.[1] Falls die Momentenbezugsachse durch den Schwerpunkt geht, so stellt für den stationären Flugzustand die Gleichung $c_M = 0$ das Momentengleichgewicht um die Querachse dar. Man erkennt aus Abb. 11.2b, daß diese Bedingung bei verschiedenen Auftriebsbeiwerten jeweils durch einen bestimmten Flossenwinkel ε_H erfüllt werden kann.

Im folgenden wollen wir die Aerodynamik der Leitwerke in der Weise aufteilen, daß wir in Kap. XI die Leitwerke ohne Ruderausschlag (Stabilisierung) und in Kap. XII die Wirkung der Ruder (Steuerung) behandeln.

11.12 Geometrie der Leitwerke

Die Geometrie des Höhenleitwerkes und des Seitenleitwerkes kann grundsätzlich in gleicher Weise beschrieben werden wie diejenige eines Tragflügels, vgl. Kap. 5.1. Im allgemeinen hat das Höhenleitwerk im Grundriß eine symmetrische und das Seitenleitwerk im Seitenriß eine unsymmetrische Form (Abb. 11.1).

Der Grundriß des *Höhenleitwerkes* wird analog zu Kap. 5.12 durch die folgenden wesentlichen Größen beschrieben:

Spannweite des Höhenleitwerkes: b_H,

Höhenleitwerksfläche: F_H,

Seitenverhältnis des Höhenleitwerkes: $\Lambda_H = \dfrac{b_H^2}{F_H}$,

[1] Hieraus darf jedoch nicht geschlossen werden, daß eine Flossenverstellung die Längsstabilität unbeeinflußt läßt, da bei Ermittlung des Stabilitätsmaßes jeweils von einem Gleichgewichtszustand auszugehen ist.

Einstellwinkel des Höhenleitwerkes (Abb. 11.6a): ε_H,

Höhenruderausschlag (Abb. 11.6a): η_H.

Die Lage des Höhenleitwerkes zum Flugzeug wird durch den Leitwerkshebelarm r_H angegeben, den man zweckmäßigerweise als Abstand der geometrischen Neutralpunkte von Höhenleitwerk und Flügel mißt. Zur Definition des geometrischen Neutralpunktes vergleiche man Kap. 5.12. Bei manchen Flugzeugen spielt auch die Hochlage des Höhenleitwerkes in bezug auf den Flügel eine gewisse Rolle.

Für die aerodynamische Wirkung des Höhenleitwerkes sind besonders wichtig die beiden dimensionslosen Größen, welche die Größe und die Lage des Höhenleitwerkes zu den Größen des Flügels in Beziehung setzen:

Flächenverhältnis: $\dfrac{F_H}{F}$,

relativer Leitwerksabstand: $\dfrac{r_H}{l_\mu}$.

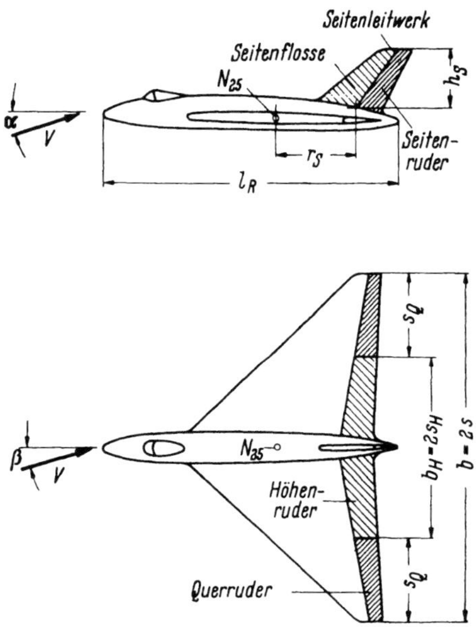

Abb. 11.3. Zur Geometrie der Leitwerke an einem Nurflügelflugzeug.

Dabei bedeutet F die Flügelfläche und l_μ die Bezugsflügeltiefe nach Gl. (5.7).

Im Anhang sind für eine große Zahl von Flugzeugen die wichtigsten Baudaten angegeben. Man entnimmt hieraus, daß das Flächenverhältnis etwa zwischen $F_H/F = 0{,}15$ bis $0{,}25$ liegt, während für den relativen Leitwerksabstand etwa $r_H/l_\mu = 2$ bis 3 gilt.

Der. Seitenriß des *Seitenleitwerkes* wird durch die folgenden Größen beschrieben (Abb. 11.1):

Höhe des Seitenleitwerkes: h_S,

Seitenleitwerksfläche: F_S,

Seitenruderausschlag: η_S.

Die Lage des Seitenleitwerkes zum Flugzeug wird durch den Leitwerkshebelarm r_S gegeben, den man als Abstand der geometrischen Neutralpunkte von Seitenleitwerk und Flügel mißt. Eine allgemeingültige Definition des Seitenverhältnisses des Seitenleitwerkes ist wegen der großen Mannigfaltigkeit der Leitwerksformen und wegen der verschiedenen Lage des Seitenleitwerkes zum Rumpf und zum Höhenleitwerk nicht möglich, man vergleiche hierzu Kap. 11.32.

Für die aerodynamische Wirkung des Seitenleitwerkes sind, in ähnlicher Weise wie beim Höhenleitwerk, die beiden folgenden dimensionslosen Größen von Bedeutung:

Flächenverhältnis: $\frac{F_S}{F}$,

relativer Leitwerksabstand: $\frac{r_S}{s}$,

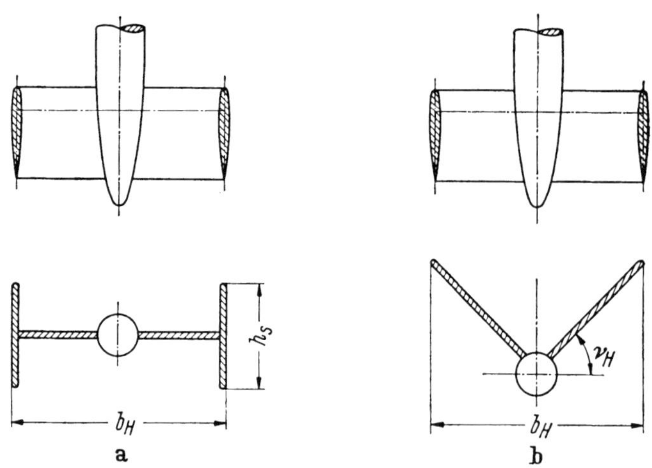

Abb. 11.4. Verschiedene Höhenleitwerksformen.
a) Höhenleitwerk mit doppelkieligem Seitenleitwerk; b) Höhenleitwerk mit starker V-Form.

wobei $s = b/2$ die Halbspannweite des Flügels bedeutet. Auch für diese Größen sind im Anhang für zahlreiche Baumuster Zahlenwerte angegeben. Es gilt etwa $F_S/F = 0{,}1$ bis $0{,}2$ und $r_S/s = 0{,}5$ bis $1{,}0$.

Bei vielen neueren Flugzeugen verzichtet man auf ein vom Flügel getrenntes Höhenleitwerk, so daß dann nur noch ein Seitenleitwerk nach Abb. 11.3 verbleibt. Ein solches Flugzeug bezeichnet man auch als „Nurflügelflugzeug“. In diesem Falle übernimmt eine am Flügel angeordnete Klappe der Breite b_H die Funktion des Höhenruders (Steuerung um die Querachse).

Beim Seitenleitwerk werden außer der meist gebräuchlichen zentralen Anordnung nach Abb. 11.1 und 11.3 noch mannigfache Sonderformen verwendet. So zeigt z. B. Abb. 11.4a ein doppelkieliges Seitenleitwerk, welches an den Enden des Höhenleitwerkes angebracht ist. Abb. 11.4b stellt ein Leitwerk mit großer V-Stellung dar (V-Leitwerk), welches die Funktionen sowohl des Höhen- als auch des Seitenleitwerkes in sich vereinigt.

Für das *Querruder*, über das in Kap. XII nähere Angaben gemacht werden, ist neben dem Rudertiefenverhältnis die Querruderspannweite s_Q nach Abb. 11.1 und 11.3 von Bedeutung.

11.2 Aerodynamik des Höhenleitwerkes

11.21 Beitrag des Höhenleitwerkes zur Luftkraft des ganzen Flugzeuges

11.211 Flugzeug im Geradeausflug. Der am Höhenleitwerk angreifende Auftrieb bringt einen beträchtlichen Beitrag zum Nickmoment des ganzen Flugzeuges, weil sein Hebelarm gegenüber der Flügeltiefe groß ist, vgl. Abb. 11.1. Sei A_H der Auftrieb des Höhenleitwerkes und r'_H der Abstand dieser Auftriebskraft von der Momentenbezugsachse (die im allgemeinen mit der Querachse durch den Flugzeugschwerpunkt zusammenfällt), so ist nach Abb. 11.5 der Beitrag des Höhenleitwerkes

Abb. 11.5. Beitrag des Höhenleitwerkes zum Nickmoment (schematisch).
S. P. = Schwerpunkt des Flugzeuges;
G = Gewicht des Flugzeuges.

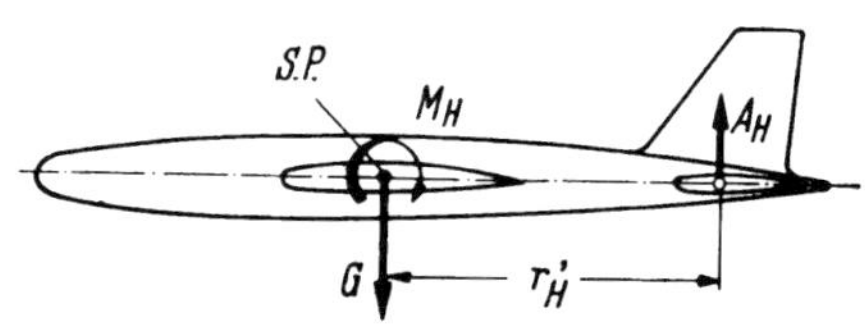

zum Nickmoment des ganzen Flugzeuges

$$M_H = -r'_H A_H, \tag{11.1}$$

wobei das Nickmoment schwanzlastig positiv gerechnet wird. Hierbei ist der Beitrag der Tangentialkraft des Höhenleitwerkes zum Nickmoment vernachlässigt worden, was bei geringer Hochlage des Leitwerkes gegen die Rumpfachse zulässig ist.

Wir führen nun weiterhin für den Auftrieb A_H und den Momentenbeitrag M_H des Höhenleitwerkes dimensionslose Beiwerte ein durch:[1]

$$A_H = c_{aH} F_H q_H, \tag{11.2}$$

$$M_H = c_{MH} F l_\mu q. \tag{11.3}$$

Dabei bedeutet q_H den Staudruck am Ort des Leitwerkes, der im allgemeinen infolge der Beeinflussung des Leitwerkes durch Flügel und Rumpf kleiner ist als der Flugstaudruck q (= Staudruck der ungestörten Strömung). Der auf die Flügelgrößen bezogene Momentenbeiwert des Leitwerkes ergibt sich somit aus den Gln. (11.1), (11.2) und (11.3) zu:

$$c_{MH} = -c_{aH} \frac{q_H}{q} \frac{F_H}{F} \frac{r'_H}{l_\mu}. \tag{11.4}$$

Der Auftriebsbeiwert des Höhenleitwerkes c_{aH} hängt außer von den geometrischen Daten des Höhenleitwerkes noch vom Anstellwinkel α_H und vom Höhenruderausschlag η_H ab, vgl. Abb. 11.6a. Es gilt für den Auftriebsbeiwert des Höhenleitwerkes:

$$c_{aH} = \frac{dc_{aH}}{d\alpha_H} \left[\alpha_H - \frac{\partial \alpha_H}{\partial \eta_H} \eta_H\right]. \tag{11.5}$$

Dabei bedeutet $dc_{aH}/d\alpha_H$ den Auftriebsanstieg des unbeeinflußten Höhenleitwerkes und $(\partial \alpha_H/\partial \eta_H)\, \eta_H$ die Änderung der Nullauftriebsrichtung des Höhenleitwerkes infolge Ruderausschlag. Für das ebene Problem des Klappenflügels wurde dieser Beiwert in Abb. 6.20a in Abhängigkeit vom Rudertiefenverhältnis angegeben; weiteres hierüber in Kap. XII.

Im allgemeinen ist die Zuströmrichtung des Höhenleitwerkes erheblich verschieden von derjenigen des Flügels, weil das Leitwerk von Flügel und Rumpf stark beeinflußt wird und im Abwind des Flügels liegt (Interferenz).

Die Zuströmrichtung des Flügels und des Höhenleitwerkes unterscheiden sich nach Abb. 11.6a durch den Abwindwinkel $\alpha_w = w/V$, der von Flügel und Rumpf am Ort des Leitwerkes induziert wird. Hierbei bedeutet $w < 0$ Abwind und $w > 0$ Aufwind. Für den Anstellwinkel des Höhenleitwerkes gilt:

$$\alpha_H = \alpha + \varepsilon_H + \alpha_w, \tag{11.6}$$

wobei ε_H den Einstellwinkel des Höhenleitwerkes gegen die Flügelsehne und α den Anstellwinkel des Flügels bedeutet.

---

[1] Es sei hier besonders vermerkt, daß der Index „a“ für den auf die Leitwerksgrößen bezogenen Auftriebsbeiwert gewählt wurde.

Somit ergibt sich für den *Beitrag des Höhenleitwerkes zum Nickmoment* bei nicht ausgeschlagenem Höhenruder ($\eta_H = 0$) aus den Gln. (11.4), (11.5) und (11.6):

$$c_{MH} = -\frac{dc_{aH}}{d\alpha_H}(\alpha + \varepsilon_H + \alpha_w)\frac{q_H}{q}\frac{F_H}{F}\frac{r'_H}{l_\mu}. \tag{11.7}$$

Dabei ist r'_H der Abstand des Neutralpunktes des Höhenleitwerkes von der Momentenbezugsachse des Flugzeuges. Hieraus erhält man für die

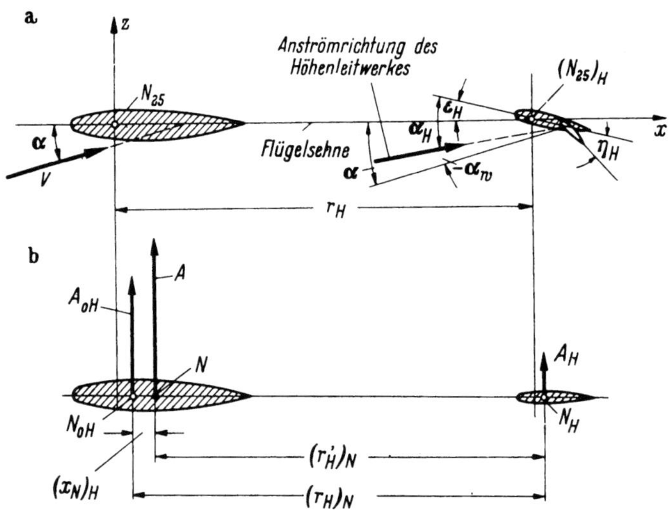

Abb. 11.6. Zur Aerodynamik des Höhenleitwerkes beim Geradeausflug. N_{25} = geometrischer Neutralpunkt; N = aerodynamischer Neutralpunkt.
a) Anströmrichtung des Höhenleitwerkes, $\alpha_H = \alpha + \varepsilon_H + \alpha_w$;
b) Luftkräfte am Flügel und am Höhenleitwerk.

Momentenänderung mit dem Anstellwinkel bei festgehaltenem Einstellwinkel des Höhenleitwerkes (Stabilitätsmaß):

$$\left(\frac{\partial c_{MH}}{\partial \alpha}\right)_{\varepsilon_H=\text{const}} = -\frac{dc_{aH}}{d\alpha_H}\left(1 + \frac{\partial \alpha_w}{\partial \alpha}\right)\frac{q_H}{q}\frac{F_H}{F}\frac{r'_H}{l_\mu}. \tag{11.8}$$ [1]

Wir bezeichnen die Größe

$$\frac{\partial \alpha_H}{\partial \alpha} = 1 + \frac{\partial \alpha_w}{\partial \alpha} \tag{11.8a}$$

als *Wirkungsfaktor des Höhenleitwerkes*. Für die Momentenänderung mit dem Einstellwinkel des Höhenleitwerkes bei festgehaltenem An-

[1] Dabei sei der Einfachheit halber angenommen, daß das Staudruckverhältnis q_H/q vom Anstellwinkel α unabhängig ist.

stellwinkel ergibt sich aus Gl. (11.7):

$$\left(\frac{\partial c_{MH}}{\partial \varepsilon_H}\right)_{\alpha=\text{const}} = -\frac{d c_{aH}}{d \alpha_H} \frac{q_H}{q} \frac{F_H}{F} \frac{r'_H}{l_\mu}. \tag{11.9}$$

Der Vergleich der Gln. (11.8) und (11.9) lehrt, daß die Momentenänderung mit dem Anstellwinkel (Stabilitätsbeitrag des Höhenleitwerkes) von der Interferenz zwischen Flügel und Höhenleitwerk abhängig ist, und zwar dem Wirkungsfaktor des Höhenleitwerkes $\partial \alpha_H / \partial \alpha = (1 + \partial \alpha_w / \partial \alpha)$ proportional ist. Der Wirkungsfaktor des Höhenleitwerkes ist, wie später noch genauer gezeigt wird, im allgemeinen erheblich kleiner als Eins. Die Momentenänderung mit dem Einstellwinkel des Höhenleitwerkes (Steuerung) dagegen wird von der Interferenz nicht beeinflußt, wenn man von dem Staudruckverhältnis q_H/q absieht.

Wünscht man den *Beitrag des Höhenleitwerkes zum Auftrieb* des ganzen Flugzeuges anzugeben, so ist es zweckmäßig, analog zu Gl. (11.3) den Auftriebsbeiwert des Höhenleitwerkes zu definieren durch:

$$A_H = c_{AH} F q. \tag{11.10}$$

Analog zu Gl. (11.7) folgt:

$$c_{AH} = \frac{d c_{aH}}{d \alpha_H} (\alpha + \varepsilon_H + \alpha_w) \frac{q_H}{q} \frac{F_H}{F}. \tag{11.11}$$

Für die partiellen Ableitungen von c_{aH} nach α und ε_H gilt das bereits im Anschluß an Gl. (11.7) Gesagte.

Bei den bisherigen Betrachtungen über den Beitrag des Höhenleitwerkes zum Nickmoment und zum Auftrieb des ganzen Flugzeuges wurden die betreffenden Beiwerte in Abhängigkeit vom Anstellwinkel des Flugzeuges und vom Einstellwinkel des Höhenleitwerkes untersucht. Für manche Aufgaben dagegen ist es zweckmäßig, den Beitrag des Leitwerkes zum Anstellwinkel und zum Nickmoment in Abhängigkeit vom Auftriebsbeiwert des ganzen Flugzeuges und vom Einstellwinkel des Höhenleitwerkes zu kennen.

Der Auftriebsbeiwert des ganzen Flugzeuges setzt sich zusammen aus demjenigen des Flugzeuges ohne Höhenleitwerk c_{AoH} und dem Beitrag des Höhenleitwerkes c_{AH}, d. h. es gilt:

$$c_A = c_{AoH} + c_{AH}.$$

Somit ergibt sich für den Auftriebsanstieg des ganzen Flugzeuges ohne Berücksichtigung des Einflusses des Leitwerkes auf den Flügel bei festgehaltenem Einstellwinkel des Höhenleitwerkes nach Gl. (11.11):

$$\left(\frac{\partial c_A}{\partial \alpha}\right)_{\varepsilon_H=\text{const}} = \left(\frac{d c_A}{d \alpha}\right)_{oH} + \frac{d c_{aH}}{d \alpha_H} \left(1 + \frac{\partial \alpha_w}{\partial \alpha}\right) \frac{q_H}{q} \frac{F_H}{F}. \tag{11.12}$$

Die gesuchte Änderung des Anstellwinkels mit dem Auftriebsbeiwert des ganzen Flugzeuges ist gleich dem Reziprokwert der rechten Seite von Gl. (11.12).

Die *Anstellwinkeländerung* infolge des Einstellwinkels des Höhenleitwerkes bei konstant gehaltenem Auftriebsbeiwert des ganzen Flugzeuges ergibt sich zu:

$$\left(\frac{\partial\alpha}{\partial\varepsilon_H}\right)_{c_A=\text{const}} = -\left(\frac{\partial\alpha}{\partial c_A}\right)_{\varepsilon_H=\text{const}}\left(\frac{\partial c_{AH}}{\partial\varepsilon_H}\right)_{\alpha=\text{const}} \qquad (11.13)^1$$

Dabei ist der zweite Faktor durch Gl. (11.11) gegeben.

Für das ganze Flugzeug existiert ebenso wie für den Flügel allein ein *Neutralpunkt*, d. h. ein Punkt, in welchem die vom Anstellwinkel abhängige Auftriebskraft des ganzen Flugzeuges angreift, man vgl. hierzu Kap. 5.32. Wir bezeichnen nach Abb. 11.6b den Abstand des Neutralpunktes des ganzen Flugzeuges vom Neutralpunkt des Flugzeuges ohne Leitwerk mit $(x_N)_H$. Dieser Abstand ist identisch mit der Neutralpunktverschiebung durch das Höhenleitwerk. Es läßt sich diese Neutralpunktverschiebung durch das Höhenleitwerk $(x_N)_H$ nach Abb. 11.6b aus dem Momentengleichgewicht um den Neutralpunkt N_{oH} des Flugzeuges ohne Leitwerk ermitteln:

$$(x_N)_H A = (r_H)_N A_H .$$

Hierin bedeutet $(r_H)_N$ den Abstand des Neutralpunktes des Leitwerkes vom Neutralpunkt des Flugzeuges ohne Leitwerk. Es ergibt sich:

$$(x_N)_H = \frac{\left(\dfrac{\partial c_{AH}}{\partial\alpha}\right)_{\varepsilon_H=\text{const}}}{\left(\dfrac{\partial c_A}{\partial\alpha}\right)_{\varepsilon_H=\text{const}}}(r_H)_N .$$

Führt man hier die Gln. (11.11) und (11.12) ein, so erhält man schließlich für die *Neutralpunktverschiebung durch das Höhenleitwerk*:

$$\frac{(x_N)_H}{l_\mu} = \frac{\dfrac{dc_{aH}}{d\alpha_H}\left(1+\dfrac{\partial\alpha_w}{\partial\alpha}\right)\dfrac{q_H}{q}\,\dfrac{F_H}{F}}{\left(\dfrac{dc_A}{d\alpha}\right)_{oH}+\dfrac{dc_{aH}}{d\alpha_H}\left(1+\dfrac{\partial\alpha_w}{\partial\alpha}\right)\dfrac{q_H}{q}\,\dfrac{F_H}{F}}\,\frac{(r_H)_N}{l_\mu}. \qquad (11.14)$$

---

[1] Zu dieser Gleichung gelangt man, wenn man berücksichtigt, daß

$$d\alpha = \frac{\partial\alpha}{\partial c_A}\,dc_A + \frac{\partial\alpha}{\partial\varepsilon_H}\,d\varepsilon_H$$

und

$$dc_A = \frac{\partial c_A}{\partial\alpha}\,d\alpha + \frac{\partial c_A}{\partial\varepsilon_H}\,d\varepsilon_H$$

gilt, wobei $\partial c_A/\partial\varepsilon_H = \partial c_{AH}/\partial\varepsilon_H$ ist.

In dieser Gleichung gibt der erste Bruch auf der rechten Seite an, um welchen Prozentsatz des Leitwerkshebelarmes der Neutralpunkt des Flugzeuges gegenüber dem Neutralpunkt des Flugzeuges ohne Leitwerk durch das Höhenleitwerk nach hinten verschoben wird. In vielen Fällen kann im Nenner dieses Bruches der zweite Summand gegenüber dem ersten vernachlässigt werden. Die Neutralpunktlage des ganzen Flugzeuges ergibt sich aus der Neutralpunktlage des Flügels allein (Kap. VII und VIII), der Neutralpunktverschiebung durch den Rumpf (einschließlich der Flügel-Rumpf-Beeinflussung, Kap. X) und der vorstehenden Neutralpunktverschiebung durch das Leitwerk.

Aus der Neutralpunktverschiebung infolge des Höhenleitwerkes, wie sie in Gl. (11.14) ermittelt wurde, erhält man sofort die Änderung des Momentenbeiwertes des Höhenleitwerkes in Abhängigkeit vom Auftriebsbeiwert nach Gl. (5.51) in der Form:

$$\left(\frac{\partial c_{MH}}{\partial c_A}\right)_{\varepsilon_H=\mathrm{const}} = -\frac{(x_N)_H}{l_\mu}. \tag{11.15}$$

Schließlich möge noch die Änderung des Momentes infolge des Einstellwinkels des Höhenleitwerkes bei festgehaltenem Auftriebsbeiwert des ganzen Flugzeuges ermittelt werden. Hierbei handelt es sich um ein freies Moment, da der Gesamtauftrieb nicht geändert wird. Nach Abb. 11.6b gilt:

$$M_H = -(r'_H)_N A_H,$$

wobei A_H der Auftrieb des Höhenleitwerkes infolge der Änderung des Einstellwinkels des Höhenleitwerkes und $(r'_H)_N$ der Abstand des Neutralpunktes des Höhenleitwerkes vom Neutralpunkt des ganzen Flugzeuges ist. Es gilt nach Abb. 11.6b:

$$(r'_H)_N = (r_H)_N - (x_N)_H. \tag{11.16}$$

Somit ergibt sich unter Beachtung von Gl. (11.11):

$$\left(\frac{\partial c_{MH}}{\partial \varepsilon_H}\right)_{c_A=\mathrm{const}} = -\frac{dc_{aH}}{d\alpha_H}\,\frac{q_H}{q}\,\frac{F_H}{F}\,\frac{(r'_H)_N}{l_\mu}. \tag{11.17}$$

Dieser Wert ist auch gleich $(\partial c_M/\partial \varepsilon_H)_{c_A=\mathrm{const}}$. Aus Abb. 11.2b können die beiden Beiwerte nach den Gln. (11.15) und (11.17) entnommen werden, und zwar der erstere als die Differenz der Neigungen der Kurven $c_M(c_A)$ mit und ohne Leitwerk und der letztere aus den Kurven mit verschiedenem Einstellwinkel ε_H des Höhenleitwerkes.

Bei der Auswertung der vorstehenden Formeln für den Beitrag des Höhenleitwerkes zum Auftrieb und Moment erfordern das Staudruckverhältnis q_H/q und der Anstellwinkel des Höhenleitwerkes α_H

noch eine besondere Betrachtung, da sie stark von der Interferenz zwischen Flügel und Leitwerk abhängig sind. Der Anstellwinkel des Höhenleitwerkes α_H wird nach Gl. (11.6) maßgeblich bestimmt von dem induzierten Abwindwinkel α_w, welchen der Flügel am Ort des Höhenleitwerkes erzeugt. In Abb. 11.7a ist der Verlauf von α_H in

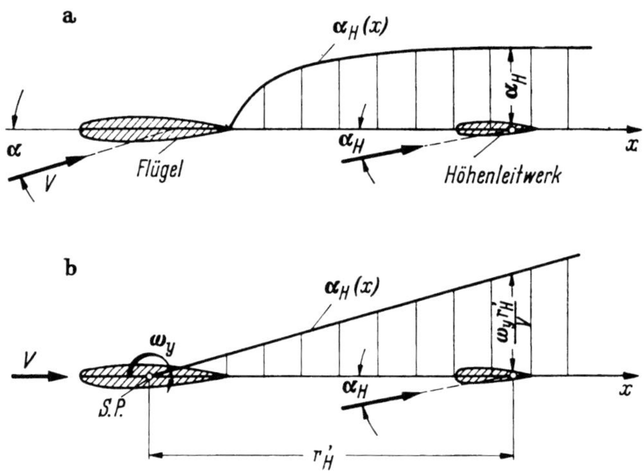

Abb. 11.7. Anstellwinkel des Höhenleitwerkes
a) für Geradeausflug; b) bei Nickbewegung mit der Drehgeschwindigkeit ω_y.

Abhängigkeit von der Rücklage des Leitwerkes hinter dem Flügel qualitativ dargestellt unter der Annahme, daß die Höhenleitwerkssehne parallel zur Flügelsehne ist ($\varepsilon_H = 0$). An der Flügelhinterkante ist $\alpha_H = 0$, weil dort wegen der kinematischen Strömungsbedingung am Flügel $\alpha + \alpha_w = 0$ sein muß. Mit wachsendem Abstand von der Flügelhinterkante nimmt α_H zu und erreicht mit großem Abstand einen konstanten Wert, der erheblich kleiner als α ist. Die Verteilung von α_w und damit auch diejenige von α_H hinter dem Flügel läßt sich nach der Tragflügeltheorie berechnen. Hierüber wird im folgenden berichtet werden.

Der Auftriebsanstieg des Höhenleitwerkes $dc_{aH}/d\alpha_H$ für das sogenannte „freifahrende Höhenleitwerk" wird nach der Tragflügeltheorie ermittelt.

11.212 Flugzeug bei Nickbewegung. Bisher wurde lediglich der Einfluß des Anstellwinkels des Flugzeuges auf die Aerodynamik des Höhenleitwerkes betrachtet. Daneben hat aber auch die Drehbewegung des Flugzeuges um die Querachse für die Aerodynamik des Höhenleitwerkes eine besondere Bedeutung. Führt das Flugzeug eine Drehbewegung mit der Drehgeschwindigkeit ω_y um die Querachse aus, so entsteht dadurch nach Abb. 11.7b für das Höhenleitwerk eine Anstellwinkelverteilung α_H, die mit dem Abstand von der Drehachse linear zunimmt. Dabei ist der am Ort des Höhenleitwerkes mit dem Abstand r'_H von der Drehachse hervorgerufene Anstellwinkel des Höhenleitwerkes:

$$\alpha_H = \frac{\omega_y r'_H}{V},$$

wobei V die Fluggeschwindigkeit bedeutet. Um die aerodynamischen Beiwerte des Höhenleitwerkes in Abhängigkeit von der Drehgeschwindigkeit der Nickbewegung anzugeben, ist es zweckmäßig, die dimensionslose Nickwinkelgeschwindigkeit

$$\Omega_y = \frac{\omega_y l_\mu}{V} \tag{11.18}$$

nach Gl. (5.54) einzuführen. Damit ist

$$\alpha_H = \Omega_y \frac{r'_H}{l_\mu}. \tag{11.19}$$

Führt man diesen Ausdruck für α_H in Gl. (11.5) und die so entstehende Formel weiterhin in Gl. (11.4) ein, so erhält man für die Änderung des Momentenbeiwertes mit der Nickwinkelgeschwindigkeit:

$$\frac{\partial c_{MH}}{\partial \Omega_y} = -\frac{dc_{aH}}{d\alpha_H} \frac{q_H}{q} \frac{F_H}{F} \left(\frac{r'_H}{l_\mu}\right)^2. \tag{11.20}$$

Man nennt diesen Beiwert den Beitrag des Höhenleitwerkes zur *Nickdämpfung*. Der Vergleich dieser Formel mit Gl. (11.8) zeigt, daß der Beitrag des Höhenleitwerkes zur Stabilität bezüglich der geometrischen Daten zu $(F_H/F) \cdot (r'_H/l_\mu)$ und derjenige zur Dämpfung zu $(F_H/F) \cdot (r'_H/l_\mu)^2$ proportional ist.

11.22 Höhenleitwerk bei inkompressibler Strömung

11.221 Unbeeinflußtes Höhenleitwerk. Die weiteren Ausführungen zur Aerodynamik des Höhenleitwerkes sollen so aufgeteilt werden, daß wir in diesem Abschnitt zunächst die inkompressible Strömung und anschließend die kompressible Strömung bei Unterschall- und Überschallgeschwindigkeit behandeln. Bei den folgenden Betrachtungen möge zunächst das Höhenleitwerk ohne Beeinflussung durch Rumpf und Flügel, danach der Einfluß des Rumpfes und anschließend der Einfluß des Flügels auf das Höhenleitwerk erörtert werden.

Für das unbeeinflußte Höhenleitwerk bei inkompressibler Strömung können wir weitgehend auf die Ergebnisse der räumlichen Tragflügeltheorie nach Kap. VII zurückgreifen. Von den aerodynamischen Beiwerten benötigen wir in erster Linie den Auftriebsanstieg $dc_{aH}/d\alpha_H$, und zwar diesen für kleine und mittlere Seitenverhältnisse Λ_H. In Abb. 11.8 sind einige theoretische Kurven für den Auftriebsanstieg

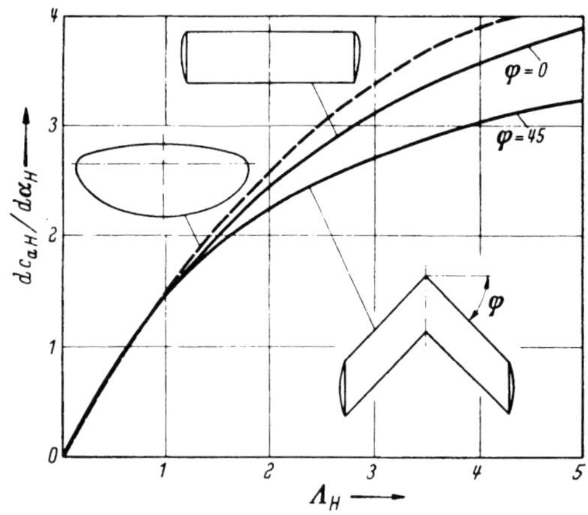

Abb. 11.8. **Auftriebsanstieg des unbeeinflußten Höhenleitwerkes bei inkompressibler Strömung in Abhängigkeit vom Seitenverhältnis des Höhenleitwerkes Λ_H (Tragflächentheorie).**

des Höhenleitwerkes in Abhängigkeit vom Seitenverhältnis Λ_H dargestellt, und zwar für einen Rechteckflügel, einen Pfeilflügel und einen Ellipsenflügel. Für den Ellipsenflügel gilt nach Gl. (7.125) die einfache Formel:

$$\frac{dc_{aH}}{d\alpha_H} = \frac{\pi \Lambda_H}{\sqrt{k_H^2 + 1} + 1}, \tag{11.21}$$

wobei

$$k_H = \frac{\pi \Lambda_H}{c'_{A\infty}} \approx \frac{1}{2} \Lambda_H$$

ist. Weitere Angaben über den Auftriebsanstieg und Vergleiche mit Messungen findet man in Kap. 7.3. Dort kann man auch die Neutralpunktlage entnehmen, die für die genaue Bestimmung des Leitwerkshebelarmes erforderlich ist.

Die vorstehenden Angaben für den Auftriebsanstieg sind anwendbar für ein Höhenleitwerk ohne Seitenleitwerk und für ein solches mit einkieligem Seitenleitwerk. Bei einem Höhenleitwerk mit doppelkieligem Seitenleitwerk nach Abb. 11.9 wird der Auftriebsanstieg durch die Endscheibenwirkung erheblich vergrößert. Theoretische Untersuchungen über Tragflügel mit Endscheiben sind von W. Mangler [26] und J. Rotta [36] ausgeführt worden. Der Einfluß der Endscheiben auf den Auftriebsanstieg kann näherungsweise dadurch berücksichtigt werden, daß neben dem geometrischen Seitenverhältnis Λ_H ein sogenanntes effektives Seitenverhältnis Λ_H^* eingeführt wird. Zwischen Λ_H und Λ_H^* besteht für Höhenleitwerke mit Endscheiben die empirische Beziehung:

$$\Lambda_H^* = \Lambda_H \left[1 + \frac{1}{2} \frac{b_S}{l_S} \left(\frac{l_S}{l_H}\right)^2\right]. \tag{11.22}$$

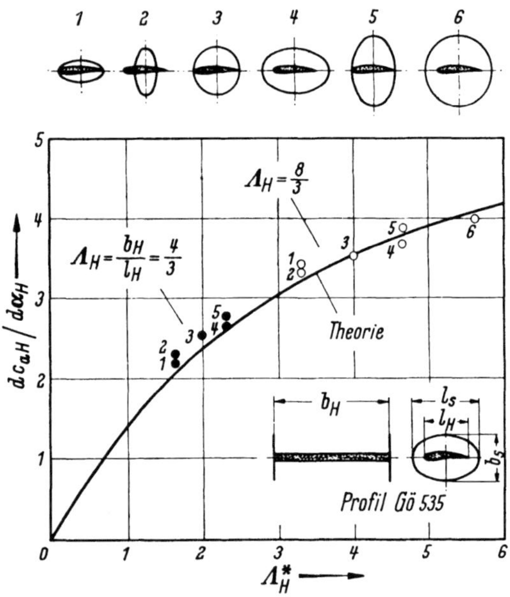

Abb. 11.9. Gemessener Auftriebsanstieg von Höhenleitwerken mit Endscheiben nach [31] in Abhängigkeit vom effektiven Seitenverhältnis des Höhenleitwerkes Λ_H^* nach Gl. (11.22). Theoretische Kurve nach Abb. 11.8 für $\Lambda_H = \Lambda_H^*$.

Messungen über den Einfluß der Endscheiben wurden erstmalig in [31] mitgeteilt. In Abb. 11.9 sind auf Grund dieser Messungen die Auftriebsanstiege $dc_{aH}/d\alpha_H$ in Abhängigkeit vom effektiven Seitenverhältnis Λ_H angegeben. Die ausgezogene theoretische Kurve entspricht dem Rechteckflügel nach Abb. 11.8.

11.222 Einfluß des Rumpfes auf das Höhenleitwerk. Die Beeinflussung des Höhenleitwerkes durch Flügel und Rumpf besteht einmal in einer Abminderung des Staudruckes am Ort des Leitwerkes und zweitens in einer Änderung der Anströmungsrichtung des Leitwerkes. Die Staudruckabminderung rührt hauptsächlich her von der Grenzschicht am Flügel-Rumpf-Übergang und die Änderung der Anströmungsrichtung des Leitwerkes vom induzierten Geschwindigkeitsfeld der Flügel-Rumpf-Anordnung. Während die Ermittlung des induzierten Geschwindigkeitsfeldes einer theoretischen Behandlung einigermaßen zugänglich ist, ist man für die Bestimmung der Staudruckabminderung weitgehend auf das Experiment angewiesen.

Es ist erwünscht, daß das Staudruckverhältnis q_H/q einen Wert möglichst nahe an Eins hat und überdies vom Anstellwinkel des Flugzeuges möglichst unabhängig ist. Beides läßt sich durch eine geeignete Wahl des Höhenleitwerkes relativ zum Flügel und Rumpf erreichen; man vgl. hierzu X. HAFER [13].

Im folgenden möge jetzt zunächst nur der *Einfluß des Rumpfes* auf das Höhenleitwerk besprochen werden. Die Anordnung eines Höhenleitwerkes am Rumpf entspricht grundsätzlich einer Flügel-Rumpf-Anordnung, wie sie in Kap. 10.2 behandelt wurde. Ein Unterschied besteht jedoch darin, daß der Rumpf sich im allgemeinen nicht bis hinter das Leitwerk erstreckt. Die Mannigfaltigkeit der Anordnungen des Höhenleitwerkes (Hoch-, Mittel-, Tiefdecker) sowie die verschiedenartige Form des Rumpfheckes gestalten eine theoretische Berechnung des

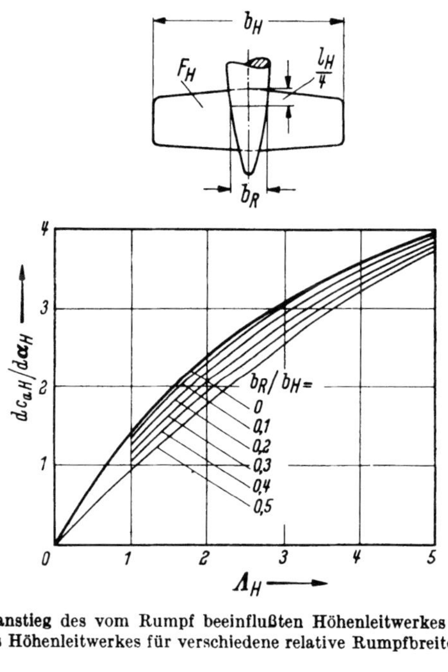

Abb. 11.10. Auftriebsanstieg des vom Rumpf beeinflußten Höhenleitwerkes in Abhängigkeit vom Seitenverhältnis des Höhenleitwerkes für verschiedene relative Rumpfbreiten b_R/b_H, nach [19].

Einflusses des Rumpfes auf das Leitwerk sehr schwierig. Wir begnügen uns deshalb mit der Wiedergabe einiger Meßergebnisse über diesen Einfluß. In einem Bericht von P. KOLOSKA [19] sind Dreikomponentenmessungen an Rumpf-Leitwerks-Anordnungen ausgeführt worden. Dabei waren Leitwerke mit rechteckigem Umriß vom Seitenverhältnis $\Lambda_H = 2$ und 1,2 an einem Teilrumpf angeordnet. Die Auftriebsanstiege unter dem Einfluß des Rumpfes $dc_{aH}/d\alpha_H$ sind beträchtlich kleiner als diejenigen für das unbeeinflußte Höhenleitwerk nach Abb. 11.8. In Abb. 11.10 sind solche Werte von $dc_{aH}/d\alpha_H$ mit Rumpfeinfluß in Abhängigkeit vom Seitenverhältnis des Höhenleitwerkes Λ_H und von der relativen Rumpfbreite b_R/b_H angegeben. Hiernach wird z. B. beim Seitenverhältnis $\Lambda_H = 2$ und bei der relativen Rumpfbreite $b_R/b_H = 0{,}3$ der Auftriebsanstieg durch den Rumpfeinfluß um etwa 20% abgemindert.

11.223 Einfluß des Flügels auf das Höhenleitwerk

Grundsätzliches. Der Einfluß des Flügels auf das Leitwerk besteht im wesentlichen in der Änderung des Anstellwinkels des Höhenleitwerkes durch die hinter dem Flügel induzierte Abwärtsgeschwindigkeit. Der Zusammenhang zwischen dem Anstellwinkel des Höhenleitwerkes α_H und demjenigen des Flügels α ist nach Gl. (11.6):

$$\alpha_H = \alpha + \varepsilon_H + \alpha_w,$$

wobei $\alpha_w = w/U_\infty$ der am Ort des Höhenleitwerkes induzierte Abwindwinkel ist. Hierbei ist $w > 0$ Aufwind und $w < 0$ Abwind. Für die Änderung des Anstellwinkels des Höhenleitwerkes mit dem Anstellwinkel des Flugzeuges ergibt sich hieraus:

$$\frac{\partial \alpha_H}{\partial \alpha} = 1 + \frac{\partial \alpha_w}{\partial \alpha}.$$

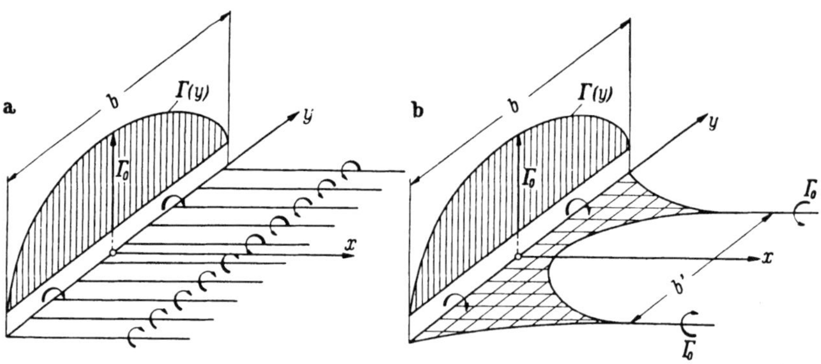

Abb. 11.11. Erläuterungsskizze zum Wirbelsystem hinter einem Tragflügel. a) Nicht aufgerollte Wirbelfläche; b) aufgerollte Wirbelfläche.

Dabei ist im allgemeinen der Beiwert $\partial \alpha_w/\partial \alpha < 0$ und bei vorgegebenem Tragflügel nur abhängig von der Lage des Leitwerkes. Der Beiwert $\partial \alpha_H/\partial \alpha$ hat die physikalische Bedeutung eines *Wirkungsfaktors* des Höhenleitwerkes, Gl. (11.8), vgl. auch Gl. (11.14). Er liegt im allgemeinen zwischen 0 und 1 und bringt zum Ausdruck, daß durch den Einfluß des Abwindes die stabilisierende Wirkung des Höhenleitwerkes abgemindert wird.

Das Ziel unserer weiteren Betrachtungen in diesem Abschnitt ist die Ermittlung dieses Wirkungsfaktors in Abhängigkeit von den geometrischen und aerodynamischen Daten des Flügels und von der Lage des Höhenleitwerkes relativ zum Flügel.

Die induzierte Abwärtsgeschwindigkeit wird von dem Wirbelsystem eines Tragflügels (gebundene und freie Wirbel) erzeugt. In Abb. 11.11 ist das zu einer vorgegebenen Zirkulationsverteilung gehörige Wirbelsystem schematisch dargestellt. Dabei stellt Abb. 11.11a eine freie *nicht aufgerollte* Wirbelschicht dar, während in Abb. 11.11b die freie Wirbelfläche in einem bestimmten Abstand hinter dem Tragflügel sich zu zwei Einzelwirbeln *aufgerollt* hat. Eine ebene Wirbelfläche nach Abb. 11.11a ist instabil und hat das Bestreben, sich zu zwei Einzelwirbeln aufzurollen, vgl. hierzu auch Abb. 7.1 und 7.20. Dieser Aufroll-

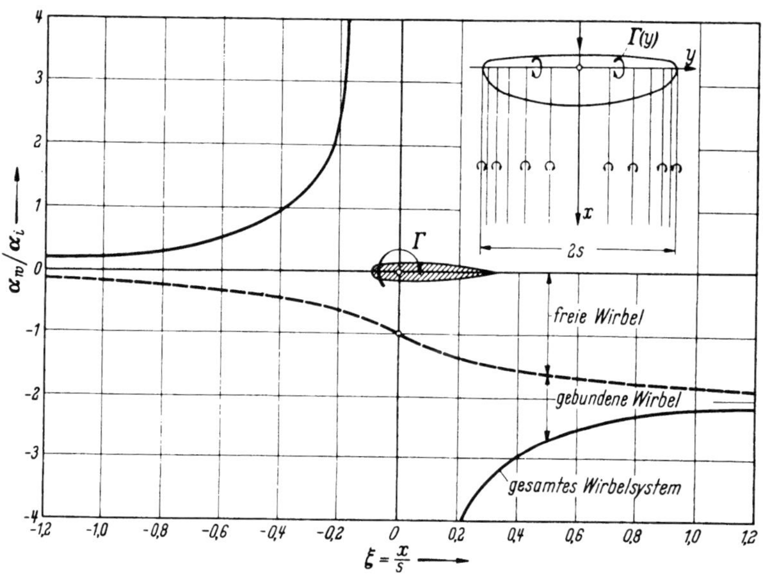

Abb. 11.12. Induzierter Abwindwinkel α_w auf der x-Achse eines Tragflügels mit elliptischem Grundriß nach [43]. Beitrag der freien Wirbel und der gebundenen Wirbel.

vorgang ist u. a. von H. Kaden [16], A. Betz [3], W. Kaufmann [17], [18] sowie J. R. Spreiter und A. H. Sacks [45] eingehend untersucht worden. Bei der aufgerollten Wirbelfläche nach Abb. 11.11b ist der Abstand b' der beiden Einzelwirbel etwas kleiner als die Spannweite b des Flügels.

Falls für einen Tragflügel das Wirbelsystem bekannt ist, so erhält man aus diesem das Feld der induzierten Abwärtsgeschwindigkeiten mittels des Biot-Savartschen Gesetzes. Das Wirbelsystem eines vorgegebenen Tragflügels findet man aus der Auftriebsverteilung nach

Kap. 7.3. In Abb. 11.12 ist für einen elliptischen Flügel (elliptische Zirkulationsverteilung) mit nicht aufgerollter Wirbelfläche der induzierte Abwind- und Aufwindwinkel auf der Längsachse (x-Achse) dargestellt. Der induzierte Abwindwinkel α_w ist bezogen auf den induzierten Anstellwinkel des Flügels $\alpha_i = c_A/\pi\Lambda$ nach Gl. (7.23). Der bezogene Abwindwinkel α_w/α_i ist als Funktion der dimensionslosen Längskoordinate $\xi = x/s$ angegeben. Dabei stellt die ausgezogene Kurve den induzierten Abwindwinkel des gesamten Wirbelsystems (gebundene und freie Wirbel) nach Gl. (7.123) und die gestrichelte Kurve den Anteil der freien Wirbel dar. Die Differenz zwischen der ausgezogenen und der gestrichelten Kurve ist der Anteil der gebundenen Wirbel. Dieser letztere Antei wird für $\xi > 1$ bedeutungslos, so daß für solche Leitwerksabstände der

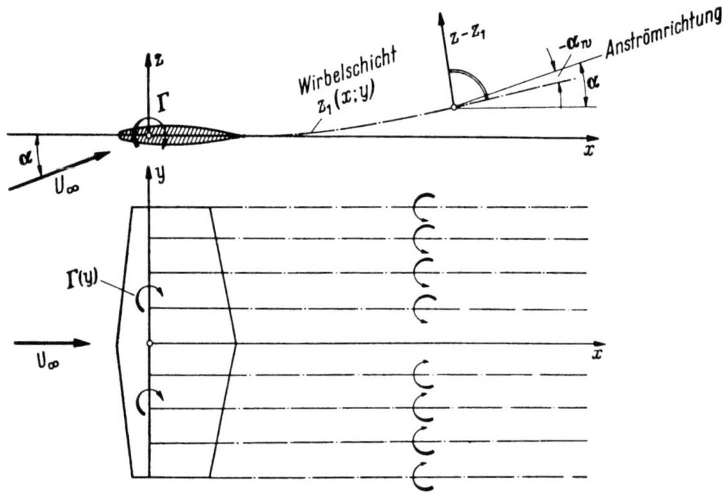

Abb. 11.13. Erläuterungsskizze zur Lage der Wirbelschicht hinter einem Tragflügel.

induzierte Abwindwinkel im wesentlichen durch den Beitrag der freien Wirbel bestimmt wird; hier gilt dann:

$$\alpha_w = -2\alpha_i \qquad (\xi \to \infty). \tag{11.23}$$

Um den induzierten Abwindwinkel am Ort des Höhenleitwerkes zu erhalten, muß weiterhin noch die Lage des Höhenleitwerkes relativ zur Wirbelschicht bekannt sein. Hierbei ist zu beachten, daß im allgemeinen die Wirbelfläche hinter dem Flügel weder in der Flügelebene noch in einer Ebene parallel zur Anströmungsrichtung liegt. Sie hat die in Abb. 11.13 angegebene gekrümmte Form. Ihr Abstand von der Flügelebene $z = 0$ ist durch $z_1(x, y)$ gegeben. Die Wirbelfläche ist an der Flügelhinterkante x_h wegen der kinematischen Strömungsbedingung tangential zur Flügelebene; weiter stromabwärts biegt sie von der Flügelebene mehr und mehr nach oben ab. Ihre Lage kann leicht ermittelt werden aus der Gleichung

$$z_1(x, y) = \int_{x_h}^{x} [\alpha + \alpha_w(x, y)]\, dx, \tag{11.24}$$ [1]

deren Gültigkeit aus Abb. 11.13 sofort ersichtlich ist. Dabei gibt $x_h(y)$ die Lage der Flügelhinterkante an. Nachdem hiermit die Lage der Wirbelfläche gefunden ist, wird der für den induzierten Abwindwinkel am Ort des Höhenleitwerkes maßgebliche Abstand des Höhenleitwerkes von der Wirbelfläche durch $(z - z_1)$ bestimmt.

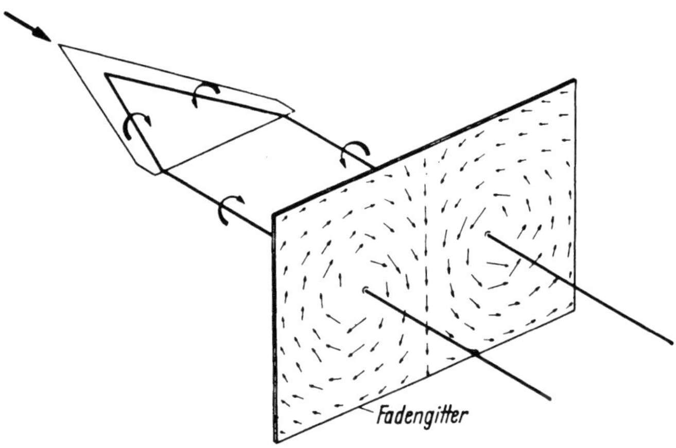

Abb. 11.14. Zur experimentellen Ermittlung des induzierten Geschwindigkeitsfeldes hinter einem Tragflügel mittels der Fadengitter-Methode.

Abb. 11.14 gibt eine anschauliche Vorstellung von dem induzierten Geschwindigkeitsfeld hinter einem Tragflügel. Man kann dieses Geschwindigkeitsfeld in besonders einfacher Weise mittels der sogenannten Fadengittermethode sichtbar machen, bei welcher hinter dem Flügel in einer Ebene senkrecht zur Flugrichtung ein Fadengitter angebracht wird. Dieses besteht aus zahlreichen dünnen Wollfäden, welche die örtliche Strömungsrichtung anzeigen. Das Prinzip dieses Meßverfahrens ist in Abb. 11.14 dargestellt. Das von den beiden nach hinten abgehenden freien Wirbeln in ihrer Umgebung erzeugte Geschwindigkeitsfeld wird durch die Wollfäden sichtbar gemacht, vgl. K. GERSTEN [10].

Abwind in der Wirbelschicht. Im folgenden soll jetzt an Hand von theoretischen Ergebnissen und Messungen der Einfluß der Flügelform und der Auftriebsverteilung auf die Verteilung der Abwindwinkel hinter dem Flügel besprochen werden.

---

[1] Bei der Auswertung dieses Integrals wird der induzierte Abwindwinkel α_w in der zunächst als eben angenommenen Wirbelfläche eingesetzt.

Wir beschränken uns zunächst auf Angaben über die Abwindwinkel in der Wirbelschicht $z = z_1$ bei *nicht aufgerollter Wirbelfläche*. Bei vorgegebener Zirkulationsverteilung $\Gamma(y) = b\,U_\infty \gamma(y)$ erhält man aus der Traglinientheorie nach dem Biot-Savartschen Gesetz für den Abwindwinkel in der Wirbelschicht $z = z_1$ nach den Gln. (7.38) und (7.44a, b):

$$\alpha_w(\xi, \eta, \zeta_1) = \tag{11.25}$$

$$= -\frac{1}{2\pi} \lim_{\varepsilon \to 0} \left[\frac{4}{\varepsilon}\,\gamma(\eta) - \int_{-1}^{+1} \frac{\gamma(\eta')}{(\eta - \eta')^2} \left(1 + \frac{\xi - \xi_l'}{\sqrt{(\xi - \xi_l')^2 + (\eta - \eta')^2}} \right) d\eta' \right].$$

Dabei sind $\xi = x/s$, $\eta = y/s$ und $\zeta = z/s$ die dimensionslosen Koordinaten. Weiterhin bedeutet $\xi_l' = \xi_l(\eta')$ die Lage der tragenden

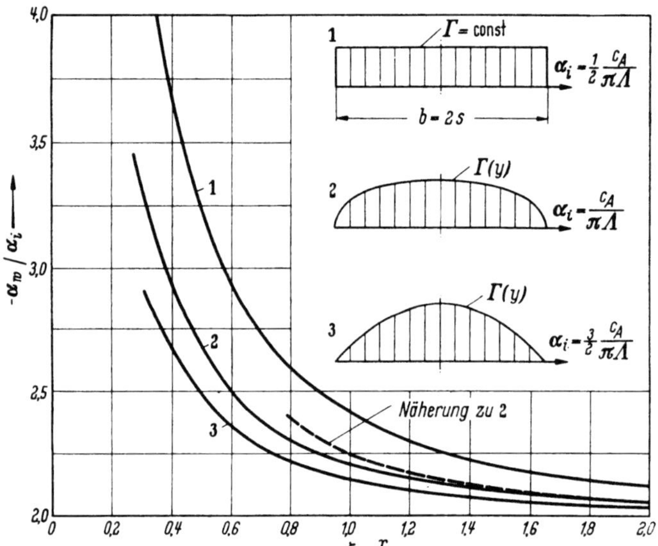

Abb. 11.15. Abwindwinkel in der Wirbelschicht ($\zeta = \zeta_1$) bei $\eta = 0$ hinter ungepfeilten Flügeln nach [48], gerechnet nach der Traglinien-Theorie.

Kurve *1*: konstante Zirkulationsverteilung; Kurve *2*: elliptische Zirkulationsverteilung; Kurve *3*: parabolische Zirkulationsverteilung.

Linie im Flügel nach Abb. 7.27. Für ungepfeilte Flügel ist in dieser Gleichung $\xi_l' = 0$ zu setzen, wobei der Koordinatenursprung in der tragenden Linie liegt. Für die numerische Auswertung dieser Gleichung ist von H. Multhopp [29] ein Quadraturverfahren angegeben worden. Andere Berechnungsverfahren und Ergebnisse sind von H. Glauert [12], I. Lotz und W. Fabricius [25] sowie von H. B. Helmbold [14] mitgeteilt worden.

Abb. 11.15 zeigt den *Einfluß der Auftriebsverteilung* auf die Verteilung des Abwindes in der Symmetrieebene des Flügels ($\eta = 0$) und in der Wirbelschicht $\zeta = \zeta_1$. Die Ergebnisse beziehen sich auf die rechteckige, die elliptische und die parabolische Auftriebsverteilung. Dabei ist der Abwindwinkel α_w bezogen auf den jeweiligen induzierten Anstellwinkel α_i in der Mitte des Flügels ($\eta = 0$), dessen Größe in der Abbildung mit angegeben ist. Hierdurch ergibt sich, daß in großem Abstand hinter dem Flügel für alle drei Auftriebsverteilungen $-\alpha_w/\alpha_i = 2$ ist. Dieses in Gl. (11.23) bereits angegebene Ergebnis erhält man, wenn man in Gl. (11.25) $\xi \to \infty$ einsetzt und mit Gl. (7.67a) vergleicht. Die Kurven in Abb. 11.15 zeigen, daß die Form der Auftriebsverteilung über Flügelspannweite für kleine Abstände vom Flügel einen beträchtlichen Einfluß auf die Größe des Abwindwinkels hat. Für die *konstante* Zirkulationsverteilung ergibt sich für den Abwind die folgende einfache Formel:

$$-\alpha_w(\xi, 0) = \left(1 + \frac{\sqrt{\xi^2 + 1}}{\xi}\right) \frac{c_A}{2\pi\Lambda}, \tag{11.26}$$

wobei $c_A/2\pi\Lambda = \alpha_i(0)$ ist. Diese Gleichung erhält man sowohl aus Gl. (11.25) als auch unmittelbar mittels des Biot-Savartschen Gesetzes aus dem Hufeisenwirbel. Für die *elliptische* Zirkulationsverteilung ergibt sich nach H. GLAUERT [12]:

$$-\alpha_w(\xi, 0) = \left(1 + \frac{2}{\pi} \frac{\sqrt{\xi^2 + 1}}{\xi} E\right) \frac{c_A}{\pi\Lambda}. \tag{11.27}$$

Hierbei bedeutet E das vollständige elliptische Integral zweiter Gattung mit dem Modul $1/\sqrt{\xi^2 + 1}$. Im vorliegenden Fall ist $\alpha_i(0) = c_A/\pi\Lambda$.

Für den Abwindwinkel in einiger Entfernung hinter dem Flügel hat E. TRUCKENBRODT [48] die folgende Näherungsformel angegeben:

$$-\alpha_w(\xi, \eta) \approx 2\alpha_i(\eta) + \frac{1}{4\xi^2} \frac{c_A}{\pi\Lambda} \quad (\xi > 0). \tag{11.28}$$

Für elliptische Zirkulationsverteilung ist $\alpha_i = c_A/\pi\Lambda$ und somit:

$$-\alpha_w \approx \left(2 + \frac{1}{4\xi^2}\right) \frac{c_A}{\pi\Lambda}. \tag{11.29}$$

Das Ergebnis dieser Formel ist in Abb. 11.15 als Näherung mit eingetragen.

Abb. 11.16 zeigt den *Einfluß der Flügelgrundrißform* auf die Verteilung des Abwindwinkels längs Spannweite im Abstand $\xi = 1$ hinter dem Flügel. Sämtliche drei Flügel haben das Seitenverhältnis $\Lambda = 6$, während die Zuspitzung die Werte $\lambda = 1{,}0$; 0,6 und 0,2 hat. Diese

Abbildung zeigt, daß die Form des Flügelgrundrisses einen entscheidenden Einfluß auf die Verteilung des Abwindwinkels längs Spannweite hat. Infolgedessen ist die Wirksamkeit des Höhenleitwerkes beim stark zu-

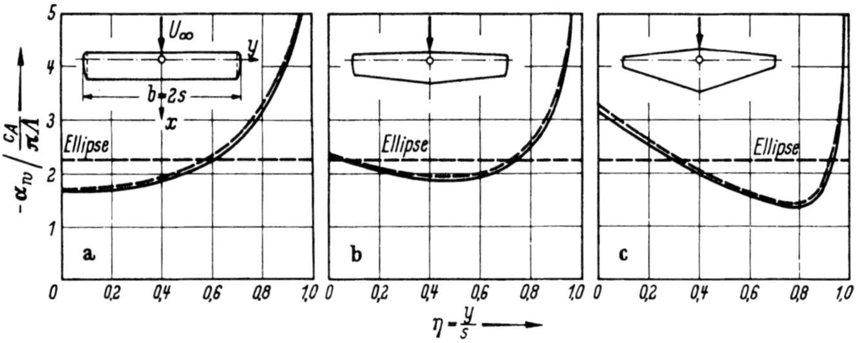

Abb. 11.16. Abwindwinkelverteilung längs Spannweite in der Wirbelschicht im Abstand $\xi = x/s = 1$ hinter dem Flügel für drei ungepfeilte Flügel vom Seitenverhältnis $\Lambda = 6$ nach [33], gerechnet nach der einfachen Traglinientheorie.

a) Rechteckflügel; b) Trapezflügel der Zuspitzung $\lambda = 0{,}6$; c) Trapezflügel der Zuspitzung $\lambda = 0{,}2$. Ausgezogene Kurven: exakte Lösung nach [29]; gestrichelte Kurven: Näherungslösung nach Gl. (11.28).

gespitzten Trapezflügel wesentlich geringer als beim Rechteckflügel. Die ausgezogenen Kurven wurden nach dem Berechnungsverfahren von H. Multhopp [29] ermittelt, während die gestrichelten Kurven nach der Näherungsformel (11.28) gerechnet wurden.

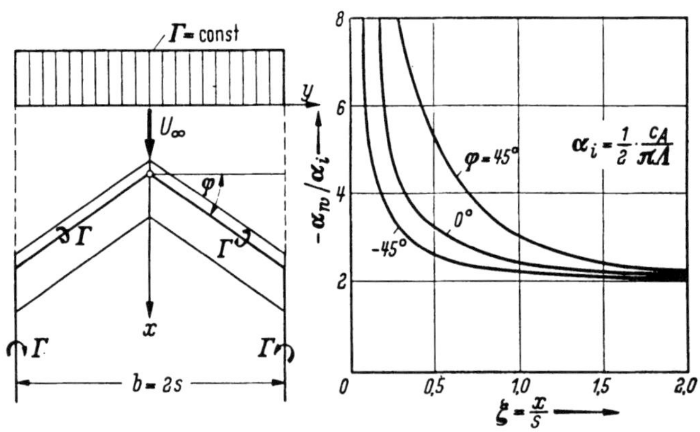

Abb. 11.17. Verteilung des Abwindwinkels α_w auf der x-Achse hinter gepfeilten Flügeln mit konstanter Zirkulationsverteilung.

Abb. 11.17 zeigt den *Einfluß des Pfeilwinkels* auf die Abwindverteilung hinter dem Flügel, wobei der Einfachheit halber für alle Pfeilwinkel konstante Zirkulationsverteilung längs Spannweite angenommen wurde. Die Abwindverteilungen auf der Längsachse zeigen, daß bei Rückwärtspfeilung der Abwind wesentlich größer als bei Vorwärtspfeilung ist.[1] Aus dem Biot-Savartschen Gesetz erhält man für die Abwindverteilung die einfache Formel:

$$-\alpha_w(\xi, 0) = \left[1 + \frac{1}{\xi}\left(\sqrt{(\xi - \tan\varphi)^2 + 1} + \frac{\xi}{|\xi|}\tan\varphi\right)\right]\frac{c_A}{2\pi\Lambda}. \qquad (11.30)$$

Dabei ist $\alpha_i(0) = c_A/2\pi\Lambda$. Systematische Messungen über den Abwind von Pfeilflügeln sind von H. TRIENES [47] mittels der Fühlflächenmethode ausgeführt worden.

Die bisherigen Ergebnisse bezogen sich sämtlich auf die nicht aufgerollte Wirbelfläche. Es mögen jetzt noch einige Angaben über den Einfluß des *Aufrollens der Wirbelfläche* auf den Abwind am Ort des Höhenleitwerkes gemacht werden. Wie bereits zu Abb. 11.11b und genauer in Kap. 7.11 ausgeführt wurde, rollt sich die Wirbelschicht in einiger Entfernung hinter dem Flügel zu zwei Einzelwirbeln auf.

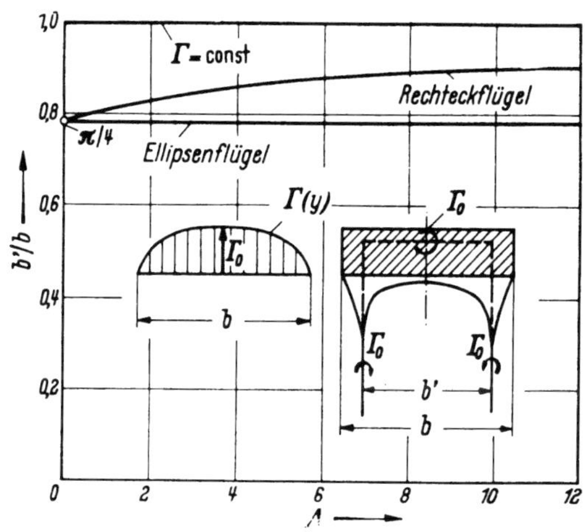

Abb. 11.18. Zur Aerodynamik der aufgerollten Wirbelfläche hinter einem Tragflügel. Das Verhältnis b'/b in Abhängigkeit vom Seitenverhältnis des Flügels Λ. Rechteckflügel nach [12].

Diese haben die Zirkulation Γ_0 des Flügelmittelschnittes und nach Gl. (7.63) weit hinter dem Flügel den Abstand:

$$b' = \frac{2}{\Gamma_0}\int_0^s \Gamma(y)\,dy = b\int_0^1 \frac{\Gamma(\eta)}{\Gamma_0}\,d\eta. \qquad (11.31)$$

In Abb. 11.18 ist das Verhältnis b'/b für Rechteckflügel in Abhängigkeit vom Seitenverhältnis nach H. GLAUERT [12] angegeben. Für elliptische Zirkulationsverteilung ist:

$$\frac{b'}{b} = \frac{\pi}{4} \quad \text{(elliptische Zirkulationsverteilung)}. \qquad (11.32)$$

[1] Es sei jedoch vermerkt, daß dieses Ergebnis nicht allgemein gültig ist, weil die Auftriebsverteilung noch stark von der Pfeilung abhängt.

Für Rechteckflügel nimmt b'/b mit wachsendem Seitenverhältnis Λ von diesem Wert ausgehend zu und nähert sich für sehr große Λ asymptotisch dem Wert 1 der konstanten Zirkulationsverteilung. Für eine vereinfachte Berechnung des Abwindes bei aufgerollter Wirbelfläche kann nach Abb. 11.18 ein Hufeisenwirbel von der Stärke Γ_0 mit dem Abstand b' der freien Wirbel zugrunde gelegt werden. Für eine genauere Berechnung vergleiche man R. WURZBACH [50].

Das stark idealisierte Bild des Aufrollvorganges wird durch die Messungen nicht voll bestätigt, wie Abb. 11.19 zeigt. In dieser Abbildung sind für einen Rechteck-

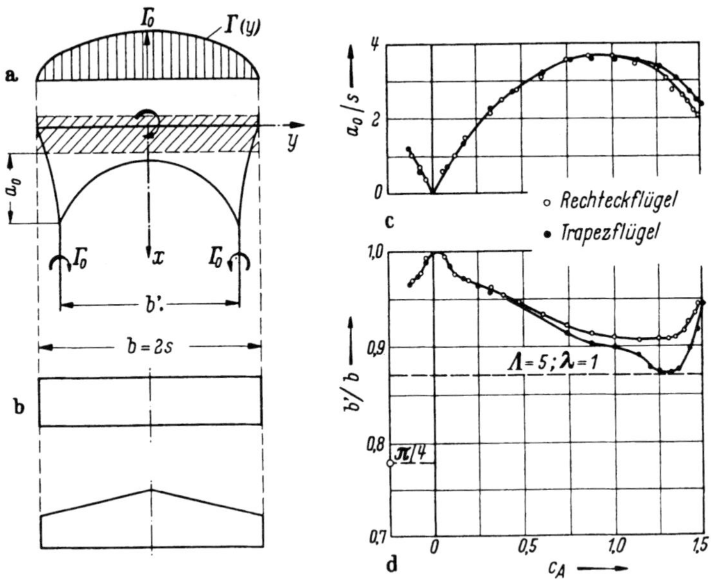

Abb. 11.19. Messungen zur Aerodynamik der aufgerollten Wirbelfläche hinter einem Tragflügel nach [35].
a) Wirbelsystem; b) untersuchte Flügel (Profil Gö 387); c) Abstand a_0 der Beendigung des Aufrollvorganges; d) Abstand b' der beiden aufgerollten Wirbel.
Gestrichelte Gerade: Theorie nach Abb. 11.18.

flügel und einen Trapezflügel in Abhängigkeit vom Auftriebsbeiwert einmal das Verhältnis b'/b und zum anderen der Abstand a_0 hinter dem Flügel aufgetragen, in welchem der Aufrollvorgang beendigt ist. Das gemessene Verhältnis b'/b ist um einiges größer als der theoretische Wert nach Abb. 11.18. Mit der Aufklärung dieser Vorgänge hat sich besonders W. KAUFMANN [17], [18] beschäftigt. Untersuchungen hierzu wurden früher schon von H. MUTTRAY [30] ausgeführt, man vergleiche auch den zusammenfassenden Bericht von I. FLÜGGE-LOTZ und D. KÜCHEMANN [8].

Um eine Vorstellung davon zu geben, wie stark der Flügel das Höhenleitwerk beeinflußt, ist in Abb. 11.20 der Wirkungsfaktor des Höhenleitwerkes nach Gl. (11.8a) in Abhängigkeit vom Seitenverhältnis des Flügels angegeben. Diese Werte gelten für sehr großen Abstand des Leitwerkes vom Flügel ($\xi \to \infty$) sowie für Flügel mit elliptischer Zirkulationsverteilung. Bei nicht aufgerollter Wirbelfläche ist nach Gl. (11.29):

$$\alpha_w(\infty, 0) = -2\,\frac{c_A}{\pi\,\Lambda}$$

und für die aufgerollte Wirbelfläche (Hufeisenwirbel):

$$\alpha_w(\infty, 0) = -\left(\frac{b}{b'}\right)^2 \frac{c_A}{\pi \Lambda}.$$

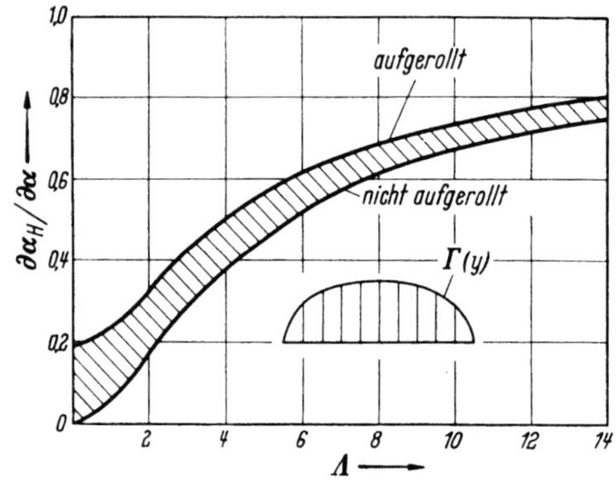

Abb. 11.20. Wirkungsfaktor des Höhenleitwerkes $\partial\alpha_H/\partial\alpha$ bei inkompressibler Strömung in Abhängigkeit vom Seitenverhältnis des Tragflügels für die nicht aufgerollte und die aufgerollte Wirbelfläche. Rechnung nach der Traglinientheorie für elliptische Zirkulationsverteilung für sehr großen Abstand hinter dem Flügel ($\xi \to \infty$).

Mit dem Wert für den Auftriebsanstieg nach Gl. (7.125) erhält man dann für den Wirkungsfaktor des Höhenleitwerkes bei nicht aufgerollter Wirbelfläche:

$$\frac{\partial\alpha_H}{\partial\alpha} = 1 + \frac{\partial\alpha_w}{\partial\alpha} = \frac{\sqrt{\Lambda^2+4}-2}{\sqrt{\Lambda^2+4}+2} \quad (\xi \to \infty), \tag{11.33a}$$

während für die aufgerollte Wirbelfläche gilt:

$$\frac{\partial\alpha_H}{\partial\alpha} = \frac{\sqrt{\Lambda^2+4} - 2\left[\left(\frac{b}{b'}\right)^2 - 1\right]}{\sqrt{\Lambda^2+4}+2} \quad (\xi \to \infty) \tag{11.33b}$$

mit $b'/b = \frac{\pi}{4}$ nach Gl. (11.32). Bei kleinem Seitenverhältnis des Flügels ist der Wirkungsfaktor des Höhenleitwerkes verhältnismäßig gering; mit wachsendem Λ nimmt er stark zu.

Abwind außerhalb der Wirbelschicht. Die bisherigen Ergebnisse über den Abwind gelten sämtlich für Aufpunkte in der Wirbelschicht. Das Höhenleitwerk liegt je nach dem Anstellwinkel des Flugzeuges in der Wirbelschicht, oberhalb oder unterhalb der Wirbelschicht. Außerhalb der Wirbelschicht ist der Abwind stets kleiner als in der Wirbelschicht, wie die nachfolgenden Beispiele zeigen. Bevor wir hierüber Angaben machen, möge zunächst noch die Lage der Wirbelschicht (Abb. 11.13) besprochen werden. Aus der Verteilung des Abwindes hinter dem Flügel erhält man die Lage der Wirbelschicht nach Gl. (11.24). In Abb. 11.21 ist für Ellipsenflügel mit verschiedenem Seitenverhältnis die Lage der Wirbelschicht im Mittelschnitt $\eta = 0$ hinter dem Flügel angegeben. Der Abstand der Wirbelschicht von der Flügelebene ist proportional zum Anstellwinkel des Flügels. Die Ergebnisse von Abb. 11.21 können mit ausreichender Näherung durch die einfache Gleichung:

$$z_1(x) = \alpha_H(x)\,(x - x_h)$$

dargestellt werden, wobei $\alpha_H(x)$ der Anstellwinkel des Höhenleitwerkes ist, vgl. Abb. 11.7. Für den Abwindwinkel außerhalb der Wirbelschicht

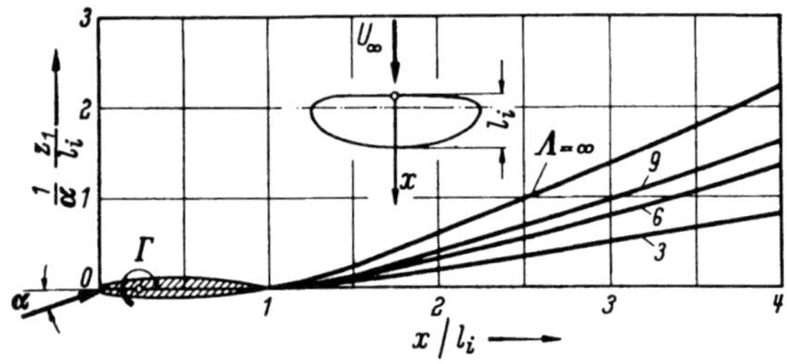

Abb. 11.21. Lage der Wirbelschicht hinter Ellipsenflügeln von verschiedenem Seitenverhältnis Λ, vgl. Abb. 11.13.

erhält man bei vorgegebener Zirkulationsverteilung in Verallgemeinerung von Gl. (11.25) nach der *Traglinientheorie* die folgende Gleichung:

$$\alpha_w(\xi, \eta, \zeta) = \frac{1}{2\pi}\int_{-1}^{+1} \gamma(\eta')\left[\frac{(\eta-\eta')^2 - (\zeta-\zeta_1)^2}{[(\eta-\eta')^2 + (\zeta-\zeta_1)^2]^2}\left(1 + \frac{\xi - \xi_l'}{r}\right) - \right.$$
$$\left. - \frac{(\zeta-\zeta_1)^2}{(\eta-\eta')^2 + (\zeta-\zeta_1)^2}\,\frac{\xi-\xi_l'}{r^3}\right] d\eta'. \qquad (11.34)$$

Dabei ist

$$r = \sqrt{(\xi-\xi_l')^2 + (\eta-\eta')^2 + (\zeta-\zeta_1)^2}. \qquad (11.34\text{a})$$

Die Bedeutung der in dieser Gleichung auftretenden Größen entnimmt man dem zu Gl. (11.25) Gesagten. Man erhält diese Gleichung aus dem Potential der tragenden Linie nach Gl. (7.50) unter Beachtung der Gln. (7.53) und (7.47). Von dieser Gleichung ausgehend hat K. Gersten [11] ein einfaches Berechnungsverfahren für die Abwindverteilung außerhalb der Wirbelschicht entwickelt. Die vorstehende Formel geht für $\zeta \to \zeta_1$ in Gl. (11.25) über.

Für die Änderung des Abwindes mit dem Abstand von der Wirbelschicht gilt nach H. Multhopp [29], vgl. auch [11]:

$$\left(\frac{\partial \alpha_w}{\partial \zeta}\right)_{\zeta=\zeta_1} = -\frac{\zeta-\zeta_1}{|\zeta-\zeta_1|}\,\frac{d^2\gamma}{d\eta^2}. \qquad (11.34\text{b})$$

Hiernach haben die Kurven des Abwindwinkels α_w in Abhängigkeit vom Abstand von der Wirbelschicht im allgemeinen einen Knick in der

Wirbelschicht von der Art, wie er aus Abb. 11.22 zu ersehen ist. Hier ist für dieselben drei Zirkulationsverteilungen wie in Abb. 11.15 die berechnete Verteilung des Abwindwinkels über dem Abstand von der Wirbelschicht dargestellt. Für die konstante Zirkulationsverteilung hat

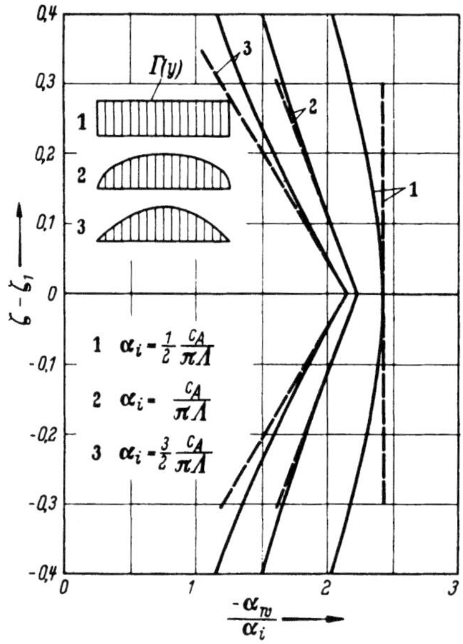

Abb. 11.22. Abwindwinkelverteilung außerhalb der Wirbelschicht im Mittelschnitt $\eta = 0$ für den Abstand $\xi = 1$ hinter dem Flügel, nach [48].
Kurve *1*: konstante Zirkulationsverteilung;
Kurve *2*: elliptische Zirkulationsverteilung;
Kurve *3*: parabolische Zirkulationsverteilung.
Ausgezogene Kurven: exakte Lösung; gestrichelte Kurven: Näherung nach Gl. (11.34b).

die Kurve $\alpha_w(\zeta)$ keinen Knick, weil in diesem Fall $d^2\gamma/d\eta^2 = 0$ ist. Außer der exakten Rechnung nach Gl. (11.34) sind noch die Neigungen nach Gl. (11.34b) eingetragen. Experimentelle Ergebnisse dieser Art für ungepfeilte und gepfeilte Flügel sind in Abb. 11.23 nach H. Trienes [47] dargestellt. Diese sind mittels der Fühlflächenmethode, über die in [47] berichtet wird, erhalten worden und stellen somit Mittelwerte des Abwindwinkels α_w längs der Spannweite des Höhenleitwerkes dar. Diese experimentellen Ergebnisse bestätigen, daß der Abwindwinkel in der Wirbelschicht eine Spitze mit einem Maximum hat. Schließlich sind in Abb. 11.24 noch theoretische Abwindverteilungen für die Querebene sehr weit hinter einem Ellipsenflügel nach H. Glauert [12] angegeben. Hieraus erkennt man, daß für alle Höhenlagen innerhalb der Flügelspannweite vorwiegend Abwind, aber außerhalb der Spannweite Aufwind vorhanden ist, wie es auch Abb. 11.14 zeigt.

Für die Berechnung des Abwindes in der Wirbelschicht ist, wie schon oben angegeben, von H. Multhopp [29] ein Quadraturverfahren angegeben worden, welches von der Traglinientheorie ausgeht. Eine Erweiterung dieses Quadraturverfahrens für die Berechnung des Abwindes auch außerhalb der Wirbelschicht ist von K. Gersten [11] sowohl für die Theorie der tragenden Linie als auch für die Theorie der tragenden Fläche mitgeteilt worden.

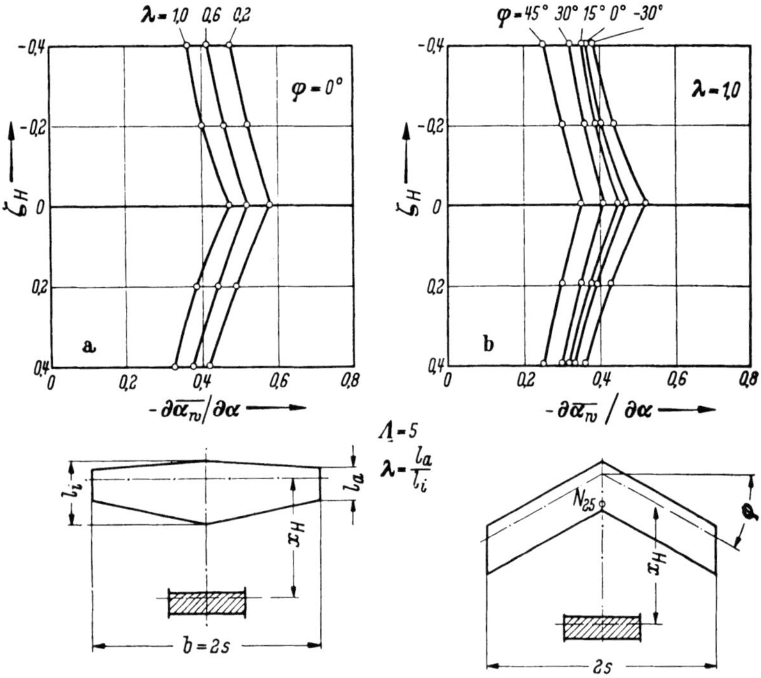

Abb. 11.23. Abwindwinkelverteilung außerhalb der Wirbelschicht nach Messungen von Trienes [47] mittels der Fühlflächenmethode; $x_H = s$ = Rücklage und z_H = Hochlage des Höhenleitwerkes. $\overline{\alpha_w}$ ist der über der Fühlfläche gemittelte Abwindwinkel.

a) Für ungepfeilte Trapezflügel; b) für Pfeilflügel konstanter Tiefe.
Gestrichelte Fläche = Fühlfläche.

Die induzierte Abwärtsgeschwindigkeit nach der *Tragflächentheorie* ergibt sich aus dem Geschwindigkeitspotential nach Gl. (7.50) mit $w = \partial\Phi/\partial z$ zu:

$$w(x, y, z) = \frac{1}{4\pi}\int_{-s}^{+s} G_1(x, y, z; y')\,\frac{(y-y')^2-(z-z_1)^2}{[(y-y')^2+(z-z_1)^2]^2}\,dy' -$$

$$-\frac{1}{4\pi}\int_{-s}^{+s} G_2(x, y, z; y')\,\frac{(z-z_1)^2}{(y-y')^2+(z-z_1)^2}\,dy'. \qquad (11.35)$$

Hierin bedeutet G_1 den in Gl. (7.51) angegebenen Ausdruck und

$$G_2(x, y, z; y') = \int_{x_v(y')}^{x_h(y')} \frac{k(x', y')\,(x - x')\,dx'}{\sqrt{(x - x')^2 + (y - y')^2 + (z - z_1)^2}^3}. \qquad (11.36)$$

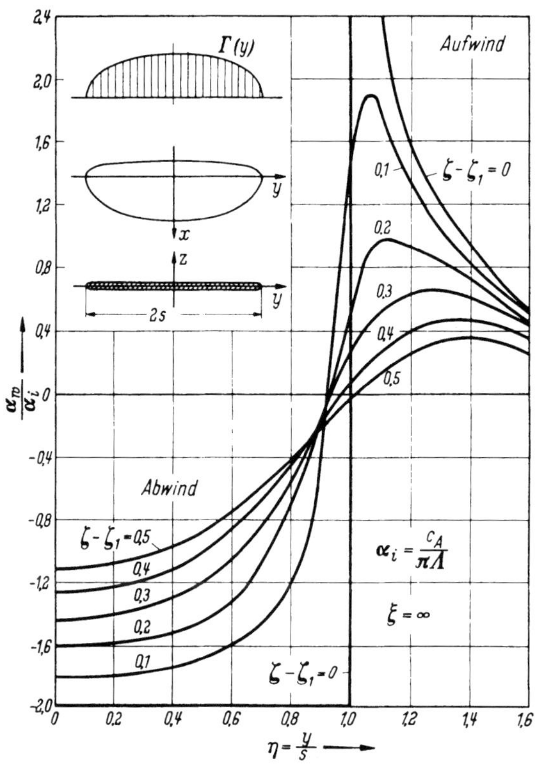

Abb. 11.24. Theoretische Abwind- und Aufwindwinkelverteilung längs Spannweite außerhalb der Wirbelschicht für einen elliptischen Tragflügel, nach [12].

Für die Auswertung von Gl. (11.35) hat K. Gersten [11] in Analogie zum Tragflächenverfahren nach Kap. 7.352 zwei Grundfunktionen für die Wirbeldichte k zugrunde gelegt. Hierdurch ist es ihm gelungen, ein verhältnismäßig einfaches Rechenverfahren für die Ermittlung des Abwindes zu erhalten. Ein nach dem angegebenen Verfahren berechnetes Beispiel ist in Abb. 11.25 angegeben. Hier ist für einen Dreieckflügel vom Seitenverhältnis $\Lambda = 2{,}31$ der Abwindfaktor $\partial\alpha_w/\partial\alpha$ in der Flügelsymmetrieebene ($\eta = 0$) in Abhängigkeit von der Rücklage und Hochlage des Höhenleitwerkes dargestellt. Zum Vergleich sind auch Ergebnisse nach dem Traglinienverfahren angegeben, die sich von denen des

Tragflächenverfahrens nur in der Nähe der Flügelhinterkante etwas unterscheiden.

11.224 Stabilisierung durch das Höhenleitwerk (Neutralpunktverschiebung). Zum Abschluß der Betrachtungen über den Abwind bei inkompressibler Strömung soll jetzt noch eine einfache Betrachtung für die Verschiebung des Neutralpunktes des Flugzeuges durch das Höhenleitwerk $(x_N)_H$ angestellt werden, vgl. Abb. 11.6. Der analytische Ausdruck für diese Größe wurde in Gl. (11.14) angegeben. Flügel und Höhenleitwerk mögen elliptischen Grundriß haben, und der Abstand der beiden Neutralpunkte sei $(r_H)_N$. Über die aerodynamischen Beiwerte in Gl. (11.14) wurde im einzelnen bereits berichtet. Der Auftriebsanstieg des Flugzeuges ohne Höhenleitwerk $(dc_A/d\alpha)_{oH}$ sei gleich demjenigen des Flügels nach Gl. (7.125). Der Auftriebsanstieg des unbeeinflußten Höhenleitwerkes wurde in Gl. (11.21) und der Wirkungsfaktor des Höhenleitwerkes $(1 + \partial\alpha_w/\partial\alpha)$ in Gl. (11.33a) angegeben. Führt man diese Ausdrücke in Gl. (11.14) ein, so ergibt sich nach einiger Zwischenrechnung, wenn noch angenommen wird, daß $q_H/q = 1$ ist:

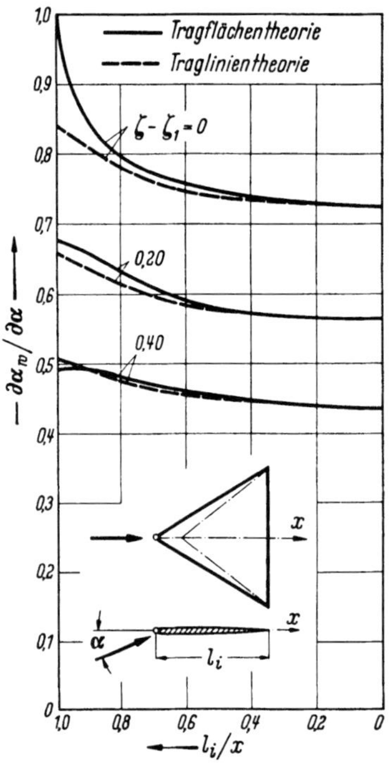

Abb. 11.25. Verteilung des Abwindfaktors in der Symmetrieebene hinter einem Deltaflügel vom Seitenverhältnis $\Lambda = 2{,}31$ für verschiedene Abstände von der Wirbelschicht. Theorie nach [11].

$$(x_N)_H = \frac{a_F\, a_H \dfrac{F_H}{F}}{1 + a_F a_H \dfrac{F_H}{F}} (r_H)_N\,. \tag{11.37}$$

Dabei bedeutet:

$$a_F = \frac{\Lambda}{\sqrt{\Lambda^2 + 4} + 2} = \frac{1}{2\pi}\left(\frac{dc_A}{d\alpha}\right)_F \tag{11.38a}$$

und

$$a_H = \frac{\Lambda_H}{\sqrt{\Lambda_H^2 + 4} + 2} = \frac{1}{2\pi}\,\frac{dc_{aH}}{d\alpha_H}\,. \tag{11.38b}$$

Die Beiwerte a_F und a_H haben die Bedeutung des Auftriebsanstieges von Flügel bzw. Höhenleitwerk bezogen auf den Auftriebsanstieg bei unendlichem Seitenverhältnis $c'_{A\,\infty} = 2\pi$. Gl. (11.37) gibt eine bemerkenswert einfache Abhängigkeit der vom Höhenleitwerk bewirkten Neutralpunktverschiebung von den vier geometrischen Parametern: Seitenverhältnis des Flügels Λ bzw. des Höhenleitwerkes Λ_H, Verhältnis der Höhenleitwerksfläche zur Flügelfläche F_H/F und Abstand des Neutralpunktes des Höhenleitwerkes vom Neutralpunkt des Flügels $(r_H)_N$. In Abb. 11.26 ist diese Abhängigkeit dargestellt. Hiernach beträgt z. B.

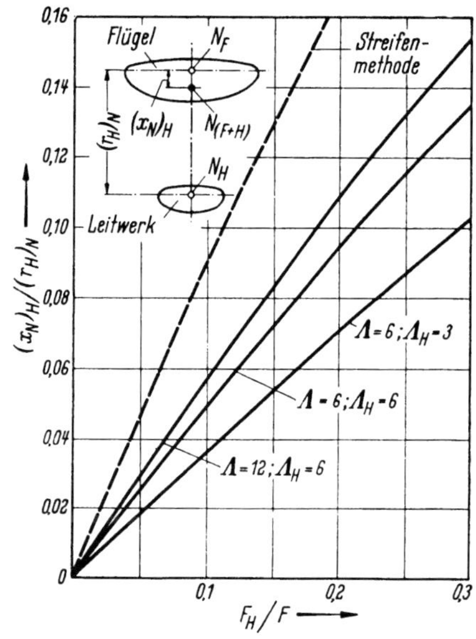

Abb. 11.26. Neutralpunktverschiebung durch das Höhenleitwerk von Flügel-Höhenleitwerk-Anordnungen in Abhängigkeit vom Flächenverhältnis F_H/F nach Gl. (11.37). Streifenmethode nach Gl. (11.39).

für $F_H/F = 0{,}2$ bei $\Lambda = 6$ und $\Lambda_H = 3$ die Neutralpunktverschiebung durch das Höhenleitwerk:

$$(x_N)_H = 0{,}07\,(r_H)_N\,.$$

In dieses Diagramm ist auch noch diejenige Neutralpunktverschiebung mit eingetragen worden, die sich ohne Interferenzeinfluß ergibt, wenn zur Vereinfachung die Auftriebsanstiege von Flügel und Höhenleitwerk gleich 2π gesetzt werden (Streifenmethode). Dieser Fall ergibt sich aus (11.37) für $a_F = 1$ und $a_H = 1$ zu:

$$(x_N)_H = \frac{F_H}{F + F_H}\,(r_H)_N\,. \qquad (11.39)$$

Der Unterschied der übrigen Kurven gegenüber dieser letzteren stellt den Interferenzeinfluß des Flügels auf das Höhenleitwerk bezüglich der Neutralpunktverschiebung einschließlich der Einflüsse des endlichen Seitenverhältnisses bei Flügel und Höhenleitwerk dar.

Stabilität im überzogenen Flugzustand. Gerät das Flugzeug in den überzogenen Flugzustand, so ist es aus Gründen der Sicherheit erforderlich, daß die Nickmomentenkurven auch in diesem Bereich einen stabilen Charakter haben ($\partial c_M / \partial c_A < 0$). Bei vielen Tragflügelformen wie z. B. bei Pfeilflügeln großen Seitenverhältnisses ist dies jedoch nicht der Fall. Es gibt eine Reihe von Maßnahmen wie z. B. Grenzschichtzäune, Vorflügel usw., mit denen man das Abreißverhalten dieser Flügel so beeinflussen kann, daß keine aufrichtenden (schwanzlastigen) Nickmomente (pitch up) entstehen. Dabei ist besonders darauf zu achten, welchen Einfluß der durch das teilweise Ablösen der Strömung am Flügel veränderte Abwind auf das Höhenleitwerk ausübt. Neben der Flügelgrundrißform spielt hierbei die relative Lage des Höhenleitwerkes zum Flügel, und zwar insbesondere die Hochlage des Leitwerkes, eine große Rolle. Hierüber haben G. C. Furlong und J. G. McHugh [9] ausführlich berichtet.

Schwierige Stabilitätsprobleme können sich besonders bei Pfeilflügelflugzeugen mit einem sehr hoch liegenden Leitwerk (T-Leitwerk) bei sehr großen Anstellwinkeln ergeben. Das Höhenleitwerk befindet sich dann in der abgelösten Strömung des Tragflügels und wird infolgedessen nur mit sehr geringer Geschwindigkeit angeströmt. Das führt zu einem instabilen Verhalten und einem nahezu völligen Verlust der Steuerbarkeit. Es vergrößert sich dann der Anstellwinkel immer mehr, bis sich schließlich bei einem sehr großen Anstellwinkel wieder eine stabile Fluglage einstellt. Wegen der fehlenden Steuerwirksamkeit ist es nicht möglich, diese extreme Fluglage zu ändern, so daß die Gefahr des Absturzes besteht. Man bezeichnet diesen Flugzustand auch als „Super-Stall" oder „Deep-Stall". Hiermit haben sich u. a. A. L. Byrnes, W. E. Hensleigh und L. A. Tolve [5] eingehend befaßt.

11.23 Höhenleitwerk bei Unterschallgeschwindigkeit

Die Ermittlung des Kompressibilitätseinflusses auf die aerodynamischen Beiwerte des Höhenleitwerkes bei kompressibler Unterschallgeschwindigkeit gelingt in gleicher Weise mittels der Prandtl-Glauertschen Regel, wie es in Kap. 8.3 für den Flügel und in Kap. 10.3 für die Flügel-Rumpf-Anordnungen angegeben wurde. Diese Prandtl-Glauertsche Regel gestattet es, mit Hilfe einer Transformation die kompressible Unterschallströmung für das ganze Flugzeug auf die inkompressible Strömung zurückzuführen. Hierbei wird eine inkompressible Strömung für ein transformiertes Flugzeug berechnet, wie es an Hand eines Beispieles in Abb. 11.27 für $Ma_\infty = 0{,}8$ gezeigt wird. Die Transformation der geometrischen Größen erfolgt nach den Gln. (10.36) bis (10.38). Für die geometrischen Daten des Höhenleitwerkes gelten die Gln. (10.37a) bis (10.37e) sinngemäß. Für den Abstand des Leitwerkes vom Flügel kommt zu diesen Gleichungen unter Berücksichtigung von Gl. (10.36)

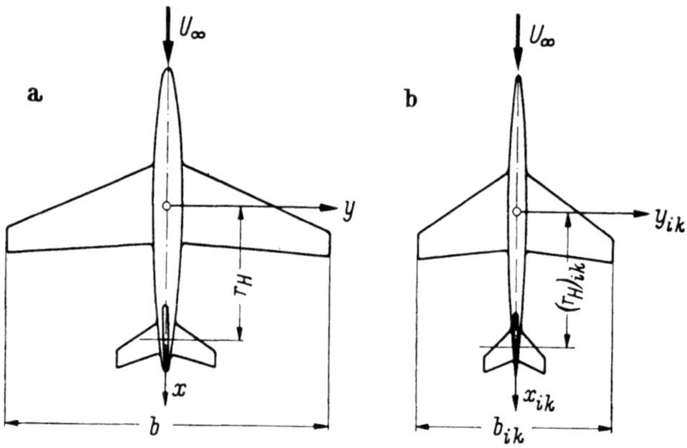

Abb. 11.27. Zur Anwendung der Prandtl-Glauertschen Regel bei Anströmung mit Unterschallgeschwindigkeit.
a) Das vorgegebene Flugzeug; b) das transformierte Flugzeug.

noch die folgende Beziehung hinzu:

$$\text{Leitwerkshebelarm: } (r_H)_{ik} = r_H. \tag{11.40}$$

Für die Abhängigkeit des Auftriebsanstieges des unbeeinflußten Höhenleitwerkes von der Mach-Zahl Ma_∞ gilt die gleiche Beziehung wie für den Flügel allein, d. h. nach Tabelle 8.4:

$$\frac{dc_{aH}}{d\alpha_H} = \frac{1}{\sqrt{1 - Ma_\infty^2}} \left(\frac{dc_{aH}}{d\alpha_H}\right)_{ik}. \tag{11.41}$$

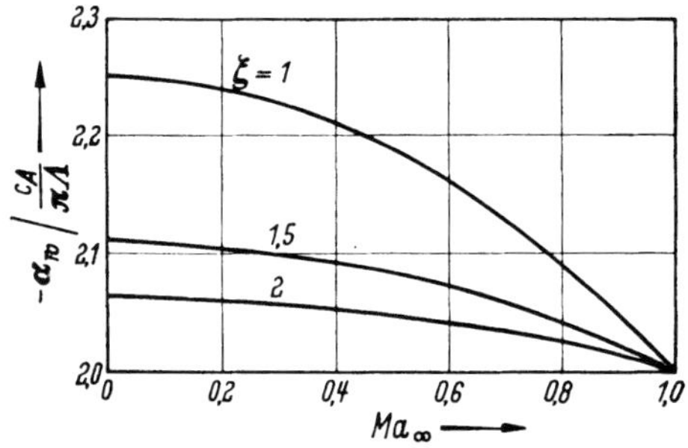

Abb. 11.28. Einfluß der Mach-Zahl auf den Abwindwinkel auf der Längsachse hinter einem Tragflügel mit elliptischer Zirkulationsverteilung nach Gl. (11.46).

Unter Berücksichtigung von Gl. (8.81) ergibt sich somit die Beziehung:

$$\frac{dc_{aH}}{d\alpha_H} = \frac{2\pi \Lambda_H}{\sqrt{(1 - Ma_\infty^2)\Lambda_H^2 + 4} + 2}, \tag{11.42}$$

welche in Abb. 8.28 dargestellt wurde.

Berechnet man die inkompressible Strömung für das transformierte Flugzeug bei dem gleichen Anstellwinkel wie die kompressible Strömung, also für

$$\alpha_{ik} = \alpha,$$

so gilt für die induzierten Abwindwinkel in der Wirbelschicht:

$$\alpha_w(\xi, \eta) = (\alpha_w)_{ik} (\xi_{ik}, \eta_{ik}). \qquad (11.43)^1$$

Diese Beziehung gestattet es, in sehr einfacher Weise das Abwindfeld bei kompressibler Strömung aus demjenigen bei inkompressibler Strömung zu ermitteln. Für sehr großen Abstand hinter dem Flügel, $\xi = \xi_{ik} = \infty$, gilt wegen $(\alpha_w)_{ik} = -2(\alpha_i)_{ik}$ die Beziehung:

$$\alpha_w = -2(\alpha_i)_{ik} \qquad (\text{für } \xi \to \infty). \qquad (11.44)$$

Für den Abwind in einiger Entfernung hinter dem Flügel wurde in Gl. (11.28) eine einfache Näherungsformel für inkompressible Strömung

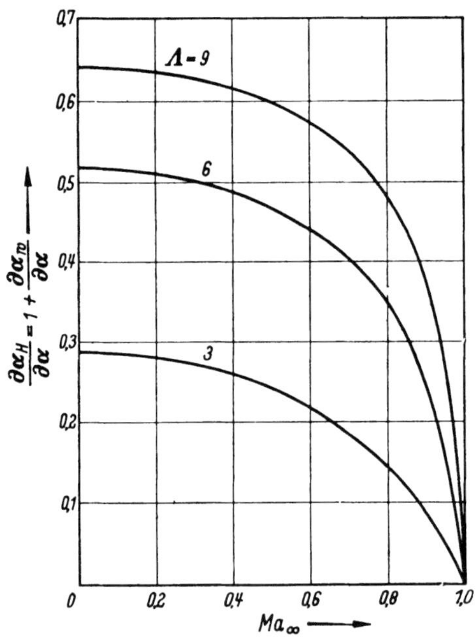

Abb. 11.29. Wirkungsfaktor des Höhenleitwerkes in Abhängigkeit von der Mach-Zahl für Ellipsenflügel mit verschiedenem Seitenverhältnis Λ, nach Gl. (11.47) für $\xi \to \infty$.

[1] Nach den Darlegungen über die Ähnlichkeitsregeln in Kap. 8.22 ergibt sich die Abwärtsgeschwindigkeit aus dem Potential Φ durch $w = \partial\Phi/\partial z = c_1 c_2 \partial\Phi'/\partial z' = w'/\sqrt{1 - Ma_\infty^2}$, wobei die mit $'$ gekennzeichneten Größen für die inkompressible Strömung gelten. Unter Berücksichtigung der Fassung II der Ähnlichkeitsregel in Kap. 8.22 wird hieraus $w = w'$ bzw. $\alpha_w = \alpha_w'$.

angegeben. Diese läßt sich unter Benutzung der obigen Transformationsformeln unter Hinzunahme von Gl. (8.77) auf die kompressible Strömung umrechnen. Es ergibt sich:

$$-\alpha_w(\xi, \eta) = 2(\alpha_i)_{ik}(\eta) + \frac{1}{4\xi^2}(1 - Ma_\infty^2)\frac{c_A}{\pi\Lambda}. \qquad (11.45)$$

Für elliptische Auftriebsverteilung ist $(\alpha_i)_{ik} = (c_A)_{ik}/\pi\Lambda_{ik} = c_A/\pi\Lambda$ für $\alpha = \alpha_{ik}$. Damit wird:

$$-\alpha_w = \left[2 + \frac{1}{4\xi^2}(1 - Ma_\infty^2)\right]\frac{c_A}{\pi\Lambda} \quad (\xi > 0). \qquad (11.46)$$

In Abb. 11.28 ist für $\xi = 1$, $\xi = 1{,}5$ und $\xi = 2$ der hiernach berechnete Abwindwinkel in Abhängigkeit von der Mach-Zahl Ma_∞ aufgetragen.

Als ein weiteres Ergebnis ist in Abb. 11.29 der Wirkungsfaktor des Höhenleitwerkes aus Gl. (11.33a) in Abhängigkeit von der Mach-Zahl für verschiedene Seitenverhältnisse dargestellt. Es ergibt sich:

$$\frac{\partial\alpha_H}{\partial\alpha} = 1 + \frac{\partial\alpha_w}{\partial\alpha} = \frac{\sqrt{\Lambda^2(1 - Ma_\infty^2) + 4} - 2}{\sqrt{\Lambda^2(1 - Ma_\infty^2) + 4} + 2} \quad (\xi \to \infty). \qquad (11.47)$$

Diese Abbildung zeigt das bemerkenswerte Ergebnis, daß für alle Seitenverhältnisse Λ der Wirkungsfaktor mit wachsender Mach-Zahl stark abnimmt. Für $Ma_\infty = 1$ ergibt sich für alle Λ der Wirkungsfaktor des

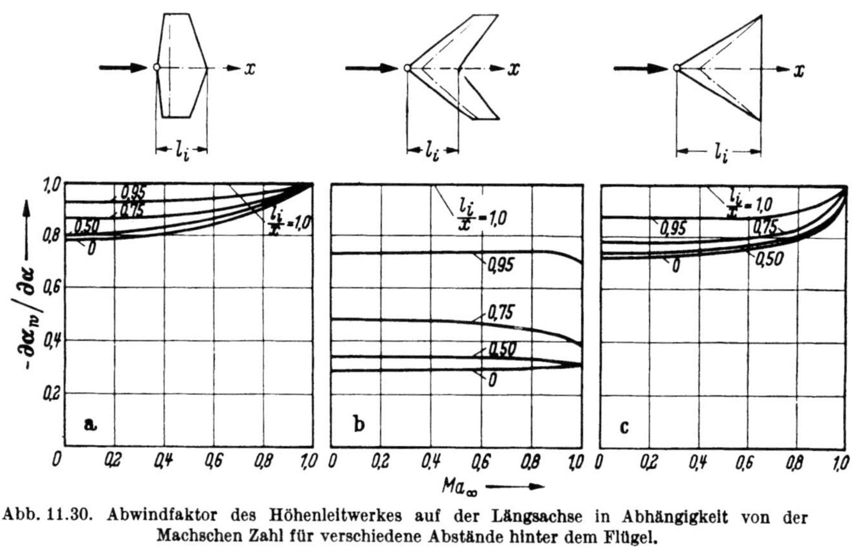

Abb. 11.30. Abwindfaktor des Höhenleitwerkes auf der Längsachse in Abhängigkeit von der Machschen Zahl für verschiedene Abstände hinter dem Flügel.

a) Trapezflügel; $\varphi = 0°$; $\Lambda = 2{,}75$; $\lambda = 0{,}5$;
b) Pfeilflügel; $\varphi = 50°$; $\Lambda = 2{,}75$; $\lambda = 0{,}5$;
c) Dreieckflügel; $\varphi = 52{,}4°$; $\Lambda = 2{,}31$; $\lambda = 0$.

Höhenleitwerkes zu Null, ein Ergebnis, das mit der „Slender Body-Theorie" übereinstimmt, vgl. hierzu auch A. H. SACKS [37]. Ergebnisse von weiteren Beispielrechnungen sind in Abb. 11.30 dargestellt. Hierbei handelt es sich um die bereits mehrfach benutzten drei Flügel, nämlich einen Trapezflügel, einen Pfeilflügel und einen Dreieckflügel. Die geometrischen Daten dieser Flügel sind aus Tab. 7.5 zu entnehmen. Die angegebenen Werte von $\partial\alpha_w/\partial\alpha$ gelten für die Längsachse, jeweils für verschiedene Abstände x/l_i. Schließlich ist noch in Abb. 11.31 für den Drei-

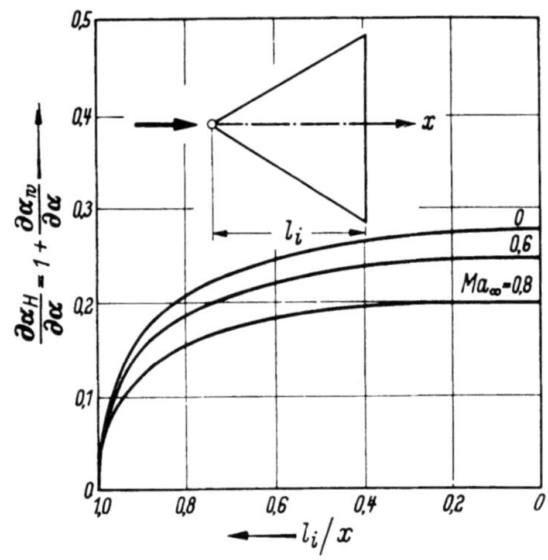

Abb. 11.31. Einfluß der Mach-Zahl auf den Wirkungsfaktor des Höhenleitwerkes hinter einem Dreieckflügel vom Seitenverhältnis $\Lambda = 2{,}31$.

eckflügel von Abb. 11.30c der Wirkungsfaktor des Höhenleitwerkes $\partial\alpha_H/\partial\alpha$ in Abhängigkeit von dem Leitwerksabstand für verschiedene Mach-Zahlen angegeben. Hiernach ändert sich der Wirkungsfaktor im Bereich $0 < Ma_\infty < 0{,}8$ nur wenig mit der Mach-Zahl.

11.24 Höhenleitwerk bei Überschallgeschwindigkeit

11.241 Grundsätzliches. Die Beeinflussung des Höhenleitwerkes durch die davor liegenden Flugzeugteile (Flügel und Rumpf) ist bei Überschallgeschwindigkeit im allgemeinen erheblich verschieden gegenüber dem Fall der Unterschallgeschwindigkeit. Dieser Unterschied rührt daher, daß bei Überschallgeschwindigkeit nach Abb. 11.32 die Strömung an einem Punkt des Höhenleitwerkes nur durch diejenigen Teile des Flugzeuges beeinflußt werden kann, welche im Vorkegel dieses Punktes liegen. Hierunter verstehen wir nach Abb. 8.37 den Machschen Kegel mit dem halben Öffnungswinkel μ, der stromaufwärts von dem betrachteten Aufpunkt liegt, und dessen Achse parallel zur Anströmungsrichtung ist. Dabei gilt nach Gl. (8.87):

$$\tan\mu = \frac{1}{\sqrt{Ma_\infty^2 - 1}}. \tag{11.48}$$

Dieser Vorkegel schneidet aus dem Flugzeug den *Einflußbereich* heraus welcher auf das Höhenleitwerk einwirkt; man vgl. hierzu Abb. 8.37. In Abb. 11.32 ist dieser Einflußbereich des Höhenleitwerkes für zwei verschiedene Mach-Zahlen eingetragen (Mach-Linien m_1 bzw. m_2). Mit wachsender Mach-Zahl wird der Einflußbereich kleiner, d. h., es ist zu erwarten, daß mit wachsender Mach-Zahl die Beeinflussung des Höhenleitwerkes insbesondere durch den davor liegenden Flügel geringer wird. Ferner erkennt man aus Abb. 11.32 auch, daß der Abstand des Höhenleitwerkes vom Flügel eine überragende Bedeutung für die Größe der Beeinflussung hat. Bei konstanter Mach-Zahl, μ = const, erfährt das nahe hinter dem Flügel liegende Höhenleitwerk eine geringere Beeinflussung als das weiter entfernt liegende.

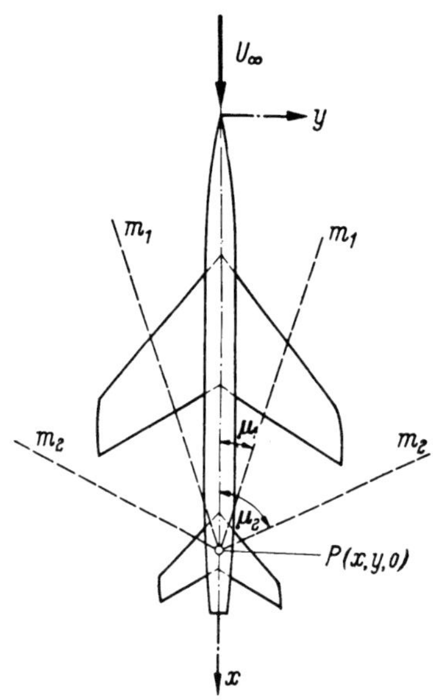

Abb. 11.32. Zur Beeinflussung des Höhenleitwerkes durch Flügel und Rumpf bei Überschallgeschwindigkeit.

Bei den Berechnungsverfahren für die Ermittlung des Abwindes am Ort des Höhenleitwerkes werden gegenüber den entsprechenden Verfahren bei inkompressibler Strömung zusätzliche Überlegungen dadurch erforderlich, daß nach Abb. 11.32 je nach der Mach-Zahl der Einflußbereich des Höhenleitwerkes nur einen Teil des Flügels (m_1) oder den ganzen Flügel (m_2) umfaßt.

Der physikalische Charakter des Abwindfeldes, welches von einem mit Überschallgeschwindigkeit angeströmten Tragflügel erzeugt wird, möge zunächst qualitativ an Hand von Abb. 11.33 erläutert werden. Der hier mit seiner Zirkulationsverteilung dargestellte Rechteckflügel nach Abb. 8.57a erzeugt Abwärts- und Aufwärtsgeschwindigkeiten nur in den beiden Mach-Kegeln, welche von den beiden vorderen Eckpunkten ausgehen. Da in dem mittleren Flügelteil von der Breite b^* eine rein zweidimensionale Strömung herrscht, welche nach Abb. 3.22 hinter dem Flügel keine Abwärtsgeschwindigkeit erzeugt, so bleibt in Abb. 11.33 der dreieckige Bereich I ohne Abwind ($\alpha_w = 0$). Von den dreieckigen Flächenstücken an den Flügelenden, in welchen die Zirkulation abfällt, gehen vom Flügel wie bei inkompressibler Strömung freie Wirbel nach hinten ab. Auf diese Weise ergeben sich im Bereich II hinter dem Flügel Abwärtsgeschwindigkeiten ($\alpha_w < 0$). In den beiden Bereichen III dagegen, welche die äußeren Hälften der beiden Mach-Kegel umfassen, herrschen

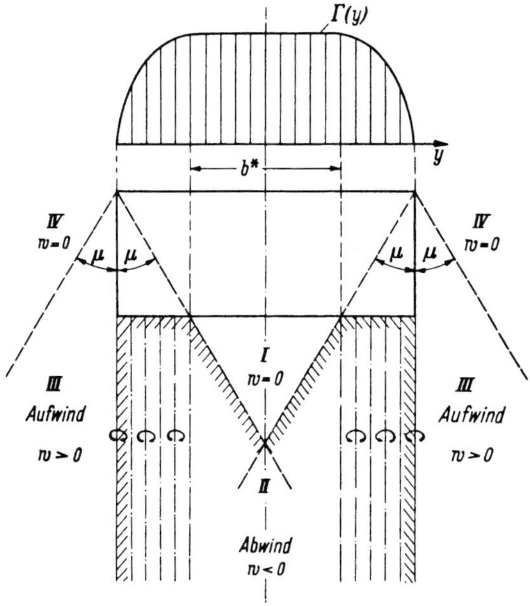

Abb. 11.33. Induziertes Abwind- und Aufwindfeld in der Umgebung eines mit Überschallgeschwindigkeit angeströmten Rechteckflügels (schematisch).

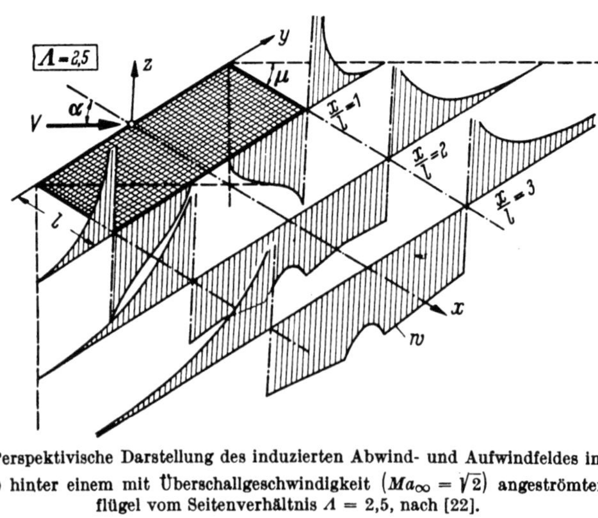

Abb. 11.34. Perspektivische Darstellung des induzierten Abwind- und Aufwindfeldes in der Flügelebene ($z = 0$) hinter einem mit Überschallgeschwindigkeit ($Ma_\infty = \sqrt{2}$) angeströmten Rechteckflügel vom Seitenverhältnis $\Lambda = 2,5$, nach [22].

Aufwärtsgeschwindigkeiten ($\alpha_w > 0$). In dem ganzen Bereich IV, das ist vor dem Flügel und neben dem Flügel außerhalb der beiden Mach-Kegel, ist $\alpha_w = 0$.

Das soeben beschriebene induzierte Geschwindigkeitsfeld, das von einem mit Überschallgeschwindigkeit angeströmten Rechteckflügel erzeugt wird, ist in Abb. 11.34 perspektivisch dargestellt.

11.242 Unbeeinflußtes Höhenleitwerk bei Überschallgeschwindigkeit. Der Beitrag des Höhenleitwerkes zum Nickmoment und zum Auftrieb des ganzen Flugzeuges hängt nach den Ausführungen in Kap. 11.21 von dem Auftriebsanstieg des Höhenleitwerkes $dc_{aH}/d\alpha_H$ und dem Wirkungsfaktor $\partial\alpha_H/\partial\alpha = 1 + \partial\alpha_w/\partial\alpha$ ab. Hier sollen zunächst nur Angaben über den Auftriebsanstieg $dc_{aH}/d\alpha_H$ des freifahrenden Höhenleitwerkes gemacht werden. Diese können wir aus Kap. 8.42 entnehmen, wo die Theorie des Tragflügels endlicher Spannweite bei Überschallgeschwindigkeit behandelt wurde. Für ein Höhenleitwerk mit rechteckigem Grundriß gilt nach Gl. (8.117):

$$\frac{dc_{aH}}{d\alpha_H} = \frac{4}{\sqrt{Ma_\infty^2 - 1}}\left(1 - \frac{1}{2\Lambda_H\sqrt{Ma_\infty^2 - 1}}\right), \tag{11.49}$$

gültig für $\Lambda_H\sqrt{Ma_\infty^2 - 1} \geq 1$. Dabei stellt der erste Faktor den Auftriebsanstieg bei ebener Strömung dar und der zweite die Korrektur für das endliche Seitenverhältnis des Höhenleitwerkes. Diese Beziehung ist in Abb. 8.56a dargestellt.

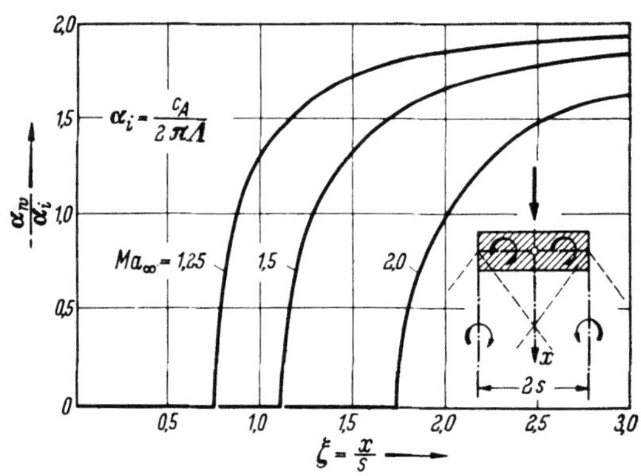

Abb. 11.35. Abwindwinkel auf der Längsachse eines Flügels mit konstanter Zirkulationsverteilung (Hufeisenwirbel) bei Überschallgeschwindigkeit für verschiedene Mach-Zahlen Ma_∞, nach Gl. (11.50).

11.243 Einfluß des Flügels auf das Höhenleitwerk bei Überschallgeschwindigkeit. Um die in Kap. 11.241 gemachten qualitativen Ausführungen über den Abwind bei Überschallgeschwindigkeit auch quantitativ zu übersehen, soll zunächst der einfache Fall eines Flügels mit *konstanter Zirkulationsverteilung* längs Spannweite betrachtet werden. In diesem Fall kann auch bei Überschallgeschwindigkeit die Wirkung des Tragflügels auf die Umgebung mit Hilfe eines Hufeisenwirbels nach Abb. 11.35 beschrieben werden, wobei der gebundene Wirbel auf der halben Flügeltiefe liegt. Dabei kann die Wirkung der beiden freien Wirbel aber nur innerhalb der beiden von den Flügelenden ausgehenden Mach-Kegel vorhanden sein. Wir wollen für diese Anordnung nur den Abwind auf der x-Achse berechnen. Dies gelingt mit Hilfe des Ergebnisses für den Hufeisenwirbel bei inkompressibler Strömung nach Gl. (11.26), welches sich unter Heranziehung der Ausführungen von Kap. 8.4 auf Überschallgeschwindigkeit übertragen läßt. Man erhält für die Verteilung des Abwindwinkels auf der x-Achse hinter dem Flügel:

$$-\alpha_w(\xi, 0) = \\ = \frac{c_A}{2\pi\Lambda}\,\frac{2}{\xi}\,\sqrt{\xi^2 - (Ma_\infty^2 - 1)}\,, \tag{11.50}$$

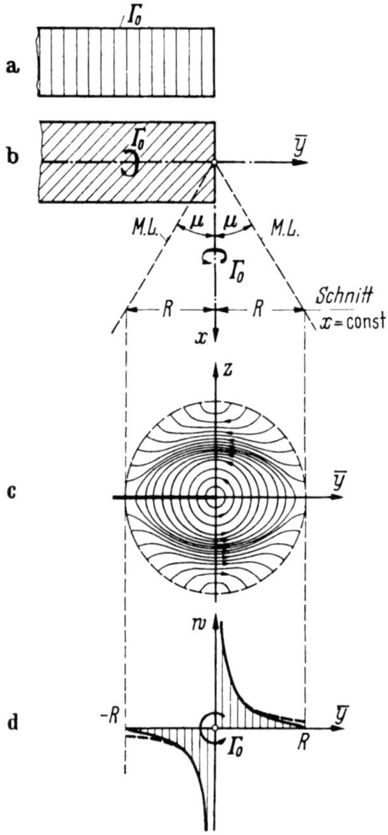

Abb. 11.36. Geschwindigkeitsverteilung in dem Mach-Kegel eines freien Wirbels bei Überschallgeschwindigkeit. Halbunendlich langer Flügel mit konstanter Zirkulationsverteilung nach [38]. a) Zirkulationsverteilung; b) Flügelgrundriß und Mach-Kegel; c) Stromlinienbild im Schnitt x = const; d) Abwärts- und Aufwärtsgeschwindigkeit in der Ebene $z = 0$.
Ausgezogene Kurve nach Gl. (11.51); gestrichelte Kurve: ebener Potentialwirbel.

wobei $c_A/2\pi\Lambda = \alpha_i(0)$ ist. Die hiernach berechnete Abwindverteilung ist in Abb. 11.35 für verschiedene Mach-Zahlen dargestellt. Diese Kurven zeigen den bereits an Hand von Abb. 11.33 besprochenen Tatbestand, daß für den Mittelschnitt auf einer gewissen Strecke nahe hinter dem Flügel $\left(\text{bis } \xi_0 = \sqrt{Ma_\infty^2 - 1}\right)$ überhaupt kein Abwind vorhanden ist. Für größere Abstände, $\xi > \xi_0$, steigt der Abwind zunächst stark an, und er erreicht für $\xi \to \infty$ den Wert $\alpha_w = -2\alpha_i = -c_A/\pi\Lambda$, also den gleichen Wert bei wie inkompressibler Strömung, vgl. Abb. 11.15.

Um eine genauere Vorstellung von dem induzierten Geschwindigkeitsfeld eines freien Wirbels bei Überschallgeschwindigkeit zu geben, möge jetzt die Geschwindigkeitsverteilung in einem Mach-Kegel betrachtet werden, der nach Abb. 11.36 vom Ende eines „halbunendlich langen Flügels" ausgeht. Diese Strömung ist erstmalig von H. Schlichting [38] untersucht worden. In Abb. 11.36c ist das Stromlinienbild in einer Querebene $x = \text{const}$ senkrecht zur Achse des Mach-Kegels angegeben. Hierbei ist der Kegelmantel eine singuläre Fläche, da die Erzeugenden des Kegels sämtlich Machsche Linien sind. Das Stromlinienbild innerhalb des Machschen Kegels besteht z. T. aus geschlossenen Stromlinien, die den Wirbelfaden umkreisen, und z. T. aus Stromlinien, die auf der einen Seite in den Kegel eintreten und ihn auf der anderen Seite wieder verlassen. In der Nähe der Kegelachse verhält sich die Strömung etwa so wie in der Umgebung eines Wirbelfadens bei inkompressibler Strömung. Für die Ebene $z = 0$ erhält man nach [38] für die Verteilung der Abwärtsgeschwindigkeit über den Durchmesser des Mach-Kegels:

$$w = \frac{\Gamma_0}{2\pi\bar{y}} \sqrt{1 - \left(\frac{\bar{y}}{x\tan\mu}\right)^2}. \tag{11.51}$$

In Abb. 11.36d ist diese Verteilung dargestellt. Dabei ist $x \tan\mu = R$ der Radius des Machschen Kegels für den Abstand x. Da für den ebenen Potentialwirbel $w = \Gamma_0/2\pi\bar{y}$ ist, erkennt man aus Gl. (11.51), daß bei Überschallgeschwindigkeit die Verteilung der induzierten Geschwindigkeit in der Nähe der Achse $\bar{y} = 0$ nur wenig von derjenigen bei inkompressibler Strömung abweicht. In Abb. 11.36d sind beide Verteilungen eingetragen.

Eine exakte Lösung für das Abwindfeld der *halbunendlich langen angestellten Platte* nach der Tragflächentheorie ist von P. A. Lagerstrom und M. E. Graham [21] angegeben worden. Sie wurde mittels der kegelsymmetrischen Strömung (Kap. 8.412) erhalten, indem zunächst die Lösung für die seitlich abgeschnittene ebene Platte unendlicher Tiefe hergestellt wird. Diese lautet:

$$\frac{\partial\alpha_w}{\partial\alpha} = -1 \quad \text{für} \quad t < 0, \tag{11.52a}$$

$$\frac{\partial\alpha_w}{\partial\alpha} = \frac{2}{\pi}\sqrt{\frac{1-t}{t}} + \frac{1}{\pi}\arctan\frac{2\sqrt{t(1-t)}}{1-2t} - 1 \quad \text{für } 0 < t < +1, \tag{11.52b}$$

wobei nach Abb. 11.37 $t = \bar{y}/x\tan\mu = \bar{y}/R$ ist.

Aus dieser Lösung erhält man durch Überlagerung das Abwindfeld für die seitlich abgeschnittene ebene Platte endlicher Tiefe. In Abb. 11.37 ist die Verteilung des Abwindfaktors $\partial\alpha_w/\partial\alpha$ in der Plattenebene für verschiedene Abstände x/l hinter der Platte angegeben. Während in der inneren Hälfte des Machschen Kegels Abwärtsgeschwindigkeiten vorhanden sind, hat man in der äußeren Hälfte Aufwärtsgeschwindigkeiten.

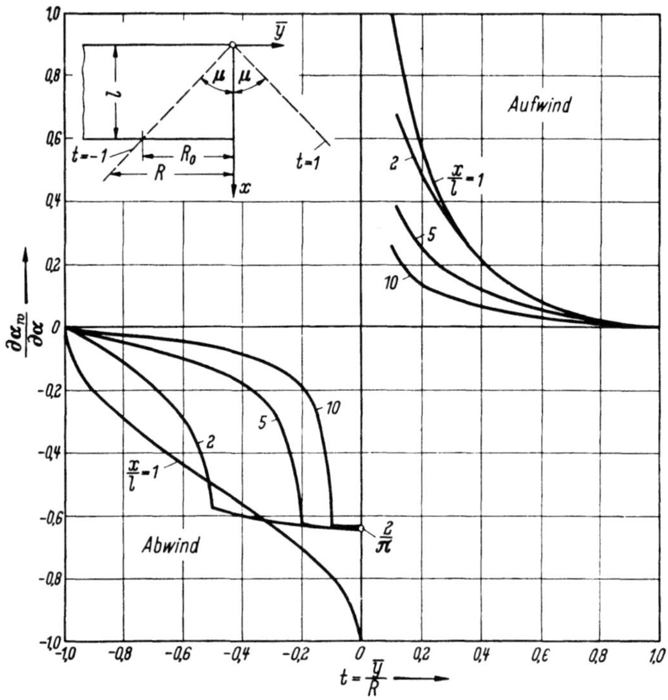

Abb. 11.37. Verteilung des Abwindfaktors hinter einer halbunendlich langen ebenen Platte der Tiefe l bei Überschallgeschwindigkeit für verschiedene Abstände x/l, nach [21].

Die Kurve für $x/l = 1$ gilt auf der inneren Hälfte für Punkte unmittelbar hinter der Hinterkante, während für Punkte auf der Fläche nach Gl. (11.52a) $\partial\alpha_w/\partial\alpha = -1$ ist.

Für sehr großen Abstand ($x \to \infty$) ergeben sich die folgenden Beziehungen:

$$\frac{\partial\alpha_w}{\partial\alpha} = -\frac{2}{\pi} \quad \text{für} \quad -R_0 \leq \bar{y} \leq 0, \tag{11.53a}$$

$$\frac{\partial\alpha_w}{\partial\alpha} = -\frac{2}{\pi}\left(1 - \sqrt{\frac{\bar{y}+R_0}{\bar{y}}}\right) \quad \text{für} \quad \bar{y} > 0 \text{ und } \bar{y} \leq -R_0. \tag{11.53b}$$

Hierin ist $R_0 = l \tan\mu$ der Radius des Machschen Kegels an der Flügelhinterkante.

Das Abwindfeld des *Rechteckflügels* endlicher Tiefe und endlicher Spannweite erhält man aus der vorstehenden Lösung durch Superposition. In Abb. 11.38 ist für den Mittelschnitt der Abwindfaktor $\partial\alpha_w/\partial\alpha$ über dem Abstand x/l mit $\Lambda\sqrt{Ma_\infty^2-1}$ als Parameter aufgetragen. Der Verlauf des Abwindfaktors hat den gleichen Charakter wie schon oben in Abb. 11.35 angegeben. Da für $\Lambda\sqrt{Ma_\infty^2-1} < 2$ die von den beiden vorderen Ecken ausgehenden Mach-Linien sich auf dem Flügel schneiden, gibt es in diesem Fall hinter dem Flügel kein Gebiet, in welchem der Abwind Null ist. In sehr großem Abstand hinter dem Flügel ($x \to \infty$) gilt für $y = 0$:

$$\frac{\partial\alpha_w}{\partial\alpha} = -\frac{4}{\pi} \quad \text{für} \quad \Lambda\sqrt{Ma_\infty^2-1} \le 2, \tag{11.54a}$$

$$\frac{\partial\alpha_w}{\partial\alpha} = -\frac{4}{\pi}\left(1-\sqrt{1-\frac{2}{\Lambda\sqrt{Ma_\infty^2-1}}}\right) \quad \text{für} \quad \Lambda\sqrt{Ma_\infty^2-1} > 2. \tag{11.54b}$$

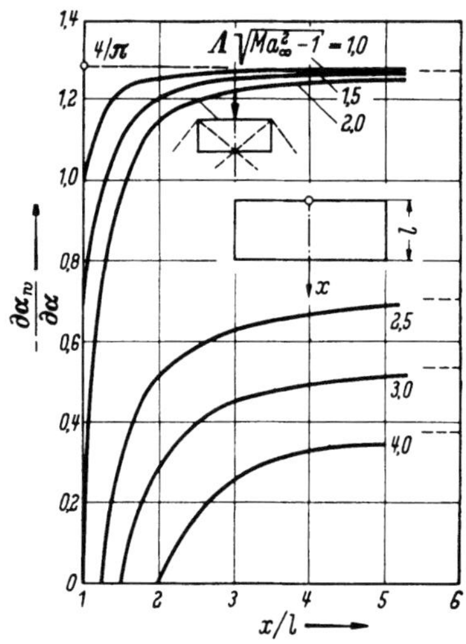

Abb. 11.38. Verteilung des Abwindfaktors auf der Längsachse hinter Rechteckflügeln bei Überschallgeschwindigkeit für verschiedene Werte von $\Lambda\sqrt{Ma_\infty^2-1}$, nach [22]. Asymptotische Werte bei $x \to \infty$, nach Gl. (11.54).

Um eine Vorstellung von der Verteilung des Abwindwinkels in der Spannweitenrichtung zu geben, sind in Abb. 11.39 für verschiedene Werte von $\Lambda\sqrt{Ma_\infty^2-1}$ die Abwindfaktoren $\partial\alpha_w/\partial\alpha$ für die Abstände $x = l$ und $x = \infty$ dargestellt. Schließlich ist in Abb. 11.40 für einen Rechteckflügel vom Seitenverhältnis $\Lambda = 2$ der Abwindfaktor $\partial\alpha_w/\partial\alpha$ in Abhängigkeit von der Mach-Zahl Ma_∞ für verschiedene Abstände x/l angegeben. Dabei zeigt sich der sehr große Einfluß der Mach-Zahl auf den Wirkungsfaktor des Höhenleitwerkes.

Experimentelle Untersuchungen über den Abwind hinter Rechteckflügeln bei Überschallgeschwindigkeit sind von Th. Davis [6] sowie D. Adamson und W. Boatright [1] ausgeführt worden.

Während die vorstehenden theoretischen Ergebnisse aus der Tragflächentheorie erhalten wurden, haben H. Mirels und R. C. Haefeli [28] eine Traglinientheorie ausgearbeitet, die außer für Rechteckflügel auch für Dreieckflügel angewendet wurde. Die Ergebnisse dieser Traglinientheorie stimmen erwartungsgemäß in einiger Entfernung hinter dem Flügel mit der Tragflächentheorie überein. Ein anderes Berechnungsverfahren für den Abwind, nämlich mit Hilfe von Dipolbelegungen, ist von H. Lomax, L. Sluder und M. A. Heaslet [24] angegeben worden.

Nach dieser Methode wurden für *Deltaflügel* mit Unterschallvorderkante umfangreiche Beispielrechnungen durchgeführt. In Abb. 11.41 ist hierfür die Abwindverteilung auf der Längsachse für verschiedene Werte von $m = \tan\gamma/\tan\mu =$

$= \Lambda \sqrt{Ma_\infty^2 - 1}/4$ dargestellt. Deltaflügel mit Unterschallvorderkante wurden ebenfalls von A. Robinson und J. H. Hunter-Tod [34] sowie von G. N. Ward [49] behandelt. Einige Ergebnisse für Deltaflügel mit Überschallvorderkante findet man in [21].

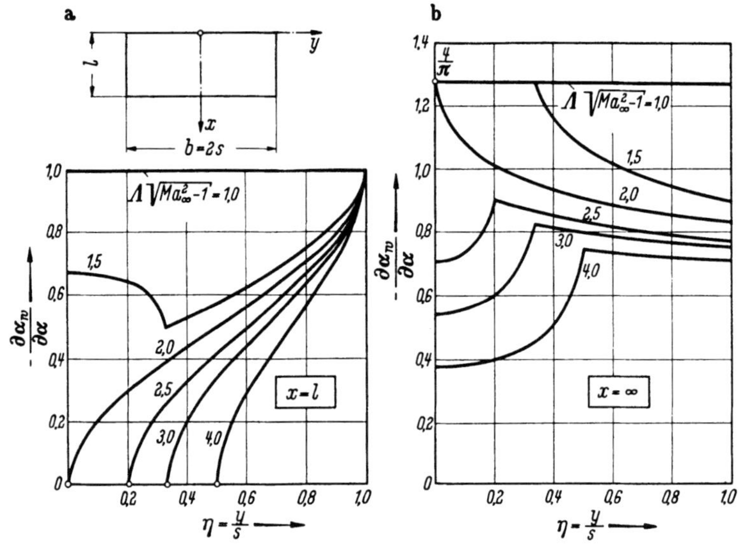

Abb. 11.39. Verteilung des Abwindfaktors in Spannweitenrichtung hinter Rechteckflügeln bei Überschallgeschwindigkeit für verschiedene Werte von $\Lambda \sqrt{Ma_\infty^2 - 1}$, nach [22].
a) Unmittelbar hinter der Flügelhinterkante; b) in sehr großer Entfernung hinter dem Flügel.

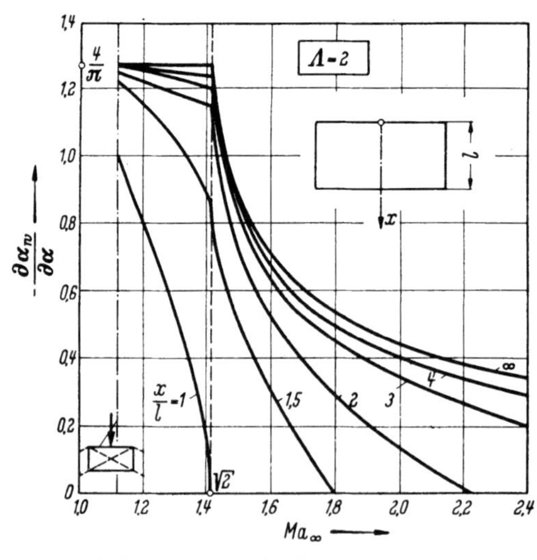

Abb. 11.40. Verteilung des Abwindfaktors auf der Längsachse hinter einem Rechteckflügel vom Seitenverhältnis $\Lambda = 2$ bei Überschallgeschwindigkeit für verschiedene Mach-Zahlen Ma_∞, nach [22].

Während die bisher in den Abb. 11.37 bis 11.41 mitgeteilten Ergebnisse durchweg für die Wirbelschicht ($z = 0$) gelten, mögen abschließend noch einige Angaben

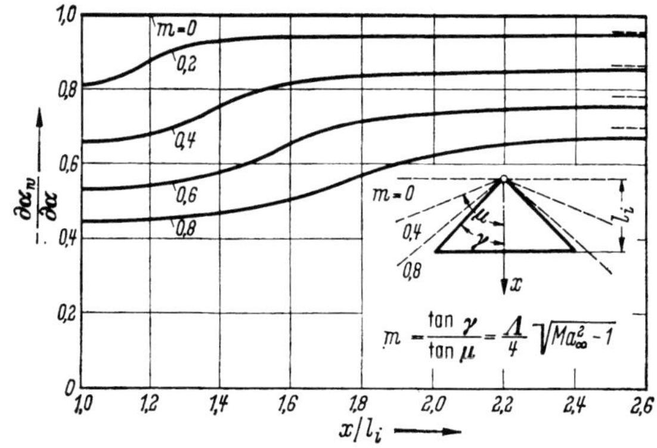

Abb. 11.41. Verteilung des Abwindfaktors auf der Längsachse hinter einem Deltaflügel bei Überschallgeschwindigkeit mit Unterschallvorderkante, nach [24].

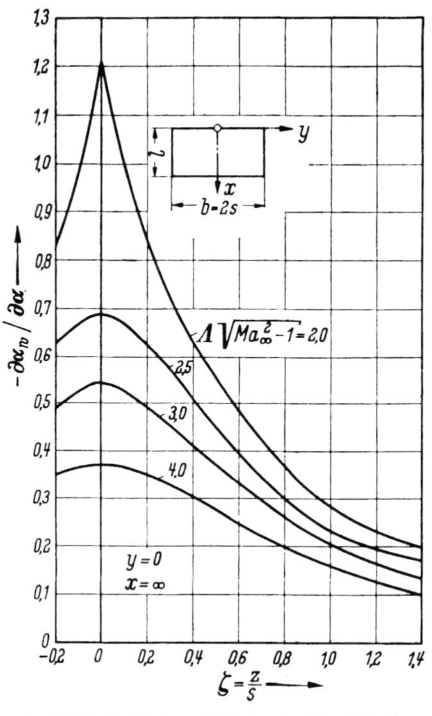

Abb. 11.42. Abwindfaktor im Mittelschnitt ($y = 0$) hinter Rechteckflügeln in Abhängigkeit von der Hochlage bei Überschallgeschwindigkeit, nach [22].

über den Abwindfaktor *außerhalb der Wirbelschicht* gemacht werden. In Abb. 11.42 ist $\partial\alpha_w/\partial\alpha$ in Abhängigkeit von der Höhenlage ζ für verschiedene Werte von $\Lambda\sqrt{Ma_\infty^2 - 1}$ dargestellt. Ebenso wie bei inkompressibler Strömung (Abb. 11.22) nimmt der Abwindfaktor mit dem Abstand von der Wirbelschicht stark ab. Entsprechende Ergebnisse für Deltaflügel findet man in [24].

Im folgenden möge noch kurz ein *Berechnungsverfahren* skizziert werden, welches zu demjenigen der inkompressiblen Strömung analog ist. Die Übertragung von der inkompressiblen auf die kompressible Strömung für Überschallgeschwindigkeit wurde bereits in Kap. 8.4 erläutert. Danach hat die Gl. (11.35) für die Abwindgeschwindigkeit auch für Überschallgeschwindigkeit Gültigkeit, wenn die Funktion $G_1 \equiv G$ nach Gl. (8.109) und entsprechend Gl. (11.36) für G_2 der Ausdruck

$$G_2(x, y, z; y') = -2 \int_{x_v(y')}^{x_0(y')} \frac{(Ma_\infty^2 - 1)\, k(x', y')\,(x - x')\, dx'}{\sqrt{(x - x')^2 - (Ma_\infty^2 - 1)\,[(y - y')^2 + z^2]^3}} \tag{11.55}$$ [1]

genommen wird. Hierin bedeutet $x_0(y')$ den Ort der Mach-Linie nach Gl. (8.110). Für die Berechnung von G_1 nach Gl. (8.109) und G_2 nach Gl. (11.55) macht B. Laschka [22] den Vorschlag, die Wirbeldichte k über die Tiefe x als konstant und nur über die Spannweite y als veränderlich anzusehen, somit $k(x, y) = k(y)$. Auf diese Weise gelingt die geschlossene Integration von G_1 und G_2, und es braucht für die Ermittlung der Abwärtsgeschwindigkeit w nach Gl. (11.35) nur noch eine Integration über die Spannweitenkoordinate ausgeführt zu werden.

Einen zusammenfassenden Überblick über den Abwind bei kompressibler Strömung gibt C. Ferrari [7].

11.3 Aerodynamik des Seitenleitwerkes

11.31 Beitrag des Seitenleitwerkes zur Luftkraft des ganzen Flugzeuges

Schiebeflug. Über die Aufgabe und die Geometrie des Seitenleitwerkes wurde bereits in Kap. 11.1 berichtet. Nach Abb. 11.43 erfährt das Seitenleitwerk bei unsymmetrischer Anströmung des Flugzeuges unter dem Schiebewinkel β eine Seitenkraft Y_S. Wegen ihres großen Hebelarmes bringt diese Seitenkraft den überwiegenden Anteil zum Schiebegiermoment des ganzen Flugzeuges. Darüber hinaus aber trägt das Seitenleitwerk auch zur Schiebeseitenkraft und zum Schieberollmoment des Flugzeuges bei. Der Beitrag des Seitenleitwerkes zum Schiebegiermoment des Flugzeuges ist

$$N_S = -\, r'_S Y_S, \tag{11.56}$$

wobei r'_S nach Abb. 11.43 den Abstand der Seitenkraft des Seitenleitwerkes von der Momentenbezugsachse bedeutet, die im allgemeinen mit der Hochachse durch den Flugzeugschwerpunkt zusammenfällt.

[1] Das Integral $\int\!\!\!\!-$ ist nach der Hadamardschen Methode der endlichen Bestandteile divergenter Integrale zu behandeln.

Wir führen nun in gleicher Weise wie beim Höhenleitwerk, Gln. (11.2) und (11.3), für die Seitenkraft Y_S und das Giermoment N_S des Seitenleitwerkes dimensionslose Beiwerte ein durch[1]:

$$Y_S = c_{aS} F_S q_S, \tag{11.57}$$

$$N_S = c_{NS} F s\, q. \tag{11.58}$$

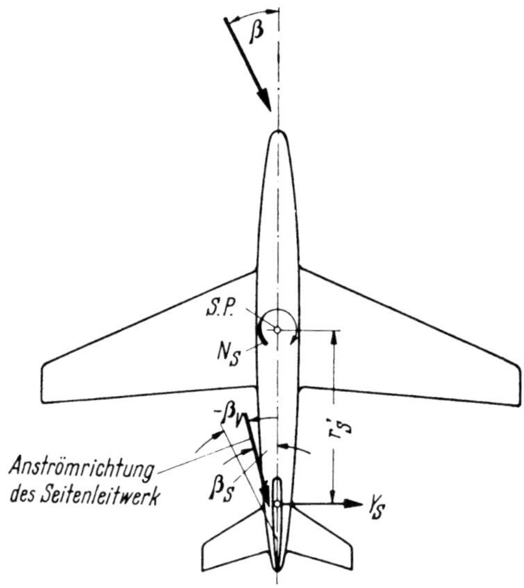

Abb. 11.43. Anströmrichtung des Seitenleitwerkes.
S. P. = Schwerpunkt des Flugzeuges.

Dabei bedeutet q_S den Staudruck am Ort des Seitenleitwerkes, der im allgemeinen infolge der Beeinflussung des Seitenleitwerkes durch Flügel und Rumpf kleiner ist als der Flugstaudruck q (= Staudruck der ungestörten Strömung). Der auf die Flügelgrößen bezogene Giermomentenbeiwert des Leitwerkes ergibt sich somit aus den Gln. (11.56), (11.57) und (11.58) zu:

$$c_{NS} = -\, c_{aS} \frac{q_S}{q} \frac{F_S}{F} \frac{r_S'}{s}. \tag{11.59}$$

Der Auftriebsbeiwert des Seitenleitwerkes c_{aS} hängt außer von den geometrischen Daten des Seitenleitwerkes von seinem Anstellwinkel α_S (Schiebewinkel β_S) und dem Seitenruderausschlag η_S ab. Somit gilt für den Auftriebsbeiwert des Seitenleitwerkes in Analogie zu Gl. (11.5):

$$c_{aS} = \frac{d c_{aS}}{d \alpha_S} \left[\beta_S - \frac{\partial \alpha_S}{\partial \eta_S} \eta_S \right]. \tag{11.60}$$

[1] Wir bezeichnen c_{aS} als Auftriebsbeiwert des Seitenleitwerkes, vgl. auch die Fußnote zu Gl. (11.2).

Dabei bedeutet $dc_{aS}/d\alpha_S$ den Auftriebsanstieg des unbeeinflußten Seitenleitwerkes und $(\partial\alpha_S/\partial\eta_S)\eta_S$ die Änderung der Nullauftriebsrichtung des Seitenleitwerkes infolge Ruderausschlages.

In manchen Fällen ist der Zuströmwinkel des Seitenleitwerkes β_S erheblich verschieden vom Schiebewinkel des Flugzeuges β, weil das Seitenleitwerk von Flügel und Rumpf beeinflußt wird (Interferenz). Diese beiden Zuströmwinkel unterscheiden sich nach Abb. 11.43 durch den Seitenwindwinkel $\beta_v = v/U_\infty$, der von Flügel und Rumpf am Ort des Seitenleitwerkes induziert wird. Es gilt:

$$\beta_S = \beta + \beta_v. \tag{11.61}$$

Somit ergibt sich für den Fall, daß der Seitenruderausschlag gleich Null ist ($\eta_S = 0$), für den Beitrag des Seitenleitwerkes zum Giermoment aus den Gln. (11.59) bis (11.61):

$$c_{NS} = -\frac{dc_{aS}}{d\alpha_S}(\beta + \beta_v)\frac{q_S}{q}\frac{F_S}{F}\frac{r'_S}{s}. \tag{11.62}$$

Hieraus erhält man für die Giermomentenänderung mit dem Schiebewinkel (*Beitrag des Seitenleitwerkes zur Richtungsstabilität*, Kap. 5.33):

$$\frac{\partial c_{NS}}{\partial\beta} = -\frac{dc_{aS}}{d\alpha_S}\left(1 + \frac{\partial\beta_v}{\partial\beta}\right)\frac{q_S}{q}\frac{F_S}{F}\frac{r'_S}{s}. \tag{11.63}$$ [1]

Wir bezeichnen die Größe

$$\frac{\partial\beta_S}{\partial\beta} = 1 + \frac{\partial\beta_v}{\partial\beta} \tag{11.64}$$

als *Wirkungsfaktor des Seitenleitwerkes.* Aus Gl. (11.63) entnimmt man, daß der Beitrag des Seitenleitwerkes zur Richtungsstabilität diesem Wirkungsfaktor proportional ist.

Um den Beitrag des Seitenleitwerkes zur Seitenkraft des ganzen Flugzeuges anzugeben, definieren wir analog zu Gl. (11.10) für das Höhenleitwerk den Seitenkraftbeiwert des Seitenleitwerkes durch:

$$Y_S = c_{YS}Fq. \tag{11.65}$$

Analog zu Gl. (11.63) folgt für den *Beitrag des Seitenleitwerkes zur Schiebeseitenkraft:*

$$\frac{\partial c_{YS}}{\partial\beta} = \frac{dc_{aS}}{d\alpha_S}\left(1 + \frac{\partial\beta_v}{\partial\beta}\right)\frac{q_S}{q}\frac{F_S}{F}. \tag{11.66}$$

---

[1] Dabei sei der Einfachheit halber angenommen, daß das Staudruckverhältnis q_S/q vom Schiebewinkel β unabhängig ist.

Hiernach ist also auch der Beitrag des Seitenleitwerkes zur Schiebeseitenkraft proportional zum Wirkungsfaktor des Seitenleitwerkes.

Das Seitenleitwerk trägt im allgemeinen auch zum Schieberollmoment bei, weil der Angriffspunkt der Seitenkraft des Seitenleitwerkes meist beträchtlich oberhalb der Flugzeuglängsachse liegt.

Gierbewegung. Neben dem bisher betrachteten Schiebeflug hat auch die Drehbewegung des Flugzeuges um die Hochachse (Gierbewegung) für die Aerodynamik des Seitenleitwerkes eine große Bedeutung. Eine Drehbewegung um die Hochachse mit der Drehgeschwindigkeit ω_z erzeugt am Seitenleitwerk einen Schiebewinkel

$$\beta_S = \frac{\omega_z r'_S}{V}.$$

Mit der dimensionslosen Gierwinkelgeschwindigkeit

$$\Omega_z = \frac{\omega_z s}{V} \tag{11.67}$$

wird

$$\beta_S = \Omega_z \frac{r'_S}{s}.$$

Führt man diesen Ausdruck für β_S in Gl. (11.62) in Verbindung mit Gl. (11.61) ein, so erhält man für die Änderung des Giermomentenbeiwertes mit der Gierwinkelgeschwindigkeit:

$$\frac{\partial c_{NS}}{\partial \Omega_z} = -\frac{dc_{aS}}{d\alpha_S} \frac{q_S}{q} \frac{F_S}{F} \left(\frac{r'_S}{s}\right)^2. \tag{11.68}$$

Man nennt diesen Beiwert den Beitrag des Seitenleitwerkes zur *Wendedämpfung*. Der Vergleich dieser Formel mit Gl. (11.63) zeigt, daß der Beitrag des Seitenleitwerkes zur Richtungsstabilität bezüglich der geometrischen Daten zu $(F_S/F) \cdot (r'_S/s)$ und derjenige zur Wendedämpfung zu $(F_S/F) \cdot (r'_S/s)^2$ proportional ist.

11.32 Unbeeinflußtes Seitenleitwerk

Zur Auswertung der obigen Gleichungen wird der Auftriebsanstieg $dc_{aS}/d\alpha_S$ für das unbeeinflußte Seitenleitwerk benötigt. Dieser läßt sich grundsätzlich nach den Methoden der dreidimensionalen Tragflügeltheorie berechnen. Besondere Komplikationen ergeben sich jedoch durch die meist stark unsymmetrische Umrißform des Seitenleitwerkes. Deshalb ist man für die Beschaffung dieser aerodynamischen Leitwerksgröße in besonderem Maße auf Windkanalmessungen angewiesen. In Abb. 11.44 ist der Versuch unternommen worden, die gemessenen Auftriebsanstiege von einkieligen Seitenleitwerken mit Teilrümpfen in Abhängigkeit von einem einheitlich definierten Seitenverhältnis $\Lambda_S = b_S^2/F_S$ darzustellen. Die Bedeutung von F_S und b_S ist

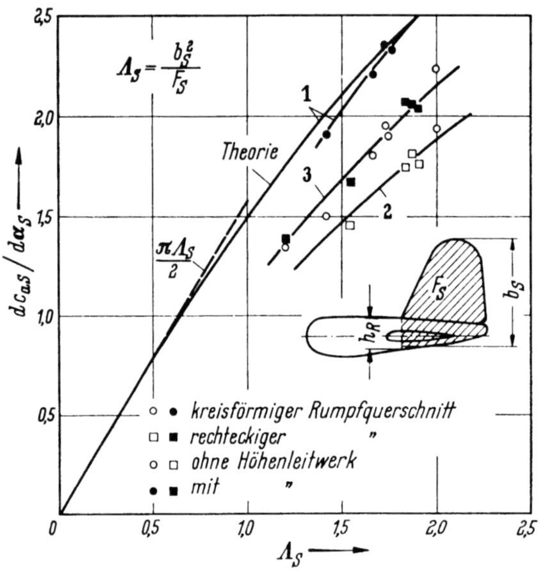

Abb. 11.44. Gemessene Auftriebsanstiege von freifahrenden Seitenleitwerken mit Teilrümpfen, nach DVL-Messungen und nach [19].

aus der beigegebenen Skizze zu entnehmen. Die Seitenverhältnisse Λ_S liegen zwischen 1 und 2. Bezüglich der Rumpfformen wurden runde und rechteckige Querschnitte sowie Rümpfe mit horizontaler und vertikaler Schneide am Rumpfende untersucht, ferner auch Anordnungen mit und ohne Höhenleitwerk. Das Verhältnis von Rumpfhöhe h_R zu Leitwerksspannweite b_S lag in den Grenzen $h_R/b_S = 0{,}35$ bis 0,5. Die in Abb. 11.44 mit eingetragene Kurve *1* stellt die theoretische Kurve für den Auftriebsanstieg nach Abb. 7.30 dar. Auf dieser Kurve ordnen sich näherungsweise die Meßpunkte für Seitenleitwerke mit kreisförmigen Rümpfen und mit Höhenleitwerk an. Für solche Seitenleitwerke lautet die Beziehung für den Auftriebsanstieg also:

$$\frac{dc_{aS}}{d\alpha_S} = \frac{2\pi\Lambda_S}{\sqrt{\Lambda_S^2 + 4} + 2}. \qquad (11.69)$$

Für Seitenleitwerke mit Rümpfen von rechteckigem Querschnitt und ohne Höhenleitwerk ergibt sich Kurve *2*, die wesentlich tiefer liegt als Kurve *1*. Dazwischen ordnen sich die Anordnungen mit kreisförmigen Rümpfen und ohne Höhenleitwerk sowie diejenigen mit rechteckigen Rümpfen und mit Höhenleitwerk, Kurve *3*, an. Weitere Messungen für

Seitenleitwerke, und zwar auch für doppelkielige, sind in [40], [42] und [46] mitgeteilt worden. Mit der theoretischen Aufklärung des Auftriebsanstieges eines Seitenleitwerkes mit Höhenleitwerk hat sich J. ROTTA [36] befaßt.

Über die aerodynamischen Beiwerte von Seitenleitwerken bei kompressibler Strömung lassen sich allgemeingültige Aussagen kaum machen.

11.33 Einfluß der Flügel-Rumpf-Anordnung auf das Seitenleitwerk

Grundsätzliches. Bei symmetrischer Anströmung eines Flugzeuges rührt die Beeinflussung des Höhenleitwerkes, wie in Kap. 11.223 gezeigt wurde, im wesentlichen vom Abwind des Flügels her. Der Rumpf und die gegenseitige Lage von Flügel und Rumpf (Flügelhochlage) tragen nur wenig zur Beeinflussung bei. In allen Fällen wird jedoch die Wirksamkeit des Höhenleitwerkes durch Flügel und Rumpf vermindert.

Wesentlich anders liegen die Verhältnisse bei der Beeinflussung des Seitenleitwerkes durch Flügel und Rumpf bei unsymmetrischer Anströmung. Hier tritt, wie H. SCHLICHTING [40] gezeigt hat, eine wesentliche Beeinflussung des Seitenleitwerkes nur dann ein, wenn Flügel und Rumpf zusammen vorhanden sind. Die Beeinflussung kann in diesem Fall sowohl eine Erhöhung als auch eine Verminderung der Wirksamkeit des Seitenleitwerkes je nach der Hochlage des Flügels zum Rumpf bringen. Die physikalische Ursache für diese Beeinflussung des Seitenleitwerkes liegt in der stark unsymmetrischen Zirkulationsverteilung längs Spannweite, die nach Abb. 10.6 bei einer Flügel-Rumpf-Anordnung auftritt, und welche das Schieberollmoment infolge Rumpfeinfluß nach Kap. 10.221 hervorbringt. In Abb. 11.45 ist für eine *Hochdeckeranordnung* bei Schräganströmung diese antimetrische Zirkulationsverteilung längs Spannweite dargestellt. Die Auftriebserhöhung auf der vorgehenden und die Auftriebserniedrigung auf der rückliegenden Flügelhälfte erzeugen auf der Oberseite des Flügels ein Druckgefälle gegen die vorgehende Flügelhälfte. Dieses Druckgefälle erzeugt nach Abb. 11.45d eine induzierte Strömung, welche den Rumpf umkreist. Diese am Flügel induzierte Geschwindigkeit ist in etwa gleicher Größe auch am Seitenleitwerk als induzierte Seitengeschwindigkeit vorhanden. Man ersieht aus Abb. 11.45d sofort, daß für die übliche Lage des Seitenleitwerkes durch die induzierte Seitengeschwindigkeit v der Anströmwinkel des Seitenleitwerkes verkleinert wird, d. h. seine Wirksamkeit vermindert wird. Beim *Tiefdecker* ist nach Abb. 10.6d das Vorzeichen der induzierten Seitengeschwindigkeit entgegengesetzt zu dem des Hochdeckers, was bei gleicher Lage des

Seitenleitwerkes zum Rumpf eine Vergrößerung seiner Wirksamkeit bedeutet. Gemäß ihrer Entstehung ist die von der Flügel-Rumpf-Interferenz herrührende induzierte Seitengeschwindigkeit proportional dem Schiebewinkel β und unabhängig vom Anstellwinkel α.

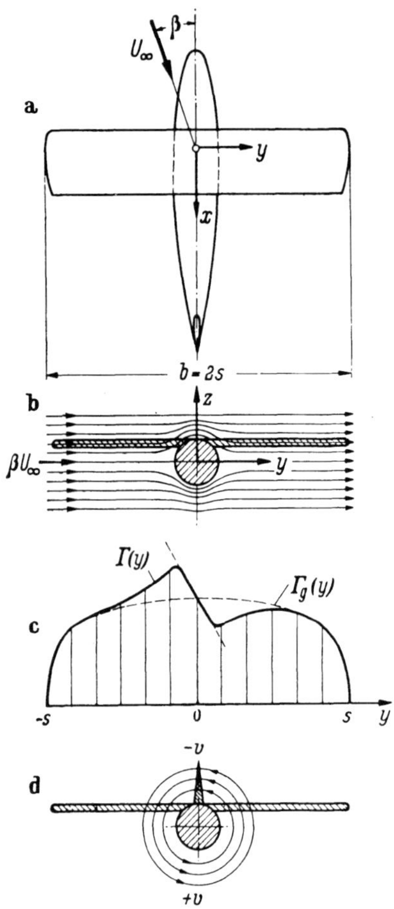

Abb. 11.45. Erläuterungsskizze zur Entstehung der induzierten Seitengeschwindigkeit bei einer Flügel-Rumpf-Anordnung im Schiebeflug.
a) und b) Geometrie (Hochdecker);
c) $\Gamma(y)$ = Zirkulationsverteilung; $\Gamma_g(y)$ Zirkulationsverteilung bei symmetrischer Anströmung;
d) induziertes Geschwindigkeitsfeld am Ort des Seitenleitwerkes.

Die resultierende Geschwindigkeit in y-Richtung am Ort des Leitwerkes ist:

$$V_y = \beta U_\infty + v_g + \beta v_\beta. \quad (11.70)$$

Hierbei bedeutet βU_∞ die vom Schiebewinkel herrührende Seitengeschwindigkeit, v_g die induzierte Seitengeschwindigkeit bei symmetrischer Anströmung und βv_β die zusätzliche induzierte Seitengeschwindigkeit infolge Schiebens nach Abb. 11.45d. Der wirksame Schiebewinkel des Seitenleitwerkes ist:

$$\beta_S = \frac{V_y}{U_\infty} = \beta + \frac{v_g + \beta v_\beta}{U_\infty}. \quad (11.71)$$

Damit wird der Wirkungsfaktor des Seitenleitwerkes:

$$\frac{\partial \beta_S}{\partial \beta} = 1 + \frac{v_\beta}{U_\infty}, \quad (11.72)$$

weil v_g unabhängig von β ist. Wegen

$$\frac{v_\beta}{U_\infty} = \frac{\partial \beta_v}{\partial \beta}$$

ist Gl. (11.72) identisch mit Gl. (11.64). Gl. (11.72) lehrt, daß für die Ermittlung des Wirkungsfaktors des Seitenleitwerkes lediglich die induzierte Seitengeschwindigkeit infolge Schiebens maßgeblich ist.

Zur experimentellen Nachprüfung der vorstehenden Überlegungen sind in Abb. 11.46b einige Messungen des Wirkungsfaktors für die in Abb. 11.46a dargestellte Flügel-Rumpf-Seitenleitwerks-Anordnung mitgeteilt. Aus Messungen des Schiebegiermomentes mit und ohne Seitenleitwerk, (mS) bzw. (oS), ist ein mittlerer Wirkungsfaktor des Seitenleitwerkes nach W. JACOBS [15] durch die Beziehung:

$$\frac{\partial \overline{\beta_S}}{\partial \beta} = \frac{\left(\frac{\partial c_N}{\partial \beta}\right)_{mS} - \left(\frac{\partial c_N}{\partial \beta}\right)_{oS}}{\left(\frac{\partial c_N}{\partial \beta}\right)_S}$$

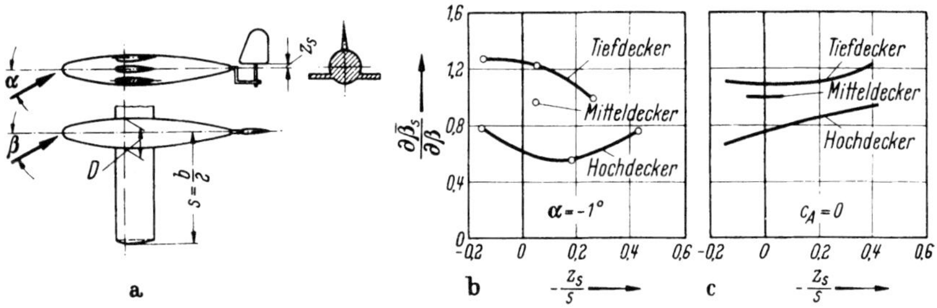

Abb. 11.46. Wirkungsfaktoren des Seitenleitwerkes für Hoch-, Mittel- und Tiefdecker bei verschiedener Hochlage des Seitenleitwerkes.
a) Geometrie; b) gemessene Wirkungsfaktoren nach [15]; c) theoretische Wirkungsfaktoren nach JACOBS [15].

ermittelt worden, wobei $(\partial c_N / \partial \beta)_S$ der Giermomentenbeitrag des Seitenleitwerkes allein ist.[1] Dieser experimentell ermittelte Wirkungsfaktor ist in Abhängigkeit von der Hochlage des Seitenleitwerkes angegeben. Es ergibt sich:

$$\text{Tiefdecker:} \quad \frac{\partial \overline{\beta_S}}{\partial \beta} > 1 \quad \text{(stabilisierend)},$$

$$\text{Hochdecker:} \quad \frac{\partial \overline{\beta_S}}{\partial \beta} < 1 \quad \text{(instabilisierend)}.$$

Damit werden die vorstehenden Überlegungen bestätigt.

Theoretische Berechnung des induzierten Seitenwindes. Die Berechnung der Verteilung der induzierten Seitengeschwindigkeit kann grundsätzlich ebenso wie die des Abwindes mit Hilfe des Biot-Savartschen Gesetzes ausgeführt werden, wenn die Zirkulationsverteilung des Flügels bekannt ist. Bevor wir hierauf eingehen, mögen einige qualitative Betrachtungen vorausgeschickt werden. In Abb. 11.47 sind eine symmetrische und eine antimetrische Zirkulationsverteilung nebeneinandergestellt. Wegen der konstant angenommenen Zirkulationsverteilung hat man bei der symmetrischen Zirkulationsverteilung in Abb. 11.47a *einen* Hufeisenwirbel und bei der antimetrischen Zirkulationsverteilung in Abb. 11.47b *zwei* Hufeisenwirbel mit entgegengesetzt drehenden Wirbeln. Man sieht anschaulich sofort ein, daß sich in der Mittelebene $y = 0$ bei der symmetrischen Zirkulationsverteilung eine Abwärtsgeschwindigkeit $-w$ und bei der antimetrischen Zirkulationsverteilung eine Seitengeschwindigkeit $\pm v$ ergibt, welche auf Ober- und Unterseite entgegengesetztes

[1] Dieser wurde aus der Differenz der Messungen von Rumpf mit Seitenleitwerk und Rumpf allein ermittelt.

Vorzeichen hat. Die letztere rührt im wesentlichen von dem linksdrehenden „Doppelwirbel" her, welcher in der Mitte abgeht. Zu einer quantitativen Ermittlung der induzierten Seitengeschwindigkeit reicht dieses stark idealisierte Wirbelmodell jedoch nicht aus.

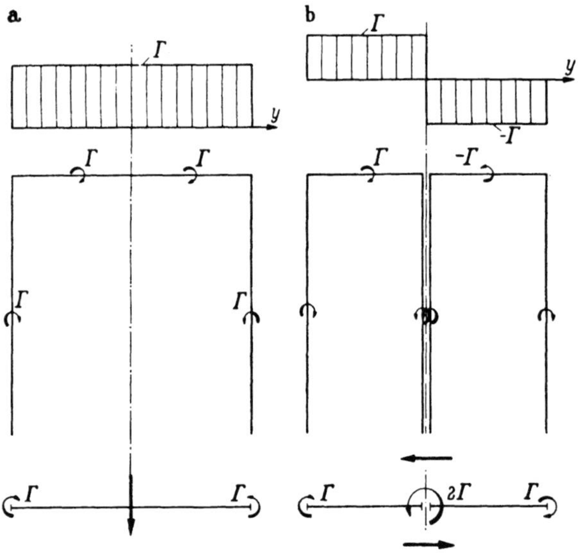

Abb. 11.47. Zur Ermittlung der induzierten Seitengeschwindigkeit.
a) Symmetrische Zirkulationsverteilung; b) antimetrische Zirkulationsverteilung.

Um zu einer Berechnung des induzierten Seitenwindes zu gelangen, muß man eine veränderliche Zirkulationsverteilung $\Gamma(y)$ zugrunde legen, wie sie z. B. für eine schiebende Flügel-Rumpf-Anordnung in Abb. 11.45c dargestellt ist. Die induzierte Seitengeschwindigkeit *sehr nahe der Wirbelschicht* erhält man nach Abb. 11.48 sofort aus der Überlegung, daß die Zirkulation für einen Schnitt y des Flügels gleich der Zirkulation um denjenigen Teil der Wirbelfläche ist, der zwischen dem betrachteten Schnitt und dem Flügelende liegt. Dies ergibt:

$$\Gamma(y) = \int_s^y V_{yo}\, dy + \int_y^s V_{yu}\, dy. \tag{11.73}$$

Hierin bedeutet V_{yo} und V_{yu} die Seitengeschwindigkeit auf der Ober- bzw. Unterseite der Wirbelschicht. Unter Einführung von Gl. (11.70) und unter Beachtung der Tatsache, daß die induzierte Geschwindigkeit $v = v_g + \beta v_\beta$ beim Durchgang durch die Wirbelschicht $z = z_1$ die Bedingung $v_o = -v_u$ erfüllt, ergibt sich aus Gl. (11.73) durch Differentiation für die induzierte Seitengeschwindigkeit:

$$v_{o,u} = \pm \frac{1}{2} \frac{d\Gamma}{dy} \quad (\text{für } z = z_1), \tag{11.74}$$

wobei das obere Vorzeichen oberhalb und das untere unterhalb der Wirbelschicht gilt.

Die Gültigkeit dieser Gleichung erkennt man auch aus Abb. 11.45c und d. Dort ist für $y = 0$ die Neigung der Zirkulationsverteilung eingetragen und das Vorzeichen der Seitengeschwindigkeit v vermerkt.

Den induzierten Seitenwindwinkel $\beta_v = v/U_\infty$ erhält man aus Gl. (11.74) durch Einführung der dimensionslosen Zirkulationsverteilung $\gamma = \Gamma/b\,U_\infty$ und der dimensionslosen Koordinate in Spannweitenrichtung $\eta = y/s$ zu:

$$\beta_v = \pm \frac{d\gamma}{d\eta} \quad (\text{für } \zeta = \zeta_1). \tag{11.75}$$

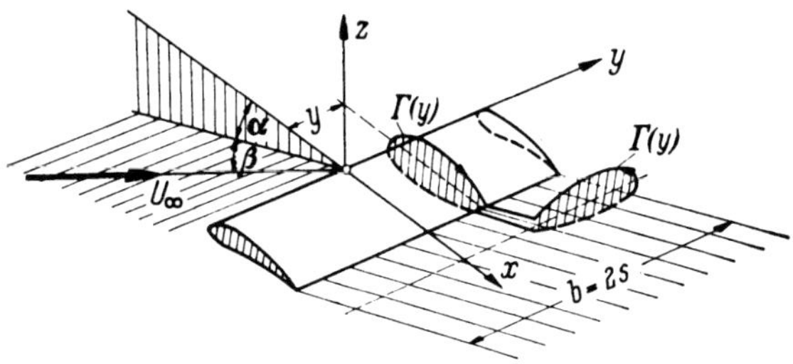

Abb. 11.48. Erläuterungsskizze zur Berechnung der induzierten Seitengeschwindigkeit in der Wirbel schicht hinter einem Tragflügel.

Wenn man für die Zirkulationsverteilung den Ansatz

$$\gamma(\eta) = \gamma_g(\eta) + \beta\gamma_\beta(\eta) \tag{11.76}$$

einführt, wobei γ_g die Verteilung beim Geradeausflug und $\beta\gamma_\beta$ die Zusatzverteilung beim Schiebeflug ist, so erhält man aus Gl. (11.75) für den Wirkungsfaktor des

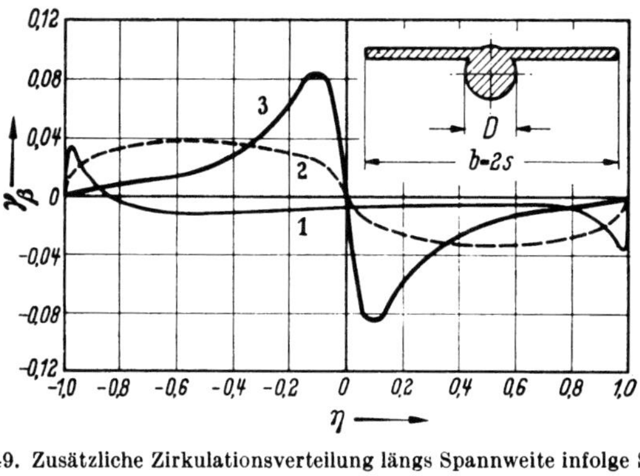

Abb. 11.49. Zusätzliche Zirkulationsverteilung längs Spannweite infolge Schiebens. Kurve *1*: Flügel allein, ohne V-Stellung; Kurve *2*: Flügel allein, mit 6° V-Stellung; Kurve *3*: Flügel + Rumpf (Hochdecker), $b/D = 7{,}5$.

Seitenleitwerkes in der Wirbelschicht:

$$\frac{\partial \beta_S}{\partial \beta} = 1 \pm \frac{d\gamma_\beta}{d\eta} \quad (\zeta = \zeta_1). \tag{11.77}$$

Die Herleitung von Gl. (11.73) und Abb. 11.48 lehren, daß die Gln. (11.74), (11.75) und (11.77) bei nicht aufgerollter Wirbelschicht für jeden Abstand hinter dem Flügel gelten.

Wie man aus Gl. (11.77) sieht, ändert sich der Wirkungsfaktor beim Durchgang durch die Wirbelschicht sprunghaft. Die Größe $d\gamma_\beta/d\eta$ ist aus der Zirkulationsverteilung des schiebenden Flügels bzw. der schiebenden Flügel-Rumpf-Anordnung zu entnehmen. In Abb. 11.49 sind vergleichsweise die γ_β-Verteilungen für einen Flügel allein ohne V-Stellung (Kurve *1*), für einen Flügel allein mit 6° V-Stellung (Kurve *2*) und für eine Hochdeckeranordnung ohne V-Stellung (Kurve *3*) aufgetragen. Man erkennt hieraus, daß der Anteil des Flügels ohne V-Stellung ganz unbedeutend ist. Aber auch der Anteil des Flügels mit V-Stellung tritt im Bereich der Flügelmitte, die hauptsächlich interessiert, noch stark gegenüber dem vom Rumpfeinfluß herrührenden Beitrag zurück.

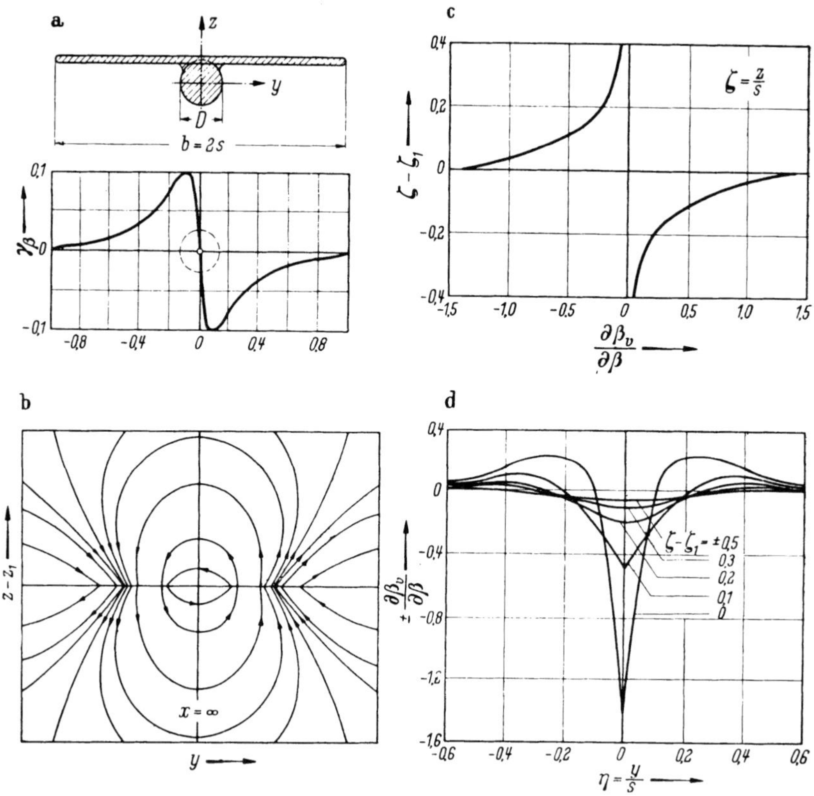

Abb. 11.50. Seitenwindfaktoren einer Flügel-Rumpf-Anordnung nach [15], gerechnet nach der einfachen Traglinientheorie.

a) Zusätzliche Zirkulationsverteilung der Hochdecker-Anordnung, $b/D = 7{,}5$. Rechteckflügel $\Lambda = 5$; b) Stromlinienbild des induzierten Geschwindigkeitsfeldes; c) Verteilung des Seitenwindfaktors über Höhe in der Mittelebene $y = 0$; d) Verteilung des Seitenwindfaktors über Spannweite für verschiedene Hochlagen.

Mit der Berechnung der induzierten Seitengeschwindigkeit *außerhalb der Wirbelschicht* haben sich W. Jacobs und E. Truckenbrodt [15] befaßt. Durch Anwendung des Biot-Savartschen Gesetzes erhält man für den induzierten Seitenwindwinkel bei vorgegebener Zirkulationsverteilung $\gamma(\eta)$ nach der Traglinientheorie folgende Gleichung:

$$\beta_v(\xi,\eta,\zeta) = -\frac{1}{2\pi}\int_{-1}^{+1}\gamma(\eta')\left[\frac{2(\eta-\eta')(\zeta-\zeta_1)}{[(\eta-\eta')^2+(\zeta-\zeta_1)^2]^2}\left(1+\frac{\xi-\xi_l'}{r}\right)+\right.$$

$$\left.+\frac{(\eta-\eta')(\zeta-\zeta_1)}{(\eta-\eta')^2+(\zeta-\zeta_1)^2}\,\frac{\xi-\xi_l'}{r^3}\right]d\eta' \qquad (11.78)$$

mit r nach Gl. (11.34a). Für ungepfeilte Flügel und sehr großen Abstand ($\xi \to \infty$) wurde von W. Jacobs [15] ein einfaches Auswertungsverfahren angegeben. Mit der Lösung für beliebige Flügelgrundrisse hat sich K. Gersten [11] befaßt.

Für größere Abstände hinter dem Flügel genügt es, mit den Werten für $\xi \to \infty$ zu rechnen.

Abschließend seien jetzt noch die Ergebnisse einiger Beispielrechnungen mitgeteilt. In Abb. 11.50 ist das induzierte Seitenwindfeld für eine Hochdeckeranordnung angegeben. Abb. 11.50a zeigt die Geometrie und die zusätzliche Zirkulationsverteilung γ_β infolge des Schiebens. Abb. 11.50b gibt das Stromlinienbild des induzierten Geschwindigkeitsfeldes sehr weit hinter dem Flügel wieder. Abb. 11.50c zeigt

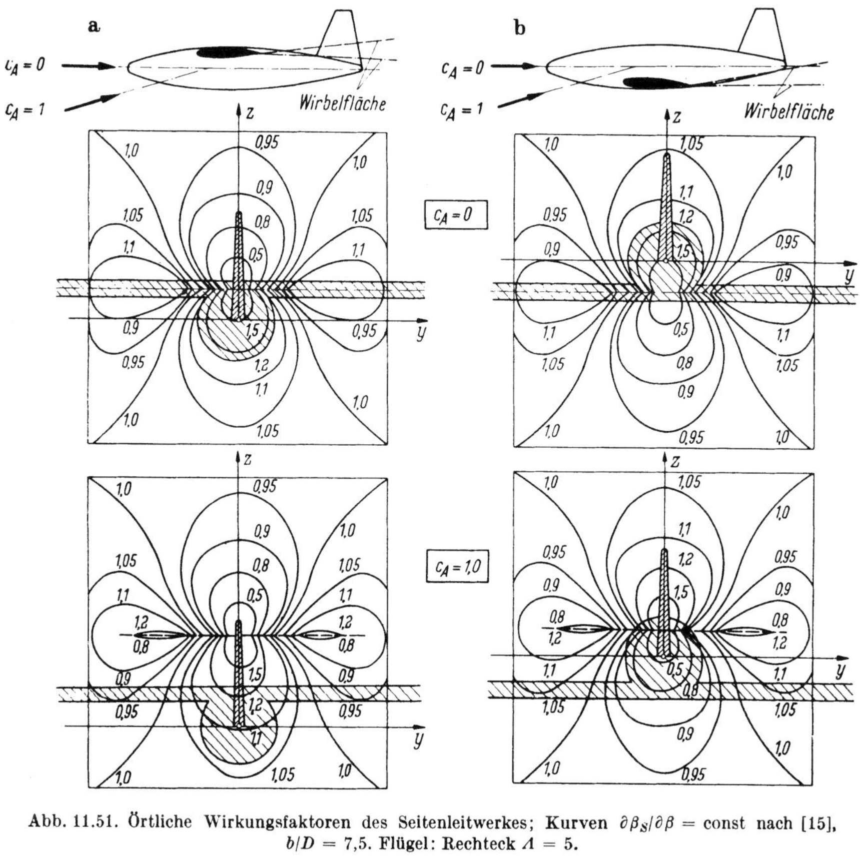

Abb. 11.51. Örtliche Wirkungsfaktoren des Seitenleitwerkes; Kurven $\partial\beta_S/\partial\beta$ = const nach [15], b/D = 7,5. Flügel: Rechteck Λ = 5.

a) Hochdecker; b) Tiefdecker.

die Verteilung des Seitenwindfaktors $\partial\beta_v/\partial\beta$ in Abhängigkeit vom Abstand von der Wirbelschicht für die Mittelebene $\eta = 0$. Diese Abbildung läßt den Sprung des Seitenwindfaktors in der Wirbelschicht $\zeta = \zeta_1$ und einen starken Abfall mit dem Abstand von der Wirbelschicht erkennen. Abb. 11.50d gibt die Verteilung des Seitenwindfaktors in Spannweitenrichtung für verschiedene Abstände von der Wirbelschicht an.

In Abb. 11.51 sind für einen Hochdecker und für einen Tiefdecker in der Querebene am Ort des Seitenleitwerkes die Kurven konstanten örtlichen Wirkungsfaktors des Seitenleitwerkes, $\partial\beta_S/\partial\beta = \text{const}$, dargestellt. Der Gesamtwirkungsfaktor des Seitenleitwerkes wird hieraus durch Integration über die Leitwerkshöhe erhalten. Während das Feld der Kurven $\partial\beta_S/\partial\beta = \text{const}$ unabhängig vom Anstellwinkel des Flugzeuges ist, ergibt sich jedoch eine Abhängigkeit des Wirkungsfaktors des Seitenleitwerkes vom Anstellwinkel dadurch, daß sich die Wirbelfläche mit Änderung des Anstellwinkels relativ zum Seitenleitwerk verlagert, vgl. Abb. 11.21. Dieser Einfluß ist ziemlich beträchtlich, wie sich aus Abb. 11.51 ergibt, wo die Fälle $c_A = 0$ und $c_A = 1$ wiedergegeben sind.

Für die Anordnungen von Flügel, Rumpf und Seitenleitwerk in Abb. 11.46a wurden nach diesem Verfahren von W. Jacobs [15] theoretisch die Wirkungsfaktoren ermittelt (Abb. 11.46c). Die Übereinstimmung mit den Messungen in Abb. 11.46b ist befriedigend.

Mit dem Problemkreis der gegenseitigen Beeinflussung von Flügel, Rumpf und Seitenleitwerk beim Schieben hat sich auch H. J. Puffert [32] befaßt. Die dargelegten Vorstellungen über den induzierten Seitenwind wurden von W. H. Michael [27] und P. J. Bobbitt [4] auf den rollenden Flügel übertragen.

Literatur

[1] Adamson, D., u. W. B. Boatright: Investigation of Downwash, Sidewash, and Mach Number Distribution behind a Rectangular Wing at a Mach Number of 2.41. NACA Rep. 1340 (1957).

[2] Alford, W. J.: Theoretical and Experimental Investigation of the Subsonic-Flow Fields beneath Swept and Unswept Wings with Tables of Vortex-Induced Velocities. NACA Rep. 1327 (1957).

[3] Betz, A.: Verhalten von Wirbelsystemen. ZAMM 12 (1932) 164–174.

[4] Bobbitt, P. J.: Linearized Lifting-Surface and Lifting-Line Evaluations of Sidewash behind Rolling Triangular Wings at Supersonic Speeds. NACA Rep. 1301 (1957).

[5] Byrnes, A. L., W. E. Hensleigh, u. L. A. Tolve: Effect of Horizontal Stabilizer Vertical Location on the Design of Large Transport Aircraft. J. Aircraft 3 (1966) 97–104.

[6] Davis, Th.: The Measurement of Downwash and Sidewash behind a Rectangular Wing at a Mach Number of 1.6. J. Aer. Sci. 19 (1952) 329–332.

[7] Ferrari, C.: Interaction Problems. Section C in: Aerodynamic Components of Aircraft at High Speeds (Herausg. A. F. Donovan u. H. R. Lawrence), Bd. VII: High Speed Aerodynamics and Jet Propulsion. Princeton: University Press 1957, S. 281–551.

[8] Flügge-Lotz, I., u. D. Küchemann: Zusammenfassender Bericht über Abwindmessungen ohne und mit Schraubenstrahl. Jb. 1938 dtsch. Luftf.-Forschg., S. I, 172–190.

[9] Furlong, G. C., u. J. G. McHugh: A Summary and Analysis of the Low-Speed Longitudinal Characteristics of Swept Wings at High Reynolds Number. NACA Report 1339 (1957).

[10] Gersten, K.: Untersuchungen über den Abwind hinter Deltaflügeln bei inkompressibler Strömung. Jb. 1955 WGL, S. 151–161 (1956).

[11] Gersten, K.: Über die Berechnung des induzierten Geschwindigkeitsfeldes von Tragflügeln. Jb. 1957 WGL, S. 172–190 (1958).

[12] Glauert, H.: Die Grundlagen der Tragflügel- und Luftschraubentheorie (deutsch von H. Holl). Berlin: Springer 1929.

[13] Hafer, X.: Windkanalergebnisse zum Interferenzproblem moderner Hochleistungsflugzeuge. Z. Flugwiss. 6 (1958) 20–28; vgl. auch Jb. 1955 WGL, S. 161.

[14] Helmbold, H. B.: Über die Berechnung des Abwindes hinter einem rechteckigen Tragflügel. ZFM 16 (1925) 291–294; vgl. auch ZFM 18 (1927) 11.

[15] Jacobs, W., u. E. Truckenbrodt: Der induzierte Seitenwind von Flugzeugen. Ing.-Arch. 21 (1953) 1–22; vgl. auch Ing.-Arch. 21 (1953) 23–32.

[16] Kaden, H.: Aufwicklung einer unstabilen Unstetigkeitsfläche. Ing.-Arch. 2 (1931) 140–168.

[17] Kaufmann, W.: Über die Aufwicklung einer instabilen Wirbelschicht von endlicher Breite. Sitzungsber. Math. Naturw. Abt. Bayr. Akad. Wiss. (1946), 109–130.

[18] KAUFMANN, W.: Der zeitliche Verlauf des Aufspulvorganges einer instabilen Unstetigkeitsfläche von endlicher Breite. Ing.-Arch. 19 (1951) 1—11; vgl. auch Z. Flugwiss. 5 (1957) 327—331.
[19] KOLOSKA, P.: Ergebnisse von Windkanalmessungen an Höhenleitwerks-Rumpf-Seitenleitwerksanordnungen. UM d. deutsch. Luftf.-Forschg. 7301 (1944).
[20] KSOLL, R.: Aerodynamische Vorausberechnung des Baumusters Me 109-G. Bericht 44/9 des Aerodynamischen Instituts der TH Braunschweig (1944).
[21] LAGERSTROM, P. A., u. M. E. GRAHAM: Downwash and Sidewash Induced by Three-Dimensional Lifting Wings in Supersonic Flow. Douglas Aircraft Rep. SM 13007; vgl. auch J. Aer. Sci. 18 (1951) 179—190.
[22] LASCHKA, B.: Untersuchungen über das Abwindfeld hinter Tragflügeln bei Überschallgeschwindigkeit. Z. Flugwiss. 9 (1961) 33—45.
[23] LICHTENSTEIN, J. H.: Experimental Determination of the Effect of Horizontal-Tail Size, Tail Length and Vertical Location on Low-Speed Static Longitudinal Stability and Damping in Pitch of a Model Having 45° Swept-Back Wing and Tail Surfaces. NACA Rep. 1096 (1952).
[24] LOMAX, H., L. SLUDER u. M. A. HEASLET: The Calculation of Downwash behind Supersonic Wings with an Application to Triangular Plan Forms. NACA Rep. 957 (1950).
[25] LOTZ, I., u. W. FABRICIUS: Die Berechnung des Abwindes hinter einem Tragflügel bei Berücksichtigung des Aufwickelns der Unstetigkeitsfläche. Luftf.-Forschg. 14 (1937) 552—557; vgl. auch Ringbuch der Luftfahrttechnik Bd. I, Beitrag I A 10 (1937).
[26] MANGLER, W.: Die Auftriebsverteilung am Tragflügel mit seitlichen Scheiben. Luftf.-Forschg. 16 (1939) 219—228; vgl. auch Jb. 1938 dtsch. Luftf.-Forschg., S. I, 149—154, und Luftf.-Forschg. 14 (1937) 564—569.
[27] MICHAEL, W. H.: Analysis of the Effects of Wing Interference on the Tail Contributions to the Rolling Derivatives. NACA Rep. 1086 (1952).
[28] MIRELS, H., u. R. C. HAEFELI: Line-Vortex Theory for Calculation of Supersonic Downwash. NACA Rep. 983 (1950); vgl. auch J. Aer. Sci. 17 (1950) 13—21.
[29] MULTHOPP, H.: Die Berechnung des Abwindes hinter Tragflügeln. Luftf.-Forschg. 15 (1938) 463—467; vgl. auch G. BRAUN u. H. SCHARN, Luftf.-Forschg. 18 (1941) 179—183.
[30] MUTTRAY, H.: Untersuchungen über die Größe des Abwindes hinter Tragflügeln mit rechteckigem und elliptischem Umriß. Luftf.-Forschg. 12 (1935) 28—37.
[31] PRANDTL, L., u. A. BETZ: Untersuchungen an Flügeln mit Endscheiben. Ergebnisse der Aerodynamischen Versuchsanstalt zu Göttingen, III. Lieferung (1927) 17—18 u. 95—99.
[32] PUFFERT, H. J.: Über die gegenseitige Beeinflussung von Flügel, Rumpf und Leitwerken bei Schräganblasung. Z. Flugwiss. 3 (1955) 323—331.
[33] RICHTER, W.: Das Abwindfeld hinter Tragflügeln mit Klappenausschlag. Luftf.-Forschg. 20 (1943) 69—76.
[34] ROBINSON, A., u. J. H. HUNTER-TOD: Bound and Trailing Vortices in the Linearized Theory of Supersonic Flow and the Downwash in the Wake of a Delta Wing. College of Aeronautics, Cranfield Rep. 10 (1947).
[35] ROHNE, E.: Experimentelle Untersuchungen über die Aufspullänge der instabilen Unstetigkeitsfläche hinter einem Tragflügel von endlicher Spannweite. Z. Flugwiss. 5 (1957) 365—370.

[36] ROTTA, J.: Luftkräfte am Tragflügel mit einer seitlichen Scheibe. Ing.-Arch. 13 (1942) 119–131.
[37] SACKS, A. H.: Vortex Interference Effects on the Aerodynamics of Slender Airplanes and Missiles. J. Aer. Sci. 24 (1957) 393–402.
[38] SCHLICHTING, H.: Tragflügeltheorie bei Überschallgeschwindigkeit. Luftf.-Forschg. 13 (1936) 320–335. Engl. Übersetzung in NACA TM 897 (1939).
[39] SCHLICHTING, H.: Die Stabilitätsbeiwerte des Flugzeuges unter Berücksichtigung der Interferenz von Flügel, Rumpf und Leitwerk. Sonderheft „Flugmechanische Probleme" 2/43g der Deutschen Akademie der Luftfahrtforschung, 1943, S. 3–23.
[40] SCHLICHTING, H., u. W. FRENZ: Über den Einfluß von Flügel und Rumpf auf das Seitenleitwerk. Jb. 1941 dtsch. Luftf.-Forschg., S. I, 300–314.
[41] SCHLICHTING, H., u. W. FRENZ: Systematische Sechskomponentenmessungen über die gegenseitige Beeinflussung von Flügel, Rumpf und Leitwerk. Jb. 1943 dtsch. Luftf.-Forschg. Vorabdruck Techn. Berichte 11 (1944).
[42] SCHLICHTING, H., u. A. ULRICH: Die Seitenstabilität eines Flugzeuges mit losgelassenem Seitenruder. Jb. 1941 dtsch. Luftf.-Forschg., S. I, 172–191.
[43] SCHULZ, G.: Der Abwind auf der Längsachse des Flügels bei Betzscher Zirkulationsverteilung. Luftf.-Forschg. 19 (1942) 367–373.
[44] SILVERSTEIN, A., u. S. KATZOFF: Design Charts for Predicting Downwash Angles and Wake Characteristics behind Plain and Flapped Wings. NACA Rep. 648 (1939); vgl. auch NACA Rep. 651 (1939).
[45] SPREITER, J. R., u. A. H. SACKS: The Rolling up of the Trailing Vortex Sheet and its Effect on the Downwash behind Wings. J. Aer. Sci. 18 (1951) 21–32.
[46] STAUFER, F.: Windkanalmessungen mit verschieden geformten Seitenleitwerken, ein Beitrag zur Frage der Seitenstabilität. Jb. 1941 dtsch. Luftf.-Forschg., S. I, 294–299.
[47] TRIENES, H., u. E. TRUCKENBRODT: Systematische Abwindmessungen an Pfeilflügeln. Ing.-Arch. 20 (1952) 26–36.
[48] TRUCKENBRODT, E.: Ein einfaches Verfahren zur Berechnung des Abwindes von Tragflächen. Ing.-Arch. 18 (1950) 233–238.
[49] WARD, G. N.: Calculation of Downwash behind a Supersonic Wing. Aeron. Quarterly 1 (1950) 35–38.
[50] WURZBACH, R.: Das Geschwindigkeitsfeld hinter einer Auftrieb erzeugenden Tragfläche von endlicher Spannweite. Z. Flugwiss. 5 (1957) 360–365.

XII. Aerodynamik der Ruder und Klappen

12.1 Einführung in die Aerodynamik der Ruder und Klappen

12.11 Aufgabe der Ruder und Klappen

Die Leitwerke eines Flugzeuges haben, wie bereits in Kap. 11.11 erläutert wurde, eine zweifache Aufgabe, nämlich die der Stabilisierung und die der Steuerung des Flugzeuges. Im allgemeinen besteht das Leitwerk aus einem feststehenden Teil, den man beim Höhen- und Seitenleitwerk als Flosse bezeichnet, und einem beweglichen Teil, dem sog. Ruder (Höhenruder, Seitenruder, Querruder nach Abb. 11.1 und 11.3). Die Leitwerke mit feststehendem Ruder dienen der Stabilisierung des Flugzeuges. Die damit zusammenhängenden aerodynamischen Fragen der Leitwerke wurden in Kap. XI ausführlich behandelt. Der *Ausschlag der Ruder* bewirkt die *Steuerung des Flugzeuges*, und zwar das Höhenruder die Steuerung um die Querachse, das Seitenruder und das Querruder die Steuerung um die Hochachse und um die Längsachse.

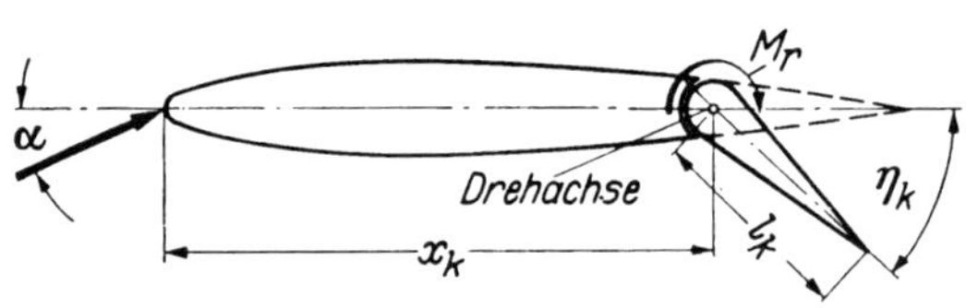

Abb. 12.1. Zur Geometrie und Aerodynamik des Klappenflügels.

Die geometrische Form der Leitwerke und auch des Querruders ist die des *Klappenflügels* nach Abb. 12.1, vgl. auch Abb. 6.19. Die aerodynamische Wirkung der Ruder besteht darin, daß durch den Ruderausschlag am Leitwerk bzw. am Flügel ein zusätzlicher Auftrieb erzeugt wird, welcher die Steuerung des Flugzeuges bewirkt. Die am Ruder angreifenden Luftkräfte ergeben, auf die Ruderdrehachse bezogen, ein Moment, das man als *Rudermoment* bezeichnet. Während es einerseits zur Erzielung einer guten Steuerwirkung des Ruders (*Ruderwirkung*) erforderlich ist, mit einem bestimmten Ruderausschlag einen möglichst großen Zusatzauftrieb zu erzeugen, soll andererseits das Rudermoment dabei möglichst klein sein, um die Betätigungskräfte der Ruder klein zu halten. Ein Ruder in der Form des einfachen Klappenflügels nach Abb. 12.1 hat verhältnismäßig große Rudermomente. Man hat sich deshalb bemüht, die Ruderbetätigungsmomente zu verkleinern. Dies wird erreicht durch sog. *Ruderausgleiche*, wie sie in Abb. 12.2 dargestellt sind. Die wichtigsten Typen der aerodynamischen Ruderausgleiche sind der Innenausgleich (Nasenausgleich) nach Abb. 12.2a, das Hilfsruder nach Abb. 12.2b und der Außenausgleich (Hornausgleich)

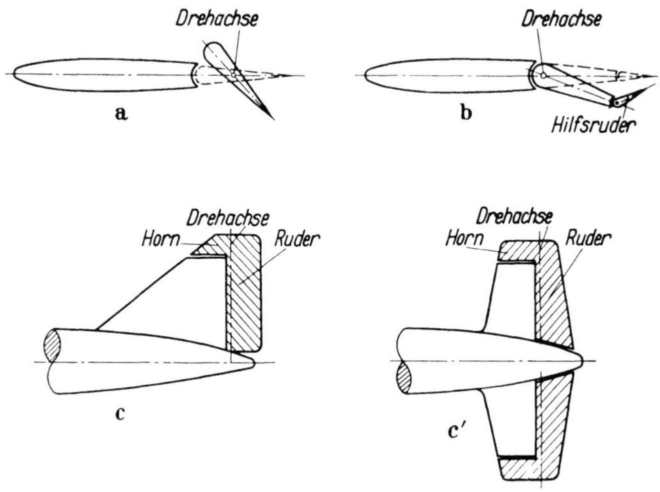

Abb. 12.2. Verschiedene Arten von aerodynamischem Ruderausgleich.
a) Innenausgleich (Nasenausgleich); b) Hilfsruder; c) und c′) Außenausgleich (Hornausgleich).

nach Abb. 12.2c. Bei allen Ruderausgleichen ist es wichtig, daß die Auftriebserhöhung infolge Ruderausschlag (Ruderwirkung) durch den Ruderausgleich möglichst nicht verkleinert wird.

Der in Abb. 12.1 dargestellte Klappenflügel findet außer zur Steuerung des Flugzeuges auch noch Verwendung als *Landehilfe*. In diesem Fall beruht seine Wirkung darauf, den maximalen Auftriebsbeiwert des Flügels zu erhöhen, um auf diese Weise die Landegeschwindigkeit des Flugzeuges klein zu halten. Außer der Auftriebserhöhung tritt im allgemeinen auch eine Widerstandserhöhung auf. In Abb. 12.3 sind verschiedene Ausführungsformen solcher *Landeklappen* dargestellt. Bei den Anordnungen in Abb. 12.3a bis e sind die Klappen im hinteren Teil des Flügels angebracht, während Abb. 12.3f und g Klappen am vorderen Teil des Flügels zeigen (Vorflügel, Nasenklappe). Manche dieser Anordnungen werden auch als *Starthilfe* zur Verkürzung der Startstrecke benutzt.

Schließlich mögen noch einige andere Formen von Klappen erwähnt werden. So zeigt Abb. 12.4 die Anordnung von zwei *Bremsklappen* auf der Ober- und Unterseite des Flügels. Sie haben die Form

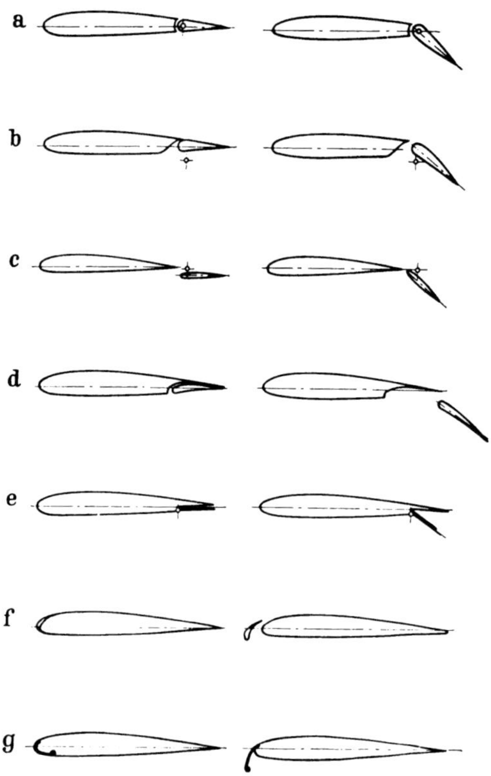

Abb. 12.3. Zusammenstellung verschiedener Klappen und Ruder.
a) Wölbungsklappe; b) Spaltklappe; c) Doppelflügel; d) Fowler-Klappe; e) Spreizklappe; f) Vorflügel (Slat); g) Nasenklappe.

Abb. 12.4. Bremsklappen auf Ober- und Unterseite eines Flügels, nach [27].

einer rechteckigen Platte, die senkrecht zur Flugrichtung steht. Die Bremsklappe hat die Aufgabe, den Widerstand des Flugzeuges durch Ausfahren der Bremsklappe stark zu erhöhen, um eine erhebliche Geschwindigkeitsverminderung und einen steileren Gleitwinkel zu erzielen (Bremswirkung).

12.12 Geometrische Daten und aerodynamische Beiwerte der Ruder

Für die Aerodynamik des mit einem Ruder versehenen Flügels sind die wichtigsten geometrischen Parameter nach Abb. 12.1:

Ruderwinkel (Klappenwinkel): η_k,

Rudertiefenverhältnis (Klappentiefenverhältnis): $\lambda_k = \frac{l_k}{l}$.

Diese Größen wurden bereits in Kap. 5.12 und Abb. 6.19 für den Klappenflügel angegeben. Falls das Ruder sich nicht über die gesamte Spannweite erstreckt, wie z. B. das Querruder in Abb. 12.5a, so ist die *Spannweite des Ruders* $b_Q = 2 s_Q$ eine weitere wichtige geometrische Größe. Beim Höhenleitwerk und beim Seitenleitwerk erstreckt sich das Ruder meist über die ganze Spannweite des Höhenleitwerkes b_H bzw. Höhe des Seitenleitwerkes h_S (Abb. 12.5b und c). In vielen Fällen ist das Rudertiefenverhältnis λ_k längs Spannweite veränderlich, vgl. hierzu Abb. 5.3. Es empfiehlt sich, in solchen Fällen an Stelle des Rudertiefenverhältnisses das *Ruderflächenverhältnis* F_k/F' zu benutzen, wobei F_k die Ruderfläche und F' die Flügelfläche im Spannweitenbereich des Ruders ist.

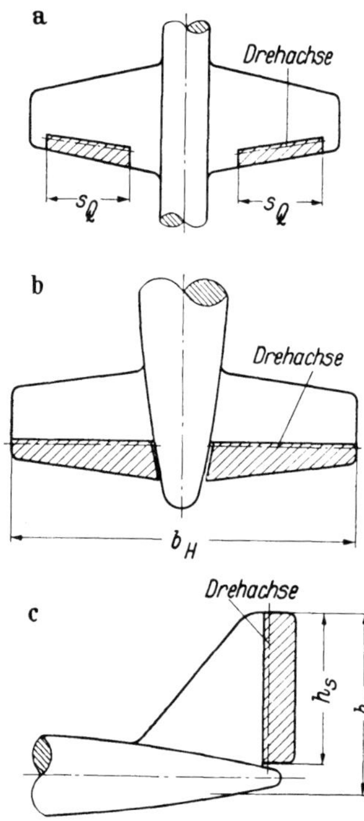

Abb. 12.5. Zur Geometrie der Ruder. a) Querruder; b) Höhenruder; c) Seitenruder.

Es werden für den Flügel mit Ruder folgende aerodynamische Beiwerte eingeführt:

Auftrieb: $A = c_A F q;$ (12.1)

Nickmoment: $M = c_M F l q;$ (12.2)

Rudermoment: $M_r = c_r F_k l_k q.$ (12.3)

Dabei sind Auftriebsbeiwert und Nickmomentenbeiwer in gleicher Weise wie bei einem Flügel ohne Ruder auf die geometrischen Größen des Flügels bezogen, vgl. die Gln. (7.186) und (7.187). Das Rudermoment ist bezogen auf die Drehachse des Ruders, sein positives Vorzeichen ist aus Abb. 12.1 zu entnehmen. Der Rudermomentenbeiwert c_r ist auf die geometrischen Größen des Ruders bezogen. Diese drei aerodynamischen Beiwerte hängen vom Anstellwinkel α und vom Ruderwinkel η_k ab.

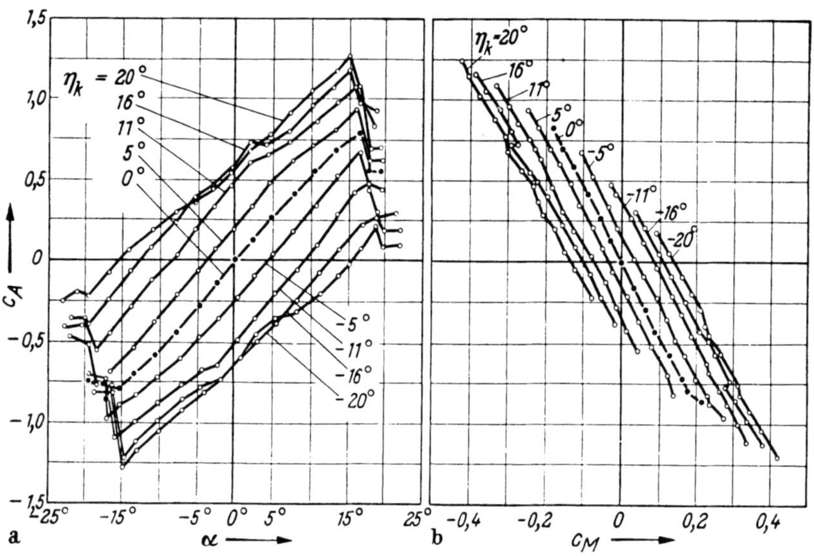

Abb. 12.6. Aerodynamische Beiwerte des einfachen Klappenflügels nach Messungen an einem Rechteckflügel [23]. Seitenverhältnis $\Lambda = 3{,}5$, Profil Gö 409; Klappentiefenverhältnis $\lambda_k = 0{,}5$. a) Auftriebsbeiwert c_A in Abhängigkeit vom Anstellwinkel α für verschiedene Klappenwinkel η_k; b) Auftriebsbeiwert c_A in Abhängigkeit vom Momentenbeiwert c_M für verschiedene Klappenwinkel η_k.

Als Beispiel einer Messung ist in Abb. 12.6a der *Auftriebsbeiwert* c_A eines einfachen Klappenflügels in Abhängigkeit vom Anstellwinkel α für verschiedene Ruderwinkel η_k angegeben. Der Ruderausschlag η_k bewirkt eine zusätzliche Wölbung, und damit eine Auftriebserhöhung bei konstantem Anstellwinkel. Die Kurven $c_A(\alpha)$ für verschiedene η_k sind parallel. Die Abhängigkeit des Auftriebsbeiwertes von α und η_k läßt sich für kleine Winkel folgendermaßen darstellen:

$$c_A = \frac{\partial c_A}{\partial \alpha}\,\alpha + \frac{\partial c_A}{\partial \eta_k}\,\eta_k. \tag{12.4}$$

Hierfür kann man auch schreiben:

$$c_A = \frac{\partial c_A}{\partial \alpha}\left[\alpha - \frac{\partial \alpha}{\partial \eta_k}\,\eta_k\right]. \tag{12.4a}$$

Dabei ist

$$\frac{\partial \alpha}{\partial \eta_k} = -\frac{\partial c_A}{\partial \eta_k} \Big/ \frac{\partial c_A}{\partial \alpha} \tag{12.4b}$$

die Änderung der Nullauftriebsrichtung des Flügels infolge Ruderausschlag (Ruderwirkung), vgl. Gl. (11.5).[1] Der Beiwert $\partial \alpha/\partial \eta_k$ hängt stark vom Rudertiefenverhältnis ab. Hierüber wurden für den Klappenflügel unendlicher Spannweite bereits in Abb. 6.20a Angaben gemacht.

In Abb. 12.6b ist der *Momentenbeiwert* c_M in Abhängigkeit vom Auftriebsbeiwert c_A und vom Ruderwinkel η_k angegeben. Der Ruderwinkel bewirkt eine Parallelverschiebung der Momentenkurven. Die Abhängigkeit des Momentenbeiwertes c_M von c_A und η_k läßt sich für kleine Werte dieser Parameter durch folgende Gleichung darstellen:

$$c_M = \frac{\partial c_M}{\partial c_A} c_A + \frac{\partial c_M}{\partial \eta_k} \eta_k. \tag{12.5}$$

Hierbei ist $\partial c_M/\partial \eta_k$ die Änderung des Nullmomentes mit dem Ruderausschlag.[1] Auch dieser Beiwert hängt stark vom Rudertiefenverhältnis ab. Angaben für den Flügel unendlicher Spannweite wurden in Abb. 6.20b gemacht.

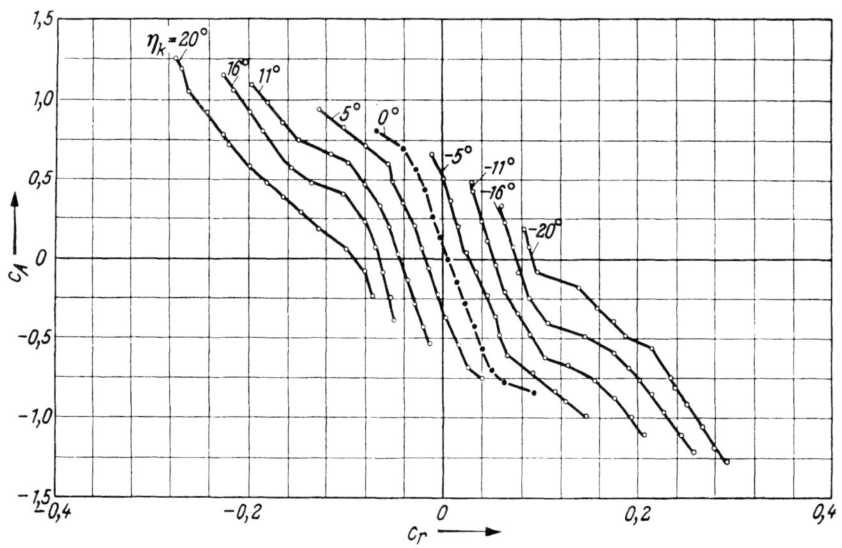

Abb. 12.7. Rudermomentenbeiwert c_r eines einfachen Klappenflügels in Abhängigkeit vom Auftriebsbeiwert c_A nach Messungen [23]. Seitenverhältnis $\Lambda = 3{,}5$; Klappentiefenverhältnis $\lambda_k = 0{,}5$.

[1] In Abweichung von Kap. 6.32 wird auf die Anfügung des Index „0" verzichtet.

Häufig ist es zweckmäßig, die Lage des Angriffspunktes der durch den Klappenausschlag entstehenden zusätzlichen Luftkraft anzugeben. Wir bezeichnen diesen Punkt als *Klappenneutralpunkt.* Den Abstand des Klappenneutralpunktes vom Neutralpunkt des Flügels ohne Klappenausschlag (= Neutralpunktverschiebung) erhält man aus den Gln. (12.5) und (12.4) zu:

$$\frac{(\Delta x_N)_k}{l} = -\frac{\partial c_M}{\partial \eta_k} \bigg/ \frac{\partial c_A}{\partial \eta_k}, \tag{12.5a}$$

wobei $\partial c_A/\partial \eta_k$ aus Gl. (12.4b) entnommen werden kann.

In Abb. 12.7 ist der *Rudermomentenbeiwert* c_r in Abhängigkeit von c_A für verschiedene η_k dargestellt. Auch hier gilt eine lineare Abhängigkeit in der Form:

$$c_r = \frac{\partial c_r}{\partial c_A} c_A + \frac{\partial c_r}{\partial \eta_k} \eta_k. \tag{12.6}$$

Die Abhängigkeit dieser Beiwerte vom Rudertiefenverhältnis wird in Kap. 12.2 behandelt. Die Bedingung $c_r = 0$ gibt eine bestimmte Zuordnung von η_k und c_A und damit auch von η_k und α für die sog. „Selbsteinstellung des losgelassenen Ruders".

12.2 Klappenflügel unendlicher Spannweite

12.21 Klappenflügel bei inkompressibler Strömung

Die Theorie des Klappenflügels unendlicher Spannweite bei inkompressibler Strömung wurde in ihren Grundzügen in Kap. 6.32 behandelt. Dabei wird im einfachsten Fall der Flügel mit ausgeschlagener Klappe durch eine geknickte Platte nach Abb. 6.19 ersetzt, wobei nach H. Glauert [21] auf der gedachten Sehne eine Wirbelverteilung angeordnet ist.

Auftrieb und Nickmoment. Für den Beiwert der Klappenwirkung nach Gl. (12.4b) wurde in Gl. (6.105) die folgende Formel erhalten:

$$\frac{\partial \alpha}{\partial \eta_k} = -\frac{2}{\pi}\left(\sqrt{\lambda_k(1-\lambda_k)} + \arcsin\sqrt{\lambda_k}\right) \tag{12.7}$$

mit $\lambda_k = l_k/l$ als Klappentiefenverhältnis. Für den Beiwert der Momentenänderung mit dem Klappenausschlag in Gl. (12.5) erhält man nach Gl. (6.106):

$$\frac{\partial c_M}{\partial \eta_k} = -2\sqrt{\lambda_k(1-\lambda_k)^3}. \tag{12.8}$$

In Abb. 12.8 sind diese theoretischen Beiwerte in Abhängigkeit vom Klappentiefenverhältnis λ_k aufgetragen. Außerdem sind die Ergebnisse von umfangreichen Meßreihen an Flügeln mit verschiedenen Klappenformen nach Abb. 12.3 mit eingetragen. Der Vergleich von Theorie und Messung zeigt, daß sowohl für die Anstellwinkeländerung als auch für die Momentenänderung die gemessenen Werte kleiner sind als die theoretischen. Der Flügel mit Spreizklappe weicht von der theoretischen

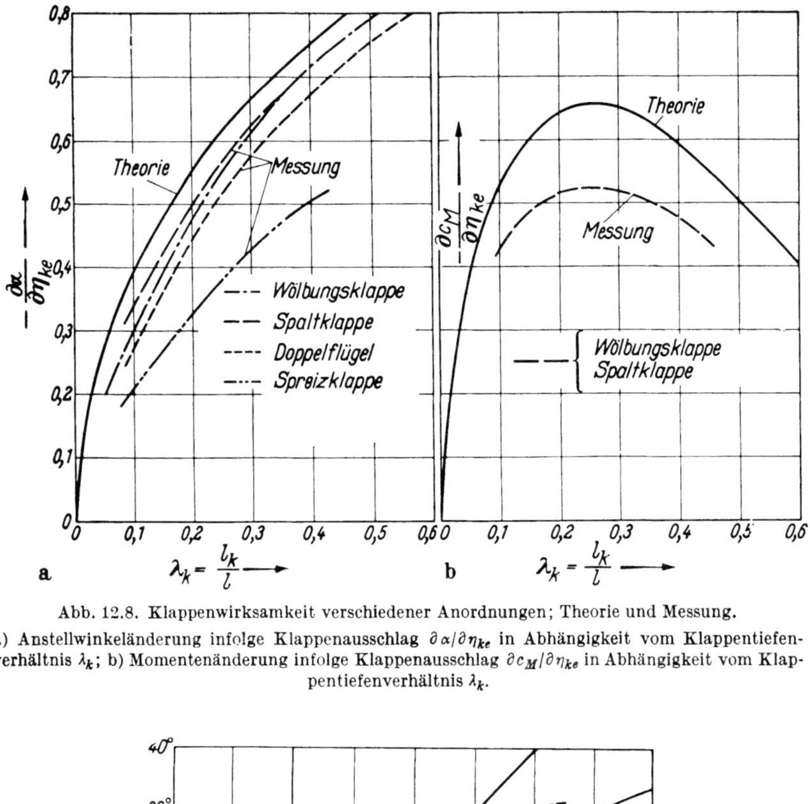

Abb. 12.8. Klappenwirksamkeit verschiedener Anordnungen; Theorie und Messung.
a) Anstellwinkeländerung infolge Klappenausschlag $\partial\alpha/\partial\eta_{ke}$ in Abhängigkeit vom Klappentiefenverhältnis λ_k; b) Momentenänderung infolge Klappenausschlag $\partial c_M/\partial\eta_{ke}$ in Abhängigkeit vom Klappentiefenverhältnis λ_k.

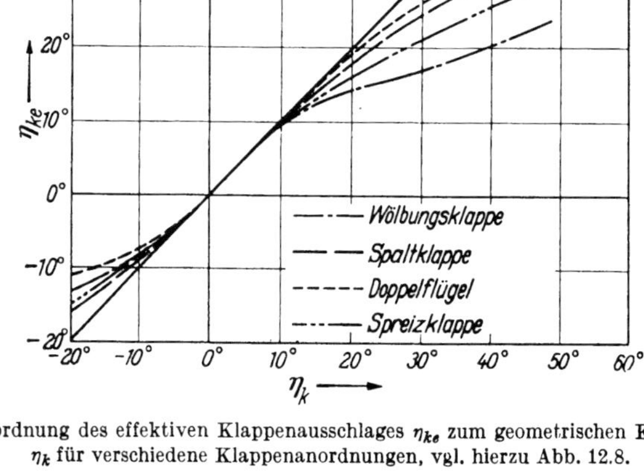

Abb. 12.9. Zuordnung des effektiven Klappenausschlages η_{ke} zum geometrischen Klappenausschlag η_k für verschiedene Klappenanordnungen, vgl. hierzu Abb. 12.8.

Kurve am meisten ab. Die gemessenen Beiwerte sind aus den Meßreihen für kleine Klappenwinkel entnommen worden. Die so erhaltenen Beiwerte sind durch $\partial\alpha/\partial\eta_{ke}$ und $\partial c_M/\partial\eta_{ke}$ gekennzeichnet. Für größere Klappenausschläge nimmt die Klappenwirkung ab. Dieses Verhalten ist in Abb. 12.9 dargestellt, indem dem geometrischen Klappenwinkel η_k ein effektiver Klappenwinkel η_{ke} zugeordnet wird. Diese Zuordnung gilt näherungsweise auch für die Momentenänderung.

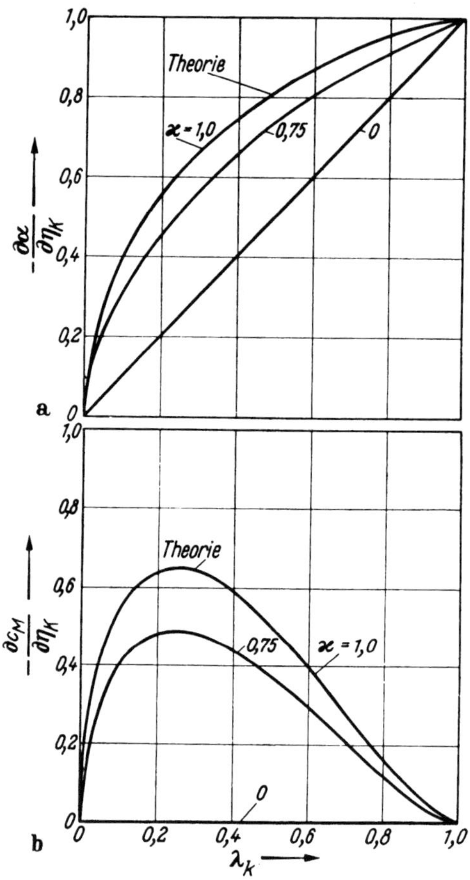

Abb. 12.10. Abminderung der Klappenwirksamkeit nach Gl. (12.9) und (12.10).
a) Anstellwinkeländerung infolge Klappenausschlag;
b) Momentenänderung infolge Klappenausschlag.

Die Unterschiede zwischen den theoretischen Kurven und den Messungen in Abb. 12.8a und b können durch den Einfluß der Profildicke und des Klappenspaltes nicht voll aufgeklärt werden. Sie dürften im wesentlichen auf Reibungseinflüssen beruhen. Im Hinblick auf theoretische Rechnungen für den Klappenflügel endlicher Spannweite empfiehlt es sich, diese Beiwerte des Klappenflügels der Profiltheorie mit einer empirischen Korrektur zu versehen. Dies kann in einfacher Weise dadurch geschehen, daß der *Wölbungseinfluß* auf die Beiwerte $\partial\alpha/\partial\eta_k$ und $\partial c_M/\partial\eta_k$ mit einem empirischen Faktor $\varkappa$ multipliziert wird. Damit ergeben sich für die so korrigierten Beiwerte folgende Formeln:

$$\frac{\partial\alpha}{\partial\eta_k} = -\lambda_k + \varkappa\left[\left(\frac{\partial\alpha}{\partial\eta_k}\right)_{\varkappa=1} + \lambda_k\right], \tag{12.9}$$

$$\frac{\partial c_M}{\partial\eta_k} = \varkappa\left(\frac{\partial c_M}{\partial\eta_k}\right)_{\varkappa=1}. \tag{12.10}$$

Hierin bedeuten die Werte mit dem Index ($\varkappa = 1$) die theoretischen Werte nach den Gln. (12.7) und (12.8). In Abb. 12.10 sind diese Beiwerte für $\varkappa = 0{,}75$ mit eingetragen; sie geben die Messungen von Abb. 12.8 befriedigend wieder.

In Abb. 12.11 sind die theoretischen Werte für die Lage des *Klappenneutralpunktes* entsprechend Gl. (12.5a) mit $\partial c_A/\partial\alpha = 2\pi$ in Ab-

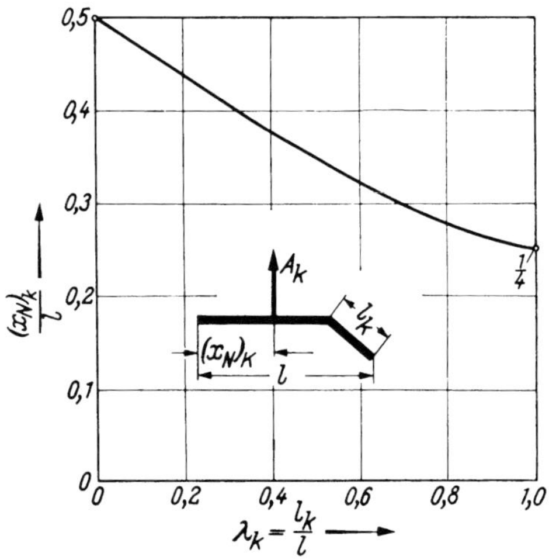

Abb. 12.11. Lage des Klappenneutralpunktes in Abhängigkeit vom Klappentiefenverhältnis für inkompressible Strömung.

hängigkeit vom Klappentiefenverhältnis angegeben. In dieser Abbildung ist der Abstand des Klappenneutralpunktes von der Vorderkante $(x_N)_k = l/4 + (\Delta x_N)_k$ dargestellt, wobei $l/4$ die Lage des Flügelneutralpunktes bedeutet. Es ist erwähnenswert, daß bei kleinen Klappen-

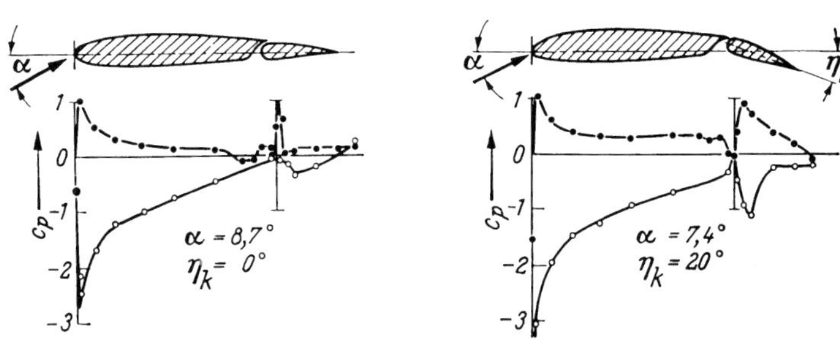

Abb. 12.12. Druckverteilung an einem Flügel mit Spaltklappe, nach [50].

tiefen der Klappenneutralpunkt auf $l/2$ liegt. Dies rührt daher, daß selbst eine kleine Klappe bei Ausschlag die Druckverteilung auch am vorderen Teil des Flügels stark beeinflußt.

Rudermoment und Ruderlast. Die Berechnung des Rudermomentes (Klappenmomentes) erfordert die Kenntnis der Druckverteilung auf der ausgeschlagenen Klappe. Das *Rudermoment* für ein Flügelstück der Breite b_k, bezogen auf die Ruderdrehachse, ist:

$$M_r = -b_k \int_{(l_k)} (p_u - p_o)(x - x_k)\,dx, \tag{12.11}$$

wobei x_k die Lage der Drehachse nach Abb. 12.1 und l_k die Klappentiefe ist. In Abb. 12.12 sind die an einem Klappenflügel gemessenen Druckverteilungen dargestellt.

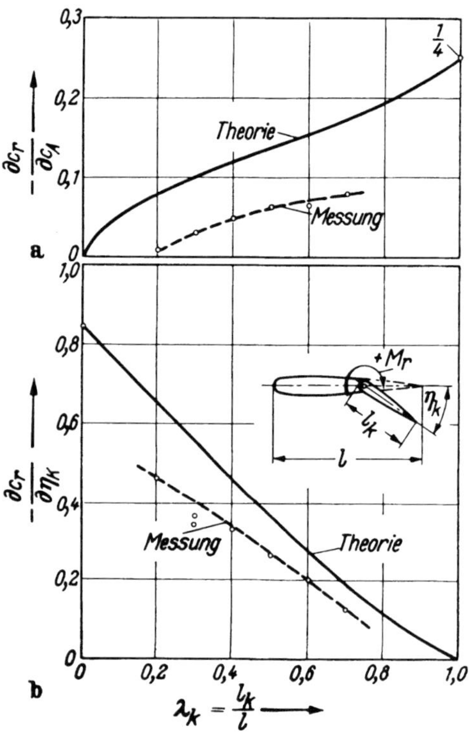

Abb. 12.13. Rudermomentenbeiwerte in Abhängigkeit vom Klappentiefenverhältnis λ_k; Theorie nach [21], Messung nach [23].
a) Änderung des Rudermomentenbeiwertes mit dem Auftriebsbeiwert;
b) Änderung des Rudermomentenbeiwertes mit dem Klappenausschlag.

Die Theorie des Klappenflügels (geknickte ebene Platte, Kap. 6.32) liefert für den Rudermomentenbeiwert $c_r = M_r/b_k l_k^2 q$ die folgenden Beziehungen:

$$\frac{\partial c_r}{\partial c_A} = -\frac{1}{2\pi\,\lambda_k^2}\left[(3 - 2\lambda_k)\sqrt{\lambda_k(1-\lambda_k)} - (3 - 4\lambda_k)\arcsin\sqrt{\lambda_k}\right], \tag{12.12a}$$

$$\frac{\partial c_r}{\partial \eta_k} = -\frac{4}{\pi}\sqrt{\left(\frac{1-\lambda_k}{\lambda_k}\right)^3}\left[\arcsin\sqrt{\lambda_k} - \sqrt{\lambda_k(1-\lambda_k)}\right]. \tag{12.12b}$$

In Abb. 12.13 sind diese Beiwerte in Abhängigkeit vom Klappentiefenverhältnis λ_k dargestellt. Meßergebnisse für einfache Wölbungsklappen sind mit eingetragen. Sie liegen beträchtlich unterhalb der theoretischen Kurven. Diese Unterschiede sind auf den Einfluß der endlichen Profildicke [23], [65] und besonders auf Reibungseinflüsse zurückzuführen.

Die Luftkraft auf der Klappe (*Klappenlast*), deren Kenntnis für die statische Berechnung der Klappe von Bedeutung ist, erhält man ebenfalls aus der Druckverteilung an der Klappe zu:

$$A'_k = b_k \int_{(l_k)} (p_u - p_o)\, dx. \tag{12.13}$$

Der Beiwert der Ruderlast (Klappenlast) sei definiert durch:

$$A'_k = c_k b_k l_k q. \tag{12.14}$$

Die Abhängigkeit des Beiwertes der Klappenlast vom Auftriebsbeiwert und vom Klappenwinkel ist analog zu Gl. (12.6) gegeben durch:

$$c_k = \frac{\partial c_k}{\partial c_A} c_A + \frac{\partial c_k}{\partial \eta_k} \eta_k. \tag{12.15}$$

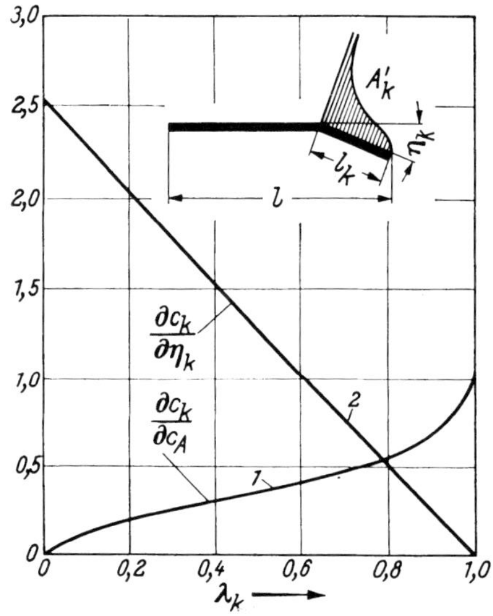

Abb. 12.14. Klappenlast nach Theorie [21].
Kurve *1*: Änderung des Beiwertes der Klappenlast mit dem Auftriebsbeiwert; Kurve *2*: Änderung des Beiwertes der Klappenlast mit dem Klappenwinkel.

Aus der Theorie der geknickten Platte ergeben sich diese Beiwerte zu:

$$\frac{\partial c_k}{\partial c_A} = \frac{2}{\pi \lambda_k} \left[\arcsin \sqrt{\lambda_k} - \sqrt{\lambda_k (1 - \lambda_k)}\right], \tag{12.16a}$$

$$\frac{\partial c_k}{\partial \eta_k} = \frac{8}{\pi} (1 - \lambda_k). \tag{12.16b}$$

In Abb. 12.14 sind beide Beiwerte über dem Klappentiefenverhältnis aufgetragen.

Zur Verringerung des Rudermomentes M_r sind bereits in Kap. 12.1 verschiedene Formen von *Ruderausgleichen* angegeben worden (Abb. 12.2). Von diesen können nur der Innenausgleich und das Hilfsruder als ebenes Problem angesehen werden. Beim Innenausgleich wird das Rudermoment dadurch verkleinert, daß die Lage der Drehachse nach hinten verlegt wird. Bei Ausschlag des Ruders tritt dann die Rudernase aus dem Profil hervor, und es entsteht dadurch eine Kontur, die der Berechnung kaum zugänglich ist. Für die aerodynamischen Beiwerte von Klappenflügeln mit Innenausgleich ist man deshalb hauptsächlich auf experimentelle Untersuchungen angewiesen, wie sie z. B. von R. GÖTHERT [23] angegeben werden. Die aerodynamischen Beiwerte eines Klappenflügels mit Hilfsruder sind erstmalig von W. G. A. PERRING [40] nach der Theorie der mehrfach geknickten Platte behandelt worden. Ein Vergleich der theoretischen Ergebnisse mit Messungen wird in [23] gegeben. In diesem Fall ist der Reibungseinfluß besonders groß.

Auf das Schrifttum über die Erweiterungen der Theorie des Klappenflügels bezüglich des Einflusses der endlichen Profildicke, des Spaltes und eines großen Klappenausschlages wurde bereits in Kap. 6.32 hingewiesen. Sehr umfangreiche experimentelle Untersuchungen über Klappenflügel sind besonders von C. J. WENZINGER ausgeführt worden. Hierüber wurde in [7] und [60] zusammenfassend berichtet, man vergleiche auch [45].

12.22 Klappenflügel bei kompressibler Strömung

Auftrieb und Moment. Die Theorie des Klappenflügels unendlicher Spannweite bei kompressibler Strömung läßt sich aus der Profiltheorie der kompressiblen Strömung näherungsweise herleiten, die in Kap. 8.1 dargestellt wurde. Dabei wurden die Lösungen für Unterschallgeschwindigkeit nach der Prandtl-Glauertschen Regel (Kap. 8.12) und diejenigen für Überschallgeschwindigkeit aus der Ackeretschen Regel (Kap. 8.13) erhalten. Die Anwendung dieser linearen Profiltheorie auf den Klappenflügel bei kompressibler Strömung wurde in Abb. 8.17 dargestellt. Es gelten bei ungeändertem Klappentiefenverhältnis $\lambda_k = (\lambda_k)_{ik}$ die folgenden Formeln:

Für *Unterschallgeschwindigkeit* ($Ma_\infty < 1$):

$$\frac{\partial \alpha}{\partial \eta_k} = \left(\frac{\partial \alpha}{\partial \eta_k}\right)_{ik}, \tag{12.17}$$

$$\frac{\partial c_M}{\partial \eta_k} = \frac{1}{\sqrt{1 - Ma_\infty^2}} \left(\frac{\partial c_M}{\partial \eta_k}\right)_{ik}. \tag{12.18}$$

Dabei sind die mit *ik* bezeichneten Beiwerte diejenigen der inkompressiblen Strömung nach den Gln. (12.7) und (12.8) sowie nach Abb. 12.8.

Für *Überschallgeschwindigkeit* ($Ma_\infty > 1$) gilt:

$$\frac{\partial \alpha}{\partial \eta_k} = -\lambda_k, \tag{12.19}$$

$$\frac{\partial c_M}{\partial \eta_k} = -\frac{2}{\sqrt{Ma_\infty^2 - 1}}\lambda_k(1 - \lambda_k). \tag{12.20}$$

Mit den vorstehenden Beiwerten läßt sich die Lage des Klappenneutralpunktes nach Gl. (12.5a) berechnen. Dabei ist zu berücksichtigen, daß $\partial c_A/\partial\alpha = 2\pi/\sqrt{1 - Ma_\infty^2}$ für $Ma_\infty < 1$ und $\partial c_A/\partial\alpha = 4/\sqrt{Ma_\infty^2 - 1}$ für $Ma_\infty > 1$ ist. Die Lage des *Klappenneutralpunktes* ist in Abb. 12.15

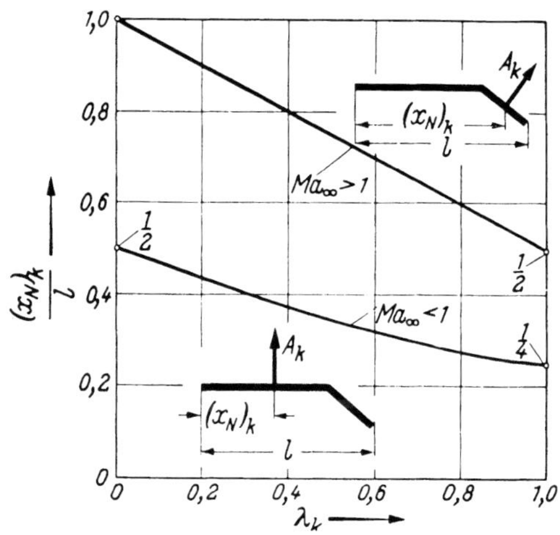

Abb. 12.15. Lage des Klappenneutralpunktes in Abhängigkeit vom Klappentiefenverhältnis für kompressible Strömung (Unterschall- und Überschallgeschwindigkeit).

in Abhängigkeit vom Klappentiefenverhältnis λ_k angegeben. Dabei gilt $(x_N)_k = l/4 + (\Delta x_N)_k$ für $Ma_\infty < 1$ und $(x_N)_k = l/2 + (\Delta x_N)_k$ für $Ma_\infty > 1$.

Bei Überschallgeschwindigkeit liegt der Klappenneutralpunkt erwartungsgemäß weiter hinten als bei Unterschallgeschwindigkeit.

Rudermoment und Ruderlast. Für die Beiwerte des Rudermomentes erhält man aus der Prandtl-Glauertschen Regel für *Unterschallgeschwindigkeit* ($Ma_\infty < 1$), vgl. Kap. 8.121:

$$\frac{\partial c_r}{\partial c_A} = \left(\frac{\partial c_r}{\partial c_A}\right)_{ik}, \tag{12.21a}$$

$$\frac{\partial c_r}{\partial \eta_k} = \frac{1}{\sqrt{1 - Ma_\infty^2}}\left(\frac{\partial c_r}{\partial \eta_k}\right)_{ik}. \tag{12.21b}$$

Dabei sind die mit *ik* bezeichneten Beiwerte diejenigen der inkompressiblen Strömung nach Gl. (12.12) und Abb. 12.13. Entsprechende Beziehungen gelten für die Beiwerte der Klappenlast.

Für *Überschallgeschwindigkeit* ($Ma_\infty > 1$) gilt nach der Ackeretschen Regel, vgl. Kap. 8.131:

$$\frac{\partial c_r}{\partial c_A} = -\frac{1}{2}, \tag{12.22a}$$

$$\frac{\partial c_r}{\partial \eta_k} = -\frac{2}{\sqrt{Ma_\infty^2 - 1}}(1 - \lambda_k). \tag{12.22b}$$

Die Beiwerte der Klappenlast ergeben sich sofort aus der Tatsache, daß die Druckverteilung über die Klappentiefe konstant ist zu $c_k = 2c_r$.

12.3 Ruder am Flügel endlicher Spannweite

12.31 Ruder am Flügel bei inkompressibler Strömung

12.311 Berechnungsverfahren. Nachdem im vorigen Abschnitt die Aerodynamik des Klappenflügels unendlicher Spannweite (ebenes Problem) erörtert worden ist, soll jetzt der Einfluß einer Klappe beim Tragflügel *endlicher Spannweite* behandelt werden. Hierbei tritt als weiterer geometrischer Parameter noch die Spannweite der Klappe hinzu, vgl. Abb. 11.1, 11.3 und 12.5a. Darüber hinaus ist in vielen Fällen das Klappentiefenverhältnis über die Klappenspannweite veränderlich, vgl. Kap. 12.12. Für die Ermittlung der Auftriebsverteilung ist der Tragflügel mit Klappenausschlag äquivalent einem Tragflügel mit einer zusätzlichen Anstellwinkelverteilung längs Spannweite (Verwindung). Falls die Klappe sich nur über einen Teil der Spannweite erstreckt, ist diese zusätzliche Anstellwinkelverteilung unstetig. Die zu einem vorgegebenen Klappenausschlag äquivalente Anstellwinkelverteilung erhält man aus der Theorie des Klappenflügels unendlicher Spannweite zu:

$$\alpha_k(\eta) = -\frac{\partial \alpha}{\partial \eta_k}\eta_k. \tag{12.23}$$

Dabei ist $\partial\alpha/\partial\eta_k$ die örtliche Ruderwirkung nach den Gln. (12.7) und (12.9) sowie nach Abb. 12.8a und 12.10a. Diese ist eine Funktion der Spannweitenkoordinate $\eta = y/s$, falls das Klappentiefenverhältnis λ_k längs Spannweite veränderlich ist, vgl. Abb. 5.3.

Nach den in Kap. 7.3 dargelegten Verfahren zur Berechnung der Auftriebsverteilung an Tragflügeln kann man für eine solche Anstellwinkelverteilung die zusätzliche Zirkulationsverteilung infolge Klappenausschlag ermitteln. Es empfiehlt sich, hierbei der Unstetigkeitsstelle im Anstellwinkelverlauf besondere Beachtung zu schenken.

Traglinientheorie. Für die *einfache Traglinientheorie* (Kap. 7.33) hat H. MULTHOPP [37] ein Verfahren für die Behandlung der Unstetigkeitsstelle im Anstellwinkelverlauf angegeben.

In Abb. 12.16 ist ein Ergebnis nach diesem Verfahren als Kurve *1* angegeben.

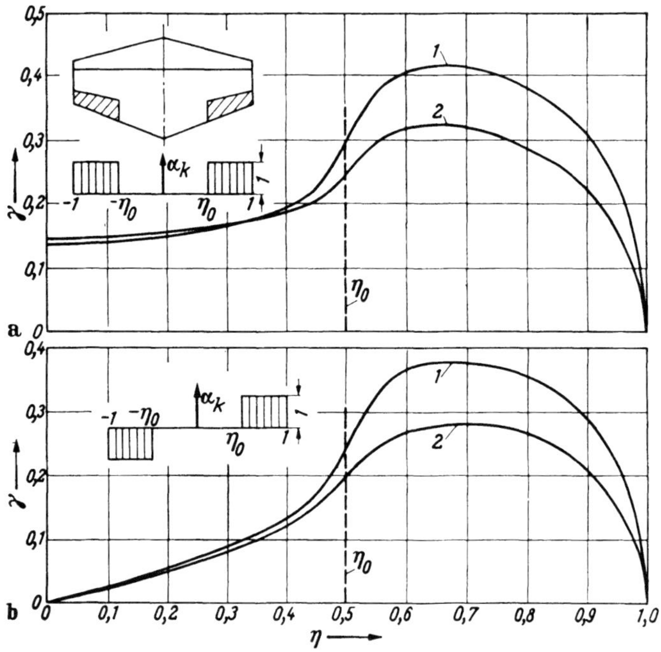

Abb. 12.16. Zirkulationsverteilung längs Spannweite infolge einer unstetigen Anstellwinkelverteilung für einen Trapezflügel vom Seitenverhältnis $\Lambda = 2{,}75$; Zuspitzung $\lambda = 0{,}5$.
Kurve *1*: einfache Traglinientheorie; Kurve *2*: erweiterte Traglinientheorie.
a) Symmetrische Anstellwinkelverteilung; b) antimetrische Anstellwinkelverteilung.

Es wurde ein Trapezflügel vom Seitenverhältnis $\Lambda = 2{,}75$ mit der Zuspitzung $\lambda = 0{,}5$ gewählt. Die Sprungstelle der Anstellwinkelverteilung α_k liegt bei $\eta_0 = 0{,}5$. In Abb. 12.16a ist sie symmetrisch und in Abb. 12.16b antimetrisch. Nach Abbildung 12.16a erzeugt der symmetrische Klappenausschlag auf dem Außenflügel auch in der Flügelmitte einen erheblichen Auftrieb.

Für die *erweiterte Traglinientheorie* (Dreiviertelpunkt-Methode, Kap. 7.34) sind in Abb. 12.16 die nach diesem Verfahren berechneten Zirkulationsverteilungen als Kurven *2* mit eingetragen. Erwartungsgemäß ergibt die erweiterte Traglinientheorie geringeren Auftrieb als die einfache Traglinientheorie.

Auftriebsverteilungen an Tragflügeln mit Klappenausschlag (Anstellwinkelverteilung mit Sprung) sind in großer Zahl von J. DE YOUNG [12], [13] berechnet worden, ohne daß dort jedoch die Sprungstelle abgespalten wurde.

Tragflächentheorie. Ein auf der Tragflächentheorie (Kap. 7.352) beruhendes Berechnungsverfahren für die Auftriebsverteilung an Tragflügeln mit Klappen ist in [61] angegeben worden. Hierbei wird die Anstellwinkelverteilung infolge Klappenausschlag auf der $l/4$-Linie (ξ_l) und an der Hinterkante (ξ_h) benötigt. Für diese ergibt sich unter Berücksichtigung von Gl. (12.23):

$$\alpha_k(\xi_l, \eta) = \left[-\frac{\partial\alpha}{\partial\eta_k} + \frac{4}{\pi}\frac{\partial c_m}{\partial\eta_k}\right]\eta_k, \tag{12.24a}$$

$$\alpha_k(\xi_h, \eta) = \left[-\frac{\partial\alpha}{\partial\eta_k} - \frac{2}{\pi}\frac{\partial c_m}{\partial\eta_k}\right]\eta_k. \tag{12.24b}$$

Dabei sind die Beiwerte $\partial\alpha/\partial\eta_k$ und $\partial c_m/\partial\eta_k$ nach den Gln. (12.7) und (12.8) bzw. (12.9) und (12.10) aus der Profiltheorie des Klappenflügels bekannt und nur abhängig vom Rudertiefenverhältnis.[1]

12.312 Ergebnisse. In diesem Abschnitt sollen jetzt die Ergebnisse von einigen Beispielrechnungen für die Auftriebsverteilung von Tragflügeln mit Ruderausschlag mitgeteilt werden, vgl. hierzu K. Bausch [3]. Dabei entspricht der Fall der symmetrischen Anstellwinkelverteilung einer am Flügel angebrachten Landeklappe oder einem Höhenruder eines Nurflügelflugzeuges nach Abb. 11.3. Die antimetrische Anstellwinkelverteilung entspricht einem Querruder (Abb. 11.1 und 11.3).

Höhenruder, Landeklappen. Für den Tragflügel mit *elliptischem Grundriß* ergibt sich nach Kap. 7.333 aus Gl. (7.89b) für den Nullauftriebswinkel infolge Ruderausschlag bei stückweise konstanter sym-

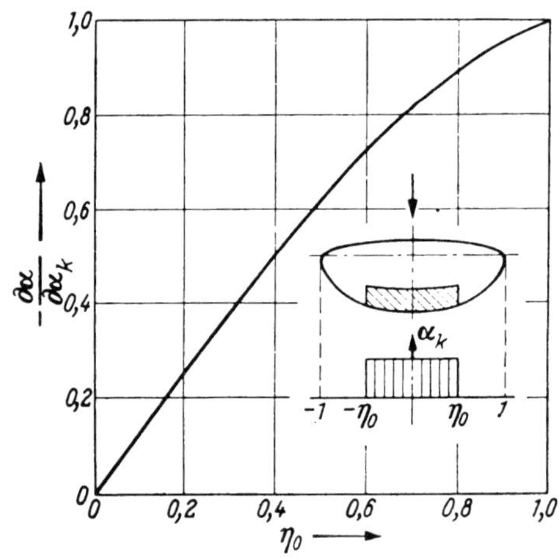

Abb. 12.17. Änderung des Nullauftriebswinkels infolge Klappenausschlag für Ellipsenflügel mit verschiedener Spannweite der Klappe, nach [3].

metrischer Anstellwinkelverteilung:

$$\frac{\partial\alpha}{\partial\alpha_k} = -1 + \frac{2}{\pi}\left(\arccos\eta_0 - \eta_0\sqrt{1-\eta_0^2}\right). \tag{12.25}$$

[1] Da es sich in diesen Gleichungen um örtliche Beiwerte handelt, wurde hier c_m an Stelle von c_M in Gl. (12.8) geschrieben.

Dabei reicht des Ruder von $-\eta_0$ bis $+\eta_0$. Es hat ein konstantes Rudertiefenverhältnis. Der Zusammenhang zwischen α_k und dem Ruderwinkel η_k ist nach der Theorie des ebenen Klappenflügels durch Gl. (12.23) gegeben. In Abb. 12.17 ist der Beiwert $\partial\alpha/\partial\alpha_k$ in Abhängigkeit von der Ruderspannweite dargestellt. Dieses Ergebnis gilt sowohl für die einfache als auch für die erweiterte Traglinientheorie. Auftriebsverteilungen

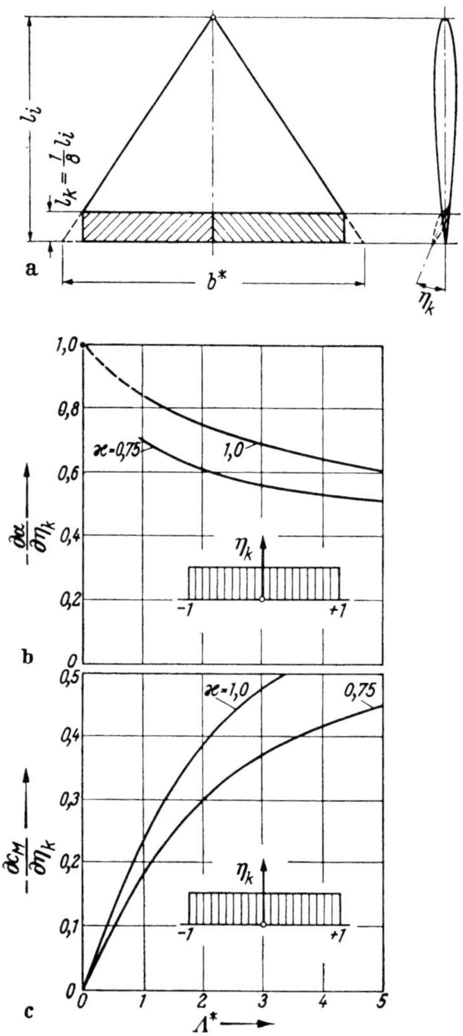

Abb. 12.18. Aerodynamische Beiwerte für Deltaflügel mit durchgehender Klappe bei verschiedenem Seitenverhältnis $\Lambda^* = 2b^*/l_i$, nach [61].

a) Geometrie;

b) Änderung des Nullauftriebswinkels infolge Klappenausschlag;

c) Änderung des Nullmomentenbeiwertes infolge Klappenausschlag.

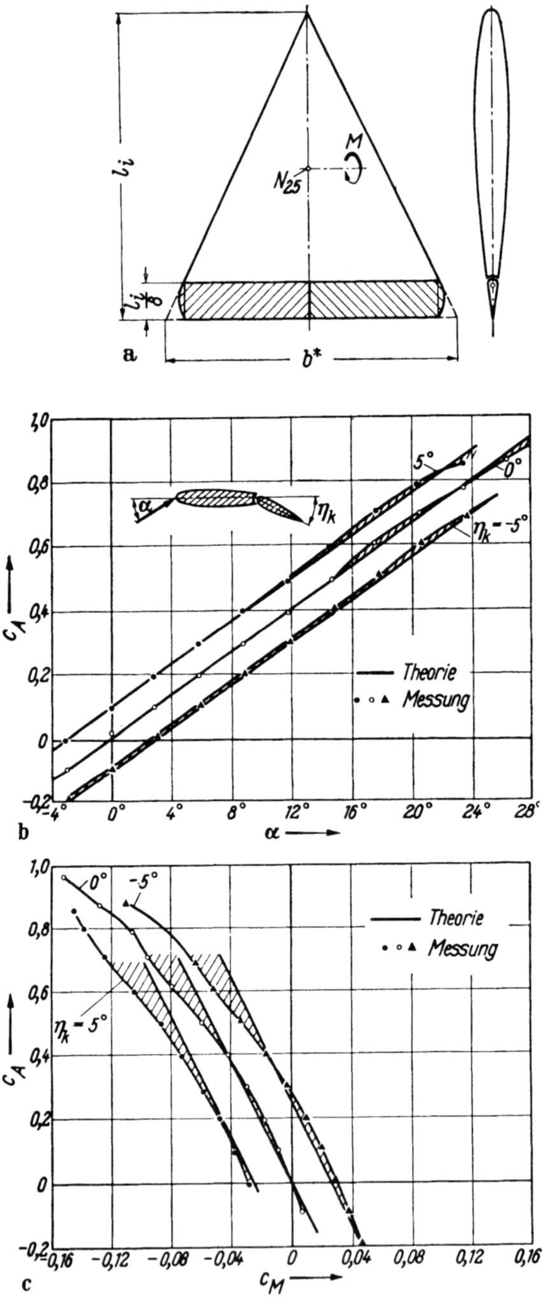

Abb. 12.19. Gemessene aerodynamische Beiwerte eines Deltaflügels mit durchgehender, symmetrisch ausgeschlagener Klappe. Seitenverhältnis $\Lambda^* = 2$, Profil NACA 0012; Vergleich von Theorie ($\varkappa = 0{,}75$) und Messung, nach [61].

a) Geometrie; b) Auftriebsbeiwert in Abhängigkeit vom Anstellwinkel; c) Momentenbeiwert in Abhängigkeit vom Auftriebsbeiwert.

von Flügeln mit Landeklappenausschlägen sind u. a. von W. RICHTER [44] angegeben worden.

Ein weiteres Beispiel ist in Abb. 12.18 dargestellt. Es handelt sich um *Deltaflügel* von verschiedenem Seitenverhältnis $\Lambda^* = 2b^*/l_i$, die mit einem durchgehenden symmetrisch ausgeschlagenen Ruder versehen sind, so daß das Rudertiefenverhältnis über die Spannweite veränderlich ist. In der Flügelmitte ist $\lambda_k = 1/8$ und an den Flügelenden $\lambda_k = 1$, Abb. 12.18a. Die in Abb. 12.18b und c dargestellten Ergebnisse wurden nach der Tragflächentheorie errechnet, man vergleiche hierzu [61]. Die örtliche Ruderwirksamkeit wurde nach Gl. (12.9) und (12.10) genommen. In Abb. 12.18b ist die Änderung des Nullauftriebswinkels mit dem Klappenausschlag in Abhängigkeit vom Seitenverhält-

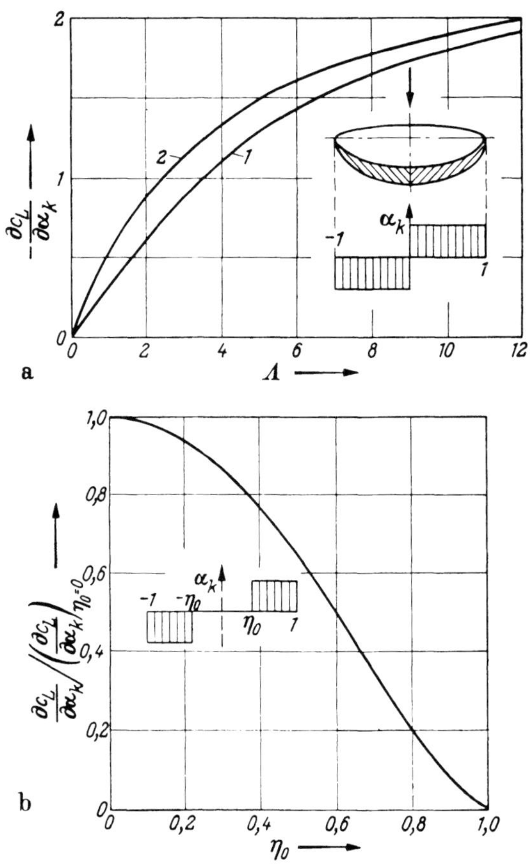

Abb. 12.20. Rollmomentenbeiwert in Abhängigkeit vom Klappenausschlag für einen Ellipsenflügel, nach [3].
a) Über die Halbspannweite durchgehende Klappe; Kurve *1*: erweiterte Traglinientheorie; Kurve *2*: einfache Traglinientheorie; b) Einfluß der Klappenspannweite.

nis angegeben; ferner gibt Abb. 12.18c die Änderung des Nullmomentenbeiwertes mit dem Klappenausschlag. In Abb. 12.19 sind für den Deltaflügel mit $\Lambda^* = 2$ diese theoretischen Ergebnisse mit Messungen bei kleinen Klappenausschlägen verglichen. Die Übereinstimmung ist gut.

Querruder. In Abb. 12.20 sind für den Tragflügel von *elliptischem Grundriß* mit antimetrischem Ruderausschlag die Rollmomentenbeiwerte angegeben. Dabei zeigt Abb. 12.20a das Querruderrollmoment für das über die Halbspannweite durchgehende Ruder in Abhängigkeit vom Seitenverhältnis. Es gilt auf Grund der erweiterten Traglinientheorie nach Gl. (7.127):

$$\frac{\partial c_L}{\partial \alpha_k} = -\frac{4}{3\pi}\,\frac{\pi\Lambda}{\sqrt{k^2+4}+2} \tag{12.26}$$

mit $k = \pi\Lambda/c'_{A\infty} \approx \Lambda/2$. Zum Vergleich ist dieser Beiwert nach der einfachen Traglinientheorie ebenfalls eingetragen. Für den Fall, daß die Querruderspannweite sich nur über einen Teil der Halbspannweite erstreckt, zeigt Abb. 12.20b das Querruderrollmoment. Es gilt nach Gl. (7.127):

$$\frac{\partial c_L}{\partial \alpha_k} = \left(\frac{\partial c_L}{\partial \alpha_k}\right)_{\eta_0=0} \sqrt{1-\eta_0^{2}}^{\,3}, \tag{12.27}$$

wobei $(\partial c_L/\partial \alpha_k)_{\eta_0=0}$ durch Gl. (12.26) sowie Abb. 12.20a gegeben ist.

Für die *Deltaflügel* nach Abb. 12.18a sind in Abb. 12.21 theoretische Querruderrollmomente für das über die Halbspannweite durchgehende

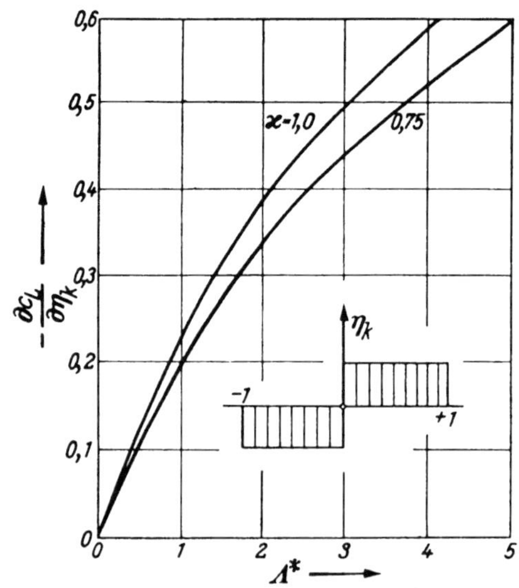

Abb. 12.21. Rollmomentenbeiwert infolge Klappenausschlag in Abhängigkeit vom Seitenverhältnis für die Deltaflügel von Abb. 12.18 mit über die Halbspannweiten durchgehenden Klappen, nach [61].

antimetrisch ausgeschlagene Ruder in Abhängigkeit vom Seitenverhältnis angegeben. Entsprechende Messungen für den in Abb. 12.19a dargestellten Deltaflügel vom Seitenverhältnis $\Lambda^* = 2$ sind in Abb. 12.22

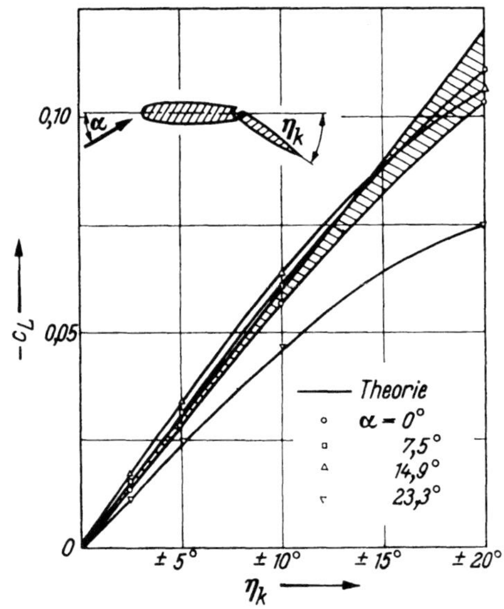

Abb. 12.22. Gemessene Rollmomentenbeiwerte eines Deltaflügels nach Abb. 12.19a mit über die Halbspannweiten durchgehenden Klappen, für verschiedene Anstellwinkel α. Vergleich von Theorie ($\varkappa = 0{,}75$) und Messung, nach [61].

angegeben. Hier sind, ebenfalls für das über die Halbspannweite durchgehende Querruder, die Rollmomentenbeiwerte infolge Querruderausschlag wiedergegeben. Die Übereinstimmung von Theorie und Messung ist bei kleinen und mäßigen Anstellwinkeln gut.

Ein zusammenfassender Bericht über Querruderuntersuchungen sowie umfangreiche experimentelle Ergebnisse werden in [16] und [60] mitgeteilt.

12.32 Ruder am Flügel bei kompressibler Strömung

Der Klappenflügel endlicher Spannweite bei kompressibler Strömung läßt sich mittels der Theorie des Tragflügels endlicher Spannweite nach Kap. 8.3 und 8.4 behandeln.

Unterschallgeschwindigkeit. Für Unterschallgeschwindigkeit wird die Prandtl-Glauertsche Regel nach Kap. 8.31 und 8.32 benutzt. Dabei wird dem Tragflügel endlicher Spannweite bei kompressibler Strömung ein transformierter Tragflügel bei inkompressibler Strömung zugeordnet. Die Transformationsformeln für die Geometrie des Flügels wurden in den Gln. (8.70) bis (8.72) angegeben. Dabei legen wir diejenige Fassung der Prandtl-Glauertschen Regel zugrunde, bei welcher die Anstellwinkelverteilung ungeändert bleibt, Kap. 8.22. Somit gilt für die Anstellwinkelverteilung infolge Klappenausschlag in der Tragflächentheorie die Gl. (12.24) unverändert. Für den Kompressibilitätseinfluß auf die aerodynamischen Beiwerte des Flügels gelten die in Kap. 8.321 angegebenen Umrechnungsformeln.

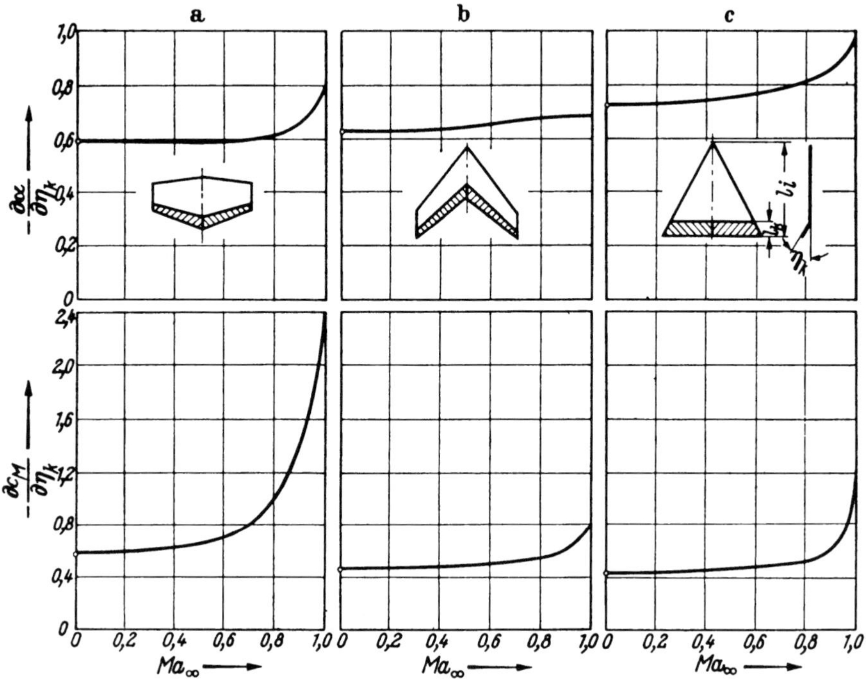

Abb. 12.23. Änderung des Nullauftriebswinkels und des Nullmomentes infolge Klappenausschlag für verschiedene Flügel mit durchgehender Klappe in Abhängigkeit von der Mach-Zahl für Unterschallgeschwindigkeit, nach [30]. Tragflächentheorie, $\varkappa = 1$.

a) Trapezflügel:	$\Lambda = 2{,}75$;	$\lambda = 0{,}5$;	$\varphi = 0°$;	$\lambda_k = 1/5$;
b) Pfeilflügel:	$\Lambda = 2{,}75$;	$\lambda = 0{,}5$;	$\varphi = 50°$;	$\lambda_k = 1/5$;
c) Deltaflügel:	$\Lambda = 2{,}31$;	$\lambda = 0$;	$\varphi = 52{,}4°$;	$l_k = l_i/8 = \text{const.}$

Insbesondere gelten für die auf den ganzen Flügel bezogenen Beiwerte der Anstellwinkeländerung und der Momentenänderung mit dem Ruderausschlag die Gln. (12.17) und (12.18), wobei die dort stehenden Beiwerte der inkompressiblen Strömung für die transformierten Flügel zu nehmen sind.

In Abb. 12.23 und 12.24 sind die Ergebnisse von Beispielrechnungen für Tragflügel endlicher Spannweite mit Ruderausschlag dargestellt. Es handelt sich dabei um die schon mehrfach behandelten drei Flügel, nämlich einen Trapezflügel, einen Pfeilflügel und einen Deltaflügel, vgl. Tab. 7.5. Abb. 12.23 zeigt die Ergebnisse für symmetrischen Ruderausschlag. Dargestellt ist die Änderung des Nullauftriebswinkels $\partial\alpha/\partial\eta_k$ und die Änderung des Nullmomentenbeiwertes $\partial c_M/\partial\eta_k$ des ganzen Flü-

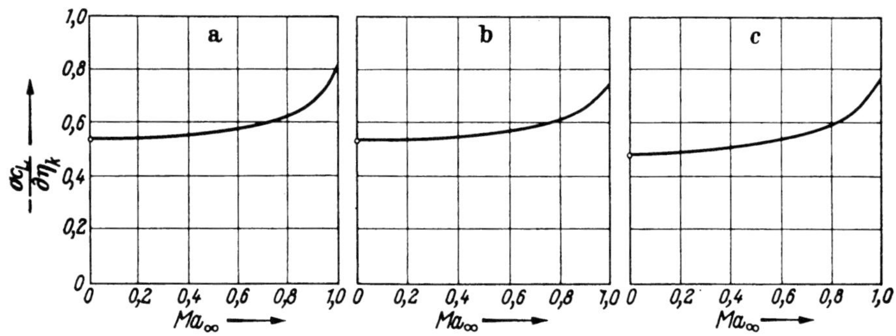

Abb. 12.24. Änderung des Rollmomentenbeiwertes infolge Klappenausschlag für die Flügel nach Abb. 12.23 in Abhängigkeit von der Mach-Zahl für Unterschallgeschwindigkeit, nach [30].

gels in Abhängigkeit von der Mach-Zahl Ma_∞. Bis zu $Ma_\infty \approx 0{,}8$ ändern sich die Beiwerte aller drei Flügel nur recht wenig mit der Mach-Zahl. Abb. 12.24 zeigt die Ergebnisse für antimetrischen Ruderausschlag. Es ist das Querruderrollmoment $\partial c_L/\partial\eta_k$ in Abhängigkeit von der Mach-Zahl aufgetragen. Auch hier ist die Änderung dieses Beiwertes mit der Mach-Zahl ziemlich klein.

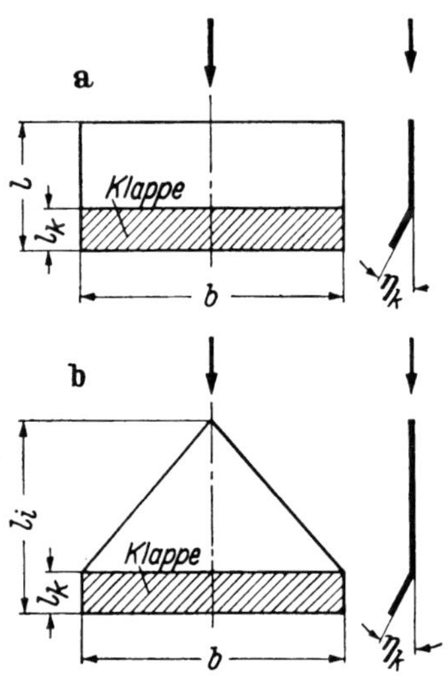

Abb. 12.25. Zur Aerodynamik des Klappenflügels bei Überschallgeschwindigkeit.
a) Rechteckflügel mit durchgehender Klappe; b) Deltaflügel mit durchgehender Klappe.

Überschallgeschwindigkeit. Die Berechnung der aerodynamischen Wirkung eines Ruders an einem Tragflügel endlicher Spannweite bei Überschallgeschwindigkeit ist in mancher Beziehung einfacher als bei Unterschallgeschwindigkeit. Dies zeigt Abb. 12.25, wo ein Rechteckflügel und ein Deltaflügel mit einer durchgehenden Klappe konstanter Tiefe dargestellt sind. Beim Ausschlag der Klappe erhält nur diese einen zusätzlichen Auftrieb, welcher gleich dem Auftrieb eines Rechteckflügels von der Spannweite b und der Klappentiefe l_k ist. Der Auftrieb der Flügelteile vor der Klappe wird durch den Klappenausschlag nicht geändert.

Zur Berechnung des *Auftriebes* infolge Klappenausschlages können wir auf die Ergebnisse für den Rechteckflügel nach Kap. 8.422 zurückgreifen. Nach Gl. (8.117) erhält man für den von der Klappe mit der Fläche $F_k = b l_k$ erzeugten und auf die gesamte Flügelfläche F bezogenen Auftriebsbeiwert:

$$\frac{\partial c_A}{\partial \eta_k} = \frac{F_k}{F} \frac{4}{\sqrt{Ma_\infty^2 - 1}} \left[1 - \frac{1}{2} \frac{l_k}{b\sqrt{Ma_\infty^2 - 1}}\right], \tag{12.28}$$

gültig für $l_k \leq b\sqrt{Ma_\infty^2 - 1}$, aber unabhängig von der Flügelform.

Für den *Rechteckflügel* nach Abb. 12.25a läßt sich auch leicht die Änderung des Nullauftriebswinkels infolge Ruderausschlag ermitteln.

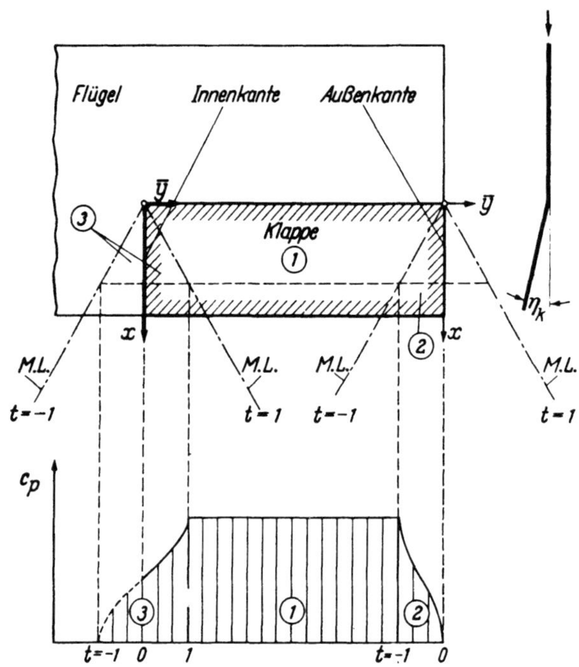

Abb. 12.26. Druckverteilung infolge Klappenausschlag an einer rechteckigen Klappe bei Überschallgeschwindigkeit, nach [6].

Wegen $\partial\alpha/\partial\eta_k = -(\partial c_A/\partial\eta_k)/(\partial c_A/\partial\alpha)$ nach Gl. (12.4b) erhält man aus den Gln. (12.28) und (8.117):

$$\frac{\partial \alpha}{\partial \eta_k} = -\lambda_k \frac{2\Lambda\sqrt{Ma_\infty^2 - 1} - \lambda_k}{2\Lambda\sqrt{Ma_\infty^2 - 1} - 1}. \tag{12.29}$$

Hierbei ist $\lambda_k = l_k/l = F_k/F$ das Rudertiefenverhältnis. In dieser Gleichung bedeutet der Bruch auf der rechten Seite, welcher stets größer als 1 ist, die Korrektur gegenüber dem Wert des ebenen Klappenflügels, wie man durch Vergleich mit Gl. (12.19) erkennt.

Auch die *Druckverteilung* an der Klappe eines mit Überschallgeschwindigkeit angeströmten Flügels läßt sich in recht einfacher Weise übersehen. Abb. 12.26 zeigt eine Klappenanordnung, bei welcher die Klappe auf der rechten Seite eine „Außenkante" und auf der linken Seite eine „Innenkante" besitzt, die beide parallel zur Anströmungsrichtung sind. Bei der ausgeschlagenen Klappe gehen von den beiden vorderen Ecken Mach-Linien aus. Für den Fall, daß diese Mach-Linien sich auf der Klappe nicht schneiden, ist die Druckverteilung im Bereich *1* diejenige der ebenen Strömung. Es gilt also nach Gl. (8.92) und Tab. 8.5 für den resultierenden Druckbeiwert von Unter- und Oberseite:

$$c_{p1} = c_{peb} = \frac{4\eta_k}{\sqrt{Ma_\infty^2 - 1}}. \qquad (12.30\,\mathrm{a})$$

Für die Bereiche *2* und *3* liegt kegelsymmetrische Strömung vor. E gilt nach Gl. (8.116) und nach [6] für den Bereich *2*:

$$c_{p2} = \frac{1}{\pi} \arccos{(1 + 2t)}\, c_{peb} \qquad (12.30\,\mathrm{b})$$

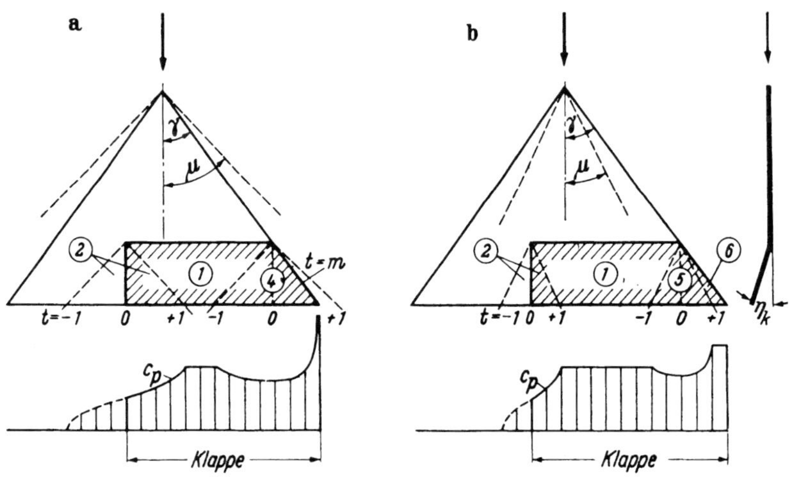

Abb. 12.27. Druckverteilung infolge Klappenausschlag an einer trapezförmigen Klappe bei Überschallgeschwindigkeit, nach [62].
a) Unterschall-Außenkante, $m = 3/4$ b); Überschall-Außenkante, $m = 3/2$.

und nach [62] für den Bereich *3*:

$$c_{p3} = \frac{1}{\pi} \arccos{(-t)}\, c_{peb}. \qquad (12.30\,\mathrm{c})$$

Dabei bedeutet $t = \bar{y}/x \tan\mu = (\bar{y}/x)\sqrt{Ma_\infty^2 - 1}$, wobei $\bar{y}$ jeweils von den vorderen Ecken der Klappe aus gemessen ist. In Abb. 12.26 sind diese Druckverteilungen für einen Schnitt $x = \text{const}$ dargestellt. Auf der Seite der Innenkante wird durch den Klappenausschlag im Bereich des Mach-Kegels an dem nicht ausgeschlagenen Flügelteil ein Auftrieb erzeugt, der ebenso groß ist wie der Auftriebsverlust in dem danebenliegenden Teil auf der Klappe.

Weiterhin zeigt Abb. 12.27 eine Klappenanordnung mit gepfeilter Außenkante, wie sie z. B. bei *Deltaflügeln* vorkommen kann. Dabei ist in Abb. 12.27a die Außenkante eine Unterschallkante und in Abb. 12.27b eine Überschallkante. Falls die von den beiden vorderen Ecken der Klappe ausgehenden Mach-Linien sich auf der Klappe nicht überschneiden, hat der Bereich *1* wie in Abb. 12.26 die konstante Druckverteilung der ebenen Strömung nach Gl. (12.30a). Der Bereich *2* hat die gleiche Druckverteilung wie der Bereich *3* in Abb. 12.26. Im Fall der Unterschallkante ($m < 1$) nach Abb. 12.27a hat man im Bereich *4* eine Druckverteilung von der Art wie beim Deltaflügel mit Unterschallvorderkante nach Abb. 8.49. Im Fall der Überschallkante ($m > 1$) nach Abb. 12.27b, bei welchem der Mach-Kegel der rechten vorderen Ecke ganz auf der Klappe liegt, herrscht in den Bereichen *5* und *6* eine Druckverteilung von der Art wie beim Deltaflügel mit Überschallvorderkante nach Abb. 8.47. Dabei ist im Teilbereich *6* der Druck konstant, Gl. (8.96a):

$$c_{p6} = \frac{m}{\sqrt{m^2 - 1}}\, c_{peb} \qquad (m > 1) \tag{12.31}$$

mit $m = \tan\gamma/\tan\mu$. Die Druckverteilungen für die Bereiche *4* und *5* sind von W. A. Tucker und R. L. Nelson [62] angegeben worden.

Schließlich seien in den nächsten beiden Abbildungen noch einige Angaben über den durch einen Klappenausschlag erzeugten Auftrieb und die Lage seines Angriffspunktes gemacht. Abb. 12.28 zeigt für drei rechteckige Klappen den *Gesamtauftrieb*, wobei die Klappe *1* zwei Innenkanten (Innenklappe), die Klappe *2* eine Innenkante und eine Außenkante (Eckenklappe) und die Klappe *3* zwei Außenkanten (durchgehende Klappe) besitzt. Es ist das Verhältnis des von der Klappe erzeugten gesamten Auftriebes zum Auftrieb des ebenen Klappenflügels in Abhängigkeit von $b_k\sqrt{Ma_\infty^2 - 1}/l_k$ aufgetragen. Bei der Klappe *1* ergibt sich überhaupt kein Auftriebsverlust gegenüber dem ebenen Klappenflügel; für Klappe *3* gilt Gl. (12.28); der Auftrieb der Klappe *2* ist das arithmetische Mittel von demjenigen von Klappe *1* und *3*.

In Abb. 12.29 ist die Lage der von der Klappe erzeugten Auftriebskraft (*Klappenneutralpunkt*) angegeben. Es bedeutet x_k den Abstand des Klappenneutralpunktes von der Drehachse. Während bei Klappe *1* der Klappenneutralpunkt auf der halben Klappentiefe liegt, rückt er bei Klappe *2* und *3* nach vorn.

Das *Rollmoment* infolge Querruderausschlag errechnet man sehr einfach aus der Überlegung, daß bei antimetrisch ausgeschlagenen

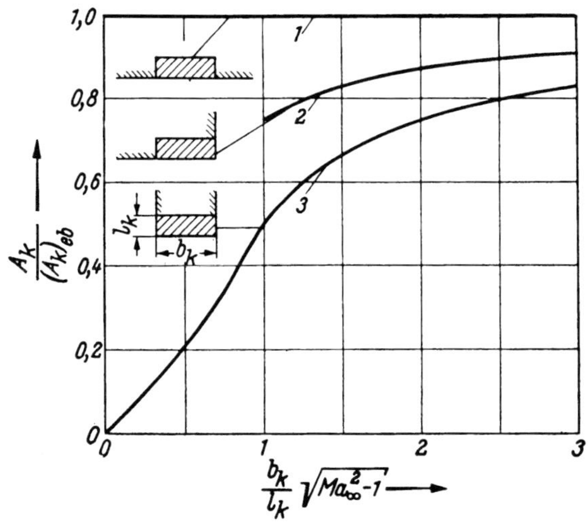

Abb. 12.28. Auftrieb infolge Klappenausschlag bei Überschallgeschwindigkeit, nach [51]. Kurve *1*: Innenklappe; Kurve *2*: Eckenklappe; Kurve *3*: durchgehende Klappe.

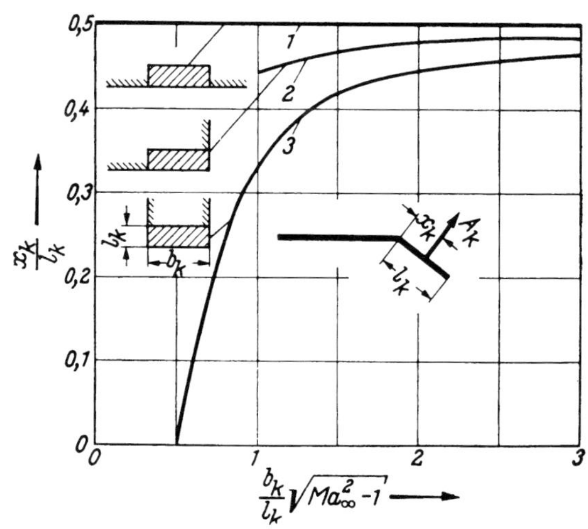

Abb. 12.29. Lage des Klappenneutralpunktes für die Klappenanordnungen nach Abb. 12.28, nach [51].

Klappen die von der Klappe erzeugte Auftriebskraft mit sehr guter Näherung in der Mitte der Klappe angreift.

Weitere Angaben über rechteckige Klappen findet man bei G. Schulz [51]. Klappen an Rechteckflügeln, Dreieckflügeln und Pfeilflügeln wurden von P. A. LAGERSTROM und M. E. GRAHAM [34] untersucht. Klappen mit Hornausgleich wurden von D. NAYLOR [38] behandelt.

12.4 Ruder am Leitwerk

In diesem Abschnitt soll jetzt noch kurz erörtert werden, in welcher Weise die durch einen Ruderausschlag am Leitwerk erzeugten Luftkräfte in das Kräfte- und Momentengleichgewicht des ganzen Flugzeuges eingehen. Für den Fall, daß die Ruderausschläge Null sind, wurde in Kap. 11.21 und 11.31 bereits der Beitrag des Höhenleitwerkes bzw. Seitenleitwerkes zur Luftkraft des ganzen Flugzeuges angegeben.

Höhenruder. Für den Beitrag des Höhenleitwerkes mit ausgeschlagenem Ruder zum Nickmoment des ganzen Flugzeuges hat man nach den Gln. (11.4) und (11.5):

$$c_{MH} = -\frac{dc_{aH}}{d\alpha_H}\left[\alpha_H - \frac{\partial\alpha_H}{\partial\eta_H}\,\eta_H\right]\frac{q_H}{q}\,\frac{F_H}{F}\,\frac{r'_H}{l_\mu}.$$

Dabei ist r'_H nach Abb. 11.5 der Abstand der Auftriebskraft des Höhenleitwerkes von der Momentenbezugsachse des Flugzeuges. Für den Fall ohne Klappenausschlag ist r'_H der Abstand des Neutralpunktes des Höhenleitwerkes von der Momentenbezugsachse.

Die Momentenänderung infolge Höhenruderausschlag bei konstantem Anstellwinkel ergibt sich hieraus zu:

$$\left(\frac{\partial c_{MH}}{\partial\eta_H}\right)_{\alpha=\text{const}} = \frac{dc_{aH}}{d\alpha_H}\,\frac{\partial\alpha_H}{\partial\eta_H}\,\frac{q_H}{q}\,\frac{F_H}{F}\,\frac{r''_H}{l_\mu}. \tag{12.32}$$

Dabei ist die Größe r'_H in der vorigen Gleichung jetzt durch den Hebelarm r''_H ersetzt worden, welcher den Abstand des Klappenneutralpunktes von der Momentenbezugsachse des Höhenleitwerkes bedeutet (vgl. Kap. 12.21). Für den ebenen Klappenflügel ist in Abb. 12.15 die Lage des Klappenneutralpunktes angegeben.

Die Momentenänderung infolge Höhenruderausschlag bei konstantem Auftriebsbeiwert (Nullmomentenbeiwert) ergibt sich in Analogie zu Gl. (11.17), wenn man darin ε_H durch $-(\partial\alpha_H/\partial\eta_H)\,\eta_H$ ersetzt, zu:

$$\left(\frac{\partial c_{MH}}{\partial\eta_H}\right)_{c_A=\text{const}} = \frac{dc_{aH}}{d\alpha_H}\,\frac{\partial\alpha_H}{\partial\eta_H}\,\frac{q_H}{q}\,\frac{F_H}{F}\,\frac{(r''_H)_N}{l_\mu}. \tag{12.33}$$

Hierin bedeutet $(r''_H)_N$ den Abstand des Klappenneutralpunktes des Höhenleitwerkes vom Neutralpunkt des ganzen Flugzeuges (vgl. Abb. 11.6b).

Seitenruder. Für den Beitrag des Seitenleitwerkes mit ausgeschlagenem Ruder zum Giermoment des ganzen Flugzeuges hat man nach den Gln. (11.59) und (11.60):

$$c_{NS} = -\frac{dc_{aS}}{d\alpha_S}\left[\beta_S - \frac{\partial\alpha_S}{\partial\eta_S}\eta_S\right]\frac{q_S}{q}\frac{F_S}{F}\frac{r'_S}{s}.$$

Dabei ist r'_S nach Abb. 11.43 der Abstand der Seitenkraft des Seitenleitwerkes von der Momentenbezugsachse des Flugzeuges.

Die Momentenänderung infolge Seitenruderausschlag ergibt sich hieraus zu:

$$\frac{\partial c_{NS}}{\partial\eta_S} = \frac{dc_{aS}}{d\alpha_S}\frac{\partial\alpha_S}{\partial\eta_S}\frac{q_S}{q}\frac{F_S}{F}\frac{r''_S}{s}. \tag{12.34}$$

Dabei ist die Größe r'_S in der vorigen Gleichung jetzt durch den Hebelarm r''_S ersetzt worden, welcher den Abstand des Klappenneutralpunktes von der Momentenbezugsachse des Seitenleitwerkes bedeutet.

Rudermomente. Angaben über die Rudermomente beim Flügel unendlicher Spannweite wurden in Kap. 12.2 gemacht. Die Rudermomente des Höhenruders und Seitenruders sowie auch des Querruders lassen sich im allgemeinen rechnerisch nicht mit ausreichender Genauigkeit ermitteln, da die Umrechnung vom Flügel unendlicher Spannweite (ebenes Problem) auf den Flügel endlicher Spannweite für die Rudermomente nicht zuverlässig möglich ist. Die Rudermomente für Ruder mit Ausgleichen nach Abb. 12.2 (Innenausgleich, Außenausgleich, Hilfsruder) sind rechnerisch besonders schwierig zu ermitteln, da sie u. a. stark von der Grenzschicht beeinflußt werden. Für die Bestimmung der Rudermomente ist man daher weitgehend auf Windkanalmessungen und Flugversuche [57] angewiesen. Einige Windkanalmessungen über die Rudermomente von Leitwerken mit Innenausgleich und Außenausgleich findet man in [46].

12.5 Start- und Landehilfen[1]

Wie bereits in Kap. 12.1 ausgeführt wurde, dienen die Landehilfen am Tragflügel zur Erhöhung des maximalen Auftriebsbeiwertes. Es ist eine große Mannigfaltigkeit von Anordnungen zur Erhöhung des maximalen Auftriebsbeiwertes im Gebrauch. Die älteren Arten von Landehilfen bestehen aus Klappen und Hilfsflügeln, die an der Flügelhinterkante oder an der Flügelnase angebracht sind (Abb. 12.3). In neuerer Zeit werden auch vielfach Vorrichtungen benutzt, bei denen durch eine Grenzschichtbeeinflussung mittels Absaugen oder Ausblasen eine Auftriebserhöhung erzielt wird. Hierüber wurde bereits in Kap. 4.5 kurz berichtet. Einen umfassenden Überblick über die verschiedenen Methoden

---

[1] Bei der Neubearbeitung dieses Abschnittes wurden wir von Herrn Dr.-Ing. K. O. Arnold unterstützt.

zur Erhöhung des Maximalauftriebes enthält das von G. V. LACHMANN herausgegebene Sammelwerk 'Boundary Layer and Flow Control' [33].

Der Einfluß von Landehilfen auf die Auftriebscharakteristik $c_A(\alpha)$ eines Flügels ist in Abb. 12.30 schematisch dargestellt. Die Kurve *1* gibt den Fall *ohne* Klappenausschlag, wobei durch eine Grenzschichtbeeinflussung an der Flügelnase der Beiwert $c_{A\max}$ nach Kurve *1a*

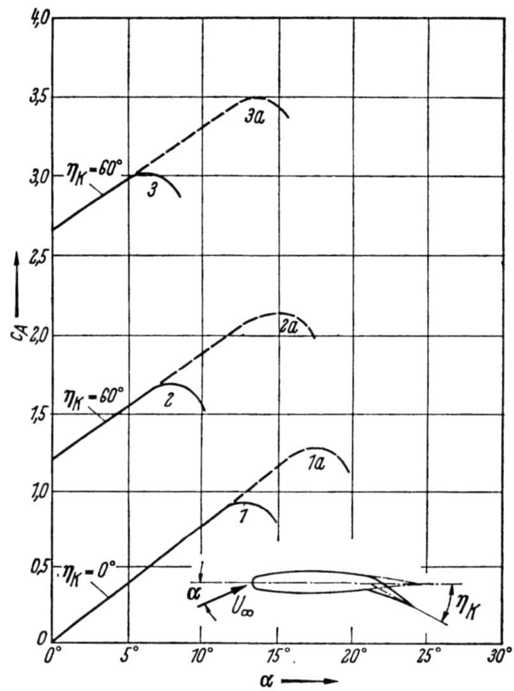

Abb. 12.30. Einfluß von Klappenausschlag und Grenzschichtbeeinflussung auf den Auftrieb eines Klappenflügels (schematisch). Erläuterung siehe Text.

vergrößert wird. Die Kurve *2* gibt den Fall *mit* Klappenausschlag, wobei durch eine Grenzschichtbeeinflussung an der Nase, Kurve *2a*, der Auftriebsbeiwert $c_{A\max}$ erhöht wird. Schließlich gibt Kurve *3* die Auftriebserhöhung durch Grenzschichtbeeinflussung an der Klappennase und Kurve *3a* den Fall mit zusätzlicher Grenzschichtbeeinflussung an der Flügelnase.

Klappen. Als einfachstes Verfahren zur Erhöhung von $c_{A\max}$ bietet sich das Ausschlagen einer *Wölbungsklappe* nach Abb. 12.31a an. Ihre Wirkung beruht darauf, daß durch den Klappenausschlag die effektive Wölbung erhöht wird, wodurch beträchtliche Auftriebserhöhungen erreicht werden können. Als Beispiel zeigt Abb. 12.31a den c_A-Wert in Abhängigkeit vom Anstellwinkel für verschiedene Klappenausschläge.

Die $c_{A\,max}$-Steigerung hängt vom Klappentiefenverhältnis λ_k ab; optimale Werte ergeben sich nach [7] in der Regel für $\lambda_k = 0{,}20$ bis $0{,}25$.

Eine baulich recht einfache Landehilfe stellt die *Spreizklappe* nach Abb. 12.3e dar. Es ist dies eine ebene Platte, die an der Unterseite des Flügels anliegt und um ihre Vorderkante gedreht wird. Die Auftriebskurven $c_A(\alpha)$, die in Abb. 12.31 b für verschiedene Klappenwinkel η_k an-

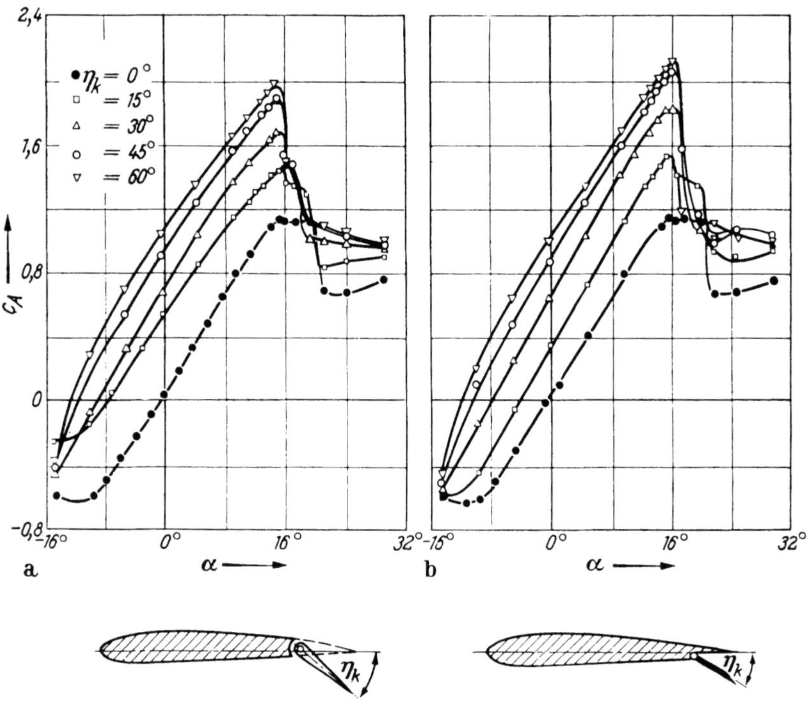

Abb. 12.31. Auftriebsbeiwerte von Klappenflügeln in Abhängigkeit vom Anstellwinkel α für verschiedene Klappenausschläge η_k; Profil NACA 23012, Reynolds-Zahl $Re = 6 \cdot 10^6$, nach [66]. a) Einfache Wölbungsklappe, Klappentiefenverhältnis $\lambda_k = 0{,}2$; b) Spreizklappe $\lambda_k = 0{,}2$.

gegeben sind, zeigen einen ähnlichen Verlauf wie für die Wölbungsklappe (vgl. Abb. 12.31 a). Die Wirkungsweise der Spreizklappen beruht nach E. Gruschwitz und O. Schrenk [24] außer auf einer Wölbungsvergrößerung auf einer Druckerniedrigung auf der Saugseite des Profils. In Abb. 12.32 ist eine Druckverteilung für einen Flügel mit ausgeschlagener Spreizklappe dargestellt. Infolge der Umströmung der scharfen Hinterkante der ausgeschlagenen Platte bildet sich hinter der Klappe in deren Totwasser ein starkes Unterdruckgebiet aus, das sich bis auf die Flügeloberseite auswirkt.

Grundsätzlich nimmt der $c_{A\,max}$-Wert mit der Reynolds-Zahl zu. In Abb. 12.33 sind einige Ergebnisse über den Einfluß der Reynolds-Zahl auf die Größe von $c_{A\max}$ angegeben, und zwar sowohl für den Flügel ohne Klappe als auch für den Flügel mit 60° Spreizklappenausschlag.

Eine Zusammenfassung der amerikanischen Messungen an Flügeln endlicher Spannweite mit Klappen, die sich nur über einen Teil der Spannweite erstrecken, wird in [18] und [55] gegeben. Dort wird auch über das Abreißverhalten solcher Flügel berichtet; man vergleiche hierzu die Arbeiten [19], [35], [71].

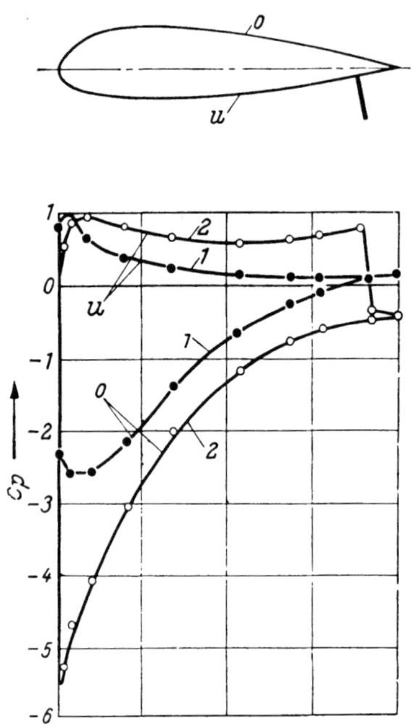

Abb. 12.32. Druckverteilung an einem Flügel mit ausgeschlagener Spreizklappe, nach [24]. Kurve *1*: ohne Klappenausschlag; Kurve *2*: mit Klappenausschlag.

Die Wirksamkeit der einfachen Wölbungsklappe ist durch die Strömungsablösung begrenzt, die bei großem Ausschlag η_k für alle Anstellwinkel unmittelbar hinter der Klappennase erfolgt. Durch Beeinflussung der Grenzschicht an der ablösungsgefährdeten Stelle läßt sich die auftriebserhöhende Wirkung der Wölbungsklappe verbessern, wie in Abb. 12.30 schematisch gezeigt ist. Außer dem mit erheblichem Aufwand verbundenen Absaugen bzw. Ausblasen, das anschließend noch ausführlicher besprochen werden soll, stellt die zuerst von A. Betz [4] und G. V. Lachmann [32] angegebene *Spaltklappe* nach Abb. 12.3b eine einfache Bauform für eine natürliche Grenzschichtbeeinflussung dar. Die Wirkung der Spaltklappe besteht darin, daß die durch den Schlitz von der Unterseite zur Oberseite durchströmende Luft die am Flügel gebildete Reibungsschicht in die freie Strömung fortträgt, bevor sie sich ablöst. Von der Klappennase an entwickelt sich eine neue Grenzschicht, die wiederum eine größere Lauflänge ohne Ablösung überwinden kann.

Der maximale Auftriebsbeiwert $c_{A\max}$ hängt von den in Kap. 6.41 ausführlich behandelten Ablösungsvorgängen an dem vor der Klappe liegenden Hauptflügel ab. Die ungünstigsten Strömungsbedingungen treten am Flügel bei großem Anstellwinkel ($\alpha \approx \alpha c_{A\max}$) kurz hinter der Profilnase auf. Hier führt der auf die Saugspitze folgende Druckanstieg im allgemeinen zu einer Ablösung der Reibungsschicht an der Vorderkante des Flügels (vgl. Abb. 6.44). Durch eine Grenzschichtbeeinflussung in ähnlicher Weise wie an der Hinterkantenklappe kann die Ablösung zu größeren Anstellwinkeln verschoben werden. Die Verlängerung des linearen Verlaufs der $c_A(\alpha)$-Kurve nach Abb. 12.30 ergibt einen beträchtlichen zusätzlichen Auftriebsgewinn.

Eine andere wirksame Anordnung zur Erhöhung des Maximalauftriebes ist der *Vorflügel* (Slat) nach Abb. 12.3f, dessen Wirkungsweise bereits in Kap. 4.53 erläutert und für den in Abb. 4.26 eine Polare an-

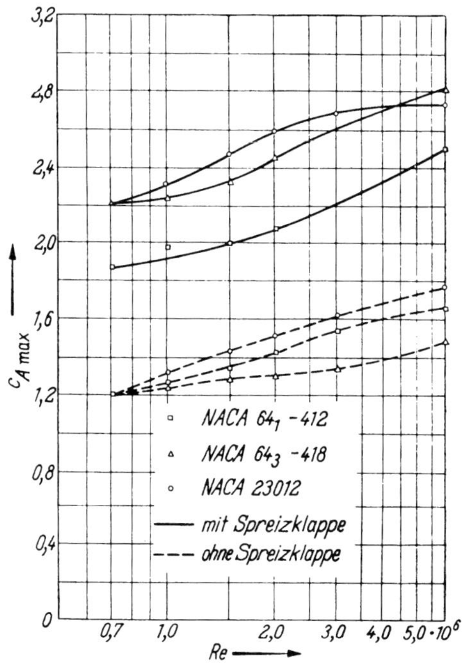

Abb. 12.33. Änderung des maximalen Auftriebsbeiwertes mit der Reynolds-Zahl für Flügel ohne und mit Spreizklappe. Klappentiefenverhältnis $\lambda_k = 0{,}20$; Klappenwinkel $\eta_k = 60°$, nach [7].

gegeben wurde. Abb. 12.34 zeigt den Auftriebsbeiwert in Abhängigkeit vom Anstellwinkel für einen Flügel ohne und mit Vorflügel. In Übereinstimmung mit der Profiltheorie bringt der Vorflügel keine merkliche Änderung der Profilwölbung, die sich in einer Parallelverschiebung der $c_A(\alpha)$-Kurven ohne und mit Vorflügeln äußern würde. Infolge der natürlichen Grenzschichtbeeinflussung wird der maximale Auftriebsbeiwert eines Flügels mit Vorflügel bei sehr großen Anstellwinkeln erreicht.

Eine ähnliche Wirkung wie der Vorflügel hat die zuerst von W. Krüger [31] angegebene *Nasenklappe*. Hierbei ist die Ursache für die Vergrößerung von $\alpha c_{A\,max}$ allerdings eine andere. Es wird nämlich die für den Ablösungsvorgang maßgebende Form der Profilnase (vgl. dazu Abb. 6.44) durch den Klappenausschlag in günstigem Sinne verändert.

Zu den konventionellen Landehilfen an der Hinterkante gehören außer den bereits besprochenen der *Doppelflügel* nach Abb. 12.3c, der eine baulich einfachere Art der Spaltklappe ist, und die *Fowlerklappe* nach Abb. 12.3d. Die letztere besteht aus einer Klappe, die nach hinten ausgefahren und ausgeschlagen wird. Auf diese Weise wird neben dem Wölbungseinfluß auch gleichzeitig eine Flächenvergrößerung erzielt.

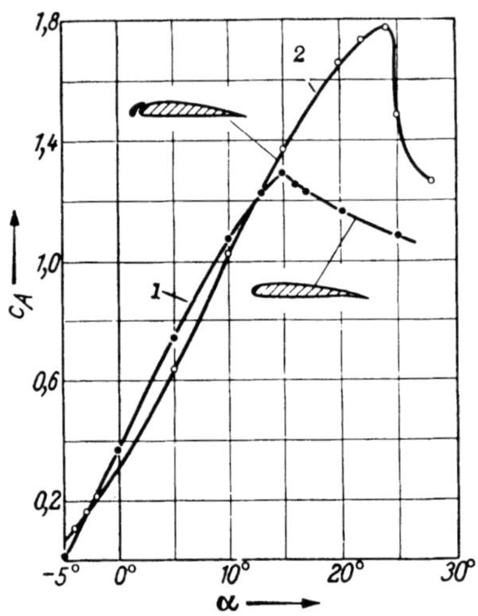

Abb. 12.34. Auftriebsbeiwert eines Flügels mit Vorflügel, nach [64]. Profil Clark *Y*, Reynolds-Zahl $Re = 6 \cdot 10^5$. Kurve *1*: ohne Vorflügel; Kurve *2*: mit Vorflügel.

Häufig werden mehrere Landehilfen kombiniert verwendet, um einen möglichst hohen Maximalauftrieb zu erzielen. Als Beispiel dafür ist in Abb. 12.35 der Auftriebsbeiwert als Funktion des Anstellwinkels für das Profil des Flugzeuges Do 27 mit Vorflügel und Doppelspaltklappe angegeben. Der günstige Einfluß, den die zwischen Vor- und Hauptflügel hindurchtretende Spaltströmung auf die Grenzschicht hat, geht deutlich aus den Vergleichsmessungen imt abgedecktem Nasenspalt hervor. Bei der letzteren Anordnung liegen die $c_{A\max}$-Werte für alle untersuchten Klappenwinkel um $\Delta c_{A\max} \approx 0{,}6$ niedriger; außerdem hat das Abreißen der Strömung einen steileren Auftriebsabfall zufolge als bei offenem Nasenspalt.

Umfangreiche Zusammenstellungen über den maximalen Auftriebsbeiwert von Flügeln ohne und mit Landehilfen findet man in [39], [41], [45]; man vergleiche auch [36].

Absaugung. Bei den Bemühungen, den Maximalauftrieb von Tragflügeln noch weiter zu steigern, war die Absaugung schon frühzeitig untersucht worden [5]. Am wirksamsten erwies sich zunächst eine Schlitzabsaugung in Verbindung mit einem Klappenflügel. Diese Anordnung wurde an den beiden Göttinger Absaugeflugzeugen AF 1 und AF 2 nach Abb. 4.29 erfolgreich erprobt, worüber bereits in Kap. 4.54 berichtet wurde. Bei genügend starker Absaugung der verzögerten Reibungsschicht an der ablösungsgefährdeten Stelle, die in der Nähe der Klappennase liegt, kann die Strömung über der gesamten Hinterkantenklappe anliegend gehalten werden.

Die Absaugeintensität wird durch einen dimensionslosen Mengenbeiwert angegeben, der folgendermaßen definiert ist:

$$c_Q = \frac{Q}{F\,U_\infty}. \tag{12.35}$$

Dabei bedeutet Q das pro Zeiteinheit abgesaugte Volumen, F die Flügelfläche und U_∞ die Anströmgeschwindigkeit. Der Maximalauftrieb kann durch Schlitzabsaugung beträchtlich vergrößert werden (vgl.

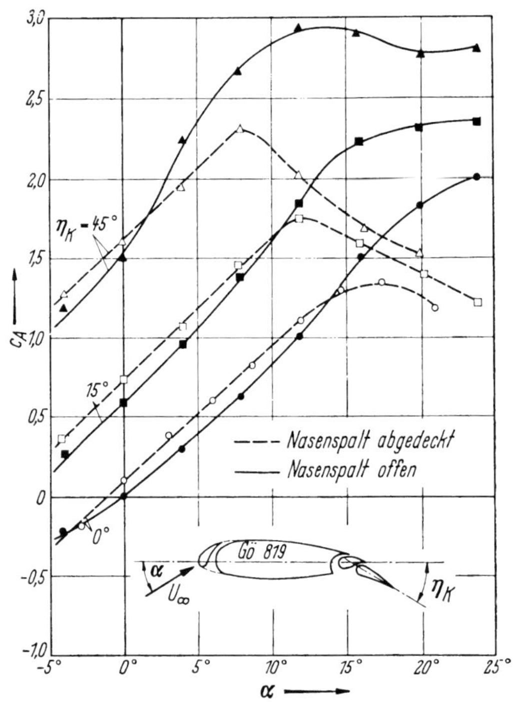

Abb. 12.35. Auftriebsbeiwert $c_A(\alpha)$ für das Profil Gö 819 mit Vorflügel und Doppelspaltklappe, nach [70].

dazu Abb. 12.30). Der bei voll anliegender Klappenströmung ($c_Q = c_{QA}$) gegenüber der unbeeinflußten Strömung ($c_Q = 0$) erreichbare Auftriebsgewinn ist aus Abb. 12.36 zu entnehmen. Die Auftragung zeigt c_A als Funktion des Klappenausschlages bei verschiedenen Anstellwinkeln des Flügels. Bemerkenswert ist die Tatsache, daß sich der potentialtheoretische Auftriebsbeiwert ergibt, wenn gerade so stark abgesaugt wird, daß die Ablösung an der Klappe vollständig verschwindet. Über die Berechnung des dafür erforderlichen Mengenbedarfs c_{QA} sind in [2] Untersuchungen vorgenommen worden. In neuerer Zeit wurde neben der Schlitzabsaugung vielfach auch die kontinuierlich verteilte Absaugung durch eine perforierte Wand angewendet, und zwar sowohl an der Hinterkantenklappe als auch an der Flügelnase. Über weitere Entwicklungen von Absaugeeinrichtungen ist von B. REGENSCHEIT [43] und H. SCHLICHTING [47] zusammenfassend berichtet worden.

Die kontinuierlich verteilte Absaugung wurde theoretisch von H. SCHLICHTING und W. PECHAU [49] untersucht. Flugversuche von

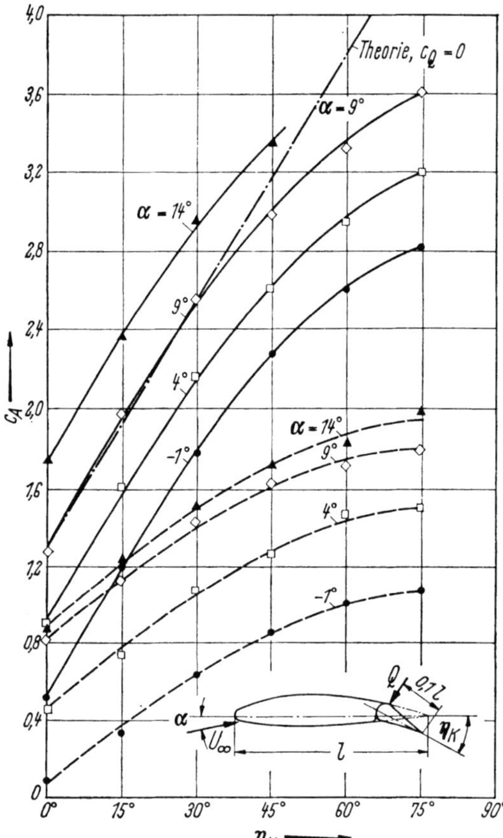

Abb. 12.36. Auftriebserhöhung durch Schlitzabsaugung an der Hinterkantenklappe für vollständig anliegende Klappenströmung nach [2].
---- Messung *ohne* Absaugung;
—— Messung *mit* Absaugung.

F. SCHWARZ [52] sowie F. SCHWARZ und W. WUEST [53] bestätigen die Anwendbarkeit der Nasenabsaugung.

Ausblasen. Neben der Absaugung hat sich auch die Grenzschichtbeeinflussung durch Ausblasen für die Steigerung des Maximalauftriebes als wirksam erwiesen. Mit großem Erfolg ist diese Methode am Tragflügel mit Hinterkantenklappe angewendet worden. Durch tangentiales Ausblasen eines dünnen Strahles mit hoher Geschwindigkeit an der

Nase der ausgeschlagenen Klappe kann die Ablösung der Strömung an der Klappe verhindert und damit der Auftrieb gesteigert werden. Über die physikalischen Grundlagen dieses Verfahrens ist bereits in Kap. 4.55 ausführlich berichtet worden. Umfangreiche Untersuchungen dazu hat

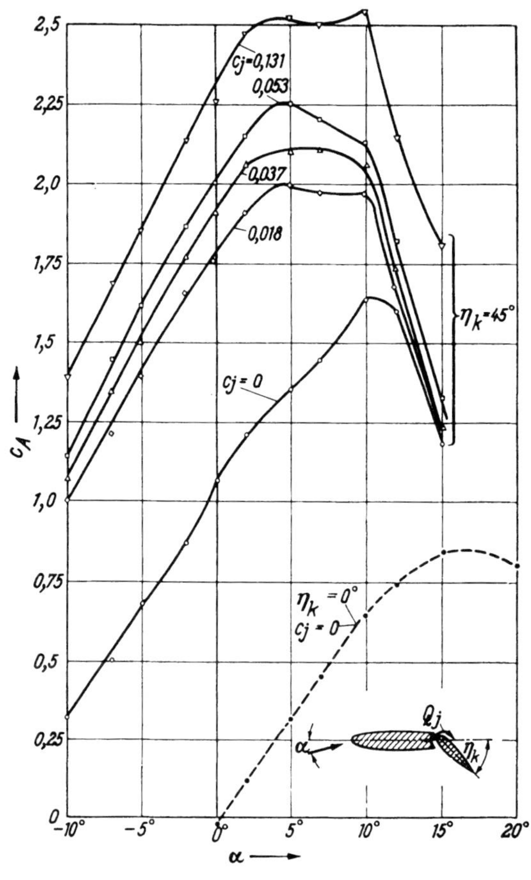

Abb. 12.37. Auftriebsbeiwert eines Tragflügels mit Ausblasen über die Hinterkantenklappe, nach [69], Profil $d/l = 0{,}08$.
Klappenausschlag $\eta_k = 45°$; Klappentiefenverhältnis $\lambda_k = 0{,}25$.

F. THOMAS [59] ausgeführt, vgl. dazu auch [58]. Ein typisches Ergebnis wurde in Abb. 4.34 angegeben. Maßgeblich für die Wirkung des Ausblasens ist der dimensionslose Impulsbeiwert

$$c_j = \frac{\varrho_j Q_j v_j}{q_\infty F}, \tag{12.36}$$

wobei sich der Index j auf die Werte im Strahl und der Index ∞ auf die Werte der Zuströmung beziehen. In Abb. 12.37 ist für einen Tragflügel mit festem Klappenausschlag der Auftriebsbeiwert in Abhängigkeit vom Anstellwinkel für verschiedene Impulsbeiwerte c_j dargestellt. Das Ausblasen wirkt ähnlich wie eine Wölbungsvergrößerung (Klappenausschlag). Die Strömung löst sich jedoch schon bei kleinerem Anstellwinkel als ohne Ausblasen ab. Nach Abb. 12.30 läßt sich ein zusätzlicher Auftriebs-

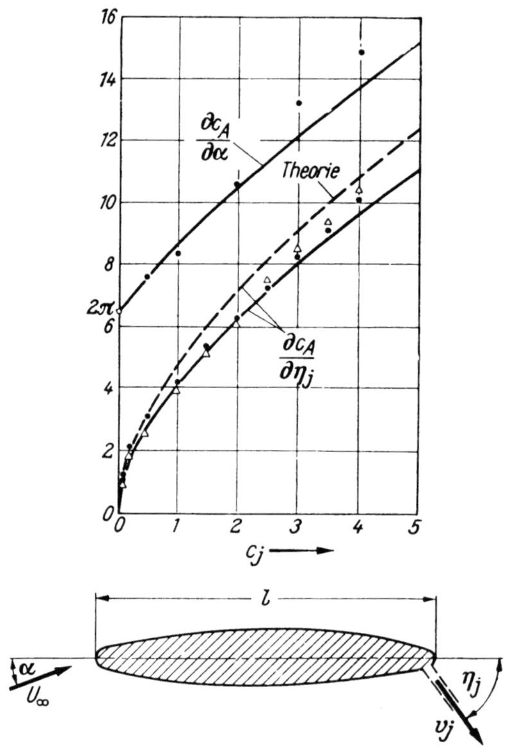

Abb. 12.38. Profil mit Strahlklappe, Vergleich von Theorie und Messung für die Auftriebsanstiege $\partial c_A/\partial\alpha$ und $\partial c_A/\partial\eta_j$. Theorie nach [28] und [56].
Messung — • — nach [14], $\eta_j = 31°$; Messung — △ — nach [14], $\eta_j = 58°$.

gewinn durch die Kombination mit einer Grenzschichtbeeinflussung an der Flügelnase, entweder durch Absaugen oder Ausblasen [20] erzielen. Auch bei vollständig anliegender Strömung ist noch eine weitere Auftriebssteigerung durch verstärktes Ausblasen auf der Klappe möglich. Dies kommt durch die *Superzirkulation* und die Strahlreaktionskraft zustande (vgl. Kap. 4.55 und Abb. 4.34). Von Ph. Poisson-Quinton [42] und J. Williams [69] ist über diesen Problemkreis zusammenfassend berichtet worden, vgl. dazu auch [33].

Ganz ähnliche Wirkungen wie bei einer festen Hinterkantenklappe erhält man, wenn man in der Nähe der Flügelhinterkante einen Luftstrahl sehr hoher Geschwindigkeit unter einem gewissen Winkel η_j ausbläst, wie es in Abb. 12.38 angegeben ist (*Strahlklappe* = Jet Flap). Zu der Vertikalkomponente der Reaktionskraft des Strahles kommt noch ein zusätzlicher induzierter Auftrieb hinzu, der mitunter ein Vielfaches der Strahlreaktion sein kann (Superzirkulation). In [11], [42], [68] sind hierüber zahlreiche experimentelle Untersuchungen ausgeführt worden.

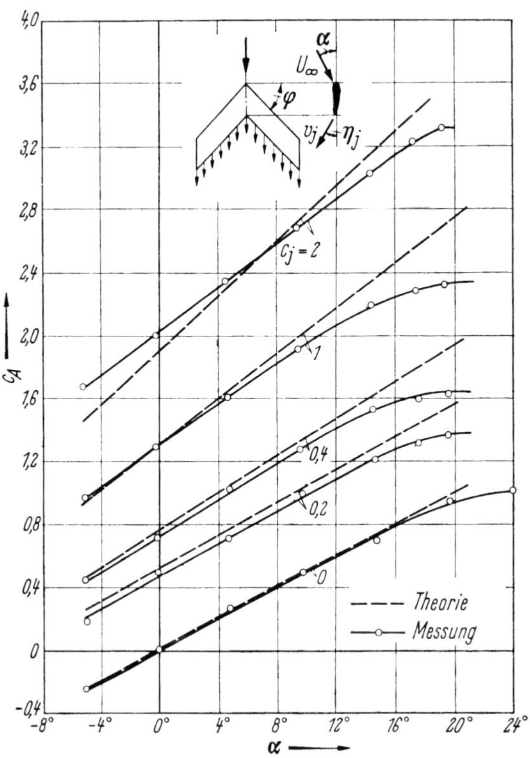

Abb. 12.39. Auftriebsbeiwert eines Pfeilflügels mit Strahlklappe; Vergleich von Theorie und Messung nach [10]. Seitenverhältnis $\Lambda = 3{,}5$; Pfeilwinkel $\varphi = 45°$; Strahlwinkel $\eta_j = 30°$.

In Abb. 12.38 sind für ein symmetrisches Profil mit einer Strahlklappe die Theorien von D. A. Spence [56] und W. Jacobs [28] mit Experimenten verglichen worden. Dargestellt ist die Abhängigkeit der Auftriebsanstiege $\partial c_A/\partial \alpha$ und $\partial c_A/\partial \eta_j$ vom Impulsbeiwert c_j, der durch Gl. (12.36) definiert ist. Dabei sind im vorliegenden Fall die Impulsbeiwerte c_j sehr viel größer als in Abb. 12.37. Bis zu Werten von etwa $c_j = 0{,}1$ bewirkt der Blasstrahl eine Grenzschichtbeeinflussung und für größere c_j im wesentlichen eine Zirkulationserhöhung (Superzirkulation). Mit wachsendem c_j steigen beide Auftriebsanstiege stark an. Für $c_j = 4$ ist $\partial c_A/\partial \alpha$ etwa doppelt so groß wie ohne Ausblasen ($c_j = 0$). Die Übereinstimmung von Theorie und Messung ist gut. Mit der Theorie

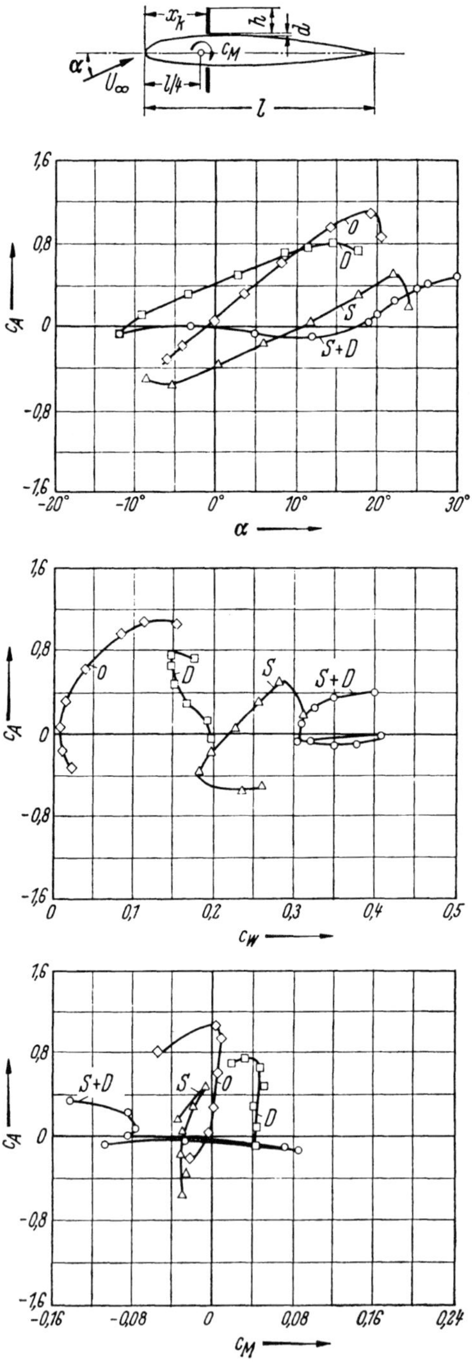

Abb. 12.40. Dreikomponentenmessung eines Rechteckflügels mit Bremsklappen nach [1]. Seitenverhältnis $\Lambda = 5{,}1$; Klappen über die ganze Spannweite.

O: Flügel ohne Klappen; *S*: Klappe auf Saugseite; *D*: Klappe auf Druckseite.

des Flügels endlicher Spannweite mit Strahlklappe hat sich H. B. HELMBOLD [25] befaßt.

Eine umfassende Tragflächentheorie für den Flügel endlicher Spannweite mit Strahlklappe ist von A. DAS [8], [9], [10] ausgearbeitet worden. Ein Beispiel dieser Theorie und ihren Vergleich mit Messungen zeigt Abb. 12.39 für einen Pfeilflügel mit einer über die ganze Spannweite durchgehenden Strahlklappe. Die Übereinstimmung von Theorie und Messung ist gut. Eine zusammenfassende Darstellung der aerodynamischen Probleme des Höchstauftriebes ist von H. SCHLICHTING [48] gegeben worden.

Bremsklappen, Unterbrecher. Die aerodynamische Wirkung von Bremsklappen (Abb. 12.4) ist zuerst von H. JACOBS und A. WANNER [27] und D. FUCHS [17] sowie später systematisch von H. VOEPEL [63] und E. RELLER [1] untersucht worden. Dabei wurde in [1] und [63] die Lage der Klappen auf Ober- und Unterseite variiert. Abb. 12.40 gibt das Ergebnis einer Dreikomponentenmessung für einen Flügel mit über die ganze Spannweite reichenden Bremsklappen. Aus der Polaren $c_A(c_W)$ geht der sehr große Widerstandszuwachs hervor. Im Vergleich zum Flügel allein wächst der Widerstandsbeiwert etwa auf den zwanzigfachen Wert an.

Vorrichtungen ähnlicher Art, die nur auf der Oberseite des Flügels angebracht sind, bezeichnet man auch als *Unterbrecher* (Spoiler). Bei Betätigung nur auf einer Flügelseite können sie zur Steuerung um Hoch- und Längsachse dienen. Die vom Unterbrecher verursachte Strömungsablösung am Flügel erzeugt einen starken einseitigen Auftriebsverlust und damit ein Rollmoment. Windkanalversuche an Unterbrechern wurden von C. J. WENZINGER und F. M. ROGALLO [67], B. GOETHERT [22], J. FISCHEL und J. M. WATSON [15] sowie A. HEYSER [26] mitgeteilt. Rechnerische Überlegungen zur Wirkung des Spoilers wurden in [29] und [54] angestellt.

Literatur

[1] Arnold, K. O.: Aerodynamische Untersuchungen an Flügeln mit Bremsklappen. Z. Flugwiss. 14 (1966) 277–281; vgl. auch E. Reller: FB 1689/1 (1942) und 1689/2 (1943).
[2] Arnold, K. O.: Untersuchungen über die Auftriebserhöhung eines Klappenflügels durch Schlitzabsaugung. Z. Flugwiss. 15 (1967) 37–56.
[3] Bausch, K.: Zahlenergebnisse für elliptische Flügel mit stückweise konstanter und stückweise linearer Anstellwinkelverteilung. Luftf.-Forschg. 15 (1938) 260–274.
[4] Betz, A.: Die Wirkungsweise von unterteilten Flügelprofilen. Jb. 1921 WGL, S. 23–29.
[5] Betz, A.: Beeinflussung der Reibungsschicht und ihre praktische Verwertung. Schriften Deutsch. Akademie Luftf.-Forschg. 49 (1939).
[6] Bonney, E. A.: Aerodynamic Characteristics of Rectangular Wings at Supersonic Speeds. J. Aer. Sci. 14 (1947) 110–116.
[7] Cahill, J. F.: Summary of Section Data on Trailing-Edge High-Lift Devices. NACA Rep. 938 (1949).
[8] Das, A.: Tragflächentheorie für Tragflügel mit Strahlklappen. Jb. 1960 WGL, S. 112–133 (1961).
[9] Das, A.: A Lifting Surface Theory for Jet-Flapped Wings. J. Aerospace Sci. 29 (1962) 499–500.
[10] Das, A.: Theoretische und experimentelle Untersuchungen an Tragflügeln endlicher Spannweite mit Strahlklappen. Abhdlg. Braunschwg. Wiss. Ges. 17 (1965) 21–50.
[11] Davidson, I. M.: The Jet Flap. J. Roy. Aer. Soc. 60 (1956) 25–50.
[12] De Young, J.: Theoretical Symmetric Span Loading Due to Flap Deflection for Wings of Arbitrary Plan Form at Subsonic Speeds. NACA Rep. 1071 (1952).
[13] De Young, J.: Theoretical Antisymmetric Span Loading for Wings of Arbitrary Plan Form at Subsonic Speeds. NACA Rep. 1056 (1951).
[14] Dimmock, N. A.: Some Early Jet Flap Experiments. Aeron. Quarterly 8 (1957) 331–345.
[15] Fischel, J., u. J. M. Watson: Investigation of Spoiler Ailerons for Use as Speed Brakes or Glide-Path Controls on Two NACA 65-Series Wings Equipped with Full-Span Slotted Flaps. NACA Rep. 1034 (1951).
[16] Fischel, J., R. L. Naeseth, J. R. Hagermann u. W. M. O'Hare: Effect of Aspect Ratio on the Low-Speed Lateral Control Characteristics of Untapered Low-Aspect-Ratio Wings Equipped with Flap and with Retractable Ailerons. NACA Rep. 1091 (1952).
[17] Fuchs, D.: Windkanaluntersuchungen an Bremsplatten. Luftf.-Forschg. 15 (1938) 19–27.
[18] Furlong, G. C., u. J. G. McHugh: A Summary and Analysis of the Low-Speed Longitudinal Characteristics of Swept Wings at High Reynolds Number. NACA Rep. 1339 (1957).
[19] Gault, D. E.: A Correlation of Low-Speed Airfoil Section Stalling Characteristics with Reynolds Number and Airfoil Geometry. NACA TN 3963 (1957).

[20] GERSTEN, K., u. R. LÖHR: Untersuchungen über die Auftriebserhöhung eines Tragflügels bei gleichzeitigem Ausblasen an der Hinterkantenklappe und an der Profilnase. Atti del V. Congresso Aeronautico Europeo, Venezia Sept. 1962, Ass. Ital. Aerot. Roma (1966).

[21] GLAUERT, H.: Theoretical Relationship for an Airfoil with Hinged Flap. ARC Rep. Mem. 1095 (1927).

[22] GÖTHERT, B.: Unterbrecherwirkung bei hohen Unterschallgeschwindigkeiten. Bericht der Lilienthal-Ges. Luftfahrt (LGL) 156 (1942) 64—68.

[23] GÖTHERT, R.: Systematische Untersuchungen an Flügeln mit Klappen und Hilfsklappen. Jb. 1940 dtsch. Luftf.-Forschg., S. 278—307; vgl. auch Ringbuch der Luftfahrttechnik, Beitrag I A 13 (1940).

[24] GRUSCHWITZ, E., u. O. SCHRENK: Über eine einfache Möglichkeit zur Auftriebserhöhung von Tragflügeln. ZFM 23 (1932) 597—601.

[25] HELMBOLD, H. B.: Theory of the Finite-Span Blowing Wing. J. Aer. Sci. 24 (1957) 339—344; vgl. auch Ing.-Arch. 23 (1955) 209—211.

[26] HEYSER, A., u. F. MAURER: Experimentelle Untersuchungen an festen Spoilern und Strahlspoilern bei Machschen Zahlen von 0,6 bis 2,8. Z. Flugwiss. 10 (1962) 110—130.

[27] JACOBS, H., u. A. WANNER: DFS-Sturzflugbremsen an Segel- und Motorflugzeugen. Jb. 1938 dtsch. Luftf.-Forschg., S.I, 313—318.

[28] JACOBS, W.: Neuere theoretische Untersuchungen über den Strahlflügel in zweidimensionaler Strömung. Z. Flugwiss. 5 (1957) 253—259.

[29] JONES, A. L., O. P. LAMB, u. A. E. CRONK: A Method for Predicting Lift Effectiveness of Spoilers at Subsonic Speeds. J. Aer. Sci. 23 (1956) 330—334.

[30] KOWALKE, F.: Die flugmechanischen Beiwerte von Tragflügeln bei Unterschallgeschwindigkeit. Jb. 1958 WGL, S. 40—48 (1959).

[31] KRÜGER, W.: Über eine neue Möglichkeit der Steigerung des Höchstauftriebes von Hochgeschwindigkeitsprofilen. AVA Bericht 43/W/64 (1943).

[32] LACHMANN, G. V.: Die Strömungsvorgänge an einem Profil mit vorgelagertem Hilfsflügel. ZFM 14 (1923) 71; vgl. auch ZFM 15 (1924) 109—116.

[33] LACHMANN, G. V.: Boundary Layer and Flow Control. Its Principles and Application, Bd. 1 u. 2. London: Pergamon Press 1961.

[34] LAGERSTROM, P. A., u. M. E. GRAHAM: Linearized Theory of Supersonic Control Surfaces. J. Aer. Sci. 16 (1949) 31—34.

[35] MCCULLOUGH, G. B., u. D. E. GAULT: Examples of Three Representative Types of Airfoil-Section Stall at Low Speed. NACA TN 2502 (1951).

[36] MORGAN, M. B.: Control in Low Speed Flight. Roy. Aer. Soc. and Inst. Aer. Sci.: Aeronautical Conference, Sept. 3—5 (1947).

[37] MULTHOPP, H.: Die Berechnung der Auftriebsverteilung von Tragflügeln. Luftf.-Forschg. 15 (1938) 153—169.

[38] NAYLOR, D.: The Aerodynamic Action of Triangular Horn-Balanced Control Surfaces on the Supersonic Delta Wing. J. Aer. Sci. 24 (1957) 574—578.

[39] NONWEILER, T.: Maximum Lift Data for Symmetrical Wings. Aircraft Eng. 27 (1955) 2—8; vgl. auch Aircraft Eng. 28 (1956) 216—227.

[40] PERRING, W. G. A.: The Theoretical Relationship for an Airfoil with a Multiply Hinged Flap System. ARC Rep. Mem. 1171 (1928).

[41] PLEINES, W.: Die Mittel zur Vergrößerung von Höchstauftrieb und Gleitwinkel. Ringbuch der Luftfahrttechnik, Beitrag I A 7 (1936).

[42] POISSON-QUINTON, PH.: Einige physikalische Betrachtungen über das Ausblasen an Tragflügeln. Jb. 1956 WGL, S. 29—51.

[43] REGENSCHEIT, B.: Absaugung in der Flugtechnik. Jb. 1952 WGL, S. 55—64 (1953).

[44] RICHTER, W.: Das Abwindfeld hinter Tragflügeln mit Klappenausschlag. Luftf.-Forschg. 20 (1943) 69–76.
[45] RIEGELS, F. W.: Aerodynamische Profile. München: Oldenbourg 1958.
[46] SCHLICHTING, H., u. A. ULRICH: Die Seitenstabilität eines Flugzeuges mit losgelassenem Seitenruder. Jb. 1941 dtsch. Luftf.-Forschg., S. I, 172–191.
[47] SCHLICHTING, H.: Absaugung in der Aerodynamik. Jb. 1956 WGL, S. 19–29 (1957).
[48] SCHLICHTING, H.: Aerodynamische Probleme des Höchstauftriebes. Z. Flugwiss. 13 (1965) 1–14.
[49] SCHLICHTING, H., u. W. PECHAU: Auftriebserhöhung von Tragflügeln durch kontinuierlich verteilte Absaugung. Z. Flugwiss. 7 (1959) 113–119.
[50] SCHRENK, O.: Druck- und Geschwindigkeitsverteilung längs der Flügeltiefe für verschiedene Flugzustände. Ringbuch der Luftfahrttechnik, Beitrag IA 11 (1938).
[51] SCHULZ, G.: Die Wirksamkeit von Wölbungsklappen im Überschallbereich. Z. Flugwiss. 5 (1957) 15–22.
[52] SCHWARZ, F.: Flugversuche am Baumuster RW 3a mit Grenzschichtabsaugung zur Steigerung des Höchstauftriebs. Z. Flugwiss. 11 (1963) 142–149.
[53] SCHWARZ, F., u. W. WUEST: Flugversuche am Baumuster DO 27 mit Grenzschichtabsaugung zur Steigerung des Höchstauftriebs. Z. Flugwiss. 12 (1964) 108–120.
[54] SEIBOLD, W.: Theoretische Abschätzung der Spoilerwirkung im Überschallbereich. Jb. 1955 WGL, S. 192–204 (1956).
[55] SIVELLS, J. C., u. S. H. SPOONER: Investigation in the Langley 19-Foot Pressure Tunnel of Two Wings of NACA 65-210 and 64-210 Airfoil Sections with Various Type Flaps. NACA Rep. 942 (1949).
[56] SPENCE, D. A.: The Lift Coefficient of a Thin Jet-Flapped Wing. Proc. Roy. Soc. A 238 (1956) 46–68.
[57] STIESS, W.: Das Hilfsruder und seine Einflüsse auf die statische Stabilität und Steuerbarkeit des Flugzeuges. Jb. 1941 dtsch. Luftf.-Forschg. S. I. 252–277.
[58] STREIT, G., u. F. THOMAS: Experimentelle und theoretische Untersuchungen an Ausblaseflügeln und ihre Anwendung auf den Flugzeugentwurf. Jb. 1962 WGLR, S. 119–132 (1963).
[59] THOMAS, F.: Untersuchungen über die Erhöhung des Auftriebs von Tragflügeln mittels Grenzschichtbeeinflussung durch Ausblasen. Z. Flugwiss. 10 (1962) 46–65.
[60] TOLL, T. A. und Langley Research Staff: Summary of Lateral-Control Research. NACA Rep. 868 (1947).
[61] TRUCKENBRODT, E., u. K.-H. GRONAU: Theoretische und experimentelle Untersuchungen an Deltaflügeln mit Klappen bei inkompressibler Strömung. Z. Flugwiss. 4 (1956) 236–246.
[62] TUCKER, W. A., u. R. L. NELSON: Theoretical Characteristics in Supersonic Flow of Two Types of Control Surfaces on Triangular Wings. NACA Rep. 939 (1949).
[63] VOEPEL, H.: Systematische Messungen an einem Rechteckflügel mit durchlaufenden Bremsklappen. Jb. 1941 dtsch. Luftf.-Forschg., S. I, 82–95.
[64] WEICK, F. E., u. J. A. SHORTAL: The Effect of Multiple Fixed Slots and a Trailing-Edge Flap on the Lift and Drag of a Clark Y Airfoil. NACA Rep. 427 (1932).
[65] WEINBERGER, W.: Auftrieb und Moment von Leitwerksprofilen endlicher Dicke verschwindenden Spalts. Luftf.-Forschg. 17 (1940) 3–11.
[66] WENZINGER, C. J.: Wind-Tunnel Investigations of Ordinary and Split Flaps on Airfoils of Different Profile. NACA Rep. 554 (1936).

[67] WENZINGER, C. J., u. F. M. ROGALLO: Wind-Tunnel Investigation of Spoiler, Deflector, and Slot Lateral-Control Devices on Wings with Full-Span Split and Slotted Flaps. NACA Rep. 706 (1941).
[68] WILLIAMS, J.: British Research on the Jet-Flap Scheme. Z. Flugwiss. 6 (1958) 170—176; vgl. auch RAE TM Aero 536 (1957).
[69] WILLIAMS, J.: British Research on Boundary Layer Control for High Lift by Blowing. Z. Flugwiss. 6 (1958) 143—150.
[70] WUEST, W.: Messungen an einem Flügelprofil mit Nasenabsaugung im Vergleich zu einem Profil mit Nasenspalt. Forschungsbericht 62-03 der Aerodynamischen Versuchsanstalt Göttingen (1962).
[71] YOUNG, A. D.: A Review of Some Stalling Research. ARC Rep. Mem. 2609 (1951).

Bibliographie

I. Grundlagen der Strömungslehre

[1] ABRAMOVITSCH, G. N.: Angewandte Gasdynamik; Übersetzg. a. d. Russ. von W. PELTZER, Berlin: Verlag Technik 1958.

[2] ARSHANIKOW, N. S., u. W. N. MALZEW: Aerodynamik; Übersetzg. a. d. Russ. von H. MOTSCH, Berlin: Verlag Technik 1959.

[3] BECKER, E.: Gasdynamik, Stuttgart: Teubner 1966. Auch: Gas Dynamics, New York: Acad. Press 1968.

[4] BETZ, A.: Konforme Abbildung, 1. u. 2. Aufl., Berlin/Göttingen/Heidelberg: Springer 1948/64.

[5] CARAFOLI, E.: High Speed Aerodynamics (Compressible Flow), New York: Pergamon Press 1956.

[6] CHERNYI, G. G.: Introduction to Hypersonic Flow; Übersetzg. a. d. Russ. von R. F. PROBSTEIN, New York: Acad. Press 1961.

[7] COX, R. N., u. L. F. CRABTREE: Elements of Hypersonic Aerodynamics, London: Univ. Press 1965.

[8] DAILY, J. W., u. D. R. F. HARLEMAN: Fluid Dynamics, Reading, Mass.: Addison-Wesley 1966.

[9] DORRANCE, W. H.: Viscous Hypersonic Flow, New York: McGraw-Hill 1962.

[10] DRYDEN, H. L., F. D. MURNAGHAN u. H. BATEMAN: Hydrodynamics, New York: Dover Publ. 1956.

[11] DUBS, F.: Hochgeschwindigkeitsaerodynamik, Basel: Birkhäuser 1961.

[12] DUNCAN, W. J., A. S. THOM u. A. D. YOUNG: An Elementary Treatise on the Mechanics of Fluids, London: Arnold 1960/62.

[13] VAN DYKE, M.: Perturbation Methods in Fluid Mechanics, New York: Acad. Press 1964.

[14] ECK, B.: Technische Strömungslehre, 1.—7. Aufl., Berlin/Heidelberg/New York: Springer 1935—1966.

[15] GOLDSTEIN, S.: Lectures on Fluid Mechanics, London: Interscience Publ. 1960.

[16] GUDERLEY, K. G.: Theorie schallnaher Strömungen, Berlin/Göttingen/Heidelberg: Springer 1957. Auch: The Theory of Transonic Flow, New York: Pergamon Press 1962.

[17] HAYES, W. D., u. R. F. PROBSTEIN: Hypersonic Flow Theory, New York: Acad. Press 1959. Neuauflage, Bd. 1 1966, Bd. 2 in Vorbereitung.

[18] HOERNER, S. F.: Fluid-Dynamic Drag, 1. u. 2. Aufl., Eigenverlag 1951/65.

[19] KAUFMANN, W.: Technische Hydro- u. Aeromechanik, 1.—3. Aufl., Berlin/Göttingen/Heidelberg: Springer 1954—1963. Auch: Fluid Mechanics, New York: McGraw-Hill 1963.

[20] KOTSCHIN, N. J., I. A. KIBEL u. N. W. ROSE: Theoretische Hydromechanik, Bd. 1 u. 2; Übersetzg. a. d. Russ. von K. KRIENES u. J. SAUER, Berlin: Akademie-Verlag 1954/55. Auch: Theoretical Hydromechanics, New York: Wiley 1964.

[21] KUETHE, A. M., u. J. D. SCHETZER: Foundations of Aerodynamics, 1. u. 2. Aufl., New York: Wiley 1950/59.

[22] KUTATELADZE, S. S., u. A. I. LEONT'EV: Turbulent Boundary Layers in Compressible Gases; Übersetzg. a. d. Russ. von D. B. SPALDING, London: Arnold 1964.

[23] LAMB, H.: Hydrodynamics, 1.–6. Aufl., Cambridge: Univ. Press 1879–1932. Auch: Lehrbuch der Hydrodynamik; Übersetzung von E. HELLY mit Zusätzen von R. VON MISES, Leipzig: Teubner 1931.
[24] LIEPMANN, H. W., u. A. ROSHKO: Elements of Gasdynamics, New York: Wiley 1957/67. Früher: LIEPMANN, H. W., u. A. E. PUCKETT 1947.
[25] LOITSIANSKI, L. G.: Mechanics of Liquids and Gases, Oxford: Pergamon Press 1966.
[26] LOITSIANSKI, L. G.: Laminare Grenzschichten; Übersetzung a. d. Russ. von W. SZABLEWSKI, Berlin: Akademie-Verlag 1967.
[27] MILNE-THOMSON, L. M.: Theoretical Aerodynamics, 1.–4. Aufl., London: Macmillan 1948–1966.
[28] MISES, R. VON: Mathematical Theory of Compressible Fluid Flow, New York: Acad. Press 1958.
[29] OSWATITSCH, K.: Gasdynamik, Wien: Springer 1952. Auch: Gas Dynamics, New York: Acad. Press 1956.
[30] OWCZAREK, J. A.: Fundamentals of Gas Dynamics, Scranton, Penn.: Intern. Textbook 1964.
[31] POPE, A.: Aerodynamics of Supersonic Flight, London: Pitman 1958.
[32] PRANDTL, L.: Führer durch die Strömungslehre, 1.–6. Aufl., Braunschweig: Vieweg 1942–1965.
[33] PRANDTL, L., u. O. TIETJENS: Hydro- u. Aeromechanik, Berlin: Springer, Bd. 1, 1. u. 2. Aufl., 1929/44, Bd. 2, 1931.
Auch: Fundamentals of Hydro- und Aeromechanics and Applied Hydro- and Aeromechanics, New York: Dover Publ. 1957.
[34] ROUSE, H. (Hrsg.): Advanced Mechanics of Fluids, New York: Wiley 1959/65.
[35] SAUER, R.: Einführung in die theoretische Gasdynamik, 1.–3. Aufl., Berlin/Göttingen/Heidelberg: Springer 1943–1960.
[36] SAUER, R.: Nichtstationäre Probleme der Gasdynamik, Berlin/Heidelberg/New York: Springer 1966.
[37] SCHLICHTING, H.: Grenzschicht-Theorie, 1.–5. Aufl., Karlsruhe: Braun 1951 bis 1965. Auch: Boundary Layer Theory, 6. Aufl., Übersetzg. von J. KESTIN, New York: McGraw-Hill 1968.
[38] SEDOV, L. I.: Two-Dimensional Problems in Hydrodynamics and Aerodynamics, New York: Wiley 1965.
[39] SHAPIRO, A. H.: The Dynamics and Thermodynamics of Compressible Fluid Flow, Bd. 1 u. 2, New York: Ronald Press 1953/54.
[40] STREETER, V. L.: Fluid Mechanics, 1.–4. Aufl., New York: McGraw-Hill 1951–1966.
[41] TRUCKENBRODT, E.: Strömungsmechanik, Berlin/Heidelberg/New York: Springer 1968.
[42] TRUITT, R. W.: Hypersonic Aerodynamics, New York: Ronald Press 1959.
[43] WALZ, A.: Strömungs- und Temperaturgrenzschichten, Karlsruhe: Braun 1966.
[44] WIEGHARDT, K.: Theoretische Strömungslehre, Stuttgart: Teubner 1965.
[45] ZIEREP, J.: Vorlesungen über theoretische Gasdynamik, Karlsruhe: Braun 1963.
[46] ZIEREP, J.: Theorie der schallnahen und der Hyperschallströmungen, Karlsruhe: Braun 1966.

II. Aerodynamik des Flugzeuges

[1] ABBOTT, I. H., u. A. E. VON DOENHOFF: Theory of Wing Sections, New York: McGraw-Hill 1949 u. Dover Publ. 1959.
[2] ASHLEY, H., u. M. T. LANDAHL: Aerodynamics of Wings and Bodies, Reading, Mass.: Addison-Wesley 1965.

[3] Belotserkovski, S. M.: The Theory of Thin Wings in Subsonic Flow; Übersetzung a. d. Russ. von M. Holt, New York: Plenum Press 1967.
[4] Carafoli, E.: Tragflügeltheorie (inkompressible Flüssigkeiten), Berlin: Verlag Technik 1954.
[5] Dorfner, K.-R.: Dreidimensionale Überschallprobleme der Gasdynamik, Berlin/Göttingen/Heidelberg: Springer 1957.
[6] Frankl, F. I., u. E. A. Karpovich: Gas Dynamics of Thin Bodies; Übersetzg. a. d. Russ. von M. D. Friedman, London: Interscience Publ. 1953.
[7] Glauert, H.: The Elements of Aerofoil and Airscrew Theory, 1. u. 2. Aufl., Cambridge: Univ. Press 1926/47. Auch: Die Grundlagen der Tragflügel- und Luftschraubentheorie; Übersetzg. von H. Holl, Berlin: Springer 1929.
[8] Grammel, R.: Die hydrodynamischen Grundlagen des Fluges, Braunschweig: Vieweg 1917.
[9] Lanchester, F. W.: Aerodynamics, Bd. 1 u. 2; Übersetzg. von C. Runge, Leipzig: Teubner 1909/11.
[10] Lilienthal, O.: Der Vogelflug als Grundlage der Fliegekunst, Berlin: Gaertner 1889.
[11] Prandtl, L., u. A. Betz: Vier Abhandlungen zur Hydrodynamik und Aerodynamik (Flüssigkeit mit kleiner Reibung; Tragflügeltheorie, I. und II. Mitteilung; Schraubenpropeller mit geringstem Energieverlust). Göttingen 1927.
[12] Prandtl, L., u. A. Betz: Ergebnisse der Aerodynamischen Versuchsanstalt zu Göttingen. München und Berlin: Oldenbourg; I. Lieferung 1921; II. Lieferung 1923; III. Lieferung 1927; IV. Lieferung 1932.
[13] Rauscher, M.: Introduction to Aeronautical Dynamics, New York: Wiley 1953.
[14] Riegels, F. W.: Aerodynamische Profile, München: Oldenbourg 1958. Auch: Airfoil Sections, London: Butterworth 1961.
[15] Schmitz, F. W.: Aerodynamik des Flugzeugmodells, 1.–4. Aufl., Duisburg: Lange 1942–1960.

III. Zusammenfassende Darstellungen

[1] Betz, A.: Tragflügel und hydraulische Maschinen, Handbuch der Physik, Herausg. H. Geiger u. K. Scheel, Bd. VII, Berlin: Springer 1927.
[2] Durand, W. F. (Hrsg.): Aerodynamic Theory, 6 Bde., Berlin: Springer 1934–1936 u. New York: Dover Publ. 1963.
[3] Fluegge, S., u. C. Truesdell (Hrsg.): Handbuch der Physik, Berlin/Göttingen/Heidelberg: Springer.
Bd. VIII/1: Strömungsmechanik I, 1959, mit folgenden Beiträgen: Oswatitsch, K.: Physikalische Grundlagen der Strömungslehre; Serrin, J.: Mathematical Principles of Classical Fluid Mechanics; Howarth, L.: Laminar Boundary Layers; Schlichting, H.: Entstehung der Turbulenz.
Bd. VIII/2: Strömungsmechanik II, 1963, mit folgenden Beiträgen: Berker, R.: Intégration des équations du mouvement d'un fluide visqueux incompressible; Weissinger, J.: Theorie des Tragflügels bei stationärer Bewegung in reibungslosen, inkompressiblen Medien; Lin, C.-C., u. W. H. Reid: Turbulent Flow, Theoretical Aspects; Corrsin, S.: Turbulence: Experimental Methods; Schaaf, S. A.: Mechanics of Rarefied Gases; Scheidegger, A. E.: Hydrodynamics in Porous Media.
Bd. IX: Strömungsmechanik III, 1960, mit folgenden Beiträgen: Schiffer, M.: Analytical Theory of Subsonic and Supersonic Flows; Cabannes, H.: Théorie des ondes de choc; Meyer, R. E.: Theory of Characteristics of Inviscid Gas Dynamics; Timman, R.: Linearized Theory of Unsteady Flow of a Compres-

sible Fluid; GILBARG, D.: Jets and Cavities; WEHAUSEN, J. V., u. E. V. LAITONE: Surface Waves.

[4] GOLDSTEIN, S. (Hrsg.): Modern Developments in Fluid Dynamics, 2 Bde., Oxford: Univ. Press 1938–1952.

[5] HOWARTH, L. (Hrsg.): Modern Developments in Fluid Dynamics; High Speed Flow, Bd. 1 u. 2, Oxford: Clarendon Press 1953/64.

[6] KÁRMÁN, TH. v.: Collected Works, 4 Bde., London: Butterworth 1956.

[7] KÁRMÁN, TH. v., H. L. DRYDEN u. H. S. TAYLOR (Hrsg.): High Speed Aerodynamics and Jet Propulsion, Bd. I–XII, Princeton: Univ. Press.
Bd. I (1955): Thermodynamics and Physics of Matter. Hrsg.: ROSSINI, F. D.
Bd. II (1956): Combustion Processes. Hrsg.: LEWIS, B., R. N. PEASE u. H. S. TAYLOR.
Bd. III (1958): Fundamentals of Gas Dynamics. Hrsg.: EMMONS, H. W.
Bd. IV (1964): Theory of Laminar Flows. Hrsg.: MOORE, F. K.
Bd. V (1959): Turbulent Flows and Heat Transfer. Hrsg.: LIN, C. C.
Bd. VI (1954): General Theory of High Speed Aerodynamics. Hrsg.: SEARS, W. R.
Bd. VII (1957): Aerodynamic Components of Aircraft at High Speeds. Hrsg.: DONOVAN, A. F., u. H. R. LAWRENCE.
Bd. VIII (1961): High Speed Problems of Aircraft and Experimental Methods. Hrsg.: DONOVAN, A. F., H. R. LAWRENCE, F. GODDARD u. R. R. GILRUTH.
Bd. IX (1954): Physical Measurements in Gas Dynamics and Combustion. Hrsg.: LADENBURG, R. W., B. LEWIS, R. N. PEASE u. H. S. TAYLOR.
Bd. X (1964): Aerodynamics of Turbines and Compressors, Hrsg.: HAWTHORNE, W. R.
Bd. XI (1960): Design and Performance of Gas Turbine Power Plants. Hrsg.: HAWTHORNE, W. R., u. W. T. OLSON.
Bd. XII (1959): Jet Propulsion Engines. Hrsg.: LANCASTER, O. E.

[8] LACHMANN, G. V. (Hrsg.): Boundary Layer and Flow Control, Bd. 1 u. 2, Oxford: Pergamon Press 1961.

[9] PRANDTL, L.: Gesammelte Abhandlungen zur angewandten Mechanik, Hydro- und Aerodynamik, Teil I bis III, Berlin/Göttingen/Heidelberg: Springer 1961. Herausgegeben von W. TOLLMIEN, H. SCHLICHTING u. H. GÖRTLER.

[10] ROSENHEAD, L. (Hrsg.): Laminar Boundary Layers, Oxford: Clarendon Press 1963.

[11] STREETER, V. L. (Hrsg.): Handbook of Fluid Dynamics, New York: McGraw-Hill 1961.

[12] THWAITES, B. (Hrsg.): Incompressible Aerodynamics, Oxford: Clarendon Press 1960.

IV. Zeitquerschnitte

[1] Volta-Kongreß, Rom 1935. Le alte velocita in aviatione. Convegno 30 Settembre – 6 Ottobre 1935. – XIII. Reale Accademia d'Italia, Fondatione Alessandro Volta. Verlag der königl. Akademie von Italien, Rom 1936.

[2] Fünfzig Jahre Grenzschichtforschung. Herausgegeben von H. GÖRTLER u. W. TOLLMIEN, Braunschweig: Vieweg 1955.

[3] IUTAM-Symposium über Grenzschichtforschung. Freiburg i. Brsg. 26. bis 29. Aug. 1957. Herausgegeben von H. GÖRTLER, Berlin/Göttingen/Heidelberg: Springer 1958.

[4] Advances in Aeronautical Sciences, London/New York/Paris: Pergamon Press.
Bd. I u. II (1959): Proceedings of the First International Congress in the Aeronautical Sciences, Madrid 1958.
Bd. III u. IV (1962): Proceedings of the Second International Congress in the Aeronautical Sciences, Zürich 1960.

[5] Proceedings of the International Council of the Aeronautical Sciences.
Third Congress, Stockholm 1962, London: Macmillan 1964.
Fourth Congress, Paris 1964, London: Macmillan 1965.

[6] Aerospace Proceedings 1966. Proceedings of the Centenary Congress of the Royal Aeronautical Society in Conjunction with the Fifth Congress of the International Council of the Aeronautical Sciences, London 1966, London: Macmillan 1967.

[7] AGARD Conference Proceedings.
Conf. Proc. 22 (1967): Fluid Dynamics of Rotor and Fan Supported Aircraft, Göttingen 1967.
Conf. Proc. 30 (1968): Hypersonic Boundary Layers and Flow Fields, London 1968.
Conf. Proc. 35 (1968): Transonic Aerodynamics, Paris 1968.

[8] KUERTI, G. (Hrsg.): Advances in Applied Mechanics. Begründet von R. v. MISES, H. L. DRYDEN, u. TH. v. KÁRMÁN, Bd. 1–10, New York: Academic Press 1948–1967 fortlfd.

[9] FERRI, A., D. KÜCHEMANN u. L. H. G. STERNE (Hrsg.): Progress in Aeronautical Sciences, Bd. 1–9, Oxford: Pergamon Press 1961–1968 fortlfd.

[10] KÁRMÁN, TH. v.: Aerodynamik, ausgewählte Themen im Lichte der historischen Entwicklung. Genf: Interavia 1956.

[11] SOVRAN, G.: Fluid Mechanics of Internal Flow. Gen. Motors Research Lab., Warren (Mich.), 1966.

[12] SEARS, W. R.: Some Recent Developments in Airfoil Theory. J. Aer. Sci. 23 (1956) 490–499.

[13] KÁRMÁN, TH. v.: Lanchester's Contribution to the Theory of Flight and Operational Research. First Lanchester Memorial Lecture. J. Roy. Aer. Soc. 62 (1958) 80–93.

[14] FIAT Review of German Science. Naturforschung und Medizin in Deutschland. Bd. 5. Angewandte Mathematik, Teil III, Mathematische Grundlagen der Strömungsmechanik. Herausgeg. von A. WALTHER, 1947; Bd. 11. Hydro- und Aerodynamik. Herausgeg. von A. BETZ, 1947.

[15] DRYDEN, H. L.: The Aeronautical Research Scene — Goals, Methods and Accomplishments. 37th Wilbur Wright Memorial Lecture. J. Roy. Aer. Soc. 53 (1949) 623–666.

[16] BETZ, A.: Lehren einer fünfzigjährigen Strömungsforschung. Erste Ludwig-Prandtl-Gedächtnisvorlesung. Z. Flugwiss. 5 (1957) 97–105.

[17] DRYDEN, H. L.: Gegenwartsprobleme der Luftfahrtforschung. Zweite Ludwig-Prandtl-Gedächtnisvorlesung. Z. Flugwiss. 6 (1958) 217–233.

[18] SCHLICHTING, H.: Einige neuere Ergebnisse aus der Aerodynamik des Tragflügels. Zehnte Ludwig-Prandtl-Gedächtnisvorlesung. Jb. 1966 WGLR, S. 11–32. Vgl. auch: Rev. Roum. Sci. Techn.-Méc. Appl. 13 (1968) 191–213.

[19] KÜCHEMANN, D.: Entwicklungen in der Tragflügeltheorie. Elfte Ludwig-Prandtl-Gedächtnisvorlesung. Jb. 1967 WGLR, S. 11–22.

[20] BLENK, H.: Neuere deutsche Beiträge zur Aerodynamik und Flugmechanik. Erste Reynolds-Prandtl-Vorlesung. Z. Flugwiss. 10 (1962) 333–354. Vgl. auch: J. Roy. Aero. Soc. 66 (1962) 617–630.

[21] KÜCHEMANN, D.: Entwurfsaerodynamik. Vierte Reynolds-Prandtl-Vorlesung. Erscheint im Jb. 1968 DGLR.

V. Zeitschriften, Jahrbücher und Forschungsberichte; Deutschland

[1] Zeitschrift für Flugtechnik und Motorluftschiffahrt (ZFM) 1910 bis 1933 (24 Bde), München/Berlin: Oldenbourg.

[2] Luftfahrtforschung 1928 bis 1943 (20 Bde), München/Berlin: Oldenbourg.

[3] Jahrbuch der deutschen Luftfahrtforschung 1937 bis 1942, München/Berlin: Oldenbourg.
[4] Jahrbuch der deutschen Akademie der Luftfahrtforschung 1938 bis 1944, Berlin/München: Oldenbourg.
[5] Zentrale für wissenschaftliches Berichtswesen, Berlin-Adlershof, bis 1945.
[6] Zeitschrift für Flugwissenschaften (ZFW), Braunschweig: Vieweg, seit 1953.
[7] Jahrbuch der Wissenschaftlichen Gesellschaft für Luft- und Raumfahrt (WGLR), München: Oldenbourg 1919 bis 1936, und Braunschweig: Vieweg, seit 1952 [bis 1961: WGL].
[8] Luftfahrttechnik, Raumfahrttechnik, Düsseldorf: VDI-Verlag, seit 1955.
[9] Ingenieur-Archiv, Berlin/Heidelberg/New York: Springer, seit 1930.
[10] Zeitschrift für angewandte Mathematik und Mechanik (ZAMM), Berlin: VDI-Verlag und Berlin: Akademie-Verlag, seit 1921.
[11] Zentralstelle für Luftfahrtdokumentation und -information (ZLDI), München.
a) Deutsche Luft- und Raumfahrt (DLR), Forschungsberichte (FB),
b) Deutsche Luft- und Raumfahrt (DLR), Mitteilungen, seit 1964.

Andere Länder

[1] Journal of the Aeronautical Sciences (seit 1958 Journal of the Aerospace Sciences), New York, seit 1934.
[2] Aeronautical Engineering Review (seit 1958 Aerospace Engineering), New York, seit 1941.
[3] National Advisory Committee for Aeronautics (NACA) [seit 1959 National Aeronautics and Space Administration (NASA)], Washington, seit 1915.
a) Report (Rep.);
b) Technical Note (TN);
c) Technical Memorandum (TM).
[4] Journal of the Royal Aeronautical Society (seit 1968: The Aeronautical Journal), London, seit 1897.
[5] The Aeronautical Quarterly, London, seit 1950.
[6] Journal of Fluid Mechanics, London, seit 1956.
[7] Aircraft Engineering, London, seit 1929.
[8] Aeronautical Research Committee (ARC), London
a) Reports and Memoranda (Rep. Mem.);
b) Current Papers (CP).
[9] La Recherche Aéronautique (ONERA), Chatillon-sous-Bagneux/Paris.
[10] Technique et Science Aéronautiques (AFITA), Paris.
[11] Flygtekniska Försöksanstalten, (FFA-Reports) (The Aeronautical Research Institute of Sweden), Stockholm, Schweden.
[12] Kungl. Tekniska Högskolan — Institutionen för Flygteknik, Technical Notes (KTH-Aero TN), Stockholm, Schweden, seit 1949.
[13] National Luchtvaartlaboratorium, NLL-Reports und NLL-TN. Amsterdam, Holland, seit 1921.
[14] The Reports of the Institute of High Speed Mechanics, Tohoku University, Sendai, Japan, seit 1951.
[15] Reports of the Aeronautical Institute, University of Tokyo, Japan.
[16] Australian Aeronautical Research Committee, Reports ACA, Melbourne, Australien.
[17] Aeronautical Research Laboratory (ARL), Reports and Aerodynamics Notes Melbourne, Australien.
[18] Interavia, Genf, Schweiz, seit 1940.
[19] L'Aerotecnica, Rom, Italien, seit 1920.

Anhang

Ausgeführte Flugzeuge.[1] Im ersten Band dieses Werkes wurde in Kap. 5.15 eine Zusammenstellung einer großen Anzahl von *ausgeführten Flügelformen* gegeben (Abb. 5.9). Diese vermittelt eine Übersicht über die große Mannigfaltigkeit der Flügelformen. Die Auswertung dieser Zusammenstellung zeigt eine bemerkenswerte Abhängigkeit der wichtigsten Baugrößen des Flügels (Profildickenverhältnis, Pfeilwinkel, Seitenverhältnis) von der Flug-Machzahl *Ma*. Die Auftragungen von Abb. 5.10 sind hier in Abb. A1 nochmals wiedergegeben.

Das *Profildickenverhältnis* in Abb. A1a nimmt aus aerodynamischen Gründen mit steigender Machzahl ab und erreicht bei Überschallflugzeugen Werte bis herunter zu $d/l = 0{,}04$.

Der *Pfeilwinkel* ist nach Abb. A1b bei kleinen Machzahlen nahezu Null und steigt bei hohen Unterschallgeschwindigkeiten bis zu $\varphi_v = 45^\circ$ an. Überschallflugzeuge, insbesondere solche mit Delta-Flügeln, weisen im allgemeinen sehr große Pfeilwinkel bis $\varphi_v = 70^\circ$ auf. In Abb. A1b sind zusätzlich die theoretischen Kurven für die kritische Machzahl in Abhängigkeit vom Pfeilwinkel nach Abb. 8.33c eingetragen. Diese theoretischen Kurven, welche aus der sehr einfachen Betrachtung über die Aerodynamik des gepfeilten Flügels unendlicher Spannweite gewonnen wurden, geben die Statistik der ausgeführten Flugzeuge recht gut wieder.

Das *Seitenverhältnis* ist nach Abb. A1c im Unterschallbereich für Langstreckenflugzeuge besonders groß und für wendige Kampfflugzeuge erheblich geringer. Im Überschallbereich ist aus aerodynamischen Gründen die Verwendung größerer Seitenverhältnisse nicht mehr erforderlich, so daß man in diesem Bereich aus baulichen Gründen zu sehr kleinen Seitenverhältnissen bis herunter zu $\Lambda = 2$ kommt.

Als Ergänzung zu Abb. A1 sind in Tabelle A (Stand 1968) für zahlreiche Flugzeuge die wichtigsten Baudaten für Flügel, Höhenleitwerk, Seitenleitwerk und Rumpf zusammengestellt, vgl. Abb. A 2. Dabei ist auch die Flug-Machzahl mit angegeben. Diese Tabelle stellt eine Erweiterung der Abb. 5.9 von Band I dar. Die Auswahl der Flugzeuge erfolgte in der Weise, daß darin möglichst alle wesentlichen Bauformen vertreten sind.

---

[1] Die Zusammenstellung dieser Ergebnisse verdanken wir Herrn Dipl.-Ing. L. RÖMER.

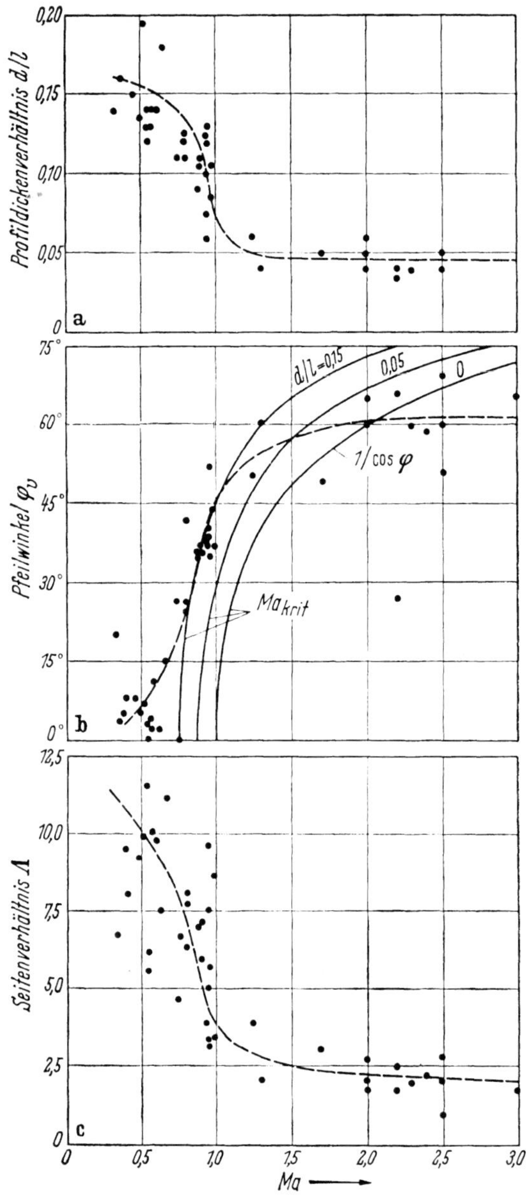

Abb. A1. Die wichtigsten geometrischen Flügeldaten ausgeführter Flugzeuge in Abhängigkeit von der Mach-Zahl bei der Entwicklung vom Unterschall- zum Überschallflugzeug; vgl. Abb. 5.10, Tab. A und [13].

a) Profildickenverhältnis $\delta = d/l$; b) Pfeilwinkel der Flügelvorderkante φ_v, mit theoretischen Kurven nach Abb. 8.33c; c) Seitenverhältnis Λ.

Tabelle A. *Geometrische Daten und Flug-Machzahl ausgeführter Flugzeuge*

Nr.	Baumuster	Flügel F	b	Λ	φ_v	λ	δ	$\frac{l_\mu}{l_i}$	$\frac{x_{N25}}{l_i}$	Höhen- $\frac{F_H}{F}$	$\frac{b_H}{b}$	$\frac{\Lambda_H}{\Lambda}$
1	Ju 52/3m	111	29,3	7,7	9°	0,28	0,16	0,71	0,33	0,16	0,31	0,63
2	DC-4/C 54	136	35,8	9,4	5°	0,34	0,16	0,75	0,29	0,19	0,31	0,67
3	Super-Constel. 1049	154	37,5	9,1	5°	0,40	$\frac{0,18}{0,12}$	0,73	0,31	0,28	0,41	0,60
4	DC-7C	152	38,8	9,9	4°	0,33	$\frac{0,16}{0,12}$	0,73	0,28	0,24	0,37	0,57
5	Britania 100	193	43,4	9,8	10°	0,31	0,14*	0,89	0,43	0,28	0,39	0,53
6	Elektra	121	30,2	7,5	2°	0,46	0,14*	0,84	0,25	0,22	0,41	0,73
7	He 177	102	31,4	9,7	0°/5°	0,38	$\frac{0,17}{0,10}$	0,84	0,27	0,24	0,30	0,36
8	Flying Fortress B-17E	138	31,6	7,2	7°	0,37	$\frac{0,18^*}{0,13}$	0,71	0,31	0,25	0,42	0,72
9	B-36	443	70,1	11,1	15°	0,21	0,18*	0,66	0,53	0,20	0,32	0,49
10	Me 109F	16	10,0	6,3	3°	0,50	0,13	0,85	0,26	0,15	0,31	0,57
11	Spitfire IX	23	11,3	5,6	0°	0	$\frac{0,13}{0,11}$	0,87	0,27	0,13	0,28	0,62
12	Comet 4C	197	35,0	6,2	25°	0,21	$\frac{0,12}{0,10}$	0,69	0,53	0,21	0,41	0,83
13	Super Caravelle	147	34,3	8,0	39°/23°	0,25	0,12	0,77	0,65	0,18	0,34	0,63
14	Tu-104	188	35,0	6,5	41°/37°	0,29	$\frac{0,14}{0,11}$	0,67	0,80	0,22	0,37	0,65
15	VC 10	272	44,6	7,3	36°	0,21	$\frac{0,13}{0,10}$	0,61	0,66	0,22	0,30	0,40
16	707-320 C	280	44,4	7,0	37°	0,25	0,105	0,66	0,73	0,18	0,30	0,46
17	Vulcan B MK 2	368	33,8	3,1	48°/35°	0,16	0,10	0,68	0,50	–	–	–
18	B-52 A	372	56,4	8,5	37°	0,37	$\frac{0,13^*}{0,08}$	0,77	1,10	0,23	0,28	0,33
19	Mystère IV A	32	11,1	3,9	41°	0,56	0,075	0,81	0,78	0,16	0,35	0,77
20	F-86 D	25	11,3	5,0	37°	0,53	0,12	0,89	0,76	0,19	0,44	0,89
21	Hunter	32	10,3	3,3	44°	0,48	0,085	0,88	0,55	0,15	0,37	0,93
22	Concorde	404	25,6	1,6	76°/58°	0,04	0,04	0,58	0,53	–	–	–
23	B-58	144	17,3	2,1	60°	0	0,04	0,67	0,46	–	–	–
24	XB 70	586	32,0	1,7	67°	0,016	<0,04	0,67	0,51	0,059	0,30	1,50
25	F-100A	35	11,6	3,8	48°	0,27	0,06	0,71	0,73	0,24	0,47	0,92
26	F-102A	62	11,6	2,2	60°	0,015	0,04	0,67	0,49	–	–	–
27	Viggen AJ 37	52	10,7	2,2	42°/62°	0,062	<0,05	0,80	0,38	0,31	0,50	0,81
28	Lightning F MK 3	41	10,6	2,7	59°	0,15	0,05	0,78	0,80	0,15	0,40	1,17
29	Starfighter F 104A	18	6,7	2,5	28°	0,37	0,034	0,73	0,37	0,28	0,55	1,04
30	Mirage IV A	78	11,9	1,8	60°	0.098	0,04*	0,67	0,50	–	–	–
31	Phantom II	49	11,7	2,8	49°	0,19	0,051	0,69	0,54	0,18	0,42	1,00
32	F 111 A	65[1]	19,2	5,7	71°/16°	0,14		0,47	0,65	0,53	0,46	0,39
		91[2]	9,7	1,0	71°/72°	0,12		0,71	0,43	–	–	–

[1] Vorgeschwenkter Flügel. [2] Rückgeschwenkter Flügel (Flügelfläche einschließlich Höhenleitwerk).

(F in m²; b in m); vgl. hierzu die Abb. A3 bis A34.

leitwerk			Seitenleitwerk						Rumpf					
φ_{vH}	$\left(\frac{x_{N25}}{l_i}\right)_H$	$\frac{r_H}{l_\mu}$	$\frac{F_S}{F}$	$\frac{b_S}{b}$	$\frac{\Lambda_S}{\Lambda}$	φ_{vS}	$\left(\frac{x_{N25}}{l_i}\right)_S$	$\frac{r_S}{s}$	$\frac{b_R}{b}$	$\frac{e}{l_R}$	$\frac{d_R}{l_R}$	$\frac{l_R}{b}$	Ma	Nr.
6°	0,54	2,9	0,058	0,11	0,22	32°	0,40	0,81	0,060	0,29	0,13	0,61	0,22	1
12°	0,35	3,4	0,140	0,18	0,23	15°	0,29	0,80	0,089	0,36	0,12	0,77	0,38	2
9°	0,34	4,0	0,18	0,12	0,082	23°	0,36	0,96	0,091	0,43	0,099	0,92	0,46	3
11°	0,36	4,0	0,11	0,17	0,28	15°	0,32	0,87	0,071	0,40	0,088	0,87	0,56	4
10°	0,35	2,0	0,21	0,21	0,20	17°	0,33	0,71	0,087	0,42	0,11	0,81	0,58	5
15°	0,39	3,2	0,20	0,27	0,32	24°	0,30	0,94	0,12	0,44	0,11	1,1	0,62	6
16°	0,43	3,4	0,13	0,15	0,17	23°	0,31	0,72	0,053	0,35	0,090	0,70	0,40	7
14°	0,41	2,7	0,13	0,17	0,23	24°	0,28	0,76	0,068	0,28	0,097	0,72	0,52	8
16°	0,39	3,4	0,15	0,16	0,17	26°	0,32	0,61	0,057	0,47	0,088	0,73	0,65	9
8°	0,34	2,6	0,12	0,17	0,21	37°	0,30	1,05	0,086	0,32	0,13	0,85	0,55	10
0°	0,32	2,4	0,082	0,16	0,30	29°	0,28	1,01	0,077	0,31	0,13	0,78	0,55	11
13°	0,39	2,4	0,072	0,17	0,42	17°	0,28	1,01	0,086	0,44	0,088	1,00	0,8	12
34°	0,67	2,1	0,19	0,22	0,24	44°	0,31	0,71	0,095	0,50	0,099	0,97	0,8	13
41°	0,73	2,7	0,16	0,22	0,32	45°	0,34	0,45	0,087	0,44	0,082	1,06	0,85	14
38°	0,69	3,0	0,18	0,21	0,22	41°	0,44	0,70	0,090	0,57	0,093	1,01	0,88	15
38°	0,61	1,9	0,15	0,23	0,31	35°	0,44	0,80	0,083	0,52	0,091	1,01	0,9	16
—	—	—	0,097	0,19	0,38	53°	0,42	0,36	0,085	0,57	0,11	0,88	0,95	17
41°	0,50	2,7	0,16	0,22	0,31	39°	0,47	0,58	0,063	0,45	0,077	0,83	0,98	18
40°	0,71	1,6	0,25	0,33	0,41	55°	0,49	1,10	0,14	0,33	0,16	1,03	0,94	19
35°	0,78	1,8	0,17	0,31	0,52	40°	0,48	1,25	0,13	0,30	0,16	1,0	0,95	20
42°	0,70	1,8	0,20	0,30	0,49	52°	0,43	1,10	0,14	0,40	0,11	1,28	0,98	21
—	—	—	0,14	0,33	0,81	47°	0,34	1,47	0,12	0,54	0,053	2,25	2,2	22
—	—	—	0,16	0,38	0,89	49°	0,51	1,18	0,098	0,53	0,067	1,66	2,0	23
23°	0,34	−1,1	0,056	0,21	0,76	50°	0,42	0,83	0,083	0,68	0,054	1,66	3,0	24
48°	0,72	1,8	0,22	0,37	0,60	46°	0,48	0,71	0,16	0,55	0,13	1,20	1,3	25
—	—	—	0,24	0,42	0,78	55°	0,37	0,59	0,21	0,61	0,090	1,63	1,3	26
60°	0,46	−1,0	0,24	0,39	0,64	52°	0,36	0,38	0,21	0,71	0,092	1,52	1,8	27
59°	1,35	1,4	0,28	0,44	0,68	45°	0,36	1,19	0,13	0,40	0,13	1,38	2,0	28
23°	0,32	2,0	0,40	0,47	0,54	43°	0,34	1,30	0,27	0,58	0,080	2,33	2,2	29
—	—	—	0,28	0,38	0,52	64°	0,40	0,64	0,24	0,61	0,073	1,82	2,3	30
44°	0,61	1,6	0,27	0,33	0,41	65°	0,33	0,97	0,24	0,48	0,10	1,5	2,5	31
58°	0,57	1,5	0,26	0,22	0,19	57°	0,41	0,78	0,20	0,52	0,098	1,13	–	32
—	—	—	0,17	0,44	1,05	57°	0,41	1,45	0,40	0,53	0,098	2,21	2,5	

* Ungefährer Wert.

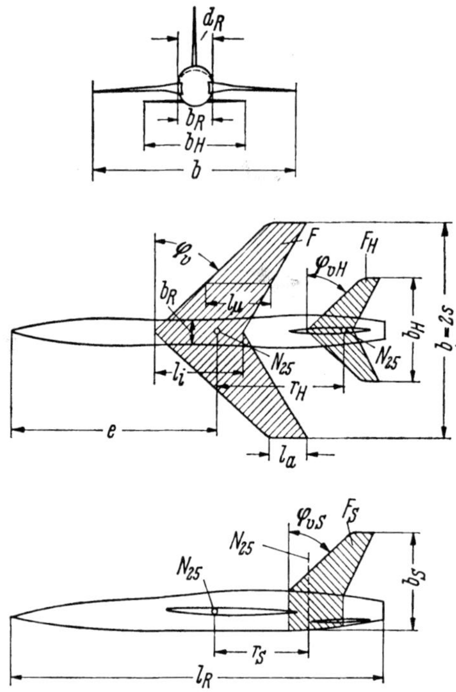

Abb. A 2. Zur Erläuterung der geometrischen Daten der ausgeführten Flugzeuge in Abb. A 3 bis A 34. $x_{N_{25}}$ Lage des geometrischen Neutralpunktes N_{25} nach Gl. (5.11), jeweils von der Vorderkante des Flügelinnenschnittes aus gemessen; l_μ Bezugsflügeltiefe nach Gl. (5.7).

Flügel: Profildickenverhältnis $\delta = \frac{d}{l}$

Seitenverhältnis (Streckung) $\Lambda = \frac{b^2}{F}$

Zuspitzung $\lambda = \frac{l_a}{l_i}$

Rumpf: Rumpfdickenverhältnis $\delta_R = \frac{d_R}{l_R}$

$$\frac{\text{Rumpfbreite}}{\text{Flügelspannweite}} = \frac{b_R}{b}$$

$$\frac{\text{Rumpflänge}}{\text{Flügelspannweite}} = \frac{l_R}{b}$$

Höhenleitwerk:

$$\frac{\text{Höhenleitwerksfläche}}{\text{Flügelfläche}} = \frac{F_H}{F}$$

$$\frac{\text{Höhenleitwerkshebelarm}}{\text{Bezugsflügeltiefe}} = \frac{r_H}{l_\mu}$$

$$\frac{\text{Höhenleitwerksspannweite}}{\text{Flügelspannweite}} = \frac{b_H}{b}$$

Seitenleitwerk:

$$\frac{\text{Seitenleitwerksfläche}}{\text{Flügelfläche}} = \frac{F_S}{F}$$

$$\frac{\text{Seitenleitwerkshebelarm}}{\text{Flügelhalbspannweite}} = \frac{r_S}{s}.$$

In den Abb. A3 bis A34 sind für die Flugzeuge der Tab. A jeweils der Grundriß, der Seitenriß und der Aufriß angegeben.

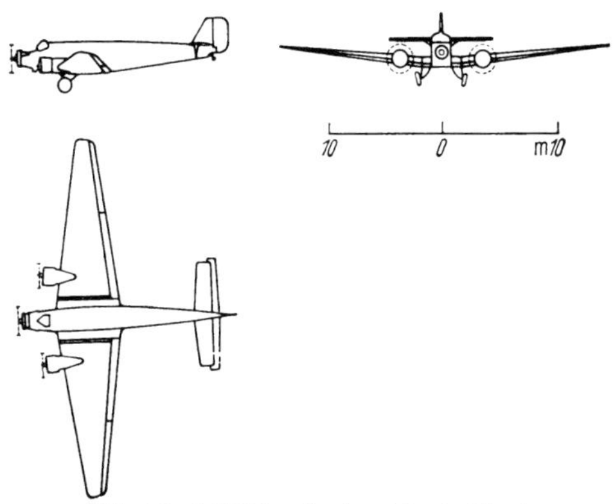

Abb. A3. Ju 52/3m, Junkers, Deutschland.

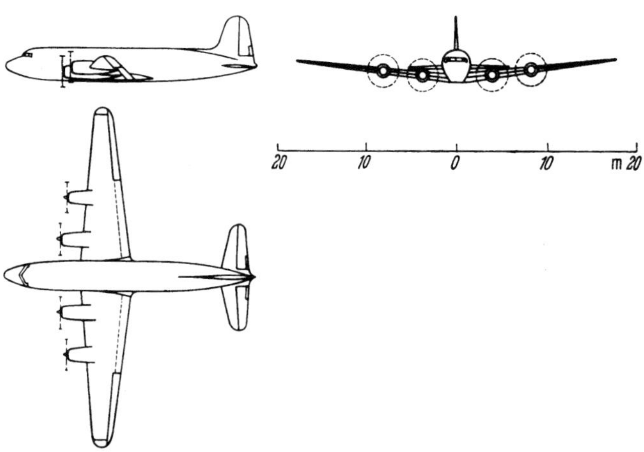

Abb. A4. DC-4/C54, Douglas, USA.

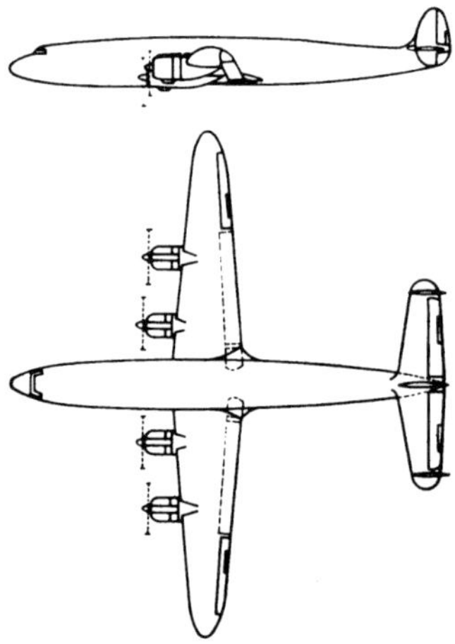
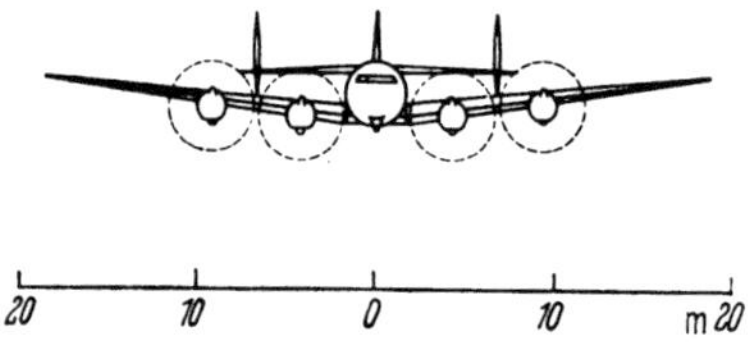

Abb. A5. Super Constellation 1049, Lockheed, USA.

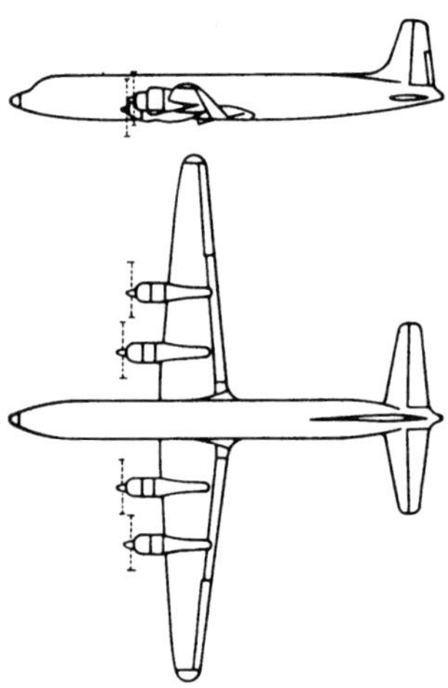
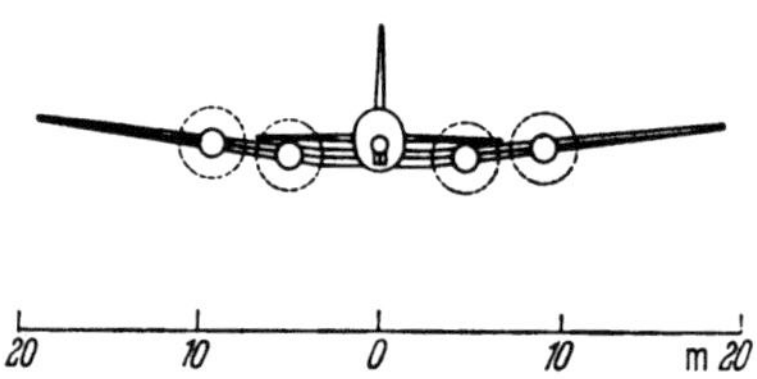

Abb. A6. DC-7C, Douglas, USA.

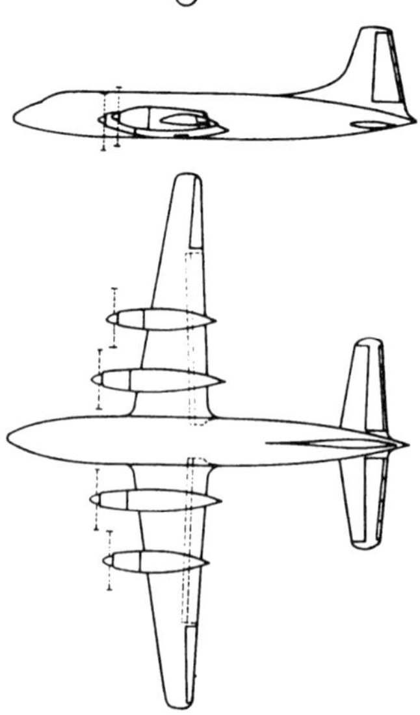
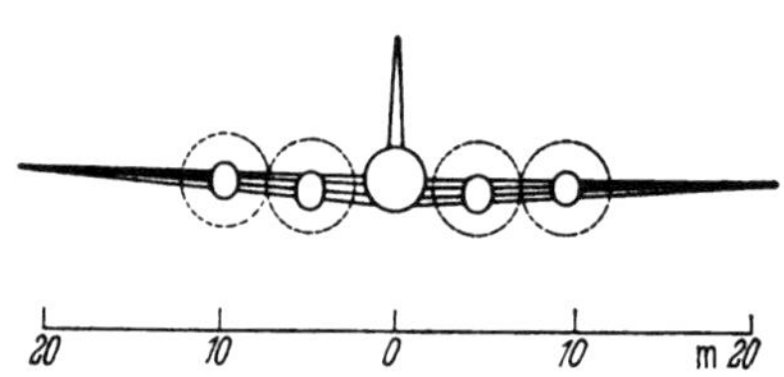

Abb. A7. Britannia 100, Bristol, Großbritannien.

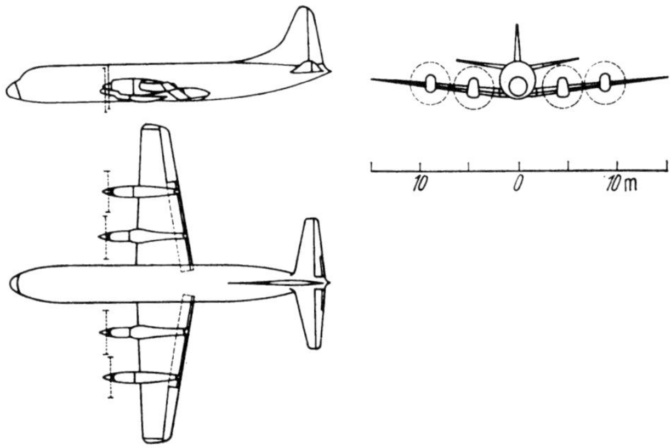

Abb. A 8. Elektra, Lockheed, USA.

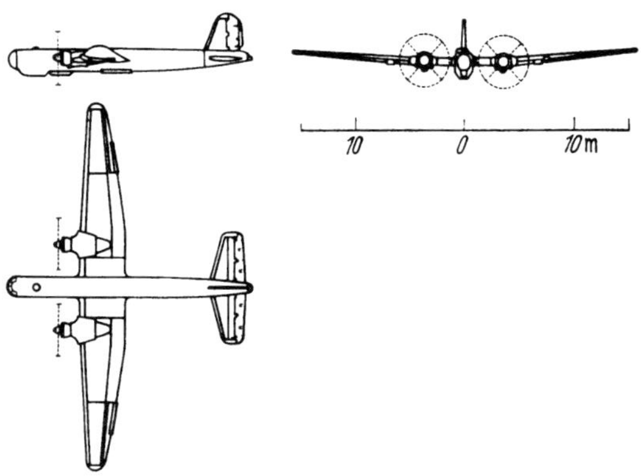

Abb. A 9. He 177, Heinkel, Deutschland.

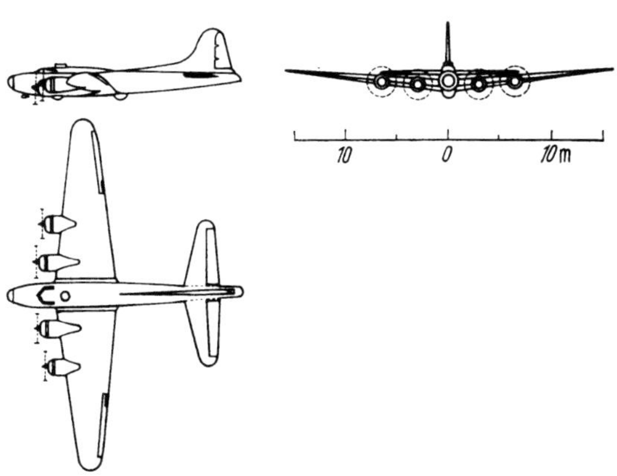

Abb. A 10. B-17 E Flying Fortress, Boeing, USA.

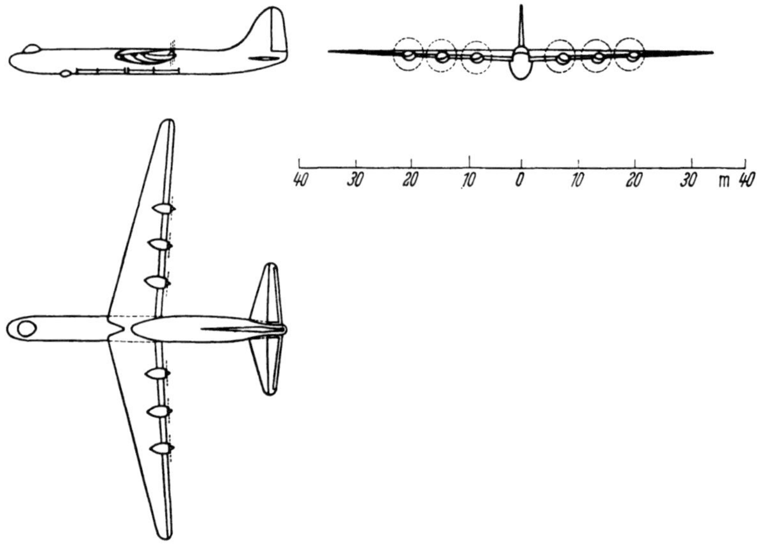

Abb. A 11. B-36, Convair, USA.

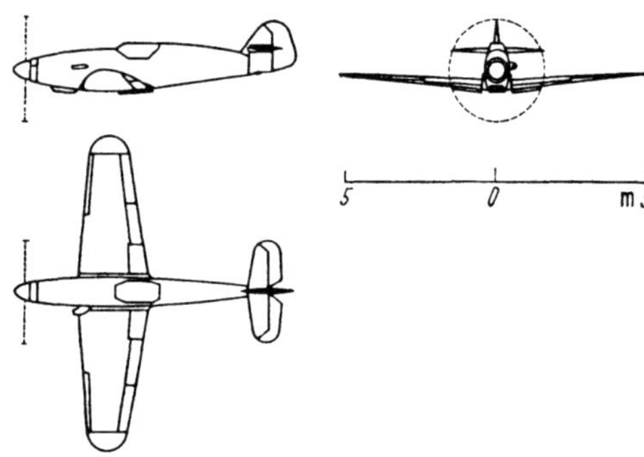

Abb. A 12. Me 109 F, Messerschmitt, Deutschland.

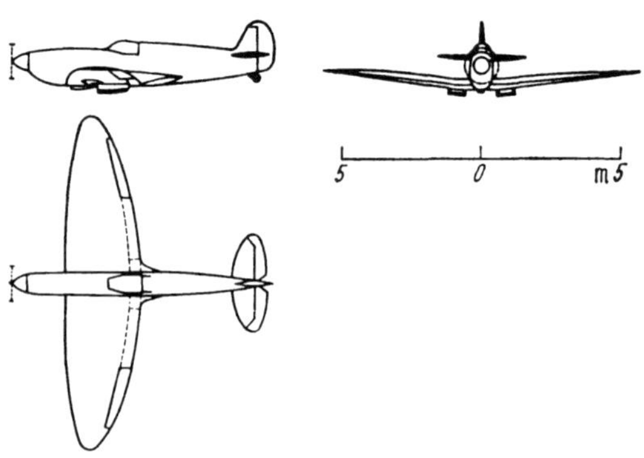

Abb. A 13. Spitfire IX, Vickers, Großbritannien.

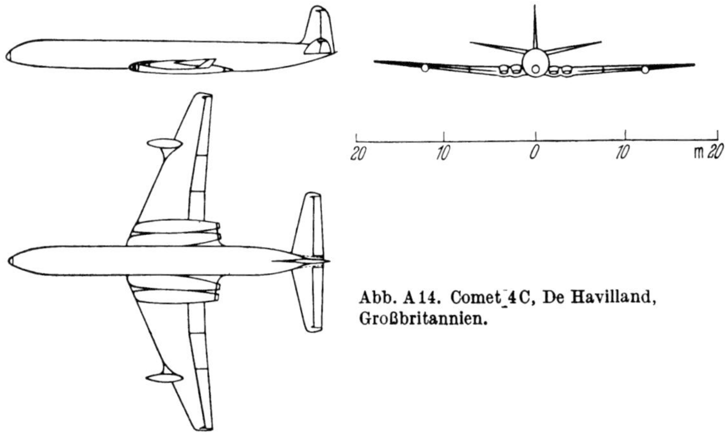

Abb. A 14. Comet 4 C, De Havilland, Großbritannien.

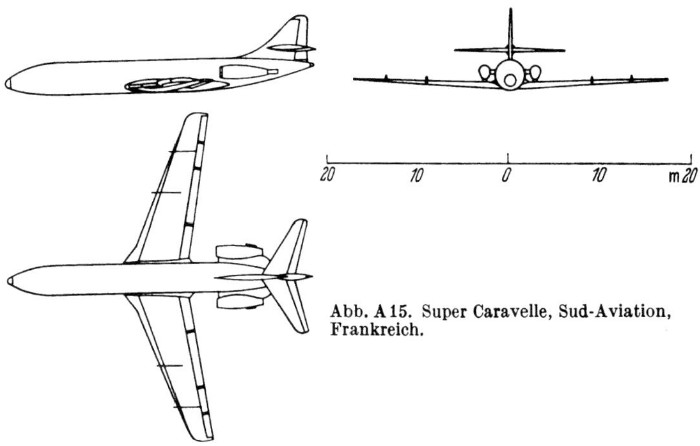

Abb. A 15. Super Caravelle, Sud-Aviation, Frankreich.

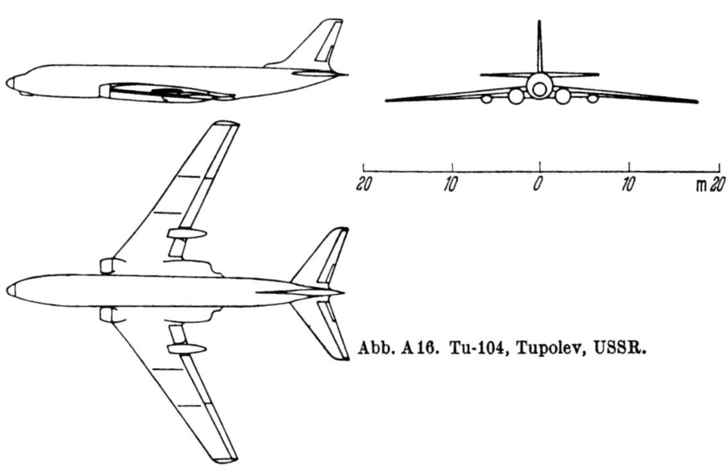

Abb. A 16. Tu-104, Tupolev, USSR.

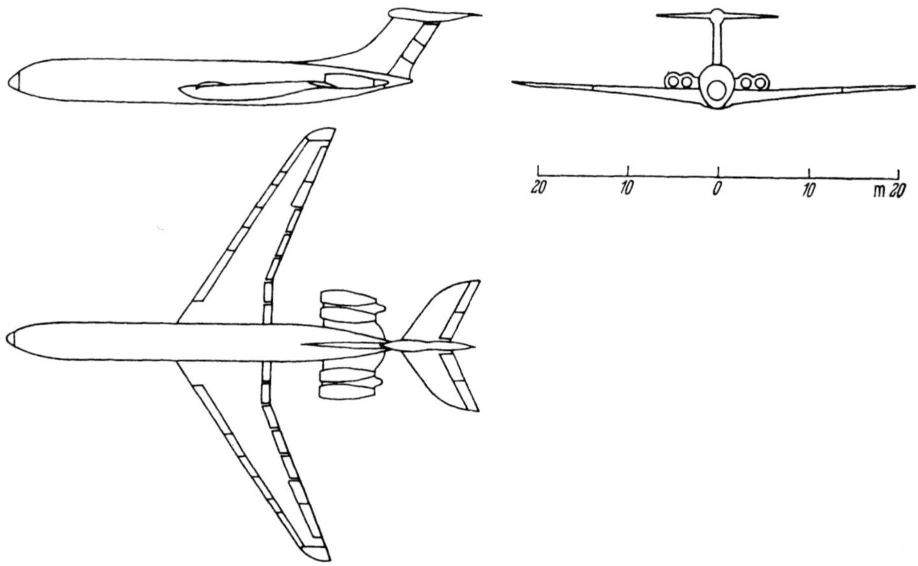

Abb. A 17. VC 10, BAC, Großbritannien.

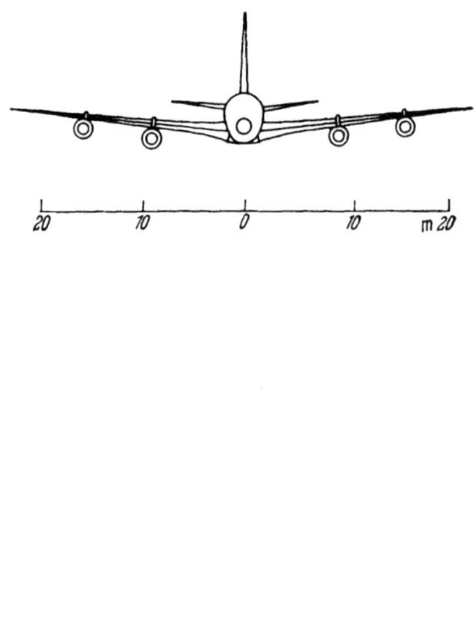

Abb. A 18. 707-320 C, Boeing, USA.

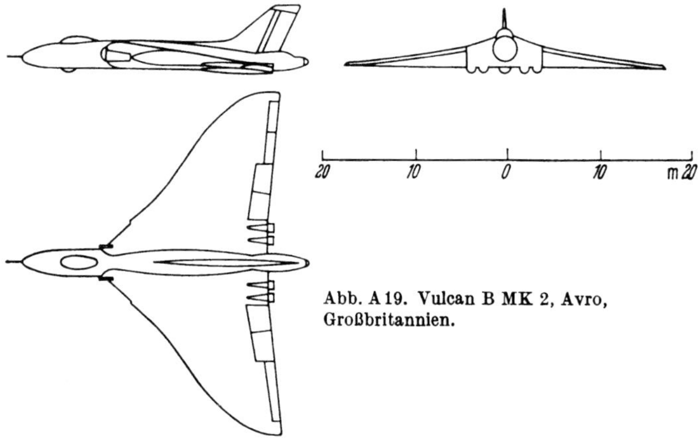

Abb. A 19. Vulcan B MK 2, Avro, Großbritannien.

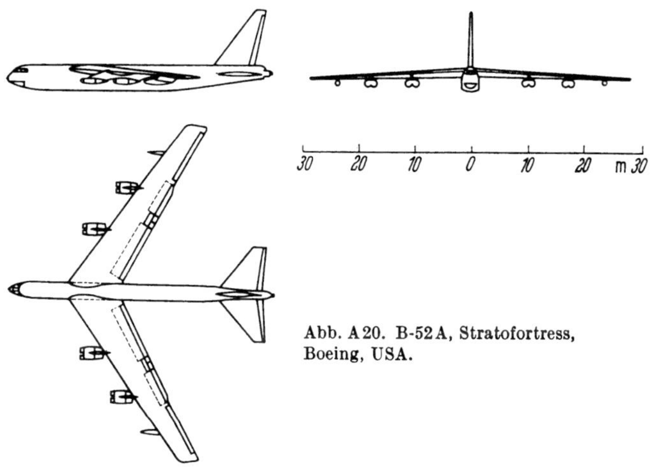

Abb. A 20. B-52 A, Stratofortress, Boeing, USA.

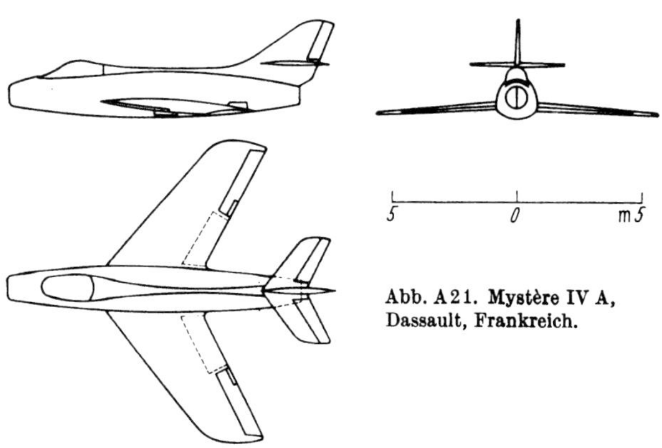

Abb. A 21. Mystère IV A, Dassault, Frankreich.

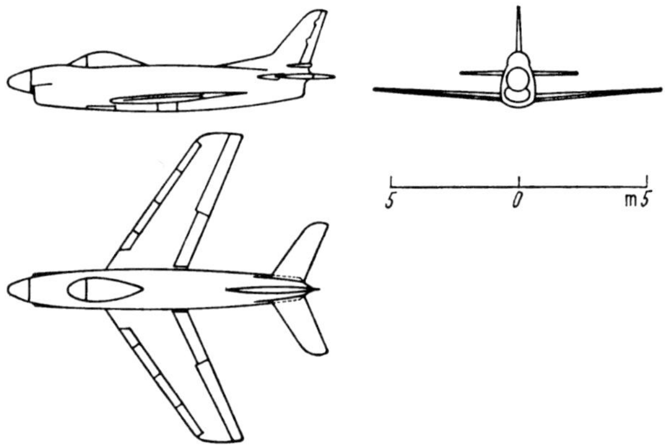

Abb. A 22. F-86 D Sabre, North-American, USA.

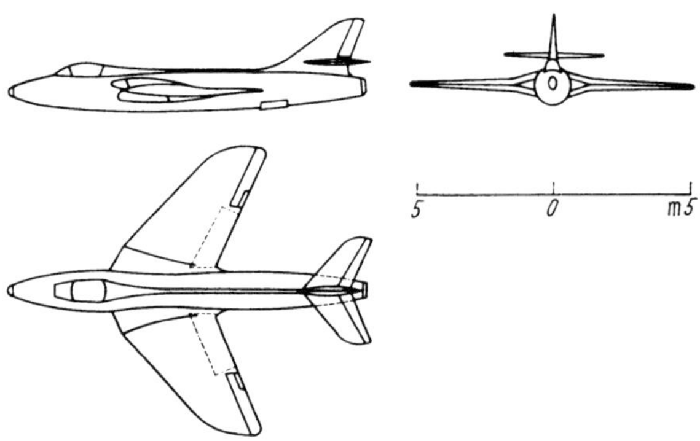

Abb. A 23. Hunter, Hawker, Großbritannien.

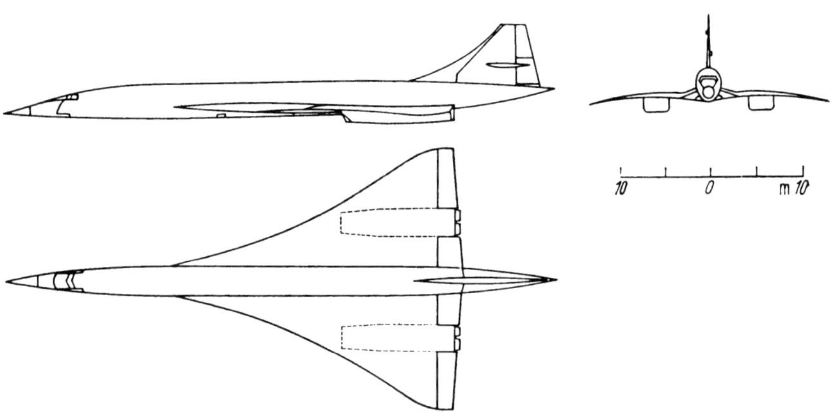

Abb. A 24. Concorde, Sud-Aviation/BAC, Frankreich/Großbritannien.

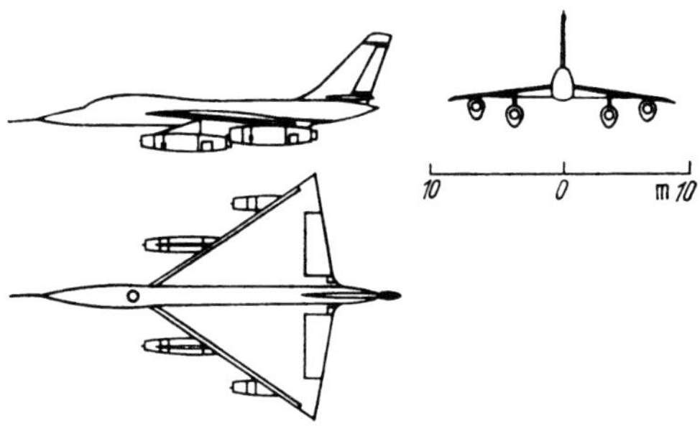

Abb. A 25. B-58 Hustler, Convair, USA.

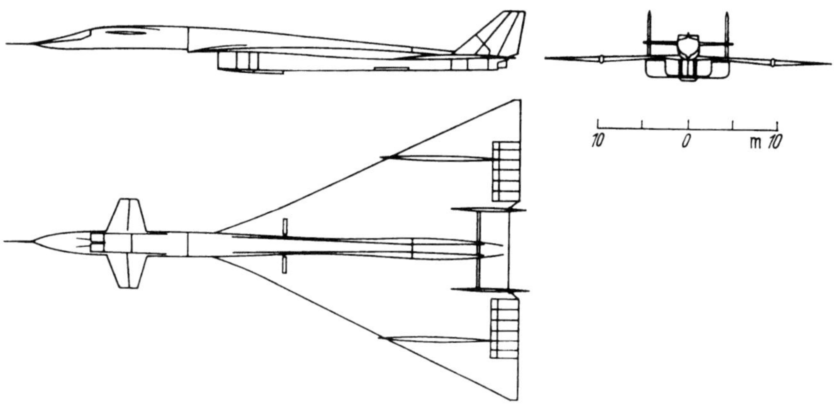

Abb. A 26. XB 70, North-American, USA.

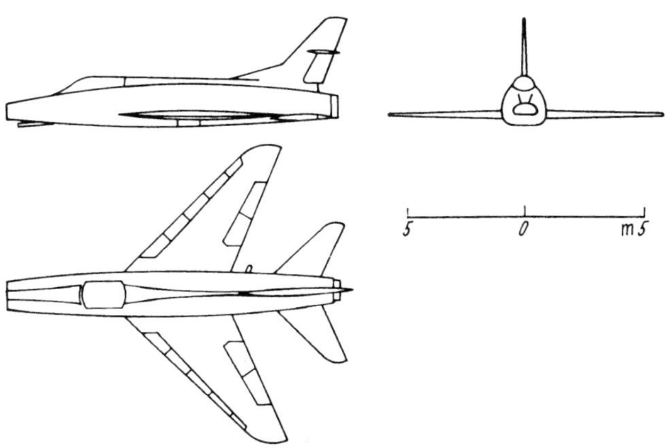

Abb. A 27. F-100 A Super Sabre, North-American, USA.

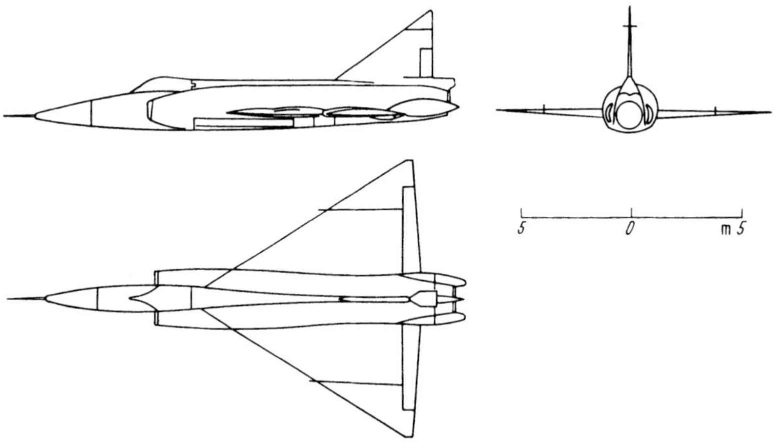

Abb. A28. F-102A Delta Dagger, Convair, USA.

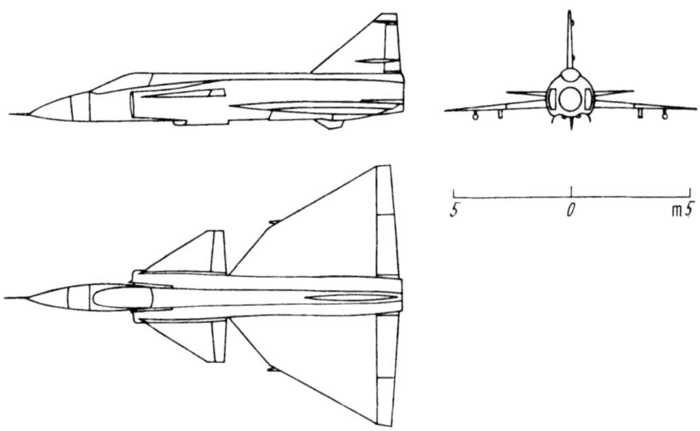

Abb. A29. AJ 37 Viggen, Saab, Schweden.

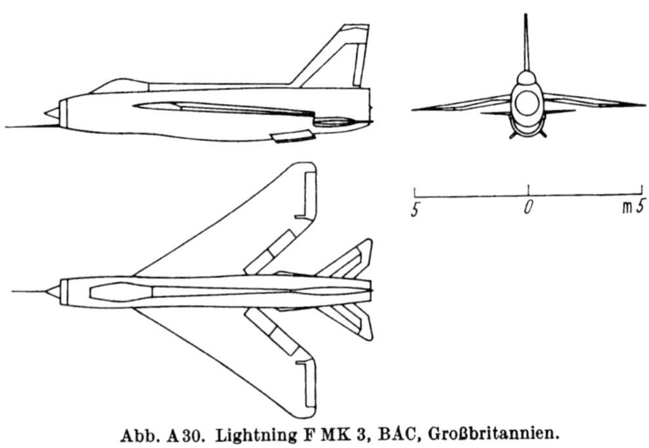

Abb. A30. Lightning F MK 3, BAC, Großbritannien.

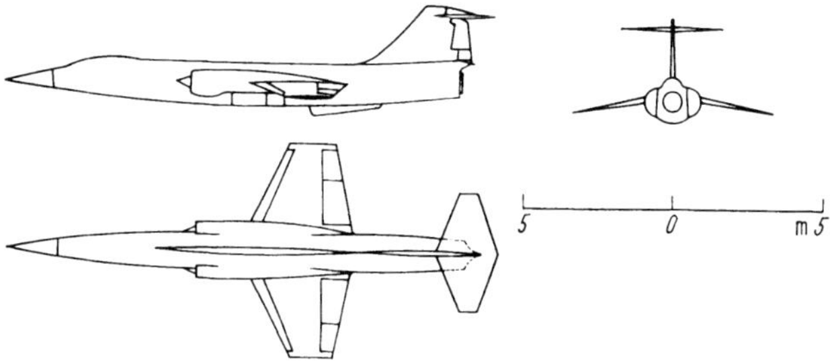

Abb. A 31. F 104 A Starfighter, Lockheed, USA.

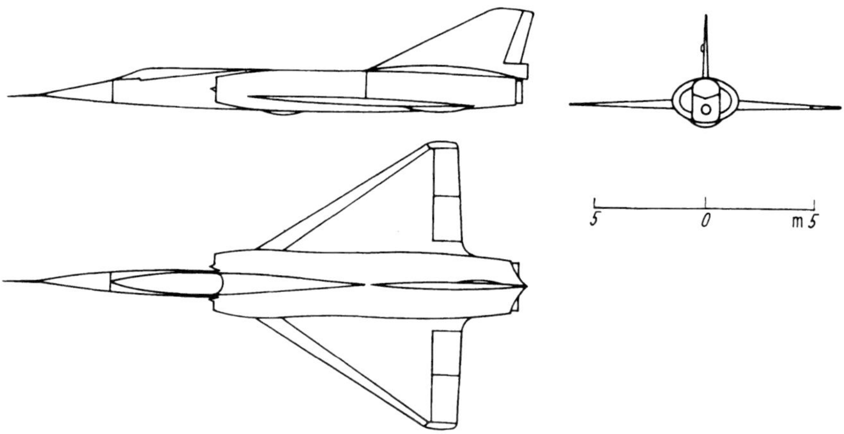

Abb. A 32. Mirage IV A, Dassault, Frankreich.

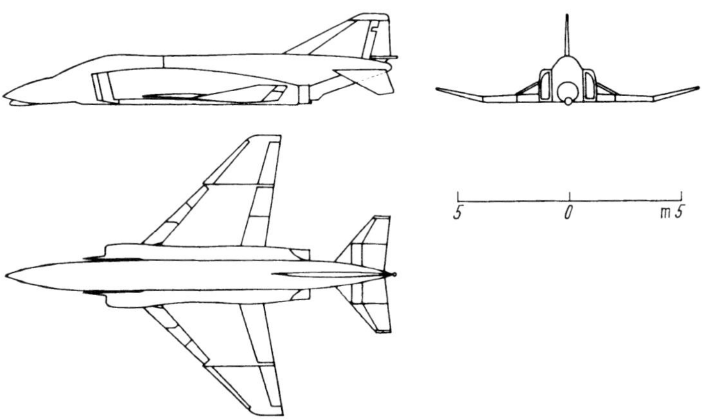

Abb. A 33. F-4 B Phantom II, McDonnell, USA.

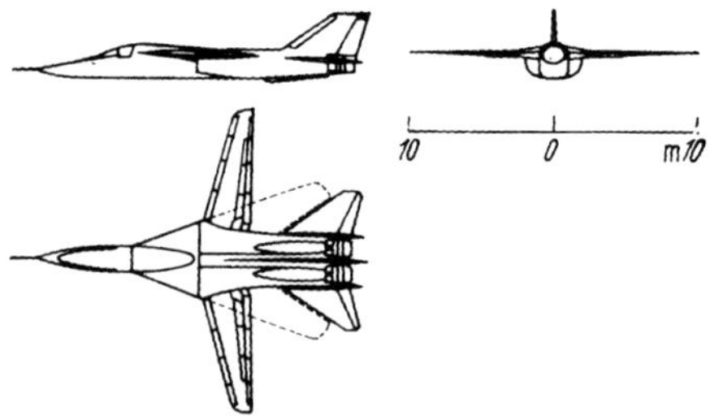

Abb. A 34. F 111 A, General Dynamics, USA.

Entwurfsaerodynamik. Im ersten Teil dieses Anhangs sind an Hand eines umfangreichen statistischen Materials über ausgeführte Flugzeuge die Entwicklungstendenzen der Flugtechnik aufgezeigt worden.

In Abb. A 35 sind diese nach D. Küchemann und J. A. Bagley [9] in anschaulicher Weise dargestellt. Hierbei ist in Abhängigkeit von der Machzahl die aerodynamische Form der Flugzeuge und gleichzeitig ihre Reichweite (im Verhältnis zum Erdumfang) angegeben. Dieses Bild zeigt fünf charakteristische Typen von Flugkörpern auf: 1. Für den Bereich

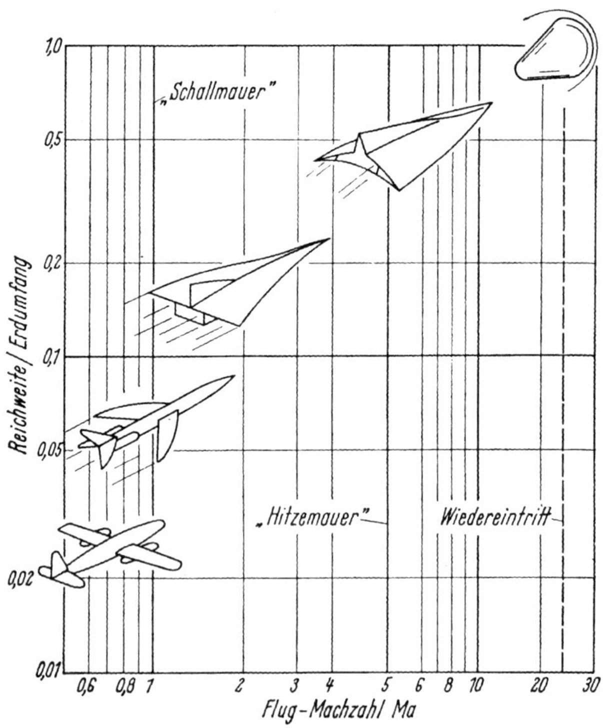

Abb. A 35. Wandel der aerodynamischen Form von Flugzeugen und Flugkörpern sowie deren Reichweite in Abhängigkeit von der Flug-Machzahl, nach D. Küchemann und J. A. Bagley [9].

der Unterschallgeschwindigkeit bis $Ma = 0{,}8$ wird das ‚klassische Flugzeug' mit ungepfeiltem Flügel und großem Seitenverhältnis verwendet. 2. Für den schallnahen Geschwindigkeitsbereich haben sich Flugzeuge mit stark gepfeiltem Flügel und ebenfalls großem Seitenverhältnis bewährt. 3. Für den Überschallflug finden schlanke Flugkörper Verwendung, bei denen im allgemeinen Delta-Flügel mit Unterschallvorderkanten vorherrschen. 4. In der nahen Zukunft werden im Hyperschallbereich voraussichtlich sog. schlanke ‚Wellenreiter' zur Ausführung kommen, deren Aerodynamik durch einen starken Verdichtungsstoß auf der Unterseite des Körpers charakterisiert ist. 5. Schließlich wird für den Raumflug bei Machzahlen größer als 20 der stumpfe Flugkörper mit einem starken abgelösten Verdichtungsstoß bereits heute verwendet. Bei den drei zuletzt genannten Flugkörpern spielt neben den reinen Strömungsproblemen die aerodynamische Aufheizung eine wesentliche Rolle.

In Abb. A35 ist außerdem noch die ‚Schallmauer' bei $Ma = 1$ und die ‚Hitzemauer' bei $Ma = 5$ mit eingetragen, sowie auch die Machzahl des ‚Wiedereintritts' eines Satelliten-Flugkörpers in die Erdatmosphäre bei $Ma \approx 25$.

Die vorstehenden Betrachtungen zeigen deutlich, daß in der Flugzeug-Aerodynamik die sog. *Entwurfsaufgabe*, d. i. die Bestimmung der Form des Flugzeuges für einen vorgegebenen Verwendungszweck und für einen vorgesehenen Machzahl-Bereich, sehr viel schwieriger ist als die sog. *Nachrechnungsaufgabe*, bei welcher zu einer vorgegebenen Form des Flugzeuges die Luftkräfte (Aerodynamik) zu ermitteln sind. Die große Schwierigkeit der Entwurfsaufgabe rührt insbesondere auch daher, daß bei ihr u. a. die Flugmechanik, die Fragen des Antriebes sowie die der Flugzeugkonstruktion sehr stark mitbestimmend sind.

Die Entwurfs-Aerodynamik hat sich in den letzten Jahren zu einem besonderen Zweig der Flugtechnik entwickelt, der immer mehr an Bedeutung gewinnt. Es kann jedoch nicht Aufgabe dieses Buches sein, auf diesen Zweig der Aerodynamik näher einzugehen.

Besonders gründlich hat sich D. Küchemann [5], [6], [7], [8] mit diesen Fragen befaßt. Man vergleiche hierzu auch Arbeiten von J. A. Bagley [1], R. C. Lock und J. Bridgewater [10], H. H. Pearcey [12], R. T. Jones [4], E. C. Maskell und J. Weber [11], K. Elbel [3] sowie A. Das [2].

Literatur (Anhang)

[1] BAGLEY, J. A.: Some Aerodynamic Principles for the Design of Swept Wings. Progr. Aer. Sci. 3 (1962) 1–83.

[2] DAS, A.: Über die Berechnung der optimalen aerodynamischen Form von schlanken Flugkörpern bei Überschallgeschwindigkeit. Habilitationsschrift TU Braunschweig (1967). Erscheint im Jb. 1968 DGLR.

[3] ELBEL, K.: Entwurfsmerkmale der neuen Überschallverkehrsflugzeuge. Luftfahrttechnik 13 (1967) 202–210.

[4] JONES, R. T.: Aerodynamic Design for Supersonic Speeds. Adv. Aer. Sci. 1 (1959) 34–51.

[5] KÜCHEMANN, D.: Aircraft Shapes and their Aerodynamics for Flight at Supersonic Speeds. Adv. Aer. Sci. 3 (1962) 221–252.

[6] KÜCHEMANN, D.: Die aerodynamische Entwicklung von schlanken Flügeln für den Überschallflug. Jb. 1962 WGLR, S. 66–77.

[7] KÜCHEMANN, D.: Hyperschallflugzeuge und ihre aerodynamischen Probleme. Jb. 1964 WGLR, S. 85–93; vgl. Progr. Aer. Sci. 6 (1965) 271–353.

[8] KÜCHEMANN, D.: Entwurfsaerodynamik. Vierte Reynolds-Prandtl-Vorlesung. Erscheint im Jb. 1968 DGLR.

[9] KÜCHEMANN, D., u. J. A. BAGLEY: Twenty Years' Progress in Aerodynamics and the Changing Shape of Aeroplanes. Interavia. 21 (1966) 487–489.

[10] LOCK, R. C., u. J. BRIDGEWATER: Theory of Aerodynamic Design for Swept-Winged Aircraft at Transonic and Supersonic Speeds. Progr. Aer. Sci. 8 (1967) 139–228.

[11] MASKELL, E. C., u. J. WEBER: On the Design of Slender Wings. J. Roy. Aer. Soc. 63 (1959) 709–721.

[12] PEARCEY, H. H.: The Aerodynamic Design of Section Shapes for Swept Wings. Adv. Aer. Sci. 3 (1962) 277–322.

[13] TRUCKENBRODT, E.: Die entscheidenden Erkenntnisse über den Widerstand von Tragflügeln. Siebente Otto-Lilienthal-Vorlesung. Jb. 1966 WGLR, S. 54–60.
Auch: Les Connaissances Essentielles sur la Trainée des Ailes Portantes. Technique et Science Aéronautiques et Spatiales (1967) 97–111.

Namenverzeichnis

Sachverzeichnis

DG 721/5/69